AF376246

THEORIE UND PRAXIS DER LASER-DOPPLER-ANEMOMETRIE

von

FRANZ DURST
Lehrstuhl für Strömungsmechanik
Universität Erlangen-Nürnberg
Erlangen, FRG.

ADRIAN MELLING
School of Mechanical Engineering
Institute of Technology
Cranfield, UK.

JAMES H. WHITELAW
Mechanical Engineering Department
Imperial College of
Science and Technology
London, UK.

Deutsche Übersetzung des Buches:
"Principles and practice of Laser-Doppler-Anemometry"

von
FRANZ DURST

Ordentlicher Professor
Lehrstuhl für Strömungsmechanik
Universität Erlangen-Nürnberg
Egerlandstraße 13, D-8520 Erlangen

CIP-Kurztitelaufnahme der Deutschen Bibliothek

Durst, Franz
Theorie und Praxis der Laser-Doppler-Anemometrie /
Franz Durst ; Adrian Melling ; James H. Whitelaw.
|Dt. Übers. von Franz Durst|. - Karlsruhe : Braun, 1987
(Wissenschaft und Technik : Taschenausgaben)
Einheitssacht.: Principles and practice of laser doppler
anemometry (dt.)

NE: Melling, Adrian: Whitelaw, James H.:

ISBN 978-3-7650-2022-3   ISBN 978-3-642-52132-4 (eBook)
DOI 10.1007/978-3-642-52132-4

VORWORT ZUR DEUTSCHEN AUSGABE

In den letzten zwei Jahrzehnten hat sich die Laser-Doppler-Anemometrie zu
einem modernen, einsatzfähigen Meßverfahren der experimentellen Strömungsmechanik entwickelt. Sie hat neue Möglichkeiten eröffnet, um Strömungsinformationen in vielen Bereichen der Ingenieur- und Naturwissenschaften zu
erhalten sowie in Bereichen der Industrie Strömungsuntersuchungen durchzuführen, die ohne Laser-Doppler-Anemometrie nur sehr bedingt möglich wären.
Insbesondere wurden die Voraussetzungen für Untersuchungen komplexer, turbulenter Strömungen mit Ablösung geschaffen, die in der Vergangenheit man-
gels geeigneter Meßverfahren, experimentell nicht untersucht werden konnten. Damit fehlten jedoch, zumindest in einigen Bereichen der Strömungsmechanik, die Grundlagen für theoretische Untersuchungen und es kann somit
behauptet werden, daß mit der Entwicklung der Laser-Doppler-Anemometrie
auch die Voraussetzungen für neue Ansätze zur theoretischen Lösung strö-
mungsmechanischer Probleme geschaffen wurden. Laser-Doppler-Anemometrie ist
somit zu einer wichtigen Teildisziplin der Strömungsmechanik geworden. Es
ist diese Bedeutung, die dazu geführt hat, die vorliegende deutsche Übersetzung des Buches:

"Principles and Practise of Laser-Doppler Anemometry"

herauszubringen und zwar als Übersetzung der zweiten englischen Ausgabe.
Die Entwicklung des Fachgebietes und die Anwendung der Meßtechnik soll so
im deutschsprachigen Raum unterstützt werden.

Die deutsche Ausgabe umfaßt 13 Kapitel, wie die beiden englischen Ausgaben.
Die ersten zwölf Kapitel sind direkte Übersetzungen des englischen Textes
der zweiten Ausgabe, während das 13. Kapitel neu geschrieben wurde, um neue
Anwendungen der Laser-Doppler-Anemometrie aufzuzeigen, an denen gegenwärtig
gearbeitet wird und die am Lehrstuhl für Strömungsmechanik der Technischen
Fakultät der Friedrich-Alexander-Universität in Erlangen durchgeführt werden. Diese Darstellungen sind durch Hinweise auf Arbeiten in anderen Laboratorien ergänzt, so daß ein Gesamteindruck über den gegenwärtigen Stand
der Entwicklungen und Anwendungen der Laser-Doppler-Anemometrie vermittelt
wird. So werden die in den Kapiteln 1 bis 12 zusammengestellten Grundlagen
durch die Darstellungen in Kapitel 13 dahingehend ergänzt, daß ein aktuel-
ler Gesamtüberblick über das Fachgebiet und seinen Entwicklungsstand entsteht.

Das etwas ungewöhnliche Format des Buches wurde von den englischen Ausgaben
übernommen, da es sich bei der Einführung von Studenten und von Interessen-
ten aus der Forschung und Industrie in das Fachgebiet bewährt hat. Abgesehen von Kapitel 1 ist der Text so abgefaßt, daß er Betrachtungen zu einem
Teilgebiet bzw. zu Ableitungen angibt, die in einer als Dia-Vorlage vorge-
sehenen Zusammenfassung dem entsprechenden Textteil vorangehen. In den Vor-

VI

worten zu den englischen Ausgaben wird auf die Gründe und Vorteile dieser Darstellungen hingewiesen.

Die vorliegende Übersetzung wurde wesentlich durch Mitarbeiter des Lehrstuhls für Strömungsmechanik in Erlangen unterstützt, insbesondere durch die Herren: Dipl.-Phys. F. Ernst, Dipl.-Ing. O. Haidn, Dipl.-Ing. J. Domnick, Dipl.-Ing. K. Schmitt, Dipl.-Ing. J. Holweg, Dipl.-Ing. G. Dimaczek, Dipl.-Ing. H. Krebs, Dipl.-Ing. G. Jakob, Dipl.-Phys. W. Schierholz und Dipl.-Ing. R. Müller; die redaktionelle Enddurchsicht von den Herren Dr. H. Raszillier, Dipl.-Ing. J. Sender, F. Bischof sowie meinem Sohn B. Durst. Die Schreibarbeiten oblagen Frau H. Kastner und die Zeichenarbeiten Herrn F. Kaschak. Frl. A. Messner trug durch vielerlei Arbeiten zum Abschluß des Buches bei.

Die in Kapitel 13 des vorliegenden Buches beschriebenen Entwicklungs- und Forschungsarbeiten wurden durch die großzügige Unterstützung von Forschungsarbeiten durch folgende Organisationen und Firmen ermöglicht:

Deutsche Forschungsgemeinschaft, Stiftung Volkswagenwerk, Bundesministerium für Forschung und Technologie, Bayerisches Staatsministerium für Unterricht und Kultus, Commissions of European Communities, Forschungsvereinigung Verbrennungskraftmaschinen, BMW AG in München, VW-Wolfsburg, Sulzer-Winterthur, HOECHST AG in Frankfurt, etc..

Allen Förderern unserer Arbeiten auf dem Gebiete der Laser-Doppler-Anemometrie sei an dieser Stelle noch einmal recht herzlich gedankt.

Januar 1987   FD

VORWORT ZUR 1. ENGLISCHEN AUFLAGE

Dieses Buch ist das Ergebnis detaillierter theoretischer und experimenteller Untersuchungen der Laser-Doppler-Anemometrie, die von den Autoren während der letzten sechs Jahre durchgeführt wurden. Diese Untersuchungen hatten zum Ziel, das Fachgebiet zu entwickeln und so die Grundlage für eine allgemein anwendbare Meßtechnik für Strömungsuntersuchungen zu legen. Das Buch wurde mit einer festen Absicht geschrieben, nämlich als Lehrbuch für Forscher im Bereich der Strömungsmechanik, Ingenieure in der Industrie und für Studenten in den letzten Jahren ihrer Universitätsausbildung zu dienen und es ist deshalb so abgefaßt, daß es keine Vorkenntnisse erfordert, außer Grundlagenkenntnisse in den Bereichen Optik, Elektronik, Strömungsmechanik und den dazugehörenden mathematischen Grundlagen. Der Inhalt des Buches wurde so gewählt, daß er eine solide Grundlage für all jene bildet, die weiterführende Forschungsarbeiten im Bereich der Laser-Doppler-Anemometrie anzustellen wünschen. Gleichzeitig stellt das Buch eine adequate Zusammenfassung des Wissens für all jene dar, die nur in einer Anwendung der Laser-Doppler-Anemometrie für spezielle Strömungsprobleme interessiert sind.

Laser-Doppler-Anemometrie basiert auf physikalischen Phänomenen, die exakten mathematischen Behandlungen zugänglich sind. Jenen Lesern, die an umfassende mathematische Ableitungen gewöhnt sind, mögen die im Buch gegebenen Darlegungen mathematisch nicht straff genug erscheinen, da keine großen Bemühungen unternommen wurden, eine rigorose Nachprüfung jedes physikalischen Prinzips zu geben, das in den Darstellungen Anwendung findet. Dieser Mangel an mathematischer Strenge wird durch eine größere Gewichtung der physikalischen Grundlagen kompensiert und durch detaillierte Erläuterungen wie diese Grundlagen Anwendung finden, um Geschwindigkeitsmessungen und Messungen von Geschwindigkeitskorrelationen durchzuführen.

Es ist der Hauptzweck des vorliegenden Buches, Wissen weiterzugeben, das für Messungen der lokalen Momentangeschwindigkeit mittels Laser-Doppler-Meßmethoden wichtig ist. Genauer gesagt, das Buch vermittelt dem Leser das Verständnis der Grundlagen und der Praxis der Laser-Doppler-Anemometrie. Es erläutert die Möglichkeiten dieser Meßtechnik, seine Präzision und die Leichtigkeit seiner Anwendung. Ferner gibt es Aufschluß über Kosten und erläutert die Relevanz der Meßtechnik für das spezielle Meßproblem des Lesers. Die obige zusammenfassende Angabe über den Zweck des Buches ist umfassend, erfordert aber weitere Hinweise. Diese werden in der Einleitung gegeben, zusammen mit Hinweisen, warum das Fachgebiet so wichtig ist. Dadurch wird deutlich, warum die Autoren die Mühe auf sich genommen haben, das Buch zu schreiben.

Die Form des Buches ist unüblich und erfordert einige Bemerkungen. Mit Ausnahme des ersten Kapitels basiert der Text des Buches auf Vorlesungen, die im Rahmen von Kurzlehrgängen am Imperial College in London, der Universität

Karlsruhe und der Purdue University in Indiana, U.S.A., gehalten wurden. Diese Vorlesungen wurden mit Hilfe von Dia-Positiven gehalten, die - reproduziert in Form eines Buches - den Kursteilnehmern ausgehändigt wurden. Kapitel 2 bis 13 basieren auf diesen Dia-Vorlagen, stellen aber zum Teil verbesserte und erweiterte Versionen der bei den Kurzlehrgängen verwendeten Vorlagen dar. Der Text, der jeder Dia-Vorlage folgt, gibt Erläuterungen und Erweiterungen des durch die Dia-Vorlage vermittelten Wissens. Das einführende Kapitel wurde dem herkömmlichen Stil von Textbüchern angepaßt, da sich sein Inhalt nicht für dieselbe Darstellung anbot. Wir hoffen, daß der Leser das Format des Buches nützlich und hilfreich findet. Dia-Vorlagen geben, zumindest die meisten von ihnen, eine schnelle und umfassende Übersicht über das Wissen, das auf jeder Seite des Buches behandelt wird. Dies sollte dem Leser helfen, auf spezielle Fragen die vorhandenen Antworten zu finden. Der Leser, der beabsichtigt, ein ganzes Kapitel oder das gesamte Buch vom Anfang bis zum Ende zu lesen, wird feststellen, daß das in den Dia-Vorlagen behandelte Material seine Gedanken auf die detaillierteren Darstellungen auf dem Rest der Seite vorbereitet. Die Anordnung der einzelnen Kapitel ist so gewählt, daß sie für eine Einführung in die Materie nützlich ist. Die einzelnen Kapitel sind nachfolgend noch erläutert.

Die einführenden Bemerkungen in Kapitel 1 des Buches klären das Thema des Buches und zeigen die Verbindung der Laser-Doppler-Anemometrie zu anderen optischen Meßtechniken. Die praktische Relevanz wird aufgezeigt und ein historischer Rückblick über die Entwicklung des Fachgebietes wird gegeben.

Kapitel 2 bis 5 betrachten solche Aspekte der Laser-Doppler-Anemometrie, die mit optischen Komponenten zusammenhängen. Kapitel 2 gibt eine zusammenfassende Darstellung der geometrischen, der physikalischen und der Quantenoptik. Verstärkt wurden solche Teile behandelt, die für die Interferenz, für die Beugung, für bewegte Lichtquellen, für den Doppler-Effekt und für Photodetektoren wichtig sind. Kapitel 3 beschäftigt sich mit der Lichtstreuung, einer physikalischen Erläuterung der optischen Messung der Teilchengeschwindigkeit, einer Einführung in die Grundlagen der Laser-Doppler-Anemometrie und betrachtet die Modulationstiefe des Signal-Rausch-Verhältnisses des optischen Signals. Kapitel 4 beschreibt die Entwicklung optischer Anordnungen für die Geschwindigkeitsmessung, leitet die Grundgleichung für die Auswertung von Laser-Doppler-Anemometersignalen her und erläutert die Grundlagen, welche die Bestimmung des Meßvolumens ermöglichen. Praktische Hinweise, welche die optischen Komponenten zu spezifizieren erlauben, sind in Kapitel 5 angegeben, zusammen mit verschiedenen Methoden, um die Frequenz von Lichtstrahlen zu ändern und Methoden, um Hochfrequenz- und Niederfrequenzkomponenten des Signals zu trennen.

Kapitel 6 bis 9 befassen sich mit elektronischen Anordnungen, um Doppler-Signale zu verarbeiten. Sechs mögliche Signalverarbeitungsmethoden sind in Kapitel 6 diskutiert. Drei dieser Methoden (Frequenzanalyse, Frequenznachlaufdemodulationen und Periodenzeitmeßverfahren) werden in den Kapiteln 7, 8 und 9 betrachtet.

Das Gebiet der Streupartikeln, ihre Eigenschaften sowie ihre Herstellung und Messung werden in den Kapiteln 10 und 11 diskutiert. Während sich vorausgegangene Kapitel mit der Geschwindigkeitsmessung von Teilchen beschäftigt haben, enthalten die Kapitel 9 und 10 Informationen darüber, wie sich das Verhältnis von Teilchengeschwindigkeit zur Strömungsgeschwindigkeit ermitteln läßt. Die Gebiete, die in den Kapiteln 2 bis 11 behandelt sind, werden in Kapitel 12 zusammengeführt. Dieses Kapitel übermittelt spezifische Informationen, die der Leser benötigt, der sich mit der Erstellung eines eigenen Laser-Doppler-Anemometers beschäftigt. Kapitel 13 zeigt, weshalb die vorausgegangenen Betrachtungen der Laser-Doppler-Anemometrie wichtig sind. Es zeigt Anwendungen auf, die dem Leser eine Feststellung erleichtern sollen, ob seine eigenen Untersuchungen erfolgreich sein können.

Die Forschungsarbeiten, die das Wissen bereitstellten, das zu diesem Buch führte, wurden durch das Science Research Council, the Central Electricity Generating Board, the Atomic Energy Research Establishment at Harwell, the British Heart Foundation, NATO, the Department of Mechanical Engineering of Imperial College, Volkswagen Foundation und die Deutsche Forschungsgemeinschaft unterstützt. Die Autoren bedanken sich bei dieser Gelegenheit bei allen unterstützenden Organisationen. Unser Dank gilt auch den Kollegen des Imperial College aus Harwell und des Sonderforschungsbereiches 80 (Universität Karlsruhe), die durch viele gute Anregungen zum Verständnis des Fachgebietes und zum Gelingen des Buches beigetragen haben. Besonders zu erwähnen sind die Herren: Dr. R.J. Baker, Professor D.F.G. Durao und Dr. M. Zaré, die beachtliche Beiträge zu den Forschungsbemühungen geleistet haben. Nicht zuletzt freuen wir uns, die Beiträge erwähnen zu können, die Herr Oskar Vis durch die Konstruktion und Herstellung integrierter, optischer Einheiten zum Erfolg des experimentellen Programms der Autoren beitragen konnte.

November 1975

FD
AM
JHW

VORWORT ZUR 2. ENGLISCHEN AUFLAGE

In der zweiten (englischen) Ausgabe dieses Buches haben wir Änderungen angebracht, bei denen wir zwei Ziele verfolgten: Darstellungen bestimmter Seiten zu ändern, wo Leser der ersten Buchausgabe gezeigt hatten, daß Darstellungen nicht so klar gehalten wurden, wie dies erforderlich war. Einige Abschnitte wurden erneuert, und zwar an solchen Stellen, wo substantielle Änderungen des Wissens über Laser-Doppler-Anemometrie während der letzten fünf Jahre entstanden sind, also seit der Publikation der ersten Ausgabe.

Um Kapitel 13 auf den neuesten Stand zu bringen mußte es fast vollständig neu geschrieben werden. Drei andere Gebiete wurden einer gründlichen Revision unterzogen, nämlich die Gebiete Photonkorrelation, Teilchengrößenbestimmung von Doppler-Signalen und "Biasing", das durch Mittelung einzelner Doppler-Frequenzmessungen entsteht. Bis heute bleibt "Biasing" ein kontroverses Gebiet und wir hoffen, daß wir zur Klärung des Sachverhaltes beigetragen haben. Historisch gesehen wurde "Biasing" am intensivsten in Verbindung mit der Signalverarbeitung durch Counter studiert. Unser Beitrag ist aus diesem Grunde in dem entsprechenden Kapitel 9 des Buches aufgeführt. Die dort gegebenen Folgerungen gelten auch für andere Signalverarbeitungssysteme. Kleinere Änderungen sind auch im "Historischen Rückblick" des Kapitels 1 eingearbeitet worden. Wir haben jedoch nicht versucht, den Stand der Laser-Doppler-Anemometrie bis zum Jahre 1981 aufzuzeigen, da dies zu einer umfassenden Änderung des Inhaltes der nachfolgenden Kapitel geführt hätte.

Literaturhinweise, die während der Überarbeitung der zweiten Ausgabe des Buches aufgenommen wurden, sind separat von denen der ersten Ausgabe gekennzeichnet. Im Text sind Literaturhinweise der ersten Ausgabe durch runde ( ) Klammern gekennzeichnet, während Literaturhinweise der zweiten Ausgabe durch eckige [ ] Klammern gekennzeichnet sind. Die Klammern enthalten das Jahr der Publikation.

Wir danken noch einmal den Forschungsfinanzierungsstellen, die bereits im Vorwort der ersten Auflage aufgeführt waren und die unsere Forschungsarbeiten weiter unterstützt haben. Zusätzliche Unterstützung wurde uns durch das Bundesamt für Wehrtechnik und Beschaffung, das Bundesministerium für Forschung und Technologie, das NASA Lewis Research Center, durch Rolls-Royce Ltd., die U.S. Army und dem U.S. Department of Energy gewährt.

Mai 1981   FD
                                                               AM
                                                               JHW

INHALTSVERZEICHNIS

KAPITEL	TITEL	SEITE

1. EINLEITENDE BEMERKUNGEN

Die experimentelle Strömungsmechanik hat sich über viele Jahre mechanischer Meßsonden bedient, um Informationen über Strömungsgeschwindigkeiten zu erhalten. Meßsonden für den Gesamtdruck in Verbindung mit Sonden für den statischen Druck stellten die hauptsächlichen Mittel zur Messung der mittleren Geschwindigkeit dar. Hitzdraht- oder Heißfilmanemometer waren die wesentlichen Meßgeräte zur Messung der Momentangeschwindigkeit und mithin der mittleren Geschwindigkeit, der Effektivwerte der Geschwindigkeitsfluktuationen und der Geschwindigkeitskorrelationen. Mechanische Sonden werden zweifellos weiterhin ihre Bedeutung in der experimentellen Strömungsmechanik haben, aber ihre inhärenten Grenzen erfordern sorgfältige Betrachtungen neuer Meßtechniken und das Vorantreiben ihrer Entwicklung. Aufgrund dieser Tatsache ist das vorliegende Buch entstanden, das sich mit einer optischen Methode zur Messung der Momentangeschwindigkeit beschäftigt, die in bestimmten Strömungssituationen erhebliche Vorteile gegenüber anderen Meßmethoden aufweist.

Das optische Geschwindigkeitsmeßverfahren, das in diesem Buch beschrieben wird, ermöglicht die Messung der örtlichen Momentangeschwindigkeit von Streuteilchen, die in einem strömenden Fluid suspendiert sind und in einer Größe und Konzentration vorliegen, daß sie die zu untersuchende Strömung nicht beeinträchtigen. Da es die Geschwindigkeit dieser Teilchen ist, die mit dem dargestellten Verfahren gemessen wird, muß das Verhältnis zwischen der Geschwindigkeit des Teilchens und der Flüssigkeit bekannt sein, um die Geschwindigkeit der Strömung über die ermittelte Teilchengeschwindigkeit zu erhalten. Dies erfordert Einschränkungen hinsichtlich der Teilchengröße, doch gibt es in vielen Flüssigkeits-und Gasströmungen geeignete Teilchen, die den Bewegungen der Strömung folgen und damit Direktmessungen der Fluidgeschwindigkeiten zulassen. Falls die auftretenden Teilchenkonzentrationen zu gering sind, können durch geeignete Teilchengeneratoren zusätzliche Streupartikel in die zu untersuchende Strömung eingebracht werden.

Das Vorhandensein einer Meßtechnik, welche die Strömung nicht beeinträchtigt, ist besonders für Strömungen mit Rücklaufgebieten wichtig, wo eingebrachte mechanische Meßsonden nicht ohne Störung auf die zu untersuchende Strömung bleiben. Ferner wirken sich Meßsonden nachteilig auf Strömungen in Kanälen mit geringen Abmessungen aus, wo eingebrachte mechanische Sonden zur Verdrängung des Strömungsmediums und damit zu Störungen des Strömungsverhältnisses führen. Ungünstige Meßbedingungen, wie sie in Flammen und anderen Verbrennungssystemen auftreten, schließen oftmals den Einsatz mechanischer Meßsonden aus, da die auftretenden Temperaturen zu Zerstörungen der Sonden führen. Optische Meßverfahren können hier von Vorteil sein, da solche Zerstörungen nicht auftreten.

Die Hitzdraht-Anemometrie bzw. Heißfilm-Anemometrie war bis zur Entwicklung der Laser-Doppler-Anemometrie die bedeutendste experimentelle Methode für quantitative Untersuchungen der Struktur turbulenter Strömungen. Diese Technik hat zu einer Vielzahl quantitativer Informationen über turbulente Strömungen geführt, ihre Anwendung beschränkt sich jedoch im wesentlichen auf Strömungen außerhalb von Rückströmgebieten und auf Strömungen von Fluiden mit konstanten Eigenschaften wie Dichte, Temperatur etc., sowie auf geringe Strömungsgeschwindigkeiten und geringe Turbulenzintensitäten. Die Laser-Doppler-Anemometrie unterliegt nicht den Einschränkungen in der Anwendung, die für die Hitzdraht- und Heißfilm-Anemometrie gegeben sind, d.h., die Laser-Doppler-Anemometrie beschränkt sich nicht auf Anwendungen für Strömungsmessungen, die nur unter kontrollierbaren Laborbedingungen durchführbar sind. Jedoch hat auch dieses optische Meßverfahren seine Grenzen, wie in den nachfolgenden Kapiteln dieses Buches aufgezeigt wird.

Die Bedeutung des Begriffes "Laser-Doppler-Anemometrie", oder seiner Variationen, "Laser-Anemometrie", "Optische Anemometrie", "Laser-Doppler-Velocimetrie" usw., wird im folgenden Abschnitt 1.1 näher erläutert, wo eine Klassifizierung der etablierten optischen Meßverfahren vorgenommen wird. Der Abschnitt zeigt, daß die Laser-Doppler-Anemometrie eine Weiterentwicklung konventioneller Meßverfahren darstellt. Die optischen Bestandteile eines Laser-Doppler-Anemometers werden in diesem Abschnitt aufgezeigt und verschiedene Möglichkeiten werden beschrieben, diese für optische Geschwindigkeitsmessungen einzusetzen. Im nachfolgenden Abschnitt 1.2 wird auf die praktische Relevanz der Meßtechnik hingewiesen, in dem die relevanten Strömungseigenschaften, die im Prinzip mit dem Verfahren gemessen werden können, aufgezeigt und erläutert werden. Diese Betrachtungen fassen nicht nur die experimentellen und theoretischen Grundlagen der mit dem Laser-Doppler-Anemometer zu messenden Größen zusammen, sondern weisen auf die Größen hin, deren experimentelle Bestimmung erforderlich ist und was die Autoren veranlaßte, die in diesem Buch beschriebene Meßtechnik zu entwickeln und anzuwenden. Auf diese Weise soll aufgezeigt werden, daß strömungsmechanisch relevante Messungen mittels der Laser-Doppler-Anemometrie durchgeführt werden können, die darüber hinaus auch für die Ingenieurpraxis von Wichtigkeit sind.

Um die Möglichkeit zu geben, das vorliegende Buch im Zusammenhang mit der historischen Entwicklung der Laser-Doppler-Anemometrie zu sehen, wurde der Unterabschnitt 1.3 aufgenommen, der einen kurzen Überblick über die wichtigsten, veröffentlichten Beiträge zu diesem Thema gibt. Dieser Überblick erhebt keinen Anspruch auf Vollständigkeit bezüglich der zu diesem Thema in den letzten Jahren erschienenen Berichte und Veröffentlichungen. Es ist lediglich beabsichtigt, die Entwicklung der Laser-Doppler-Anemometrie anhand einiger Veröffentlichungen aufzuzeigen und es so dem Leser zu ermöglichen, den vorliegenden Beitrag zur Laser-Doppler-Anemometrie in die dargestellte Entwicklung einzuordnen. Der in Abschnitt 1.3 gegebene Überblick stützt sich im wesentlichen auf eine Veröffentlichung von Durst, Melling und Whitelaw (1972), wurde aber durch einige Beiträge aktualisiert und erweitert. Diese Erweiterung floß teilweise in Kapitel 13 ein, in dem neuere Messungen besprochen werden, von denen viele in den Laboratorien der Verfasser vorgenommen wurden und anhand derer der sinnvolle Einsatz der Laser-Doppler-Anemometrie demonstriert wird. Der Hauptteil der in diesem Buch beschriebenen Forschungen und Entwicklungen ist am LSTM-Erlangen entstanden.

1.1 OPTISCHE MESSVERFAHREN

Optische Meßverfahren lassen sich in zwei Hauptgruppen unterteilen, von denen die eine solche Verfahren umfaßt, die Informationen über die räumliche Intensitätsverteilung des Bildes eines Gegenstandes liefern oder diese einsetzen, um physikalische Gegebenheiten zu messen. Die zweite Gruppe umfaßt Meßmethoden, die zusätzliche Informationen über die Phasenverteilung der von einem Gegenstand kommenden Lichtwellen aufzeigen, die gleichfalls zur Messung physikalischer Gegebenheiten herangezogen werden können. Die Photographie einerseits und die Holographie andererseits können als zwei typische Repräsentanten der beiden Klassen von Meßverfahren angegeben werden. Beide sind in Abbildung 1 aufgeführt, zusammen mit anderen Meßmethoden, die den erwähnten Gruppen zugeordnet werden können. Die die Gruppen kennzeichnenden Eigenschaften sollen in der folgenden Abbildung herausgestellt werden und zwar im Rahmen von Erläuterungen zu dem genannten Meßverfahren sowie zu anderen ähnlichen Meßmethoden, die in der modernen optischen Meßtechnik Anwendung finden,

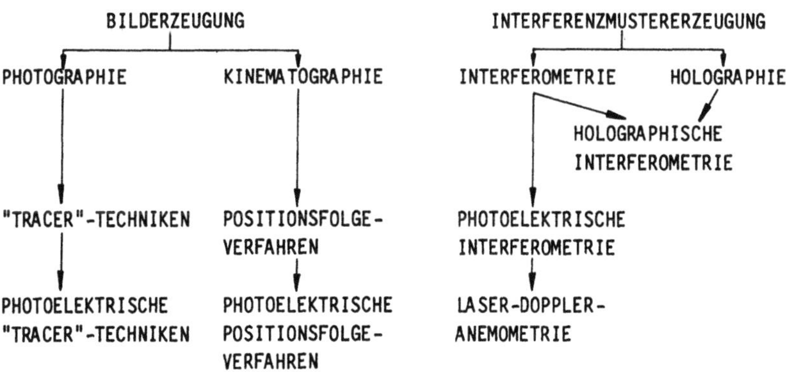

Abb. 1: Aufteilung optischer Meßverfahren in zwei Hauptgruppen

Allgemeine Unterscheidungsmerkmale, die zur Charakterisierung der in Abbildung 1 aufgeführten Gruppen von Meßverfahren angeführt werden, sind die Bilderzeugung einerseits und die Erzeugung von Interferenzmustern andererseits. Die Photographie und Kinematographie nehmen die zweidimensionalen Bilder von Gegenständen auf, die durch die Überlagerung der von den Gegenständen ausgehenden Elementarwellen in der Brennebene eines Linsensystems erzeugt werden. Die Bildaufnahmen enthalten die oben genannten Intensitätsinformationen, die durch die vom Gegenstand ausgehenden Lichtintensitäten gegeben sind. Die Interferometrie und Holographie erfordern die Interferenz kohärenter Lichtwellen, um den in der Phase der von einem Gegenstand kommenden Welle vorliegenden Informationsgehalt in der Form von Interferenzstreifen zu speichern. Beide Gruppen von Meßverfahren bedienen sich photographischer Emulsionen, um Bildinformationen und Interferenzstreifenmuster zu speichern. Bei sich schnell abspielenden Vorgängen werden Photodetektoren - wie Photomultiplier, Photodioden und Avalanchephotodioden - zur Detektion herangezogen. Die Gruppe der optischen Meßverfahren, die durch die Bilderzeugung gekennzeichnet ist, umfaßt Methoden, die zur Messung der Geschwindigkeit von Spurenteilchen (Tracer) entwickelt wurden. Diese Methode zeichnet die Spur des Bildes eines von einer Flüssigkeit bewegten Teilchens auf, zusammen mit einem geeigneten Längenmaßstab. Die für die photographische Aufzeichnung des Teilchenbildes verwendete Belichtungszeit und die resultierende Spurlänge ermöglicht die Berechnung der gesuchten Teilchengeschwindigkeit. Die photographische Aufzeichnung erübrigt sich, falls ein Photodetektor mit einem vorgeschalteten Gitter für die Messungen eingesetzt wird. Die Lichtintensitätsvariationen, die durch die Bewegung des Teilchenbildes entlang des Gitters verursacht werden, erlauben die Berechnung der Teilchengeschwindigkeit über die bekannte Gitterkonstante. Dies wurde von Gaster (1964) gezeigt, der dieses photoelektrische Verfahren zur Teilchengeschwindigkeitsmessung einsetzte. Durch Bewegung des Gitters war es ihm möglich, neben dem Betrag der Teilchengeschwindigkeit auch die Bewegungsrichtung zu ermitteln. Das Bild von Spurenteilchen kann für Geschwindigkeitsmessungen auch kinematographisch aufgezeichnet werden, wie dies für den besonderen Fall von Wasserstoffbläschen von Kim et al., (1971) gezeigt wurde. Die Zeit zwischen den einzelnen Bildern einer Filmaufnahme und die photographisch festgehaltenen Positionsänderungen der Wasserstoffbläschen wurden zur Geschwindigkeitsbestimmung herangezogen, um wertvolle Informationen über Grenzschichtströmungen zu ermitteln. Die Auswertung kann wesentlich vereinfacht werden, falls die Signale nicht kinematographisch aufgezeichnet werden, sondern Lageänderungen durch ein Feld von Photodetektoren erfaßt werden.

Es gibt eine Reihe optischer Meßmethoden, die der Gruppe zuzuordnen sind, der die Photographie angehört, die jedoch nicht Gegenstände im herkömmlichen Sinne zur Erzeugung der aufzuzeichnenden Lichtwellen benötigen und oftmals Photodetektoren zur Messung einsetzen. Diese Meßmethoden umfassen die als Schatten- und Schlierenmeßverfahren bekannten Methoden sowie einige der optischen Meßmethoden, die auf Streu- und Absorptionsmessungen beruhen. Meßverfahren dieser Art eignen sich nur bedingt zur Messung von Teilchen- bzw. Strömungsgeschwindigkeiten und zwar besonders deshalb nicht, weil die ankommenden Lichtwellen kaum Phaseninformationen enthalten. Die bei Schattenverfahren auftretenden Hell-Dunkel-Felder resultieren von Lichtstrahlen, die Medien mit einer räumlichen Brechungsindexverteilung durchlaufen haben. Auftretende Berechnungsindexgradienten führen zur Lichtbrechung und damit zu Strahlgebieten mit reduzierter bzw. erhöhter Intensität. Die Intensitätsvariationen im Lichtstrahl lassen qualitative Messungen - in manchen Sonderfällen auch quantitative - der in den von den Lichtstrahlen durchdrungenen Medien vorliegenden Temperatur- bzw. Dichtefelder zu. Dies wurde von Weinberg (1963) gezeigt, der eine ausführliche Abschätzung der Empfindlichkeit des Schattenverfahrens angab und der Beziehungen zwischen den Informationen des Schattenbildes und der Temperaturverteilung in Flammen aufzeigte. Schlieren-Methoden benutzen das gleiche Prinzip wie Schattenverfahren, ergeben jedoch eine erhöhte Empfindlichkeit durch Einbringen von Lochblenden, die das nicht abgelenkte Licht aus dem resultierenden Dunkelfeld entfernen. Ein Versuch, die von Schlierenverfahren gelieferten Informationen mit einem Photomultiplier aufzunehmen, um damit Geschwindigkeitsinformationen zu erhalten, wurde von Davis (1971) unternommen. Methoden, welche Lichtstreuung und Absorption der Lichtwellen ausnutzen, wurden von Becker et al. (1967) und von Fischer und Krause (1967) angegeben und gleichfalls zur Ermittlung von Geschwindigkeitsinformationen eingesetzt. Das von Becker et al. (1967) angegebene Verfahren mißt die örtlichen Konzentrationsschwankungen von Streuteilchen über die Intensitätsschwankungen des von den Teilchen ausgesandten Streulichtes. Die von Fischer und Krause (1967) angegebene Methode benutzt Korrelationen der Intensitätsfluktuationen infolge Absorption, um Informationen über Konvektionsgeschwindigkeiten und Abmessungen von Turbulenzballen zu erhalten.

Die Gruppe optischer Meßverfahren, die durch die Bildung von Interferenzmustern charakterisiert wird, ermöglicht die Bestimmung der Teilchengeschwindigkeit durch Messung der Durchgangszeit des Teilchens durch eine Zahl von Interferenzstreifen bekannter Größe. Diese Technik, die auf verschiedene Weise angewandt werden kann, wird als Laser-Doppler-Anemometrie bezeichnet und ist Gegenstand dieses Buches. Sie ist mit der Interferometrie und Holographie eng verwandt, die beide Interferenzmuster verwenden, aber normalerweise nicht zur Geschwindigkeitsmessung benutzt werden.

Der Leser wird auf das Buch von Francon (1966) verwiesen, welches detaillierte Information über die Interferometrie enthält und bezüglich der Holographie auf die Werke von Caulfield und Lu (1970) und Colier, Burghart und Lin (1971). Der Aufsatz von Schwar, Thong und Weinberg (1970), zeigt die enge Verwandtschaft zwischen Interferometrie und Laser-Doppler-Anemometrie und die Monographie von Trolinger (1974) verbindet Holographie mit Laser-Doppler-Anemometrie.

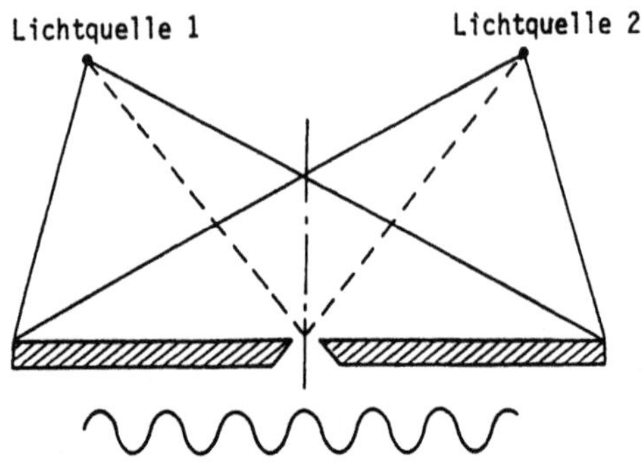

Abb. 2: Interferenzstreifenbewegung über einer Lochblende

Abbildung 2 zeigt das Interferenzmuster, das durch zwei kohärente Lichtstrahlen erzeugt wird, die z.B. von Punkten derselben Wellenfront einer
Primärwelle stammen können. Die auf einem Schirm entstehenden Interferenzstreifen verändern ihre Lage, wenn sich die beiden Strahlenquellen zusammen
bewegen. Eine Parallelbewegung zum Schirm resultiert in Intensitätsverände-
rungen an einem für Meßzwecke in dem Schirm angebrachten Spalt. Ein hinter
dem Schirm angebrachter Photodetektor registriert diese Intensitätsänderungen und führt zu einem Signal, dessen Frequenz der Geschwindigkeit der bewegten Strahlenquelle proportional ist. Kennt man den Interferenzstreifenabstand und mißt man die Frequenz des am Photodetektor entstehenden Signals, so läßt sich die Geschwindigkeit der Doppellichtquelle errechnen.

Die Laser-Doppler-Anemometrie verwendet eine Erweiterung des oben beschriebenen Meßprinzips. Ihre Funktionsweise ist daher vollständig mit Begriffen
und Methoden beschreibbar, die in der Interferometrie und der Holographie
angewendet werden. Das für die Geschwindigkeitsmessung benötigte Interferenzmuster ist durch sich am Meßpunkt kreuzende Lichtstrahlen erzeugt vor-
stellbar. Bewegen sich Teilchen durch diesen Meßpunkt, so erzeugen sie aufgrund der lokalen Intensitätsvariationen Streulicht, dessen Intensität
gleichfalls Schwankungen zeigt.

Zur Aufzeichnung dieser Intensitätsänderungen werden Photodetektoren benutzt, welche die Intensitätsvariationen des Streulichtes in elektrische
Signale umwandeln und so die Signalfrequenz mittels geeigneter Elektroniken
zu messen erlauben. Diese Frequenz ist der Geschwindigkeitskomponente eines
Teilchens senkrecht zum Interferenzmuster im Meßvolumen proportional. Kennt
man den Interferenzstreifenabstand, so läßt sich diese Geschwindigkeitskomponente über die gemessene Signalfrequenz errechnen.

Die für die Laser-Doppler-Anemometrie notwendige Interferenz von Lichtquellen läßt sich im allgemeinen auf drei Arten erzeugen, die zu verschie-

denen optischen Systemen führen und die als Zweistrahl- oder Interferenz-
streifen-, Referenzstrahl- und Zweistreustrahlsysteme bezeichnet werden.
Ähnlichkeiten und Unterschiede zwischen diesen Systemen werden in den Kapiteln 3 und 4 erläutert. Für den Augenblick reicht es aus, das oben übermit-
telte Wissen festzuhalten, daß die Interferenz zweier kohärenter Lichtstrahlen zur Bildung eines Interferenzmusters führt, das mittels Photodetektoren in elektronische Signale umgewandelt werden kann. Es läßt sich
zeigen, daß die so entstehenden Laser-Doppler-Signale auch durch Interferenzmuster erklärt werden können, die real oder virtuell sind, je nachdem,
ob zwei einfallende Lichtstrahlen im Meßvolumen gekreuzt werden oder gestreute Lichtwellen zur Erzeugung der Interferenz am Photodetektor Anwendung finden. Welche Methode der Interferenzerzeugung auch immer benutzt
wird, ein Laser-Doppler-Anemometer umfaßt stets einen Laser als Lichtquelle, der die Anforderungen bezüglich Kohärenz und erforderlicher Lichtleistung erfüllt. Dieser Lichtquelle sind optische Anordnungen zur Aufteilung des Laserstrahls und zu dessen Fokussierung nachgeschaltet. Das vom
Meßvolumen gestreute Licht wird über ein optisches System aufgefangen und
auf die Blende eines Photodetektors fokussiert, an dessen Ausgang sich ein
Signal proportional der anfallenden Lichtintensität ergibt. Abbildung 3
stellt eine typische Anordnung eines Laser-Doppler-Anemometers dar und be-
nennt die einzelnen Bestandteile eines solchen Systems.

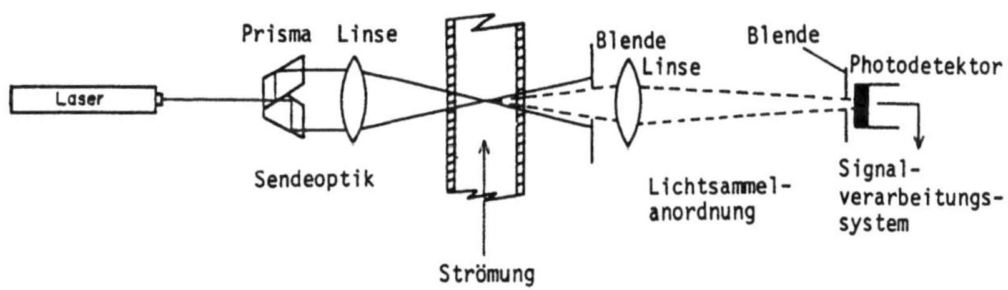

<u>Abb. 3:</u> Typische Anordnung eines Laser-Doppler-Anemometers

Der für Laser-Doppler-Messungen eingesetzte Laser muß hinsichtlich der notwendigen Lichtintensität ausgewählt werden. Wie Abbildung 3 zeigt wird der
Laserstrahl durch geeignete Komponenten zunächst aufgespalten. Die beiden
resultierenden Strahlen werden über eine Linse im eigentlichen Meßvolumen
fokussiert, in dem man sich Interferenzstreifen vorstellen kann, die durch
Interferenz der beiden einfallenden Strahlen erzeugt werden. Ein Teil dieses Interferenzmusters wird durch das Lichtkollektionssystem auf eine Blende vor dem Photodetektor abgebildet. Das durch diese Blende einfallende

Laserlicht wird durch den Photodetektor in ein elektrisches Signal umgewandelt, das durch geeignete Signalverarbeitung in Bezug auf die Signalfrequenz ausgewertet wird. Diese Frequenz ist proportional der Geschwindigkeitskomponente der Streuteilchen senkrecht zum "Interferenzmuster im Meßvolumen".

Die Komponenten eines Laser-Doppler-Anemometers, die in Abbildung 3 schematisch dargestellt sind, werden im einzelnen in diesem Buch beschrieben und ihre Funktionsweise erläutert. Detailbetrachtungen über die Photodetektion und die Auslegung optischer Systeme werden durchgeführt. Geeignete Signalverarbeitungssysteme werden dargestellt und in ihrer Anwendung beschrieben.

1.2 <u>BEDEUTUNG FÜR DIE STRÖMUNGSMECHANIK</u>

Für lokale Messungen mittlerer Strömungsgeschwindigkeiten werden in der Strömungsmechanik konventionelle Sonden - wie Pitot-Rohre, Propellermeter und Wirbelsonden - eingesetzt. Lokale Messungen der Momentangeschwindigkeit lassen sich mittels Hitzdraht- und Heißfilmanemometern durchführen. Diese Geräte führen nicht nur zu Informationen über das mittlere Geschwindigkeitsfeld, sondern ermöglichen es auch, Detailinformationen über die turbulenten Schwankungen der Strömungsgeschwindigkeit zu erhalten. Diese Messungen erfolgen über Temperatursensoren, die durch die lokale Strömungsgeschwindigkeit gekühlt werden. In vielen Strömungsfällen ist dies mit Störungen der Strömung verbunden und zudem weisen die Meßsonden eine Empfindlichkeit gegenüber den in der Strömung mitgeführten Partikeln auf. Im Gegensatz dazu lassen sich mit Hilfe von Laser-Doppler-Anemometern Strömungen nahezu störungsfrei vermessen. Dabei ist das Verfahren in weiten Bereichen nicht durch die in dem Fluid mitgeführten Partikel gestört, sondern es nutzt diese für die Geschwindigkeitsmessungen aus. Da es sich bei der Laser-Doppler-Anemometrie um ein optisches Verfahren handelt sind jedoch Messungen nur in transparenten Medien möglich, und es ist zudem erforderlich, daß der Meßpunkt optisch zugänglich ist. Trotz dieser Einschränkungen ist die praktische Bedeutung der Laser-Doppler-Anemometrie für die Strömungsmechanik heute unumstritten und in dem vorliegenden Abschnitt soll auf diese Bedeutung eingegangen werden, wobei im besonderen auf die Möglichkeiten hingewiesen wird, Informationen zu erhalten, die heute für die Entwicklung von Turbulenzmodellen benötigt werden. Darüber hinaus sind Messungen mittlerer Strömungsgeschwindigkeiten mit extrem hoher Genauigkeit möglich und Messungen von Geschwindigkeitsvariationen sind mit hoher zeitlicher und räumlicher Auflösung durchführbar.

Messungen des Massen- und Volumenstromes sind in vielen Bereichen der Technik notwendig, und es sind Verfahren entwickelt worden - wie Rotameter, Venturidüsen, Meßblenden, Wirbelstrommeter etc. - die solche Messungen mit großer Einfachheit durchzuführen erlauben, nachdem eine Kalibrierung vorgenommen wurde; oftmals wird der praktische Einsatz dieser Geräte dadurch erschwert, daß die Anzeigen (Meßwerte) dichte- und druckabhängig sind und damit Volumenstrommessungen nur durch Umrechnungen erhalten werden können. Dies führt zu Problemen bei Volumenstrommessungen im Hochdruckbereich, wo Probleme genauer Volumenstrommessungen bis heute nicht gelöst sind.

Im Gegensatz zu den oben erwähnten Geräten für Volumenstrommessungen erlauben Hitzdrahtsonden lokale Messungen des Produktes aus $\rho\hat{U}$, wobei ρ die lokale Dichte des Mediums darstellt und $\hat{U}$ die lokale Momentangeschwindigkeit. Durch Integration über das gesamte Strömungsprofil erlauben Hitzdrahtsonden gleichfalls Volumenstrommessungen, nachdem wiederum eine Kalibrierung vorgenommen wurde. Unter Einsatz von bestimmten Düsenformen, die zu einem bestimmten Strömungsprofil bei vorgegebener Axialgeschwindigkeit führen, lassen sich die Volumenstrommessungen dadurch vereinfachen, daß nur noch die Axialgeschwindigkeit gemessen werden muß.

Der Einsatz von Laser-Doppler-Anemometern für Volumenstrommessungen läßt sich mit dem Einsatz von Hitzdrahtanemometern vergleichen, wobei jedoch die Laser-Doppler-Anemometrie dichteunempfindliche Messungen durchzuführen erlaubt und damit zu direkten Volumenströmen führt. Ähnlich den Hitzdrahtanemometern mißt ein Laser-Doppler-Anemometer die örtliche Momentangeschwindigkeit $\hat{U}$, über welche durch Integration die zeitlich gemittelte Geschwindigkeit ermittelt werden kann. Durch Integration über ein gemessenes Geschwindigkeitsprofil oder durch Kenntnis der Profilform und der Strömungsquerschnittsfläche, läßt sich der Volumenstrom durch eine Düse bzw. durch ein Rohr ermitteln. Gegenüber der Hitzdrahtanemometrie bietet die Laser-Doppler-Anemometrie den Vorteil, daß keine Sonden in die Strömung eingebracht werden müssen und daher keine Strömungsverfälschungen auftreten. Darüber hinaus liefert sie eine extrem hohe Meßgenauigkeit und erlaubt direkte Geschwindigkeitsmessungen ohne vorherige Eichung. Gegenüber diesen Vorteilen gelten die möglichen Nachteile - wie optischer Zugang zum Meßpunkt, transparentes Strömungsfluid sowie Vorliegen geeigneter Streuteilchen - als nur geringe Einschränkungen der Anwendbarkeit. Wie im vorliegenden Buch noch gezeigt wird, können die verfügbaren Konzentrationen und Größenverteilungen lichtstreuender Teilchen zu Schwierigkeiten führen; aber in vielen Fällen bestehen diese Schwierigkeiten in der Praxis nicht oder können durch Teilchenzugabe, durch eine geeignete Wahl des Lasers und der Signalverarbeitungselektronik überwunden werden. Diese Bemerkungen deuten an, daß sich die Laser-Doppler-Anemometrie in vielen Fällen für die Messung von Strömungsgeschwindigkeiten eignet und durch ihre Eigenschaften auch Anwendung in toxischen, ätzenden oder verdünnt schlammigen Fluiden finden kann. Bis heute werden zur Vermessung solcher Fluide noch keine Laser-Doppler-Verfahren eingesetzt, da sich die Zeitverschiebung zwischen der Erfindung neuer Strömungsmeßgeräte und ihrer Anwendung für praktische Strömungsmessungen auch hier bemerkbar macht.

Laser-Doppler-Anemometer zeichnen sich durch ihre hohe zeitliche Auflösung aus, die es ihnen ermöglicht, schnellen Geschwindigkeitsänderungen zu folgen. Damit können schnelle Geschwindigkeitsfluktuationen in Strömungssystemen vermessen werden, um über diese Messungen auf eventuelle Ursachen der Fluktuationen zu schließen. Anwendungen für solche Untersuchungen können in Zukunft mit Laser-Doppler-Anemometern ohne Schwierigkeiten durchgeführt werden. Darüber hinaus werden sie auch Anwendung zur Eichung von Staudrucksonden finden, wie sie z.B. von Blake und Jesperson (1972) und Crane und Melling (1975) bereits durchgeführt wurden. Ferner zeichnen sich Messungen von Windgeschwindigkeiten ab, die über größere Entfernungen erfolgen können, siehe Huffaker, Jelalian und Thomson (1970), Hughes et al. (1972).

Eine besondere Bedeutung kommt der Anwendung der Laser-Doppler-Anemometrie in der Forschung und Entwicklung zu. Schon heute finden Systeme dieser Art Anwendung, um in Modellen von Hochöfen, Gas- und Dampfturbinen, Kolbenmotoren und in Strömungsanlagen der chemischen Industrie Geschwindigkeitsmessungen durchzuführen, bei denen die mittlere Geschwindigkeit und die Korrelation von Geschwindigkeitsfluktuationen von Interesse sind. Die so gewonnenen Informationen können von Entwicklungsingenieuren zur Verbesserung und Optimierung von Anlagen herangezogen werden. Da jedoch die Kosten experimenteller Entwicklungsarbeiten außerordentlich hoch sind, wird gelegentlich bei Optimierungsaufgaben versucht, die Zahl der erforderlichen Experimente drastisch zu senken. Dies wird oftmals dadurch möglich, daß parallel zu den experimentellen Untersuchungen Lösungen der Strömungsprobleme mittels Computerprogrammen gesucht werden, die allgemeine Lösungsverfahren für die Grundgleichungen der Strömungsmechanik beinhalten. Lösungen für laminare Strömungen erfordern im allgemeinen nur den Einsatz von finiten Differenzenverfahren unter Berücksichtigung thermodynamischer Grundgleichungen und der durch Strömungsgeometrien aufgeprägten Randbedingungen. Dasselbe Vorgehen ist für turbulente Strömungsprobleme leider nicht möglich, da sich turbulente Strömungen aus kleinen Turbulenzelementen zusammensetzen, deren Berechnung sehr viele Knotenpunkte in einem finiten Differenzenschema erfordern. Dieses führt zu einem sehr hohen Rechen- und Speicheraufwand, der sich mit den heutigen Computern nicht bewältigen läßt. Somit sind Berechnungen turbulenter Strömungen nur durch die Lösung der Reynoldsschen Gleichungen möglich, die durch Einführen einer mittleren Geschwindigkeit und turbulenter Geschwindigkeitsschwankungen aus den Navier-Stokesschen Gleichungen abgeleitet werden. Das so erhaltene Gleichungssystem muß über Turbulenzmodelle geschlossen werden und der Entwicklung dieser Turbulenzmodelle wird in der modernen Strömungsmechanik eine große Bedeutung beigemessen. Trotz der gegenwärtigen Zunahme an Computerkapazität läßt sich voraussagen, daß Turbulenzmodelle bei Berechnungen von turbulenten Strömungen noch lange Anwendung finden werden und daß damit der Weiterentwicklung dieser Modelle auch in Zukunft große Bedeutung zukommt. Solche Weiterenwicklungen erfordern jedoch Detailmessungen in Strömungen, die mittels Laser-Doppler-Anemometern möglich sind.

Die Notwendigkeit für Turbulenzmodelle entspringt unserer Unfähigkeit, den Satz der strömungsmechanischen Grundgleichungen mit den heute zur Verfügung stehenden Computern zu lösen. Diese Grundgleichungen lauten:

Impulsgleichungen (Navier-Stokes-Gleichungen):

$$\frac{\partial}{\partial t}\hat{U}_i + \hat{U}_j \frac{\partial}{\partial x_j}\hat{U}_i = -\frac{1}{\rho}\frac{\partial}{\partial x_i}\hat{P} + \frac{1}{\rho}\frac{\partial}{\partial x_j}\left(\mu \frac{\partial}{\partial x_j}\hat{U}_i\right) \tag{1.1}$$

Kontinuitätsgleichung:

$$\frac{\partial \rho}{\partial t} + \frac{\partial}{\partial x_i}\rho\hat{U}_i = 0 \tag{1.2}$$

Um zu einem Satz von Gleichungen zu kommen, der mit existierenden Computern gelöst werden kann, führen wir für die zeitabhängige Momentangeschwindigkeit eine mittlere Geschwindigkeit und eine Schwankungsgröße ein, d.h.

$$U_i = \lim_{(T_1 - T_2) \to \infty} \frac{1}{T_1 - T_2}\int_{T_2}^{T_1} \hat{U}_i(x_1, x_2, x_3, t)\, dt\,. \tag{1.3}$$

Zusammen mit den Definitionen

$$\hat{U}_i = U_i + u_i\,, \qquad \hat{P} = P + p \tag{1.4}$$

führt dies zu den Gleichungen:

$$U_j \frac{\partial}{\partial x_j}U_i = -\frac{1}{\rho}\frac{\partial P}{\partial x_i} + \frac{1}{\rho}\frac{\partial}{\partial x_j}\left(\mu \frac{\partial U_i}{\partial x_j}\right) - \frac{\partial}{\partial x_j}\overline{u_i u_j} \tag{1.5}$$

und

$$\frac{\partial}{\partial x_i}(\rho U_i) = 0\,. \tag{1.6}$$

Die so abgeleiteten Grundgleichungen für turbulente Strömungen (1.5) und (1.6) sind mit Hilfe numerischer Verfahren lösbar, wie sie von Patankar und Spalding (1969, 1972), Gosman et al. (1969) und Harlow und Amsden (1971) angegeben wurden. In diesen Gleichungen treten jedoch zusätzliche Unbekannte auf, die Korrelationen der Geschwindigkeitsschwankungen darstellen und über die weitere Informationen angegeben werden müssen, bevor das obige Gleichungssystem lösbar ist. Diese Informationen werden über Turbulenzmodelle in die Berechnungen eingebracht. Dies sei für eine vereinfachte Form der Gleichungen (1.5) und (1.6) verdeutlicht und zwar für die zweidimensionalen Grenzschichtgleichungen, die in den nachfolgenden Gleichungen angegeben sind:

$$U_1 \frac{\partial U_1}{\partial x_1} + U_2 \frac{\partial U_1}{\partial x_2} = -\frac{1}{\rho}\frac{dP}{dx_1} + \frac{1}{\rho}\frac{\partial}{\partial x_2}\left(\mu \frac{\partial U_1}{\partial x_2} - \rho \overline{u_1 u_2}\right) \qquad (1.7)$$

und

$$\frac{\partial(\rho U_1)}{\partial x_1} + \frac{\partial(\rho U_2)}{\partial x_2} = 0 \, . \qquad (1.8)$$

Die verschiedenen Bestrebungen, Turbulenzmodelle in die Berechnungen praktischer Strömungen einzubringen, haben zu verschiedenen Vorschlägen geführt, die in der Zusammenstellung in Tabelle 1 aufgeführt sind.

Diese Systeme von Gleichungen waren Gegenstand intensiver Forschungen von Kollegen am Imperial College, deren Ergebnisse in separaten Arbeiten publiziert sind. Zusammenstellungen dieser Ergebnisse sind z. B. von Launder und Spalding (1972), Launder et al. (1972) und Hanjalic und Launder (1972) herausgebracht worden.

Die ersten beiden Turbulenzmodelle, die den Zusammenhang zwischen $\overline{uv}$ und typischen Abmessungen von Turbulenzballen, der kinetischen Energie und Gradienten des mittleren Geschwindigkeitsfeldes angeben, erfordern die empirische Angabe der Größen 1 und L, von denen uv per Definition abhängt. Die Grundlage solcher Spezifizierungen bilden Messungen von $\overline{uv}$, $k^{1/2}$ und $\partial U_1/\partial x_2$. Desweiteren werden in Gleichungen für Turbulenzgrößen oftmals Vereinfachungen eingeführt, wie z.B. in der Gleichung für die turbulente kinetische Energie k, in der die Ausdrücke für die Diffusion und Dissipation angenähert wurden. Die genauen Formen der Ausdrücke für die Diffusion und Dissipation lauten:

$$\frac{\partial}{\partial x_j}\,\overline{u_i^2 u_j} + \frac{2}{\rho}\,\overline{u_i \frac{\partial p}{\partial x_i}} + \nu \frac{\partial^2}{\partial x_j^2}\,\overline{u_i^2}$$

und $\qquad \nu \overline{\left(\frac{\partial u_i}{\partial x_j}\right)^2} \, .$

Entsprechend den obigen Gleichungen haben die Korrelationen, die in den genauen Formen der Gleichungen in den k-ε und k-ε-$\overline{uv}$-Modellen enthalten sind, komplizierte Formen. Diese werden oftmals wiederum durch Näherungen ausgedrückt und die Möglichkeit, diese eingeführten Näherungen direkt zu überprüfen hängt oftmals von der Fähigkeit ab, sowohl die eingeführten Näherungen als auch die genauen Größen zu messen. Der mögliche Beitrag der Laser-Doppler-Anemometrie zur Verifikation von Turbulenzmodellen kann in der Messung der unbekannten, zu modellierenden Größen liegen. Die Bedeutung der Meßtechnik für die Entwicklung von Turbulenzmodellen wird danach erfolgen, inwieweit die Möglichkeit besteht, die in der Tabelle 2 aufgelisteten Größen zu bestimmen:

Inwieweit Messungen dieser Größen mittels Laser-Doppler-Anemometer durchgeführt werden können, hängt von den besonderen Strömungsbedingungen ab, die bei den Messungen vorliegen. Eine Abschätzung der Möglichkeiten kann mit Hilfe der Angaben über bereits durchgeführte Messungen erfolgen, die in Kapitel 13 aufgeführt sind.

<u>Tabelle 1</u>: Turbulenzmodelle

Mischungswegmodell

$$-\overline{uv} \;=\; \ell^2 \left|\frac{\partial U_1}{\partial x_2}\right| \frac{\partial U_1}{\partial x_2}$$

Energiemodell

$$-\overline{uv} \;=\; C_\mu k^{1/2} L \,\frac{\partial U_1}{\partial x_2}$$

$$U_1 \frac{\partial k}{\partial x_1} + U_2 \frac{\partial k}{\partial x_2} \;=\; \frac{\partial}{\partial x_2}\left(\frac{C_\mu k^{1/2} L}{\sigma_k}\,\frac{\partial k}{\partial x_2}\right) - \overline{uv}\,\frac{\partial U_1}{\partial x_2} - \frac{k^{3/2}}{\ell_D}$$

k-ϵ -Modell

$$-\overline{uv} \;=\; C_\mu k^{1/2} L \,\frac{\partial U_1}{\partial x_2}$$

$$U_1 \frac{\partial k}{\partial x_1} + U_2 \frac{\partial k}{\partial x_2} \;=\; \frac{\partial}{\partial x_2}\left(\frac{C_\mu k^{1/2} L}{\sigma_k}\,\frac{\partial k}{\partial x_2}\right) - \overline{uv}\,\frac{\partial U_1}{\partial x_2} - \epsilon$$

$$U_1 \frac{\partial \epsilon}{\partial x_1} + U_2 \frac{\partial c}{\partial x_2} \;=\; \frac{\partial}{\partial x_2}\left(\frac{C_\mu k^{1/2} L}{\sigma_\epsilon}\,\frac{\partial F}{\partial x_2}\right) -$$

$$- C_{\epsilon,1}\,\frac{\epsilon}{k}\,\overline{uv}\,\frac{\partial U_1}{\partial x_2} - C_{\epsilon,2}\,\frac{\epsilon^2}{k}$$

Reynoldsspannungsmodell

$$U_1 \frac{\partial k}{\partial x_1} + U_2 \frac{\partial k}{\partial x_2} \;=\; C_s \frac{\partial}{\partial x_2}\left[\frac{k^2}{\epsilon}\,\frac{\partial k}{\partial x_2}\right] - \overline{uv}\,\frac{\partial U_1}{\partial x_2} - \epsilon$$

$$U_1 \frac{\partial \epsilon}{\partial x_1} + U_2 \frac{\partial \epsilon}{\partial x_2} \;=\; C_\epsilon \frac{\partial}{\partial x_2}\left[\frac{k^2}{\epsilon}\,\frac{\partial \epsilon}{\partial x_2}\right] - C_{\epsilon,1}\,\frac{\overline{uv}}{k}\,\epsilon\,\frac{\partial U_1}{\partial x_2} - C_{\epsilon,2}\,\frac{\epsilon^2}{k}$$

$$U_1 \frac{\partial \overline{uv}}{\partial x_1} + U_2 \frac{\partial \overline{uv}}{\partial x_2} \;=\; C_s \frac{\partial}{\partial x_2}\left[\frac{k^2}{\epsilon}\,\frac{\partial \overline{uv}}{\partial x_2}\right] - C_{\phi,1}\left[\overline{uv}\,\frac{\epsilon}{k} + C_\mu k\,\frac{\partial U_1}{\partial x_2}\right]$$

Tabelle 2: Meßbare Strömungseigenschaften

$$\hat{U}_i$$

$$\overline{U}_i$$

$$\overline{u_i^2}\,, \qquad \overline{u_i^3}\,, \qquad \overline{u_i^4}\,, \qquad \ldots\ldots$$

$$\overline{u_i u_j}\,, \qquad \overline{u_i u_j^2}\,, \qquad \overline{u_i u_j^3} \qquad \ldots\ldots$$

$$\overline{u_i u_j u_k}\,, \qquad \overline{u_i u_j u_k^2}\,, \qquad \overline{u_i u_j u_k^3} \qquad \ldots\ldots$$

$$\overline{u_i u_j^2 u_k^2}\,, \qquad \overline{u_i u_j^2 u_k^3}\,, \qquad \ldots\ldots$$

etc.

$$\overline{u_{i_A} u_{j_B}}\,, \qquad \overline{u_{i_A} u_{j_B}^2}\,, \qquad \overline{u_{i_A} u_{j_B}^3} \qquad \ldots\ldots$$

etc.

$$P(U)\,; \qquad E_i(k_i)$$

1.3 HISTORISCHER ÜBERBLICK

Dieser Abschnitt des Buches soll den Leser mit der historischen Entwicklung
der Laser-Doppler-Anemometrie vertraut machen und vor allem den Entwicklungsstand zur Zeit der Niederschrift der englischen Fassung des Buches
festhalten. Ergänzende Angaben wurden im Zusammenhang mit der deutschen
Übersetzung angebracht, die auf wichtige Entwicklungen in den letzten Jahren hinweisen. Diese wurden in Kapitel 13 mit aufgenommen. Im Rahmen der
Darstellungen werden viele Literaturquellen angegeben, in denen die Grundlagen des Wissens aufgezeigt sind, auf denen die Laser-Doppler-Anemometrie
aufbaut. Darüber hinaus werden Forschungsergebnisse über diese Meßtechnik
der experimentellen Strömungsmechanik vorgestellt und zusammenfassend in
dem nachfolgenden Kapitel wiedergegeben. Durch diese Darstellung wird der
Versuch unternommen, mit dem Buch ein Nachschlagewerk zu schaffen, das
einen Überblick über dieses neue Teilgebiet der experimentellen Strömungsmechanik gibt.

Das Phänomen der Frequenzverschiebung bei der Strahlung von Wellen von
einem sich bewegenden Körper in Richtung eines stationären Detektors ist
seit vielen Jahren in der Physik bekannt und wird seit langem in vielen Ge-

bieten der Meßtechnik angewandt, um Geschwindigkeiten bewegter Objekte zu bestimmen. Die Gleichung, die die gemessene Dopplerfrequenz ν_D auf die Momentangeschwindigkeit bezieht, kann aus der Dopplerverschiebung der detektierten Strahlung abgeleitet werden. Diese Gleichung läßt sich auch auf Streuobjekte anwenden, deren Eigenbewegung zu einer Frequenzverschiebung in den gestreuten Wellen führen. Durch Überlagerungen von Streuwellen, die von zwei in verschiedenen Richtungen einfallenden Laserstrahlen herrühren, läßt sich eine Differenzfrequenz ableiten, die sich wie folgt angeben läßt:

$$\nu_D = 2 \frac{\nu_o}{c} \hat{U} \sin\varphi$$

Diese Gleichung kann auch durch Interferenzbetrachtungen abgeleitet werden, die im Schnittvolumen der beiden Strahlen ein Interferenzmuster bekannter Größe postulieren, das Intensitätsvariationen im Streulicht bewegter Teilchen hervorruft. Die resultierende Gleichung gibt eine lineare Beziehung zwischen der Momentanfrequenz des Streusignals und der Komponente der Momentangeschwindigkeit senkrecht zum Interferenzmuster an. In der Laser-Doppler-Anemometrie werden als Streukörper suspendierte Teilchen verwendet, die in strömenden Medien natürlich vorhanden sind oder durch geeignete Generatoren erzeugt und zugemischt werden. Die für die gemessene Geschwindigkeitskomponente der mitgeführten Teilchen sich ergebende lineare Beziehung zwischen der Meßgröße ν_D und der gesuchten Geschwindigkeitsinformation, ist für Geschwindigkeitsmessungen besonders günstig, weil sie - im Gegensatz zum Hitzdrahtanemometer - genaue Messungen bei hohen Turbulenzintensitäten erlaubt.

Die obigen Erläuterungen deuten an, daß die Laser-Doppler-Anemometrie ein bekanntes Phänomen der Wellentheorie anwendet, um Informationen über die Geschwindigkeit von Streuteilchen zu erhalten, die in strömenden Medien mitgeführt werden. Das bekannte Prinzip der Physik wird im Zusammenhang mit Lichtwellen angewandt und ermöglicht störungsfeie Messungen in teilchenbeladenen Strömungen. Die erste Anwendung in der Strömungsmechanik wurde von Yeh und Cummins (1964) beschrieben, die Geschwindigkeitsmessungen in einer laminaren, vollentwickelten Wasserströmung durchführten. Seitdem wurde das Meßverfahren in vieler Hinsicht weiterentwickelt, und es konnten Fortschritte erzielt werden, von denen zusammenfassend die Verbesserung des physikalischen Verständnisses, die Entwicklung und Konstruktion neuer, verbesserter optischer Systeme und die Konstruktion von Signalverarbeitungselektroniken zu nennen sind. Heute sind Laser-Doppler-Optiken einsetzbar, die keiner Justierung bedürfen und die leicht auf verschiedene Strömungssituationen angewandt werden können. Unter Einsatz solcher vollentwickelter Laser-Doppler-Systeme sind Messungen in Strömungssituationen möglich, die für andere Instrumente unzugänglich sind. Messungen sind mit Genauigkeiten durchführbar, die in der Strömungsmechanik zuvor nicht erreichbar waren.

Der vorliegende Abschnitt soll diese Entwicklung aufzeigen, wobei die Entwicklung der optischen Anordnungen und die Signalverarbeitungssysteme getrennt dargestellt werden. Ein besonderer Abschnitt widmet sich den lichtstreuenden Teilchen und den Untersuchungen, die über das Folgevermögen angestellt wurden. Auf diese Gebiete der Laser-Doppler-Anemometrie wird im Detail in späteren Kapiteln eingegangen.

1.3.1 OPTISCHE ANORDNUNGEN FÜR LDA-MESSUNGEN

Die für Geschwindigkeitsmessungen meistbenutzten optischen Anordnungen lassen sich in Zweistrahlverfahren (Interferenzstreifensysteme) und in Referenzstrahlverfahren einordnen. Eine dritte Klasse von optischen Anordnungen, die Zweistreustrahlverfahren, wurden in der Entwicklung der Laser-Doppler-Anemometrie vorgeschlagen und auch angewandt, doch kommt ihnen für praktische Messungen keine Bedeutung zu. Auf die grundlegenden Unterschiede zwischen diesen einzelnen Verfahren wird im Abschnitt 3 unter 3.29, 3.30 und 3.31 eingegangen, wo im Detail die Signalentstehung durch Streuteilchen beschrieben wird. Es sei an dieser Stelle jedoch schon erwähnt, daß das Referenzstrahlverfahren einen schwachen Laserstrahl als Lokaloszillator einsetzt, der dem Hauptstrahl durch einen Strahlteiler entnommen wird. Der intensivere Streustrahl wird durch das Meßvolumen geleitet, aus dem Streulicht durch die sich mit dem Fluid bewegenden Streuteilchen kommt. Der Referenzstrahl wird mit diesem Streulicht auf der Kathode eines Photodetektors überlagert und es kommt zu "Schwebungen", deren Frequenz ein Maß für die gemessene Geschwindigkeitskomponente der von der Strömung mitgeführten Streuteilchen darstellt. Die detektierte Signalfrequenz kommt durch die Frequenzverschiebung des gestreuten Lichtes infolge des Dopplereffektes zustande. Durch Überlagerung der frequenzverschobenen Streustrahlung mit dem Referenzstrahl entstehen Schwebungen, die zu Intensitätsvariationen führen, die dann detektiert werden.

Diese Anordnung der Strahlen in Form eines Streustrahles und eines Referenzstrahles wurde in der Pionierarbeit von Yeh und Cummins (1964) benutzt und seitdem von vielen anderen Verfassern aufgegriffen. Goldstein und Hagen (1967), Welch und Tomme (1967) und Pike, Jackson, Bourke und Page (1968) wandten Referenzstrahlsysteme für Laser-Doppler-Messungen in turbulenten Wasserströmungen an. Huffaker, Fuller und Lawrence (1969) und Lewis, Foreman, Watson und Thornton (1968) benutzten Referenzstrahlanordnungen für die Messung turbulenter Luftbewegungen. In neuerer Zeit fanden Referenzstrahl-LDA-Systeme bei Messungen in vielen Strömungskonfigurationen Einsatz, von denen die Messungen in einer laminaren oszillierenden Wasserströmung von Denison, Stevenson und Fox (1971) zu nennen sind. Ferner die Untersuchungen von Strömungen in Blutgefäßen von Goldstein und Kreid (1971), die Bewegung einer Stoßwelle durch Wasser von Anderson, Edlund und Vanzant (1971) und die Messungen in einer Überschallströmung von Jackson und Paul (1971). Referenzstrahl-LDA-Systeme haben sich besonders bei Messungen in solchen Strömungen bewährt, in denen hohe Teilchenkonzentrationen vorliegen.

Das Zweistrahl- oder Interferenzstreifenverfahren wird heute bei den meisten Anwendungen der Laser-Doppler-Anemometrie eingesetzt. Es benutzt zwei Laserstrahlen gleicher Intensität, die im Meßvolumen fokussiert und zum Schnitt gebracht werden. Die Signalentstehung läßt sich durch Lichtstreuung kleiner Teilchen erklären, die sich durch das gemeinsame Schnittvolumen der Laserstrahlen bewegen, in dem Interferenzstreifen angenommen werden können, die von den Teilchen durchlaufen werden. Durch dieses Durchlaufen des Streifenmusters kommt es zu Variationen der Intensität des Streulichtes, die von einem Photodetektor registriert werden. Die Frequenz des entstehenden Signals am Photodetektor ist proportional der Geschwindigkeitskomponente, die senkrecht zum Interferenzstreifenmuster liegt. Optische Systeme dieser Art wurden z.B. von Durst und Whitelaw (1971a,b) zur Messung von mittleren Strömungsgeschwindigkeiten und turbulenten Schwankungsgrößen in einer vollentwickelten turbulenten Wasserkanalströmung und in einer achsensymmetrischen Düsenströmung eingesetzt. Rudd (1972) führte Untersuchungen über die Reibungsminderung durch Zugabe von Polymeren in turbulenten Strömungen durch und Lennert, Trolinger und Smith (1972) setzten optische Systeme dieser Art zur Untersuchung von Wirbeln an Flugzeugtragflächen ein. Vom Stein und Pfeifer (1972a) führten Messungen der Geschwindigkeitsrelaxationen von Mikronteilchen durch, die den Geschwindigkeitsfeldern von Stoßwellen ausgesetzt wurden. Blake und Jesperson (1972) setzten das Interferenzstreifenverfahren für Laser-Doppler-Messungen in Luftströmungen ein, um genaue Eichungen von Stausonden zu erhalten. Über Anwendungen von Laser-Doppler-Anemometern in Verbrennungssystemen berichteten Durst, Melling und Whitelaw (1972b,c), Durao, Durst und Whitelaw (1973) und Baker, Bourke und Whitelaw (1973a,b). Messungen in Strömungskonfigurationen mit besonders kleinen Abmessungen des Kontrollvolumens wurden von Vlachos und Whitelaw (1974a,b) berichtet, die Untersuchungen von Blutströmungen mit speziellen optischen Anordnung durchführten. Diese Anwendungen verdeutlichen, daß heute in den meisten strömungsmechanischen Untersuchungen, die mit Hilfe der Laser-Doppler-Anemometrie durchgeführt werden, Zweistrahlsysteme Einsatz finden.

Die dritte optische Anordnung, die für Laser-Doppler-Messungen Anwendung findet, ist die des Zweistreustrahlverfahrens, das von Mazumder und Wankum (1970), Durst und Whitelaw (1971c) und Mazumder (1972) beschrieben wurde. In diesem Verfahren wird ein einzelner Laserstrahl im Meßvolumen fokussiert, aus dem Streulicht in alle Richtungen durch mitgeführte Teilchen entsteht. In zwei Richtungen, symmetrisch zur Achse des optischen Systems gelegen, wird das Streulicht aufgefangen und durch geeignete Spiegelstrahlteileranordnungen auf einem Photomultiplikator zur Überlagerung gebracht. Bewegt sich ein Teilchen durch das Meßvolumen, so hängt die relative Phase der Streuwellen von der Entfernung der Teilchen von den achsensymmetrischen Detektoröffnungen ab. Werden die durch die Lichtöffnungen hindurchtretenden Strahlen überlagert, so kommt es zu Interferenzerscheinungen, die für bewegte Teilchen zu einem Photomultiplikatorsignal führen, dessen Frequenz wiederum der Geschwindigkeitskomponente proportional ist, die in der Ebene der beiden Streustrahlen liegt und senkrecht zur optischen Achse der beschriebenen Strahlanordnung. Zweistreustrahlmeßverfahren weisen gegenüber den Referenzstrahl-und Interferenzstreifenverfahren keine klaren Vorteile auf, können jedoch für Simultanmessungen von zwei Geschwindigkeitskomponenten in einfacher Form verwendet werden. Bringt man Paare von kleinen Öffnungen für die Detektion des Streulichtes in zwei senkrecht zueinander gelegenen Ebenen an, so führt dies zur Messung von zwei senkrecht zueinander gelegenen Geschwindigkeitskomponenten. Betrachtungen über die Größe der Öffnungen für das Streulicht und damit verbundene Breiterungen des Spektrums des Dopplersignals sind in den oben erwähnten Veröffentlichungen angegeben. Diese Veröffentlichungen gehen auch auf die Grundlagen der Breiterung des Frequenzspektrums der detektierten LDA-Signale ein und erörtern einige spezielle Vorteile der Zweistreustrahlmeßverfahren.

Theoretische Beschreibungen der beiden wichtigsten optischen Anordnungen, der des Referenzstrahl- und des Zweistrahlmeßverfahrens, wurden z.B. von Durst und Whitelaw (1971d) angegeben, die zeigten, daß die Auswertegleichungen für die beiden Verfahren identisch sind. Drain (1972) untersuchte theoretisch die relativen Vorzüge der beiden Anordnungen in Bezug auf das sich einstellende Signal-Rausch-Verhältnis. Aus experimentellen Untersuchungen war schon seit einiger Zeit bekannt, daß das Referenzstrahlmeßverfahren zu besserer Signalqualität bei hohen Teilchenkonzentrationen führt, während das Interferenzstreifenverfahren beim Vorliegen von Einzelteilchen im Meßvolumen vorzuziehen ist. Drain (1972) zeigte, daß dies auf die Anordnung des Detektionssystems zurückzuführen ist, das für die Referenzstrahlmethode einen kleinen, festen Winkel haben sollte, der nur den kohärenten Anteil der gestreuten und überlagerten Lichtwellen auf die Photokathode gelangen läßt. Bei der Anwendung der Interferenzstreifenmethode können erheblich größere Winkel benutzt werden, die nur durch Anforderungen an die räumliche Auflösung und das erforderliche Signal-Rausch-Verhältnis begrenzt sind. Die von Drain (1972) angegebenen Überlegungen berücksichtigen nicht die Lichtabsorption durch die Teilchen außerhalb des Meßvolumens und sind damit nicht anwendbar, wenn die Teilchenkonzentration gegen unendlich geht, obgleich Drain für diesen Fall Schlußfolgerungen seiner Betrachtungen angibt. In der Nichtberücksichtigung der Lichtabsorption sind auch die Unterschiede zu suchen, die zwischen der angegebenen Theorie und experimentellen Untersuchungen gefunden wurden. Experimentelle Vergleiche wurden von Wang und Snyder (1974) durchgeführt und von Lading (1972) und Hanson (1974) wurden die wesentlichen Beiträge zum Verständnis der experimentell gefundenen Ergebnisse geleistet.

Bei den bisherigen Betrachtungen wurde zwischen optischen Anordnungen, die mit vorwärts- und rückwärtsgestreutem Laserlicht arbeiten, nicht unterschieden. Für die aufgeführten prinzipiellen Betrachtungen ist dies auch ohne Bedeutung, nicht jedoch für die praktische Anwendung, die oftmals den Einsatz optischer Systeme erfordert, welche die Signalgewinnung mit gestreutem Licht notwendig machen, das in Richtung der Sendeoptik gestreut wurde. Die drei oben erwähnten optischen Geometrien, die bei LDA-Messungen Anwendung finden, können sowohl mit vorwärts- als auch mit rückwärtsgestreutem Licht betrieben werden. Die meisten bis jetzt bekannten Messungen wurden mit Anordnungen durchgeführt, die vorwärtsgestreutes Licht zur Signalgewinnung verwendeten, da dessen Intensität wesentlich größer ist und damit der Einsatz kleiner Laser für Laser-Doppler-Messungen ausreicht.

Wie schon hervorgehoben, können bestimmte Strömungsanordnungen den Einsatz von optischen Systemen notwendig machen, die mit rückwärtsgestreutem Licht arbeiten. Erste Messungen dieser Art wurden von Bourquin und Shigemoto (1968) und Greated (1971) vorgestellt. Messungen über größere Distanzen - wie etwa Windgeschwindigkeitsmessungen - werden fast ausschließlich mit Rückstreuoptiken durchgeführt. Zur Optimierung von Laser-Doppler-Signalen in Bezug auf das sich einstellende Signal-Rausch-Verhältnis, müssen die Lichtquelle, Sendeoptik und die Empfängeroptik dem Strömungssystem angepaßt werden. Die von Drain (1972) angegebenen Kriterien für die Wahl des geeigneten Verfahrens, entweder Referenzstrahl- oder Interferenzstreifenverfahren, liefern hier einen wertvollen Beitrag. Sie liefern jedoch keine Angaben über die Wahl der geeigneten Komponenten von Systemen und ihrer spezifischen Abmessungen. Der Einfluß ungleicher Weglängen der beiden Strahlen eines Interferenzstreifensystems wurde von Foreman (1967) gegeben und einige Hinweise zur Optimierung des Interferenzstreifensystems von Lading (1971). In Bezug auf Auslegungs-und Konstruktionskriterien wird der Leser auf die Beiträge von Iten, Eliasson und Dändliker (1971) und Durst und Whitelaw (1973) verwiesen. Rechnungen, die Aufschluß über die mit vorwärts- und rückwärtsgestreutem Licht arbeitenden Systeme liefern, werden von Meyers (1971) angegeben. Die Vorteile integrierter optischer Einheiten wurden unter anderem von Mayo (1970), Durst und Whitelaw (1971a), Brayton, Kalb und Crosswy (1973) erörtert. Die von diesen Autoren angegebenen optischen Einheiten erlauben die genaue Justierung für Messungen mit einem der oben beschriebenen Verfahren und den Einsatz desselben optischen Systems für Messungen mit den anderen Verfahren. Messungen sind in Vorwärts- und Rückwärtsstreurichtung möglich und können mit integrierten optischen Systemen auch unter Industriebedingungen durchgeführt werden. Starke Vibrationen führen bei Laboraufbauten von Optiken zu Dejustierungen und diese sollten daher bei praktischen Messungen nicht angewendet werden. Heute stehen den Anwendern selbstjustierende optische Systeme in modularer Bauweise zur Verfügung, die für Messungen in Vorwärts- und Rückwärtsstreurichtung aufgebaut werden können. Solche Einheiten können ohne große praktische Erfahrungen aufgebaut und eingesetzt werden, um Messungen in Strömungen durchzuführen, die nicht unter idealen Laborbedingungen ablaufen.

Integrierte optische Einheiten für Laser-Doppler-Messungen umfaßten zunächst nur die Transmissionsoptik, für die Genauigkeit und Stabilität der Justierung am kritischsten waren, um die Überschneidung der Laserstrahlen im Meßvolumen aufrecht zu erhalten. Laboreinheiten dienten in dieser Form als Vorlagen für kommerziell produzierte Laser-Doppler-Anemometer, die dann weiterentwickelt wurden und zur Integration des Lichtkollektionssystems in vollmodulare Anemometersysteme führten. Diese stehen heute als spezielle Kompaktoptiken für Rückstreuapplikationen zur Verfügung. Solche Kompaktoptiken haben einige der Variationsmöglichkeiten erster LDA-Systeme verloren; aber die zwischenzeitlich erhaltene Erfahrung hat gezeigt, daß die drei möglichen Operationsweisen von Laser-Doppler-Anemometern nur sehr bedingt die gleiche Bedeutung für Messungen haben.

1.3.2 SIGNALVERARBEITUNGSSYSTEME

Erste Laser-Doppler-Messungen wurden mit herkömmlichen Spektrumanalysatoren durchgeführt, mit deren Hilfe Wahrscheinlichkeitsdichteverteilungen der Frequenzen der Laser-Doppler-Signale an einem Punkt des Strömungsfeldes erhalten wurden. Erfahrungen zeigten, daß die Bestimmung der Wahrscheinlichkeitsdichteverteilung von Doppler-Frequenzen nur dann zu verläßlichen Informationen führt, wenn eine große Anzahl von Signalen von Einzelteilchen erhalten und analysiert wurde. Dies erfordert mehrere oder langsam durchgeführte "sweeps" über den gesamten Frequenzbereich, der an einem Meßpunkt von Interesse ist und somit lange Meßzeiten für einen Punkt in der Strömung. Nichtsdestotrotz, das resultierende Spektrum enthält Informationen über die mittlere Signalfrequenz der Doppler-Signale, den Effektivwert der Frequenzfluktuationen und Informationen über höhere statistische Momente. Die Auswertung solcher Größen erfordert jedoch, daß Spektrumsbreiterungen, bedingt durch die endliche Dauer von LDA-Signalen, bei der Auswertung Berücksichtigung finden.

Spektrumanalysatoren haben für Laser-Doppler-Messungen den Vorteil, daß der für die Messung eingesetzte Filter mit Sucheinrichtung automatisch zu einer Filterung und damit zu einer Signalverbesserung führt. Das Gerät ist jedoch nicht in der Lage Signalbeiträge, die nicht von LDA-Signalen resultieren, zu unterscheiden. Hinweise zur Auswertung von Doppler-Spektren wurden von verschiedenen Autoren gemacht, so z.B. von Adrian und Goldstein (1971) und von Asalor (1973).

Frequenznachlaufdemodulatoren sind Signalverarbeitungssysteme der Laser-Doppler-Anemometrie, die einfacher und leichter einzusetzen sind. Verschiedene Versionen solcher Geräte wurden entwickelt und wurden von unterschiedlichen Autoren beschrieben, z.B. von Fridman, Huffaker und Kinnard (1968),

Deighton und Sayle (1971), Iten und Mastner (1971), Mazumder (1972), Fingerson (1973), Smith-Saville (1972) und Wilmhurst und Rizzo (1974). Geräte dieser Art führen zu einer momentanen Frequenz-Spannungs-Umwandlung, die es ermöglicht, die demodulierte Doppler-Frequenz als Spannungsinformation zu erhalten. Frequenznachlaufdemodulatoren führen zu kontinuierlichen Ausgangssignalen, obgleich das Eingangs-Doppler-Signal im allgemeinen diskontinuierlich ist. In den meisten Strömungskonfigurationen existieren geringe Streuteilchenkonzentrationen, die eine kontinuierliche Signalgewinnung verhindern. Deshalb sind in den Nachlaufdemodulatoren Elektroniken vorgesehen, die das Ausgangssignal festlegen, wenn kein Doppler-Signal vorliegt. Solche Einheiten wurden als Teile von Frequenznachlaufdemodulatoren entwickelt, aber ihr Einsatz muß mit Sorgfalt betrieben werden. Wo Computereinheiten zur Messung Einsatz finden, entweder als "on-line"-Systeme oder über entsprechende Speicher, ist es möglich, softwaremäßig die Perioden des Signalausfalls zu registrieren und diese Signalteile entsprechend zu behandeln.

Die endliche Bandbreite von Nachlaufdemodulatoren limitiert ihre Fähigkeit, den rms-Frequenzfluktuationen von Doppler-Signalen zu folgen, so daß maximale Werte von 30% erhalten werden können. (Frequenzverschiebungen sind erforderlich, um diese Werte zu ändern.) Die Arbeiten von Huffaker (1970), Durst und Whitelaw (1971a,b), Baker, Bourke und Whitelaw (1973a), Bourke, Drain und Moss (1971), Durst, Melling und Whitelaw (1972c), Durao, Durst und Whitelaw (1973) beschreiben die Anwendung von Frequenznachlaufdemodulatoren. Die Arbeiten von Durao und Whitelaw (1973, 1974a,b) und Durst und Zaré (1973) beschreiben das Verhalten von speziellen Instrumenten.

Fabry-Perot Etalons können für Messungen von Doppler-Signalen Anwendung finden. Diese Geräte stellen optische Analysatoren dar, welche Doppler-Verschiebungen direkt zu messen erlauben. Geräte dieser Art wurden von James et al. (1968), Jackson und Paul (1971) und Self (1974) eingesetzt. Fabry-Perot Etalons können Einsatz finden, um die optische Signalfrequenz zeitaufgelöst zu messen. Eine entsprechende Maske vor einem Fabry-Perot Etalon wurde von Avidor (1974) in einem turbulenten Hochgeschwindigkeitsfreistrahl eingesetzt.

Methoden zur Doppler-Frequenzbestimmung durch Perioden-Zeitmessungen haben die Aufmerksamkeit verschiedener Autoren gefunden, so z.B. die von Blake und Jesperson (1972), Brayton, Kalb und Crosswy (1973), Lapp, Penney und Asher (1973), vom Stein und Pfeifer (1972b), Baker, Hutchinson und Whitelaw (1974a), Durao und Whitelaw (1974b,c), Zammit et al. (1974), Krumholz und Murphy (1974) und Mayo (1974). Obgleich es sich um eine bekannte Methode zur Bestimmung der Frequenz von Signalen mit unterschiedlicher Länge handelt, treten bei der Anwendung in der Laser-Doppler-Anemometrie durch die Amplitudenmodulation des Signals und durch das endliche Signal-Rausch-Verhältnis Probleme auf. Verzögerte Amplitudendiskriminierung wird angewandt,

um die Perioden-Zeitmessung einzuleiten, nachdem durch die Amplituden-
triggerung ein Doppler-Signal erkannt wurde. Verschiedene logische Schaltkreise werden eingesetzt, um falsche Nulldurchgänge zu erkennen und auszu-
scheiden. Perioden-Zeit-Meßsysteme sind in der Lage, in Strömungen mit
hohen Turbulenzgraden zu arbeiten und auch teilchenarme Strömungssignale zu
handhaben. Im allgemeinen erfordern sie gute Signal-Rausch-Verhältnisse und
die meisten Systeme arbeiten deshalb mit Bandpaßfiltern. Die engen Filter
der Spektrumsanalysatoren und Frequenznachlaufdemodulatoren können im allgemeinen nicht angewandt werden.

Instrumente, die weniger weite Anwendung in der Laser-Doppler-Meßtechnik
gefunden haben als jene, die in den vorausgegangenen Abschnitten diskutiert
wurden, umfassen Photonkorrelatoren und Filterbänke. Nichtsdestotrotz, der
Photonkorrelator, der von Pike (1972a,b) beschrieben wird, umfaßt heute
einen sich ständig erweiternden Bereich von Applikation. Die Fähigkeit,
Signale mit geringer Lichtintensität zu verarbeiten und die Möglichkeit hoher Rauschunterdrückung, die mit der Korrelation verbunden ist, stellen
wichtige Vorteile dar, die in Kapitel 6 weiter diskutiert werden. Ähnliches
gilt auch für Filterbänke, die entwickelt und erstellt werden können, um
Signale präzise und effizient zu verarbeiten. Solch ein Instrument wurde
von Baker (1973) beschrieben. Weitere Details sind wiederum in Kapitel 6
aufgeführt.

Ein generelles Problem, das alle Methoden der Signalverarbeitung gleichermaßen trifft, ist durch Rückströmung gegeben, d.h. durch das Fehlen der
Eindeutigkeit der Strömungsrichtung, wie man es oftmals in Regionen mit hoher Turbulenzintensität vorfindet. Die Doppler-Frequenz ist durch die in
Abschnitt 1.3 angegebene Beziehung mit dem Betrag der Geschwindigkeit verknüpft, gibt jedoch keinerlei Informationen über die Richtung der Strömung.
Um das Vorzeichen der gemessenen Geschwindigkeitskomponente zu messen und
gleichzeitig begrenzte Bandbreiten elektronischer Signalverarbeitungssysteme zu erweitern und optimal auszunutzen, sind optische Frequenzverschiebe-
einrichtungen erforderlich, die die Frequenz des Laserlichtes derart ändern, daß die Doppler-Frequenz für die Geschwindigkeit Null einer endlichen
Signalfrequenz entspricht. Methoden der Frequenzverschiebung sind in Kapitel 5 beschrieben, zusammen mit anderen Methoden, welche die Unbestimmtheit
der Richtung zu eliminieren erlauben und gleichzeitig Rauschunterdrückung
ermöglichen, siehe Bossel et al. (1972a,b).

Mit Frequenzen arbeitende Methoden der Signalanalyse (Spektrumsanalysator,
Filterbänke und Frequenznachlaufdemodulatoren) erfordern Korrekturen des
Effektivwertes der gemessenen, turbulenzbedingten Doppler-Frequenz-Fluktua-
tion. Verschiedene Beiträge zur Breiterung des resultierenden Doppler-Spektrums müssen berücksichtigt werden, um die turbulenten Geschwindigkeitsfluktuationen korrekt zu ermitteln. Beispiele für solche Beiträge wurden
von George und Lumley (1971, 1973) diskutiert, die das Problem aufzeigten.

Obgleich deren Bedeutung anfänglich überbewertet wurde, haben diese Autoren den Ursprung dieser Spektrumsverbreiterung aufgezeigt und Wege zu ihrer Minimierung angegeben. Ähnliche Informationen wurden auch von Edwards et al. (1971), Greated und Durrani (1971) und Adrian (1972) bereitgestellt. Dennoch ist das Gesamtproblem notwendiger Korrekturen des Doppler-Spektrums noch nicht vollständig abgehandelt und allgemein anwendbare Methoden zur Minimierung oder gar der Korrektur möglicher Fehler existieren bis heute noch nicht. Die Arbeiten von Iten, Eliasson und Dändliker (1971), George und Lumley (1973) und Durst und Whitelaw (1973) geben nützliche Hinweise, die durch Vergleiche von Laser-Doppler-Anemometermessungen mit exakten Lösungen der Strömungsprobleme und Hitzdrahtanemometermessungen ergänzt werden, wie sie z.B. von Goldstein und Kreid (1971), Durst und Whitelaw (1971a,b), Bourke, Brown und Drain (1971) und Melling und Whitelaw (1973a) angegeben werden. Diese Arbeiten deuten an, daß zufriedenstellende Übereinstimmungen erhalten werden können, wenn die zu erwartenden Spektrumsbreiterungen korrigiert werden.

Werden Periodenzeitmeßsysteme für Doppler-Frequenzmessungen angewandt oder Spektrumsanalysatoren in einem Zählmodus betrieben, so daß sie Periodenzeitsystemen gleichkommen, können Gewichtungsfehler dadurch auftreten, daß Mittelungen oftmals so vorgenommen werden, daß Teilchenmittelwerte statt Zeitmittelwerte entstehen. Die Möglichkeiten solcher Fehler wurden zum ersten Mal von McLaughlin und Tiedermann (1973) und Barnett und Bentley (1974) aufgezeigt, die auch Methoden zur Korrektur vorschlugen. Obgleich das gesamte Gebiet der Gewichtungsfehler in der Laser-Doppler-Anemometrie sich mehr und mehr einer Klärung nähert, fehlt es bis heute an zufriedenstellend arbeitenden elektronischen Systemen.

Die oben angegebenen Zusammenfassungen der Entwicklung der Signalverarbeitung in der Laser-Doppler-Anemometrie werden im Detail in den Kapiteln 6 bis 9 weiterbehandelt. Der Leser sollte jedoch nicht den Eindruck gewinnen, daß die Signalverarbeitung mit einer einzigen Elektronik in allen möglichen Strömungsfällen gehandhabt werden kann. Wie die Kapitel 7, 8 und 9 zeigen, ist im allgemeinen eine sorgfältig ausgewählte Palette von Instrumenten erforderlich, um nützliche Messungen in verschiedenen Strömungsfällen zu erhalten.

1.3.3 <u>STREUTEILCHEN FÜR LICHTWELLEN</u>

Obgleich die Anwesenheit von geeigneten Teilchen in der zu untersuchenden Strömung essentiell für Laser-Doppler-Messungen ist, existieren vergleichsweise wenige publizierte Informationen, die sich mit der Problematik der Teilchen in der LDA-Meßtechnik beschäftigen. Texte über Aerosole, wie die von Green und Lane (1964) und Davies (1966) sind von großem Wert, zusammen mit den Berichten, die sich speziell mit dem Verhalten und den Eigenschaften von Teilchen für Laser-Doppler-Messungen beschäftigen, wie die Arbeiten von Melling (1971), Berman (1972, 1973), Yanta (1973), Melling und Whitelaw (1973b) und Mazumder und Kirsch (1975). Allgemeingültige Anleitungen zur Auswahl geeigneter Größen von Streuteilchen und der erforderlichen Konzentration gehören heute zum Standardwissen der Laser-Doppler-Anemometrie. Empfehlungen wurden von Durst und Whitelaw (1972) gegeben, zusammen mit Anweisungen zur Justierung des optischen Systems, um optimale Einstellungen für gegebene Teilchen, Teilchendurchmesser und Brechungsindizes des Teilchenmaterials zu erhalten. Schwierigkeiten ergeben sich dadurch, daß Teilchen nicht in monodispersen Verteilungen erhalten werden können und Informationen über den Brechungsindex nur in den seltensten Fällen vorliegen, so daß die angegebenen Richtlinien nur qualitative Hinweise geben können. Wasserströmungen enthalten im allgemeinen ausreichende Konzentrationen geeigneter Streuteilchen, so daß zusätzliche Teilchenzugaben nur bei Luft-und Gasströmungen erforderlich sind. Der relative Betrag der modulierten und der unmodulierten Komponente des Streulichtes eines Partikels hängt, wie später noch genauer gezeigt wird, von der Größe eines Teilchens und der eingesetzten LDA-Optik ab. Es ist aus diesem Grunde wichtig, daß Informationen über die Größe der vorliegenden Teilchen, bzw. die Größe der eingesetzten Teilchen vorliegen, bevor das optische System entworfen und optimiert wird. Wichtiger noch ist es, zumindest für viele strömungsmechanische Anwendungen, daß die Größe der Teilchen und deren Folgevermögen für verschiedene Teilchengrößen und Dichteverhältnisse bekannt ist. Als eine gute Regel gilt, daß Staubpartikel von 1µ-Durchmesser Turbulenzfluktuationen bis zu 10 kHz in Luft bei einer Genauigkeit der Turbulenzmessung von 1% folgen. Erhöht sich die Teilchengröße auf 10 µm im Durchmesser, so reduziert sich das Folgevermögen, bei gleicher Genauigkeitsanforderung, auf etwa 700 Hz. Es ist leicht zu verstehen, daß die Informationen dieser Art essentiell für eine erfolgreiche Anwendung der Laser-Doppler-Anemometrie sind, um strömungsmechanische Untersuchungen durchzuführen.

Es ist gleichfalls noch notwendig, daß Überlegungen angestellt werden, auf welche Art und Weise zeitliche und räumliche Variationen von Teilchenkonzentrationen die Interpretation von Laser-Doppler-Informationen beeinflussen. Baker (1974a, 1974b) und Durao und Whitelaw (1974c) haben in Untersuchungen nachgewiesen, daß aus ungleichmäßigen Verteilungen von Streuteilchen Messungen resultieren können, die Gewichtungen hinsichtlich der höheren Geschwindigkeitskomponenten aufweisen; die Geschwindigkeitsbeiträge der nicht mit Teilchen versehenen Umgebungsluft wurden nicht in derselben Art und Weise registriert, wie die Beiträge der mit Teilchen versehenen Strahlluft. Unterschiedliche Beiträge resultierten zu den gemessenen Frequenzen, die zu der Mittelwertbestimmung der lokalen Geschwindigkeit und zu der Effektivwertbestimmung der Geschwindigkeitsfluktuationen führten. Durst und Kleine (1973) wiesen auf ähnliche Möglichkeiten der Mißinterpretation von resultierenden Mittelwerten der Doppler-Messungen hin, falls diese in der Nähe von Flammenfronten durchgeführt werden, über die hinweg Teilchenkonzentrationsänderungen auftreten können. Bis heute fehlt es an Detailinformationen zu diesem Problemkreis. Weitere Forschungsarbeiten sind notwendig, um quantitative Informationen zu erhalten und die Meßmöglichkeiten der Laser-Doppler-Anemometrie zu erweitern.

Zuletzt soll noch darauf hingewiesen werden, daß in Gasströmungen Zugabe von Streuteilchen für Laser-Doppler-Messungen gesundheitliche Belastungen für den Experimentator mit sich bringen kann. Speziell Langzeiteffekte von Depositionen kleiner Partikel in Bereichen der Luftröhre und der Lunge, sind für einige der gewählten Teilchensubstanzen bis heute nicht bekannt.

2. GRUNDLAGEN DER OPTIK

2.1 ZUSAMMENFASSUNG UND ZWECK

Dieses Kapitel beschäftigt sich mit:
o Phänomenen der Laser-Doppler-Anemometrie, die angemessen mittels geometrischer Optik analysierbar sind;
o Informationen über die Anordnung optischer Komponenten für die Durchführung von Laser-Doppler-Messungen;
o Interferenz- und Beugungsphänomenen;
o Interferenzphänomenen im Zusammenhang mit polarisierten Lichtwellen;
o sich bewegenden Lichtquellen und Objekten zur optischen Geschwindigkeitsmessung mittels Doppler-Effekte;
o wichtigen Eigenschaften von Photodetektoren;

Es ist Ziel und Zweck dieses Kapitels, die grundlegenden Prinzipien der geometrischen und physikalischen Optik zusammenzufassen und kurz die verschiedenen Methoden zu beschreiben, die in diesen beiden Teilbereichen der Physik benutzt werden, um optische Phänomene zu beschreiben. Die Prinzipien der geometrischen und physikalischen Optik werden angegeben, sie werden aber nicht streng abgeleitet und auch nicht in allen Einzelheiten erklärt. Die vorliegende Darstellung versucht vielmehr den Zusammenhang zwischen diesen Prinzipien und der Laser-Doppler-Anemometrie aufzuzeigen und auf die optischen Komponenten anzuwenden, die für ein einsatzfähiges Geschwindigkeitsmeßgerät anwendbar und notwendig sind.

Im vorangegangenen Kapitel wurde dargelegt, daß die Komponenten eines Laser-Doppler-Anemometers sowohl aufeinander als auch auf die Streuteilchen in der untersuchten Strömung, bzw. in dem strömenden Fluid abgestimmt werden müssen. Dieser Abstimmungsvorgang fordert das Verstehen und quantitative Erfassung der Eigenschaften und Funktionen der optischen Komponenten eines Gerätes. In den Abschnitten 2.2 bis 2.12 werden die Gesetze der geometrischen Optik angewandt, um optische Komponenten zu dimensionieren und die Phänomene der Laser-Doppler-Anemometrie anzugeben, die mit Hilfe der Gesetze der Brechung und Reflexion behandelt werden können.

Die Grundlagen der physikalischen Optik (Wellenoptik) werden in den Abschnitten 2.13 bis 2.24 betrachtet und in einer für den Gegenstand dieses Buches geeigneten Form behandelt. Mit Hilfe der skalaren Wellentheorie werden Interferenz-und Beugungsphänomene erklärt und dargestellt, denen kohärente Lichtwellen unterworfen sind. Die Polarisation von Lichtwellen wird in den Abschnitten 2.25 bis 2.30 behandelt und soweit erläutert, wie es für das Verständnis ihrer Anwendung in der Laser-Doppler-Anemometrie erforderlich ist. Die Lichtstreuung durch kleine Teilchen wird in den Abschnitten 2.31 bis 2.33 dargestellt, ebenso werden Depolarisationseffekte infolge des Streuvorgangs zusammengefaßt.

Der Doppler-Effekt und seine Anwendung zu optischen Geschwindigkeitsmessungen wird in den Abschnitten 2.34 bis 2.37 erörtert. Die Signale, die durch Messung der Teilchengeschwindigkeit entstehen, erfordern Photodetektoren, deren grundlegende Eigenschaften in den Abschnitten 2.38 bis 2.42 dargelegt werden. Schlußfolgerungen und abschließende Bemerkungen befinden sich in den Abschnitten 2.43 und 2.44.

2.2 GRUNDGESETZE DER GEOMETRISCHEN OPTIK

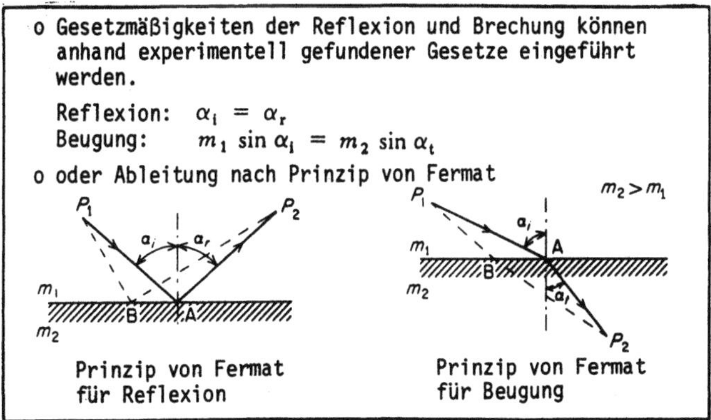

Obgleich die Laser-Doppler-Anemometrie die Wellennatur des Lichtes verwendet, um Informationen über die Geschwindigkeit kleiner Streuzentren, die in der Flüssigkeit schweben, zu erhalten, erfordert ihre Anwendung auch das Verständnis solcher optischer Phänomene, wie z.B. Abbildung mittels Linsen, Versetzung von Lichtstrahlen durch Glaswände usw., die mit Hilfe der geometrischen Optik beschrieben werden können. Daher werden sowohl die Terminologie und die Methoden der elektromagnetischen Wellentheorie als auch die der geometrischen Optik in diesem Kapitel dargestellt.

Die geometrische Optik vernachlässigt die Wellen-Photon-Natur des Lichtes und nimmt an, daß die Strahlungsenergie entlang von Lichtstrahlen transportiert wird. Analytisch beschreibt sie optische Erscheinungen in der Terminologie der Geometrie und Trigonometrie, wobei sie konsequent die Gesetze der Brechung und Reflexion anwendet. Diese Gesetze werden entweder als grundlegende, durch Experimente bewiesene physikalische Gesetze eingeführt oder nach dem von Fermat eingeführten Prinzip abgeleitet, das besagt, daß der optische Weg S,

$$S \;=\; \int_{P_1}^{P_2} m(s)\,ds$$

entlang des tatsächlichen Strahlenganges des Lichtes kürzer ist als die optische Weglänge entlang jeder anderen Kurve, die dieselben zwei Punkte verbindet. Hier wird der erstere Standpunkt zu den Grundgesetzen der geometrischen Optik eingenommen, d.h. es werden die Gesetze der Reflexion und Brechung als experimentelle Gegebenheiten betrachtet.

Wenn ein Lichtstrahl die Grenzfläche zweier Medien von unterschiedlichen Brechungsindizes durchquert, wird das Licht teilweise reflektiert und teilweise durchgelassen. Die Flächennormale der betrachteten Grenzfläche, der einfallende Lichtstrahl und die reflektierten und durchgelassenen Lichtstrahlen bilden dabei eine Ebene. Die oben angegebenen Winkelbeziehungen beschreiben die Richtungen der Strahlen. Für den reflektierten Strahl ist der Winkel zwischen dem einfallenden Strahl und der Flächennormalen gleich dem Winkel zwischen der Normalen und dem reflektierten Strahl. Die Beziehung zwischen einfallendem und gebrochenem Strahl ist:

$$m_1 \sin \alpha_i = m_2 \sin \alpha_t.$$

2.3 ANWENDUNG DER GESETZE DER GEOMETRISCHEN OPTIK; TOTALREFLEXION

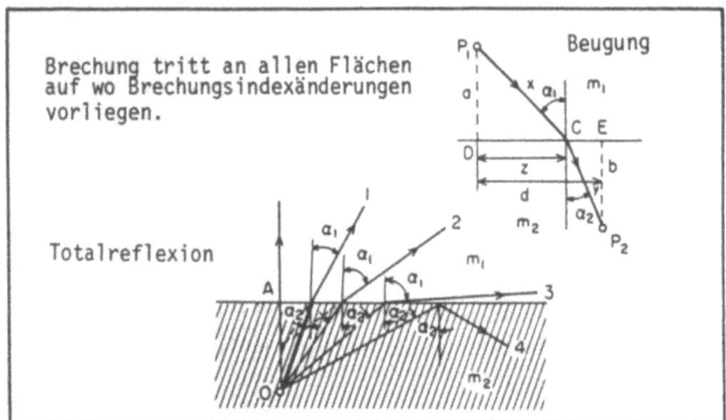

Die geometrische Optik bedient sich der Gesetze der Reflexion und Brechung zur Untersuchung des Einflusses optischer Komponenten auf die Ausbreitung des Lichtes. Sie kann die physikalische Wirkung dieser Komponenten angemessen wiedergeben. Der tatsächliche Gang der Lichtstrahlen wird unter Berücksichtigung der Gesetzmäßigkeiten für Reflexion und Brechung sowie der in Abschnitt 2.2 angegebenen Winkelbeziehungen berechnet. Dies wird weiter unten an einigen optischen Phänomenen erläutert.

Abschnitt 2.2 zeigt, daß ein Lichtstrahl, wenn er in ein optisch dichteres Medium eintritt, in Richtung der Flächennormalen gebrochen wird, da der relative Brechungsindex der Medien, $m_{2,1} = m_2/m_1$ größer als 1,0 ist. Das Gegenteil tritt ein, wenn das Licht die Grenzfläche vom optisch dichteren Medium kommend durchläuft, z.B. wenn der Strahl von Wasser oder Glas in Luft tritt. Der Strahl wird von der Normalen weggebrochen, wobei der Winkel nach der folgenden Gleichung bestimmt wird:

$$m_1 \sin a_1 \;=\; m_2 \sin a_2 \;.$$

Der höchste Wert der Sinusfunktion eines Winkels ist 1, so daß es eine Grenze für den Winkel α_2 gibt, für den die obige Beziehung gilt, d.h. für den die Brechung des Strahls stattfindet. Dieser Winkel ist der Winkel der Totalreflexion, der durch folgenden Ausdruck gegeben ist:

$$(\sin a_i)_{total} \;=\; \frac{m_1}{m_2} \;=\; \frac{1}{m_{2,1}} \;.$$

Für die Laser-Doppler-Anemometrie ist noch ein anderes Phänomen von Bedeutung, das mit den aus optisch dichteren Medien austretenden Lichtstrahlen zusammenhängt. Für einen Beobachter im optisch dünneren Medium scheint der Lichtstrahl von verschiedenen Punkten entlang der Achse O-A zu entspringen, wie aus der obigen Abbildung hervorgeht. Dies ist sorgfältig zu berücksichtigen, wenn optische Komponenten verwendet werden, die die tatsächliche Quelle der Lichtstrahlen abbilden sollen. Wenn im Abbildungssystem die Brechung der Strahlen an der Grenzfläche nicht korrigiert wird, werden infolgedessen mehrere Bilder entstehen.

2.4 <u>ÄNDERUNG DES WINKELS ZWISCHEN ZWEI LICHTSTRAHLEN</u>

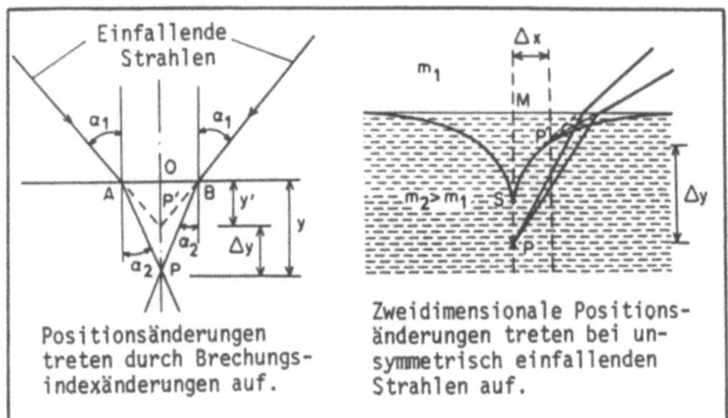

Ähnliche Probleme treten auf, wenn zwei Lichtstrahlen, die in einem optisch dünneren Medium entstehen, sich in einem optisch dichteren schneiden. Wenn die beiden Strahlen symmetrisch zur Normalen der ebenen Grenzfläche verlaufen, tritt eine Verschiebung des Schnittpunktes auf, die senkrecht zur Grenzfläche erfolgt. Die Verschiebung kann mit Hilfe des Brechungsgesetzes ermittelt werden.

Aus dem ersten Bild können folgende Beziehungen abgeleitet werden:

$$\overline{OB} \;=\; \overline{OA} \;=\; y' \tan \alpha_1 \;=\; y \cdot \tan \alpha_2$$

und daraus:

$$\frac{y}{y'} \;=\; \frac{\tan \alpha_1}{\tan \alpha_2} \;=\; \frac{\sin \alpha_1}{\sin \alpha_2} \cdot \sqrt{\frac{1 - \sin^2 \alpha_2}{1 - \sin^2 \alpha_1}} \;.$$

Die Einführung des Brechungsgesetzes in die obige Gleichung ergibt:

$$\frac{y}{y'} \;=\; \frac{\sqrt{m_{2,1}{}^2 - \sin^2 \alpha_1}}{\sqrt{1 - \sin^2 \alpha_1}} \qquad \text{mit} \qquad m_{2,1} \;=\; \frac{m_2}{m_1} \;.$$

Der Abstand zwischen den zwei Punkten ist:

$$\Delta y \;=\; (y - y') \;=\; y' \left[\frac{\sqrt{m_{2,1}{}^2 - \sin^2 \alpha_1}}{\sqrt{1 - \sin^2 \alpha_1}} \;-\; 1 \right] \;.$$

Wenn die beiden sich schneidenden Lichtstrahlen nicht symmetrisch zur Normalen der Grenzfläche verlaufen, tritt eine Verschiebung in zwei Richtungen auf, sowohl parallel zur Grenzfläche als senkrecht dazu. Beide Verschiebungen können durch Betrachtungen ähnlich den oben angestellten bestimmt werden.

Aus dem Brechungsgesetz kann abgeleitet werden, daß ein par. .ler Lichtstrahl verbreitert wird, wenn er in ein optisch dichteres Medium unter einem Winkel zur Normalen $\alpha_1 > 0$ eintritt. Dies ist wichtig für die korrekte Berechnung des Überlappungsgebietes zweier Strahlen.

2.5 POSITIONSÄNDERUNGEN BEI DURCHGANG DES LICHTES DURCH EINE PARALLELE WAND

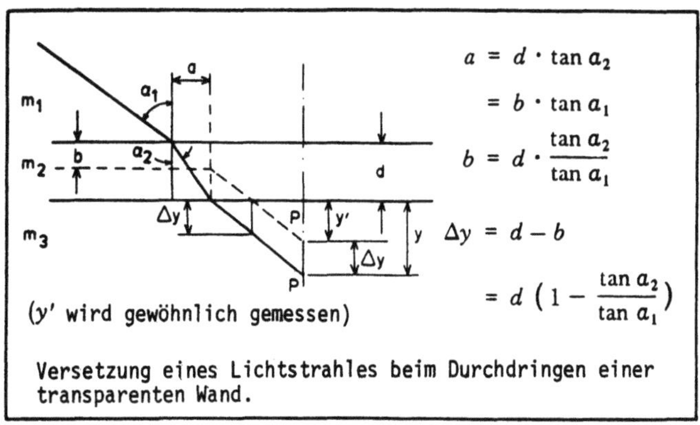

Versetzung eines Lichtstrahles beim Durchdringen einer transparenten Wand.

Interne Strömungsuntersuchungen mit Hilfe optischer Meßverfahren erfordern, daß Lichtstrahlen durch Fenster auf beiden Seiten der Meßstrecke gehen, um den Meßpunkt zu erreichen und um als optische, vom Meßort stammende Signale, aufgefangen zu werden. Das Licht muß deshalb durch mehrere Schichten unterschiedlicher Brechungsindizes hindurchgehen. Diese Schichten sind in vielen Fällen eben und parallel, wie in der obigen Abbildung gezeigt. Die Abbildung zeigt den Weg eines Lichtstrahls, der verschiedene optische Schichten durchquert und an den Grenzflächen, aufgrund der unterschiedlichen Brechungsindizes der Schichten, gebrochen wird. Der Lichtstrahl bildet mit den Senkrechten zu den Trennflächen der Schichten die Winkel α_1, α_2, ... α_n. Entsprechend der Beziehung von Abschnitt 2.3 gilt folgende Winkelbeziehung für zwei aufeinanderfolgende Schichten:

$$\sin a_k = \frac{m_{(k-1)}}{m_k} \sin a_{(k-1)} \cdot$$

32

Die wiederholte Anwendung dieser Gleichung ergibt für den Winkel in der k-
ten Schicht:

$$\sin a_k \; = \; \frac{m_1}{m_k} \; \sin a_1 \; .$$

Damit ist die Winkeländerung zwischen zwei beliebigen Schichten nur eine
Funktion ihrer relativen Brechungsindizes und unabhängig von den optischen
Eigenschaften der zwischen ihnen liegenden Schichten.

Das obige Bild zeigt, daß neben der Winkeländerung von Schicht zu Schicht
auch Verschiebungen des Strahls auftreten, die nicht nur von den optischen
Eigenschaften der Schichten, sondern auch von deren Dicke abhängen. Wenn
man das Brechungsgesetz zusammen mit geometrischen Betrachtungen anwendet,
ergibt sich ein analytischer Ausdruck für die Verschiebung, von der Form:

$$\Delta y \; = \; d \left\{ 1 - \frac{\sin a_2}{\sin a_1} \cdot \frac{\cos a_1}{\sqrt{1 - (\frac{m_1}{m_2})^2 \sin^2 a_1}} \right\} \; = \; d \left\{ 1 - \frac{\cos a_1}{\sqrt{(\frac{m_2}{m_1})^2 - \sin^2 a_1}} \right\}$$

und daher

$$y \; = \; y' \; + \; d \left\{ 1 - \frac{\cos a_1}{\sqrt{(\frac{m_2}{m_1})^2 - \sin^2 a_1}} \right\} \; .$$

2.6 <u>POSITIONSÄNDERUNGEN IN EINEM DREI-SCHICHTEN-SYSTEM</u>

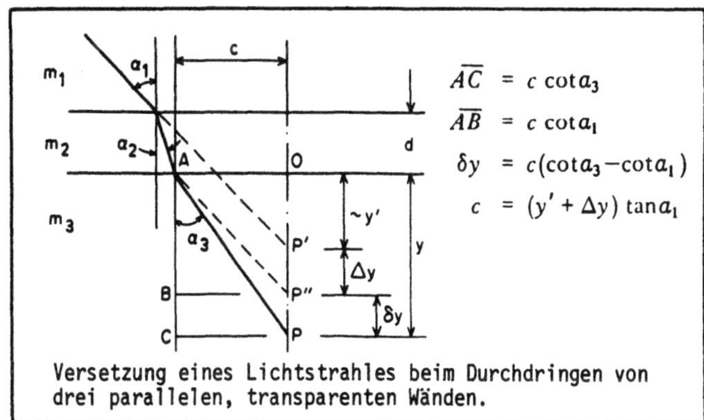

Versetzung eines Lichtstrahles beim Durchdringen von
drei parallelen, transparenten Wänden.

Ein weiterer, für praktische, optische Messungen wichtiger Fall, bei dem
drei Schichten von unterschiedlichem Brechungsindex auftreten, z.B. Luft,
Glas und Wasser, wird oben dargestellt. Die zusätzliche Verschiebung in der
dritten Schicht beträgt:

$$\delta y = (y' + \Delta y)\left[\frac{\tan a_1}{\tan a_3} - 1\right] = (y' + \Delta y)\left[\frac{\sqrt{(\frac{m_3}{m_1})^2 - \sin^2 a_1}}{\cos a_1} - 1\right]$$

oder

$$y = (y' + \Delta y)\frac{1}{\cos a_1}\sqrt{(\frac{m_3}{m_1})^2 - \sin^2 a_1} \ .$$

Diese Gleichung ergibt, zusammen mit den Beziehungen aus Abschnitt 2.5:

$$y = \left[y' + d\left(1 - \frac{\cos a_1}{\sqrt{(\frac{m_2}{m_1})^2 - \sin^2 a_1}}\right)\right]\frac{1}{\cos a_1}\sqrt{(\frac{m_3}{m_1})^2 - \sin^2 a_1} \ .$$

Wie zu erwarten, erhält man für $m_3 = m_1$ die Beziehung für die Verschiebung
aus Abschnitt 2.5.

Es ist in der Laser-Doppler-Anemometrie üblich, die Lage der Meßpunkte, in
denen die mittlere Geschwindigkeit und die Komponenten der Fluktuationsge-
schwindigkeit gemessen werden, auf eine Nullposition zu beziehen, die auf
einer Traversiervorrichtung eingestellt wird, deren Skala die Meßposition
in einer Meßstrecke bestimmt. Infolgedessen wird gewöhnlich die Entfernung
y' gemessen, obwohl sich die Geschwindigkeit auf die Position y bezieht.

Die obige Beziehung erlaubt es, die Position y als eine Funktion der Brechungsindizes der Schichten und des halben Winkels zwischen den Strahlen eines Laser-Doppler-Anemometers zu erhalten. Diese Positionskorrekturen werden gewöhnlich nach Abschluß der Experimente durchgeführt.

2.7 VERZERRUNG DER WELLENFRONTEN VON LICHTWELLEN DURCH OPTISCHE GRENZFLÄCHEN

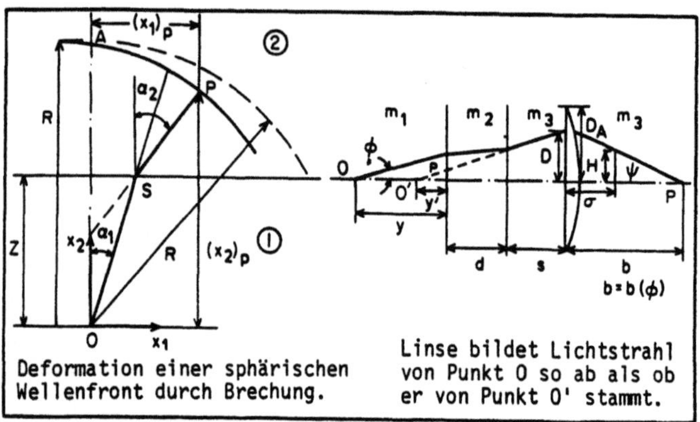

Deformation einer sphärischen Wellenfront durch Brechung.

Linse bildet Lichtstrahl von Punkt O so ab als ob er von Punkt O' stammt.

Obgleich die Gesetze der geometrischen Optik die Wellennatur des Lichtes nicht berücksichtigen, kann doch der Einfluß einer Änderung des Brechungsindex auf Lichtwellen durch Betrachtung des Strahlenganges erhalten werden. Zur Erläuterung zeigt die Abbildung links in der obigen Tafel zwei Strahlen, die zwei Medien von unterschiedlichem Brechungsindex durchlaufen. Ein Strahl durchdringt das Medium entlang der Achse x_2, und die Zeit, in der das Licht den Punkt A erreicht, wird durch folgende Beziehung gegeben:

$$ t \; = \; \frac{z}{c_1} \; + \; \frac{(R-z)}{c_2} \; = \; \frac{1}{c_2}\left[R + (m-1)z \right] \qquad \text{wobei} \qquad m \; = \; \frac{c_2}{c_1} \; . $$

In der Zeit "t" hat die Lichtenergie den Weg OSP entlang den Punkt $P(x_1, x_2)$ erreicht. Daraus folgt:

$$ t \; = \; \frac{z/\cos a_1}{c_1} \; + \; \frac{(x_2 - z)/\cos a_2}{c_2} \; = \; \frac{1}{c_2}\left[\frac{mz}{\cos a_1} \; + \; \frac{(x_2 - z)}{\cos a_2} \right] \; . $$

Wenn die Beziehungen:

$$ m \cdot \sin a_1 \; = \; \sin a_2 \qquad\qquad \cos a_2 \; = \; \sqrt{1 - m^2 \sin^2 a_1} $$

berücksichtigt werden, kann x_2, wie folgt, ausgedrückt werden:

$$x_2 = z + \sqrt{1 - m^2 \sin^2 a_1}\left[R + (m - 1 - \frac{m}{\cos a_1})\, z\right].$$

Für die Koordinate x_1 ergibt sich dann:

$$x_1 = z \cdot \tan a_1 + (x_2 - z) \cdot \tan a_2$$

und nach einer Umformung dieses Ausdrucks:

$$x_1 = z \cdot \tan a_1 + m \cdot \sin a_1 \left[R + (m - 1 - \frac{m}{\cos a_1})\, z\right].$$

Es kann gezeigt werden, daß $x_1^2 + x_2^2 \neq R^2$ ist und folglich drückt $\overline{OA} = R \neq \overline{OP}$ die durch Brechung verursachte Verzerrung der Kugelwelle aus.

Eine wichtige Folgeerkenntnis der Wirkungen von Brechungsindexänderungen geht aus dem rechten obigen Bild hervor. Winkeländerungen, die an optischen Grenzflächen auftreten, führen dazu, daß ein Abbildungssystem die Lichtstrahlen, die von Punkt O ausgehen auf verschiedene Bildpunkte P abbildet. Dies führt sehr oft in der Laser-Doppler-Anemometrie zu Verlusten an Signalstärke und Signalqualität (siehe Kapitel 3.33 bis 3.36), wenn Messungen in einer Flüssigkeit mit anderem Brechungsindex als Luft, z.B. in Wasser, durchgeführt werden.

2.8 SPHÄRISCHE GRENZFLÄCHEN UND IHRE ANWENDUNG IN ABBILDUNGSSYSTEMEN

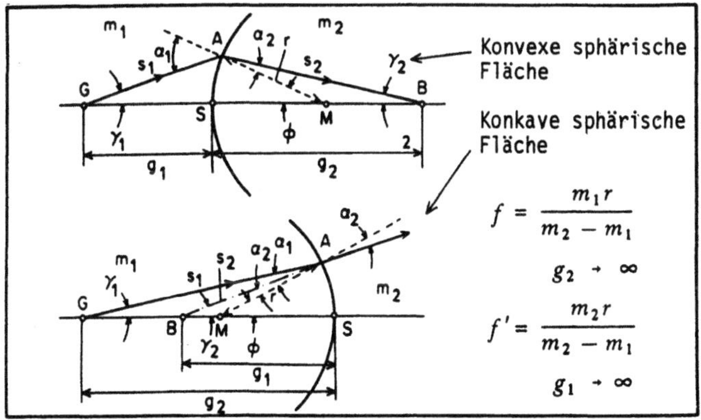

Optische Systeme umfassen oftmals Komponenten, die aus sphärischen Grenzflächen bestehen, d.h. die Systeme besitzen Bereiche mit unterschiedlichen Brechungsindizes. Damit kann der Einfluß der optischen Komponente auf die Lichtstrahlen unter Beachtung der Gesetze der Reflexion und Brechung untersucht werden.

Das obige Bild zeigt zwei sphärische Grenzflächen, d.h. zwei Kugelflächen zwischen zwei Medien 1 und 2, wobei 2 das optisch dichtere Medium sein soll; es gilt somit $m_2 > m_1$ und $m = m_2/m_1$. Ferner sei angenommen, daß der Lichtstrahl einem Punkt G entspringt, der im optisch dünneren Medium und auf der Achse der sphärischen Flächen liegt. Wir benutzen die Ausdrücke "konvexe sphärische" Grenzfläche und "konkave sphärische" Grenzfläche und können so dementsprechend positive oder negative "r" einführen. Die Entfernungen g_1 (g_2) werden jeweils positiv vom Punkt S in Richtung des Mediums mit Brechungsindex m_1 (m_2) und negativ in umgekehrter Richtung genommen. Die gleiche Vorzeichenkonvention wird für s_1 und s_2 verwendet. Mit dieser Konvention gilt folgende Beziehung für beide Oberflächen:

$$m_1 \, \frac{g_1 + r}{s_1} \;=\; m_2 \, \frac{g_2 - r}{s_2} \;.$$

Diese Beziehung zeigt, daß verschiedene Strahlen, die vom Punkt G ausgehen, unterschiedliche Bildpunkte B ergeben. Dies ist ohne Schwierigkeit aus folgender Beziehung ersichtlich:

$$g_1 + g_2 \;=\; s_1 \cos\gamma_1 + s_2 \cos\gamma_2 \;,$$

die zeigt, daß wachsende γ_1 und γ_2 und entsprechende Zunahmen von s_1 und s_2, steigende Werte für g_2 ergeben. Für kleine Winkel γ_1 und γ_2 erhalten wir jedoch eine Beziehung, die unabhängig von s_1 und s_2 ist:

$$\frac{m_1}{g_1} + \frac{m_2}{g_2} \;=\; \frac{m_2 - m_1}{r} \;.$$

Für die obigen konvexen und konkaven sphärischen Grenzflächen können für die achsennahe Abbildung zwei "Brennpunkte" F und F' eingeführt werden. Die Brennweiten f und f' sind in den Abbildungen angegeben.

2.9 <u>BEHANDLUNG ZWEIER SPHÄRISCHER OBERFLÄCHEN</u>

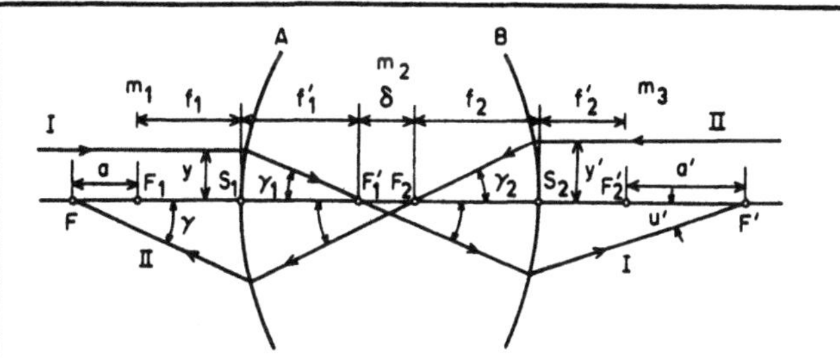

Systeme von sphärischen Flächen bilden die Grundanordnung
für Linsen. Damit sind Linsen mittels geometrischer Optik
behandelbar. Systeme sphärischer Flächen können durch Gesetze der Reflexion und Brechung behandelt werden.

Die Beziehungen, die in Kapitel 2.8 abgeleitet wurden, können so kombiniert werden, daß sich ähnliche Beziehungen ergeben, die auf zwei sphärische Oberflächen angewandt werden können, die, wie oben abgebildet, angeordnet sind. Jede der beiden sphärischen Flächen hat nun Brennpunkte F_1,
F_1' bzw. F_2, F_2'. Es ist leicht zu sehen, daß man mit der Anordnung zweier
solcher Grenzflächen zusätzliche Brennpunkte F und F' einführen kann, die
zu dem gesamten sphärischen System gehören, das aus beiden Grenzflächen besteht. Diese Punkte sind, wie folgt, definiert:

Ein Lichtstrahl, der parallel zu der Achse der beiden sphärischen Grenzflächen verläuft, tritt in die Grenzfläche A ein und wird so gebrochen,
daß er durch F_1' verläuft. Wenn dieser Lichtstrahl die zweite Oberfläche
B erreicht, wird er wiederum so gebrochen, daß er die optische Achse in
einem Punkt F' schneidet. In gleicher Weise ist der Brennpunkt F definiert als der Schnittpunkt auf der Achse des Lichtes, das auf die Fläche
B als ein Strahlenbündel parallel zur optischen Achse fällt.

Wenn die Entfernung δ als positiv angenommen wird, wenn F_2 rechts von F_1'
liegt, dann kann die folgende Beziehung mit Hilfe der Gleichungen aus
Kapitel 2.8 abgeleitet

$$a' = \frac{f_2 \cdot f_2'}{\delta} \qquad \text{und} \qquad a = \frac{f_1 \cdot f_1'}{\delta} .$$

In den meisten praktischen Fällen ist es vorteilhafter, den Abstand "d"
zwischen den beiden sphärischen Flächen in die obige Beziehung einzuführen:

$$\delta = d - f_1' - f_2 .$$

Wenn die Gaußsche Definition der Brennweite eingeführt wird, siehe Bergmann und Schaefer (1962), ergeben sich die Entfernungen der Hauptebenen von den beiden Oberflächen durch:

$$h \; = \; f - a - f_1 \qquad\text{und}\qquad h' \; = \; f' - a - f_2' \; .$$

Es kann gezeigt werden, daß folgende Beziehungen für f und f' gelten:

$$f \; = \; \frac{f_1 \cdot f_2}{\delta} \qquad\qquad f' \; = \; \frac{f_1' \cdot f_2'}{\delta} \; .$$

Mit den Gleichungen für f, f', f_1, f_1', f_2 und f_2' können die folgenden endgültigen Beziehungen in den Bezeichnungen aus Abschnitt 2.10 [Bergmann und Schaefer (1962)] abgeleitet werden.

$$f' \; = \; -\,\frac{m_2 m_3 r_1 r_2}{x} \qquad\qquad f \; = \; -\,\frac{m_1 m_2 r_1 r_2}{x}$$

wobei $\; x \; = \; (m_2 - m_1)(m_3 - m_2)d - m_2 r_1 (m_3 - m_2) - m_2 r_2 (m_2 - m_1).$

2.10 LINSEN UND IHRE FUNKTIONSPARAMETER

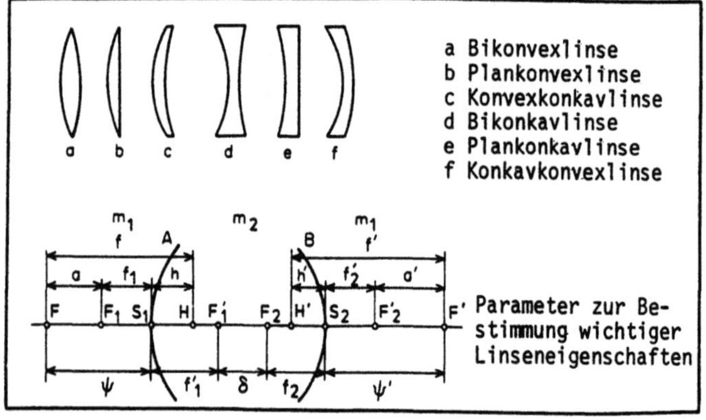

Die in den Kapiteln 2.8 und 2.9 angestellten Betrachtungen stellen die Grundlage einer analytischen Behandlung der verschiedenen Linsentypen dar. Linsen werden meist für $m_1 = 1$, $m_3 = 1$ entworfen und mit $m_2 = m$ können wir schreiben:

$$a' = \frac{m\,r_2{}^2}{(m-1)[(r_2-r_1)m + d(m-1)]} \qquad a = \frac{m\,r_1{}^2}{(m-1)[(r_2-r_1)m + d(m-1)]}$$

$$f' = f = \frac{mr_1 r_2}{(m-1)[(r_2-r_1)m + d(m-1)]} \qquad \delta = \frac{m(r_2-r_1) + d(m-1)}{(m-1)}$$

$$\psi' = \frac{mr_1 r_2 - r_2(m-1)d}{(m-1)[(r_2-r_1)m + d(m-1)]} \qquad \psi = \frac{mr_1 r_2 + r_1(m-1)d}{(m-1)[(r_2-r_1)m + d(m-1)]}$$

$$h' = \frac{r_2\,d}{[(r_2-r_1)m + d(m-1)]} \qquad h = \frac{-r_1\,d}{[(r_2-r_1)m + d(m-1)]} \quad .$$

Diese Beziehungen zeigen, daß der Linsentyp und seine Eigenschaften vollständig durch die Radien r_1 und r_2, die Dicke d und den Brechungsindex m des Linsenmaterials definiert sind. Die obigen Beziehungen können für sogenannte "dünne Linsen", d.h. für Linsen, für die $(m-1)d \ll m(r_2 - r_1)$ ist, vereinfacht werden.

Die obigen Parameter können frei variiert werden, um den optischen Erfordernissen zu entsprechen, wenn dem Entwurf der Linse keine weiteren Beschränkungen auferlegt sind. Wenn jedoch die Linsen besonderen Anforderungen entsprechen müssen, werden zusätzliche Gleichungen zwischen den freien Variablen d, r_1, r_2 und m eingeführt, z.B. muß für eine Linse mit minimaler sphärischer Aberration beim Entwurf folgende Bedingung eingehalten werden:

$$r_1/r_2 = -\,\frac{4 + m - 2m^2}{2m^2 + m} \quad .$$

2.11 LINSENSYSTEME UND IHRE ANALYTISCHE BEHANDLUNG

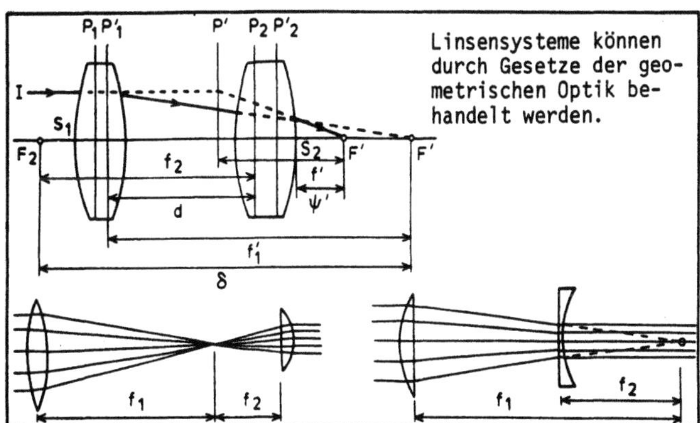

40

Laser-Doppler-Anemometer-Systeme können aus einzelnen Linsen bestehen oder
aus Systemen von mehreren Linsen aufgebaut sein. Solche Linsenkombinationen
können ebenfalls aufgrund der Betrachtungen und Ableitungen der Abschnitte
2.8 bis 2.10 behandelt werden. Um dies zu illustrieren, wird das obige, aus
zwei Linsen bestehende Linsensystem im folgenden untersucht.

Wenn "d" die Entfernung zwischen der hinteren Hauptebene der ersten Linse
und der vorderen Hauptebene der zweiten Linse ist, dann ist die Brennweite
der Linsenkombination gegeben durch:

$$f \;=\; f' \;=\; -\frac{f_1 f_2}{\delta} \;=\; \frac{f_1 f_2}{(f_1 + f_2 - d)} \;.$$

Für den Sonderfall, daß d = $(f_1 + f_2)$ ist, wie im unteren Teil der obigen
Abbildung dargestellt, geht die Brennweite des kombinierten Systems gegen
Unendlich, und es ergibt sich ein Teleskoplinsensystem, in dem parallel in
das System eintretende Strahlen auch parallel aus dem System austretende
Strahlen ergeben. Das Durchmesser-Verhältnis zwischen ein- und austretenden
Strahlenbündeln ist gegeben durch:

$$\frac{D_1}{D_2} \;=\; \frac{f_1}{f_2} \;.$$

Die anderen Parameter des kombinierten Linsensystems können wie folgt berechnet werden:

$$\psi' \;=\; \frac{f_2{}^2}{d - (f_1 + f_2)} \;+\; f_2 \;=\; \frac{f_2 (f_1 - d)}{(f_1 + f_2) - d}$$

wobei ψ' die Entfernung des Brennpunktes des kombinierten Systems von der
hinteren Oberfläche der zweiten Linse ist. Entsprechend ist die Entfernung
des anderen Brennpunktes von der vorderen Oberfläche der ersten Linse gegeben durch:

$$\psi \;=\; \frac{f_1{}^2}{d - (f_1 + f_2)} \;+\; f_1 \;=\; \frac{f_1 (f_2 - d)}{(f_1 + f_2) - d} \;.$$

Die Formeln für die Lagen der sich ergebenden Hauptebenen sind:

$$h' \;=\; f' - \psi' \;=\; \frac{f_2 d}{(f_1 + f_2) - d} \qquad\qquad h \;=\; f - \psi \;=\; \frac{f_1 d}{(f_1 + f_2) - d} \;.$$

2.12 PRISMEN UND PRISMENSYSTEME IN LASER-DOPPLER-ANEMOMETERN

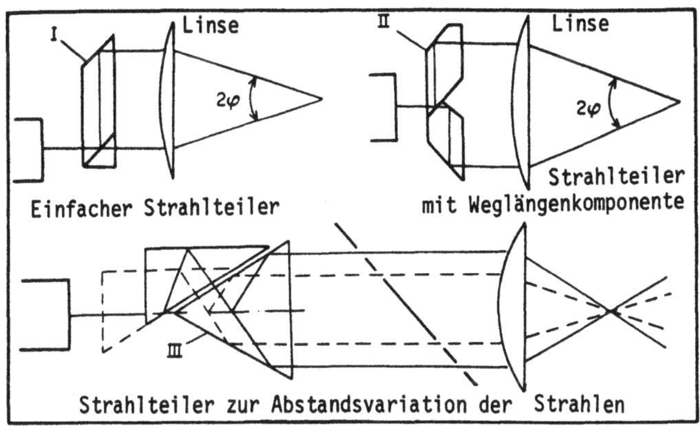

Laser-Doppler-Anemometer-Systeme umfassen Strahlteilerprismen, die auch mit Hilfe der geometrischen Optik behandelt werden können, um die Gänge der verschiedenen Strahlenbündel zu erhalten. Diese Strahlteilerprismen können mit Linsen oder Linsensystemen verbunden werden und ergeben dann die optische Grundanordnung von Laser-Doppler-Anemometern. Damit kann einer der wichtigen Parameter eines Anemometersystems, der Winkel 2φ zwischen den beiden sich kreuzenden Strahlen, genau mit Hilfe der Grundgesetze der geometrischen Optik erhalten werden. Das obige Bild zeigt, daß optische Prismen, wie sie in der Laser-Doppler-Anemometrie verwendet werden, vorteilhaft die Totalreflexion benutzen, um die Lichtstrahlen zu führen. Kombinationen von Prismen und Strahlteilern ergeben Prismensysteme, die es ohne Schwierigkeiten erlauben, zwei getrennte Lichtstrahlen mit gewünschtem Strahlabstand zu erhalten. Es können zusätzliche Prismen verwendet werden, die optische Systeme mit variablem Strahlabstand herzustellen ermöglichen, um die Anemometeroptik ohne Umstände der Strömungssituation anzupassen, wie dies in Kapitel 4 beschrieben ist.

Damit die Vorteile optischer Prismen völlig ausgenutzt werden können, müssen die Prismen sorgfältig, d.h. mit hoher Präzision, hergestellt werden. Wenn jedoch die Spezifikationen für die Herstellung zu eng gefaßt sind, führt dies zu unnötigen Preissteigerungen. Die zulässigen Toleranzen hängen von der Auslegung des optischen Systems ab, aber als Faustregel kann man sagen, daß die Parallelität zwischen den reflektierenden und teilenden Oberflächen besser als 10" sein muß. Ist dies der Fall, dann schneiden sich die beiden Strahlen eines Laser-Doppler-Anemometers im Brennpunkt der Linse. Es kann gezeigt werden, daß die Parallelität der Prismenoberflächen für zwei Ebenen geprüft werden muß. Die Ebene, die bewirkt, daß die Lichtstrahlen sich schneiden, ist natürlich wichtiger als die, welche bestimmt, wo sie sich schneiden. Dies wird in Abschnitt 5.6 erläutert.

2.13 MONOCHROMATISCHE LICHTWELLEN UND IHRE KOMPLEXE ANALYTISCHE DARSTELLUNG

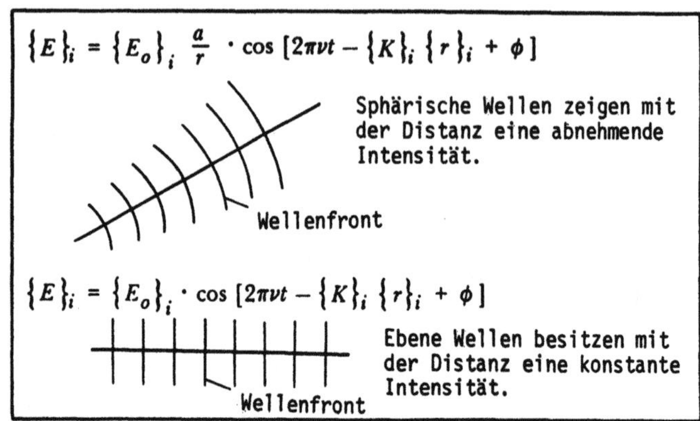

Es wurde bereits betont, daß die meisten physikalischen Lichtphänomene analytisch durch elektromagnetische Wellen beschrieben werden können, d.h. Licht ist das Ergebnis einer gleichzeitigen Fortpflanzung eines elektrischen und magnetischen Feldes. Seine Eigenschaften können deshalb analytisch mit Hilfe der Maxwellschen Gleichungen beschrieben werden. Es ist mit diesem Satz allgemeiner Differentialgleichungen leicht zu zeigen, daß der elektrische Feld-Vektor $\{E\}_i$ und der magnetische Feld-Vektor $\{H\}_i$ den bekannten Differentialgleichungen für gedämpfte Wellenbewegung genügen:

$$\nabla^2 \{E\}_i - \sigma\mu \, \frac{\partial \{E\}_i}{\partial t} - \epsilon\mu \, \frac{\partial^2 \{E\}_i}{\partial t^2} \;=\; 0$$

und

$$\nabla^2 \{H\}_i - \sigma\mu \, \frac{\partial \{H\}_i}{\partial t} - \epsilon\mu \, \frac{\partial^2 \{H\}_i}{\partial t^2} \;=\; 0$$

wobei σ die spezifische Leitfähigkeit des Mediums ist; μ die magnetische Permeabilität und ϵ die Dielektrizitätskonstante. Diese Gleichungen reduzieren sich zu den Differentialgleichungen für ungedämpfte Wellenbewegung, wenn das Fortpflanzungsmedium nichtdissipativ ist, d.h. wenn die spezifische Leitfähigkeit gleich Null ist, $\sigma = 0$:

$$\nabla^2 \{E\}_i - \epsilon\mu \, \frac{\partial^2 \{E\}_i}{\partial t^2} \;=\; 0$$

und

$$\nabla^2 \{H\}_i - \epsilon\mu \frac{\partial^2 \{H\}_i}{\partial t^2} = 0 \ .$$

Dieses System partieller Differentialgleichungen hat Lösungen der Form:

$$\{E(x,t)\}_i = \{E(x \pm ct,\ 0)\}_i \ .$$

Zwei Lösungen von praktischer Bedeutung werden im Bild angeführt.

2.14 <u>EBENE MONOCHROMATISCHE LICHTWELLEN</u>

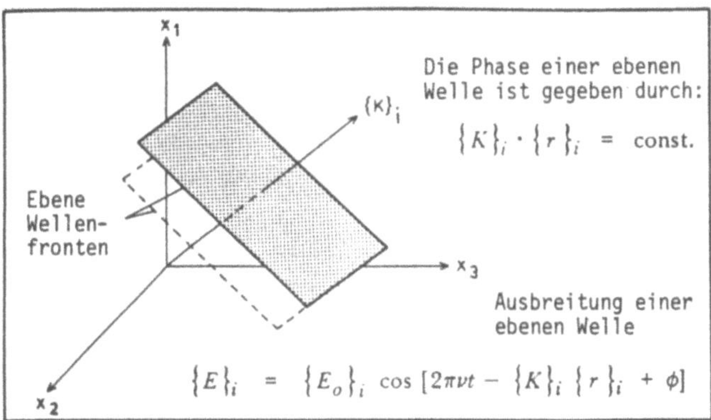

Eine ebene, monochromatische Lichtwelle soll in einem unbegrenzten, nicht-
dissipativen, isotropen und homogenen Medium betrachtet werden. Eine solche
Welle ist eine Idealisierung, welche durch die thermischen Lichtquellen
nicht erreicht wird, wohl aber durch die Lichtwellen von Lasern. Die Maxwellschen Gleichungen können für diesen Fall vereinfacht werden und ergeben dann, siehe z.B. Born und Wolf (1970):

$$\{E\}_i = -\sqrt{\frac{\mu}{\epsilon}} \ \frac{\lambda}{2\pi} \{K\}_i \times \{H\}_i \ ;$$

$$\{H\}_i = \sqrt{\frac{\epsilon}{\mu}} \ \frac{\lambda}{2\pi} \{K\}_i \times \{E\}_i \ .$$

Multiplikation mit $\{K\}_i$ ergibt

$$\{K\}_i \{E\}_i = \{K\}_i \{H\}_i = 0 \ .$$

Diese Gleichungen zeigen, daß der elektrische Feldvektor $\{E\}_i$ und der magnetische Feldvektor $\{H\}_i$ senkrecht zueinander stehen und beide auch senkrecht zur Ausbreitungsrichtung, die durch $\{K\}_i$ gegeben ist. Die Komponenten der elektrischen und magnetischen Feldvektoren sind miteinander über die innere Impedanz des Fortpflanzungsmediums verknüpft:

$$\frac{E_x}{H_x} = -\frac{E_y}{H_y} = \left(\frac{\mu}{\epsilon}\right)^{\frac{1}{2}}$$

Es ist daher ausreichend, nur das Verhalten von $\{E\}_i$ analytisch zu beschreiben. Berücksichtigt man die Betrachtungen von 2.13 und die obigen Erläuterungen, so kann man ebene, monochromatische Lichtwellen vollständig durch folgende Beziehung beschreiben:

$$\{E\}_i = \{E_o\}_i \cdot \cos\left[2\pi\nu t - \{K\}_i \cdot \{r\}_i + \phi\right].$$

2.15 WICHTIGE BEZIEHUNGEN FÜR DIE EIGENSCHAFTEN VON LICHTWELLEN

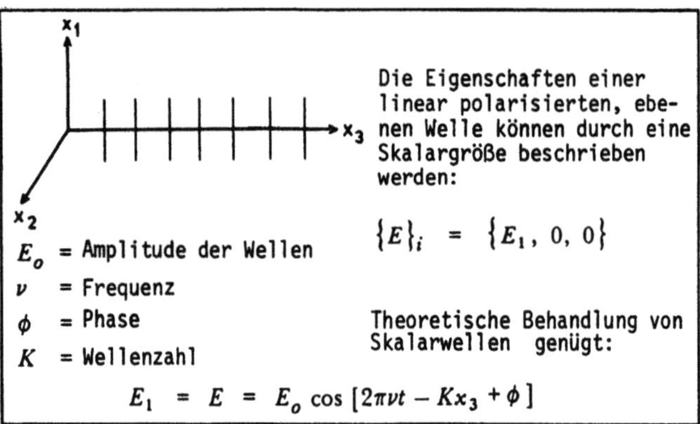

Nimmt man an, daß die Richtung der Wellenausbreitung die positive x_3-Richtung eines kartesischen Koordinatensystems ist, daß ferner die Welle linear polarisiert ist (siehe Tafel 2.25) und sich die Polarisationsrichtung in der x_1,x_3-Ebene befindet, so ist der elektrische Feldvektor $\{E\}_i$ durch

$$\{E\}_i = \{E_1, E_2, 0\}.$$

gegeben. Eine weitere Vereinfachung folgt aus der Annahme, daß der elektrische Feldvektor mit der x_1-Koordinate zusammenfällt. Es ergibt sich dann:

$$\{E\}_i = \{E_1, 0, 0\}.$$

Folglich können die physikalischen Eigenschaften von ebenen, linear polarisierten Lichtwellen analytisch durch eine einzige skalare Größe beschrieben werden. Sie ändert sich mit der Zeit wie

$$E_1 \; = \; E \; = \; E_o \cos \left[2\pi\nu t - Kx_3 + \phi \right]$$

wobei E_o die Amplitude ist, ν die Frequenz, K die Wellenzahl und ϕ die Phase der Lichtwelle. Die Länge x_3 ist die Entfernung des betrachteten Punktes zur Ebene $x_3 = 0$, die durch den Ursprung des Koordinatensystems geht und in der die Welle zur Zeit $t = 0$ die Phase ϕ besitzt.

Es zeigt sich aber, daß das Licht analytisch als elektromagnetische Welle beschrieben werden kann. Die elektromagnetischen Eigenschaften eines Mediums können deshalb mit Größen verknüpft werden, die zur Behandlung von optischen Phänomenen mit Hilfe der geometrischen Optik eingeführt wurden. Der Brechungsindex kann als die Quadratwurzel des Produktes aus magnetischer Permeabilität μ und der Dielektrizitätskonstanten ϵ ausgedrückt werden,

$$m \; = \; \sqrt{\mu\epsilon} \; .$$

Die Ausbreitungsgeschwindigkeit von Lichtwellen kann, wie folgt, ausgedrückt werden:

$$c \; = \; \frac{c_o}{\sqrt{\mu\epsilon}} \; .$$

2.16 SKALARE WELLEN UND IHRE ANALYTISCHE DARSTELLUNG MIT HILFE KOMPLEXER ZAHLEN

Ebene Welle
$$E \; = \; \cdot E_o(t) \cdot \cos\left(\omega t - \frac{2\pi R}{\lambda} + \phi\right)$$

Komplexe Darstellung
$$E \; = \; \Re\left\{ E_o(t) \cdot \exp\left[-i\left(\omega t - \frac{2\pi R}{\lambda} + \phi\right)\right]\right\}$$

Komplexe Amplitude
$$A(t) \; = \; E_o(t) \cdot \exp\left[i\left(\frac{2\pi R}{\lambda} - \phi\right)\right]$$

Analytisches Signal
$$\mathscr{E} \; = \; A \exp\left[-i2\pi\nu t\right]$$

Das Produkt aus dem Brechungsindex m und der Entfernung R wird als optische Weglänge δ = mR zwischen dem Ursprung des Koordinatensystems und dem betrachteten Punkt bezeichnet. Die Größe ψ ist die Phasendifferenz zwischen diesen Punkten:

$$\psi \;=\; K \cdot R \;=\; \frac{2\pi mR}{\lambda} \;=\; \frac{2\pi\delta}{\lambda} \; .$$

Die analytische Behandlung der Ausbreitung von Lichtwellen wird erheblich durch die komplexe Darstellung erleichtert:

$$E \;=\; \Re \left\{ E_o \exp\left[-i(2\pi\nu t - KR + \phi)\right] \right\} \; .$$

Das Symbol "$\Re$" steht dabei für den Realteil der in geschweiften Klammern angegebenen komplexen Größen. Solange man E linearen mathematischen Operationen unterwirft, kann man das Symbol $\Re$ fallenlassen und die Operation direkt mit der komplexen Funktion durchführen. Der Realteil des sich nach der Operation ergebenden Ausdrucks stellt dann die gesuchte physikalische Größe dar. Wenn man diesen Sachverhalt im Sinne behält und eine komplexe Amplitude

$$A \;=\; E_o \exp\left[i(KR - \phi)\right]$$

einführt, kann man die obige Gleichung folgendermaßen umschreiben:

$$\mathscr{E} \;=\; A \cdot \exp\left[-i2\pi\nu t\right] \, ,$$

so daß

$$E \;=\; \Re(\mathscr{E}) \; .$$

gilt. $\mathscr{E}$ wird das analytische Signal der die Lichtwelle beschreibenden reellen Größe E genannt.

Die obigen Gleichungen beschreiben die bekannte Tatsache, daß die Ausbreitung von Lichtwellen als Schwingung behandelt werden kann. Diese Schwingungen können gewöhnlich nicht beobachtet werden, da keine uns bekannten Detektoren auf die hohe Frequenz der Lichtschwingungen ansprechen. Detektoren werden gewöhnlich verwendet, um die Leistung zu messen, die vom Licht im Mittel in einer Zeit übertragen wird, die Millionen von Schwingungen umfaßt.

2.17 <u>INTENSITÄT VON LICHTWELLEN</u>

$$\text{Lichtintensität} = \frac{\text{Lichtenergie}}{\text{Fläche} \cdot \text{Zeit}}$$

$$I \;=\; \frac{1}{T} \int_o^T E^2\, dt \;=\; \frac{1}{4T} \int_o^T (\mathcal{E} + \mathcal{E}^*)^2\, dt$$

$$(\mathcal{E} + \mathcal{E}^*) \;=\; A \cdot \exp\,(-\,i2\pi\nu t) + A^* \exp\,(i2\pi\nu t)$$

Einführung dieses Ausdrucks in das obige Integral für die Lichtintensität ergibt:

$$I \;=\; \frac{1}{4T} \int_o^T (A^2 \cdot \exp\,(-\,i4\pi\nu t) + A^{*2} \cdot \exp\,(i4\pi\nu t) + 2A \cdot A^*)\, dt$$

Falls
$$T \gg 1/\nu \;\rightarrow\; I \;=\; \tfrac{1}{2} A \cdot A^* \;=\; \text{Lichtintensität}$$

Die Lichtintensität wird oben als Integral über das Quadrat des elektrischen Feldes E angegeben. Um die Beziehungen der weiteren Ableitung zu vereinfachen, wird der Realteil E durch das analytische Signal $\mathcal{E}$ und durch seine konjugiert komplexe Größe $\mathcal{E}^*$ ausgedrückt. Unter Berücksichtigung der Ansprechzeit des Detektors, T, ergibt sich die Intensität der Lichtwelle durch Integration nach der Zeit. Wenn die Zeit so gewählt wird, daß die Integration über viele Perioden verläuft, d.h. $T \gg 1/\nu$, ist, dann verschwinden durch die Integration alle Ausdrücke, die sinusförmige Oszillationen der Frequenz ν beschreiben. Der verbleibende Ausdruck für die Lichtintensität besteht aus dem Produkt der komplexen Amplitude und ihrem konjugiert komplexen Ausdruck.

In vielen Lehrbüchern wird die Schreibweise noch weiter vereinfacht, indem in Betracht gezogen wird, daß der Faktor, der die Zeitabhängigkeit der Lichtoszillation angibt, $\exp(-i2\pi\nu t)$, in allen Ausdrücken auftaucht oder aber durch Integration über viele Perioden hinweg zur Ermittlung der Intensität eliminiert werden kann. Es ist daher in fortgeschritteneren Lehrbüchern über Wellenoptik üblich, den zeitabhängigen Faktor aus allen Ausdrücken von Anfang an wegzulassen. So wird dann die Lichtwelle analytisch ausgedrückt als:

$$\mathcal{E} \;=\; E_o \cdot \exp\,[i(KR - \phi)]$$

Diese weitere Vereinfachung der Schreibweise wird in diesem Buch nicht verwendet.
In Verbindung mit der Detektion der Lichtintensitätsverteilung sollte erwähnt werden, daß die Intensität eines elektromagnetischen Feldes nur mit Hilfe eines quadratischen Detektors experimentell bestimmt werden kann. Die Zeitkonstante der Detektion muß groß genug sein im Vergleich zum Kehrwert der Frequenz. Dieser Vorgang ist oben analytisch beschrieben.

2.18 <u>INTERFERENZ ZWEIER LICHTWELLEN</u>

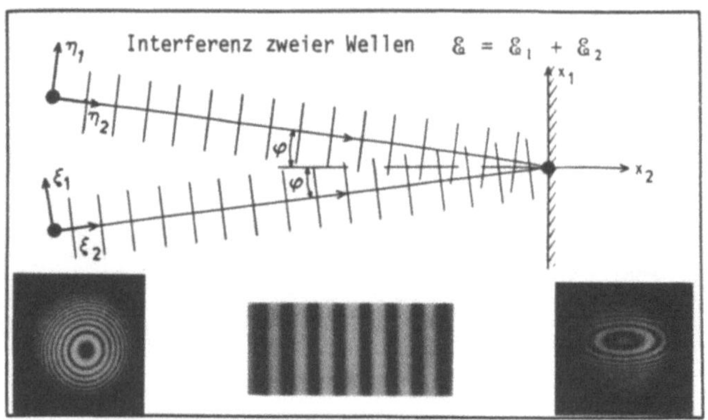

Das gegenseitige Überqueren zweier Lichtwellen ergibt Interferenzmuster, die durch das Superpositionsprinzip für Schwingungen beschrieben werden können. Nach diesem Prinzip wird die gesamte Lichtintensität aus der Summe der zwei elektromagnetischen Felder erhalten. Die Ausdrücke für die zwei Felder sind

$$\mathcal{E}_1 = (E_o)_1 \exp[-i(2\pi\nu t - K\eta_2 + \phi_1)]; \quad \mathcal{E}_2 = (E_o)_2 \exp[-i(2\pi\nu t - K\xi_2 + \phi_2)]$$

Das analytische Signal des gesamten auf einen Schirm fallenden Feldes ist durch

$$\mathcal{E} = (A_{0,1} + A_{0,2}) \exp[-i2\pi\nu t].$$

gegeben, wenn die komplexen Amplituden eingeführt werden. Die Lichtintensität wird nach

$$I = \frac{1}{4T} \int_0^T (\mathcal{E} + \mathcal{E}^*)^2 \, dt = \frac{1}{4T} \int_0^T (\mathcal{E}_1 + \mathcal{E}_1^* + \mathcal{E}_2 + \mathcal{E}_2^*)^2 \, dt$$

berechnet. Führt man die Integration über eine Zeitspanne $T \gg 1/\nu$ durch, erhält man

$$I = \mathcal{E}_1\mathcal{E}_1^* + \mathcal{E}_2\mathcal{E}_2^* + \mathcal{E}_1\mathcal{E}_2^* + \mathcal{E}_1^*\mathcal{E}_2 .$$

Das läßt sich mit den Ausdrücken von oben für $\mathcal{E}_1$ und $\mathcal{E}_2$ als

$$I = (E_o)_1^2 + (E_o)_2^2 + 2(E_o)_1(E_o)_2 \cdot \cos\left[\frac{2\pi}{\lambda}(\xi_2 - \eta_2) + (\phi_2 - \phi_1)\right]$$

schreiben. Dieser letzte Ausdruck gibt die Lichtintensität in einem Punkt $P(x_i)$ an, wenn ξ_2 und η_2 darin als Funktion der Koordinaten, x_i, (i = 1, 2, 3) eingeführt werden. Diese Gleichung zeigt, daß immer dann ein Intensitätsmaximum erhalten wird, wenn $(\xi_2 - \eta_2)$ ein ganzes Vielfaches der Wellenlänge ist, ein Intensitätsminimum aber immer dann, wenn

$$(\xi_2 - \eta_2) = (N + 1/2)\lambda$$

Diese Bereiche von Intensitätsmaxima und -minima werden als "helle" bzw. "dunkle" Streifen bezeichnet. Auf einem Schirm werden gerade Streifen durch ebene Wellen erzeugt, aber andere Formen sind möglich, wenn ebene und Kugelwellen interferieren. Solche Formen werden im Bild oben gezeigt.

2.19 STREIFENABSTAND UND STREIFENSICHTBARKEIT

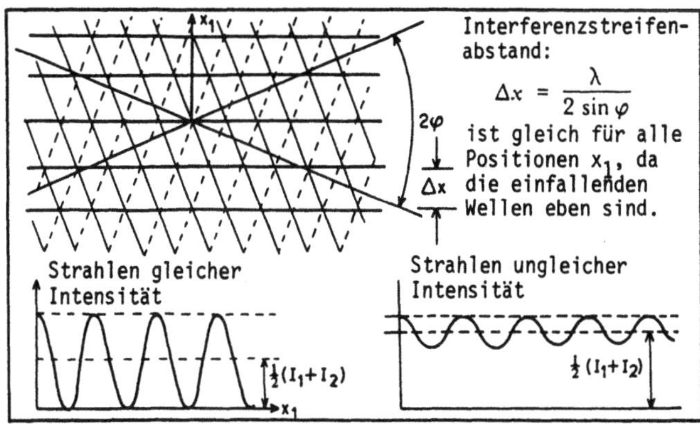

Die in Abschnitt 2.18 abgeleiteten Beziehungen erlauben die Berechnung der Streifenabstände für zwei interferierende ebene Wellen, deren Normale zu den Wellenebenen den Winkel 2φ bilden. Führt man

$$\eta_2 = x_2 \cos \varphi - x_1 \sin \varphi \qquad\qquad \xi_2 = x_2 \cos \varphi + x_1 \sin \varphi$$

und folglich

$$(\xi_2 - \eta_2) = 2x_1 \sin \varphi$$

ein, so sind die Lagen des N-ten und (N+1)-ten Streifenmaximus durch

$$2(x_1)_N \sin \varphi = N\lambda \qquad\qquad 2(x_1)_{N+1} \sin \varphi = (N+1)\lambda$$

gegeben. Durch Subtraktion dieser beiden Gleichungen folgt

$$\Delta x = (x_1)_{N+1} - (x_1)_N = \frac{\lambda}{2 \sin \varphi} \; .$$

Der Streifenabstand ist aber für alle x_1 derselbe und hängt nur von der Wellenlänge des Lichtes und dem halben Winkel zwischen den Wellenfronten ab.

Aus dem letzten Ausdruck von Abschnitt 2.18 kann man auch auf die "Streifensichtbarkeit"[*] schließen. Wenn die Amplituden der zwei Wellen von gleichem Betrag sind, ist die "Streifensichtbarkeit" hoch, d.h. die dunklen Streifen sind völlig schwarz. Das wird durch eine Größe

$$\eta \equiv \frac{I_{max} - I_{min}}{I_{max} + I_{min}} = \frac{2(E_o)_1 \, (E_o)_2}{(E_o)_1{}^2 + (E_o)_2{}^2} \, ,$$

die "Streifensichtbarkeit" genannt wird, ausgedrückt. Dieser Ausdruck nimmt Werte zwischen 0 und 1 an; er ist 1 für gleiche Lichtintensität in beiden Interferenzstrahlen. Die Intensität ist jedoch nur einer der Faktoren, der die Signalqualität von Laser-Doppler-Anemometern beeinflußt. Andere Faktoren werden in Kapitel 4 betrachtet.

2.20 ZEITLICHE KOHÄRENZ VON LICHTWELLEN

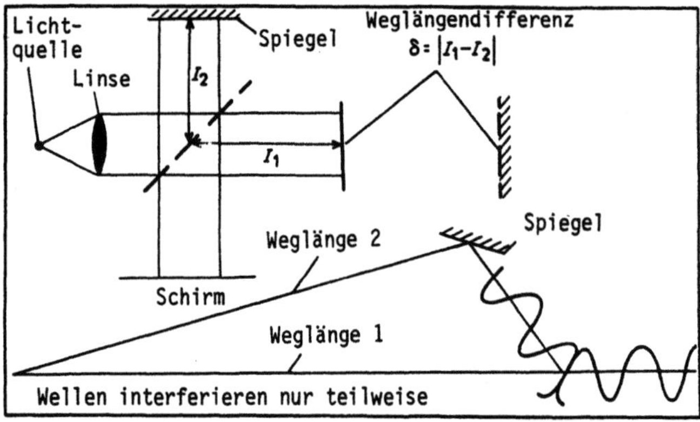

Die Darstellungen der Lichtinterferenz setzten voraus, daß die Interferenzphänomene nicht zeitabhängig sind, d.h. daß die Lage der Interferenzstreifen als konstant angenommen wird. Dies gilt nur, wenn im folgenden Ausdruck

$$I = (E_o)_1{}^2 + (E_o)_2{}^2 + 2(E_o)_1 \, (E_o)_2 \cdot \cos\left[\frac{2\pi}{\lambda_o} \, 2x_1 \sin\phi + (\phi_2 - \phi_1)\right],$$

---

[*] Der Ausdruck "Signalqualität" ist auch in der Literatur anzutreffen und kann als gleichwertig betrachtet werden.

der aus den Beziehungen in Abschnitt 2.18 und 2.19 folgt, die Phasendifferenz $(\Phi_2 - \Phi_1)$ zeitunabhängig ist. Allgemein werden zwei Lichtwellen, wenn konstante Phasenverhältnisse zwischen ihnen bestehen, als "kohärent" bezeichnet. Treten zufällige Fluktuationen zwischen den beiden Phasen Φ_2 und Φ_1 auf, so werden die Wellen "inkohärent" genannt. Interferenzphänomene können nur bei kohärenten Lichtwellen beobachtet werden. Bei inkohärenten Lichtwellen treten innerhalb der Beobachtungszeit Verschiebungen der Interferenzstreifen auf, die das Muster verwischen lassen.

Die Eigenschaften zweier interferierender Lichtwellen, "kohärent" bzw. "inkohärent" zu sein, werden oft den Lichtquellen zugeschrieben, die die Lichtwellen aussenden. Nimmt man an, daß diese Lichtquellen punktförmig sind und thermisches Licht aussenden, so sind die ankommenden Lichtwellen von endlicher Länge, gegeben durch das Produkt aus der Lichtgeschwindigkeit und der Übergangsdauer der Elektronen zwischen zwei Energiezuständen. Diese Länge wird sehr oft als Kohärenzlänge der Lichtwellen bezeichnet.

Experimentelle Einrichtungen zur Erzeugung von Interferenzeffekten müssen so aufgebaut sein, daß sie mit nur einer Lichtquelle arbeiten und die Unterschiede zwischen den Weglängen kleiner sind als die Kohärenzlänge der ausgesandten Wellen. Experimente mit monochromatischen Lichtwellen zeigen, daß die Interferenzerscheinungen mit steigender Wegdifferenz abnehmen. Diese steht in direktem Zusammenhang mit der Spektralbreite der von der Lichtquelle ausgesandten Lichtwellen und wird annähernd durch

$$\delta \approx \lambda^2/\Delta\lambda$$

gegeben.

2.21 RÄUMLICHE KOHÄRENZ VON LICHTWELLEN

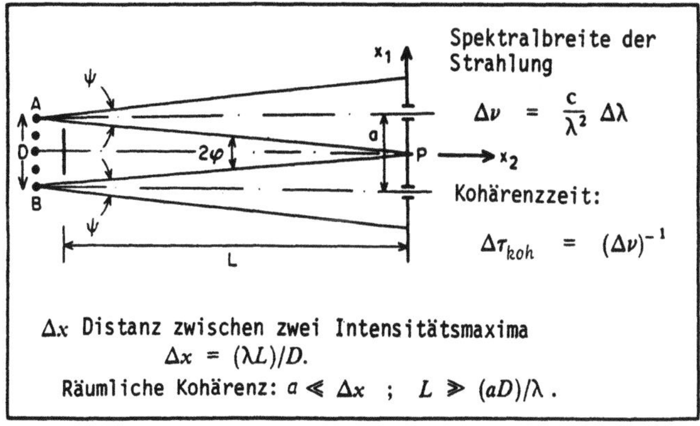

Bei den Darlegungen der letzten Seite wurde davon ausgegangen, daß punktförmige Lichtquellen existieren. Dies ist eine Idealisierung, da in Wirklichkeit Lichtquellen immer von endlicher Größe sind. Sie können dann jedoch als aus einer Anzahl von nebeneinanderliegenden, punktförmigen Lichtquellen bestehend, betrachtet werden, die die Ausstrahlungsfläche der wirklichen Lichtquelle ergeben. Es wird angenommen, daß zwischen den ausgestrahlten Lichtwellen zufällige Phasenfluktuationen auftreten.

Aus den Erläuterungen in Abschnitt 2.20 ist zu ersehen, daß keine Lichtquelle wirklich "inkohärent" ist, da innerhalb der Zeit eines Wellenzuges Interferenz beobachtet werden kann. Daher beinhaltet der Begriff der "Inkohärenz" den Verzicht auf Informationen, die verfügbar wären, wenn die Meßzeit kleiner wäre als die umgekehrte spektrale Linienbreite. Für kohärente Detektion ist

$$\tau_m \;\leqslant\; (\Delta\nu)^{-1}$$

erforderlich. Die ausgedehnte Lichtquelle der Breite D, aus dem obigen Bild, sei nun aus einer Reihe von punktförmigen Lichtquellen bestehend betrachtet. Wenn nun der Hauptteil der Lichtquelle verdeckt wird, so daß nur die beiden extremen Punkte Licht ausstrahlen, kann angenommen werden, daß die Lichtintensität an der Stelle P durch folgende Beziehung

$$I \;=\; E_A{}^2 \;+\; E_B{}^2 \;+\; 2E_A E_B \cos\left[\frac{2\pi}{\lambda}\, 2x_1 \sin\varphi \;+\; (\phi_2 - \phi_1)\right]$$

gegeben ist.
Dieses Interferenzmuster kann aufgezeichnet werden, wenn die Detektionszeit kleiner ist als die umgekehrte spektrale Linienbreite zweier Wellenzüge. Die obige Gleichung zeigt, daß die Streifenposition abhängig ist von der relativen Phase der beiden Wellen. Damit zwei aufeinanderfolgende Wellenzüge Unterschiede zwischen den Streifenpositionen ergeben, die geringer sind als der Interferenzstreifenabstand, muß die obige Bedingung für L erfüllt sein. Dieser Ausdruck sagt aus, daß Interferenz über einen Abstand "a" mit Licht von einer ausgedehnten Lichtquelle vom Durchmesser "D" stattfinden kann, wenn diese Lichtquelle sich in einer Entfernung "L" von der Detektoröffnung befindet.

2.22 BEUGUNG VON LICHTWELLEN, 1

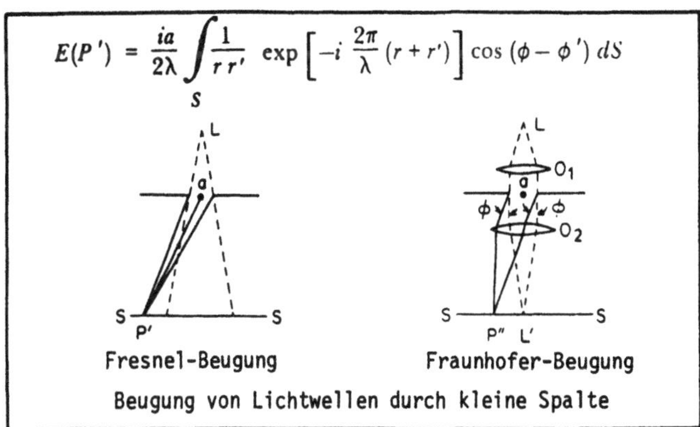

In der Praxis wird die unbegrenzte seitliche Ausdehnung der Lichtwellen, im Unterschied zu der in den letzten Abschnitten gemachten Annahme, durch physikalische Blenden oder Masken verhindert. So kommen neue Effekte ins Spiel, da die Ausbreitung der Lichtwellen durch diese Öffnungen gestört wird und Beugungsphänomene auftreten. Diese Phänomene können wiederum durch die Maxwellschen Gleichungen für das elektromagnetische Feld beschrieben werden.

Anstatt die partiellen Differenzialgleichungen für alle Beugungsphänomene zu lösen und sie in einheitlicher Weise zu behandeln, ist es üblich geworden, die Phänomene in Fresnelsche und Fraunhofersche Beugungen einzuteilen. Allgemein gesagt, werden die ersteren von divergierenden Lichtstrahlen erzeugt, die letzteren von parallelen Lichtstrahlen.

Zur Analyse des Beugungsphänomens kann das Huyghens-Fresnel-Prinzip angewandt werden. Es besagt, daß jeder Punkt in den kleinen Öffnungen der obigen Abbildung als Ursprung sekundärer Wellen betrachtet werden kann, die miteinander interferieren und dadurch das sich auf einem Schirm auf der anderen Seite der Öffnung ergebende Lichtfeld bilden. Die mathematische Formulierung dieses Prinzips ergibt das folgende Kirchhoffsche Beugungsintegral:

$$E(P') = \frac{ia}{2\lambda} \int_S \frac{1}{r\,r'} \, \exp\left[-i\,\frac{2\pi}{\lambda}\,(r + r')\right] \cos\,(\phi - \phi')\,dS \;.$$

a/r exp [-i(2π/λ)(r)dS] stellt die komplexe Amplitude im Element Q dar und 1/r' exp[-i(2π/λ)r'] die Amplitude bei P' einer sekundären Welle, die von Q ausgeht. Cos (φ - φ') ist der Schrägheitsfaktor zur Verhinderung einer Rückwärtsausbreitung der Sekundärwellen. Dies ist im einzelnen bei Bergmann und Schaefer (1962) erläutert.

2.23 BEUGUNG VON LICHTWELLEN, 2

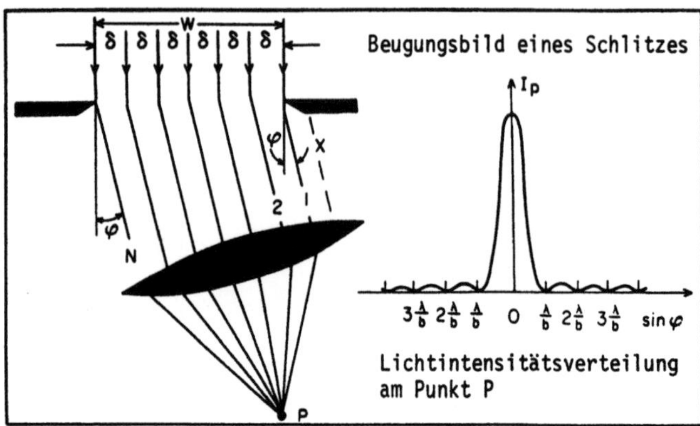

In diesem Bild wird ein Spalt mit der Breite W in N gleiche Teile unterteilt, also W = Nδ. Es wird angenommen, daß vom Spalt gebeugte Lichtwellen
in Richtung φ relativ zu der einfallenden Welle ausgesandt werden. Die
Zeichnung des Spaltes und der ausgesandten sekundären Welle, von der nur
die Normalen zu den Wellenfronten skizziert werden, macht deutlich, daß es
eine Phasenverschiebung zwischen der 1ten und Nten Welle von
$\Delta\varphi_N$ = (2πW sinφ)/λ gibt. Zwischen benachbarten Sekundärwellen ist die
Phasendifferenz $\Delta\varphi$= (2πδ sinφ)/λ. Mit Hilfe des Huyghens-Fresnel-Prinzips
können wir für die Summe dieser sekundären Wellen schreiben:

$$\sum_{k=1}^{N} \mathcal{E}_k \;=\; \sum_{k=1}^{N} a_k \exp\left[-i2\pi\nu\left(t-\frac{x}{c}\right)-(N-1)\,\Delta\varphi\right].$$

Diese Summe kann in der folgenden Form geschrieben werden, wenn a_k = a ist,
so daß sich am Punkt P

$$\mathcal{E}_p \;=\; a\,\exp\left[-i2\pi\nu\left(t-\frac{x}{c}\right)\right]\frac{\exp[iN\Delta\varphi]-1}{\exp[i\Delta\varphi]-1}\;.$$

ergibt.
Der letzte Faktor dieser Beziehung kann in folgender Weise umgeschrieben
werden:

$$\frac{\exp(iN\Delta\varphi/2)\,[\exp(iN\Delta\varphi/2)-\exp(-iN\Delta\varphi/2)]}{\exp(i\Delta\varphi/2)\,[\exp(i\Delta\varphi/2)-\exp(-i\Delta\varphi/2)]}\;=\;\frac{\sin(N\Delta\varphi/2)}{\sin(\Delta\varphi/2)}\,\exp\left[i\frac{N-1}{2}\,\Delta\varphi\right].$$

Unter Anwendung dieser Gleichungen kann die Intensitätsverteilung von P wie
folgt berechnet werden:

$$I_p \;=\; \mathcal{E}_p\mathcal{E}_p^{*} \;=\; \overline{\mathcal{E}_p^{2}} \;=\; a^2\,\frac{\sin^2(N\Delta\varphi/2)}{\sin^2(\Delta\varphi/2)}\;.$$

Für N →∞ kann diese Beziehung umgeschrieben werden:

$$I_p = W^2 \frac{\sin^2 (\frac{\pi W}{\lambda} \sin \varphi)}{(\frac{\pi W}{\lambda} \sin \varphi)^2} = W^2 \frac{\sin^2 (\frac{\pi W x}{\lambda f})}{(\frac{\pi W x}{\lambda f})^2} \ .$$

Diese Verteilung ist in der obigen Abbildung dargestellt; sie gilt nur für einen Spalt der Breite W und von unendlicher Länge. Für eine rechteckige Öffnung der Größe a · b können entsprechende Ausdrücke abgeleitet werden, siehe z.B. Born und Wolf (1970).

2.24 GITTER UND BEUGUNGSPHÄNOMENE

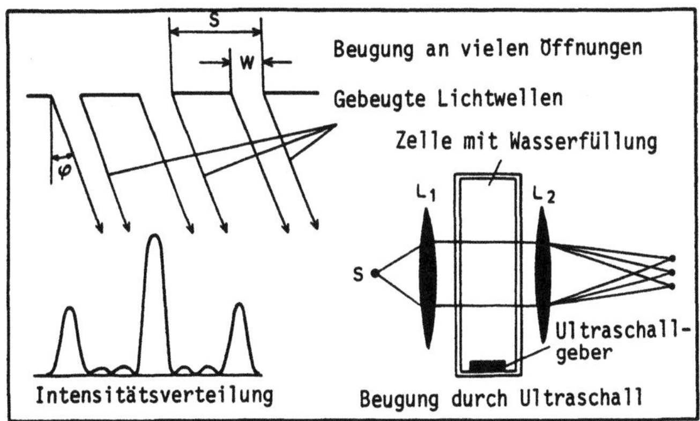

Die Überlegungen von Abschnitt 2.23 können auf ganze Spaltreihen ("Gitter") ausgedehnt werden; es ergibt sich dabei eine Intensitätsverteilung von:

$$I_\phi = \frac{\sin^2 (\frac{\pi W}{\lambda} \sin \varphi)}{(\frac{\pi W}{\lambda} \sin \varphi)^2} \cdot \frac{\sin^2 (\frac{N \pi}{\lambda} s \sin \varphi)}{\sin^2 (\frac{\pi}{\lambda} s \sin \varphi)} \ .$$

Diese Beziehung ist das Produkt zweier Ausdrücke; der erste drückt die Verteilung der Lichtintensität eines einzelnen Spaltes aus, der zweite ist das Ergebnis der Wechselwirkung zwischen den Lichtwellen von verschiedenen Spalten. Eine Auswertung des obigen Ausdruckes für verschiedene Spaltzahlen zeigt, daß die Hauptmaxima durch die Beziehung

$$\sin \varphi_k = \frac{k \lambda}{s} \qquad (k = 0, 1, 2, \dots)$$

gegeben sind, wo k sich auf die Ordnung des gebeugten Strahls bezieht. Die Intensität dieser Strahlen, d.h. die Intensität der Hauptmaxima des Beugungsbildes, wächst mit steigender Anzahl der Spalte.

Es können auch Ultraschallwellen benutzt werden, um Beugungsphänomene, wie sie von optischen Gittern hervorgerufenen werden, zu erhalten. Um diese Beugungseffekte zu erhalten, läßt man eine Ultraschallwelle das dielektrische Medium (oder einen Kristall) passieren und die Lichtwelle wird dann senkrecht zur Ausbreitungsrichtung der Ultraschallwellen durch das Medium geschickt. Da die Ultraschallwelle ein Feld veränderlicher Dichte, folglich von veränderlichem Brechungsindex, erzeugt, werden Beugungsmaxima in den Richtungen

$$\sin \varphi_k = k \frac{\lambda}{2\lambda_a}$$

erhalten, wo λ_a die Wellenlänge der Ultraschallwelle ist.

2.25 POLARISATION, 1

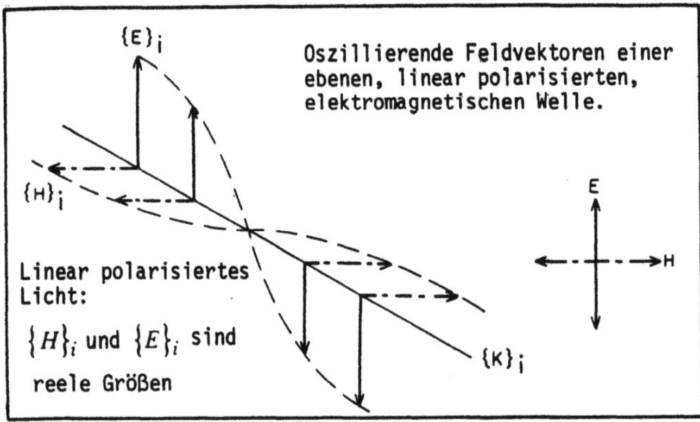

Es wurde in den Abschnitten 2.13 und 2.14 gezeigt, daß man aus den Maxwell'schen Gleichungen Wellengleichungen für das elektrische und magnetische Feld erhalten kann. Für den vereinfachten Fall einer ebenen monochromatischen Lichtwelle, ergab die Ableitung physikalische Information über $\{E\}_i$ und $\{H\}_i$, die von größter Bedeutung für das gegenwärtige Thema ist und deshalb hier zusammengefaßt werden soll:

   Die elektrischen und magnetischen Feldvektoren stehen senkrecht zueinander und zu der Ausbreitungsrichtung, d.h. Licht kann als eine transversale Wellenbeugung beschrieben werden.

Diese Aussage erlaubt keine Schlußfolgerung auf die Schwingungsrichtungen des elektrischen Feldes $\{E\}_i$ und des magnetischen Feldes $\{H\}_i$. Auch geben Lösungen der Maxwellschen Gleichungen nicht unbedingt an, ob die Schwingungsrichtung konstant zu sein hat oder sich mit der Zeit ändern kann. Um Auskunft über die Schwingungsrichtungen der elektrischen und magnetischen Feldvektoren zu erhalten, benötigt man eine allgemeinere Lösung der Maxwell-Gleichungen.

Eine ebene, harmonische, elektromagnetische Welle wird durch ihre Feldvektoren gegeben, die sich als

$$\{E\}_i = \{E_o\}_i \, \exp\left[-i\left(\omega t - \{K\}_i \, \{r\}_i + \phi\right)\right]$$

$$\{H\}_i = \{H_o\}_i \, \exp\left[-i\left(\omega t - \{K\}_i \, \{r\}_i + \phi\right)\right]$$

schreiben lassen.

Wenn die Amplituden $\{E_o\}_i$ und $\{H_o\}_i$ reell und konstant sind, wird die Welle als linear polarisiert bezeichnet. (In diesem Buch wird die Schwingungsrichtung des elektrischen Feldes als Polarisationsrichtung gewählt, obgleich es Definitionen gibt, die die Schwingungsrichtung des magnetischen Feldes nehmen.)

2.26 POLARISATION, 2

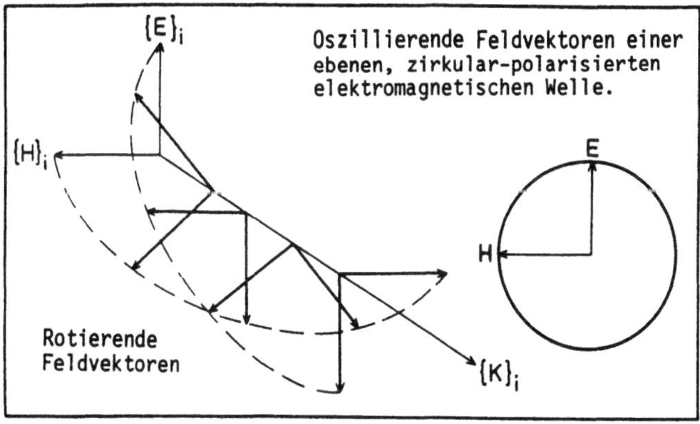

Es sei der Spezialfall zweier linear polarisierter Lichtwellen gleicher Amplitude E_o betrachtet, die in einem rechten Winkel zueinander polarisiert sind, d.h. diese zwei elektrischen Feldvektoren stehen senkrecht zueinander. Es sei angenommen, daß die Phasen eine Differenz von $\pi/2$ aufweisen; die elektrischen Feldvektoren der Wellen können deshalb als

$$\{E_1\}_i = \{E_o \cos(\omega t - K x_3 + \phi); \, 0; \, 0\}$$

$$\{E_2\}_i = \{0; \, -E_o \, i \sin(\omega t - K x_3 + \phi); \, 0\}$$

ausgedrückt werden. Da beide Wellen sich in dieselbe Richtung x_3 ausbreiten, kann der resultierende elektrische Feldvektor in der Form

$$\{E\}_i = \{E_1\}_i + \{E_2\}_i = E_o \left\{ \cos(\omega t - Kx_3 + \phi); \; -i \sin(\omega t - Kx_3 + \phi); 0 \right\}.$$

geschrieben werden. Es läßt sich leicht nachprüfen, daß dieser Ausdruck eine Lösung der Maxwell-Gleichungen darstellt und als eine einzige elektromagnetische Welle gedeutet werden kann, deren elektrischer Vektor in einem gegebenen Raumpunkt dem Betrag nach konstant ist, seine Richtung aber mit einer Kreisfrequenz ω ändert. Diese Art von Welle wird als zirkular polarisiert bezeichnet. Das obige Bild zeigt den sich drehenden elektrischen Feldvektor und den zugeordneten magnetischen Feldvektor.

Die obige Diskussion bezieht sich auf einen Sonderfall; insbesondere sind die Vorzeichen so gewählt worden, daß der Ausdruck eine elektromagnetische Welle darstellt, bei der der Drehsinn des elektrischen Vektors dem Uhrzeigersinn entgegengesetzt ist, wenn er gegen die Ausbreitungsrichtung betrachtet wird. Eine solche Welle wird linkszirkular polarisiert genannt. Eine Umkehrung des Rotationssinnes wird durch eine Vorzeichenänderung im zweiten Glied des Ausdruckes von oben erreicht. Der Drehsinn ist der des Uhrzeigers, gegen die Ausbreitungsrichtung betrachtet, und die Welle wird dann rechtszirkular polarisiert genannt. Unter Benutzung der komplexen Schreibweise und der Tatsache, daß $e^{i\pi/2} = i$, kann man die Formel für rechts- und linkszirkular polarisiertes Licht als

$$\{E\}_i = E_o \exp\left[-i(\omega t - Kx_3 + \phi)\right]\{1, \pm i, 0\}$$

$+\,i$ = rechtszirkular polarisiert

$-\,i$ = linkszirkular polarisiert

schreiben.

2.27 __POLARISATION, 3__

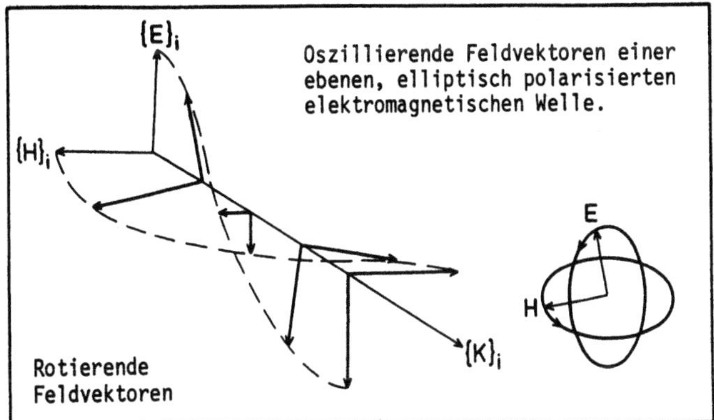

Die Amplituden der im vorigen Abschnitt zum Zwecke der Erzeugung einer allgemeineren Lösung der Maxwell-Gleichungen überlagerten linear polarisierten
Lichtwellen waren laut Voraussetzung von gleichem Betrag. Das führte zu
einer zirkular polarisierten elektromagnetischen Welle. Wenn die Amplituden
der zwei überlagerten Wellen verschiedene Beträge haben, so entsteht eine
andere Welle, mit einem elektrischen Feldvektor, der in einem gegebenen
Punkt des Raumes sowohl rotiert als auch seinen Betrag ändert, so daß sein
Endpunkt, wie oben dargestellt, eine Ellipse beschreibt. Eine solche Welle
wird als elliptisch polarisiert bezeichnet und kann durch

$$\{E\}_i \;=\; \{E_o,\, iE_o',\, 0\} \,\cdot\, \exp\left[-i\left(\omega t - Kx_3 + \phi\right)\right]$$

oder, in komplexer Schreibweise, durch

$$\{E\}_i \;=\; \{\mathcal{E}_o\}_i \, \exp\left[-i\left(\omega t - Kx_3 + \phi\right)\right]$$

dargestellt werden. Dieser letzte Ausdruck kann eine ebene elektromagnetische Welle beliebiger Polarisation darstellen. Ist $\{\mathcal{E}_o\}_i$ reell, so beschreibt die Gleichung eine linear polarisierte Lichtwelle: Im Falle zirkular polarisierten Lichtes sind Real- und Imaginärteile von $\{\mathcal{E}_o\}_i$ gleich.

Bei natürlichem Licht finden zufällige Schwankungen der Schwingungsrichtung
des elektrischen Feldvektors statt und die Lichtwelle wird als unpolari-
siert bezeichnet. Der Zufallscharakter der Änderung der Schwingungsrichtung
ist charakteristisch für das von Temperaturstrahlung emittierte natürliche
Licht.
Polarisationseigenschaften des Lichtes wurden in der Laser-Doppler-Anemometrie zur Bestimmung des Vorzeichens der gemessenen Geschwindigkeitskomponente ausgenutzt. Dies wird eingehender in den Kapiteln 4 und 5 besprochen.

2.28 <u>POLARISATOR UND ANALYSATOR</u>

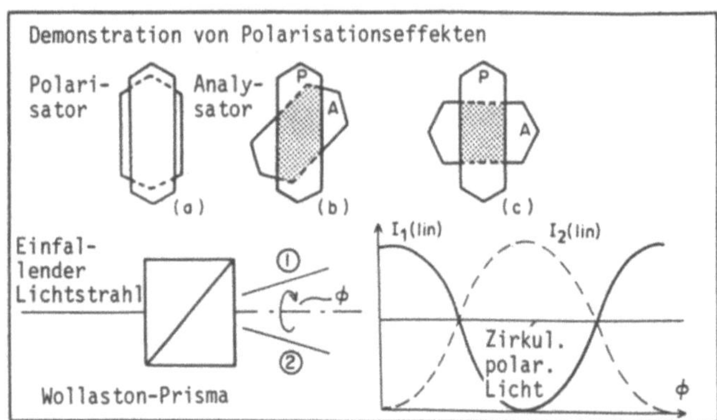

Die Polarisation des Lichtes kann auf verschiedene Weise gezeigt werden und
im Bild oben sind dazu zwei Beispiele gewählt. Im ersten Fall werden zwei
ähnliche Platten aus einem Turmalin-Kristall parallel zu einer bestimmten
Richtung, der optischen Achse, geschnitten. Wenn ein Strahl gewöhnlichen
Lichtes durch eine der beiden Platten geleitet wird, so wird der ausgehende
Strahl wegen der natürlichen Farbtönung des Kristalls gefärbt sein, sich
aber in keiner anderen Hinsicht vom einfallenden Strahl unterscheiden, soweit sich das ohne zusätzliche Untersuchungen sagen läßt. Stellt man die
zwei Platten hintereinander, dann bekommt der ausgehende Strahl eine beton-
tere tiefe Färbung, wie es durch eine größere Absorption gewisser Wellenlängen des einfallenden Lichtes zu erwarten wäre. Wird eine Platte der anderen gegenüber gedreht, so wird das ausgehende Licht immer mehr abgeschwächt, bis es, wenn die Achsen der zwei Kristallplatten senkrecht zueinander stehen, völlig erlischt. Beim Fortsetzen der Drehung erscheint das
Licht allmählich wieder, bis die ursprüngliche Intensität des ausgehenden
Lichtes wiederhergestellt ist, wenn die eine Platte um 180° gegenüber der
anderen gedreht worden ist. Das Licht wurde durch den ersten Kristall
(Polarisator) polarisiert und dies wurde durch das Drehen des zweiten
Kristalls (Analysator) nachgewiesen.

Das zweite Experiment führt die Intensitätsänderung vor, die man mit Hilfe
eines Wollaston-Prismas als Analysator erhält. Wenn linear polarisiertes
Licht in das Prisma eintritt, ändern sich die Intensitäten der zwei austretenden Lichtstrahlen sinusförmig mit dem Winkel ϕ, wie im Bild oben ange-
zeigt. Bei zirkular polarisiertem, einfallendem Licht sind die austretenden
Lichtstrahlen, wie gezeigt, von gleicher Intensität. Für elliptisch polarisiertes Licht ändern sich die Intensitäten der austretenden Lichtstrahlen,
wobei Maxima und Minima ähnlich wie bei linear polarisiertem Licht entstehen. Im Unterschied zu linear polarisiertem Licht verschwindet der Lichtstrahl jedoch nie völlig.

Polarisationseigenschaften sind wichtig zum Teilen von Lichtstrahlen durch dielektrische Schichten. Da jedoch das Intensitätsverhältnis des gebrochenen und reflektierten Strahles von der Orientierung der Polarisation zur Einfallsebene auf die Strahlteilerfläche abhängt, ist bei einer Drehung des Strahlteilers die Polarisationsrichtung gewöhnlich mitzudrehen.

2.29 POLARISATIONSPRISMEN

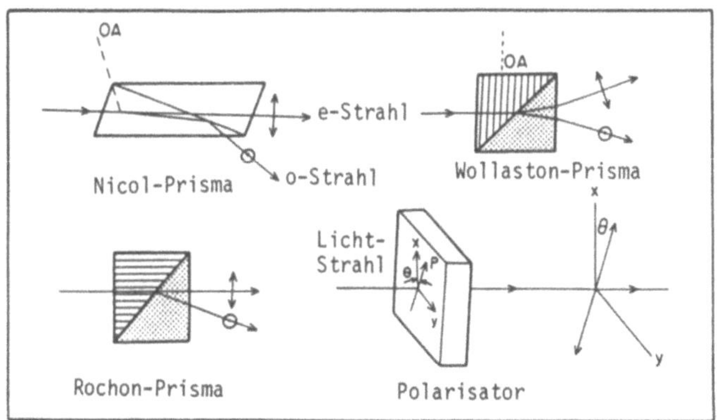

In der Laser-Doppler-Anemometrie werden Methoden zur Erzeugung von polarisierten Lichtstrahlen zur Prüfung ihres Polarisationszustandes, sowie zur Justierung und Änderung der Polarisationsrichtung benötigt. Dazu stehen verschiedene Ausrüstungen zur Verfügung, von denen oben im Bild eine Auswahl dargestellt ist. Unter diesen befinden sich Strahlteilerprismen, die kristalline anisotrope Medien benutzen, um zwei Strahlen von senkrecht zueinander stehenden Polarisationen zu erzeugen. Die zwei aus den verschiedenen Prismen austretenden Strahlen werden als der ordentliche (o-) und außerordentliche (e-) Strahl bezeichnet, wie beim Nicolschen Prisma oben angegeben.

Polarisatoren und Kompensatoren können auch erfolgreich in der Laser-Doppler-Anemometrie verwendet werden und werden deshalb hier kurz erwähnt. Den Polarisatoren ist eine gewisse Richtung zugeordnet, entsprechend der Polarisationsrichtung des durchgelassenen Lichtstrahls. Sie erzeugen linear polarisiertes Licht aus Licht beliebigen Polarisationszustandes. Wenn linear polarisiertes Licht durch einen Polarisator gesandt wird, so wird nur die zu dieser ausgezeichneten Richtung parallele Komponente durchgelassen.

Kompensatoren funktionieren anders und besitzen keine ausgezeichnete Richtung. Sie spalten das einfallende Licht in zwei Komponenten mit zueinander senkrechten Schwingungsrichtungen und lassen diese dann sich mit verschiedenen Geschwindigkeiten fortpflanzen. Dadurch wird eine Komponente des elektromagnetischen Feldes gegenüber der anderen verzögert. Wenn die Phasenverzögerung der "langsamen" Komponente gegenüber der "raschen" $\pi/2$ beträgt, so wird die Einrichtung als $\lambda/4$-Plättchen ("Viertelwellenlängenplättchen") bezeichnet.

Gewöhnlich wird in der Laser-Doppler-Anemometrie linear polarisiertes Laserlicht benutzt und deshalb ist es von Interesse zu untersuchen, welchen Effekt Kompensatoren auf linear polarisiertes Licht haben. Wenn solche Wellen auf ein $\lambda/4$-Plättchen fallen, werden zwei Wellen gleicher Amplitude erzeugt und durch das Plättchen mit einer Phasendifferenz von $\pi/2$ durchgelassen. Diese zwei Wellenfelder setzen sich dann wieder beim Plattenaustritt zusammen und ergeben zirkular polarisiertes Licht. Kompensatoren können also zur Umwandlung von Licht aus einem Polarisationszustand in einen anderen benutzt werden.

Es ist offensichtlich, daß die Phasendifferenz π ist, und das Ergebnis ist eine linear polarisierte Lichtwelle mit einer Polarisationsrichtung, die um 90° gegenüber der einfallenden Richtung gedreht ist, wenn der Kompensator ein $\lambda/2$-Plättchen ("Halbwellenlängenplättchen") ist. Demnach können Kompensatoren auch zur Drehung der Polarisationsrichtung von linear polarisierten Lichtwellen benutzt werden.

2.30 BEOBACHTUNG VON LICHTINTERFERENZ MIT POLARISIERTEN LICHTSTRAHLEN

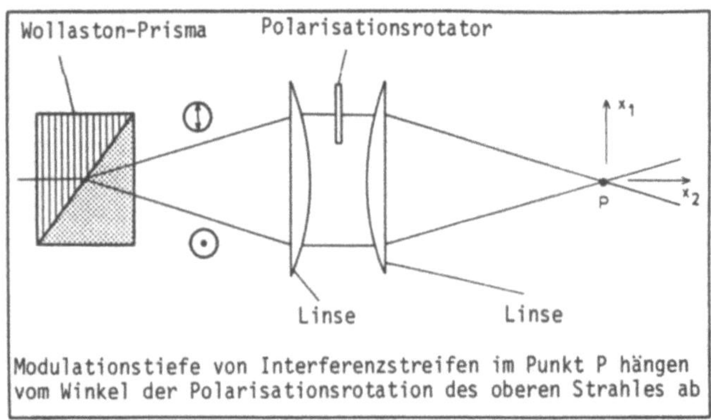

Polarisierte Lichtwellen haben auf Interferenz bezogen Eigenschaften, die nachfolgend zusammengefaßt werden, bevor Interferenzstreifen mit polarisiertem Licht behandelt werden sollen:

o Zwei kohärente Lichtstrahlenbündel, die in derselben Ebene polarisiert sind, interferieren untereinander unter den gleichen Bedingungen wie unpolarisiertes Licht.

o Zwei kohärente Lichtstrahlenbündel, senkrecht zueinander polarisiert, interferieren nicht.

o Zwei Strahlenbündel, senkrecht zueinander polarisiert und danach zur gleichen Polarisationsebene gebracht, interferieren so als stammten sie vom gleichen Bündel polarisierten Lichtes.

Der letzte Punkt zeigt, daß Interferenzerscheinungen mit zwei zueinander senkrecht polarisierten Lichtstrahlen erhalten werden können, wenn eine Polarisationsrichtung gegenüber der anderen gedreht wird. Das wird im oben gezeigten optischen System durch den Polarisationsdreher des oberen Strahles erreicht. Die in Kapitel 2.18 abgeleitete Intensitätsverteilung kann für diesen Fall zu

$$I = (E_o)_1{}^2 + (E_o)_2{}^2 + 2(E_o)_1 (E_o)_2 \sin \chi \cdot \cos\left[\frac{2\pi}{\lambda} (\xi_2 - \eta_2) + (\phi_2 - \phi_1)\right]$$

berechnet werden, wo χ den Drehwinkel der Polarisationsebene des oberen Strahles darstellt.
Die in Kapitel 2.19 definierte Signalqualität ist für diesen Fall

$$\eta_P = \frac{2(E_o)_1 (E_o)_2}{(E_o)_1^2 + (E_o)_2^2} \cdot \sin \chi = \eta \cdot \sin \chi .$$

Es ergibt sich eine Verminderung der Streifensichtbarkeit, wenn die Polarisationsebenen der zwei interferierenden Lichtwellen nicht zusammenfallen, d.h. wenn sin χ = 1,0 ist.

2.31 LICHTSTREUUNG

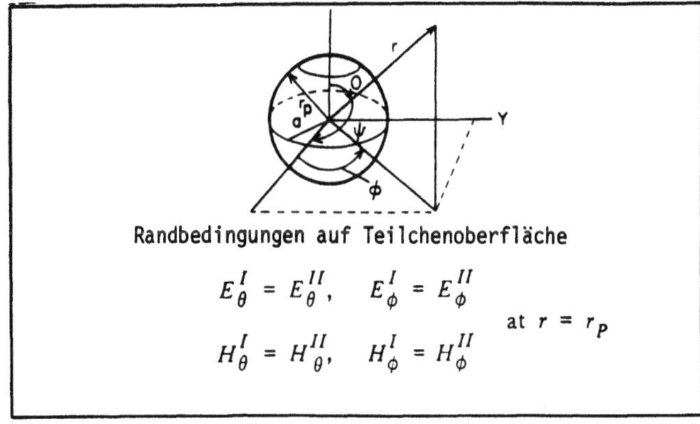

Randbedingungen auf Teilchenoberfläche

$$E_\theta^I = E_\theta^{II}, \quad E_\phi^I = E_\phi^{II}$$
$$H_\theta^I = H_\theta^{II}, \quad H_\phi^I = H_\phi^{II}$$

at $r = r_P$

64

Reflexion, Brechung und Streuung von Lichtwellen werden sehr oft getrennt behandelt unter der Annahme, daß die drei durch lokale Änderungen des Brechungsindexes hervorgerufenen Effekte separat beobachtet werden können. Es gibt aber Fälle, wo diese Effekte nicht zu trennen sind und viele, wo es nicht vorteilhaft ist, es zu tun. In solchen ist es allgemeine Gepflogenheit, die Maxwellschen Gleichungen für entsprechende Randbedingungen zu lösen. Tut man das für kleine Teilchen, auf die Lichtstrahlen fallen, so kann der Einfluß des Teilchens auf die Fortpflanzung des Strahlenbündels analytisch formuliert werden.

Im gegenwärtigen Falle wird der einfallende Lichtstrahl nach Mie (1908) als eine ebene, monochromatische, linear polarisierte elektromagnetische Welle behandelt, die auf eine Kugelfläche fällt, durch welche hindurch sich die elektromagnetischen Eigenschaften des Mediums abrupt ändern. Das Licht erfährt beim Durchgang eine Änderung seiner Phase, Amplitude und Polarisationsrichtung. Wendet man die Maxwellschen Gleichungen in sphärischen Polarkoordinaten an, erhält man

$$-K_1 E_r \;=\; \frac{1}{r^2 \sin\theta}\left\{ \frac{\partial(r\,H_\phi\,\sin\theta)}{\partial\theta} \;-\; \frac{\partial(r\,H_\theta)}{\partial\phi} \right\}$$

$$-K_1 E_\phi \;=\; \frac{1}{r}\left\{ \frac{\partial(r\,H_\theta)}{\partial r} \;-\; \frac{\partial H_r}{\partial\theta} \right\}$$

$$-K_1 E_\theta \;=\; \frac{1}{r \sin\theta}\left\{ \frac{\partial H_r}{\partial\phi} \;-\; \frac{\partial(r\,H_\phi\,\sin\theta)}{\partial r} \right\}$$

und einen analogen Satz von Gleichungen, in denen der magnetische Feldvektor mit den partiellen Ableitungen des elektrischen Feldes in Verbindung gebracht wird. Diese Gleichungen sind mit den oben angegebenen Randbedingungen zu lösen.

Durch Überlagerung zweier linear unabhängigen Felder, wobei die radiale elektrische Komponente des einen und die radiale magnetische Komponente des anderen verschwinden, erhält man die allgemeine Lösung der obigen Gleichungen als eine Reihe von kombinierten Hankel-Funktionen und zugeordneter Legendre-Funktionen in den wesentlichen Variabeln q, θ und ϕ.

2.32 <u>LICHTSTREUUNG</u>

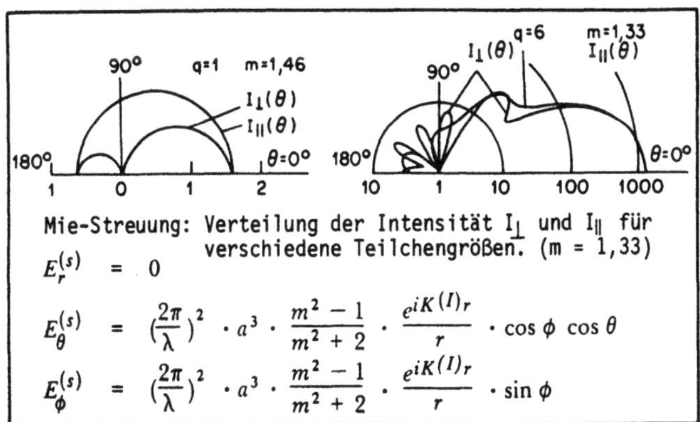

Mie-Streuung: Verteilung der Intensität $I_\perp$ und $I_\parallel$ für verschiedene Teilchengrößen. (m = 1,33)

$$E_r^{(s)} = 0$$

$$E_\theta^{(s)} = \left(\frac{2\pi}{\lambda}\right)^2 \cdot a^3 \cdot \frac{m^2-1}{m^2+2} \cdot \frac{e^{iK(I)r}}{r} \cdot \cos\phi \cos\theta$$

$$E_\phi^{(s)} = \left(\frac{2\pi}{\lambda}\right)^2 \cdot a^3 \cdot \frac{m^2-1}{m^2+2} \cdot \frac{e^{iK(I)r}}{r} \cdot \sin\phi$$

Die Lösungen des Systems von partiellen Differentialgleichungen in Abschnitt 2.31 zeigen, daß die radialen Komponenten der elektrischen und magnetischen Feldvektoren des gestreuten Lichtes zu $1/r^2$ proportional sind und deshalb rasch mit dem Abstand abfallen. Für genügend große Abstände, $r \gg \lambda$, können sie vernachlässigt werden und das gestreute Licht kann als transversale Welle angesehen werden. Die Lösung der obigen Gleichungen setzt sich aus Kugelfunktionen (Partialwellen) zusammen, deren Stärke von den physikalischen Eigenschaften der zwei Medien und vom Verhältnis q abhängen. Die Beiträge der verschiedenen Partialwellen sollen nur für zwei Fälle untersucht werden.

1. $q \gg 1$

In diesem Falle sind die Partialwellen oszillierende Funktionen beider Größen q und L, wobei L die Ordnung der Partialwellen angibt. Die Amplitude der L-ten Partialwelle fällt rasch zu Null ab, wenn L größer als q wird.

2. $q \ll 1$

Dieser Fall liefert Auskunft über Lichtstreuung von Teilchen von der Größe unter 1 µm. Die Koeffizienten der elektrischen und magnetischen Komponenten der L-ten Partialwelle können dabei über eine Reihenentwicklung der allgemeinen Lösung, so wie bei Born und Wolf (1970) angegeben, ausgedrückt werden.

Es kann gezeigt werden, daß die Amplitude der (L + 1)-ten elektrischen Partialwelle von derselben Größenordnung ist wie die der L-ten magnetischen Partialwelle. Dies gestattet es, aus der Untersuchung des ersten Gliedes auf die Abhängigkeit des gesamten Streulichtes von der Wellenlänge zu schließen. Nach den von Born und Wolf (1970) abgeleiteten Gleichungen sind die Amplituden der elektrischen und magnetischen Vektoren zu λ^2 umgekehrt proportional und folglich ist die Intensität des Streulichtes umgekehrt proportional zu λ^4. Demnach würde die Wahl von Licht kleinerer Wellenlänge in einem Laser-Doppler-Anemometer es erlauben, bei einer gegebenen Teilchengröße die Leistung des Lasers zu reduzieren und gleichzeitig dieselbe Intensität des Streulichtes zu bewahren. Da die sich ergebenden Ausdrücke komplex sind, tritt im allgemeinen eine Phasendifferenz zwischen der einfallenden und gestreuten Lichtwelle auf.

2.33 <u>LICHTSTREUUNG AN PARTIKELN UND POLARISATIONSEFFEKTE</u>

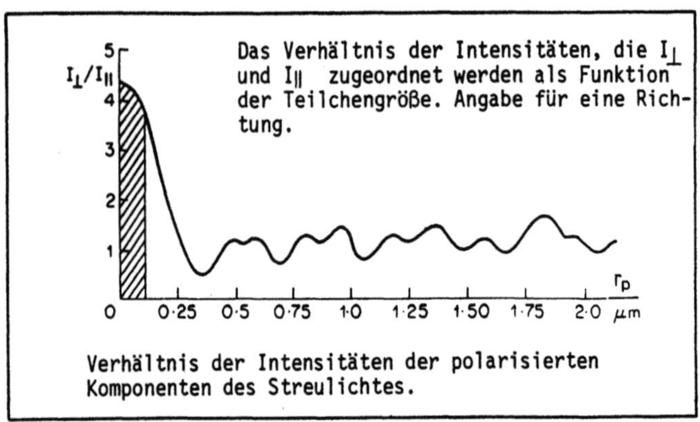

Verhältnis der Intensitäten der polarisierten Komponenten des Streulichtes.

Im allgemeinen ist das Streulicht, das durch auf ein kugelförmiges Teilchen fallendes, linear polarisiertes Licht erzeugt wird, elliptisch polarisiert. Nur wenn die Beobachtungsebene (gegeben durch die Richtung des einfallenden Lichtes und die Beobachtungsrichtung) entweder parallel oder senkrecht zum einfallenden elektrischen Vektor, d.h. ϕ gleich 0 oder $\pi/2$ ist, bleibt das gestreute Licht für alle Richtungen linear polarisiert. Wenn q größer als 1 wird, erscheint eine Reihe von Maxima und Minima in der Intensität des Streulichtes (siehe Bild 2.32). Der Winkel maximaler Polarisation liegt für eine kleine Kugel von hoher Leitfähigkeit oder großer Dielektrizitätskonstante bei $\theta = 60°$. Dieser Winkel steigt für größere Streuteilchen an. In Lehrbüchern über Streuung, z.B. Kerker (1969), wird die Intensität der Polarisationskomponenten des gestreuten Lichtes für dielektrische und metallische Kugeln verschiedener Größen dargestellt.

Bei Streuzentren hoher Leitfähigkeit wird das meiste Licht rückwärts gestreut. Deswegen sind Metallteilchen besser für Laser-Doppler-Anemometer geeignet, die Rückwärtsstreuung messen. Entsprechend eignen sich dielektrische Teilchen, um gute Vorwärtsstreusignale zu erhalten und damit für Messungen mit Vorwärtsstreuoptiken. Durst und Zaré (1975) haben eine Tabelle optischer Eigenschaften von Teilchen aufgestellt, die zur Wahl der für Messungen in Vorwärts- und Rückwärtsstreuung geeigneter Teilchenmaterialien herangezogen werden kann.

Die rapide Änderung des Polarisationszustandes mit der Partikelgröße und der Streurichtung erfordert sorgfältige Prüfungen, um sicherzustellen, daß Methoden, die die Polarisationseigenschaften des einfallenden Strahles benutzen, auch wirklich zufriedenstellend funktionieren. Die Polarisation des vorwärtsgestreuten Lichtes bleibt unverändert entlang den Achsen des kartesischen Koordinatensystems, in dem die Polarisationsrichtung eine Achse bildet. Das wird dazu ausgenutzt, um das Einwirken von Depolarisationseffekten auf die Detektion von Polarisationseigenschaften des einfallenden Strahles zu vermeiden. Es können aber Informationen aus zwei zueinander senkrecht polarisierten Strahlen durch vor die Photodetektoren gestellte Polarisatoren getrennt werden.

2.34 LICHTQUELLEN IN BEWEGUNG; DOPPLER-EFFEKT, 1

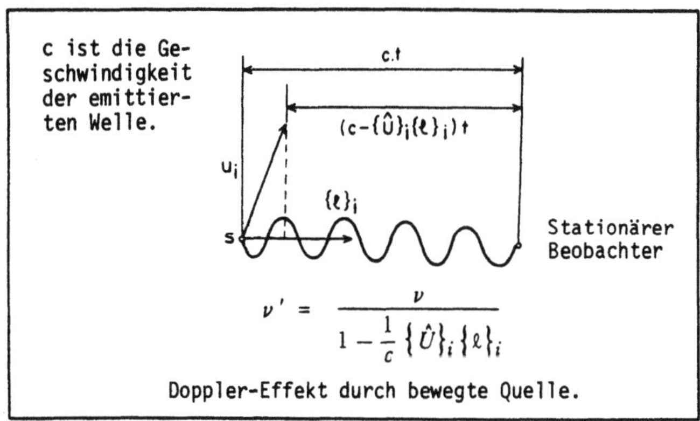

Doppler-Effekt durch bewegte Quelle.

Die Diskussion der vorangegangenen Abschnitte nahm stillschweigend an, daß die Lichtquellen und Detektoren, sowie auch die optisch aktiven Elemente unbeweglich sind. Wenn diese Annahme nicht gemacht wird, treten neue Erscheinungen auf und müssen untersucht werden. Um diese Äußerung zu unterstreichen, sei eine bewegliche Lichtquelle betrachtet, deren Geschwindigkeit $\{\hat{U}\}_i$ ist. Aus dem Bild oben ist ersichtlich, daß ein ruhender Beobachter eine andere Wellenlänge empfangen wird als die Quelle aussendet. Der Grund dafür liegt in der Tatsache, daß die ausgesandten Wellen in einem Raum $[c - \{\hat{U}\}_i\,\{\ell\}_i]\cdot t$ zusammengedrängt werden, während für eine ruhende Quelle der entsprechende Abstand durch $c \cdot t$ gegeben ist. Die von einer sich bewegenden Quelle durch einen ruhenden Beobachter empfangene Wellenlänge ist

$$\lambda' = \frac{c - \{\hat{U}\}_i\,\{\ell\}_i}{\nu}$$

und die entsprechende Frequenz

$$\nu' = \frac{\nu}{1 - \frac{1}{c}\{\hat{U}\}_i\{\ell\}_i} \ .$$

Der Frequenzunterschied zwischen einer ruhenden Lichtquelle und einer Quelle in Bewegung kann zu

$$\nu' - \nu = \Delta\nu = \frac{\nu}{c}\,\frac{\{\hat{U}\}_i\{\ell\}_i}{1 - \frac{1}{c}\{\hat{U}\}_i\{\ell\}_i} \ .$$

berechnet werden. Zieht man $\nu/c = 1/\lambda$ in Betracht und begrenzt die Ableitung auf Geschwindigkeiten, die viel kleiner sind als die Ausbreitungsgeschwindigkeit der Welle (linearisierte Gleichung), dann ist

$$\Delta\nu = \frac{1}{\lambda}\{\hat{U}\}_i\{\ell\}_i \ .$$

2.35 LICHTEMPFÄNGER IN BEWEGUNG; DOPPLER-EFFEKT, 2

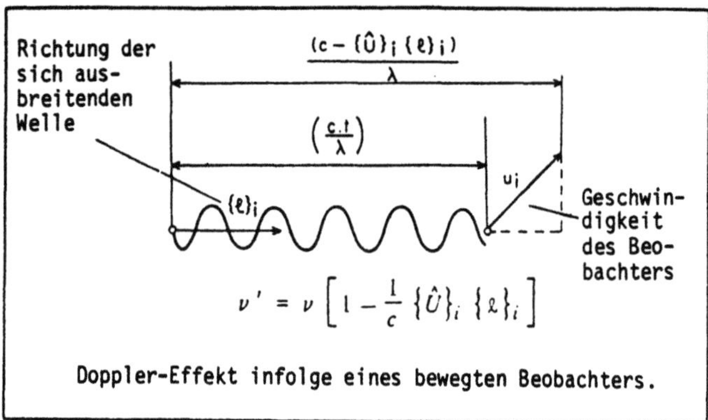

Doppler-Effekt infolge eines bewegten Beobachters.

Eine Änderung der Frequenz wird auch beobachtet, wenn die Lichtquelle im Ruhezustand ist und der Beobachter sich bewegt. Das ist darauf zurückzuführen, daß in der Zeiteinheit am Beobachter wegen seiner Bewegung, je nach Bewegungsrichtung, eine kleinere oder größere Anzahl von Wellenfronten vorbeizieht als von der Quelle ausgesandt wird.

$$\nu' = \frac{1}{\lambda}\left[c - \{\hat{U}\}_i\{\ell\}_i\right] \ .$$

Diese Gleichung kann so umgeschrieben werden, daß sie die Differenz zwischen den Frequenzen ergibt, die von einem sich bewegenden und einem ruhenden Beobachter registriert werden.

$$\Delta \nu \;=\; \frac{1}{\lambda}\,\{\hat{U}\}_i\,\{\ell\}_i \;.$$

Zusätzlich zu dem bewegten Empfänger und der bewegten Quelle kann man noch einen sich bewegenden Überträger betrachten, der Licht von einer ruhenden Quelle aufnimmt und es dann an einen ebenfalls ruhenden Empfänger aussendet. Die Frequenz des ausgesandten Lichtes ist die empfangene Frequenz, gegeben durch

$$\nu_p \;=\; \nu\left[1 - \frac{1}{c}\,\{\hat{U}\}_i\,\{\ell\}_i\right]\;,$$

wobei $\{\ell\}_i$ der Einheitsvektor der ruhenden Lichtwelle in Richtung des sich bewegenden Überträgers ist. Diese Frequenz erfährt wegen der Bewegung des Überträgers relativ zum Empfänger eine weitere Doppler-Verschiebung, so daß die Empfangsfrequenz

$$\nu_A \;=\; \frac{\nu_p}{1 - \frac{1}{c}\,\{\hat{U}\}_i\,\{k\}_i} \;=\; \nu\,\frac{1 - \frac{1}{c}\,\{\hat{U}\}_i\,\{\ell\}_i}{1 - \frac{1}{c}\,\{\hat{U}\}_i\,\{k\}_i}$$

ist, wobei $\{k\}_i$ der Einheitsvektor des Überträgers in Richtung des Empfängers ist. Die gesamte Frequenzverschiebung ist durch

$$\Delta \nu \;=\; \nu_A - \nu \;=\; \frac{1}{\lambda(1 - 1/c\,\{\hat{U}\}_i\,\{k\}_i)}\,\{\hat{U}\}_i\,(\{k\}_i - \{\ell\}_i)$$

gegeben. Für $c \gg |\hat{U}|$ kann man

$$\nu_D \;=\; \frac{1}{\lambda}\,\{\hat{U}\}_i\,(\{k\}_i - \{\ell\}_i)$$

setzen.

2.36 GRUNDLAGEN DER GESCHWINDIGKEITSMESSUNGEN ÜBER DEN DOPPLER-EFFEKT

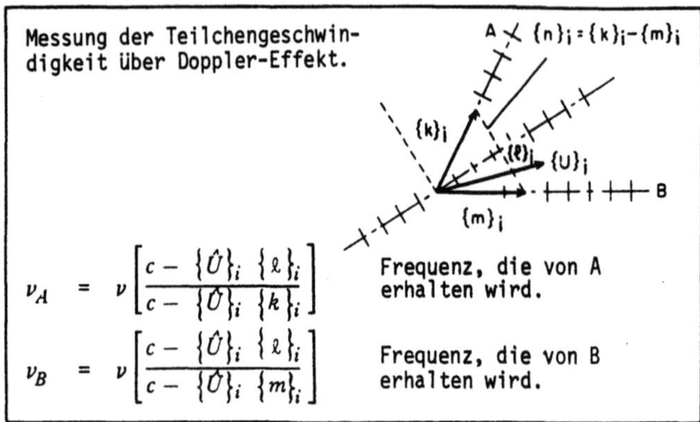

$$\nu_A = \nu \left[\frac{c - \{\hat{U}\}_i \, \{\ell\}_i}{c - \{\hat{U}\}_i \, \{k\}_i} \right]$$

$$\nu_B = \nu \left[\frac{c - \{\hat{U}\}_i \, \{\ell\}_i}{c - \{\hat{U}\}_i \, \{m\}_i} \right]$$

Geschwindigkeitsmessungen mit Laser-Doppler-Anemometern basieren auf den in den Abschnitten 2.34 und 2.35 dargestellten Betrachtungen. In solchen Messungen wird ein Laser als Lichtquelle benutzt. Kleine im strömenden Fluid schwebende Partikel streuen die einfallende Laserstrahlung und können deshalb als sich bewegende Empfänger und Überträger von Lichtwellen angesehen werden. Für sie lassen sich daher die Ausdrücke für ν_A und ν_B ableiten. Diese Ausdrücke belegen die Abhängigkeit der Empfangsfrequenzen der Detektoren A und B von der Partikelgeschwindigkeit und werden deshalb im Prinzip zur Messung der Partikelgeschwindigkeit herangezogen.

Die praktische Anwendung dieser Beziehungen zum Messen der Teilchengeschwindigkeit scheitert an der großen Trägheit der erhältlichen Detektoren. Diese erlauben es nicht, die Frequenz des Lichtes zu messen. Es ist deshalb allgemein üblich, zwei in verschiedene Richtungen gestreute Lichtwellen zu überlagern, um ein Signal mit einer Frequenz gleich der Frequenzdifferenz der zwei gestreuten Lichtwellen zu erhalten,

$$\Delta\nu = \nu_B - \nu_A = \frac{\nu\left[1 - \frac{1}{c}\{\hat{U}\}_i\,\{\ell\}_i\right]}{\left[1 - \frac{1}{c}\{\hat{U}\}_i\,\{k\}_i\right]\left[1 - \frac{1}{c}\{\hat{U}\}_i\,\{m\}_i\right]} \cdot \frac{\{\hat{U}\}_i}{c}\,(\{k\}_i - \{m\}_i).$$

Diese Gleichung wird für Geschwindigkeiten, die viel kleiner als die Lichtgeschwindigkeiten sind, zu

$$\nu_D = \Delta\nu = \frac{1}{\lambda}\{\hat{U}\}_i\,(\{k\}_i - \{m\}_i).$$

Diese Frequenz kann nun von den erhältlichen Detektoren aufgenommen werden.
Die Beziehung zeigt, daß die Signalfrequenz von der Wellenlänge des Lichtes, der Geometrie des optischen Systems und der Partikelgeschwindigkeit
abhängt.

2.37 GRUNDLAGEN DER GESCHWINDIGKEITSMESSUNGEN ÜBER DEN DOPPLER-EFFEKT

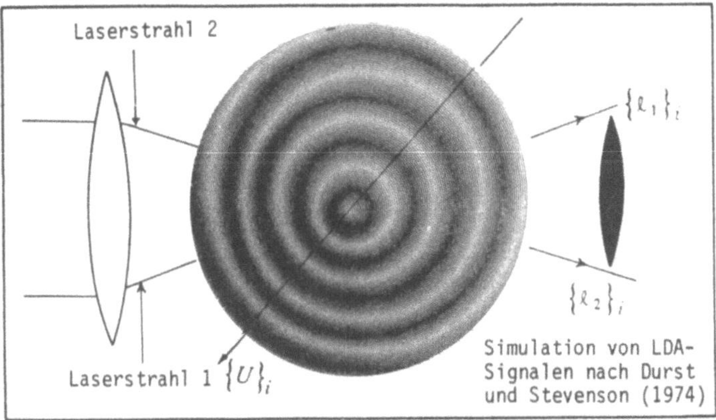

Im vorigen Kapitel wurde gezeigt, daß die Geschwindigkeit von Partikeln optisch über den Doppler-Effekt gemessen werden kann. Die besprochene optische Einrichtung benutzte einen einzigen Lichtstrahl, der von einem einzigen Teilchen gestreut wird und das in zwei verschiedene Richtungen gestreute Licht wurde überlagert, um ein Schwebungssignal zu erhalten, dessen
Frequenz die gefragte Geschwindigkeitsinformation enthält.

Messungen von Doppler-Signalen kann man sich auch mit zwei einfallenden
Lichtstrahlen, die sich im Raum kreuzen, vorstellen. Wenn ein Teilchen das
Schnittgebiet der zwei Lichtstrahlen durchquert, wird es Licht von beiden
Strahlen streuen. Das gestreute Licht wird die durch den Doppler-Effekt
verschobenen Frequenzen,

$$\nu_1 = \nu \left[\frac{c - \{U\}_i \{\ell_1\}_i}{c - \{U\}_i \{k\}_i} \right] ,$$

$$\nu_2 = \nu \left[\frac{c - \{U\}_i \{\ell_2\}_i}{c - \{U\}_i \{k\}_i} \right]$$

haben. Die zwei gestreuten Lichtwellen werden interferieren und ein Schwebungssignal der Frequenz gleich der Differenz $\Delta\nu = \nu_2 - \nu_1$ ergeben. Diese
Frequenzdifferenz ist für kleine Partikelgeschwindigkeiten verglichen mit

der Lichtgeschwindigkeit

$$\nu_D \;=\; \frac{1}{\lambda}\,\{\vec{U}\}_i\,(\{\ell_1\}_i - \{\ell_2\}_i).$$

Die Superposition zweier gestreuter Lichtwellen gibt ein optisches Signal, das aus einem kugelförmigen Gebiet von sinusförmigen Intensitätsänderungen besteht, die sich radial bewegen und von den erhältlichen Photodetektoren registriert werden können. Die Frequenz des empfangenen Signals hängt nicht von der Empfangsrichtung ab, d.h. $\{k\}_i$ erscheint nicht in der endgültigen Auswertegleichung. Deshalb können große Öffnungen zum Lichtempfang benutzt werden, was ein hohes Signal-Rausch-Verhältnis zur Folge hat.

2.38 <u>PHOTODETEKTOREN: FUNKTIONSPRINZIP</u>

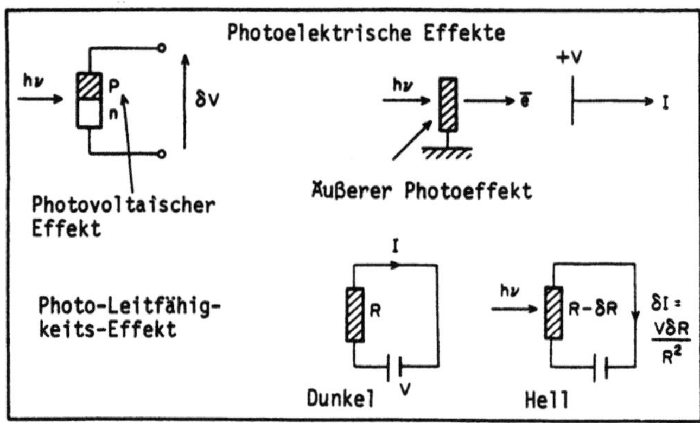

Die Benutzung des Doppler-Effektes zur Geschwindigkeitsmessung von sich bewegenden Streuobjekten resultiert in optischen Signalen, die Intensitätsänderungen aufweisen und Frequenzen haben, welche die nötige Geschwindigkeitsinformation enthalten. Um Signale dieser Art zu verarbeiten, ist es gängige Praxis geworden, opto-elektronische Ausrüstungen zu benützen, die das optische Signal in ein elektrisches umwandeln. Ausrüstungen, die diese Umwandlung bewerkstelligen, werden üblicherweise Photodetektoren oder Quantendetektoren genannt.

Welches immer die genaue Funktionsweise eines gegebenen Detektors ist, der erste Vorgang ist immer ein photoelektrischer Übergang, d.h. ein Photon bewirkt die Änderung des Energieniveaus eines Elektrons mit dem Ergebnis, daß der Photonenfluß des optischen Signals einen Elektronenfluß verursacht. Das Bild oben zeigt, daß der photoelektrische Übergang über folgende lichtelektrische Mechanismen möglich ist.

a) Photovoltaischer Effekt
b) Photoleitfähigkeitseffekt
c) Äußerer Photoeffekt

Die Materialien der primären Photodetektoren sind Halbleiter oder Fast-Isolatoren. Der photoelektrische Mechanismus, der bei Photodetektoren benutzt werden kann, hängt von der energetischen Band-Struktur dieser Materialien ab. Die Effekte können in zwei Gruppen eingeteilt werden, die kurz beschrieben werden sollen.

Der "innere lichtelektrische Effekt" beinhaltet, daß ein Photon einen Übergang eines Elektrons aus dem Valenz-Band in das Leitungsband und damit das Auftreten eines Stromes bewirkt. Halbleiter und Isolatoren haben gewöhnlich eine kleine Anzahl von Elektronen im Leitungsband, die durch thermische Anregung dorthin gelangen.

Der "äußere lichtelektrische Effekt" kommt dadurch zustande, daß Elektronen zum Verlassen des Halbleitermaterials durch Photonen veranlaßt werden. Einige Elektronen werden auch durch thermische Anregung emittiert.

Die Mehrzahl der in der Laser-Doppler-Anemometrie benutzten Detektoren beruhen auf der Photoemission als Umwandler optischer Information in elektrische Signale. Interne Verstärkung durch Sekundäremission von Elektronen führt zu einer geräuschfreien Verstärkung und infolgedessen, zu einer Erhöhung des Signals ohne Verschlechterung des Verhältnisses vom Signal zum Rauschen.

2.39 PHOTODIODEN ALS PHOTODETEKTOREN

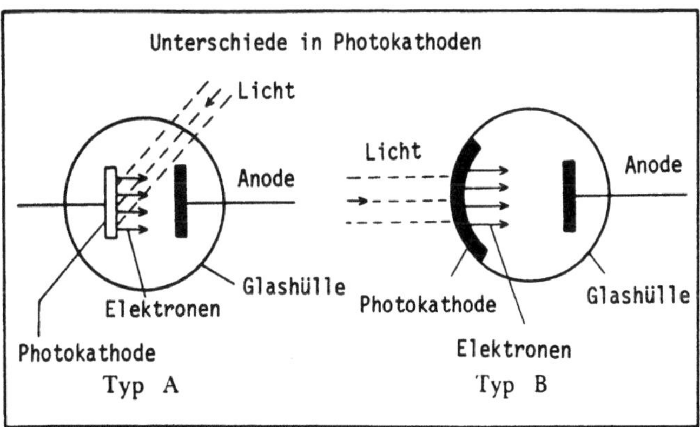

Photozellen (Photodioden) wurden häufig als Photodetektoren benutzt. Sie enthalten eine Photokathode, die aus einem lichtempfindlichen Film (Emissionsschicht), der auf einer Trägerschicht aufgebracht ist, besteht.

Man kann zwei Arten von Kathoden unterscheiden:
a) lichtundurchlässige Photokathode (A)
b) halbdurchlässige Photokathode (B)

Bei der Photokathode vom Typ A ist die Emissionsschicht auf eine Metalloberfläche aufgetragen. Beim Typ B muß die Trägerschicht ein durchlässiges Material sein, das die Lichtquanten durchqueren, bevor sie in den lichtempfindlichen Film eindringen. Obgleich lichtundurchlässige Photokathoden leichter hergestellt werden können und eine höhere Empfindlichkeit besitzen, werden halbdurchlässige Photokathoden häufiger benutzt, da sie vor die Anode oder jede andere benötigte elektronische Komponente gebracht werden können. Das bringt große Vorteile für den Bau und den Gebrauch der Photozellen:

a) Es gibt keine Elektrode im Wege des Lichtes, das auf die Photokathode trifft, so daß die ganze Vorderfläche zum Lichtempfang benutzt werden kann.

b) Der Abstand der Lichtquelle zur Kathode kann genau gemessen werden, was für photometrische Studien nützlich ist.

c) Es können kleine Abstände zwischen Lichtquelle und Photokathode gewählt werden, die bei Lichtempfang von kleinen Intensitäten wichtig sind.

Für Photozellen ist nicht nur der Aufbau der Photokathode von Bedeutung, sondern auch das für die lichtempfindliche Schicht benutzte Material. Viele Substanzen zeigen Photoemission auf, unterscheiden sich aber in der spektralen Empfindlichkeit und Quantenausbeute. Die Emissionsschicht muß entsprechend der jeweiligen Anwendung gewählt werden.

2.40 RAUSCHEN IN PHOTODIODEN

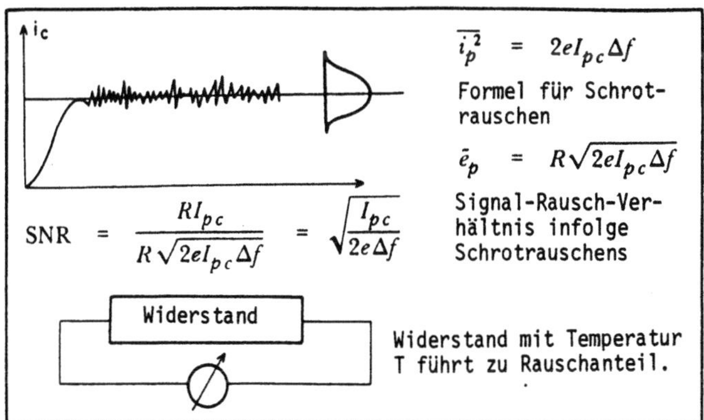

Die Theorie des Rauschens optoelektronischer Systeme spielt im Entwurf optischer und elektronischer Instrumente eine wichtige Rolle, weil bei Messungen das Rauschen die untere Grenze der Empfangsmöglichkeit und die Genauigkeit der Messungen bestimmt. Die Theorie muß das durch den Zufallsprozeß der Photonenemission erzeugte Rauschen (Schrotgeräusch) berücksichtigen, ferner das durch Elektronenemission wegen thermischer Anregung verursachte Rauschen (dunkles Rauschen) und schließlich das Rauschen aufgrund der Wärmebewegung der Leitungselektronen in Widerständen (Johnson-Rauschen).

Photozellen werden theoretisch unter der Annahme behandelt, daß die Elektronenemission durch die Poisonstatistik beschrieben wird, d.h. daß die Anzahl der in der Zeit τ emittierten Elektronen durch die Beziehung

$$P(n,\tau) \;=\; \frac{(I_{pc}\tau)^n}{n!}\;\exp\left(-I_{pc}\tau\right)$$

gegeben wird. Dieses Gesetz beinhaltet, daß eine Photozelle unter konstanter Belichtung Stromschwankungen erzeugt, deren mittlerer quadratischer Wert durch

$$\overline{i_p^2} \;=\; 2eI_{pc}\Delta f \qquad\qquad \text{Schrotgeräusch}$$

gegeben wird, wobei e die Elementarladung (e = 1,6 · 10^{-19}C), I_{pc} der mittlere Photonenstrom und Δf die Frequenzbandbreite der an die Anode angeschlossenen elektronischen Apparatur ist. Die Schwankungen des Photostromes sind direkt mit den durch die Poisonstatistik beschriebenen statistischen Schwankungen der Photoelektronen verbunden. Grundsätzlich geben diese Schwankungen des Stromes der Photokathode für den noch zu empfangenden Strahlungsfluß eine untere Grenze an, die mit einer Annahme über das

Signal-Rausch-Verhältnis, das von der auf die Photozelle folgenden Elektronik bewältigt werden kann, zu berechnen ist.

Wenn dunkles und Johnson-Rauschen auch berücksichtigt werden, ist der mittlere quadratische Wert des gesamten Rauschens

$$\overline{i_n^{\,2}} \;=\; 2e(I_{pc} + I_o)\Delta f + \frac{4kT}{R}\,\Delta f \;.$$

In diesem Ausdruck ist k die Boltzmann-Konstante (k = 8,6 · 10⁻⁵eV/K) und T die absolute Temperatur des Widerstandes, siehe Durst und Heiber (1974).

2.41 __PHOTOMULTIPLIER__

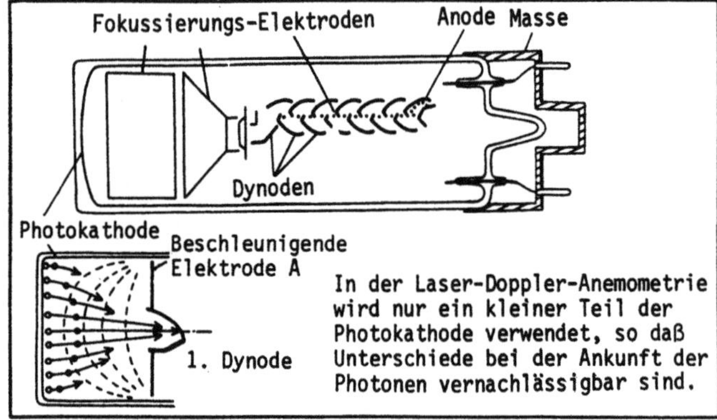

Die Auswertung der Gleichung für das Signal-Rausch-Verhältnis der Photozelle zeigt, daß sehr hohe Widerstände gewählt werden müssen, um das Überwiegen des Johnson-Rauschens zu vermeiden. Das heißt z.B., daß bei Zimmertemperatur der Wert des Widerstandes R größer als 5 · 10⁶Ω gewählt werden muß, wenn ein Photostrom von 10⁻⁸A, wie er typisch für Laser-Doppler-Anemometer ist, erwünscht ist. Solch hohe Widerstände führen exzessiv hohe RC-Terme ein und verhindern gewöhnlich Laser-Doppler-Messungen in Strömungen von praktischem Interesse wegen begrenztem Frequenzgang. Die Argumente beziehen sich nicht auf Photomultiplier, da einerseits der von der Photokathode kommende Signalstrom über die Johnson-Rauschgrenze gebracht wird (durch Verstärkung niedrigen Rauschens) und andererseits Sekundäremission von Elektronen in einer Dynodenkette für den Verstärkungsprozeß benutzt wird.

Ein Photomultiplier besteht aus folgenden Teilen:
a) der Photokathode,
b) dem elektro-optischen Eingangssystem (der "Eingangsoptik")
c) der Dynodenkette (Sekundäremissionssystem).
d) der Anode

Die Photokathode hat ähnliche Merkmale wie die der Photozellen; lichtundurchlässige oder halbdurchlässige Kathoden werden in verschiedenen Ausführungen benutzt.

Das elektro-optische Eingangssystem ist der Teil des Photomultipliers, der die Photoelektronen auf der ersten Dynode sammelt. Er bestimmt im wesentlichen die Streuung der Elektronendurchlaufzeit und damit die Güte des Photomultipliers. Die Güte kann nicht allein durch die Streuung der Elektronendurchlaufzeit dargestellt werden. Die Sammelgüte, gegeben durch den Prozentsatz der von der Photokathode emittierten Elektronen, die auf die erste Dynode gelangen, ist aber auch ein wichtiger Parameter.

Der Sekundäremissionsmultiplier besteht aus mehreren Stufen, die als Dynodenkette bezeichnet werden. Die Anode bildet das Ende dieser Kette und "sammelt" die Elektronen, die von der Kathode stammen und durch jede Dynode "vervielfacht" werden, um eine Endausbeute von $G = \delta^K$ zu ergeben. Hier stellt K die Anzahl der Dynodenstreifen dar und δ das Verhältnis der Sekundärelektronen, die eine Dynode verlassen, zu der Zahl der auf sie auftreffenden Elektronen.

2.42 RAUSCHEN IN PHOTOMULTIPLIERN

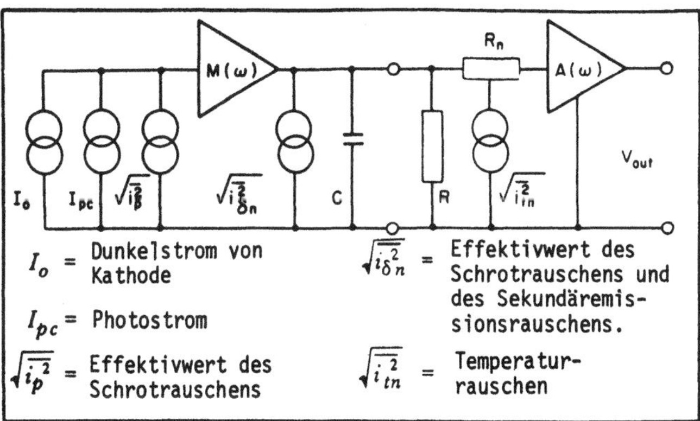

I_o = Dunkelstrom von Kathode

I_{pc} = Photostrom

$\sqrt{\overline{i_p^2}}$ = Effektivwert des Schrotrauschens

$\sqrt{\overline{i_{\delta n}^2}}$ = Effektivwert des Schrotrauschens und des Sekundäremissionsrauschens.

$\sqrt{\overline{i_{tn}^2}}$ = Temperaturrauschen

Obwohl die im Photomultiplier benutzte Verstärkung durch Sekundäremission von Elektronen eine Erhöhung des Signals ohne eine wesentliche Verschlechterung des Signal-Rausch-Verhältnisses gestattet, ist es doch wichtig, die durch das Rauschen des Photodetektors bedingten Einschränkungen in den Empfangsmöglichkeiten zu untersuchen. Diese Einschränkungen können bestimmt werden, indem man den Photomultiplier als eine Photozelle, gefolgt von einem Verstärker mit niedrigem Rauschen betrachtet. Die unten gegebene Zusammenfassung berücksichtigt auch den Eingangswiderstand und die Querkapazität der an den Photomultiplier angeschlossenen Verstärker. Diese Ergebnisse bilden eine Zusammenfassung der Arbeit von Durst und Heiber (1974).

Hersteller verlangen gewöhnlich für Photomultiplier Begrenzungen der Ströme, die von Photokathode und Anode abgenommen werden. Werden diese mit $(i_c)_{max}$ und $(i_a)_{max}$ bezeichnet und werden K Dynodenstreifen in die Photomultiplierröhre eingebaut, so kann die Mindestverstärkung pro Dynode als

$$\delta_{min} = \left[\frac{(i_a)_{max}}{(i_c)_{max}}\right]^{1/K}$$

berechnet werden.
Die maximal zulässige Verstärkung ist

$$\delta_{max} = \left[\frac{(i_a)_{max}}{i_c}\right]^{1/K},$$

wobei $i_c < (i_c)_{max}$.

Zieht man diese Einschränkungen in Betracht, kann man das Signal-Rausch-Verhältnis SNR des Photomultipliers aus der Beziehung

$$SNR = \frac{\delta_{max}^K i_c}{\left[2ei_c\left\{\frac{\delta_{max}^{2K+1} - \delta_{max}^K}{\delta_{max} - 1}\right\}\Delta f + 4kT\frac{1}{R}\Delta f\left\{1 + \frac{R_n}{R} + \frac{4}{3}\pi^2 R_n R \Delta f^2 C^2\right\}\right]^{1/2}}$$

berechnen. Das Bild oben zeigt einen elektronischen Schaltkreis, der durch diese Formel beschrieben wird.

2.43 <u>SCHLUSSFOLGERUNGEN UND ENDBEMERKUNGEN, 1</u>

> o Viele in der Laser-Doppler-Anemometrie auftauchende Phänomene können hinreichend durch die geometrische Optik dargestellt werden.
>
> o Es werden Gleichungen zur Positionskorrektur des Lichtes angegeben, das durch Schichten verschiedener Brechungsindizes geht.
>
> o Die Phänomene der Interferenz, Beugung und Bildentstehung, die für die Laser-Doppler-Anemometrie wesentlich sind, werden aufgrund der Wellennatur des Lichtes erläutert.
>
> o Die zeitliche und räumliche Kohärenz von Lichtwellen wird erklärt.

In diesem Kapitel wurde gezeigt, daß viele optische Erscheinungen zufriedenstellend mit Hilfe der geometrischen Optik beschrieben werden, die sich der Reflexions- und Brechungsgesetze bedient, um den Weg der Lichtstrahlen durch ein optisches System zu bestimmen. Das Brechungsgesetz ermöglichte die Ableitung allgemeiner Formeln, über die Positionskorrekturen in Systemen mit Schichten unterschiedlicher Brechungsindizes durchgeführt werden können.

Optische Systeme können sphärische Grenzflächen enthalten. Ihr Einfluß auf die Ausbreitungsrichtung der Strahlen wurde untersucht und es wurde gezeigt, daß auch dafür der Rahmen der geometrischen Optik völlig ausreichend ist. Es wurden die Grundbeziehungen für Linsen angegeben, wobei diese als Phase sphärischer Flächen betrachtet wurden, und die Untersuchung wurde auf Linsensysteme erweitert.

Da die Laser-Doppler-Anemometrie von der Wellennatur des Lichtes Gebrauch macht, ist die analytische Behandlung von Lichtwellen zusammenfassend dargestellt worden. Es wurde gezeigt, daß die komplexe Schreibweise eine große Vereinfachung bringt und diese wurde auch bei der Diskussion der Interferenz und der Berechnung des Abstandes zwischen den Interferenzstreifen benutzt. Es wurde gezeigt, daß die Signalqualität von der Kohärenz der Lichtwellen und von der relativen Intensität der zwei Strahlenbündel abhängt. Kohärenzeigenschaften werden sehr oft der Lichtquelle zugeschrieben. Es wurden die Begriffe der räumlichen und zeitlichen Kohärenz erläutert.

Beugungsphänomene wurden aufgrund des Huyghens-Fresnelschen Prinzips formuliert und an Beugungsgittern erläutert.
Von reellen Lösungen der Maxwellschen Gleichungen ausgehend wurden linear polarisierte Lichtwellen erläutert, anschließend daran auch zirkular und

elliptisch polarisierte Lichtwellen. Ein allgemeiner Ausdruck wurde angegeben, der elektromagnetische Wellen von Polarisation beliebiger Art zu beschreiben vermag. Interferenzerscheinungen mit polarisierten Strahlen wurden besprochen, und es wurde gezeigt, daß die Signalqualität sich vermindert, wenn die Polarisationsebenen der zwei interferierenden, linear polarisierten Lichtbündel nicht zusammenfallen.

2.44 SCHLUSSFOLGERUNGEN UND BEMERKUNGEN, 2

o Reflexion, Brechung und Beugung von Lichtwellen sollten bei der Betrachtung der Lichtstreuung an kleinen Teilchen nicht getrennt behandelt werden.

o Linear polarisiertes Licht wird durch Streuung an Partikeln im allgemeinen zu elliptisch polarisiertem Licht. In bestimmten Ebenen führt die Streuung nicht zu einer Depolarisation der Lichtwellen.

o Der Doppler-Effekt wurde betrachtet und als Grundlage der Laser-Doppler-Anemometrie herausgestellt.

o Die Umwandlung eines optischen Signals in ein elektrisches wurde diskutiert und die Prinzipien der Photodetektoren wurden als Basis ihrer Anwendung erläutert.

Eine genaue Behandlung von Reflexion, Brechung und Beugung bei der Wechselwirkung eines Teilchens mit einer Lichtwelle ist nur dann von praktischem Interesse, wenn diese Phänomene als gleichzeitig stattfindend angesehen werden. Das Licht wird als vom Teilchen gestreut betrachtet und nur das gesamte Licht ist von Bedeutung. Die einzelnen Beiträge der verschiedenen Effekte sind von nebensächlichem Interesse.

Lichtstreuung an einem Teilchen hat gewöhnlich eine Depolarisation des einfallenden Lichtes zur Folge. Es gibt aber bevorzugte Richtungen, nach denen keine Depolarisation stattfindet. Wenn das einfallende Licht linear polarisiert ist, bleibt das in diese Richtung gestreute Licht linear polarisiert.

Dieses Kapitel behandelt auch Lichtquellen und Beobachter in Bewegung. Es werden dabei die Grundprinzipien des Doppler-Effektes zusammengefaßt und es wurde gezeigt, daß die durch Doppler-Effekt bewirkte Frequenzverschiebung zur Geschwindigkeitsmessung von Partikeln in Bewegung benutzt werden kann, wenn diese Licht von zwei einfallenden Strahlenbündeln streuen. Die Geschwindigkeitsinformation ist in einem Schwebungssignal enthalten, das von einer Photodiode oder einem Photomultiplier aufgenommen werden kann. Diese

Arten von Photodetektoren wurden beschrieben und der Rauschbeitrag zu ihrem Signal wurde besprochen.

Die in diesem Kapitel besprochenen optischen Phänomene geben nur eine kurze Zusammenfassung dessen, was in vielen Lehrbüchern im Detail nachgelesen werden kann. Der Leser sei für weitere Details auf Bergmann und Schaefer (1962) und auf Born und Wolf (1970) verwiesen.

3. STREUERSCHEINUNGEN UND OPTISCHE SYSTEME

3.1 ZWECK UND INHALT DES KAPITELS

> Dieses Kapitel enthält:
> o eine Einführung in die Lichtstreuung durch Einzelteil-
>   chen,
> o eine Einführung in die Lichtstreuung durch viele Teil-
>   chen,
> o eine physikalische Erklärung für die optische Messung
>   von Teilchengeschwindigkeiten,
> o eine allgemeine Einführung in die Laser-Doppler-Anemo-
>   metrie,
> o einige allgemeine Beziehungen für die gemessene Sig-
>   nalfrequenz.

Die Ableitungen und Erklärungen des vorigen Kapitels haben gezeigt, daß in der Laser-Doppler-Anemometrie die Frequenzverschiebung aufgrund des Doppler-Effektes verwendet wird, welche dadurch entsteht, daß Lichtwellen an kleinen, bewegten Teilchen gestreut werden. Zur vollen meßtechnischen Anwendung dieses Effektes ist ein klares Verständnis der Physik der Lichtstreuung an bewegten Teilchen notwendig. In diesem Kapitel wird die Einzelteilchen- und Mehrteilchenstreuung erklärt. Es wird gezeigt, daß die optischen Phänomene in der Laser-Doppler-Anemometrie durch Interferenzmuster erklärt werden können, die sich über die Apertur vor einem Photodetektor bewegen. Ferner wird gezeigt, daß Signale erhalten werden können, welche Informationen über räumliche Unterschiede in der vorliegenden Teilchengeschwindigkeit enthalten. Diese Signale müssen eliminiert werden, wenn lokale Geschwindigkeiten gemessen werden sollen. Sie können aber zur Bestimmung von Geschwindigkeitsgradienten herangezogen werden.

Die Ableitungen in diesem Kapitel erlauben die Berechnung der optimalen Aperturgeometrie vor einem Photodetektor und ermöglichen Vorhersagen von räumlichen Verteilungen des Signal-Rausch-Verhältnisses in Abhängigkeit von der Teilchengröße, dem Teilchenmaterial, der Wellenlänge des Lasers und der Intensität der beiden Sendestrahlen. Es werden also in dem vorliegenden Kapitel die Grundlagen für die Auslegung optischer Systeme gegeben.

In den Tafeln 3.2 bis 3.7 wird die Lichtstreuung durch kleine Teilchen zusammenfassend dargestellt sowie die wichtigsten Gleichungen für die Berechnung der Streulichtintensität und die räumliche Verteilung des Phasenwinkels angegeben. Die Lichtstreuung durch mehrere Teilchen und aus mehreren Strahlen wird in den Abschnitten 3.8 bis 3.20 analytisch behandelt. Die

Ergebnisse werden in den Tafeln 3.21 bis 3.31 zur Ableitung der Grundgleichungen der Laser-Doppler Anemometrie verwendet. Berechnungen der Signalstärke, der Modulationstiefe und des Signal-Rausch-Verhältnisses werden in
den Abschnitten 3.32 bis 3.35 vorgestellt und in den Abschnitten 3.36 bis
3.37 zur Optimierung von Empfangsoptiken benutzt. Schlußfolgerungen und abschließende Bemerkungen geben die Abschnitte 3.38 bis 3.39 .

3.2 LICHTSTREUUNG DURCH EINZELTEILCHEN, 1

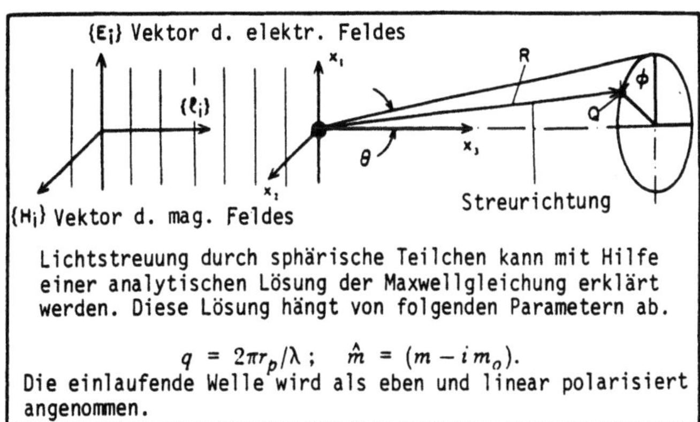

$$q = 2\pi r_p/\lambda \; ; \quad \hat{m} = (m - i m_o).$$

Lichtstreuung durch sphärische Teilchen wurde u.a. von Mie (1908), Debye
(1909), Bromwich (1919) und Gans (1912) untersucht. Die allgemeinen Lösungen der Maxwell-Gleichungen für kugelförmige Teilchen sind ausführlich von
van de Hulst (1957), Kerker (1969) und Born und Wolf (1970) behandelt, so
daß an dieser Stelle nur eine Zusammenfassung notwendig ist. Sie kann als
Grundlage für die Auswertung der Mieschen Formeln mit einem Computer
dienen. Diese Gleichungen werden am besten mit Hilfe der folgenden Funktionen formuliert:

$$a_n = \frac{q\,P_n'(p)\,P_n(q) - p\,P_n'(q)\,P_n(p)}{q\,P_n'(p)\,Q_n(q) - p\,Q_n'(q)\,P_n(p)}$$

$$b_n = \frac{p\,P_n'(p)\,P_n(q) - q\,P_n'(q)\,P_n(p)}{p\,P_n'(p)\,Q_n(q) - q\,Q_n'(q)\,P_n(p)}$$

$$p = m \cdot q \; .$$

Die Funktion $P_n(z)$ und $Q_n(z)$ in den obigen Ausdrücken - wobei z für q und
p steht - stellen die Riccati-Bessel Funktionen dar. Diese sind folgendermaßen definiert:

$$P_n(z) \; = \; \left(\tfrac{\pi z}{2}\right)^{1/2} J_{n+1/2}(z)$$

$$Q_n(z) \; = \; \left(\tfrac{\pi z}{2}\right)^{1/2} \left[J_{n+1/2}(z) + i(-1)^n J_{-n-1/2}(z) \right].$$

Diese Funktionen weisen untereinander folgende Beziehung auf:

$$Q_n(z) \; = \; P_n(z) + i R_n(z) \; ,$$

wobei $R_n(z)$ die dritte Riccati-Bessel Funktion darstellt.

$$R_n(z) \; = \; (-1)^n \left(\tfrac{\pi z}{2}\right)^{1/2} J_{-n-1/2}(z) \quad .$$

3.3 <u>LICHTSTREUUNG DURCH EINZELTEILCHEN, 2</u>

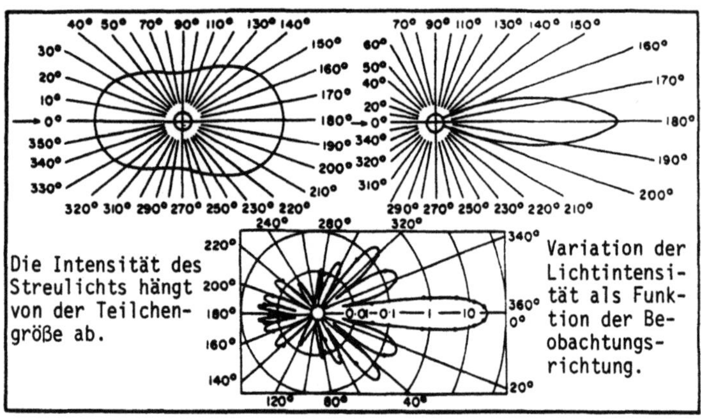

Die Intensität des Streulichts hängt von der Teilchengröße ab.

Variation der Lichtintensität als Funktion der Beobachtungsrichtung.

Neben der Berechnung von Integralwerten der Streuparameter erlaubt die Miesche Theorie die Ermittlung lokaler Werte von Amplitude und Phase des Streulichtes. Bei der Berechnung müssen die Funktionen a_n und b_n für gegebene Werte von "m" und "q" bestimmt werden. Zu diesem Zweck werden oft die rekursiven Definitionen der Bessel-Funktion eingeführt. Diese lauten:

$$a_n \; = \; \frac{\left(\dfrac{A_n(p)}{m} + \dfrac{n}{q}\right) \mathcal{R}[Q_n(q)] - \mathcal{R}[Q_{n-1}(q)]}{\left(\dfrac{A_n(p)}{m} + \dfrac{n}{q}\right) Q_n(q) - Q_{n-1}(q)}$$

$$b_n = \frac{\left(mA_n(p) + \dfrac{n}{q}\right) \mathcal{R}[Q_n(q)] - \mathcal{R}[Q_{n-1}(q)]}{\left(mA_n(p) + \dfrac{n}{q}\right) Q_n(q) - Q_{n-1}(q)} \ ,$$

wobei $A_n(p) = P'(p)P(p)$. $Q_n(q)$ kann rekursiv berechnet werden:

$$Q_n(q) = \frac{2n-1}{q}\, Q_{n-1}(q) - Q_{n-2}(q)$$

mit $Q_0(q) = \sin(q) + i\,\cos(q)$ und $Q_{-1}(q) = \cos(q) - i\,\sin(q)$
Die Rekursionsformel für die Funktion $A_n(p)$ lautet für $m_0 = 0$:

$$A_n(p) = -\frac{n}{p} + \left[\frac{n}{p} - A_{n-1}(p)\right]^{-1} \qquad \text{mit} \qquad A_o(p) = \cos p/\sin p \ .$$

Zur Vermeidung von untragbaren, die Endwerte stark beeinflussenden Rundungsfehlern muß die Berechnung der Werte von a_n und b_n in "double precision" Arithmetik durchgeführt werden. Die Summation bei der Berechnung der a_n und b_n kann durchgeführt werden, indem fortlaufend aufeinanderfolgende Terme addiert werden, bis der letzte Term nur einen verschwindend kleinen Beitrag liefert. In den meisten Fällen von Interesse für die Laser-Doppler-Anemometrie werden $n \simeq q$ Terme benötigt.

3.4 LICHTSTREUUNG DURCH EINZELTEILCHEN, 3

Komplexe Amplitude

$$S_\perp(\theta) = \sum_{n=1}^{\infty} \frac{2n+1}{n(n+1)} \left\{ a_n\, \pi_n\,(\cos\theta) + b_n\, \tau_n\,(\cos\theta)\right\}$$

und

$$S_\parallel(\theta) = \sum_{n=1}^{\infty} \frac{2n+1}{n(n+1)} \left\{ b_n\, \pi_n\,(\cos\theta) + a_n\, \tau_n\,(\cos\theta)\right\}$$

$$A_s^2(\theta) = \tfrac{1}{2}\left(\frac{\lambda}{2\pi}\right)^2 \left\{ |S_\perp(\theta)|^2 + |S_\parallel(\theta)|^2 \right\} \ \ (\text{weißes Licht})$$

Definition der π_n und τ_n :

$$\pi_n(\cos\theta) \equiv P'(\cos\theta)$$

$$\tau_n(\cos\theta) \equiv \pi_n(\cos\theta) \cdot \cos\theta - \sin^2\theta \, \frac{d}{d\cos\theta}\, \pi_n(\cos\theta)$$

Die aus der Mieschen Theorie abgeleiteten Formeln erlauben auch die Berechnung der komplexen Amplituden $S_\perp(\theta)$ und $S_\parallel(\theta)$ des Streulichtes. Diese hängen mit der Gesamtamplitude A_s der gestreuten Lichtwelle über die oben angegebene Beziehung zusammen. Die Gleichungen für $S_\perp(\Theta)$ und $S_\parallel(\Theta)$ enthalten die bekannten Legendre-Funktionen π_n und τ_n, die aus den Legendre-Polynomen in der oben angegebenen Weise abgeleitet werden können. Ihre Berechnung kann mit Hilfe der folgenden Rekursionsbeziehung durchgeführt werden:

$$\pi_n\,(\cos\theta)\;=\;\cos\theta\;\frac{(2n-1)}{(n-1)}\;\pi_{n-1}\,(\cos\theta)-\frac{n}{(n-1)}\;\pi_{n-2}\,(\cos\theta)$$

$$\tau_n\,(\cos\theta)\;=\;\cos\theta\,[\pi_n\,(\cos\theta)-\pi_{n-2}\,(\cos\theta)]-(2n-1)\sin^2\theta\;\pi_{n-1}\,(\cos\theta)$$
$$+\,\tau_{n-2}\,(\cos\theta)$$

mit

$$\pi_0\,(\cos\theta)=0\,,\qquad\qquad \tau_0\,(\cos\theta)=0$$

$$\pi_1\,(\cos\theta)=1\,,\qquad\qquad \tau_1\,(\cos\theta)=\cos\theta$$

$$\pi_2\,(\cos\theta)=3\cos\theta\,,\qquad \tau_2\,(\cos\theta)=3\cos2\theta\,.$$

Wiederum ist die Verwendung von "double precision" Arithmetik in den Programmen für Berechnungen der obigen Größen erforderlich. Aus den angegebenen Werten für $S_\perp(\Theta)$ und $S_\parallel(\Theta)$ kann die komplexe Amplitude in eine allgemeine Richtung Θ, ϕ in folgender Weise erhalten werden:

$$S(\theta,\phi)\;=\;S_\perp\sin\phi\,+\,S_\parallel\cos\phi\;.$$

Der allgemeine Ausdruck für die Streuwelle lautet somit:

$$E_s(t)\;=\;|S(\theta,\phi)|\cdot\exp\{i\,(2\pi\nu t)+\Delta\psi\}$$

mit

$$\Delta\psi\;=\;\frac{\mathfrak{I}\{S(\theta,\phi)\}}{\mathfrak{R}\{S(\theta,\phi)\}}\;.$$

3.5 <u>LICHTSTREUUNG DURCH EINZELTEILCHEN, 4</u>

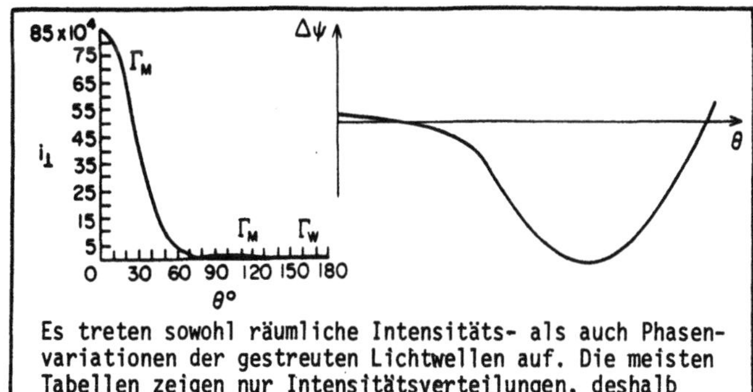

Es treten sowohl räumliche Intensitäts- als auch Phasenvariationen der gestreuten Lichtwellen auf. Die meisten
Tabellen zeigen nur Intensitätsverteilungen, deshalb
müssen Berechnungen durchgeführt werden.

Die Anwendung der berechneten Ergebnisse bezüglich Lichtstreuung durch
kleine Teilchen auf die Laser-Doppler-Anemometrie erfordert ein Verständnis
der physikalischen Bedeutung der einzelnen Ausdrücke.
So stellen

$$A_s^2 = \left(\frac{\lambda}{2\pi}\right)^2 \{|S_\perp(\theta)|^2 \sin^2\phi + |S_\|(\theta)|^2 \cos^2\phi\} \quad \text{(polarisiertes Licht)}$$

$$A_s^2 = \frac{1}{2}\left(\frac{\lambda}{2\pi}\right)^2 \{|S_\perp(\theta)|^2 + |S_\|(\theta)|^2\} \quad \text{(weißes Licht)}$$

denjenigen Bruchteil der ankommenden Lichtenergie dar, der pro Raumwinkel-
einheit in die Richtung (θ,ϕ) gestreut wird. Die obige Beziehung kann auch
als Intensität ausgedrückt werden, siehe van de Hulst (1957):

$$I_s = \frac{I_o \cdot \Gamma(\theta,\phi)}{K^2 \cdot R^2}$$

I_o = lokale Lichtintensität
R = Abstand zwischen Teilchen und Detektor
K = $(2\pi/\lambda)$ Wellenzahl

Diese Beziehung zeigt eine Abhängigkeit der Streulichtintensität von der
Richtung (θ,ϕ). In der obigen Abbildung sind typische Verteilungen der Intensität dargestellt.

Es ist wichtig festzuhalten, daß neben Intensitätsvariationen im Raum auch
Unterschiede in der Phasenlage von Lichtwellen auftreten, die in unterschiedliche Richtungen gestreut werden. Diese Phasenvariationen sind oben
skizziert und müssen zur genauen Behandlung derjenigen Interferenzphänomene
berücksichtigt werden, die auftreten, wenn Licht von mehreren Teilchen gestreut wird oder wenn ein Teilchen Licht aus mehreren Strahlen mit unterschiedlichen Strahlrichtungen streut. Sowohl Intensitäts- als auch Phasen-

variationen müssen berücksichtigt werden, wenn die Physik der Laser-Doppler Anemometrie voll verstanden und quantitativ erfaßt werden soll. Die in der Literatur verfügbaren Tabellen über Lichtstreuung durch kleine Teilchen enthalten oftmals nur Intensitätsverteilungen, aber keine Phasenverteilungen. Die letzteren müssen also bei Untersuchungen des Streuverhaltens auf der Grundlage der Mieschen Theorie berechnet werden.

Es gibt Computerprogramme, die die Berechnung von Streuwellen über endliche Detektorflächen erlauben und die Auslegung optischer Systeme unterstützen. Für ein gegebenes optisches System können Signal-Rausch-Verhältnisse als Funktion der Teilchengröße und der optischen Eigenschaften des Teilchenmaterials berechnet werden.

3.6 INTEGRALE PARAMETER ZUR BESCHREIBUNG DER LICHTSTREUUNG

Berechnung integraler Parameter:

Streueffizienz:

$$Q_{scat} = C_{scat}/\pi r_p^2 = \frac{2}{q^2} \sum_{n=1}^{\infty} (2n+1) \left[|a_n|^2 + |b_n|^2 \right]$$

Rückstreueffizienz:

$$Q_{bks} = C_{bks}/\pi r_p^2 = \frac{4}{q^2} \left| \sum_{n=1}^{\infty} (n+\tfrac{1}{2})(-1)^n (a_n - b_n) \right|^2$$

Extinktionseffizienz:

$$Q_{ext} = \frac{2}{q^2} \sum_{n=1}^{\infty} (2n+1)\, \Re\, (a_n + b_n)$$

Absorptionseffizienz: $\quad Q_{abs} = Q_{ext} - Q_{scat}$

Die zusammenfassende analytische Behandlung der Lichtstreuung durch kleine Teilchen in den Tafeln 3.2 bis 3.5 ergab als Endbeziehung:

$$I_s(\theta, \phi) = \frac{I_o \cdot \Gamma(\theta, \phi)}{K^2 R^2} \,.$$

Häufig wird diese lokale Intensitätsverteilung über alle Raumwinkel Ω integriert und ergibt die von einem Teilchen gestreute Gesamtleistung:

$$P_s = \oiint I_s(\theta, \phi)\, R^2 \cdot d\Omega \,.$$

Die Kombination beider Gleichungen ergibt:

$$P_s = I_o \oiint \frac{1}{K^2}\, \Gamma(\theta, \phi)\, d\Omega = I_o \cdot C_{scat}$$

wobei C_{scat} der Streuquerschnitt ist. Er ist diejenige Fläche, die ein Teilchen scheinbar einnimmt, wenn es die Gesamtleistung P_s aus einem Strahl der Intensität I_0 streut. Eine andere integrale Größe zur Quantifizierung des Streuverhaltens von Teilchen ist die sogenannte Streueffizienz. Sie ist das Verhältnis zwischen Streuquerschnitt und geometrischem Querschnitt eines Teilchens, also

$$Q_{scat} = \frac{C_{scat}}{\pi r_p^2} \;.$$

Folglich kann die Gesamtstreuleistung geschrieben werden als:

$$P_s = I_o \cdot \pi r_p^2 \, Q_{scat} \;.$$

Effizienzfaktoren lassen sich auch für die Lichtextinktion durch sphärische Teilchen definieren. Sie beinhalten sowohl das von einem Teilchen gestreute, als auch das absorbierte Licht.

$$Q_{ext} = Q_{scat} + Q_{abs} \;.$$

Die Tafel zeigt die Gleichungen, die es erlauben, die verschiedenen Koeffizienten unter Benutzung von Beziehungen in Abschnitt 3.2 bis 3.5 zu berechnen. Da in der Laser-Doppler-Anemometrie die Lichtintensität bei Rückwärtsstreuung von Interesse ist, wird eine Gleichung für eine Streueffizienz Q_{bks} angegeben, welche nur für den Fall der Rückstreuung gültig ist.

3.7 <u>LICHTSTREUUNG DURCH EINZELTEILCHEN, 5</u>

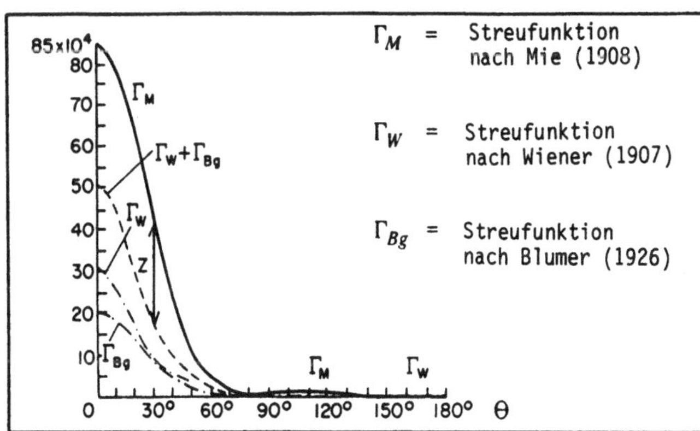

Die exakte Behandlung der Lichtstreuung durch Teilchen gemäß der Mieschen Theorie ist kompliziert. Deshalb wurden Näherungslösungen abgeleitet, welche die theoretische Behandlung der Lichtstreuung vereinfachen. Blumer (1926) hat Näherungslösungen zusammengestellt. Es zeigt sich, daß keine der

Näherungen die Genauigkeitsanforderungen der Laser-Doppler-Anemometrie erfüllt. Zur korrekten Behandlung der Physik optischer Geschwindigkeitsmessungen muß also auf die Miesche Theorie der Lichtstreuung zurückgegriffen
werden. In der Abbildung sind die Ergebnisse verschiedener Näherungslösungen und der exakten Mieschen Theorie vergleichend dargestellt.

Die Behandlung der Lichtstreuung, wie sie in den Tafeln 3.2 bis 3.6 zusammengefaßt ist, ist nur für sphärische Teilchen gültig. Die erhaltene Endbeziehung sollte nicht als Näherung für nicht-sphärische Teilchen mit Querschnitt (πr_p^2) verwendet werden. Dies kann aus der Arbeit von Gans (1912)
geschlossen werden. Er erweiterte die Miesche Theorie auf elliptische
Teilchen. Kleine Abweichungen von der sphärischen Form bewirken starke
Variationen in der Verteilung der berechneten Lichtintensität.

Exakte Lösungen für Streuprobleme liegen nur für spezielle Teilchenformen
vor und können nicht auf natürliche Feststoffteilchen übertragen werden.
Laser-Doppler-Anemometer können deshalb nur für sphärische Partikel theoretisch untersucht werden. Die Ergebnisse sollten nur mit größter Vorsicht
auf Partikel beliebiger Formen übertragen werden.

Mit der zunehmenden Verfügbarkeit von Computern ist die numerische Lösung
der Maxwell-Gleichungen für Teilchen beliebiger Form möglich geworden.
Trotzdem wurden bisher nur wenige Streuprobleme nicht-sphärischer Teilchen
behandelt. Teilweise liegt dies daran, daß für die angestrebten Lösungen
analytische Ausdrücke - ähnlich denen in der Mieschen Theorie - nicht verwendet werden können und deshalb oft eine sehr große Rechenzeit für die Berechnung der räumlichen Intensitäts- und Phasenverteilungen notwendig ist.
Außerdem gibt es viele mögliche Orientierungen eines Teilchens mit einer
komplexen Form relativ zu einem auftreffenden Strahl. Mit jeder Orientierung ändert sich das berechnete Streuverhalten und damit auch die räumliche
Verteilung.

3.8 <u>LICHTSTREUUNG DURCH STATIONÄRE TEILCHEN, 1</u>

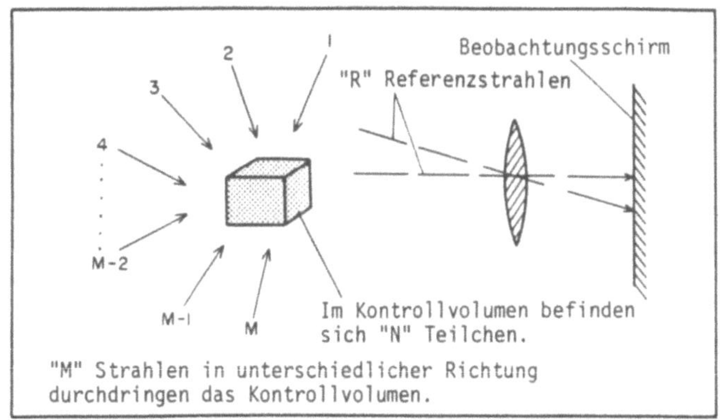

In diesem Abschnitt wird die Streuung durch kleine, stationäre Teilchen betrachtet, welche von mehreren Lichtstrahlen unterschiedlicher Richtung beleuchtet werden.

Es wird angenommen, daß die Beleuchtung durch kohärente, linear polarisierte, ebene Wellen der Wellenlängen λ_w erfolgt, wobei "w" eine Zahl zwischen
1 und der Gesamtzahl der Lichtstrahlen M ist. Ferner wird angenommen, daß
die Durchmesser der Teilchen im Kontrollvolumen in der Größenordnung der
Wellenlänge der Beleuchtungsstrahlen liegen. Die Verteilung der Lichtintensität außerhalb des Kontrollvolumens - z.B. auf einer Detektoroberfläche -
kann durch Anwendung der Mieschen Theorie erhalten werden. Eine weitere
Annahme betrifft die Verteilung der Teilchen im Kontrollvolumen. Sie sollen
weit genug, d.h. mehr als $3r_p$, voneinander entfernt sein, so daß "Einzelteilchenstreuung" vorliegt. Jedes Teilchen streut Licht in einen großen
Raumwinkel, deshalb erhält jeder Punkt des Fernfeldes Licht von jedem Teilchen. Das Muster im Fernfeld kann auf einem Schirm aufgefangen oder von
einem optischen Detektor, z.B. einem Photomultiplier, aufgezeichnet werden.
Die Eigenschaften dieses Lichtes sollen hier einigen, für die Laser-
Doppler-Anemometrie wichtigen Betrachtungen unterzogen werden.

Die folgende Diskussion berücksichtigt nicht Variationen der Intensität und
der Phase der Wellen bei Streuung in unterschiedliche Richtungen. In Tafel
3.2 wurde betont, daß diese Variationen wichtig für die Laser-Doppler
Anemometrie sind, weil sie die Signalqualität beeinflussen. In diesem Abschnitt werden keine Signalqualitäten betrachtet, daher können diese Variationen im Augenblick vernachlässigt werden.

Die meisten der hier vorgetragenen Betrachtungen sind einer Arbeit von
Durst (1973) entnommen. Sie sind Teil eines Versuches, die verschiedenen

Beiträge aufzuzeigen, die bei einer Anordnung mit vielen Strahlen und vielen Teilchen erhalten werden können. Die Darstellungen beginnen mit stationären Teilchen und stationären Strahlen und man erhält schließlich ein Interferenzmuster, wie es bei holografischen Systemen gefunden wird. Durst (1973) betont, daß es die Bewegung des resultierenden Interferenzmusters ist, welche vom Photodetektor aufgezeichnet wird und in Signalen resultiert, welche die in der Laser-Doppler-Anemometrie gemessenen Geschwindigkeitsinformationen enthalten. Die Laser-Doppler-Anemometrie stellt also eine Erweiterung der Holografie dar, siehe Kapitel 1. Während die letztere stationäre Objekte benötigt, werden in der ersteren bewegte Objekte betrachtet.

3.9 <u>LICHTSTREUUNG DURCH STATIONÄRE TEILCHEN, 2</u>

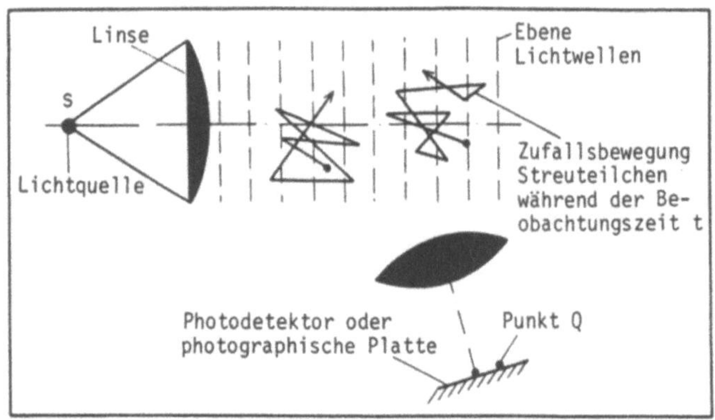

Lichtwellen, die von verschiedenen Teilchen im Kontrollvolumen gestreut werden, weisen definierte Phasenbeziehungen auf und können deshalb interferieren. Sind die Teilchen stationär, so bleibt die Phase während des Streuprozesses konstant und an einem beliebigen Punkt Q sind die Streuwellen entweder in Phase, wodurch sie sich verstärken, oder sie sind außer Phase und löschen sich gegenseitig aus, oder aber sie weisen sonst eine relative Phase zwischen $-\pi$ und $+\pi$ auf.

Diese Unterschiede in der Phasenlage werden durch die unterschiedliche Position jedes Streuteilchens im Kontrollvolumen und damit durch die unterschiedliche Lage relativ zum Detektor und relativ zu den anderen Teilchen verursacht. Bei diesen Betrachtungen wurde eine wichtige Eigenschaft kohärenter Lichtwellen angewandt, nämlich die, daß vor der Überlagerung kohärenter Lichtwellen nicht die Intensitäten im Feld zu addieren sind, sondern die komplexen Amplituden. Ein Photodetektor mißt deshalb immer diejenige Intensität, die durch das Betragsquadrat des resultierenden Feldvektors gegeben ist.

Die obigen Annahmen stehen im Gegensatz zu den Annahmen, die üblicherweise bei der theoretischen Untersuchung von Streulicht getroffen werden, wie z.B. bei van de Hulst (1957). Die übliche Annahme ist die, daß die Teilchen einer Zufallsbewegung unterliegen und daß dadurch jede systematische Beziehung zwischen der Phasenlage der verschiedenen Streulichtwellen zerstört wird. Diese Betrachtung ist dann korrekt, wenn die Bewegungen der Teilchen in Zeitintervallen erfolgen, die klein gegen die Integrationszeit der photografischen Detektoren sind und deshalb die Intensitäten der verschiedenen Streulichtwellen ohne Berücksichtigung der Phase addiert werden können.

In der Laser-Doppler-Anemometrie werden jedoch schnelle Detektoren in Verbindung mit kleinen Kontrollvolumina verwendet. Die Bewegungen der einzelnen Teilchen in einem Kontrollvolumen sind untereinander - im Widerspruch zu den üblichen Annahmen - korreliert.
Obwohl durch das Aufkommen des Lasers und die Verwendung schneller Photodetektoren die Erfassung bewegter Interferenzmuster möglich wurde, wird in den meisten Lehrbüchern über Lichtstreuung - wie denen von van de Hulst (1957) und Kerker (1969) - nicht auf die Signale eingegangen, welche erhalten werden, wenn von Teilchensystemen kohärente Lichtwellen gestreut werden und interferieren. In diesem Abschnitt wird die Interferenz behandelt, die entsteht, wenn Teilchensysteme durch kohärentes Licht bestrahlt werden. Es wird gezeigt, daß Signale erhalten werden, welche Informationen über die Lage stationärer oder die Geschwindigkeit bewegter Teilchen und/oder über die Bewegung der Beleuchtungseinheit und des Detektors enthalten. Der Einfachheit halber werden die Ableitungen in einem Koordinatensystem durchgeführt, in welchem die Beleuchtungsstrahlen und der Detektor ortsfest sind.

3.10 <u>ANALYSE DER LICHTSTREUUNG DURCH EIN EINZELTEILCHEN, 1</u>

Vektor des elektr. Feldes der Lichtwellen:

$$E_{p,w} = a_{p,w}(t) \cdot \cos\left(\omega_w t - \frac{2\pi R_p}{\lambda_w} - \phi_{p,w}\right)$$

Komplexe Darstellung von Wellen:

$$E_{p,w} = \mathcal{R}\left\{a_{p,w}(t) \cdot \exp\left[-i\left(\omega_w t - \frac{2\pi R_p}{\lambda_w} - \phi_{p,w}\right)\right]\right\}$$

Komplexe Amplitude:

$$A_{p,w}(t) = a_{p,w}(t) \cdot \exp\left[i\left(\frac{2\pi R_p}{\lambda_w} + \phi_{p,w}\right)\right]$$

Analytisches Signal:

$$\mathcal{E}_{p,w} = A_{p,w} \exp\left[-i2\pi\nu_w t\right]$$

An einem Punkt Q einer Photodetektoroberfläche kann der Vektor des elektrischen Feldes einer Welle W_w, die durch Streuung an einem kleinen Teilchen P_p erzeugt wird, unter Verwendung der komplexen Notation, folgendermaßen ausgedrückt werden:

$$E_{p,w} = \mathcal{R}\left\{a_{p,w}(t) \cdot \exp\left[-i\left(\omega_w t - \frac{2\pi R_p}{\lambda_w} - \phi_{p,w}\right)\right]\right\}$$

wobei die Amplitude $a_{p,w}(t)$ der Streulichtwelle mit Hilfe der Mie'schen Theorie berechnet werden kann. Der Operator $\mathcal{R}$ zeigt an, daß der Realteil des Ausdrucks in geschweiften Klammern genommen werden soll. Berücksichtigt man die Fußnote zu dieser Seite[*)] und verwendet man die oben eingeführte komplexe Amplitude, so kann die mathematische Beschreibung einer Lichtwelle in der Form eines analytischen Signals erfolgen. Man erhält an einem Punkt Q von einer Lichtwelle die Intensität:

$$I = \frac{1}{T}\int_0^T E_{p,w}^2 \, dt = \frac{1}{T}\int_0^T \frac{1}{4}\left[A_{p,w}\exp[-i2\pi\nu_w t] + A_{p,w}^*\exp[i2\pi\nu_w t]\right]^2 dt$$

oder

$$I = \frac{1}{T}\int_0^T \frac{1}{4}\left[A_{p,w}^2 \exp(-i4\pi\nu_w t) + A_{p,w}^{*2}\exp(i4\pi\nu_w t) + 2A_{p,w}A_{p,w}^*\right] dt \quad .$$

[*)] Werden nur lineare Operationen durchgeführt, so kann das Symbol $\mathcal{R}$ weggelassen werden und die Operation kann direkt mit der komplexen Funktion ausgeführt werden. Die betrachtete Größe ist dann der Realteil des resultierenden Ausdrucks.

Wird die Integration über eine Zeit T durchgeführt, die groß gegen die reziproke Lichtfrequenz ist, so verschwinden die beiden ersten Terme. Es gilt also:

$$I \;=\; \tfrac{1}{2} A_{p,w} A_{p,w}^{*} \; .$$

3.11 ANALYSE DER LICHTSTREUUNG DURCH EIN EINZELTEILCHEN, 2

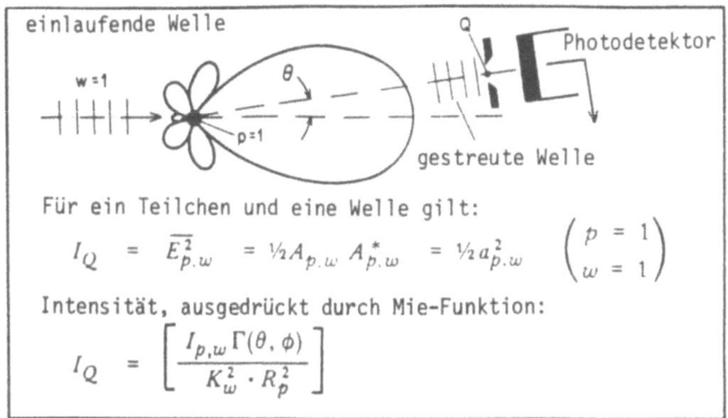

$$I_Q \;=\; \overline{E_{p,w}^{2}} \;=\; \tfrac{1}{2} A_{p,w} A_{p,w}^{*} \;=\; \tfrac{1}{2} a_{p,w}^{2} \qquad \begin{pmatrix} p = 1 \\ w = 1 \end{pmatrix}$$

$$I_Q \;=\; \left[\frac{I_{p,w}\, \Gamma(\theta, \phi)}{K_w^2 \cdot R_p^2} \right]$$

In den Tafeln 3.5 und 3.10 finden sich Ausdrücke für die Intensität an einem Punkt Q im Raum. Die obige Tafel zeigt beide Ausdrücke zusammen mit einer Darstellung der Mieschen Streufunktion $\Gamma(\theta, \phi)$. Durch Vergleich der beiden Ausdrücke kann die Streulichtwelle am Punkt Q folgendermaßen beschrieben werden:

$$E(t) \;=\; \frac{1}{KR} \sqrt{2I \cdot \Gamma(\theta, \phi)} \cdot \exp\left\{ -i \left[2\pi\nu t + \Delta\psi(\theta, \phi) \right] \right\} \; .$$

Die Abbildung der Intensitätsverteilung des Streulichtes macht deutlich, daß die Intensität an einem Punkt Q von der Richtung des auftreffenden Strahls abhängt. Darüberhinaus zeigt die oben formulierte Gleichung, daß auch die Phase des Streulichtes von der Richtung der einlaufenden Welle abhängt. Wenn nun zwei Wellen unterschiedlicher Richtung das Streuteilchen beleuchten, so werden die beiden Streuwellen am Punkt Q mit unterschiedlicher Amplitude und Phase vorliegen.

Sind die beiden Lichtstrahlen kohärent, so werden die beiden Streuwellen interferieren und im Raum ein Interferenzmuster ergeben, das - wie in der Holographie - auf einer photografischen Platte aufgezeichnet werden kann. Bei der speziellen Anordnung mit einem Teilchen und zwei Strahlen ist der Abstand der sich ergebenden Streifen unendlich und die Platte wird gleichmäßig beleuchtet, siehe Tafel 3.15.

Die beschriebenen Interferenzeffekte können berechnet werden, indem zunächst die beiden Gleichungen für die beiden Streuwellen addiert werden. Dann erhält man die Intensität durch Quadrieren des gesamten Streufeldes und Integration über eine Zeit, welche groß ist im Vergleich zur reziproken Lichtfrequenz.

Man könnte auch zunächst die beiden einlaufenden Wellen überlagern und dann die Streuung durch das Teilchen einbringen. Die Äquivalenz beider Vorgehensweisen resultiert aus der Linearität der Maxwell-Gleichungen. Der letztere Weg ist weniger aufwendig und wurde hier gewählt.

3.12 ANALYSE DER LICHTSTREUUNG DURCH VIELE TEILCHEN UND VIELE STRAHLEN, 1

$$E_Q = \sum_{w=1}^{M} \sum_{p=1}^{N} \Re(\mathscr{E}_{p,w}) = \text{Summenvektor d.elekt. Feldes bei Vielteilchenstreuung.}$$

$$\sum_{w=1}^{M} \sum_{p=1}^{N} \frac{1}{2} \left[A_{p,w} \exp[-i2\pi\nu_w t] + A_{p,w}^* \exp[i2\pi\nu_w t] \right]$$

Die Intensität an einem Punkt Q beträgt:

$$I_Q = \frac{1}{T} \int_0^T [E_Q]^2 \, dt = \frac{1}{T} \int_0^T [\sum_{w=1}^{M} \sum_{p=1}^{N} \Re(\mathscr{E}_{p,w})]^2 \, dt$$

"T" ist die Zeitkonstante des Photodetektors. Es wird angenommen, daß er "langsam" ist im Vergleich mit $1/\nu$: $T \gg 1/\nu$

Die Vorgehensweise bei der Untersuchung der Lichtstreuung durch viele Teilchen ist ähnlich derjenigen bei der Behandlung von Einzelteilchenstreuung. Will man die Gesamtintensität an einem Punkt Q im Raum bestimmen, so müssen die Beiträge der einzelnen Teilchen addiert, daraufhin quadriert und integriert werden.

$$I_Q = \frac{1}{T} \int_0^T \left[\sum_{k=1}^{N} \sum_{m=1}^{M} \frac{1}{2} \left\{ A_{k,m} \cdot \exp(-i2\pi\nu_m t) + A_{k,m}^* \exp(i2\pi\nu_m t) \right\} \right]$$
$$\left[\sum_{\ell=1}^{N} \sum_{n=1}^{M} \frac{1}{2} \left\{ A_{\ell,n} \cdot \exp(-i2\pi\nu_n t) + A_{\ell,n}^* \exp(i2\pi\nu_n t) \right\} \right] dt \; .$$

Wird die Integration über eine Zeit $T \gg 1/\nu_m \approx 1/\nu_n$ ausgeführt, so erhält man:

$$I_Q = \frac{1}{4} \sum_{k=1}^{N} \sum_{\ell=1}^{N} \sum_{m=1}^{M} \sum_{n=1}^{M} \left(A_{k,m} A_{\ell,n}^* \cdot \exp\left[-i2\pi(\nu_m - \nu_n)t\right] + \right.$$

$$\left. A_{\ell,n} A_{k,m}^* \cdot \exp\left[i2\pi(\nu_m - \nu_n)t\right] \right).$$

Es wird über alle Teilchen summiert. Dabei lassen sich folgende Terme unterscheiden:

$$(m = n = w, \quad k = \ell = p) \qquad\qquad (m = n = w, \quad k \neq \ell)$$

$$(m \neq n, \quad k = \ell = p) \qquad\qquad (m \neq n, \quad k \neq \ell).$$

Damit erhält man in der Endbezeichnung fünf verschiedene Terme, wenn R Referenzstrahlen angenommen werden. Es ist wichtig für das Verständnis der Laser-Doppler-Anemometrie, die physikalische Bedeutung der einzelnen Terme zu kennen. Deshalb wird im folgenden jeder Term ausführlich diskutiert.

3.13 ANALYSE DER LICHTSTREUUUNG DURCH VIELE TEILCHEN UND VIELE STRAHLEN, 2

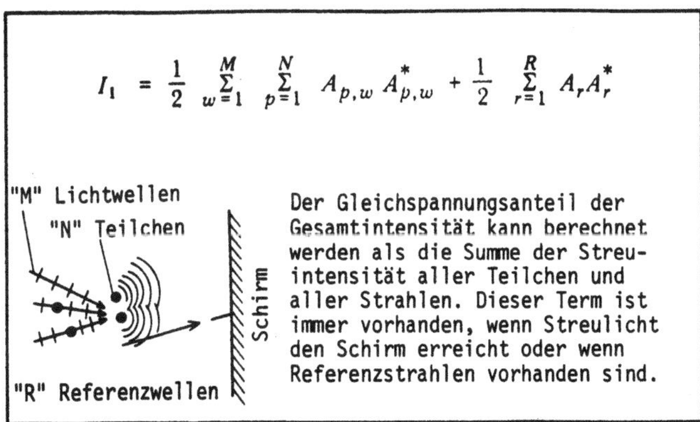

$$I_1 = \frac{1}{2} \sum_{w=1}^{M} \sum_{p=1}^{N} A_{p,w} A_{p,w}^* + \frac{1}{2} \sum_{r=1}^{R} A_r A_r^*$$

Der erste Ausdruck, der in der analytischen Behandlung der Lichtstreuung durch viele Teilchen und aus vielen Strahlen erscheint, ist ein Term, der - unabhängig von den Eigenschaften der Beleuchtungsstrahlen - immer vorhanden ist. Er repräsentiert eine gleichmäßige Lichtverteilung, deren Intensität mit der Zahl der Teilchen im Kontrollvolumen anwächst. Wie die Formeln zeigen, wächst er mit der Intensität der Referenzstrahlen und des Streulichtes an. Ist ein Referenzstrahl vorhanden, so ist I_1 immer endlich. Der Term verschwindet, wenn weder ein Referenzstrahl den Photodetektor erreicht, noch Teilchen im Kontrollvolumen vorhanden sind. Tafel 3.11 verdeutlicht, daß dieser Intensitätsbeitrag mit zunehmender Entfernung vom Teilchen abnimmt.

Bestehen die Beleuchtungsstrahlen aus kohärenten Wellen, so erscheinen weitere Terme, welche die Interferenzphänomene bei der Überlagerung kohärenter Streuwellen beschreiben. Diese Terme können positiv oder negativ sein und können deshalb den obigen Term vergrößern oder ihn verkleinern.

Diese Überlagerung eines Interferenzterms und der oben beschriebene Intensitätsbeitrag geben dem letztgenannten Term alle Eigenschaften des Gleichspannungsanteils eines elektrischen Signals. Im Fall der hier behandelten Interferenzerscheinungen handelt es sich jedoch um räumliche Intensitätsvariationen, während elektrische Signale Zeitsignale darstellen.

Die bisherigen Ausführungen verdeutlichen, daß ein Photodetektor, der sich am Ort des Schirms befindet, aufgrund des oben beschriebenen Terms ein Signal detektiert, das einem Anodenstrom $|i_A| \gg 0$ entspricht. Die räumlichen Intensitätsvariationen dieses Terms werden durch die Streufunktionen gemäß der Mieschen Theorie bestimmt.

Die räumliche Verteilung der Intensität des Streulichtes wird also keine schnellen Modulationen an der Anode des Photodetektors zur Folge haben, wenn dieser Detektor durch das Interferenzmuster bewegt wird. Solche Modulationen werden nur von dem kohärenten Anteil des Gesamtsignals erhalten. Üblicherweise wird der Gleichspannungsanteil des Signals bei der Signalverarbeitung in der Laser-Doppler-Anemometrie subtrahiert, um im modulierten Signal Nulldurchgänge zu erhalten.

3.14 ANALYSE DER LICHTSTREUUNG DURCH VIELE TEILCHEN UND VIELE STRAHLEN, 3

$$I_2 = \frac{1}{4} \sum_{w=1}^{M} \sum_{\substack{k=1 \\ k \neq \ell}}^{N} \sum_{\ell=1}^{N} (A_{k,w} A_{\ell,w}^* + A_{k,w}^* A_{\ell,w})$$

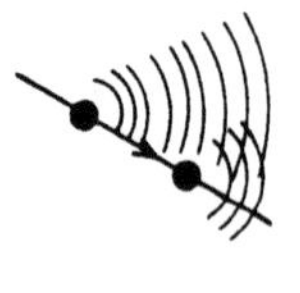

Der Term I_2 beschreibt Interferenzeffekte auf Grund von Lichtstreuung aus einem Laserstrahl durch Paare von Teilchen. Im Fall mehrerer Beleuchtungsstrahlen muß zusätzlich über die Anzahl der Strahlen summiert werden.

Der erste Interferenzterm im Ausdruck für die Gesamtintensität auf einem Schirm ist oben notiert. Er stellt Intensitätsvariationen dar, die der gleichmäßigen Intensitätsverteilung aus Tafel 3.13 überlagert sind. Sie entstehen, wenn Paare von Teilchen von derselben Lichtwelle beleuchtet werden. Im obigen Ausdruck bedeutet dies, daß die Summation über Indizes $k \neq \ell$ durchgeführt wird. Es werden also alle möglichen Kombinationen zweier nicht identischer Teilchen gebildet. Wird das Kontrollvolumen durch mehrere Strahlen beleuchtet, so wird jedes Teilchenpaar aus jedem Strahl Licht streuen und damit zum obigen Interferenzterm beitragen. Es muß also auch über alle Beleuchtungsstrahlen summiert werden.

Die bisherigen Erklärungen verdeutlichen, daß der Term I_2 verschwindet, wenn weniger als zwei Teilchen gleichzeitig im Kontrollvolumen vorhanden sind oder wenn nicht mindestens zwei Teilchen von einem der Beleuchtungsstrahlen getroffen werden.

Der analytische Ausdruck für die Intensität I_2 enthält nicht die Frequenz der Lichtwellen und hängt deshalb nicht von der Zeit ab. Das bedeutet, daß das hier behandelte Interferenzmuster stationär ist. Das entstehende Muster wird von der Lage der Teilchen relativ zum Schirm abhängen. Die Richtung der Beleuchtungsstrahlen relativ zum Schirm bestimmt die Intensität des Streulichtes in der Schirmebene. Wie in den Tafeln 3.2 bis 3.6 erläutert wurde, hängt diese Intensität auch von der Größe der Teilchen ab.

Die hier angestellten Betrachtungen sind nur gültig, wenn die Beleuchtungsstrahlen nur eine einzige Lichtfrequenz enthalten. Das ist üblicherweise der Fall, wenn in dem Streuexperiment ein Laser mit einem einzigen, axialen Mode verwendet wird. Die meisten Dauerstrichlaser emittieren jedoch viele Frequenzen, entsprechend der Anzahl der möglichen axialen Moden in dem Resonator eines Lasers. Soll die Leistung eines Lasers vergrößert werden, so muß die Länge seines Resonators vergrößert werden, wodurch gleichzeitig die Anzahl der axialen Moden vergrößert wird, sofern der Abstand der Moden - nämlich c/2L - kleiner ist als die Linienbreite des die Laseraktivität bewirkenden Emissionsvorgangs. Hierauf wird in Tafel 4.24 eingegangen.

3.15 ANALYSE DER LICHTSTREUUNG DURCH VIELE TEILCHEN UND VIELE STRAHLEN, 4

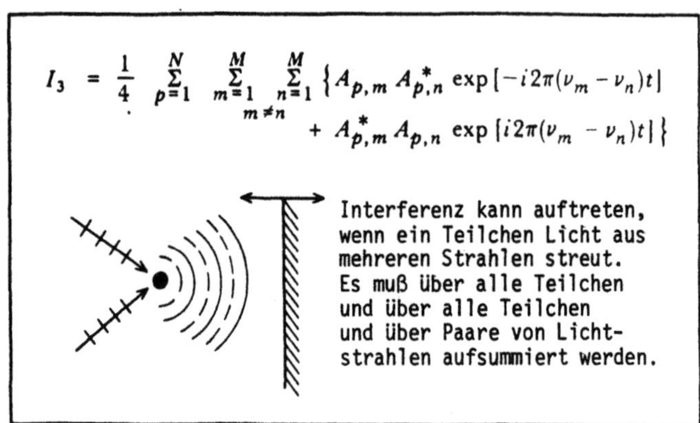

$$I_3 = \frac{1}{4} \sum_{p=1}^{N} \sum_{\substack{m=1 \\ m \neq n}}^{M} \sum_{n=1}^{M} \left\{ A_{p,m} A_{p,n}^* \exp\left[-i2\pi(\nu_m - \nu_n)t\right] + A_{p,m}^* A_{p,n} \exp\left[i2\pi(\nu_m - \nu_n)t\right] \right\}$$

Der dritte Term im Ausdruck für die Gesamtintensität beschreibt die Interferenz zwischen Lichtwellen, die entstehen, wenn ein Teilchen durch Paare von Lichtwellen beleuchtet wird. Es werden alle möglichen Kombinationen von Strahlenpaaren betrachtet und die entsprechende Summation durchgeführt. Außerdem muß über alle Teilchen summiert werden, um alle Beiträge zum Streulicht zu erhalten.

Ersetzt man die komplexen Amplituden in der obigen Gleichung durch Ausdrücke, wie sie in Tafel 3.10 angegeben sind, so erhält man nach Einführung von $\lambda_m = \lambda_n = \lambda$:

$$I_3 = \frac{1}{4} \sum_{p=1}^{N} \sum_{\substack{m=1 \\ m \neq n}}^{M} \sum_{n=1}^{M} a_{p,m}\, a_{p,n} \cos\left\{2\pi(\nu_m - \nu_n)t + [\phi_{p,m} - \phi_{p,n}]\right\}$$

Dieser Ausdruck zeigt, daß der Cosinusterm aus der resultierenden Beziehung nur von der Phase der beiden Wellen "m" und "n" abhängt, welche das Teilchen "p" beleuchten. Das physikalische Verständnis dieses Terms wird erleichtert, wenn man sich eine Überlagerung der beiden Beleuchtungsstrahlen im Kontrollvolumen vorstellt. Diese Überlagerung erzeugt ein Streifensystem, das im Schnittvolumen gelegen gedacht werden kann. Befindet sich ein Teilchen in diesem Gebiet, so kann es sich entweder an einem Intensitätsmaximum befinden und deshalb zur Lichtintensität auf dem Schirm beitragen oder aber sich in einem Intensitätsminimum aufhalten und deshalb überhaupt nicht zur Streuung beitragen.*) Dies sind die Grundzüge des Streifen-

---

*) Damit das Streulicht Null wird, muß die Intensität der beiden Lichtstrahlen am Ort des Teilchens gleich sein.

modells, das von Rudd (1969) eingeführt wurde, um die Laser-Doppler-Anemometrie zu erklären. Dieses Modell beinhaltet, daß die Geschwindigkeit eines Teilchens auf seinem Weg durch das Kontrollvolumen aus der Intensitätsverteilung im Schnittvolumen bestimmt werden kann. Über den Abstand der Streifen und der Frequenz der Intensitätsvariationen des Streulichtes ist es möglich anzugeben, wie weit sich die Teilchen während eines Zeitintervalls bewegt haben.

Es muß angemerkt werden, daß das Teilchen kein quadratischer Detektor ist. Zusätzlich ist zu bemerken, daß die Intensitätsvariationen bei der Bewegung eines Teilchens durch das Schnittgebiet zweier Strahlen nicht durch Interferenzstreifen im Meßvolumen erklärt werden können. Das Interferenzmodell ist nur angemessen, wenn die Streuung durch die Teilchen und der Detektionsprozeß als Einheit betrachtet werden.

3.16 ANALYSE DER LICHTSTREUUNG DURCH VIELE TEILCHEN UND VIELE STRAHLEN, 5

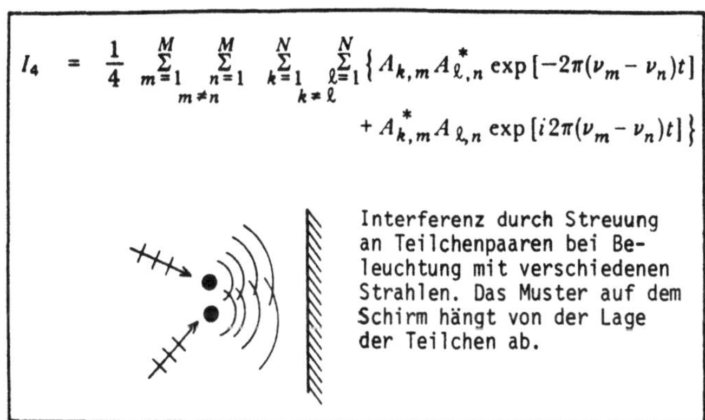

$$I_4 = \frac{1}{4} \sum_{\substack{m=1 \\ m \neq n}}^{M} \sum_{n=1}^{M} \sum_{\substack{k=1 \\ k \neq \ell}}^{N} \sum_{\ell=1}^{N} \left\{ A_{k,m} A_{\ell,n}^{*} \exp\left[-2\pi(\nu_m - \nu_n)t\right] \right.$$
$$\left. + A_{k,m}^{*} A_{\ell,n} \exp\left[i2\pi(\nu_m - \nu_n)t\right] \right\}$$

Der obige Ausdruck ist einer der vielen Terme, die bei der Beschreibung der Gesamtintensität von Streulicht auf einem Schirm auftreten. Er beschreibt Interferenzmuster, die durch Teilchenpaare erzeugt werden, wenn die Teilchen von verschiedenen Strahlen beleuchtet werden. Es wird wiederum über alle möglichen Teilchen- und Strahlenkombinationen summiert.

Der Ausdruck zeigt, daß dann stationäre Muster erhalten werden, wenn die Frequenzen der beiden beleuchtenden Strahlen gleich sind. Sind die beiden Frequenzen unterschiedlich, so wechseln sich Minimum und Maximum mit der zeitlichen Frequenz $f = (\nu_m - \nu_n)$ ab, d.h. das Interferenzmuster zeigt eine scheinbare Bewegung. Dieser Effekt wird in der Laser-Doppler-Anemometrie ausgenutzt, um richtungsempfindliche Messungen durchzuführen. Genauere Erklärungen finden sich im Kapitel 6.

Man kann die obige Gleichung unter Verwendung der Beziehungen für die komplexe Amplitude in Tafel 3.10 umformen und erhält:

$$I_4 = \sum_{\substack{m=1 \\ m \neq n}}^{M} \sum_{n=1}^{M} \sum_{\substack{k=1 \\ k \neq \ell}}^{N} \sum_{\ell=1}^{N} a_{k,m}\, a_{\ell,n} \cos\left\{2\pi(\nu_m - \nu_n)t + \frac{1}{\lambda}(R_k - R_\ell) + (\phi_{k,m} - \phi_{\ell,n})\right\}.$$

Dieser Ausdruck zeigt, daß die resultierende Intensitätsverteilung von der Position der Teilchen in den Strahlen und von ihrer Position relativ zum Beobachtungsschirm abhängt. Darauf wird in den Tafeln 3.18 und 3.19 eingegangen. Dort werden Teilchenpositionen betrachtet, welche kreisförmige und streifenförmige Muster ergeben.

Es sei angemerkt, daß sich die Frequenzdifferenz ($\nu_m - \nu_n$) auf unterschiedliche Strahlen bezieht und daß deshalb die hier angestellten Betrachtungen nur für Laser mit einem einzigen, axialen Mode gültig sind. Eine Erweiterung wurde von Dopheide und Durst [1980] gegeben. Darin treten zusätzlich Frequenzdifferenzen zwischen den verschiedenen axialen Moden auf.

3.17 ANALYSE DER LICHTSTREUUNG DURCH VIELE TEILCHEN UND VIELE STRAHLEN, 6

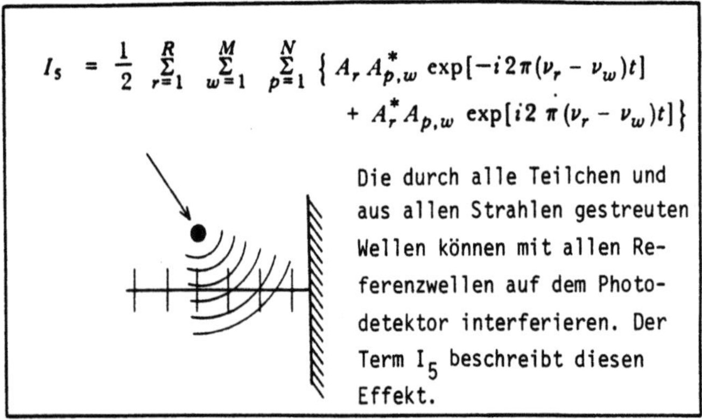

Als letztes muß noch ein Term betrachtet werden, der die Interferenz aller Streuwellen und aller Referenzstrahlen, die den Detektor erreichen, beschreibt. "Referenzstrahlen" können auch in Störlicht bestehen; deshalb beschreibt die obige Beziehung sowohl die erwünschte Interferenz durch gerichtete Referenzstrahlen als auch die unerwünschten Effekte durch Störlicht. Es ist einleuchtend, daß der Term I$_5$ verschwindet, wenn keine Referenzstrahlen vorhanden sind oder wenn alles Störlicht blockiert wird.

Ähnlich den Interferenzmustern, die durch die Terme I_3 und I_4 beschrieben werden, ist das obige Muster nur stationär, wenn die Frequenzen des Streulichtes und des Referenzstrahles gleich sind. Sind Frequenzunterschiede vorhanden, so entstehen Phasenänderungen und dadurch eine scheinbare Bewegung des Musters.

Die bisherigen Ableitungen haben gezeigt, daß Interferenzmuster entstehen, wenn Teilchen aus kohärenten Strahlen Licht streuen. Diese Muster können wohldefinierte, reguläre Formen annehmen, wenn die Teilchen regulär angeordnet sind. Sie können aber auch aus zufällig verteilten, hellen und dunklen Flecken bestehen, wenn die Teilchenlagen im Kontrollvolumen zufällig verteilt sind. Die obige Gleichung beschreibt diese Effekte. Dies wird an einigen Beispielen demonstriert.

Um das Grundmuster auf dem Schirm erkennbar zu machen, behandeln die Beispiele nur Streuung durch zwei Teilchen. Alle möglichen Teilchenpaare erzeugen diese Grundmuster, aber jedes Muster hat seine Maxima bzw. Minima an unterschiedlichen Stellen. Auch die Formen der Muster unterscheiden sich. Wenn daher viele Teilchen im Kontrollvolumen verteilt sind, treten als Interferenzmuster unregelmäßige Verteilungen heller und dunkler Flecken auf.

Diese unregelmäßigen Verteilungen werden oft als Speckle-Muster bezeichnet. Dieser Ausdruck wird häufig verwendet, wenn Interferenzmuster bei Streuung durch viele Streuzentren - wie z.B. durch rauhe Oberflächen - beschrieben werden.

Der Ausdruck, der die Intensitätsverteilung aufgrund der Interferenz zwischen Streulicht und Referenzstrahlen beschreibt, hängt stark von dem Winkel ab, den die Lichtstrahlen einschließen. Obwohl dies aus den Ableitungen nicht offensichtlich ist, gilt das gleiche auch für die Terme I_2 und I_4. Die Tafeln 3.18 und 3.19 gehen ausführlicher auf diesen Sachverhalt ein.

3.18 KREISFÖRMIGE INTERFERENZMUSTER, ERZEUGT DURCH STREUUNG AN ZWEI TEILCHEN

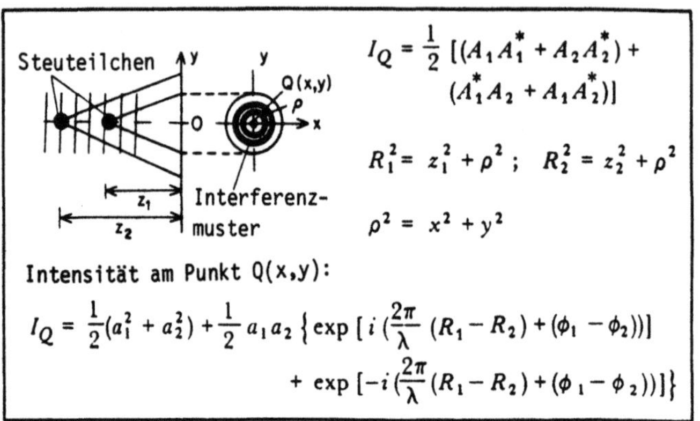

$$I_Q = \frac{1}{2}\left[(A_1 A_1^* + A_2 A_2^*) + (A_1^* A_2 + A_1 A_2^*)\right]$$

$$R_1^2 = z_1^2 + \rho^2 \; ; \quad R_2^2 = z_2^2 + \rho^2$$

$$\rho^2 = x^2 + y^2$$

Intensität am Punkt Q(x,y):

$$I_Q = \frac{1}{2}(a_1^2 + a_2^2) + \frac{1}{2} a_1 a_2 \left\{ \exp\left[i\left(\frac{2\pi}{\lambda}(R_1 - R_2) + (\phi_1 - \phi_2)\right)\right] \right.$$
$$\left. + \exp\left[-i\left(\frac{2\pi}{\lambda}(R_1 - R_2) + (\phi_1 - \phi_2)\right)\right]\right\}$$

In der obigen Skizze sind zwei Streuteilchen gezeigt. Sie werden von einer ebenen, kohärenten, monochromatischen Lichtquelle angestrahlt. Die Positionen der beiden Teilchen seien z_1 bzw. z_2. Außerdem wird angenommen, daß der Beobachtungsschirm sich in der x-y-Ebene bei z = 0 befindet. Mit Hilfe der Gleichung in Tafel 3.12 kann gezeigt werden, daß die Intensität an einem Punkt Q auf dem Schirm durch die oben angegebene Gleichung gegeben ist. Mit Hilfe des Eulerschen Theorems kann der Exponentialterm umgeschrieben werden in:

$$I_Q = \frac{1}{2} a_1^2 + \frac{1}{2} a_2^2 + a_1 a_2 \cdot \cos\left\{\frac{2\pi}{\lambda}(R_1 - R_2) + (\phi_1 - \phi_2)\right\} .$$

Die Quadratwurzeln in den Ausdrücken für R_1 und R_2 lassen sich als Reihenentwicklung ausdrücken und ergeben:

$$R_1 = z_1 + \frac{1}{2}\rho^2/z_1 + \frac{1}{4}\rho^4/z_1^3 + \dots ;$$

$$R_2 = z_2 + \frac{1}{2}\rho^2/z_2 + \frac{1}{4}\rho^4/z_2^3 + \dots .$$

Mit der Einschränkung $\rho \ll z_1 \approx z_2$ läßt sich nun die Differenz $(R_1 - R_2)$ folgendermaßen ausdrücken.

$$R_1 - R_2 = (z_1 - z_2) + \frac{\rho^2}{2}\left(\frac{1}{z_1} - \frac{1}{z_2}\right) .$$

Führt man diese Beziehung in die Gleichung für die Lichtintensität I_Q ein, so erhält man:

$$I_Q \;=\; \frac{1}{2}\,a_1^2 + \frac{1}{2}\,a_2^2 + a_1 a_2 \cdot \cos\left\{\frac{\pi\rho^2}{\lambda}\left(\frac{1}{z_1} - \frac{1}{z_2}\right) + \frac{2\pi}{\lambda}\,(z_1 - z_2) + (\phi_1 - \phi_2)\right\}\;.$$

Diese Beziehung zeigt, daß für feste Positionen z_1 und z_2, die Punkte gleicher Intensität auf Kurven liegen, die durch $\rho^2 = x^2 + y^2 = \text{const.}$ beschrieben werden. Das entstehende Interferenzmuster besteht also bei der hier betrachteten Teilchenkonfiguration aus kreisförmigen Streifen in der Ebene $z = 0$, deren Mittelpunkt im Ursprung des Koordinatensystems liegt.

3.19 STREIFENMUSTER, ERZEUGT DURCH STREUUNG AN ZWEI TEILCHEN

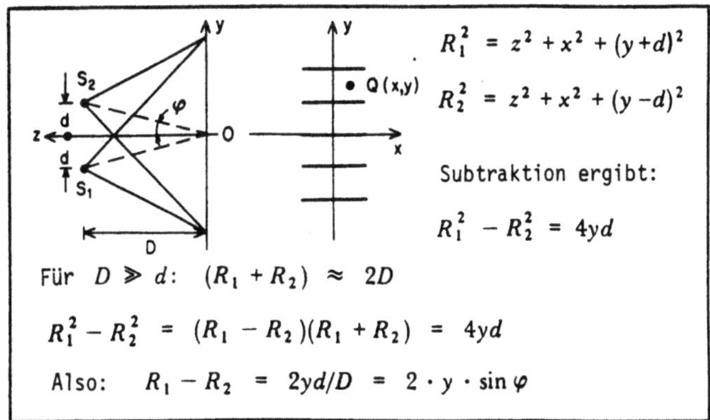

$$R_1^2 = z^2 + x^2 + (y+d)^2$$
$$R_2^2 = z^2 + x^2 + (y-d)^2$$

Subtraktion ergibt:

$$R_1^2 - R_2^2 = 4yd$$

Für $D \gg d$: $(R_1 + R_2) \approx 2D$

$$R_1^2 - R_2^2 = (R_1 - R_2)(R_1 + R_2) = 4yd$$

Also: $R_1 - R_2 = 2yd/D = 2 \cdot y \cdot \sin\varphi$

Das Diagramm zeigt eine weitere Anordnung zweier Streuteilchen vor einem Beobachtungsschirm. Die Teilchen haben den gleichen Abstand vom Schirm und ihre gegenseitige Entfernung beträgt 2d. Die geometrischen Beziehungen für R_1 und R_2 lassen sich mit Hilfe des Diagrammes nachvollziehen.

Man erhält einen Ausdruck für die Intensitätsverteilung, wenn die Beziehung für $(R_1 - R_2)$ und die allgemeine Gleichung für die Intensität I_Q kombiniert werden:

$$I_Q \;=\; \frac{1}{2}\,a_1^2 + \frac{1}{2}\,a_2^2 + a_1 a_2 \cdot \cos\left\{\frac{4\pi y \sin\varphi}{\lambda} + (\phi_1 - \phi_2)\right\}\;.$$

Dieser Ausdruck zeigt, daß die obige Anordnung von Teilchen und Schirm ein Streifensystem ergibt. Orte gleicher Intensität werden durch die Gleichung $y = \text{const.}$ beschrieben. In der Skizze sind diese Streifen in der x-y-Ebene angedeutet.

Beteiligen sich mehr als zwei Teilchen am Streuprozeß, so wird die Untersuchung des Interferenzmusters mühsamer. Die vorausgegangenen Gleichungen können jedoch im Prinzip verwendet werden, um das Muster exakt zu beschreiben, wenn nur die Positionen der Teilchen und die Eigenschaften der einfallenden Welle bekannt sind. Sind die Streuteilchen statistisch verteilt, so erhält man als Interferenzmuster eine unregelmäßige Verteilung von hellen und dunklen Flecken. Solche Verteilungen werden häufig als Speckle-Muster bezeichnet. Ihre analytische Beschreibung geschieht durch die allgemeine Beziehung:

$$I_Q = \frac{1}{2} \sum_{\substack{m=1 \\ m \neq n}}^{M} \sum_{n=1}^{M} \sum_{\substack{k=1 \\ k \neq \ell}}^{N} \sum_{\ell=1}^{N} a_{k,m}\, a_{\ell,n} \cdot \cos\left\{ 2\pi(\nu_m - \nu_n)t + \frac{1}{\lambda}(R_k - R_\ell) + (\phi_{k,m} - \phi_{\ell,n}) \right\}.$$

Diese Gleichung zeigt, daß für ortsfeste Teilchen die resultierende Intensitätsverteilung nur dann zeitabhängig ist, wenn die verschiedenen Beleuchtungsstrahlen unterschiedliche Frequenzen aufweisen. Ändern sich die Teilchenpositionen im Laufe der Zeit relativ zum Schirm (d. h. ändern sich R_k und R_ℓ), so erhält man zeitliche Änderungen der lokalen Intensität. Das gleiche gilt, falls die Teilchen ihre Position gegenüber den Phasen der einfallenden Strahlen ändern (d. h. Änderung von $\phi_{k,m}$ und $\phi_{\ell,n}$).

3.20 GESCHWINDIGKEITSMESSUNGEN UNTER VERWENDUNG VON INTERFERENZEFFEKTEN

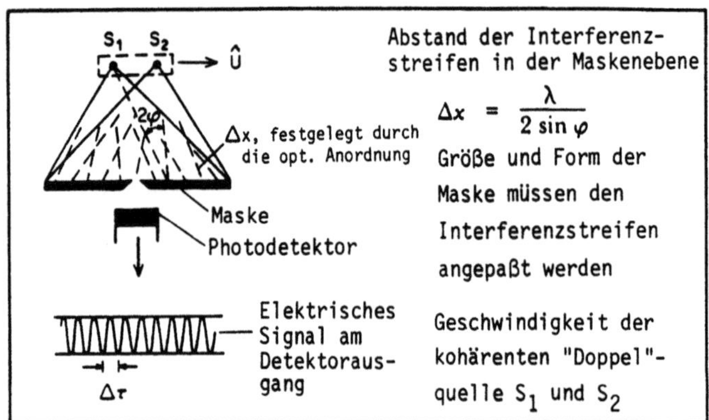

Die bisherigen Ableitungen zur Lichtstreuung haben keine Bewegungen von Streuteilchen berücksichtigt. Die erhaltenen Ergebnisse sind ähnlich denen in der Interferometrie und Holographie, d. h. durch die Überlagerung von Streuwellen entstehen sinusförmige Intensitätsvariationen auf einer Detektoroberfläche. Bewegen sich die Teilchen, so werden auch die Interferenz-streifen über die Apertur des Detektors bewegt und ergeben ein Signal wechselnder Intensität. Dies zeigt, daß die Laser-Doppler-Anemometrie Phasenänderungen verwendet, die durch die Bewegung von Teilchen relativ zu einfallenden Lichtwellen und relativ zu einem Photodetektor hervorgerufen werden. Die Zeitabhängigkeit der Phase des Streulichtes liefert die Geschwindigkeitsinformation. Sie muß deshalb bei der Ableitung der Endgleichungen berücksichtigt werden.

Phaseninformation, bzw. Interferenzphänomene von Lichtwellen, können zur Geschwindigkeitsmessung herangezogen werden. Dies zeigt die obige Skizze, wo zwei Punktquellen kohärentes Licht emittieren. Das Licht der beiden Quellen interferiert und erzeugt Streifen auf einem Schirm. Der Schirm besitzt eine schlitzförmige Apertur, die parallel zu den Streifen ausgerichtet ist. Hinter der Apertur befindet sich ein Photodetektor. Bewegen sich die beiden Punktquellen, so wird auch das Streifensystem auf dem Schirm verschoben.

Die Intensität über der Apertur ändert sich also, falls die Bewegung der Teilchen eine Komponente senkrecht zum Streifenmuster besitzt. Als Ergebnis erhält man ein Signal am Ausgang des Photomultipliers mit einer Frequenz, die von der Geschwindigkeit U, der Lichtquelle entlang ihrer Verbindungs-linie und vom Abstand der Interferenzstreifen abhängt. Bei bekanntem Strei-fenabstand muß nur die Frequenz des Signals gemessen werden, um die Geschwindigkeit der kohärenten Doppellichtquelle zu bestimmen.

Die oben gezeigte Anordnung einer kohärenten, zweifachen Lichtquelle ist eine von mehreren Möglichkeiten, um das Prinzip von kohärenten optischen Meßtechniken zur Ermittlung von Informationen über Position, Geschwindig-keit und Beschleunigung von Objekten zu verdeutlichen. Diese Techniken verwenden die Kohärenz der einfallenden Laserstrahlung, um Interferenzmuster mit bekannten Abständen zwischen hellen und dunklen Streifen zu erzeugen. Bewegt sich das Muster, so können schnelle Photodetektoren zur Aufzeichnung der Hell-Dunkel-Änderungen verwendet werden. Die Geschwindigkeit ist pro-portional der erhaltenen Frequenz. Ortsinformation läßt sich durch Integra-tion, Beschleunigungsinformation durch Differentiation der Momentanfrequenz erhalten.

3.21 <u>DIE ZEITABHÄNGIGKEIT DER PHOTODETEKTORSIGNALE</u>

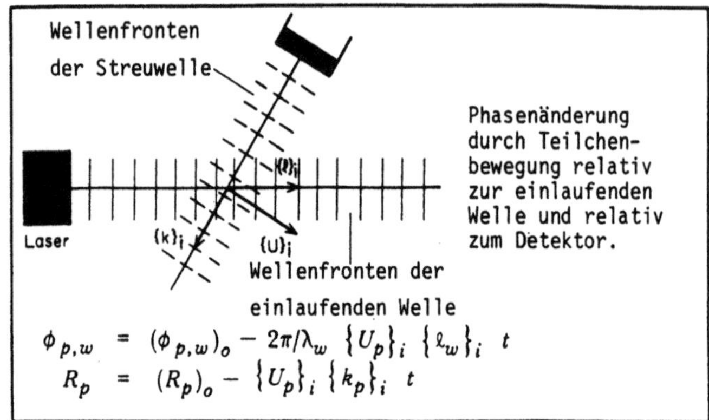

$$\phi_{p,w} = (\phi_{p,w})_o - 2\pi/\lambda_w \, \{U_p\}_i \, \{\ell_w\}_i \, t$$
$$R_p = (R_p)_o - \{U_p\}_i \, \{k_p\}_i \, t$$

Wenn sich viele Teilchen in einem Kontrollvolumen aufhalten, welches von mehreren Lichtstrahlen unterschiedlicher Richtungen beleuchtet wird, gibt es noch weitere Terme, die zur Geschwindigkeitsbestimmung herangezogen werden können. Diese Terme können auf der Basis der Ausführungen auf den vorangehenden Seiten abgeleitet werden. Die Teilchenbewegung muß dabei mitberücksichtigt werden. Durch die Teilchenbewegung werden die Gleichungen jedoch komplizierter. Dies ist der Hauptgrund, warum jeder der Terme in den Tafeln 3.14 bis 3.17 getrennt betrachtet wird. Das schließt ein, daß Amplitudenänderungen des Streulichtes aufgrund der Teilchenbewegung in Beleuchtungsstrahlen räumlich nicht konstanter Intensität als zweitrangig betrachtet werden. Sie sind den unten diskutierten Intensitätsvariationen überlagert.

Wie die oben angegebene Beziehung zeigt, verursacht die Bewegung eines Teilchens P relativ zur Lichtwelle W_w eine Zeitabhängigkeit der Phase der Streuwelle $\phi_{p,w}$. Außerdem bewirkt eine Teilchenbewegung eine Zeitabhängigkeit des Abstandes R_p zwischen Streuteilchen P und einem Punkt Q auf der Detektoroberfläche. Diese Zeitabhängigkeit ist in der zweiten Gleichung der obigen Tafel ausgedrückt. Es sei betont, daß diese Gleichungen auch gültig sind, wenn die Lichtquelle und der Photodetektor relativ zu einem ortsfesten Teilchen bewegt werden. Das zeigt, daß die in die Gleichungen eingehenden Größen die Relativgeschwindigkeiten sind. Es ergibt sich also:

$$\phi_{p,w} = (\phi_{p,w})_o - \frac{2\pi}{\lambda_w} [\{U_p\}_i - \{U_\ell\}_i] \cdot \{\ell_w\}_i \cdot t$$

$$R_p = (R_p)_o - [\{U_p\}_i - \{U_{ph}\}_i] \cdot \{k_p\}_i \cdot t \quad .$$

Diese Ableitungen für die Zeitabhängigkeit der Phase der einfallenden Welle und der Position der Teilchen relativ zum Detektor sind gleichwertig den

Ableitungen aufgrund des Doppler-Effektes. Der Doppler-Effekt geht von der Frequenz des einfallenden Lichtes aus und berechnet diejenige Frequenz, die ein Teilchen wegen seiner Bewegung effektiv "sieht". Eine weitere Frequenzverschiebung tritt auf, weil das Teilchen gegenüber dem Photodetektor als bewegter Sender agiert. Wendet man die Doppler-Gleichungen für einen bewegten Empfänger und einen bewegten Sender an, so erhält man Gleichungen, die den oben angegebenen Gleichungen äquivalent sind.

3.22 DIE LASER-DOPPLER-SIGNALE ZWEIER TEILCHEN BEI BELEUCHTUNG DURCH EINEN STRAHL

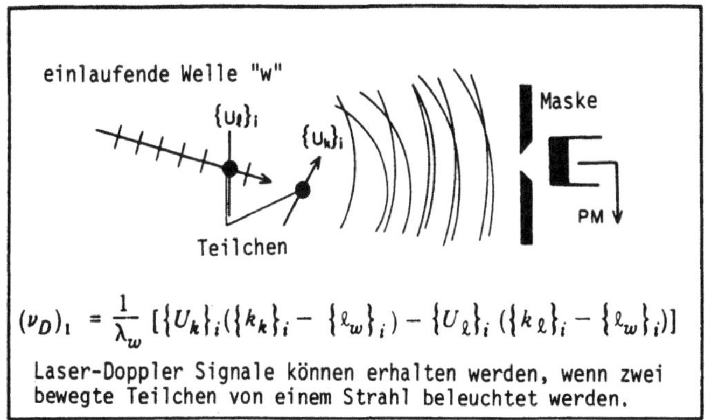

$$(\nu_D)_1 = \frac{1}{\lambda_w} [\{U_k\}_i (\{k_k\}_i - \{\ell_w\}_i) - \{U_\ell\}_i (\{k_\ell\}_i - \{\ell_w\}_i)]$$

Laser-Doppler Signale können erhalten werden, wenn zwei bewegte Teilchen von einem Strahl beleuchtet werden.

Führt man in die Gleichung der Tafel 3.12 die Zeitabhängigkeiten der Streulichtphase und des Teilchenabstandes vom Detektor ein, so erhält man folgende Beziehung:

$$I_2 = \sum_{w=1}^{M} \sum_{k=1}^{N} \sum_{\substack{\ell=1 \\ k \neq \ell}}^{N} a_{k,w}\, a_{\ell,w} \cdot \cos\left\{ \frac{2\pi}{\lambda_w} [(R_k)_o - (R_\ell)_o] + [(\phi_{k,w})_o - (\phi_{\ell,w})_o] \right.$$

$$\left. - \frac{2\pi t}{\lambda_w} [\{U_k\}_i (\{k_k\}_i - \{\ell_w\}_i) - \{U_\ell\}_i (\{k_\ell\}_i - \{\ell_w\}_i)] \right\}.$$

Diese Gleichung[*] zeigt, daß die von den beiden bewegten Teilchen P_k und P_ℓ gestreuten Wellen ein sich über die Detektorflächen bewegendes Streifensystem ergeben. Die Frequenz der Intensitätsvariationen an einem Punkt Q ist angegeben. Sind mehr als zwei bewegte Teilchen im Kontrollvolumen vor-

---

[*] Die Gleichung gilt für Konstante $\{\ell_w\}_i$ und $\{k_p\}_i$. Dies wird bei Durst (1972) diskutiert. Dort werden verschiedene Ursachen für Frequenzverbreiterung behandelt.

handen, so erhält man mehrere bewegte Streifensysteme. In diesem Fall müssen die einzelnen Beiträge aufsummiert werden, will man die gesamten Intensitätsänderungen an einem Punkt der Detektoroberfläche erhalten. Die einzelnen Streifenmuster können unterschiedliche Formen haben in Abhängigkeit von der Lage der Teilchen gegeneinander und gegenüber dem Detektor. Dies wird durch das erste Glied im Argument des Cosinus in der Gleichung für I_2 berücksichtigt und wurde in den Tafeln 3.18 und 3.19 behandelt.

Selbstverständlich muß die Maske vor dem Photodetektor an den Abstand der Streifen angepaßt werden, damit eine gute Trennung der Maxima und Minima erreicht wird.

Das hier diskutierte Signal ist immer vorhanden, wenn ein einzelner Strahl ein Vielteilchensystem beleuchtet. Soll der Photodetektor dieses Signal registrieren, so muß - wie oben ausgeführt - das Streifenmuster aufgelöst werden. Soll das Vielteilchensignal unterdrückt werden, so muß eine Empfangsoptik verwendet werden, welche nur Signale aus einem Meßvolumen empfängt, das so klein ist, daß es nie mehr als ein Teilchen enthält.

3.23 EXPERIMENTELLER NACHWEIS DER LASER-DOPPLER-SIGNALE ZWEIER TEILCHEN BEI BELEUCHTUNG DURCH EINEN STRAHL

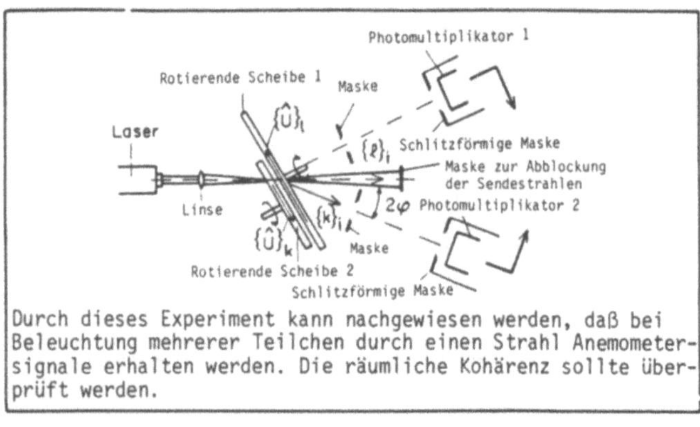

Durch dieses Experiment kann nachgewiesen werden, daß bei Beleuchtung mehrerer Teilchen durch einen Strahl Anemometersignale erhalten werden. Die räumliche Kohärenz sollte überprüft werden.

Unter Verwendung von Teilchen auf rotierenden Scheiben sind Experimente durchgeführt worden, welche die vorgestellten theoretischen Ableitungen bestätigen, siehe Durst (1972, 1973). In der Abbildung oben ist einer der verwendeten Versuchsaufbauten zu sehen.

Zwei rotierende Scheiben mit je einer klaren und einer streuenden Oberfläche wurden so positioniert, daß sich die beiden streuenden Oberflächen im Fokus einer Sammellinse befanden. Der Photodetektor wurde an verschiedene Positionen gebracht, wie dies in der Abbildung dargestellt ist.

Bei dieser Anordnung können folgende Näherungen gemacht werden:

a) Die Größe des Kontrollvolumens stellt sicher, daß alle Teilchen auf der ersten Scheibe ungefähr die gleiche Geschwindigkeit $\{U_k\}_i$ haben. Das gleiche gilt für die Teilchen auf der zweiten Scheibe.

b) Die Streuvektoren $\{k_k\}_i$ und $\{k_\ell\}_i$ sind für alle Teilchen ungefähr gleich.

Mit diesen Näherungen erhält man aus der Gleichung in Tafel 3.22 folgenden Ausdruck für die Signalfrequenz:

$$(\nu_D)_2 = \frac{1}{\lambda} \left[\{U_k\}_i - \{U_\ell\}_i \right] \left[\{k_k\}_i - \{\ell_w\}_i \right] .$$

Es wurden Experimente durchgeführt, welche das Vorhandensein eines Signals mit der vorhergesagten Frequenz beweisen sollten. Das Photomultiplikatorsignal wurde mit Hilfe eines Frequenzanalysators untersucht. Es wurde auch geprüft, ob die Signalfrequenz in der durch die obige Beziehung vorhergesagten Weise auf Änderungen von $\{U_k\}_i$, $\{U_\ell\}_i$ und $\{\ell_w\}_i$ reagierte. Es zeigte sich, daß die Änderungen in der Signalfrequenz aufgrund von Änderungen der Rotationsgeschwindigkeiten und der Beobachtungsrichtung durch die obige Beziehung richtig beschrieben werden. Absolutwerte wurden jedoch nicht gemessen.

Diese Experimente zeigen, daß Meßfehler bei Laser-Doppler-Messungen dicht an einer Wand auftreten können. Das von einer Wand reflektierte Licht sollte nicht in den Detektor gelangen. Andernfalls könnte es zur Interferenz zwischen Streulicht von bewegten Teilchen und Reflexionslicht von der ruhenden Wand kommen. Dies verdeutlicht die Wichtigkeit einer richtig ausgelegten Empfangsoptik, siehe Mishina et al. [1979].

3.24 LASER-DOPPLER-SIGNALE BEI BELEUCHTUNG EINES TEILCHENS DURCH ZWEI STRAHLEN

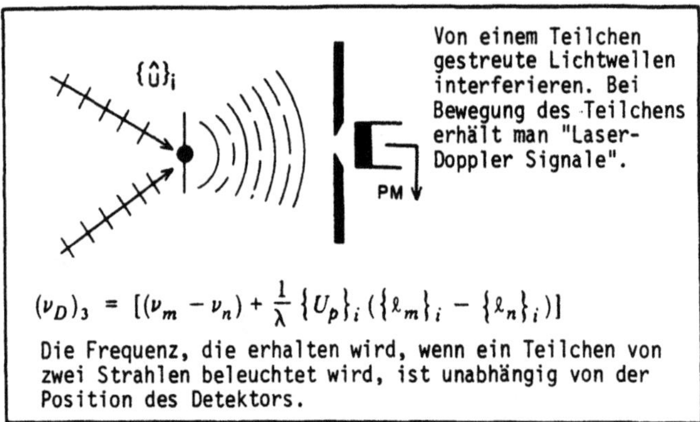

$$(\nu_D)_3 = [(\nu_m - \nu_n) + \frac{1}{\lambda}\{U_p\}_i (\{\ell_m\}_i - \{\ell_n\}_i)]$$

Die Frequenz, die erhalten wird, wenn ein Teilchen von zwei Strahlen beleuchtet wird, ist unabhängig von der Position des Detektors.

Führt man die Zeitabhängigkeit der Streulichtphase und des Abstandes des Teilchens vom Detektor ein, so erhält man:

$$I_3 = \sum_{p=1}^{N} \sum_{\substack{m=1 \\ m \neq n}}^{M} \sum_{n=1}^{M} a_{p,m}\, a_{p,n}\, \cos\Big\{2\pi(R_p)_o\,[\frac{1}{\lambda_m} - \frac{1}{\lambda_n}] + [(\phi_{p,m})_o - (\phi_{p,n})_o]$$

$$+ 2\pi t\Big[(\nu_m - \nu_n) - \{U_p\}_i\,[\frac{1}{\lambda_m}(\{k_p\}_i - \{\ell_m\}_i) - \frac{1}{\lambda_n}(\{k_p\}_i - \{\ell_n\}_i)]\Big]\Big\}\;.$$

Diese Gleichung kann vereinfacht werden, wenn die Frequenzen der beiden Strahlen sich nur geringfügig unterscheiden, d.h. $\lambda_m \approx \lambda_n$ bzw. $(\nu_m - \nu_n) \ll 1/2(\nu_m + \nu_n)$:

$$I_3 = \sum_{p=1}^{N} \sum_{\substack{m=1 \\ m \neq n}}^{M} \sum_{n=1}^{M} a_{p,m}\, a_{p,n}\, \cos\Big\{[(\phi_{p,m})_o - (\phi_{p,n})_o]$$

$$+ 2\pi t\,[(\nu_m - \nu_n) + \frac{1}{\lambda}\{U_p\}_i(\{\ell_m\}_i - \{\ell_n\}_i)]\Big\}\;.$$

Dieser Ausdruck zeigt, daß das Licht, das von einem Teilchen aus zwei Beleuchtungsstrahlen gestreut wird, ein sinusförmig variierendes Signal am Ausgang des Detektors liefert. Die Frequenz dieser Variation hängt ab von dem Frequenzunterschied der beiden Beleuchtungsstrahlen, der Teilchengeschwindigkeit und dem Winkel, den die beiden Strahlen einschließen. Die Gleichung für diese Frequenz ist oben angegeben.

Es sei angemerkt, daß - soweit die Signalfrequenz betroffen ist - eine Bewegung des Teilchens durch ein Streifensystem angenommen werden kann. Wie in Tafel 3.15 ausgeführt, existieren diese Streifen für das Teilchen nicht.

Nur wenn die Streuung mit der Detektion durch einen quadrierenden und inte-
grierenden Detektor kombiniert wird, dürfen Streifen im Schnittgebiet der
beiden Sendestrahlen angenommen werden.

3.25 EXPERIMENTELLER NACHWEIS DER LASER-DOPPLER-SIGNALE BEI BELEUCHTUNG EINES TEILCHENS DURCH ZWEI STRAHLEN

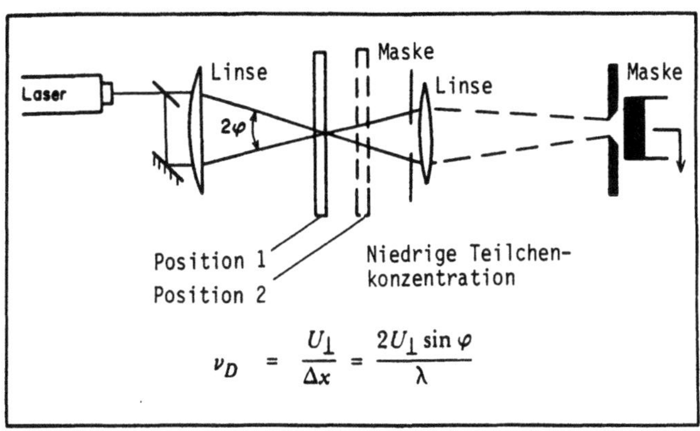

Das oben skizzierte Experiment zeigt, wie Geschwindigkeitsmessungen mit
Hilfe der auf der vorhergehenden Seite beschriebenen Anordnung durchgeführt
werden können. Es wird eine rotierende Scheibe mit durchsichtigen Oberflächen verwendet. Einige Teilchen werden auf der Oberfläche eingefangen,
indem die Scheibe durch Raumluft bewegt wird. Dadurch wird sichergestellt,
daß nur wenige Teilchen vorhanden sind und daß nur jeweils ein Teilchen
Licht aus den beiden sich kreuzenden Strahlen streut. Die Frequenz des
Photomultiplikatorsignals ist durch folgende Beziehung gegeben:

$$\nu_D = \frac{1}{\lambda} \{U\}_i \left[\{\ell_2\}_i - \{\ell_1\}_i\right] = \frac{2U_\perp \sin \varphi}{\lambda} .$$

Durch dieses Experiment kann geprüft werden, ob die gemessene Frequenz
linear mit der Geschwindigkeit der Teilchen zusammenhängt, indem die Geschwindigkeit in verschiedenen Abständen vom Drehpunkt der Scheibe bestimmt
wird.

Durch Verrücken der Scheibe in Position 2 konnte die in Tafel 3.24 angegebene Gleichung bestätigt werden. Sie beschreibt Signalfrequenzen, die gemessen wurden, wenn zwei bewegte Teilchen von verschiedenen Strahlen getroffen werden. Waren in beiden Strahlen gleichzeitig Teilchen vorhanden,
so wurden, nach Anpassung der schlitzförmigen Maske an die Interferenzstreifenbreite, Signale beachtlicher Qualität erhalten. Dieses Experiment
zeigte eindeutig, daß das Kontrollvolumen nicht als Schnittgebiet zweier

Laserstrahlen definiert werden darf. Durst (1973) zeigte, daß eine geeignete Empfangsoptik verwendet werden muß, damit das Meßgebiet auf das Schnittgebiet der Strahlen begrenzt wird. Sie bildet die Lochblende vor dem Photodetektor in das Schnittgebiet der beiden Lichtstrahlen ab. Lochblende und
Empfangsoptik müssen aufeinander abgestimmt sein, damit sichergestellt ist,
daß nur Licht aus dem Schnittgebiet der beiden sich kreuzenden Strahlen den
Photodetektor erreicht. Das Licht, das nicht aus diesem Gebiet kommt, wird
durch die eingezeichnete Lochblende vor dem Photodetektor blockiert. Auf
diese Weise können fehlerhafte Signale ausgeschaltet und die in Tafel 3.36
beschriebene Verminderung des Signal-Rausch-Verhältnisses vermieden werden.
Die Verminderung wird durch den Beitrag von Signalanteilen mit verschiedenen Frequenzen zum Ausgangssignal des Photomultiplikators verursacht.
Dieser Effekt ist in den Tafeln 4.31 und 4.32 für Zweistrahl Laser-Doppler-
Systeme noch einmal beschrieben.

3.26 LASER-DOPPLER-SIGNALE ZWEIER TEILCHEN BEI BELEUCHTUNG DURCH ZWEI VERSCHIEDENE STRAHLEN

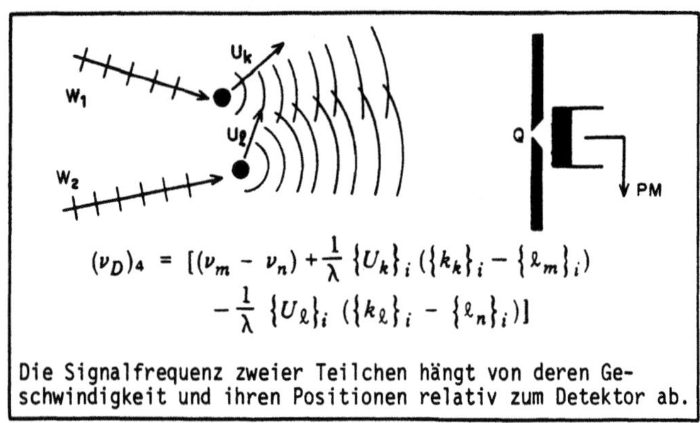

$$(\nu_D)_4 = [(\nu_m - \nu_n) + \frac{1}{\lambda} \{U_k\}_i (\{k_k\}_i - \{\ell_m\}_i)$$
$$- \frac{1}{\lambda} \{U_\ell\}_i (\{k_\ell\}_i - \{\ell_n\}_i)]$$

Die Signalfrequenz zweier Teilchen hängt von deren Geschwindigkeit und ihren Positionen relativ zum Detektor ab.

Aus den Tafeln 3.20 bis 3.24 geht hervor, daß auswertbare Signale zweier
Streuteilchen bei Beleuchtung mit zwei verschiedenen Strahlen erhalten
werden können, wenn die durch die Bewegung der Teilchen verursachten
Phasenänderungen berücksichtigt werden. Die Intensität an einem Punkt Q
läßt sich dann folgendermaßen ausdrücken:

$$I_4 = \sum_{\substack{m=1 \\ m \neq n}}^{M} \sum_{n=1}^{M} \sum_{\substack{k=1 \\ k \neq \ell}}^{N} \sum_{\ell=1}^{N} a_{k,m} a_{\ell,n} \cos\left\{2\pi\left[\frac{(R_k)_o}{\lambda_m} - \frac{(R_\ell)_o}{\lambda_m}\right] + [(\phi_{k,m})_o - (\phi_{\ell,n})_o]\right.$$

$$\left. + 2\pi t \left[(\nu_m - \nu_n) + \frac{1}{\lambda_m} \{U_k\}_i (\{k_k\}_i - \{\ell_m\}_i) - \frac{1}{\lambda_n} \{U_\ell\}_i (\{k_\ell\}_i - \{\ell_n\}_i)\right]\right\}.$$

Diese Gleichung zeigt, daß die Intensität Q zeitabhängig ist. Das gemessene Photomultiplikatorsignal hat die Frequenz ν_D. Setzt man $\lambda_m = \lambda_n = \lambda$ voraus, so gilt für ν_D die oben angegebene Beziehung.

Diese Frequenz hängt sowohl von den Positionen der Teilchen als auch von deren Geschwindigkeit ab. Sind die Positionen bekannt, so läßt sich aus der Frequenz des Photomultiplikatorsignals die Relativgeschwindigkeit zweier Teilchen ermitteln.

Sind die beiden Sendestrahlen parallel und befindet sich der Detektor auf einer weiteren parallelen Achse, die von beiden Strahlen den gleichen Abstand hat, so läßt sich der Term I_4 folgendermaßen umschreiben:

$$(I_4)_{sym} = \sum_{\substack{m=1 \\ m \neq n}}^{M} \sum_{n=1}^{M} \sum_{\substack{k=1 \\ k \neq \ell}}^{N} \sum_{\ell=1}^{N} a_{k,m}\, a_{\ell,n} \cos \left[(\phi_{k,m})_o - (\phi_{\ell,n})_o \right]$$

$$+ 2\pi t \left[(\nu_m - \nu_n) + \frac{2}{\lambda} \left[\{k\}_i - \{\ell\}_i \right] \left[\{U_k\}_i - \{U_\ell\}_i \right] \right] \ .$$

Die Frequenz des Photomultiplikatorsignals beträgt also:

$$(\nu_D)_4 = (\nu_m - \nu_n) + \frac{2}{\lambda} \left[\{k\}_i - \{\ell\}_i \right] \left[\{U_k\}_i - \{U_\ell\}_i \right] \ .$$

Sind in der oben skizzierten Geometrie die beiden Sendestrahlen parallel, so gilt für die Signalfrequenz:

$$(\nu_D)_4 = (\nu_m - \nu_n) + \frac{2d}{2\ell\lambda} \left[(U_\perp)_k - (U_\perp)_\ell \right] \ .$$

Dieser Ausdruck zeigt, daß dieses optische System zur Bestimmung von Geschwindigkeitsgradienten verwendet werden kann.

3.27 EXPERIMENTELLER NACHWEIS VON LASER-DOPPLER-SIGNALEN VON TEILCHEN BEI BELEUCHTUNG MIT VERSCHIEDENEN STRAHLEN

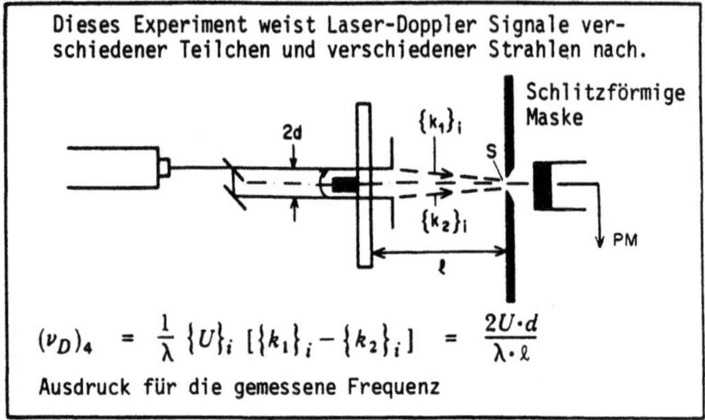

Der oben skizzierte Versuchsaufbau wurde verwendet, um das Auftreten von Laser-Doppler-Signalen von verschiedenen Teilchen bei Beleuchtung mit verschiedenen Strahlen nachzuweisen. Die von je einem Strahl getroffenen Teilchen haben ungefähr gleiche Geschwindigkeiten. Die Streurichtung zum Photodetektor ist für beide Teilchen ungefähr gleich. Die beiden Sendestrahlen sind parallel und haben deshalb gleiche Einheitsvektoren. Mit diesen Vereinfachungen läßt sich die Signalfrequenz umschreiben zu:

$$(\nu_D)_4 \;=\; \frac{1}{\lambda}\,\{U\}_i\,[\{k_1\}_i - \{k_2\}_i] \;=\; \frac{2U \sin\varphi}{\lambda} \;\approx\; \frac{2Ud}{\lambda\cdot\ell}\;.$$

Diese Gleichung wurde für verschiedene Abstände zwischen den Strahlen und für verschiedene Entfernungen des Photodetektors von den Teilchen verifiziert. Die Signalfrequenz hing in der vorhergesagten Weise von den geometrischen Konfigurationen ab. Aus dem Experiment geht hervor, daß auswertbare Signale von verschiedenen Teilchen und verschiedenen Sendestrahlen erhalten werden können.

Um eine gute Signalqualität zu erreichen, mußte die Apertur vor dem Photodetektor an den Abstand der Interferenzstreifen auf der Maske angepaßt werden. Die Breite des Schlitzes mußte geringer sein als der Streifenabstand; so wurde eine Öffnung von

$$s \;=\; \frac{\Delta x}{4} \;=\; \frac{\lambda\cdot\ell}{8d}$$

gewählt.

Es sei noch angemerkt, daß auch Signale aus zwei Sendestrahlen erhalten werden können, wenn diese nicht parallel sind. Wenn also die Empfangsoptik diese Signale auf den Detektor abbildet, wird ihre Frequenz zusammen mit der Frequenz der Signale aus dem Schnittgebiet der Strahlen gemessen. Nach der Aufzeichnung können die verschiedenen Frequenzen nicht mehr getrennt werden. Die Signale, die nicht aus dem Meßvolumen kommen, können nur mit Hilfe einer gut ausgelegten und justierten Empfangsoptik unterdrückt werden.

3.28 LASER-DOPPLER-SIGNALE DURCH INTERFERENZ EINER STREUWELLE UND EINER REFERENZWELLE

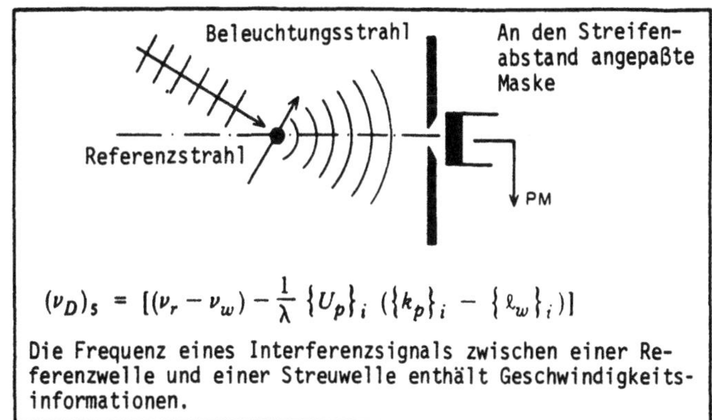

$$(\nu_D)_s = [(\nu_r - \nu_w) - \frac{1}{\lambda} \{U_p\}_i \; (\{k_p\}_i - \{\ell_w\}_i)]$$

Die Frequenz eines Interferenzsignals zwischen einer Referenzwelle und einer Streuwelle enthält Geschwindigkeitsinformationen.

Der fünfte Term der Gesamtintensität auf der Detektoroberfläche kann durch Ableitungen - ähnlich denen auf den vorhergehenden Seiten - erhalten werden:

$$I_s = \sum_{r=1}^{R} \sum_{w=1}^{M} \sum_{p=1}^{N} a_r \, a_{p,w} \, \cos\left\{ 2\pi[\frac{(R_r)_o}{\lambda_r} - \frac{(R_p)_o}{\lambda_w}] - (\phi_{p,w})_o \right.$$

$$\left. + 2\pi t \, [(\nu_r - \nu_w) - \frac{1}{\lambda} \{U_p\}_i (\{k_p\}_i - \{\ell_w\}_i)] \right\} .$$

Diese Gleichung zeigt, daß durch Streuung durch ein Teilchen P_p aus einer Welle W_w Intensitätsvariationen an einem Punkt Q auf der Detektoroberfläche hervorgerufen werden. Die Frequenz dieser Variationen ist oben angegeben. Die Richtung des Referenzstrahles geht nicht in die Gleichung ein. Aus diesem Grunde kann der Referenzstrahl, was die Frequenz des Signals angeht, eine beliebige Richtung zur optischen Achse einnehmen. Um jedoch geordnete Einfalls- und damit Überlagerungszustände von Wellen bei endlichen Aperturen zu gewährleisten, müssen gewisse Anforderungen bezüglich der Einfallsrichtung erfüllt sein. Darüber hinaus kann für jede Position eines Teilchens nur jeweils eine Form der Apertur optimal sein. Ist kein Teilchen im Kontrollvolumen vorhanden, so verursacht der auf den Detektor auftreffende Referenzstrahl trotzdem ein DC-Signal und ein Rauschsignal. Nur wenn ein Teilchen den hellen Beleuchtungsstrahl im Kontrollvolumen durchquert, wird durch Addition und Subtraktion des Streulichtes vom Referenzstrahllicht ein auswertbares Signal gebildet.

Geschwindigkeitsmessungen mit Referenzstrahl-Anemometern sind möglich und werden durchgeführt. In den ersten Jahren der Laser-Doppler-Anemometrie waren diese Systeme sogar die beliebtesten. Im Laufe der Zeit sind sie jedoch durch Anemometer mit zwei gleich hellen Beleuchtungsstrahlen - Tafel 3.24 zeigt diesen Typ - verdrängt worden.

Im Fall niedriger Teilchenkonzentration haben Zweistrahl-Anemometer wegen ihres guten Signal-Rausch-Verhältnisses beachtliche Vorteile, während Referenzstrahl-Anemometer bei hohen Teilchenkonzentrationen vorzuziehen sind. Tafel 4.20 erläutert diesen Unterschied.

3.29 DIE OPTISCHE GRUNDANORDNUNG EINES "ZWEISTRAHL-ANEMOMETERS"

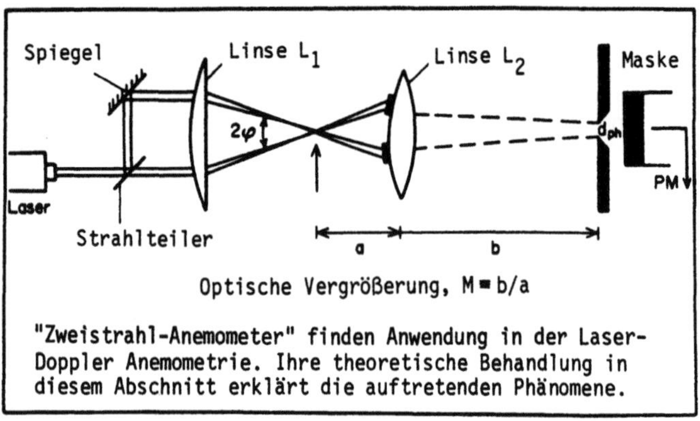

Die Ableitungen auf den vorhergehenden Tafeln machten deutlich, daß die Geschwindigkeit von einzelnen Teilchen durch eine optische Anordnung mit zwei sich kreuzenden Laserstrahlen gemessen werden kann. Das beiden Strahlen gemeinsame Schnittgebiet wird von Teilchen durchquert, wobei diese Streulichtsignale erzeugen, welche zur Bestimmung der Teilchengeschwindigkeit verwendet werden können. Damit nicht Signale verschiedener Teilchen zum Endsignal beitragen können, wird das Schnittgebiet auf eine Maske vor dem Photomultiplikator abgebildet. Das geschieht mit Hilfe einer Sammellinse, welche sich im Abstand "a" vom Zentrum des Schnittgebietes der beiden Strahlen befindet. Ist die Brennweite dieser Linse L_2 gleich f_2, so gilt für die Beziehung zwischen Linsenabstand "a" und der Position der Lochblende vor dem Photomultiplikator:

$$\frac{1}{a} + \frac{1}{b} = \frac{1}{f_2} \, .$$

Der Durchmesser der Öffnung in der Lochblende beträgt:

$$d_{ph} = \frac{b}{a} \cdot \frac{\lambda}{2 \sin \varphi} \cdot N_{ph} \, .$$

Die Wahl des Lochblendendurchmessers hängt von der Anzahl der Interferenzstreifen ab. Sollen N_{ph} Streifen im Meßvolumen vom Photomultiplikator "gesehen" werden, so muß ein Gebiet mit dem Durchmesser $N_{ph} \cdot \Delta x$ auf die Lochblende abgebildet werden, wenn der Streifenabstand Δx beträgt. Bei der Anpassung der Lochblende muß eine optische Vergrößerung um den Faktor (b/a)
berücksichtigt werden. Für praktische Messungen sollte die Anzahl der
Streifen im Meßvolumen größer sein als die Anzahl der vom Photomultiplikator erfaßten Streifen.

Die in den Tafeln 3.11 bis 3.28 vorgetragenen Argumente verdeutlichen, daß
zur Optimierung der Laser-Doppler-Signale alle optischen Komponenten betrachtet werden müssen. Obwohl die Bedeutung der Empfangsoptik in der Anfangszeit der Laser-Doppler-Anemometrie unterschätzt wurde, stellt sie doch
einen wesentlichen Teil des Anemometers dar.

3.30 DIE OPTISCHE GRUNDANORDNUNG EINES "REFERENZSTRAHL-ANEMOMETERS"

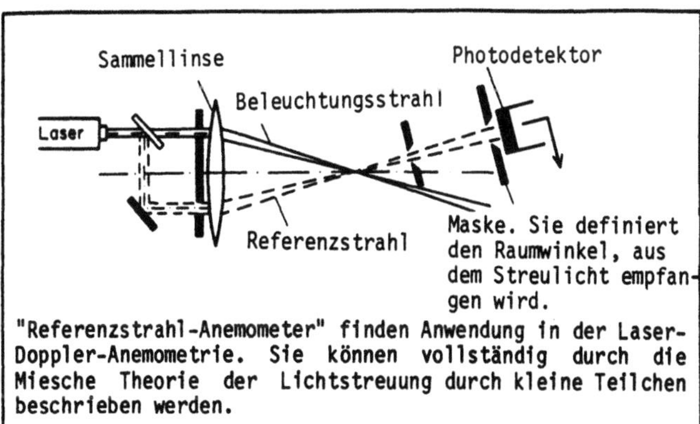

"Referenzstrahl-Anemometer" finden Anwendung in der Laser-
Doppler-Anemometrie. Sie können vollständig durch die
Miesche Theorie der Lichtstreuung durch kleine Teilchen
beschrieben werden.

In der Skizze ist eine der erfolgreichsten Referenzstrahlanordnungen zur
Messung der Teilchengeschwindigkeit dargestellt. Es gibt Vorschläge für
andere Geometrien. Diese Anemometer müssen jedoch im allgemeinen sehr sorgfältig justiert werden, während beim obigen System die Justierung kein
ernstes Problem darstellt.

Referenzstrahl-Anemometer verwenden die Tatsache, daß Form und Ort eines Interferenzmusters, erzeugt durch Lichtwellen von einem bewegten Teilchen und einem Referenzstrahl, zeitabhängig sind. Konstruktive Interferenz zwischen Streulicht und Referenzlicht kann für akzeptable Lochblendengrößen nur über den Querschnitt des Referenzstrahles erfolgen.

Diese Querschnittsfläche ist gegeben durch:

$$A \;=\; \frac{\lambda^2 \cdot R^2}{A_f}$$

λ = Wellenlänge des Lichtes

R = Abstand vom Brennpunkt

A_f = Querschnittsfläche im Brennpunkt

Durch diese Beziehung ist die Detektorapertur definiert. Bei kleineren Querschnitten geht Licht verloren, was das Signal-Rausch-Verhältnis verringert. Größere Aperturen reduzieren ebenfalls das Signal-Rausch-Verhältnis, weil alles zusätzlich akzeptierte Licht nicht zum auswertbaren Signal beiträgt, sondern nur den Rauschanteil des Signals erhöht.

Durch das Empfangssystem sollte nicht nur der Raumwinkel der Streulicht-detektion, sondern auch der Bereich kontrolliert werden, aus dem Signale akzeptiert werden. Mit anderen Worten: Das Meßvolumen muß durch das Empfangssystem definiert werden. Dies kann mit Hilfe zweier Lochblenden geschehen, wie dies von Drain (1972) vorgeschlagen wurde oder durch die abbildenden Eigenschaften einer Linse. In beiden Fällen stellt das verwendete System die räumliche Kohärenz der beiden interferierenden Wellen sicher. Werden zwei Lochblenden verwendet, so lautet die Bedingung für ihre Durchmesser:

$$D_1 \cdot D_2 \;=\; L \cdot \lambda \; .$$

Weitere Erläuterungen hierzu finden sich in den Darstellungen zu Tafel 4.30.

3.31 <u>OPTISCHE GRUNDANORDNUNG EINES "ZWEISTREUSTRAHL-ANEMOMETERS"</u>

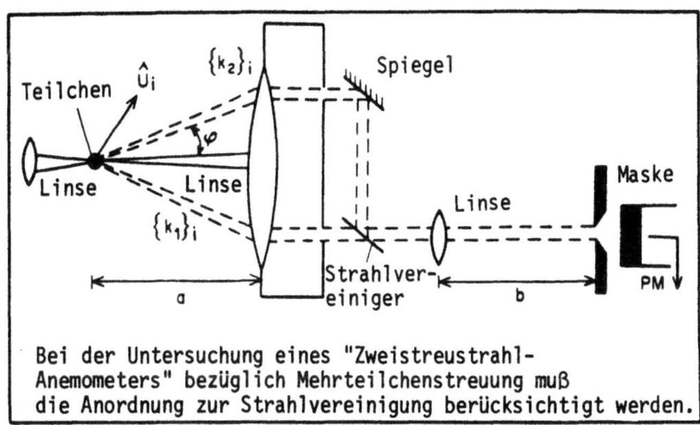

Bei der Untersuchung eines "Zweistreustrahl-
Anemometers" bezüglich Mehrteilchenstreuung muß
die Anordnung zur Strahlvereinigung berücksichtigt werden.

In der Skizze wird die optische Anordnung eines von Bond (1967) und Durst
und Whitelaw (1971d) vorgestellten Anemometers dargestellt. Dieses System
hat Vorteile, wenn durch gleichzeitige Messung zweier Geschwindigkeitskomponenten Korrelationen von Schwankungsgeschwindigkeiten ermittelt werden
sollen.
Die Betrachtungen der Tafeln 3.11 bis 3.28 liefern nicht die Grundlage für
die theoretische Behandlung des Systems, weil dort keine Strahlvereinigung
durch Spiegel berücksichtigt ist. Selbstverständlich können die Ableitungen
auf die Gegebenheiten des obigen Systems erweitert werden. Dabei entstehen
jedoch komplizierte Ausdrücke, weil alle möglichen Paare von Beobachtungs-
richtungen kombiniert und aufsummiert werden müssen, um Signale mit der gewünschten Geschwindigkeitsinformation zu erhalten. Wird ein einzelnes Teilchen von nur einem Strahl angestrahlt, so können die beiden Streuwellen mit
den Einheitsvektoren $\{k_1\}_i$ und $\{k_2\}_i$ folgendermaßen ausgedrückt werden:

$$\mathcal{E}_1 = a_p(t) \cdot \exp\left\{-i\left[\omega t - \frac{2\pi}{\lambda}\left((R_p)_o - \{U_p\}_i\{k_1\}_i t - \{U_p\}_i\{\ell\}_i t\right) - (\phi_p)_o\right]\right\}$$

$$\mathcal{E}_2 = a_p(t) \cdot \exp\left\{-i\left[\omega t - \frac{2\pi}{\lambda}\left((R_p)_o - \{U_p\}_i\{k_2\}_i t - \{U_p\}_i\{\ell\}_i t\right) - (\phi_p)_o\right]\right\} .$$

Bei Überlagerung der beiden Wellen wird am Ausgang des Photodetektors ein
Signal gemessen, welches proportional zum Quadrat der Summe der beiden
Signale ist. Bezieht man die integrierende Wirkung des Detektors mit ein,
so gilt für den Anodenstrom:

$$i_a = \text{const} \cdot a_p^2 \left\{1 + \cos\left[\frac{2\pi t}{\lambda}\{U_p\}_i\left(\{k_1\}_i - \{k_2\}_i\right)\right]\right\} .$$

Die Frequenz des Signals lautet also:

$$\nu_D = \frac{1}{\lambda}\,\{U_p\}_i\,(\{k_1\}_i - \{k_2\}_i)\,.$$

Damit ist gezeigt, daß dieses optische System zur Messung der Geschwindigkeit von Streuteilchen verwendet werden kann.

3.32 RÄUMLICHE INTENSITÄTSSCHWANKUNGEN VERURSACHEN SCHWANKUNGEN IM SIGNAL-RAUSCH-VERHÄLTNIS

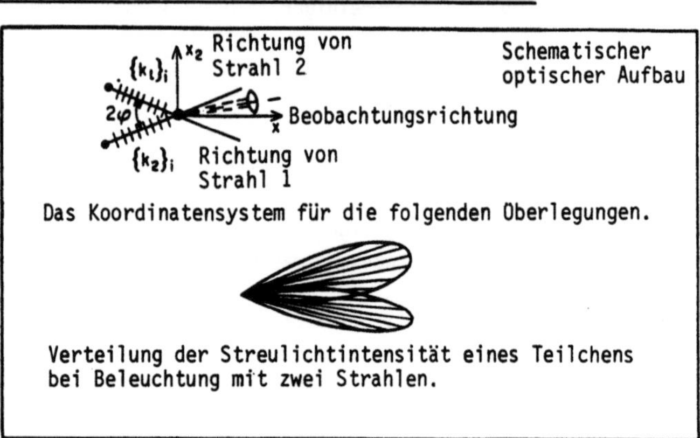

Das Koordinatensystem für die folgenden Überlegungen.

Verteilung der Streulichtintensität eines Teilchens
bei Beleuchtung mit zwei Strahlen.

Bei Experimenten mit Zweistrahl-Anemometern können Phänomene auftreten,
welche durch einige der Modelle der Laser-Doppler-Anemometrie nicht erklärt
werden. Beispielsweise sind die Signalstärke[*] und die Signalqualität
stark richtungsabhängig. Die Richtungsabhängigkeit ändert sich wiederum von
Meßsituation zu Meßsituation, je nachdem, welche Streuteilchen vorhanden
sind. Auch die relative Intensität der beiden Sendestrahlen spielt eine
Rolle. In einigen Anwendungen ist auch ein starker Einfluß des Winkels
festzustellen, den die beiden Strahlen einschließen; in anderen dagegen besteht nur eine geringe Abhängigkeit. Auch hier stellen die vorhandenen
Streuteilchen den entscheidenden Einflußfaktor dar.

Diskrete Minima der Signalstärke und der Signalqualität werden unter
Winkeln beobachtet, welche Vielfache desjenigen Winkels sind, unter dem das
erste Minimum auftritt. Verringert sich die Wellenlänge des Lichtes des
Sendestrahles, so verkleinert sich auch der Winkel, unter dem das erste
Minimum auftritt.

---

[*] Sie wird auf den folgenden Seiten definiert.

Diese Phänomene machen deutlich, daß das "Dopplermodell" und das "Streifen-modell" nicht ausreichen, um die optische Geschwindigkeitsmessung voll-ständig zu behandeln. Es muß vielmehr auf die in diesem Kapitel abgeleite-ten allgemeinen Gleichungen zurückgegriffen werden. Als Beispiel einer vollständigeren analytischen Behandlung der Physik der Laser-Doppler-Anemo-metrie werden auf den folgenden Seiten Ausdrücke für das Signal-Rausch-Ver-hältnis abgeleitet. Dabei wird das oben skizzierte Koordinatensystem ver-wendet. Intensität und Phase der Streuwellen können mit Hilfe der Mieschen Theorie erhalten werden. Diese Größen gehen dann in die Berechnung der richtungsabhängigen Signalstärke und Signalqualität ein.

Es gab Versuche, die Variationen der Signalstärke und -qualität von Dopplersignalen durch eine Kombination der Mieschen Theorie und des Streifenmodells zu erklären. Dabei ging man davon aus, daß das Streifen-system im Kontrollvolumen nur von sehr kleinen Teilchen aufgelöst wird. Bei zunehmender Teilchengröße tritt mehr und mehr eine integrierende Wirkung des Teilchens über die Streifenstruktur im Meßvolumen ein, wodurch sich die Qualität der Doppler-Signale verringert. Dies stellt jedoch lediglich eine heuristische Erklärung der sich abspielenden Vorgänge dar, siehe Durst (1973) und auch Tafel 4.18. Nur mit Hilfe der Mieschen Theorie kann die Abhängigkeit der Signaleigenschaften von der Teilchengröße und dem Winkel zwischen den Strahlen vollständig erklärt werden.

3.33 DER EINFLUSS DER TEILCHENGRÖSSE AUF DIE SIGNALQUALITÄT UND DIE SIGNALSTÄRKE

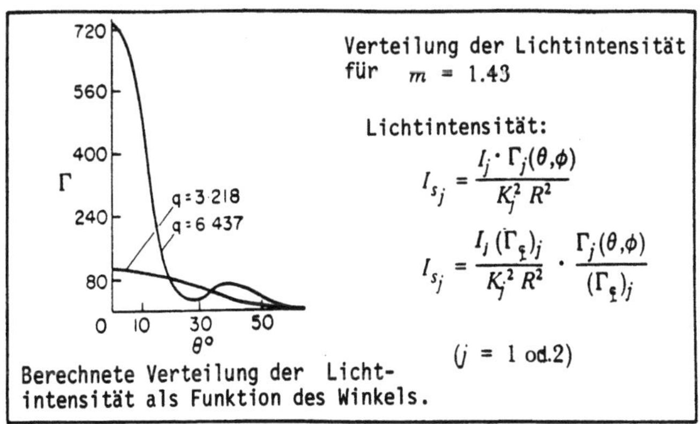

Durch die Definition einer Streufunktion $\Gamma(\theta,\phi)$ kann die Größe der Streu-teilchen in die Betrachtungen über Signalstärke und Signalqualität einge-führt werden. Mit I_{sj}, (j = 1,2), sind die Intensitäten der beiden aus den zwei Sendestrahlen gestreuten Wellen bezeichnet. I_j, (j = 1,2), stellt die

124

Intensität der beiden Sendestrahlen am Ort des Teilchens dar und Γ_j die Streufunktionen der beiden Wellen.

Die Intensitäten I_j ändern sich kontinuierlich, wenn ein Teilchen das Meßvolumen durchquert. Bei gegebenen Werten für den Teilchenradius r_p, die Wellenlänge λ und den Brechungsindex m hängt die Funktion Γ_j nur von dem Winkel (Θ, Φ) ab, unter dem das Streulicht detektiert wird. Um zu unterstreichen, daß die Mie-Funktion $\Gamma_j(\Theta, \Phi)$ die Richtungsabhängigkeit der Intensitäten I_{sj} beschreibt, wird hier die Gleichung für die Streulichtintensität noch einmal in einer anderen Form wiedergegeben.

Mit Hilfe der obigen Gleichung kann das Gesamtsignal eines Teilchens, welches Licht aus dem Schnittgebiet zweier sich kreuzender Strahlen streut, folgendermaßen beschrieben werden:

$$I = I_{s_1} + I_{s_2} + 2\sqrt{I_{s_1} I_{s_2}} \cdot \cos\left[(\phi_2)_o - (\phi_1)_o\right]$$

$$+ 2\pi t \left[(\nu_2 - \nu_1) + \frac{1}{\lambda}\{U\}_i (\{\ell_2\}_i - \{\ell_1\}_i)\right].$$

Die Signalstärke s_o kann als die Differenz zwischen dem Maximal- und dem Minimalwert der Momentanintensität in dieser Gleichung definiert werden. Die Modulationstiefe η ist definiert als das Verhältnis zwischen Signalstärke und dem zweifachen Wert des "Gleichspannungsanteils" des Momentansignals, siehe Tafel 2.19.
Es sei angemerkt, daß in die Definition der Signalstärke nur der Doppler-Frequenzanteil des Signals eingeht. Er ist einem Niederfrequenzanteil überlagert, der durch die Gleichung:

$$I_p = \tfrac{1}{2}(I_{max} + I_{min})$$

gegeben ist, aber kaum Geschwindigkeitsinformation enthält und deshalb vor der Signalverarbeitung subtrahiert wird.

3.34 SIGNALQUALITÄT UND SIGNALSTÄRKE FÜR VERSCHIEDENE TEILCHENGRÖSSEN

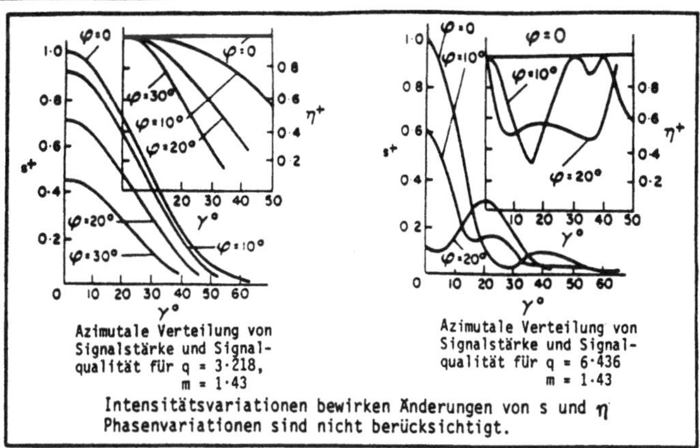

Azimutale Verteilung von
Signalstärke und Signal-
qualität für q = 3·218,
m = 1·43

Azimutale Verteilung von
Signalstärke und Signal-
qualität für q = 6·436
m = 1·43

Intensitätsvariationen bewirken Änderungen von s und η
Phasenvariationen sind nicht berücksichtigt.

Die Signalstärke ist für ein Zweistrahl-Anemometer definiert als:

$$ s = I_{max} - I_{min} = 4\sqrt{I_{s_1} I_{s_2}}\,\frac{\sin(2q\sin\varphi)}{2q\sin\varphi} \ . $$

Die Definition der Signalqualität lautet:

$$ \eta = \frac{I_{max} - I_{min}}{I_{max} + I_{min}} = \frac{2\sqrt{I_{s_1} I_{s_2}}}{(I_{s_1} + I_{s_2})} \ . $$

In der vorigen Tafel ist eine azimutale Intensitätsverteilung dargestellt, welche unter Verwendung der Gleichungen in Tafel 3.6 für verschiedene Teilchengrößen, Wellenlängen und Brechungsindizes berechnet wurde. Wird der Winkel zwischen den beiden Strahlen miteinbezogen, so kann mit deren Hilfe die Gesamtintensität an jedem Raumpunkt berechnet werden. In der Abbildung oben werden Ergebnisse solcher Berechnungen gezeigt. Absolutwerte können mit Hilfe der Beziehungen $\eta = \eta^+$ und $s = s^+ I_e G/K^2 R^2$ erhalten werden.

Die Tafel zeigt die Signalstärke und die Signalqualität als Funktion des von beiden Strahlen eingeschlossenen Winkels 2φ und der Beobachtungsrichtung γ. Es zeigt sich, daß eine Vergrößerung des Winkels 2φ i.a. eine Verkleinerung in den Werten beider Größen bewirkt. Diese Abschwächung hängt mit der azimutalen Verteilung der Lichtintensität gemäß der Mieschen Theorie zusammen und ist deshalb auch eine Funktion des Teilchenradius. Die Abbildung für η^+ zeigt, daß bei den für die Berechnungen gewählten Parametern die Signalqualität Werte kleiner als 1.0 annimmt, wenn die Beobachtungsrichtung von der geometrischen Achse abweicht. Signale mit $\eta^+ = 1$ können jedoch auch bei "off-axis"-Detektion erhalten werden.

3.35 <u>DIE RÄUMLICHE VERTEILUNG DES SIGNAL-RAUSCH-VERHÄLTNISSES</u>

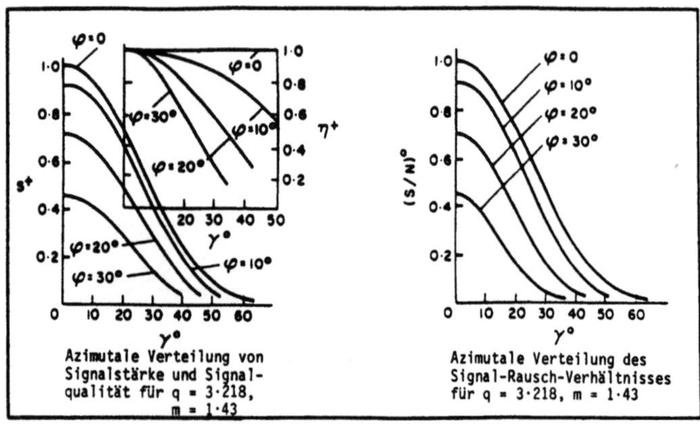

Azimutale Verteilung von
Signalstärke und Signal-
qualität für q = 3·218,
m = 1·43

Azimutale Verteilung des
Signal-Rausch-Verhältnisses
für q = 3·218, m = 1·43

Die Abbildungen auf der vorigen Seite zeigen, daß im allgemeinen die normierte Signalstärke mit zunehmendem Winkel φ zwischen den beiden Sendestrahlen abnimmt. Vergleicht man die berechneten Werte für verschiedene
Teilchengrößen, so stellt man fest, daß eine optische Anordnung mit einem
bestimmten Halbwinkel φ für eine Teilchengröße befriedigend arbeiten kann,
während sie für eine andere Teilchengröße nur schlechte Ergebnisse liefert.
Die allgemein akzeptierte Annahme, daß eine Zunahme in der Teilchengröße
eine Zunahme in der Signalstärke und in der Signalqualität bewirkt, ist
also in dieser Form nicht korrekt. Das wird im Experiment als Ergebnis erhalten und von der hier vorgetragenen Theorie bestätigt. Die Teilchengröße
und der Streifenabstand im Meßvolumen sollten zusammenpassen, damit eine
optimale Signalqualität erhalten wird.

Die Ableitungen in diesem Kapitel erlauben auch die Berechnung der azimutalen Verteilung des Signal-Rausch-Verhältnisses. Durst (1973) hat gezeigt,
daß das normierte Signal-Rausch-Verhältnis folgendermaßen ausgedrückt
werden kann, falls das Schrotrauschen den Hauptbeitrag zum Rauschen
liefert: $(S/N)^+ = s^+ \eta^+$. Diese Verteilung ist für q = 3.218 und m = 1.43
dargestellt. Es zeigt sich, daß das Signal-Rausch-Verhältnis abnimmt, wenn
der Winkel zwischen beiden Strahlen zunimmt oder wenn der Winkel γ zunimmt.
Aus letzterem folgt, daß im Empfangssystem keine großen Aperturen verwendet
werden können. Die vorliegenden Ableitungen besagen, daß eine Vergrößerung
der Apertur zwar die Signalstärke, aber nicht notwendigerweise das Signal-
Rausch-Verhältnis vergrößert. Die von Durst (1973) beschriebenen Experimente unterstützen diese Folgerung und bestätigen, daß für optimierte Meßauf-
bauten die Empfangssysteme für Laser-Doppler-Signale auf der Grundlage der
Mieschen Theorie ausgelegt werden sollen.

Als allgemeine Regel kann aus den Ergebnissen in Tafel 3.34 und 3.35 ge-
folgert werden, daß Laser-Doppler-Signale bei Winkeln $\varphi \lesssim 10°$ detektiert

werden sollten und daß die besten Werte für das Signal-Rausch-Verhältnis in
Vorwärtsrichtung erhalten werden. Die Berechnungen ergeben auch, daß von
Teilchen mit einer Größe von einigen µm bei gleicher Apertur in Rückwärtsrichtung Signale erhalten werden, die um einen Faktor von 500 bis 1000
schwächer sind als die in Vorwärtsrichtung detektierten. Deshalb sollte,
soweit möglich, "on-axis"-Detektion in Vorwärtsrichtung gewählt werden.

3.36 REDUKTION DER SIGNALQUALITÄT DURCH SIGNALE MIT MEHREREN FREQUENZANTEILEN

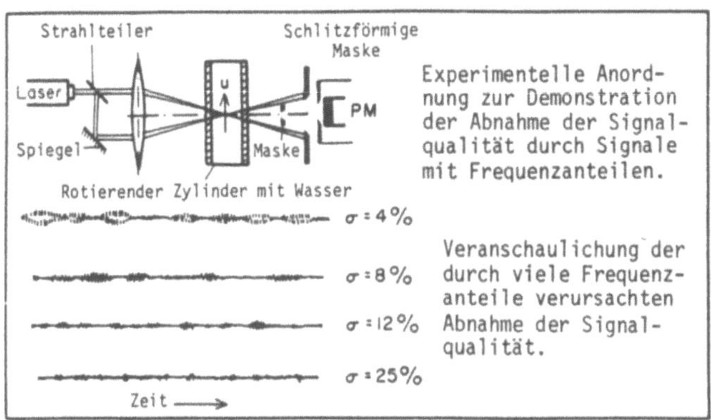

Auf den vorigen Seiten wurde gezeigt, daß es räumliche Variationen im
Signal-Rausch-Verhältnis von Laser-Doppler-Signalen gibt und es wurde
darauf hingewiesen, daß durch das Empfangssystem die Richtung kontrolliert
wird, aus welcher Signale detektiert werden. Es wurde auch betont, daß eine
der Hauptaufgaben des Empfangssystems in der Definition des Meßvolumens besteht, d.h. darin, so gut wie möglich sicherzustellen, daß nur einer der
Terme aus den Abschnitten 3.21 bis 3.28 zum Signal des Photodetektors beiträgt. Das gewährleistet, daß alle Signale von verschiedenen Teilchen nur
eine einzige Frequenz haben, falls die Teilchen die gleiche Geschwindigkeit
besitzen.

Das im folgenden beschriebene Experiment wurde durchgeführt, um den Einfluß
unterschiedlicher Frequenzbeiträge zum Detektorsignal zu demonstrieren. Mit
Hilfe eines Zweistrahl-Anemometers wurde die Geschwindigkeit von Streuteilchen in einem mit Wasser gefüllten, rotierenden Zylinder bestimmt. Das
Empfangssystem wurde so ausgelegt, daß es Signale unterschiedlicher Frequenzen akzeptierte, so daß sich das Gesamtsignal am Ausgang des Photodetektors aus mehreren unterschiedlichen Frequenzanteilen zusammensetzte.
Die Signalqualität reduzierte sich beträchtlich, wenn durch Verringerung
des Abstandes zwischen dem Kreuzungspunkt der Strahlen und der Optik das
Meßvolumen vergrößert wurde. Es ist anzumerken, daß diese Verringerung

nicht einem Verlust an Kohärenz zuzuschreiben ist, weil der Abstand zwischen den beiden Lochblenden nicht verändert wurde, sondern die Verschlechterung im Signal-Rausch-Verhältnis ausschließlich durch Signalanteile unterschiedlicher Frequenz hervorgerufen wurde.

Die in der Tafel gezeigte Abnahme der Signalqualität ist das Ergebnis einer Integration über räumliche Geschwindigkeitsschwankungen. Durch die hohe Teilchenkonzentration werden Signale aus verschiedenen Gebieten des Strömungsfeldes erhalten. Dadurch reduziert sich die Signalqualität und liefert eine räumlich gemittelte anstelle einer normalerweise angestrebten, lokalen Geschwindigkeitsinformation. Auch hier muß mit Hilfe des Empfangssystems sichergestellt werden, daß die räumliche Mittelung minimiert wird.

In Strömungen mit niedriger Teilchenkonzentration kann i.a. die gleichzeitige Detektion verschiedener Frequenzen vermieden werden, weil auch im Fall relativ großer von der Empfangsoptik abgebildeter Gebiete, sich selten mehr als ein Teilchen gleichzeitig im Meßvolumen befindet.

3.37 EMPFANGSSYSTEM FÜR ZWEISTRAHL-ANEMOMETER

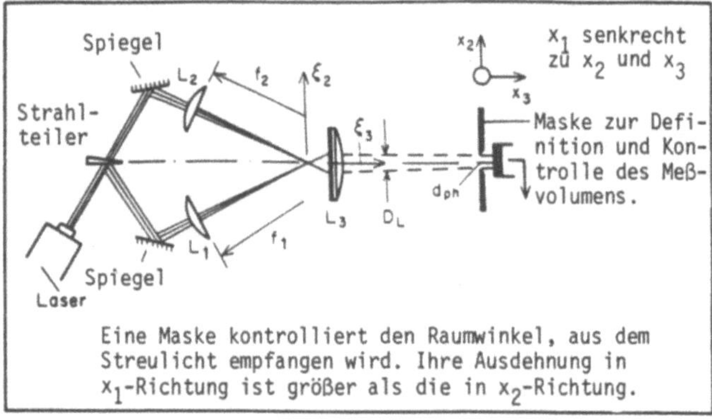

Als Zusammenfassung der Ergebnisse auf den vorhergehenden Seiten sind oben die wichtigsten Komponenten eines Empfangssystems für Zweistrahl-Anemometer dargestellt. Mit Hilfe der Empfangslinse wird die Ebene ξ_1, ξ_2 auf die Ebene x_1, x_2 abgebildet. Hier ist eine Maske angebracht, welche die Größe des Meßvolumens kontrolliert. Das Loch vor dem Photodetektor hat den Durchmesser

$$d_{ph} = \frac{N_{ph}\, M\, \lambda}{2 \sin\varphi}$$

N_{ph} = Anzahl der vom Photodetektor "gesehenen" Interferenzstreifen

M = Vergrößerung durch die Linse

Durch die optischen Komponenten links der ξ_1, ξ_2 Ebene muß sichergestellt werden, daß sich mindestens N_{ph} Streifen im Meßvolumen befinden.

Die Apertur vor der Empfangslinse kontrolliert den Raumwinkel, aus dem Signale empfangen und dem Photodetektor zugeleitet werden. Aus den Ableitungen in den Tafeln 3.33 bis 3.35 geht hervor, daß die optimale Form der Apertur vor der Empfangslinse nicht kreisförmig, sondern rechteckig ist. Ihre Öffnung sollte ihre größte Ausdehnung in der x_1-Richtung haben. In dieser Richtung haben die beiden Sendestrahlen gleiche Intensitäten und liefern deshalb Signale guter Qualität. Um Signale niedriger Qualität zu unterdrücken, sollte die Öffnung in x_2-Richtung begrenzt sein.

Schließlich zeigen die Ableitungen auch, daß die Empfangsoptik i.a. auf der Achse der optischen Anordnung positioniert sein sollte, damit ein optimales Signal-Rausch-Verhältnis erhalten wird. Soweit es die experimentellen Bedingungen zulassen, sollten Laser-Doppler-Messungen in Vorwärtsstreuung durchgeführt werden.

3.38 SCHLUSSFOLGERUNGEN UND ABSCHLIESSENDE BEMERKUNGEN

o Einige der theoretischen Erklärungen der Laser-Doppler-Anemometrie haben einen begrenzten Gültigkeitsbereich.

o Die Gleichung zur Beschreibung der Lichtstreuung aus mehreren Strahlen durch kleine Teilchen wurde untersucht. Fünf Terme traten auf, die unterschiedlichen physikalischen Phänomenen zuzuordnen sind.

o Computerberechnungen von Streuwellen auf der Grundlage der Mieschen Theorie wurden ausgeführt und diskutiert. Die Beschränkung der Gleichungen auf sphärische Teilchen limitiert die Betrachtungen.

Die existierenden Theorien der Laser-Doppler-Anemometrie betrachten die Zeitabhängigkeit eines Signales, das bei der Interferenz zweier Streuwellen oder der Interferenz einer Streuwelle und einer Referenzwelle entsteht. Diese Untersuchungen liefern Beziehungen zwischen der gemessenen Signalfrequenz und der Geschwindigkeit der Streuteilchen als Funktion der optischen Geometrie und der Wellenlänge der Sendestrahlen. Diese Theorien können keine Aussagen über Signalstärke und Signalqualität machen, weil sie nicht die Teilchengröße berücksichtigen. In diesem Kapitel wurden detailliertere Betrachtungen angestellt, welche die vollständige Beschreibung der experimentell beobachteten Phänomene erlauben.

Theoretische Untersuchungen der Physik der Laser-Doppler-Anemometrie sollten von einer exakten Behandlung der Lichtstreuung durch kleine Teilchen
ausgehen. Mit Hilfe der Mieschen Formeln sollte die räumliche Intensität
und die Phasenverteilung berechnet werden. Diese können dann zur Auslegung
des optischen Aufbaus verwendet werden.

Zwar können mit Hilfe der in diesem Kapitel vorgestellten theoretischen
Untersuchungen alle wichtigen Phänomene in der Laser-Doppler-Anemometrie
erklärt werden; doch gehen sie von der Annahme sphärischer Streuteilchen
aus. Diese Vereinfachung hat ihre Ursache in der mangelnden Information
über die Einzelheiten der geometrischen Form kleiner Teilchen. Sie hat zur
Folge, daß eine vollständige Optimierung der Optik nicht möglich ist.

3.39 SCHLUSSFOLGERUNGEN UND ABSCHLIESSENDE BEMERKUNGEN, 2

> o Lokale Messungen der Geschwindigkeit können mit "Zwei-
>   strahl-Anemometern", "Referenzstrahl-Anemometern" und
>   "Zweistreustrahl-Anemometern" erhalten werden.
> o Die Messung von Geschwindigkeitsgradienten ist möglich
>   und wurde in diesem Kapitel erklärt.
> o Das Empfangssystem stellt einen wichtigen Teil des
>   Laser-Doppler-Anemometers dar.
> o Berechnungen zeigen, daß die Teilchengröße die Signal-
>   qualität, die Signalstärke und das Signal-Rausch-Ver-
>   hältnis beeinflußt.
> o Streulicht sollte aus endlichen, wohldefinierten Raum-
>   winkeln detektiert werden.

Die für die Laser-Doppler-Anemometrie wichtigen physikalischen Phänomene
wurden theoretisch untersucht und Experimente wurden durchgeführt, welche
die abgeleiteten Ergebnisse bestätigen. Die theoretischen Untersuchungen
betrafen Streuphänomene, welche auftreten, wenn mehrere Lichtstrahlen ein
Meßvolumen beleuchten, das von einer teilchenbeladenen Strömung durchströmt
wird. Die theoretischen Betrachtungen lieferten die optischen Grundkonzepte
des "Referenzstrahl-Anemometers", des "Zweistrahl-Anemometers", und des
"Zweistreustrahl-Anemometers". Die grundlegenden Beziehungen zur Beschreibung dieser Meßgeräte wurden angegeben und es wurde gezeigt, daß diese
Systeme jeweils verschiedene Terme eines Ausdrucks repräsentieren, welcher
die Gesamtintensität an einem Punkt der Detektoroberfläche beschreibt.
Daraus ergeben sich Konsequenzen für die Auslegung der Empfangssysteme der
verschiedenen Anemometer.

Werden keine Abbildungslinse und keine Blende verwendet, so enthält die
Momentanintensität an einem Punkt auf der Detektoroberfläche Geschwindig-

keitsinformation aus dem gesamten Strömungsfeld. Diese Signale enthalten mehrere Frequenzen und weisen bei deren Überlagerung am Photodetektor geringe Signal-Rausch-Verhältnisse auf. Das bedeutet, daß das vom Photodetektor empfangene Licht sorgfältig kontrolliert werden muß.

Berechnungen der azimutalen Verteilung von Signalstärke und Signalqualität, die auf der Grundlage der Mieschen Theorie durchgeführt wurden, zeigten, daß beide Größen stark vom Halbwinkel zwischen den beiden Sendestrahlen und von der Beobachtungsrichtung abhängen. Daraus leitete sich der Vorschlag zur Verwendung rechteckiger anstelle von runden Aperturen ab. Damit können Signalstärke und -qualität verbessert werden. Die theoretischen Untersuchungen führten auch zu dem Schluß, daß eine Vergrößerung der Apertur zwar zu stärkeren Signalen führen kann, daß dabei aber nicht notwendigerweise auch das Signal-Rausch-Verhältnis des Signals verbessert wird.

4. GRUNDLAGEN DER LASER-DOPPLER-ANEMOMETRIE (LDA)

4.1 EINFÜHRUNG

> Dieses Kapitel unternimmt den Versuch,
> o die Entwicklung optischer Systeme für die Anwendung in der LDA zu besprechen,
> o verschiedene Modelle zu betrachten, die den Zusammenhang zwischen der Doppler-Frequenz, der Partikelgeschwindigkeit und der Geometrie der Optik darstellen,
> o die grundlegenden Eigenschaften von Lichtstrahlen mit Gaußscher Intensitätsverteilung zusammenzufassen,
> o die grundlegenden Eigenschaften verschiedener optischer Systeme zu erörtern,
> o die Größe des Kontrollvolumens und andere Parameter des optischen Systems zu berechnen.

Wie bereits in Kapitel 1 erwähnt, wurde die Laser-Doppler-Anemometrie kontinuierlich weiterentwickelt, seitdem sie erstmals von Yeh und Cummins (1964) zur Geschwindigkeitsbestimmung kleiner, in einem bewegten Fluid suspendierter Tracer-Partikel vorgeschlagen wurde. Die Grundlage der bis dahin verwendeten optischen Meßmethoden war die Aufzeichnung des Weges illuminierter Teilchen mittels mehrfachbelichteter Photographien. Die Auswertung solcher Messungen ist jedoch sehr aufwendig und heute steht durch die Weiterentwicklung der Laser-Doppler-Anemometrie eine Methode zur Verfügung, bequemer Messungen lokaler Geschwindigkeiten kleiner Tracer-Partikel durchzuführen. Die Laser-Doppler-Anemometrie ist ein vielseitig anwendbares Meßverfahren zur Strömungsuntersuchung und wird daher viele der anderen optischen Meßmethoden, die über Jahre hinweg bei strömungsmechanischen Experimenten angewandt wurden, ersetzen können. Diese reichten von einfachen Methoden der Strömungssichtbarmachung mittels Rauch oder Farbeinspritzung bis zu den hochentwickelten Schlierenoptik- und Interferenzverfahren. Bei den letztgenannten Meßverfahren werden in einer Richtung gemittelte Meßgrößen einer Dichteverteilung ermittelt, woraus Geschwindigkeitsinformationen über den vorausgesetzten Zusammenhang zwischen Dichte- und Geschwindigkeitsverteilung gewonnen werden können.

Die ersten Entwicklungen in der Laser-Doppler-Anemometrie konzentrierten sich auf das Gebiet der optischen Systeme. Diese sind in der Literatur ausführlich beschrieben. Um einen zusammenfassenden Überblick über die Ergebnisse der Forschungsanstrengungen auf diesem Gebiet zu geben, sind die Abschnitte 4.2 bis 4.12 einer Einführung in die verschiedenen optischen Systeme gewidmet. In den Abschnitten 4.13 bis 4.16 wird der physikalische Hintergrund der verschiedenen Modellvorstellungen der Laser-Doppler-Anemometrie erörtert. Anhand dieser Modelle wird in den Abschnitten 4.17 bis 4.20 die Abhängigkeit des Doppler-Signals von der Teilchengröße und -konzentration erläutert. Darüber hinaus werden die Grenzen der Anwendbarkeit dieser Modelle aufgezeigt. Die Eigenschaften verschiedener Lasertypen sowie deren Leistungsbedarf sind in den Abschnitten 4.22 bis 4.26 dargestellt. Die Abschnitte 4.27 bis 4.29 beschreiben die grundlegenden Eigenschaften von Lichtstrahlen mit Gaußscher Intensitätsverteilung, die in den darauffolgenden Seiten zur Auslegung optischer Systeme herangezogen werden. Abschließende Anmerkungen und Schlußfolgerungen in den Abschnitten 4.36 und 4.37 beschließen dieses Kapitel.

4.2 OPTISCHE AUFBAUTEN FÜR LASER-DOPPLER-ANEMOMETER, 1

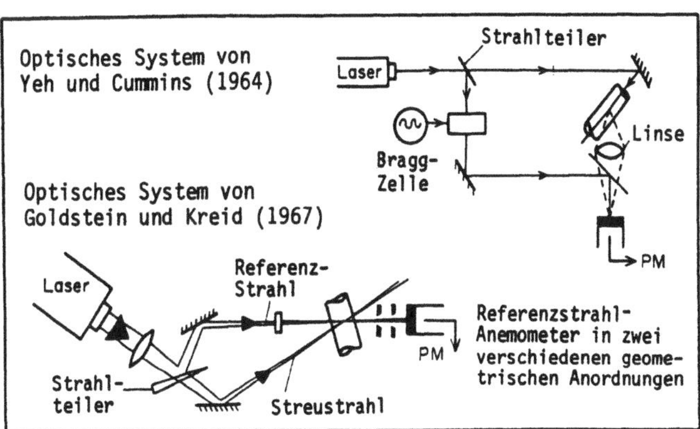

Zwar wurden in der Anfangszeit der Laser-Doppler-Anemometrie zahlreiche verschiedene optische Konfigurationen vorgeschlagen, die jedoch - ohne auf die unterschiedlichen Ausführungen einzugehen - in verschiedene Interferometergruppen eingeteilt werden können, bei denen einer der im folgenden aufgeführten Interferenzeffekte auftritt:

(1) Das Streulicht von einem Laserstrahl interferiert mit dem ungestreuten Licht eines zweiten Strahles (Referenzstrahl-Anemometer)
(2) Das Streulicht zweier Strahlen interferiert miteinander (Zweistrahl-, Differential-Doppler- oder Interferenzstreifen-Anemometer).
(3) Das Streulicht eines Strahles, gestreut in zwei verschiedene Richtungen interferiert (Einstrahl- oder Zweistreustrahl-Anemometer).

Die physikalischen Grundlagen für diese Klassifizierung wurden in Kapitel 3 dargestellt. Das erstgenannte Laser-Doppler-Anemometer, von Yeh und Cummins (1964) entwickelt, war ein Referenzstrahl-Anemometer. Mit diesem System gelangen Yeh und Cummins (1964) sehr exakte Messungen des Geschwindigkeitsprofils in einem Rohr bei laminarer Strömung. Interessant ist, daß sie bereits in diesem frühen Stadium eine Bragg-Zelle zur Frequenzverschiebung des Referenzstrahles, siehe Kapitel 5, benutzten, um Betrag und Vorzeichen der gemessenen Geschwindigkeitskomponente zu erhalten.

Yeh und Cummins (1964) benutzten eine optische Konfiguration, die im wesentlichen eine Modifikation des bekannten Mach-Zehnder-Interferometers darstellte. Der Referenzstrahl wurde um die Teststrecke geleitet und an einem Strahlteiler mit dem Streustrahl vereinigt. Eine Vorrichtung dieser Art ist sehr schwer zu justieren und zu betreiben, da die Ausrichtung des Referenzstrahles und des Streustrahles in hohem Maße empfindlich gegenüber kleinen Schwingungen des Systems reagiert. Goldstein und Kreid (1967) haben dieses Problem mit Hilfe der oben dargestellten, optischen Anordnung gelöst. Hierbei werden beide Strahlen durch die Strömung geleitet und schneiden sich in einem gemeinsamen Punkt. Der Referenzstrahl wird direkt durch die Strömung geleitet und wird auf seinem Weg durch den Streustrahl vom gestreuten Licht überlagert. Die Einstellung dieser Anordnung ist relativ einfach und weniger empfindlich gegenüber Schwingungen als der Yeh-Cummins-Aufbau. Darüber hinaus nehmen die beiden Interferenzstrahlen nach dem Meßvolumen denselben Weg; damit werden jegliche Verluste der Signalqualität, wie sie in den Abschnitten 4.24 und 4.25 erörtert werden, vermieden.

4.3 <u>OPTISCHE AUFBAUTEN FÜR LASER-DOPPLER-ANEMOMETER, 2</u>

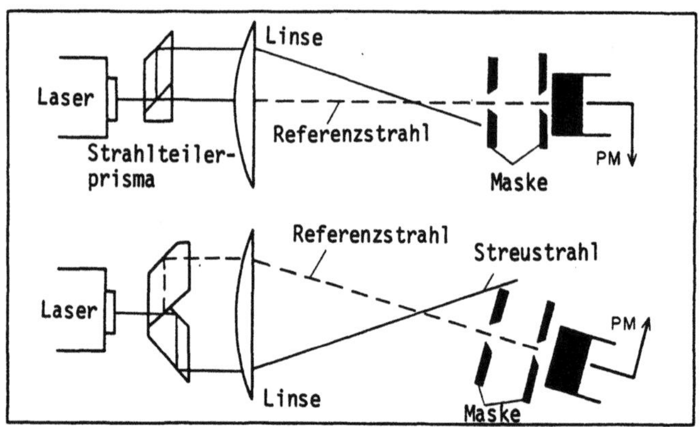

Die Weiterentwicklungen des Referenzstrahl-Anemometers, die auf Goldstein und Kreid (1967) folgten, hatten mehr das Ziel, die von diesen Autoren vorgeschlagene optische Anordnung zu erweitern, als sie generell zu ändern. Es herrschte die Meinung vor, daß ihr System in gewisser Hinsicht ausgereift sei, daß aber Neuausrichtungen der optischen Komponenten Vorteile bei der Messung von mehreren Geschwindigkeitskomponenten bringen könnten. Falls mehrdimensionale Geschwindigkeitsinformationen mit einer Einkomponentenoptik gewonnen werden sollen, müssen alle Geschwindigkeitskomponenten einzeln nacheinander gemessen werden, wobei der gesamte optische Aufbau rotiert werden muß, ohne die Position des Meßvolumens entscheidend zu ändern. Dies kann kaum erreicht werden, wenn die gesamte optische Einheit gedreht werden muß.

Die oben dargestellten optischen Systeme wurden unter besonderer Berücksichtigung des Gesichtspunktes ausgelegt, die Position des Meßvolumens bei der Rotation nicht zu verändern. Dies wurde dadurch erreicht, daß man die Transmissionslinse festhält, welche die Lage des Schnittpunktes der beiden Strahlen festlegt, und statt dessen das Strahlteilerprisma dreht. Beim oberen Aufbau, der erstmals von Bedi (1971) vorgeschlagen wurde, muß der Photomultiplier nicht bewegt werden, da er in der optischen Achse des Systems liegt. Das untere System wurde als erstes von Durst und Whitelaw (1971a) benutzt. Es erfordert nach der Drehung eine neue Positionierung des Photomultipliers, welche jedoch leicht durchzuführen ist, ohne die Position des Meßvolumens zu verlieren. Mayo (1970) zeigte, daß der Hauptanteil des Photodetektor-Signals aus dem Schnittvolumen der Strahlen stammt.

Beide oben aufgeführte Systeme wurden ausführlich für LDA-Messungen benutzt. Ihre Anwendung zeigte jedoch, daß verbesserte Signal-Rausch-Verhältnisse für genaue Messungen als wünschenswert anzusehen sind. Als Grund für das schlechte Signal-Rausch-Verhältnis wurde erkannt, daß nur ein geringer Anteil des Streulichtes für die Messungen herangezogen wird, nämlich der Teil entlang des Referenzstrahles. Dies beruht auf der Tatsache, daß die Abmessungen des Kontrollvolumens stärker als der Durchmesser der Streuteilchen in die Kohärenzbedingung eingehen (siehe Abschnitt 4.35). Deshalb muß die Lichtsammelblende (Blende auf der Empfangsseite) für gute Kohärenzverhältnisse klein gehalten werden.

Die verwendeten Strahlteiler sind gegenüber Drehungen in der Bildebene nicht empfindlich. Die Richtung der beiden Teilstrahlen wird durch den einfallenden Laserstrahl bestimmt und durch den Winkel des Strahlteilers bezüglich des einfallenden Strahles nicht besonders beeinflußt.

4.4 <u>OPTISCHE AUFBAUTEN FÜR LASER-DOPPLER-ANEMOMETER, 3</u>

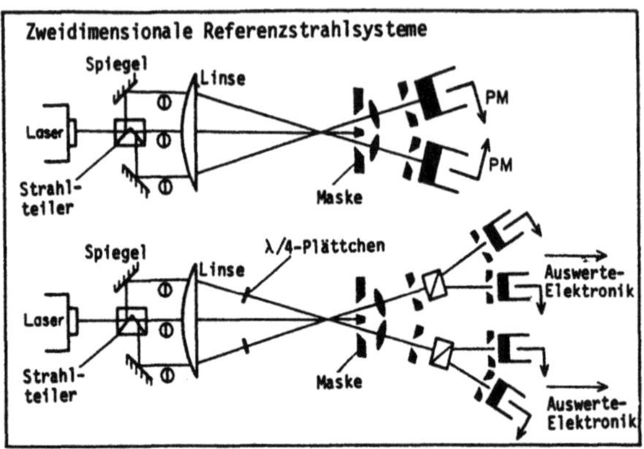

Aus den in Kapitel 2 dargestellten Überlegungen geht hervor, daß mit "eindimensionalen" optischen Systemen, wie sie in der Dia-Vorlage 4.2 und 4.3
dargestellt sind, nur eine Geschwindigkeitskomponente gemessen werden kann.
Durch Drehung des Systems und nachfolgenden Messungen der anderen Komponenten des Geschwindigkeitsvektors können mehrdimensionale stationäre Strömungsfelder erfaßt werden. Messungen von mittleren Strömungseigenschaften
und von Turbulenzcharakteristiken wurden auf diese Art von Durst und Whitelaw (1971b) durchgeführt.

Manchmal erfordern Untersuchungen von Strömungen jedoch simultanes Erfassen
von zwei oder drei Geschwindigkeitskomponenten und somit auch die Erstellung entsprechender Optiken. Ein derartiges System wurde erstmals von Bourke, Brown und Drain (1971) vorgestellt und für Schubspannungsmessungen in
einer voll ausgebildeten, turbulenten Rohrströmung eingesetzt. Dieses optische System benutzte die Frequenzverschiebung des gestreuten Laserstrahles,
um durch optische Mischung mit zwei Referenzwellen, zwei Interferenzsignale
zu erhalten. Diese beiden Signale enthielten die Informationen über die
beiden Schwankungsgeschwindigkeiten u_1 und u_2. Addition und Subtraktion der
resultierenden Frequenzinformationen lieferten die beiden Geschwindigkeitskomponenten simultan. Das zeitlich gemittelte Produkt ergab die Reynoldsche
Schubspannung am Meßort.

Der obige Aufbau kann derart erweitert werden, daß die diesem Aufbau inhärente Richtungszweideutigkeit vermieden und somit simultane, zweidimensionale Geschwindigkeitsmessungen möglich werden. Dies erfordert den Einsatz
zusätzlicher optischer Komponenten, welche die Eigenschaften des polarisierten Laserlichtes dazu benützen, Betrag und Vorzeichen der Geschwindigkeitskomponente aufzuzeichnen. In diesem Zusammenhang hatte Drain (1969)
das in der unteren Hälfte des Bildes auf dieser Seite dargestellte System
vorgestellt. Ein linear polarisierter Laserstrahl wird in zwei Referenz-

strahlen und einen Streustrahl aufgespalten und mit einer Linse auf das Meßvolumen fokussiert. λ/4-Blättchen werden in den Strahl der beiden Referenzstrahlen eingebracht, um zirkular polarisiertes Licht zu erhalten. Das Streulicht des Meßvolumens wird in Richtung jedes Referenzstrahles durch eine Linse gesammelt und auf ein double-image analyzer crystal (Rochon- oder Wollaston-Prisma) abgebildet, welches unter einem Winkel von 45° zur Polarisationsebene des einfallenden Strahles ausgerichtet ist. Das detektierte Signal enthält Informationen über Betrag und Richtung der gemessenen Geschwindigkeitskomponente.

4.5 OPTISCHE AUFBAUTEN FÜR LASER-DOPPLER-ANEMOMETER, 4

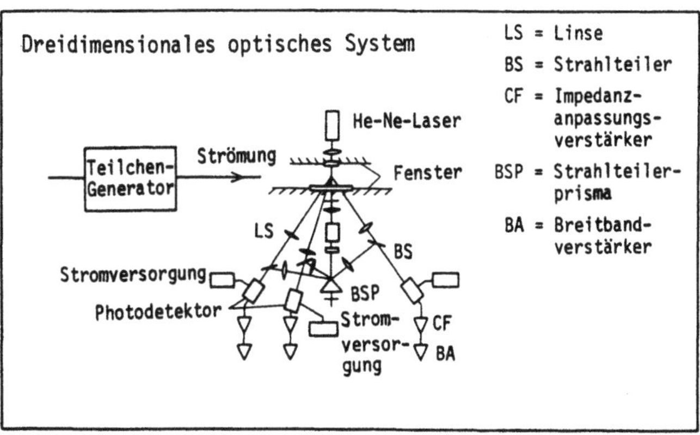

Für viele Untersuchungen komplexer Strömungsfelder reicht es nicht aus, nur zwei Geschwindigkeitskomponenten gleichzeitig zu messen. Vielmehr ist es, um alle strömungsmechanisch wichtigen Informationen zu erhalten erforderlich, sowohl den dreidimensionalen Geschwindigkeitsvektor und darüber hinaus auch dessen zeitliche und örtliche Schwankungen zu bestimmen. Solche Messungen erfordern jedoch dreidimensionale Anordnungen, um drei Geschwindigkeitskomponenten gleichzeitig messen zu können.

Bereits in einem sehr frühen Stadium der Entwicklung der Laser-Doppler-Anemometrie wurden dreidimensionale Systeme mit Referenzstrahl-Signalen vorgeschlagen. Die obige Zeichnung zeigt die von der NASA zur Erfassung dreidimensionaler Strömungsfelder entwickelte optische Anordnung. Dieses System verwendet einen starken Laserstrahl, der durch ein einzelnes Linsenelement auf einen Punkt innerhalb des Meßvolumens fokussiert wird. Das Licht wird durch kleine Tracer-Partikel gestreut, die das Meßvolumen passieren, und es wird in drei verschiedenen Richtungen gesammelt und auf eine Maske vor dem Photodetektor fokussiert. Die Referenzstrahlen werden vom einfallenden Lichtstrahl abgeleitet, nachdem er das Strömungsfeld durchquert hat. Man setzt ein Strahlteilerprisma ein, um drei Referenzstrahlen aus dem einfallenden Strahl zu erzeugen. Diese werden den gestreuten Lichtstrahlen mittels eines Strahlteilers überlagert. Die resultierenden Überlagerungssignale werden von drei verschiedenen Photodetektoren erfaßt und durch entsprechende Elektroniksysteme verarbeitet, um daraus die enthaltenen Informationen für den momentanen Geschwindigkeitsvektor zu gewinnen.

Der obigen Zeichnung läßt sich weiterhin entnehmen, daß das von der NASA entwickelte dreidimensionale System auf dem Entwurf der früheren Referenzstrahl-Aufbauten basiert, d.h. auf jenen von Yeh und Cummins (1964), Foreman et al. (1965) etc. Optische Anordnungen dieses Typs sind jedoch schwer auszurichten, wie bereits in Abschnitt 4.2 gezeigt wurde. Die erwähnten Justierungsprobleme treten in dem obigen System in drei Richtungen auf.

Dreidimensionale Referenzstrahlsysteme können leicht mit Strahlteilern aufgebaut werden, die unempfindlich gegenüber Fehlausrichtungen sind (siehe Abschnitt 4.3). Auf diese Weise wurden als optische Systeme "Baukastensysteme" entwickelt, um Ein-, Zwei- und Drei-Kanal-Messungen zu ermöglichen. Jeder Kanal erlaubt im Prinzip die gleichzeitige Aufzeichnung einer Geschwindigkeitskomponente. In der Praxis können gewöhnlich zwei Komponenten mit gleicher Genauigkeit gemessen werden; die dritte dagegen weniger genau. In fast allen Situationen sind optische Systeme, die als Modul-Systeme gebaut sind, einzelnen Komponenten, die auf einer optischen Bank montiert sind, für Messungen vorzuziehen.

4.6 OPTISCHE AUFBAUTEN FÜR LASER-DOPPLER-ANEMOMETER, 5

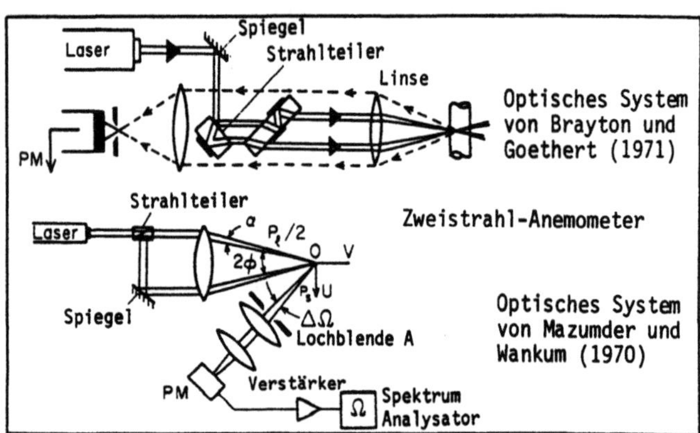

Der nächste, wesentliche Fortschritt bei der Entwicklung optischer Konfigurationen für die Laser-Doppler-Anemometrie war die Erfindung der Zweistrahl-Systeme, auch Differential-Doppler-Systeme genannt, die eine einzelne Eingangslinse verwenden. Einige Forscher, einschließlich Bond (1968),

Rudd (1968) und Mayo (1969) entwickelten parallel unterschiedliche Versionen dieses Systems. Ein Entwurf, der von Brayton und Goethert (1971) vorgeschlagen wurde, ist oben abgebildet. Der einfallende Strahl wird mittels zweier geeignet beschichteter Glasplatten in zwei parallele Strahlen gleicher Intensität aufgeteillt. Die zweite Platte erzeugt den optischen Lauflängenabgleich, der erforderlich ist, wenn man Hochleistungslaser mit kurzer Kohärenzlänge benutzt (siehe Abschnitt 4.24). Diese beiden parallelen Strahlen werden durch eine Linse auf einen gemeinsamen Brennpunkt abgebildet. Nur das gestreute Licht beider Strahlen wird dann durch eine Linse gesammelt und auf eine Lochblende vor einem Photomultiplier abgebildet. Die obige Abbildung zeigt die Arbeitsweise der Optik im Rückstreubetrieb. Das gestreute Licht kann jedoch in jeder Richtung aufgefangen werden. Die Bezeichnung "Differential-Doppler-Anemometer" leitet sich von der Tatsache ab, daß unabhängig vom Empfangsort, im Streulicht die Doppler-Frequenzverschiebung des Streulichtes der beiden einfallenden Strahlen enthalten ist. Es wurde bereits gezeigt, daß diese Differenz richtungsunabhängig ist. Deshalb kann die Apertur der Empfangsoptik den Erfordernissen entsprechend groß sein, im Gegensatz zum Referenzstrahl-Anemometer, dessen angezeigte Doppler-Verschiebung von der Richtung abhängig ist.

Das Zweistrahl-Anemometer von Mazumder und Wankum (1970) ist ebenfalls oben abgebildet. Dort werden zwei Lichtstrahlen hoher Intensität verwendet, die mittels eines Strahlteilerprismas erzeugt und durch einen justierbaren Spiegel parallel angeordnet werden. Beide Strahlen werden durch eine einzelne Linse fokussiert. Im Brennpunkt dieser Linse kann man sich ein Interferenzstreifenmuster, zusammengesetzt aus ebenen Streifen, mit bekannten Abständen erzeugt vorstellen. Kreuzende Teilchen streuen das Licht von jedem Streifen innerhalb des Musters und dieses Licht wird auf einen Photodetektor fokussiert. Das Ausgangssignal des Photodetektors variiert entsprechend den Lichtintensitätsschwankungen im Meßvolumen. Die Frequenz des Ausgangssignals ist linear abhängig von der Geschwindigkeitskomponente eines Teilchens, die senkrecht auf den ebenen Streifen steht. Um von der Elektronik erfaßbare Signale zu erhalten, muß eine ausreichende Zahl von Streifen gekreuzt werden.

Wie die Abbildung zeigt, sind Messungen in Rückwärtsrichtung leichter mit Zweistrahlsystemen als mit Referenzstrahlanordnungen durchzuführen. Rückstreumessungen sollten jedoch nur durchgeführt werden, wenn Messungen in Vorwärtsrichtung nicht möglich sind. Die Signalstärke rückwärts ist etwa 500 - 1000 mal schwächer als in Vorwärtsrichtung. Daher ist gewöhnlich eine hohe Laserleistung für Rückstreumessungen erforderlich.

4.7 <u>OPTISCHE AUFBAUTEN FÜR LASER-DOPPLER-ANEMOMETER, 6</u>

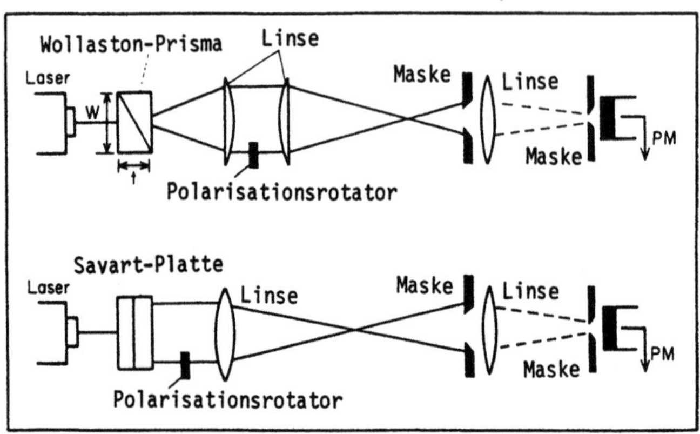

Nach den anfänglichen Entwicklungsarbeiten an Zweistrahl-Anemometern wurden
von verschiedenen Forschern mehrere geeignete Arten der Strahlteilung untersucht, mit dem Ziel, ein möglichst einfaches System zu finden und damit
ein vielfältig einsetzbares sowie anwendbares Laser-Doppler-Anemometer zu
entwickeln. Unter den verschiedenen Entwürfen zur Strahlteilung waren die
Wollaston-Prismen, Savart-Platten und andere doppeltbrechende Systeme.
Diese Vorrichtungen hatten immense Vorzüge gegenüber anderen Systemen, da
sie die beiden Lichtstrahlen eines Anemometers ohne Benutzung eines Reflektors erzeugen konnten - die letzteren führten zu sehr kippempfindlichen
geometrischen Anordnungen. Ein geringes Kippen des Reflektors verursacht
eine doppelt so große Ablenkung des reflektierten Strahles, wohingegen ein
doppeltbrechendes System zumindest in erster Näherung unempfindlich gegenüber Fehlausrichtungen ist. Dies erleichtert außerordentlich die Ausrichtung optischer Systeme, sowie deren Benutzung für aufeinanderfolgende Messungen von verschiedenen Geschwindigkeitskomponenten mittels einer einkanaligen optischen Anordnung.

Die obige Abbildung von Laser-Doppler-Anemometern zeigt die Funktionsweise
eines Wollaston-Prismas und einer Savart-Platte. Die beiden von ihnen ausgehenden Strahlen sind orthogonal zueinander polarisiert, so daß für einen
der beiden Strahlen ein Polarisationsrotator verwendet werden muß, um
Interferenzstreifen im Meßvolumen zu erzeugen.

Für die obigen Systeme ist es wichtig, die als Strahlteiler verwendeten
Prismen richtig zu dimensionieren. Dies kann im Falle des Wollaston-Prismas
entsprechend folgender Formel durchgeführt werden. Die Winkelabweichung
zwischen den beiden austretenden Lichtstrahlen des Wollaston-Prismas beträgt:

$$\theta \;=\; \frac{2t}{W}\,(m_o - m_e)$$

t = Dicke des Prismas
W = Breite des Prismas
m_o = Brechungsindex für den gewöhnlichen Strahl
m_e = Brechungsindex für den gedrehten Strahl

Goethert (1971), Dändliker und Iten (1974) und Hiller und Meier (1972) benutzten Polarisationseigenschaften zur Messung von Geschwindigkeitsrichtungen. Die vorgeschlagenen Systeme sind nur anwendbar, wenn sichergestellt ist, daß nur Streulicht aus solchen Regionen im Raum gesammelt wird, in denen die Depolarisierung durch den Streuvorgang vernachlässigt werden kann. Im allgemeinen wird gestreutes Licht elliptisch polarisiert, selbst wenn der einfallende Strahl linear polarisiert ist.

4.8 OPTISCHE AUFBAUTEN FÜR LASER-DOPPLER-ANEMOMETER, 7

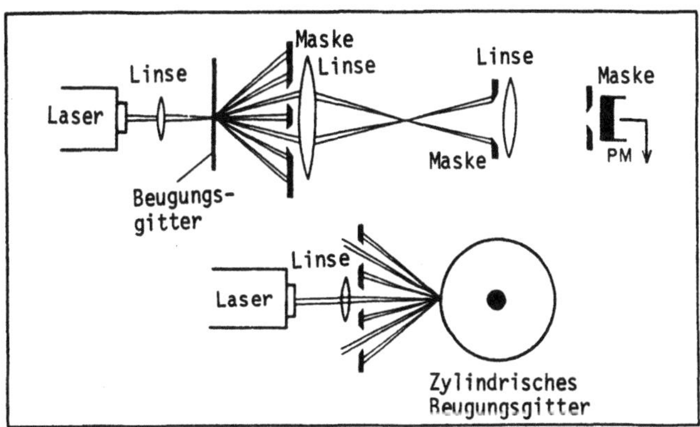

Beugungsgitter wurden ebenfalls erfolgreich verwendet, um die für die LDA-Messungen nötigen Lichtstrahlen zu erzeugen. Diese können entweder so angeordnet werden, daß zwei Strahlen gleicher Intensität erzeugt werden, wie sie für ein Zweistrahlsystem benötigt werden, oder so, daß zwei Strahlen mit großer Intensitätsdifferenz erzeugt werden, wie es Referenzstrahlsysteme erfordern. Letzteres wurde von Stevenson (1970) benutzt, der ein rotierendes Beugungsgitter verwendete, um das Geschwindigkeitsfeld in einem pulsierenden Strömungsfeld zu messen, wozu sowohl der Betrag als auch die Richtung der Strömung simultan benötigt werden. Oldengarm et al. (1973) benutzten ein rotierendes Beugungsgitter für Zweistrahl-Laser-Doppler-Messungen in verschiedenen Strömungen. Über die erfolgreiche Anwendung eines zylindrischen Gitters wurde von Mazumder (1970) berichtet.

Wie die auf Strahlteilerprismen basierenden optischen Anordnungen, sind die obigen Laser-Doppler-Systeme zumindest in erster Näherung unempfindlich gegenüber Dejustierungen durch Kippen. Dies ist eine große Hilfe beim Aufbau von Laser-Doppler-Systemen und beseitigt Justierungsprobleme, wenn Mehrkomponenten-Geschwindigkeitsmessungen durch aufeinanderfolgende Messungen in verschiedenen Richtungen nötig sind.

Benutzt man die Formel für die Richtung gebeugter Strahlen (siehe Abschnitt 2.24),

$$\sin \varphi = \frac{k\lambda}{s}$$

so wird daraus ersichtlich, daß der Linienabstand im Gitter etwa 10^{-5}m betragen sollte, um geeignete Winkel zwischen den gebeugten Strahlen zu erzeugen. Holographische Gitter können durch Bleichtechniken hergestellt werden, um hohe Lichtintensitäten in den beiden gebeugten Strahlen erster Ordnung zu liefern. Bis zu annähernd 35 % der einfallenden Lichtenergie kann in jeden dieser Strahlen abgegeben werden, wenn das Gitter sorgfältig hergestellt wird.

Es wurde bereits oben erwähnt, daß optische Gitter dazu benutzt werden können, Signale der gemessenen Geschwindigkeitskomponenten aufzunehmen. In dieser Hinsicht werden Beugungsgitter für Strömungsmessungen in Fluiden eingesetzt, siehe Durst, Wigley und Zaré (1974), Hutchinson, Khalil, Whitelaw und Wigley (1975a). Die praktische Erfahrung mit rotierenden Beugungsgittern zeigt, daß diese nicht für die Messungen kleiner Werte von Geschwindigkeitsschwankungen geeignet sind, was durch mechanische Vibrationen bedingt ist.

4.9 OPTISCHE ANORDNUNGEN FÜR LASER-DOPPLER-ANEMOMETER, 8

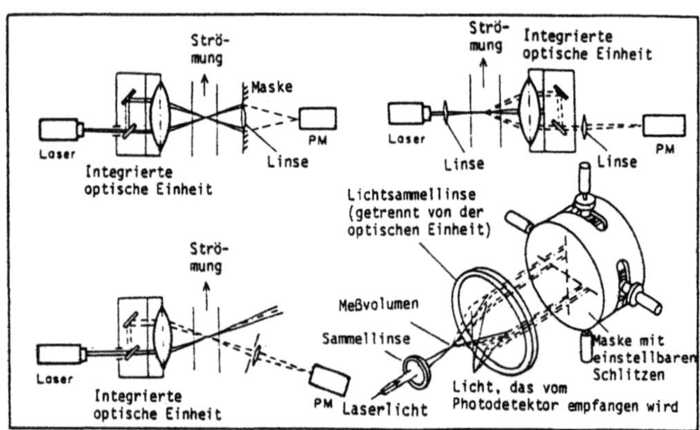

Wie zuvor schon erwähnt, sind Laser-Doppler-Anemometer im Grunde genommen Interferometer. Dabei sind zahllose Varianten möglich und die jeweilige Anordnung der optischen Elemente wird in der Regel von den Anforderungen der

Anwendung bestimmt. Das Gleiche gilt für Laser-Doppler-Anemometer, bei denen zahlreiche optische Konfigurationen für spezielle Anforderungen abgeleitet werden können. Trotzdem wurden vielseitig verwendbare Meßeinrichtungen entwickelt, um möglichst viele, von den verschiedensten Versuchsbedingungen herrührenden, Anforderungen abdecken zu können.

Die Abbildung oben zeigt die von Durst und Whitelaw (1971a) entwickelte integrierte optische Einheit, eine Mehrzweckoptik für Laser-Doppler-Messungen, die entsprechend den speziellen experimentellen Anforderungen modifiziert werden kann. Das Bild oben links zeigt den Aufbau dieses Systems als vorwärtsstreuendes Differential-Laser-Doppler-Anemometer. Die Abbildung darunter zeigt die Optik als Referenzstrahl-Anemometer aufgebaut. Daneben ist ein Einstrahl-Laser-Doppler-Anemometer für simultane Messungen zweier orthogonaler Geschwindigkeitskomponenten aufgebaut. Dafür wird die optische Grundeinheit um eine Blende mit vier Löchern erweitert und mit einem zusätzlichen Strahlteiler ausgerüstet, um das Doppelpaar der ankommenden Streustrahlen zu vereinigen und auf zwei Photodetektoren weiterzuleiten. Dieser Aufbau eignet sich besonders zur Bestimmung von Turbulenzparametern wie Reynoldscher Schubspannung und Korrelationsmessungen von Geschwindigkeitsschwankungen höherer Ordnung.

Darüberhinaus kann mit obengezeigtem optischen System auch in Rückwärtsstreurichtung gemessen werden, wie Durst und Whitelaw (1971a) beschrieben haben. Diese beiden Autoren haben ihre optische Einheit zu Vergleichsmessungen in den oben dargestellten Modifikationen benützt; die dabei gewonnenen Ergebnisse für die mittlere Geschwindigkeit und die Turbulenzgrößen stimmten gut überein. Aufgrund ihrer Flexibilität wurde diese optische Einheit als Grundbaustein eines kommerziellen Laser-Doppler-Anemometers benutzt. Andere, kommerziell erhältliche Meßgeräte haben zwar vergleichbare Flexibilität in Bezug auf ihren Einsatzbereich, beruhen jedoch auf anderen optischen Aufbauten. In den meisten Anwendungsbereichen werden die oben dargestellten Modifikationen durch selbstjustierende Prismen ersetzt, wie sie in Abschnitt 4.10 dargestellt sind.

4.10 OPTISCHE ANORDNUNGEN FÜR LASER-DOPPLER-ANEMOMETER, 9

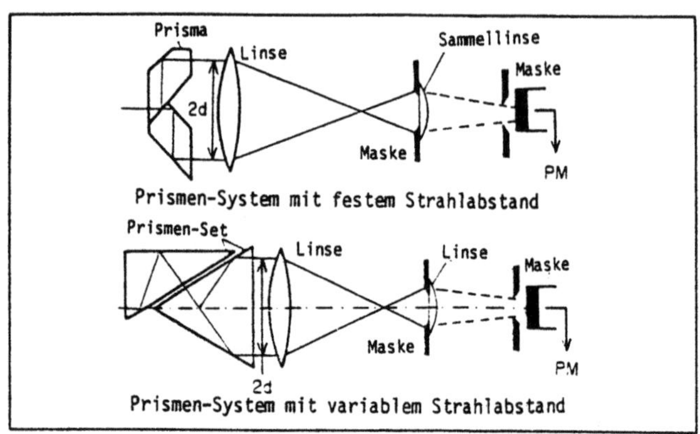

Alle bisher aufgeführten optischen Systeme bestehen aus einzelnen optischen Komponenten, die unabhängig voneinander zu justieren sind. Damit eine zuverlässige Arbeitsweise des Laser-Doppler-Anemometers gewährleistet ist, müssen die einzelnen Teile aufeinander abgestimmt und sorgfältig justiert werden. Die erforderliche Justierarbeit wurde durch die ausgeklügelte Bauweise der integrierten Optik von Durst und Whitelaw beträchtlich gegenüber früheren Systemen erleichtert. Die Autoren entwickelten eine Einstellungsmethode, die einen optimalen Betrieb der Optik sicherstellt, wenn deren Justierung an Hand ihrer Instruktionen (vergleiche Abschnitt 5.6) durchgeführt wurde.

Die oben gezeigten Konfigurationen wurden von Durst und Whitelaw (1971d) und Durst, Gerber und Kleine [1980] entwickelt, um LDA-Messungen in komplexen Strömungssystemen zu vereinfachen. Zur Vermeidung von Justierungsproblemen setzt man exakt gefertigte optische Prismen ein. Ein weiteres Merkmal der oberen optischen Einrichtungen liegt in der Natur der optischen Schichten der Strahlteilerfläche. Diese Schichten sind in drei Streifen aufgeteilt, so daß durch Bewegung des Strahlteilers in der Ebene der oberen Abbildung je eine von zwei dieser Schichten gewählt werden kann, um entweder die Strahlteilung für ein Zweistrahl- oder für ein Referenzstrahl-Anemometer zu erhalten. Bewegung der Prismen senkrecht zur Ebene erlaubt die Wahl einer dritten Schicht, welche Strahlen mit gleicher Intensität, jedoch mit orthogonaler Polarisation erzeugt. Diese werden dann im Meßvolumen fokussiert und mit Hilfe geeigneter Empfangsoptiken ist es möglich, den sogenannten Niederfrequenzanteil des Laser-Doppler-Signals optisch zu entfernen und damit sowohl die Richtung der gemessenen Geschwindigkeitskomponenten als auch deren Betrag zu erhalten, siehe Kapitel 5.

Das obere Prisma arbeitet mit festem Strahlabstand, welcher der Laserquelle, der Sammellinse, den Streupartikeln in der Strömung und der Empfangsoptik so angepaßt ist, daß optimale Laser-Doppler-Signale erhalten werden. Eine Optimierung der Signale wird durch das untere Prisma erleichtert, da eine kontinuierliche Veränderung des Strahlabstandes im Verhältnis 70:1 möglich ist. Diese Variationsmöglichkeit entsteht durch die Kombination eines Köster-Prismas, das die Strahlen in der oben beschriebenen Weise aufspaltet mit einem Dreiecksprisma, das den Ort des Strahleneintritts in das Köster-Prisma festlegt. Der Strahlabstand wird allein durch die Verstellung des Dreieck-Prismas eingestellt. Die Anpassungsfähigkeit, die durch das untere Prisma erzielt wurde, hat den Einbau dieser Komponente in verschiedene optische Systeme für Laser-Doppler-Messungen gefördert. Trotzdem ist dieses Prisma gegen Drehungen in der Zeichenebene empfindlich, wogegen das erste Prisma gegenüber solchen Drehungen unempfindlich ist, was trotz der Vorgabe eines festen Strahlabstandes oftmals von Vorteil ist.

4.11 OPTISCHE ANORDNUNGEN FÜR LASER-DOPPLER-ANEMOMETER, 10

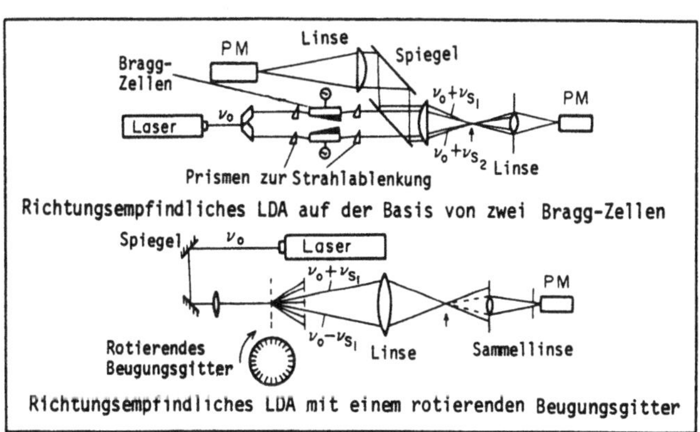

Richtungsempfindliches LDA auf der Basis von zwei Bragg-Zellen

Richtungsempfindliches LDA mit einem rotierenden Beugungsgitter

Anhand der Herleitungen in Kapitel 3 ist ersichtlich, daß bei Messungen mit Laser-Doppler-Anemometern, wie in den Abschnitten 3.2 bis 3.11 beschrieben, identische Signale von solchen Teilchen erhalten werden, die im Betrag der Geschwindigkeit übereinstimmen, sich jedoch in entgegengesetzter Richtung bewegen. Diese Zweideutigkeit ist bei Messungen in hochturbulenten Strömungen ein schwerwiegender Nachteil, jedoch weniger in Strömungen, deren turbulente Schwankungen - durch Gaußsche Statistiken beschrieben - kleiner als 30% sind. In Strömungen mit Rückströmgebieten, sowie in hochturbulenten Strömungen, können Laser-Doppler-Messungen zu fehlerhaften Ergebnissen führen, wenn das Vorzeichen der gemessenen Geschwindigkeitskomponente nicht in die Auswertung mit einbezogen wird. Dies wurde von vielen Forschern beobachtet, die daraufhin zahlreiche Versuche unternahmen, einen Weg zur Bestimmung der Richtung der gemessenen Geschwindigkeitskomponente zu finden. Dabei wurden verschiedene Methoden entwickelt, darunter die Anwendung polarisierter Lichtstrahlen, die Anhebung der Frequenz der Lichtstrahlen, die Verwendung mehrfarbiger Laser etc. Einige dieser Methoden werden in Kapitel 5 näher erläutert. Eine Zusammenfassung geben Durst und Zaré (1974).

Die obige Tafel zeigt zwei verschiedene optische Systeme, die es ermöglichen, gleichzeitig den Betrag und die Richtung einer Geschwindigkeitskomponente zu messen. Das erste System benützt ein Strahlteilerprisma mit konstantem Strahlabstand, wie es auf der vorhergehenden Seite bereits beschrieben wurde, um zwei Strahlen gleicher Intensität zu erhalten. Beide Strahlen werden dann durch je eine Bragg-Zelle geleitet, der je ein Prisma vor- und nachgeschaltet ist. In diesen Zellen erfolgt eine Frequenzverschiebung der einfallenden Laserstrahlung, aus der schließlich die Richtung der gemessenen Geschwindigkeitskomponente ermittelt werden kann.

Die zweite optische Anordnung basiert auf einem rotierenden Beugungsgitter, das auf die beiden Strahlen erster Ordnung eine Frequenz gleichen Betrages jedoch umgekehrten Vorzeichens aufbringt. Dadurch entsteht ein "bewegtes" Streifenbild, relativ zu welchem die jeweilige Richtung der Teilchenbewegung bestimmt werden kann. Partikel, deren Geschwindigkeitsbeträge gleich sind, sich jedoch im Vorzeichen unterscheiden, erzeugen dadurch verschiedene Signalfrequenzen.

Wie bereits in Abschnitt 4.8 erwähnt, ist die Anwendung von rotierenden Beugungsgittern bei sehr kleinen Turbulenzintensitäten durch die Eigenvibration begrenzt. Unter solchen Bedingungen und ebenso, wenn sehr hohe Frequenzverschiebungen (z.B. 40 MHz) benötigt werden, ist der Einsatz von Bragg-Zellen vorzuziehen. Derart hohe Frequenzverschiebungen können mit einer einzigen Bragg-Zelle erreicht werden. Man benötigt jedoch, speziell bei Verwendung von Argon-Ionen-Lasern, ein Kompensationsprisma im zweiten Strahl, um ein gutes Signal-Rausch-Verhältnis zu erreichen. Bei geringeren Frequenzverschiebungen wird üblicherweise eine Bragg-Zelle für jeden einzelnen Strahl benützt.

4.12 OPTISCHE ANORDNUNGEN FÜR LASER-DOPPLER-ANEMOMETER, 11

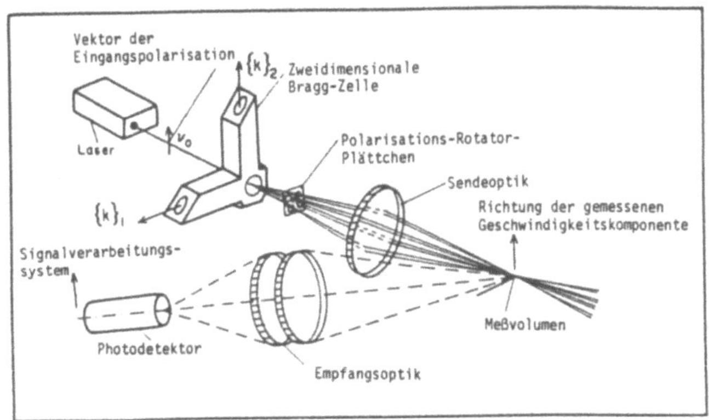

Bei dem optischen System von Crosswy et al. (1972) wurde eine zweidimensionale Bragg-Zellen-Anordnung gewählt und somit die simultane Messung zweier
Geschwindigkeitskomponenten ermöglicht. Der einfallende Laserstrahl wird in
die Zelle fokussiert und von zwei zueinander senkrecht stehenden ebenen
Ultraschallwellen aufgeteilt, die von zwei mit 15 MHz und 25 MHz arbeitenden Bragg-Zellen-Treibern erzeugt werden. Die Zelle liefert also einen Satz
gebeugter Strahlen und den Strahl nullter Ordnung. Um nun zwei Interferenzstreifenmuster im Meßvolumen zu erhalten, werden die Strahlen von nahezu
gleicher Intensität paarweise überlagert. Diese Interferenzstreifenmuster
bewegen sich mit unterschiedlichen Geschwindigkeiten, abhängig von den verwendeten Frequenzen und erlauben die Messung des Betrages sowie der Richtung zweier Geschwindigkeitskomponenten. Zur Vermeidung weiterer Interferenzstreifenmuster werden linear polarisierte Laserstrahlen benutzt, deren
Polarisationsebenen aufeinander senkrecht stehen. Diese Anordnung ermöglicht zusätzlich die optische Trennung der Signale der beiden Geschwindigkeitskomponenten.

Das oben dargestellte System besteht im wesentlichen aus einer selbstjustierenden Einrichtung, die relativ unempfindlich gegenüber Neigungen
ist. Darüberhinaus gehen die vier Laserstrahlen von einem Punkt in der
Bragg-Zelle aus, haben die gleiche optische Weglänge und werden somit durch
eine einzelne Sammellinse auf einen Punkt fokussiert.

In den letzten Jahren wurden Zwei-Farben-Systeme entwickelt, welche die
blaue und grüne Linie eines Argon-Lasers benützen. Diese Systeme arbeiten
ebenfalls mit zwei Interferenzstreifenmustern, hervorgerufen durch zwei
Strahlen unterschiedlicher Frequenz, um zwei Geschwindigkeitskomponenten
gleichzeitig zu messen. Durch den Einbau von zwei Bragg-Zellen in den
Strahlengang kann zusätzlich die Richtung detektiert werden. Instrumente
dieser Art können verwendet werden, um Ein-Punkt-Korrelationen der Ge-

schwindigkeitsschwankungen in Strömungen mit unbekannter Hauptströmungs-richtung und/oder hoher Turbulenz zu messen.

Zweidimensionale Bragg-Zellen, wie sie oben dargestellt sind, arbeiten jedoch aufgrund der Interferenz der zwei senkrechten Schallwellen weniger effizient als eindimensionale Zellen oder ebenfalls zweidimensionale Anordnungen, die jedoch mit orthogonalen Schallwellen in zwei Zellen arbeiten. Die hohe Effizienz einzelner Bragg-Zellen, üblicherweise in der Größenordnung von 90% ist mit ein Grund dafür, daß sie sehr häufig in kommerziellen Optiken eingebaut werden.

4.13 DOPPLER-MODELL DER ANEMOMETER-SIGNALE

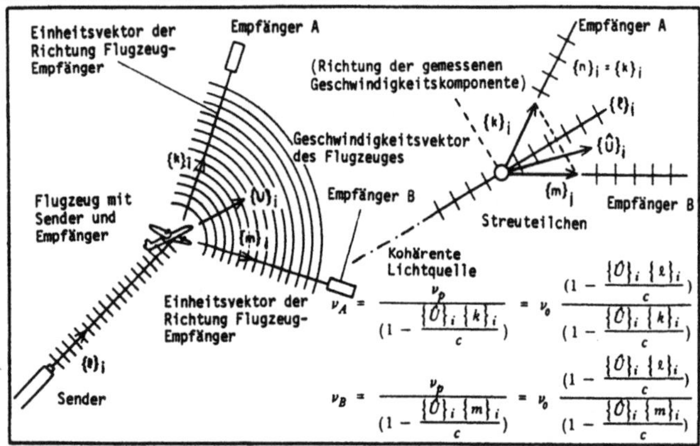

$$\nu_A = \frac{\nu_p}{\left(1 - \dfrac{\{\hat{U}\}_i\,\{k\}_i}{c}\right)} = \nu_0\,\frac{\left(1 - \dfrac{\{\hat{U}\}_i\,\{\ell\}_i}{c}\right)}{\left(1 - \dfrac{\{\hat{U}\}_i\,\{k\}_i}{c}\right)}$$

$$\nu_B = \frac{\nu_p}{\left(1 - \dfrac{\{\hat{U}\}_i\,\{m\}_i}{c}\right)} = \nu_0\,\frac{\left(1 - \dfrac{\{\hat{U}\}_i\,\{\ell\}_i}{c}\right)}{\left(1 - \dfrac{\{\hat{U}\}_i\,\{m\}_i}{c}\right)}$$

In der Literatur wurden eine Reihe verschiedener Modelle vorgestellt, um den physikalischen Hintergrund der Laser-Doppler-Signale zu erklären. Eines davon, das Doppler-Modell, benützt zur Erklärung der Frequenz der Laser-Doppler-Signale die von einer bewegten Quelle und einem bewegten Empfänger herrührende Frequenzverschiebung. Dieses Modell ist leicht verständlich, wenn man folgendes Experiment mit einem Flugzeug betrachtet. Die obige Zeichnung zeigt einen Sender, der Wellen einer konstanten Frequenz in eine bestimmte Richtung emittiert, die durch den Einheitsvektor $\{\ell\}_i$ festgelegt ist. Ein Flugzeug, das sowohl einen Empfänger als auch einen Sender enthält, durchdringt diesen "Wellenstrahl". Grundlegende Betrachtungen des Doppler-Effektes, beschrieben in den Abschnitten 2.34 bis 2.37, zeigen, daß der Empfänger im Flugzeug dann eine andere Frequenz als die ausgesendete aufzeichnet, falls das Flugzeug eine Geschwindigkeitskomponente in Richtung des Einheitsvektors $\{\ell\}_i$ aufweist. Diese Frequenzverschiebung berechnet sich aus der Gleichung:

$$\nu_p = \nu_0\left\{1 - \frac{\{\hat{U}\}_i\,\{n\}_i}{c}\right\}\;.$$

Der Sender im Flugzeug strahlt nun Wellen in alle Richtungen ab, deren Frequenz v_p genau der empfangenen Frequenz entspricht. Zwei Beobachter an verschiedenen Positionen (A) und (B) messen nun zusätzliche Frequenzdifferenzen, die dadurch hervorgerufen werden, daß der Sender im Flugzeug eine bewegte Quelle darstellt. Mit den in Kapitel 2 vorgestellten Gleichungen können die beiden Frequenzen berechnet werden. Mit der Frequenz v_p und der Annahme $(\{U\}_i \ll c)$ erhält man:

$$v_D = \frac{v_o}{c} \{\hat{U}\}_i (\{k\}_i - \{m\}_i) = \frac{1}{\lambda_o} \{\hat{U}\}_i \{n\}_i \ .$$

Diese Gleichung verdeutlicht, daß Geschwindigkeitsmessungen durchgeführt werden können, indem man den Frequenzunterschied zwischen den in (A) und (B) aufgenommenen Signalen mißt.

Das Flugzeug wird durch ein kleines Streuteilchen ersetzt, welches die Funktionen des Empfangens und Sendens erfüllt. Folgende Überlegungen tragen zum besseren Verständnis dieser Annahme bei. Wenn kleine Teilchen einen Laserstrahl kreuzen, wird dadurch ein bestimmter Anteil des Lichtes gestreut. Damit arbeiten diese Teilchen als "Sender" des Laserlichtes. Davor müssen sie jedoch bereits als Empfänger gewirkt haben. Damit kann ihre Aktion als Empfang und Senden von Lichtwellen verstanden werden. Für den Fall von zwei auftreffenden Lichtstrahlen wurden die grundlegenden Zusammenhänge im Abschnitt 2.36 dargestellt.

4.14 INTERFERENZSTREIFENMODELL FÜR LASER-DOPPLER-SIGNALE

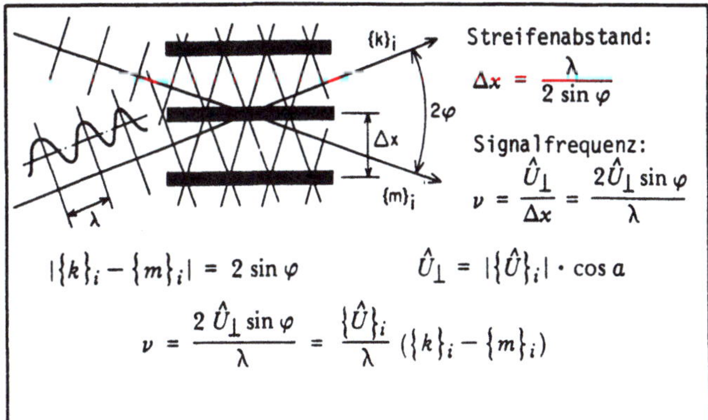

Das obige Bild zeigt die Grundprinzipien des von Rudd (1969) vorgeschlagenen Interferenzstreifenmodells. Dieses Modell ermöglicht eine einfache bildliche Darstellung und liefert eine Basis für die qualitative und quantitative Analyse vieler Eigenschaften von Laser-Doppler-Signalen. Zwei kohärente Lichtstrahlen mit ebenen Wellenfronten - wie sie in der Mitte zweier Gaußscher Lichtstrahlen vorliegen - schneiden sich unter einem Winkel von 2φ. Damit entsteht ein ebenes Interferenzmuster, wie in den Abschnitten 2.18 und 2.19 gezeigt wurde. Der Streifenabstand ist proportional zur Wellenlänge des Laserlichtes und umgekehrt proportional zum halben Winkel zwischen den beiden Strahlen. Durchquert nun ein Partikel dieses Interferenzstreifengebiet, so wird Streulicht emittiert, dessen Intensität, gemäß der Intensitätsverteilung innerhalb dieses Gebietes variiert. Diese Intensitätsschwankungen werden von einem Photodetektor registriert. Die Frequenz des Ausgangssignals stimmt, wie leicht gezeigt werden kann, genau mit der Frequenz überein, die sich aus den Berechnungen ergibt, die auf den Doppler-Betrachtungen basieren.

Nimmt man an, daß die Laser-Doppler-Signale von Interferenzstreifenmustern erzeugt werden, so erlaubt dies Rückschlüsse auf die Kohärenz der beiden Strahlen und auf ihre relativen Lichtintensitäten. Derartige Informationen sind für den Bau optimierter Optiken unentbehrlich. In dieser Hinsicht war das Streifenmodell ein signifikanter Fortschritt in der Laser-Doppler-Anemometrie. Durch Kombination des Streifenmodells mit dem Interferenzverhalten Gaußscher Lichtstrahlen entsteht ein detaillierteres Bild eines LDA-Systems. Mit der $1/e^2$-Intensität als Grenze besitzt das effektive Meßvolumen die Form eines Ellipsoides. Damit kann das Meßvolumen für Differential-Doppler-Systeme als ein Satz von parallelen Streifenebenen dargestellt werden, die ein Ellipsoid um den Strahlenschnittpunkt ausfüllen. Die kurze Achse des Ellipsoides hängt in erster Linie von der Größe der Strahleinschnürung ab und variiert nur leicht mit dem Schnittwinkel der Strahlen. Die lange Achse nimmt jedoch sehr schnell mit abnehmendem Schnittwinkel der Strahlen zu.

Die Auswirkungen ungenauen Strahlenschnittes, wie bereits früher beschrieben, können mit dem Streifenmodell leichter verdeutlicht werden. In diesem Fall interferieren nicht ebene Wellenfronten, sondern eher sphärische Wellen. Die so erzeugten Interferenzstreifen sind verzerrt und bilden keine parallelen Ebenen mehr. Partikel derselben Geschwindigkeit, die an verschiedenen Orten das Meßvolumen durchqueren, erzeugen deshalb unterschiedliche Doppler-Frequenzen.

4.15 MODELL FÜR LASER-DOPPLER-SIGNALE UNTER VERWENDUNG VON STEHENDEN WELLENFRONTEN

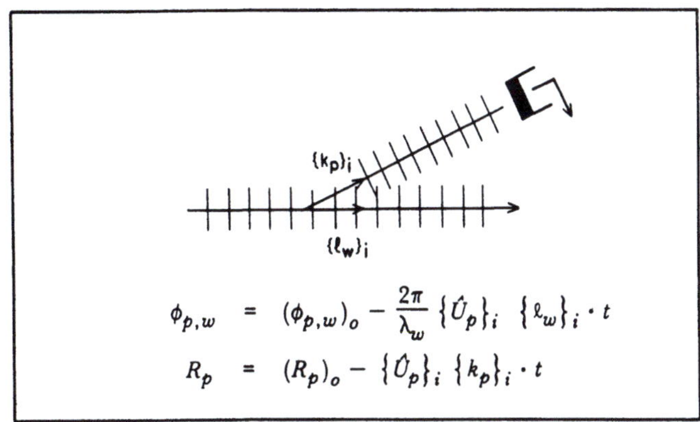

$$\phi_{p,w} \;=\; (\phi_{p,w})_o - \frac{2\pi}{\lambda_w}\{\hat{U}_p\}_i\,\{\ell_w\}_i\cdot t$$

$$R_p \;=\; (R_p)_o - \{\hat{U}_p\}_i\,\{k_p\}_i\cdot t$$

Ein weiteres Modell für Laser-Doppler-Anemometer-Signale wurde von Durst (1972) vorgeschlagen, der bemerkte, daß die Linearisierung der komplexen Ausdrücke, die sich aus den Doppler-Betrachtungen ergeben, eine einfachere theoretische Behandlung ermöglicht. Da, wie in Dia-Vorlage 4.14 gezeigt, nur Änderungen der Frequenz in den Schlußbeziehungen vorkommen, deutete Durst das Doppler-Signal als folgendermaßen entstanden. Es existieren zwei stehende Wellenmuster, eines zwischen Laser und Partikel und ein zweites zwischen Partikel und Detektor. Das Doppler-Signal entsteht nun beim Durchtritt des Partikels durch die Wellenfronten. Wie nachfolgend gezeigt wird, können aus diesem Modell die Doppler-Gleichungen abgeleitet werden.

Bewegt sich das Teilchen relativ zu der Lichtquelle, so werden zusätzliche Wellenfronten in diesen Wellenmustern durchquert. Analytisch ausgedrückt bedeutet das eine Zeitabhängigkeit der Phase des Streulichtes.

$$\phi_{p,w} \;=\; (\phi_{p,w})_o + \frac{2\pi}{\lambda_w}\{\hat{U}_p\}_i\,\{\ell_w\}_i\cdot t \;.$$

Darüberhinaus wird zusätzlich der Abstand zwischen den Streupartikeln P_p und einem Punkt Q auf der Oberfläche des Photodetektors eine Funktion der Zeit. Dies kann folgendermaßen ausgedrückt werden:

$$R_p \;=\; (R_p)_o - \{\hat{U}_p\}_i\,\{k_p\}_i\cdot t \;.$$

Führt man diese Gleichungen in die Beziehung für die Interferenz von Lichtwellen ein, erhält man für ein Zweistrahl-Anemometer folgende analytische Beschreibung der Lichtintensität an einem Punkt auf dem Photodetektor (siehe Kapitel 3);

$$I_3 \;=\; \sum_{\substack{p=1}}^{N} \; \sum_{\substack{m=1 \\ m \neq n}}^{M} \; \sum_{n=1}^{M} a_{p,m}\, a_{p,n} \cos\Big\{ \big[(\phi_{p,m})_o - (\phi_{p,n})_o\big]$$

$$+\, 2\pi t\, \big[(\nu_m - \nu_n) + \tfrac{1}{\lambda}\, \{\hat{U}_p\}_i\, (\{\ell_m\}_i - \{\ell_n\}_i\,)\big]\Big\} \;.$$

Diese Gleichung zeigt, daß der Term für die Frequenzverschiebung exakt dem entspricht, der aus anderen Modellen hergeleitet werden kann, nämlich:

$$\nu_D \;=\; \tfrac{1}{\lambda}\, \{\hat{U}\}_i\, \{n\}_i \;.$$

4.16 MODELL ZUR ERKLÄRUNG DER SIGNALFREQUENZ ALS ZEITABHÄNGIGE ÄNDERUNGEN DER LAUFLÄNGENUNTERSCHIEDE

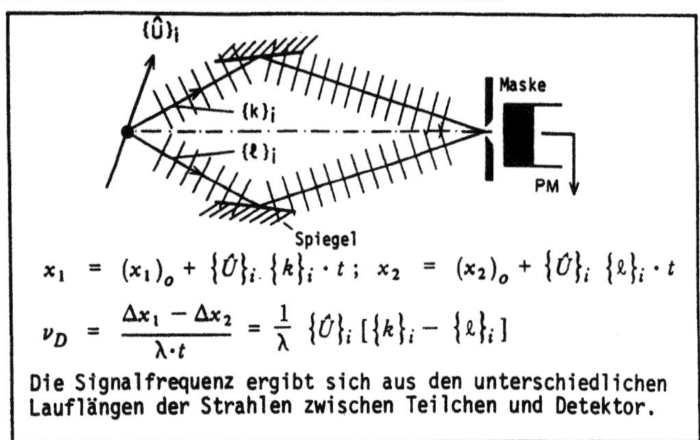

$$x_1 \;=\; (x_1)_o + \{\hat{U}\}_i \{k\}_i \cdot t \;;\quad x_2 \;=\; (x_2)_o + \{\hat{U}\}_i \{\ell\}_i \cdot t$$

$$\nu_D \;=\; \frac{\Delta x_1 - \Delta x_2}{\lambda \cdot t} \;=\; \frac{1}{\lambda}\, \{\hat{U}\}_i\, [\{k\}_i - \{\ell\}_i\,]$$

Die Signalfrequenz ergibt sich aus den unterschiedlichen Lauflängen der Strahlen zwischen Teilchen und Detektor.

Das letzte Modell, das in diesem Abschnitt vorgestellt wird, wurde von Durst und Whitelaw (1971d) im Zusammenhang mit der von ihnen entwickelten Optik für zweidimensionale Geschwindigkeitsmessungen vorgeschlagen. Dieses optische System benützt, wie in Tafel 4.9 bereits näher erläutert, zwei in verschiedene Richtungen gestreute Laserstrahlen, um die erforderlichen Geschwindigkeitsinformationen zu erhalten. Das Modell von Durst und Whitelaw zieht für die Auswertung die Lauflänge der zwei gestreuten Lichtwellen heran, unter Berücksichtigung, daß es Abstandsänderungen zwischen den Streuteilchen und dem Photodetektor gibt, sobald sich die Teilchen bewegen.

Diese Lauflängenänderungen können ausgedrückt werden als:

$$x_1 = (x_1)_0 + \{\hat{U}\}_i \, \{k\}_i \cdot t \qquad\qquad x_1 - (x_1)_0 = \Delta x_1$$

$$x_2 = (x_2)_0 + \{\hat{U}\}_i \, \{\ell\}_i \cdot t \qquad\qquad x_2 - (x_2)_0 = \Delta x_2 \; .$$

Das Interferenzmuster auf dem Photodetektor, das durch die Interferenz der zwei Streuwellen hervorgerufen wird, wird sich in Form und Lage ändern, sobald ein Teilchen durch das Meßvolumen fliegt. Die Frequenz der resultierenden Intensitätsschwankung ergibt sich aus dem Zusammenhang:

$$\nu_D = \frac{\Delta x_1 - \Delta x_2}{\lambda \cdot t} = \frac{1}{\lambda} \{\hat{U}\}_i \left(\{k\}_i - \{\ell\}_i \right) \; .$$

Derselbe Zusammenhang ergibt sich aus den Doppler-Betrachtungen oder aus dem Interferenzstreifenmodell, das die Existenz von Interferenzstreifen im Meßvolumen voraussetzt. Die in den Abschnitten 4.13 bis 4.16 vorgestellten verschiedenen Modelle zeigen, daß diese im Prinzip dasselbe Phänomen mit jeweils anderen Worten beschreiben. Die Herleitungen zeigen, daß die entscheidende Auswertegleichung, die die Beziehung zwischen der gemessenen Doppler-Frequenz, der Geschwindigkeit der Streuteilchen und der Geometrie des optischen Systems herstellt, aus allen Modellen abgeleitet werden kann. Trotzdem sollten diese Modelle sehr vorsichtig benützt werden, wenn man sie heranziehen möchte, um andere Eigenschaften der Laser-Doppler-Signale vorherzusagen.

Die obigen Herleitungen beschreiben dasselbe Phänomen wie jene in den Abschnitten 4.13 bis 4.15, obwohl eine andere Terminologie benützt wurde.

4.17 HEURISTISCHE ERKLÄRUNG DER ABHÄNGIGKEIT DER SIGNAL-QUALITÄT VON DER PARTIKELGRÖSSE

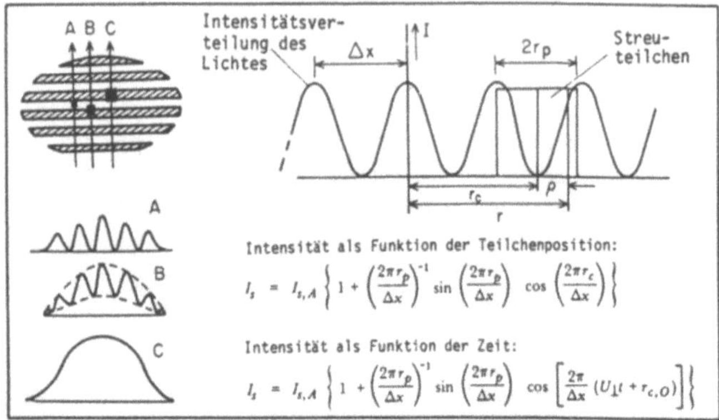

$$I_{s} = I_{s,A} \left\{ 1 + \left(\frac{2\pi r_p}{\Delta x}\right)^{-1} \sin\left(\frac{2\pi r_p}{\Delta x}\right) \cos\left(\frac{2\pi r_c}{\Delta x}\right) \right\}$$

$$I_{s} = I_{s,A} \left\{ 1 + \left(\frac{2\pi r_p}{\Delta x}\right)^{-1} \sin\left(\frac{2\pi r_p}{\Delta x}\right) \cos\left[\frac{2\pi}{\Delta x}\left(U_\perp t + r_{c,O}\right)\right] \right\}$$

Die in den vorangegangenen Abschnitten vorgestellten Modelle wurden nun erweitert, um die in Experimenten beobachtete Abhängigkeit der Signalqualität (Streifensichtbarkeit) von der Teilchengröße zu erklären. Die Experimente zeigten, daß das Signal-Rausch-Verhältnis nicht zwangsläufig mit zunehmender Partikelgröße besser wird, wie man annehmen müßte, wenn man nur die Erhöhung der Intensität des Streulichtes mit dem Partikeldurchmesser berücksichtigt.

Die von Durst (1973) gegebene heuristische Erklärung des Einflusses der Partikelgröße berücksichtigt die Intensitätsverteilung im Schnittvolumen der beiden Strahlen gleicher Intensität. Das Doppler-Signal wurde in Anlehnung an das Interferenzstreifenmodell als das entsprechende Zeitintervall interpretiert mit der ein Streuteilchen die Streifen innerhalb des Meßvolumens durchquert. Die Intensitätsverteilung im Schnittvolumen kann folgendermaßen ausgedrückt werden:

$$I = I_A \left[1 + \cos\left(\frac{2\pi}{\Delta x}\, r\right) \right] \; .$$

Mit den oben angegebenen Benennungen und unter der Annahme, daß das Streuteilchen eine quadratische Projektionsfläche aufweist[*], gilt für die

---

[*] Die Annahme hat keinen Einfluß auf die allgemeinen Schlußfolgerungen, die aus dem vorliegenden Argument gezogen werden können.

Streulichtintensität folgender integraler Zusammenhang:

$$I_s = \frac{I_{s,A}}{r_p} \int_{-r_p}^{+r_p} \left\{ 1 + \cos\left[\frac{2\pi}{\Delta x} (r_c + \rho) \right] \right\} d\rho$$

wobei $r = (r_c + \rho)$ und r_c die Position des Mittelpunktes des Streuteilchens angibt. Durch Integration erhält man den in Tafel 4.17 gegebenen Ausdruck für die Lichtintensität. Daraus ergibt sich, daß der Term, der die Signal-modulation beschreibt, durch einen Faktor abgeschwächt wird, der von der Größe der Streuteilchen und dem Streifenabstand abhängt. Qualitativ ist dies einfach zu verstehen, wenn man annimmt, daß Partikeldurchmesser und Streifenabstand gleich groß sind. In diesem Falle würde das Teilchen eine Ortsänderung nur als den zyklischen Wechsel zwischen hell und dunkel erfahren. Eine Änderung der Partikelposition im Meßvolumen würde somit nur eine Verschiebung des Entstehungsortes des Streulichtes entlang der Teilchenbahn bedeuten; es käme zu keiner Änderung der Streulichtintensität selbst.

4.18 ABHÄNGIGKEIT DER SIGNALQUALITÄT VON DER PARTIKELGRÖSSE

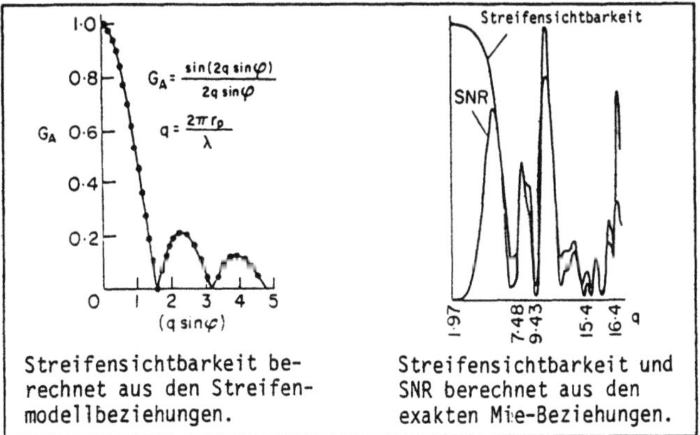

Streifensichtbarkeit be-
rechnet aus den Streifen-
modellbeziehungen.

Streifensichtbarkeit und
SNR berechnet aus den
exakten Mie-Beziehungen.

Wie der vorangegangene Abschnitt 4.17 zeigt, basieren die Abschätzungen für die Beeinflussung des Doppler-Signales durch die Partikelgröße auf dem Interferenzstreifenmodell, das in Abschnitt 4.14 vorgestellt wurde. Dieses Modell setzt indirekt voraus, daß der Streuprozeß selbst keinen direkten Einfluß auf das Signal hat. Das ist jedoch nicht richtig, da man weiß, daß die Intensität des Lichtes, die Phase der Wellen und die Polarisationsart des gestreuten Lichtes von der Beobachtungsrichtung abhängen. Jeder einzel-ne Streustrahl eines Zweistrahl-Anemometers besitzt sein eigenes Streu-muster; beide Muster überschneiden sich nur teilweise. Deshalb ist der

Winkel zwischen den Strahlen von ähnlich großer Bedeutung für das empfangene Signal wie der Raumwinkel, unter dem das gestreute Licht gesammelt
wird.

Diese Argumente verdeutlichen, daß das Interferenzstreifenmodell physikalisch unvollständig ist und nur mit Vorbehalt angewandt werden sollte, um
falsche Schlußfolgerungen zu vermeiden. Dies verdeutlichen auch die Berechnungen der Streifenwahrnehmbarkeit (Definition siehe Abschnitt 2.19), die
auf dem obigen Bild dargestellt sind. Das linke Diagramm zeigt das kontinuierliche Absinken der Streifensichtbarkeit, wie es sich aus den Betrachtungen auf der vorhergehenden Seite ableiten läßt. Dies würde bedeuten, daß
Geschwindigkeitsmessungen mit Laser-Doppler-Anemometern für große Partikel
nicht möglich sind, was jedoch im Widerspruch zu experimentellen Ergebnissen von Durst und Whitelaw (1971e) steht, die gute Laser-Doppler-Signale
mit Teilchen erhielten, deren Durchmesser mehrere Streifenabstände über-
stieg.

Das Diagramm auf der rechten Seite zeigt die theoretisch richtig berechneten Ergebnisse, wie sie sich aus der Mieschen Theorie ergeben. Diese Berechnungen wurden von Eliasson mit Hilfe eines von ihm und Dändliker (1974)
entwickelten Computerprogrammes durchgeführt. Der Winkel zwischen den beiden Streustrahlen betrug 20°, das Streulicht wurde unter einem Raumwinkel
von ebenfalls 20° in Vorwärtsrichtung gesammelt. Diese Ergebnisse stimmen
mit den experimentellen Daten sehr gut überein und können physikalisch mit
den in Kapitel 3 aufgestellten Annahmen erklärt werden.

In der Praxis ist die Abhängigkeit des Signal-Rausch-Verhältnisses von der
Partikelgröße unbedeutend, da für gewöhnlich bei polydispersen Partikel-
größenverteilungen ein Größenbereich vorliegt, der den, im obigen Diagramm
dargestellten, Bereich der Mie-Parameter abdeckt. Daraus folgt, daß mit der
Empfangsoptik Signale mit hohem und niedrigem Signal-Rausch-Verhältnis aufgenommen werden. Die Elektronik ist gewöhnlich so eingestellt, daß nur Signale mit gutem Signal-Rausch-Verhältnis akzeptiert werden.

4.19 ABHÄNGIGKEIT DER SIGNALQUALITÄT VON DER PARTIKEL-
KONZENTRATION, 1

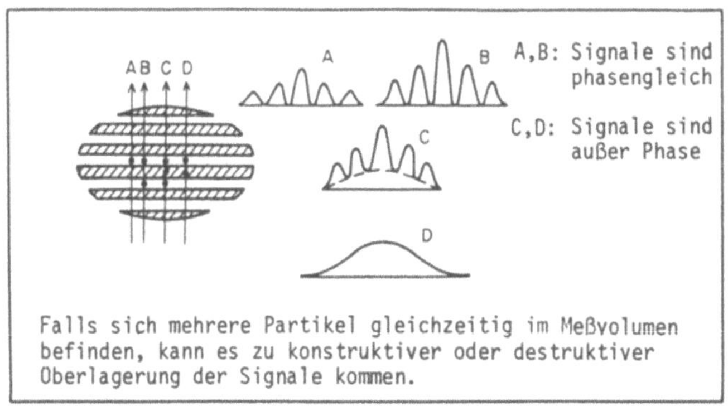

Im vorhergehenden Abschnitt wurde die Abhängigkeit des Laser-Doppler-Signals von der Partikelgröße erörtert. Die obige Abbildung zeigt, daß die Modulationstiefe des Laser-Doppler-Signales nicht nur von der Partikelgröße
abhängt, sondern auch von der Anzahl der Teilchen, die sich gleichzeitig im
Meßvolumen aufhalten und von deren relativen Abstand innerhalb der Interferenzstreifen zueinander. Die Abhängigkeit der Modulationstiefe vom relativen Aufenthaltsort und der Konzentration der Partikel wird, für den Fall
daß sich die Partikel auf derselben Bahn mit derselben Geschwindigkeit bewegen, im folgenden kurz erläutert.

Der Durchgang eines einzelnen Teilchens durch das Meßvolumen führt zu einem
Signal, wie im Fall (A) dargestellt, vorausgesetzt die Partikel sind so
groß, daß die volle Modulationstiefe erreicht wird. Die Signale zweier Partikel überlagern sich konstruktiv, wenn sie genau einen Streifenabstand
voneinander entfernt sind. Dies entspricht den im Bild dargestellten Fall
(B). Hier kommen die beiden Signale phasengleich am Photomultiplier an, wohingegen sie außer Phase sind, wenn sie nur einen halben Streifenabstand
voneinander entfernt sind. In diesem Fall kommt es zu destruktiver Interferenz, das Doppler-Signal ist nicht moduliert. Daraus folgt, daß dem Signal
(D) im obigen Bild keine Geschwindigkeitsinformation entnommen werden
kann.

Die oben gezeigte Skizze des Meßvolumens verdeutlicht, daß zwei Teilchen,
deren Abstand voneinander gleich dem Interferenzstreifenabstand ist, zu
maximaler Modulationstiefe des resultierenden Signals führen. Nicht die
volle Modulationstiefe wird man erreichen, wenn der Abstand kleiner als der
halbe Streifenabstand ist. Ebenso würde man eine reduzierte Modulationstiefe erwarten, wenn sich drei Teilchen gleichzeitig im Meßvolumen aufhalten und ihr Abstand ebenfalls einen halben Streifenabstand beträgt, wie für

158

den Fall (C) im obigen Bild gezeigt wird. Im Falle von zufälliger Partikelgröße und Partikelverteilung im Raum, wie sie in natürlichen Systemen vorliegt, gibt es auch zufällig verteilte Partikelabstände, die zu den beschriebenen Signalen führen. Darüberhinaus wird die Modulationstiefe kleiner mit wachsender Partikelkonzentration.

Die obigen Erläuterungen beziehen sich auf Partikel gleicher Größe. Unter
der Annahme, daß für Messungen üblicherweise polydisperse Teilchen verwendet werden und daß die vom Laser gestreute Strahlung sehr stark von der
Partikelgröße abhängt, ist es zwangsläufig so, daß das Doppler-Signal üblicherweise vom größten, sich im Meßvolumen befindlichen Partikel dominiert
wird. Dieser Effekt kompensiert teilweise die Minderung der Signalqualität
mit zunehmender Teilchenanzahl im Meßvolumen.

4.20 ABHÄNGIGKEIT DER SIGNALQUALITÄT VON DER PARTIKEL-
KONZENTRATION, 2

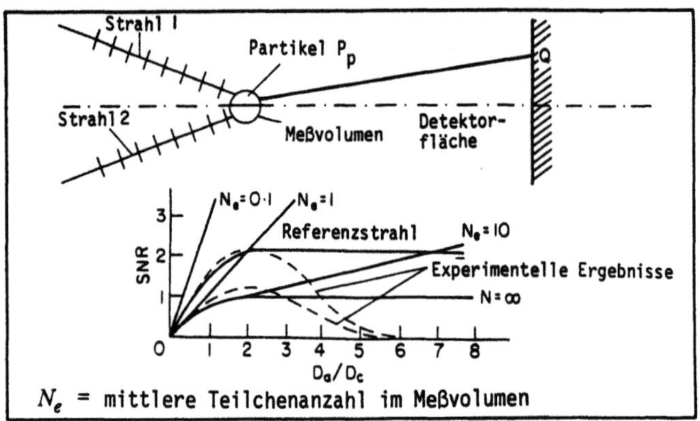

Die Abhängigkeit der Laser-Doppler-Signale von der Partikelkonzentration
wurde im vorhergehenden Abschnitt qualitativ erörtert, mit dem Ergebnis,
daß Anemometer bei hohen Partikelkonzentrationen nicht mehr zufriedenstellend arbeiten. Eine quantitative Bestimmung dieses Effektes führten, zumindest bis zu einem gewissen Grad, Wang und Snyder (1974) durch; den Versuch
einer analytischen Untersuchung unternahm Drain (1972), der zeigen konnte,
daß der Einfluß der Partikelgröße auf das Signal-Rausch-Verhältnis sehr
groß ist. Drain berücksichtigte sowohl die Lage des Teilchens im Meßvolumen
als auch die endliche Apertur der Detektoroberfläche. Er vernachlässigte
jedoch einen Einfluß des Streumechanismus, wie er in der Theorie in den Abschnitten 2.31 und 2.32 beschrieben wurde und deshalb sind seine Ergebnisse
auf Teilchen beschränkt, die klein sind im Verhältnis zu den Lichtwellen.
Dies ist unschwer zu erkennen, da seine Gleichung für den resultierenden
Photostrom die Phase $\phi_{m,n}$ beinhaltet, die jedoch allein von der Lage der

Teilchen m und n und nicht von deren Größe abhängt.

Trotz der obigen Einschränkungen waren die Drainschen Ergebnisse für die Entwicklung von Meßgeräten sehr wichtig; bestätigten sie doch den Bedarf an Mehrzweck-Anemometern, Geräten, die für Messungen in verschiedensten Strömungsformen eingesetzt werden können. Diesen Bedarf erkannten auch Durst und Whitelaw (1971d), die, angeregt durch experimentelle Ergebnisse, Optiken entwickelten (siehe Tafel 4.9), die eine Anpassung der Betriebsart an die Strömung erlaubten.

Obwohl eine Optik, deren Aufbau unterschiedliche Betriebsarten zuläßt, durchaus vorteilhaft ist, zeigt die Erfahrung, daß nur wenige Strömungs-untersuchungen mit Referenzstrahl-Anemometern durchgeführt wurden. Die Vorteile dieser Anemometer scheinen bei Partikelkonzentrationen zu liegen, bei denen die Teilchenzahl im Meßvolumen 100 übersteigt. Natürlich gibt es auch hier eine Grenzkonzentration, bei der die geringe Intensität des Streulichtes optische Messungen nicht mehr zuläßt.

Die Drainschen Ergebnisse zeigten bei steigenden Teilchenkonzentrationen eine Verschlechterung des Signal-Rausch-Verhältnisses und ein gleichbleibendes Signal-Rausch-Verhältnis mit zunehmender Detektorapertur bei konstant hoher Teilchendichte. Experimentelle Ergebnisse deuten in diesem Fall jedoch auf eine Erhöhung des Signal-Rausch-Verhältnisses mit zunehmender Apertur hin, der ein Absinken folgt. Bei weiterer Zunahme der Apertur kann dann das Signal-Rausch-Verhältnis soweit abfallen, daß keine Signale mehr erkennbar sind. Es ist noch nicht bekannt, worauf die Diskrepanz zwischen der Drainschen Theorie und den experimentellen Ergebnissen beruht. Es ist wahrscheinlich, daß die Einbeziehung der Größenabhängigkeit des Streulichtes zu einer korrekten Abhängigkeit des Signal-Rausch-Verhältnisses von Teilchengröße und Apertur führt.

4.21 <u>BLOCKDIAGRAMM EINES LASER-DOPPLER-ANEMOMETER-SYSTEMS</u>

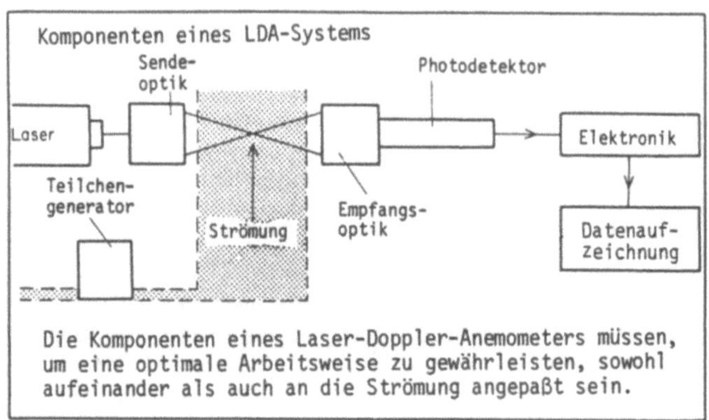

Die Komponenten eines Laser-Doppler-Anemometers müssen,
um eine optimale Arbeitsweise zu gewährleisten, sowohl
aufeinander als auch an die Strömung angepaßt sein.

Auf den folgenden Seiten werden die verschiedenen optischen Komponenten, aus denen ein Laser-Doppler-Anemometer besteht, erläutert. Obige Abbildung zeigt die Teile; im Einzelnen eine Laser-Lichtquelle, eine Sendeoptik auf der einen Seite der Meßstrecke und eine Empfangsoptik auf der anderen Seite. Das optische Signal wird von einem Photodetektor aufgefangen und von einer geeigneten Elektronik weiterverarbeitet. Zur Optimierung des Laser-Doppler-Anemometers müssen die einzelnen Komponenten aufeinander abgestimmt sein und zudem der zu untersuchenden Strömung angepaßt werden. Daß die Optik an die Strömung angepaßt werden muß, geht aus den auf der vorherigen Seite angestellten Überlegungen hervor, die zeigten, daß Referenzstrahl-Anemometer bei Strömungen mit hoher Teilchenkonzentration vorteilhafter sein können. Darüber hinaus wird eine Elektronik, die Doppler-Signale von Wasserströmungen aufzeichnen soll, nicht besonders gut für Messungen in Überschallströmungen geeignet sein. Es empfiehlt sich deshalb, die Elektronik an die zu untersuchende Strömung anzupassen.

Im weiteren wird nun auf die optischen Komponenten und deren gegenseitige Anpassung näher eingegangen und die Eignung und Leistungsanforderungen verschiedener Laserquellen theoretisch auf der Basis der Mieschen Theorie behandelt. Da Laser meistens in ihrem Grundmodus (TEM_{00}) benutzt werden, was eine Gaußsche Intensitätsverteilung bewirkt, müssen die Eigenschaften Gaußscher Lichtstrahlen berücksichtigt und ihre Fokussierung mit einzelnen Linsenelementen analysiert werden.

Zahlreiche optische Konfigurationen werden in den folgenden Abschnitten betrachtet und einfache geometrische Regeln hinsichtlich der benötigten Anzahl von Interferenzstreifen im Meßvolumen und der Abmessung der Blende am Photodetektor angegeben. Diese Regeln stellen sicher, daß geeignete Signalzyklen zur Verfügung stehen, die exakte Frequenzmessungen ermöglichen. Die Berechnungen zeigen, daß die Fokussierung der Lichtstrahlen durch die

Sendeoptik von der endlichen Anzahl der zur Frequenzmessung benötigten Streifen limitiert ist. Die Empfangsoptiken, einschließlich der Blende des Photodetektors, sollten an die Sendeoptik angepaßt sein, um sicherzustellen, daß nur der Bereich auf den Photodetektor abgebildet wird, in dem sich die beiden Laserstrahlen schneiden. Eine Beeinflussung des Ausgangssignales des Photodetektors durch Lichtquellen außerhalb dieses Meßvolumens sollte vermieden werden.

4.22 AUSWAHL DER LICHTQUELLEN, KOHÄRENZANFORDERUNGEN, 1

Bestimmungsgleichung:

$$\nu_D = \frac{1}{\lambda} \{U\}_i \{n\}_i$$

$$\delta\nu_D = \underbrace{\frac{1}{\lambda} \{n\}_i \, \delta\{U\}_i}_{A} + \underbrace{\frac{1}{\lambda} \{U\}_i \, \delta\{n\}_i}_{B} - \underbrace{\frac{1}{\lambda^2} \{U\}_i \{n\}_i \, d\lambda}_{C}$$

A = Frequenzänderungen, die von Geschwindigkeits-
    änderungen herrühren
B = Frequenzänderungen, die von optischen Unge-
    nauigkeiten verursacht sind
C = Frequenzänderungen, die von farbigen Inkohä-
    renzen erzeugt werden
C   ist vernachlässigbar im Vergleich mit A und B
    in turbulenten Strömungen
C   ist klein gegenüber B in laminaren Strömungen

In Abschnitt 5.2 wird gezeigt, daß eine Beziehung aus der Bestimmungsgleichung für die Laser-Doppler-Signale abgeleitet werden kann, welche den Einfluß der Reinheit des Spektrums der Lichtquelle auf die Breite des gemessenen Doppler-Spektrums beschreibt. Diese Verbreiterung wird auch von anderen Faktoren mit beinflußt, wie z.B. optischen Unreinheiten, Geschwindigkeits-schwankungen usw.. Um sicherzustellen, daß die Spektrumsverbreiterung der Lichtquelle die Messungen nicht stört, genügt es zu fordern, daß sie klein ist im Vergleich zu den Parametern, die das gemessene Spektrum noch beeinflussen. Diese Anforderung wird sogar von konventionellen Lichquellen erfüllt, z.B. sind charakteristische Werte für die grüne Quecksilberlinie:

$$\frac{\delta\nu_o}{\nu_o} \lesssim 10^{-6} \; .$$

Deshalb benötigen Messungen auf der Basis der Doppler-Verschiebung des Streulichtes keine Laserquellen chromatischer Kohärenz. Der Grund für die Verwendung von Lasern liegt in ihrer hohen Lichtleistung und ihrer räumlichen Kohärenz. Letzteres ermöglicht die Benützung der gesamten Laserlichtleistung, während mit einer konventionellen Lichtquelle, sehr kleine Blenden erforderlich sind, um räumliche Kohärenz zu erzeugen.

Wie bereits oben erwähnt wurde, müssen bei der Spezifizierung eines Lasers für Doppler-Messungen zwei prinzipielle, technische Anforderungen berücksichtigt werden, nämlich Kohärenz und Leistung. Auf den folgenden beiden Seiten wird speziell auf die Kohärenz und die sich daraus ergebenden Anforderungen eingegangen. Die meisten charakteristischen Eigenschaften der Laser, die wichtig für Laser-Doppler-Messungen sind, betreffen eher die Grundlagen der optischen Resonanzröhre als die Physik des Lasers selbst. Deshalb ist keine genaue Kenntnis der angeregten Emission von Strahlen nötig, um die erforderlichen Eigenschaften der Laserlichtquellen abzuschätzen. Diese Abschätzung wird durch die Kenntnis der Vorgänge in der Resonanzröhre erleichtert, wie die folgenden Seiten zeigen werden.

4.23 <u>AUSWAHL DER LICHTQUELLEN, KOHÄRENZANFORDERUNGEN, 2</u>

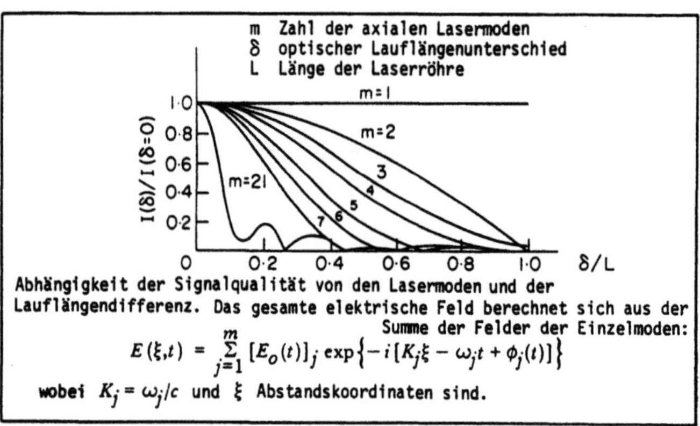

Abhängigkeit der Signalqualität von den Lasermoden und der Lauflängendifferenz. Das gesamte elektrische Feld berechnet sich aus der Summe der Felder der Einzelmoden:

$$E(\xi,t) = \sum_{j=1}^{m} [E_o(t)]_j \exp\left\{-i[K_j\xi - \omega_j t + \phi_j(t)]\right\}$$

wobei $K_j = \omega_j/c$ und ξ Abstandskoordinaten sind.

Die Länge L der optischen Resonanzröhre ist als der Abstand zweier Spiegel mit hoher Reflexion definiert, welche die Enden einer langen Entladungsröhre bilden, die zur Verstärkung mit einem atomaren oder molekularen Gas unter niedrigem Druck gefüllt ist. Durch hochfrequente oder gepulste elektrische Entladungen wird dieses Gas nun angeregt. Unter bestimmten Bedingungen kann es dann zu einer Besetzungsumkehr kommen. Die Anzahl der angeregten Zustände ist größer als die der Grundzustände; das Gas ist nun als Lichtverstärker verwendbar. Spontane Emissionen verursachen stimulierte Emissionen. Dieser Effekt wird durch die an den Enden der Resonatorröhre angebrachten Spiegel verstärkt, die das emittierte, emissionsstimulierende Licht möglichst oft durch das angeregte Gas leiten. Diese Resonanzemissionen überdecken fast völlig den willkürlichen Charakter der spontanen Emission, so daß der geringe Anteil des durch einen Spiegel ausgeschleusten Lichtes von hoher zeitlicher Kohärenz ist. Dennoch tritt, verursacht durch die Art der Verstärkung und die hohe, geforderte Leistung, bei den meisten Lasern Licht verschiedener Wellenlänge aus. Man sagt, der Laser arbeite nach dem Multi-Mode-Prinzip. Das Auftreten vieler unterschiedlicher Modi ist die Hauptursache für die Verkürzung der effektiven Kohärenzlänge und macht den Einsatz optischer Anordnungen mit gleicher Lauflänge der Strahlen erforderlich.

Die Gesamtemission einer Laserlichtquelle kann in der Form ausgedrückt werden, wie sie in der Gleichung im obigen Bild dargestellt ist. Darin bedeutet j die Modenummer und m die Gesamtzahl der axial angeregten Schwingungsmodi. Die Zeitabhängigkeit der Phase ϕ wird durch kleine, thermisch bedingte Änderung der Resonatorlänge verursacht, da die meisten verfügbaren Laser nicht vollständig stabilisiert sind. Diese Phasenschwankungen ziehen eine Zeitabhängigkeit der Amplitude des elektrischen Feldvektors $(E_o)_j$ und des zugehörigen Axialmodus j nach sich. Diesem Effekt scheinen sich zusätzlich Amplitudenschwankungen zu überlagern, die durch die Konkurrenz der Modi untereinander verursacht werden. Da sich die streuenden Partikel nur sehr kurz im Meßvolumen aufhalten, ist es für die meisten Anwendungen gerechtfertigt, die Zeitabhängigkeit der Phase ϕ und des Feldvektors $(E_o)_j$ zu vernachlässigen. Damit können die numerischen Ergebnisse Foremans (1967) zur Erstellung obiger Graphik verwendet werden. Dargestellt ist hier die Abnahme der Amplitude des Anemometersignals mit zunehmendem Gangunterschied und steigender Zahl der angeregten Axialschwingungsmodi. Damit wird eine Abschätzung des Einflusses der Röhrenlänge und des Lasermediums möglich.

4.24 <u>AUSWAHL DER LICHTQUELLEN, KOHÄRENZANFORDERUNGEN</u>, 3

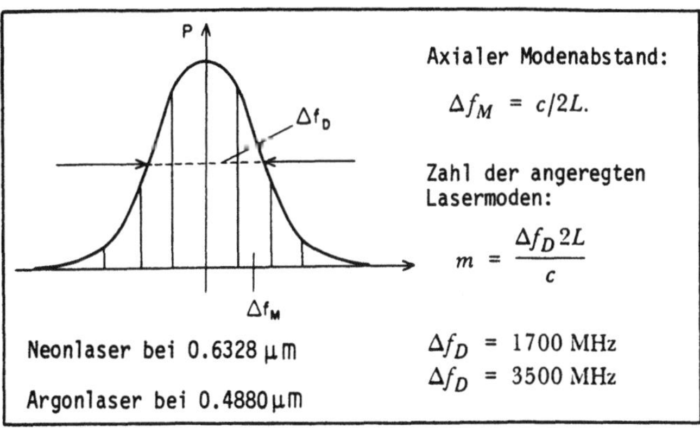

Die Dämpfung, die durch gleichzeitiges Auftreten verschiedener Axialmodi verursacht wird, kann unter Verwendung des Diagramms auf Tafel 4.23 berechnet werden, sofern die Laserröhrenlänge L gegeben ist. Somit kann der Abstand der Axialmodi gemäß folgender Beziehung berechnet werden:

$$\Delta f_M = c/2L \ .$$

Arbeitet der Laser nahe der Anregungsschwelle, ist die Breite der effektiven Verstärkungskurve nicht bekannt und daher kann die Zahl der angeregten Schwindungsmodi nicht berechnet, sondern muß den Beschreibungen des Lasers entnommen werden. Die meisten verwendeten Laser werden jedoch in einem Bereich betrieben, der weit über der Anregungsschwelle liegt, da nur so hohe Ausgangsleistungen zu erzielen sind. Dadurch nähert sich die Breite der effektiven Verstärkerkurve der Bandbreite Δf_D des atomaren Übergangs an. Für spezielle Laser kann die Doppler-Breite (voller Abstand zwischen den Punkten halber Amplitude) der Betriebsanleitung entnommen werden. Beispiele sind auf der obigen Tafel aufgeführt.

Die Zahl der angeregten Schwingungsmodi kann durch folgende Beziehung approximiert werden, wenn exakte Beschreibungen nicht vorliegen:

$$m = \frac{\Delta f_D}{\Delta f_M} = \frac{\Delta f_D\, 2L}{c} \; .$$

Die obige Beziehung zeigt, daß mit steigender Röhrenlänge, die bei gegebenem Lasermedium eine höhere Laserleistung zur Folge hat, die Zahl der angeregten Axialmodi wächst. Aus Tafel 4.23 läßt sich ersehen, daß diese erhöhte Laser-Leistung nur dann genützt werden kann, wenn keine Gangunterschiede auftreten. Für endliche Gangunterschiede nimmt die effektive zeitliche Kohärenz der Laserstrahlung mit abnehmender Zahl der axialen Schwingungsmodi ab und daher wird die Amplitude des hochfrequenten Anteils des Signals, d.h. "die Wechselstromkomponente", gemäß der Graphik auf Tafel 4.23, gedämpft. Ebenso kann ein Wechsel des Lasermediums, um eine höhere Verstärkung zu erzielen, die Zahl der angeregten axialen Schwingungsmodi erhöhen, die von einer breiteren Verstärkungskurve herrühren. Dies erfordert wiederum gleiche optische Weglängen, um Dämpfungen zu verhindern.

Es ist bekannt, daß für konventionelle Lichtquellen eine gute Streifensichtbarkeit erzielt werden kann, wenn keine Gangunterschiede auftreten. Die obigen Erläuterungen zeigen, daß diese Anforderung an jeden Laser gestellt werden muß, der für Interferenzexperimente verwendet wird, bei denen eine vollständige Modulation vorausgesetzt wird.

4.25 <u>AUSWAHL VON LICHTQUELLEN, LEISTUNGSANFORDERUNGEN, 1</u>

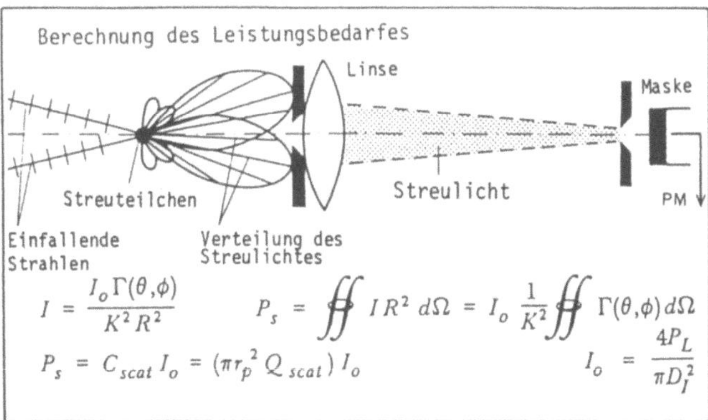

$$I = \frac{I_o \Gamma(\theta,\phi)}{K^2 R^2} \qquad P_s = \oiint I R^2 \, d\Omega = I_o \frac{1}{K^2} \oiint \Gamma(\theta,\phi) \, d\Omega$$

$$P_s = C_{scat} I_o = (\pi r_p^2 Q_{scat}) I_o \qquad\qquad I_o = \frac{4 P_L}{\pi D_I^2}$$

Die Erläuterungen der vorigen Seite zeigen, daß Laser die einzigen Lichtquellen von wirklicher Bedeutung für die Laser-Doppler-Anemometrie sind. Auf die Bedeutung ausreichender Strahlungsleistung wurde hingewiesen, diese aber nicht quantifiziert. Ziel dieses Abschnittes ist es, einen analytischen Ausdruck für die erforderliche Laserleistung als Funktion der Geschwindigkeit, des optischen Aufbaus, der Teilchengröße und der Photodetektoreigenschaften abzuleiten. Daraus folgt, daß der Vergleich des Signal-Rausch-Verhältnisses verschiedener optischer Aufbauten nur sinnvoll ist, wenn sie sich auf diese Größen beziehen.

Van de Hulst (1957) zeigte, daß die Intensität I des Streulichtes an einem Punkt im Raum mit der Distanz R vom Teilchen, wie auf obiger Tafel dargestellt, ausgedrückt werden kann, wenn der Ort R von Teilchen genügend weit entfernt ist. Damit kann die gesamte Lichtleistung P_s, die durch ein kleines Teilchen gestreut wird, durch Integration berechnet werden, wobei $d\Omega = \sin\Theta \, d\Theta \, d\Phi$ ein Raumwinkelelement ist und über die Oberfläche einer Kugel mit Radius R integriert wird. Die Gleichung für die gesamte, gestreute Leistung P_s kann unter Verwendung des Streuquerschnitts C_{scat} und dem Effektivitätsfaktor der Streuung Q_{scat} umgeformt werden. Dies wird in der obigen Abbildung dargestellt. Um die beschreibende Gleichung zu vereinfachen, wird die Annahme getroffen, daß die Lichtintensität innerhalb des Meßvolumens konstant ist.

Damit kann die Gesamtzahl der gestreuten Photonen pro Zeiteinheit berechnet werden:

$$n_s = \frac{P_s}{(h\nu)} = \frac{4 P_L C_{scat}}{\pi D_I^2 (h\nu)} = \frac{4 P_L Q_{scat} r_p^2}{D_I^2 (h\nu)} \, .$$

Die Teilchen verbringen nur sehr kurze Zeit innerhalb des Meßvolumens. Dieses Zeitintervall ist durch die Beziehung:

$$\Delta\tau = \frac{d_m}{U} = \frac{N_{ph}\,\Delta x}{U} = \frac{N_{ph}}{v_D}$$

gegeben.
Innerhalb dieses Zeitintervalls $\Delta\tau$ werden N_s Photonen in alle Richtungen gestreut.

$$N_s = n_s\,\Delta\tau = \frac{4 P_L Q_{scat} r_p^2}{D_I^2\,(h\nu)}\,\frac{N_{ph}}{v_D}\,.$$

4.26 <u>AUSWAHL VON LICHTQUELLEN, LEISTUNGSANFORDERUNGEN, 2</u>

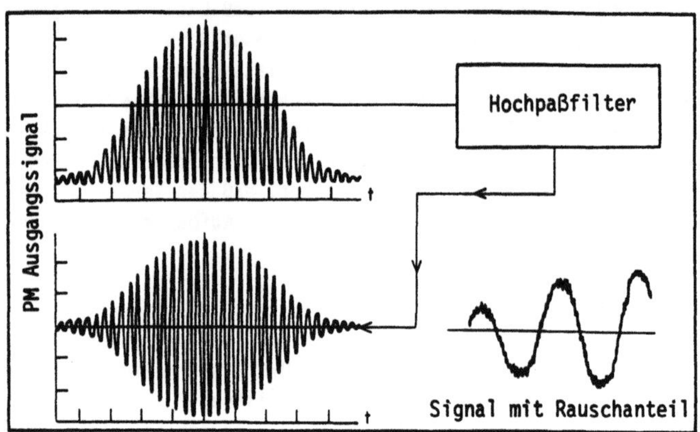

Die Gesamtzahl der Photonen, die pro Partikeldurchgang gestreut werden, ist auf der vorhergehenden Seite als Funktion der verfügbaren Laserleistung, der Streueigenschaften des Partikels, der Teilchengröße und den Fokussierungseigenschaften der Sendeoptik angegeben worden. Nur ein geringer Anteil der gestreuten Photonen ereicht den Photodetektor. Dies wird durch den begrenzten Wirkungsgrad der Empfangsoptik verursacht. Somit gilt:

$$N_{sc} = \eta_c N_s = 4\eta_c\,\frac{P_L Q_{scat} r_p^2}{D_I^2\,(h\nu)}\,\frac{N_{ph}}{v_D}\,.$$

Die Zahl der Elektronen, die die Kathode des Photodetektors verlassen, erhält man, indem man die Zahl der aufgefangenen Photonen N_{sc} mit dem Quantenwirkungsgrad η_q multipliziert:

$$N_e \;=\; \eta_q\,N_{sc} \;=\; 4\eta_q\,\eta_c\,\frac{P_L\,Q_{scat}\,r_p^2}{D_I^2\,(h\nu)}\;\frac{N_{ph}}{\nu_D}\;.$$

Es ist eine Mindestanzahl an Elektronen erforderlich, um ein nachweisbares Signal sicherzustellen. Diese Anzahl hängt stark ab von der erforderlichen Genauigkeit, der verfügbaren Signalprozeßelektronik und von der Zeitspanne innerhalb der die Messungen durchgeführt werden müssen. Je größer die Anzahl der Elektronen pro Partikel, desto höher wird das Signal-Rausch-Verhältnis. Obige Gleichung zeigt die Hauptparameter, die die Genauigkeit einer Laser-Doppler-Messung beeinflussen. Eine Verbesserung kann erwartet werden, falls:

a) Die Partikelgröße und die Streuungseffizienz zunimmt,
b) die Ausleuchtung des Meßvolumens durch Verkleinerung der Dimension des Brennpunktes erhöht wird,
c) die Effizienz der Empfangsoptik verbessert wird,
d) die Energie der Lichteinstrahlung zunimmt,
e) die Partikelgeschwindigkeit und damit die Signalfrequenz verringert wird.

Der Leser wird daran erinnert, daß zusätzlich zu den obigen Forderungen die Partikelgröße dem Streifenabstand angepaßt werden muß.

4.27 HAUPTEIGENSCHAFTEN DER GAUSSSCHEN LICHTSTRAHLEN

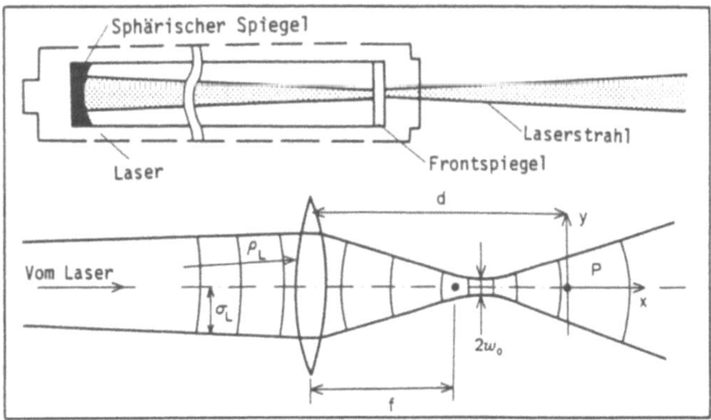

Die Arbeitsweise des Laser-Doppler-Anemometers hängt besonders von der eindeutigen Beschaffenheit des austretenden Laserstrahles ab. Bei der Laser-Doppler-Anemometrie werden die Laser fast immer im Grundmodus (TEM_{00}) betrieben, der für den abgegebenen Lichtstrahl eine Gaußsche Lichtintensitätsverteilung liefert. Obgleich diese Intensitätsverteilung exakt nur für

bestimmte Laserparameter erreicht werden kann, sind Abweichungen von dieser
Verteilung in der Praxis unbedeutend. Es ist daher ausreichend, in diesem
Abschnitt nur solche Lichtstrahlen zu behandeln, die eine Gaußsche Vertei-
lung der Intensität aufweisen.

Gaußsche Lichtstrahlen zeigen eine Strahleneinschnürung, wobei deren Lage -
relativ zu den Spiegeln - von den Laserparametern abhängt. Im Zentrum
dieser Einschnürung treten ebene Wellenfronten auf, die Lichtintensität an
dieser Stelle kann durch folgende Beziehung angegeben werden:

$$I_\Omega(r) = I_\Omega(0) \cdot \exp\left[-(2r^2/w_0^2)\right].$$

$I_\Omega(0)$ kann in Abhängigkeit der Laserleistung errechnet werden:

$$I_\Omega(0) = 2\,P_L\,/\,\pi w_0^2.$$

Für jede andere Ebene können wir die Lichtintensität schreiben als

$$I_p(r) = I_p(0)\ \exp[-(2r^2/s^2)]$$

wobei $I_p(0)$ als Funktion der Laserleistung ausgedrückt werden kann:

$$I_p(0) = \frac{2P_L}{\pi s^2} = \left(\frac{w_0}{s}\right)^2 I_\Omega(0).$$

Die Übertragung von Gaußschen Lichtstrahlen durch Linsen wurde von Kogelnik
und Li (1966) sowie Dickson (1970) analysiert. Sie leiteten eine Beziehung
für die Lichtintensitätsverteilung für einen Gaußschen Lichtstrahl her, der
mit der Wellenfrontkrümmung ρ_L und einem Radius σ_L definiert am e^{-2} Inten-
sitätspunkt ankommt und diese passiert. Ihre Beziehung kann benutzt werden,
um eine Formel für die Lichtintensitätsverteilung entlang der Linsenachse
abzuleiten.

$$I_p(0) = 2\pi\left(\frac{\sigma_L}{\lambda d}\right)^2 P_L \left[\frac{1}{1 + \sigma_L^4\,\frac{\pi^2}{\lambda^2}\left(\frac{1}{d} - \frac{1}{f} + \frac{1}{\rho_L}\right)^2}\right].$$

Der Radius s des Laserstrahles errechnet sich als:

$$s^2 = \frac{d^2\lambda^2}{\pi^2\sigma_L^2}\left[1 + \frac{\pi^2\sigma_L^4}{\lambda^2}\left(\frac{1}{d} - \frac{1}{f} + \frac{1}{\rho_L}\right)^2\right].$$

4.28 FOKUSSIERUNG DER GAUSSSCHEN LICHTSTRAHLEN

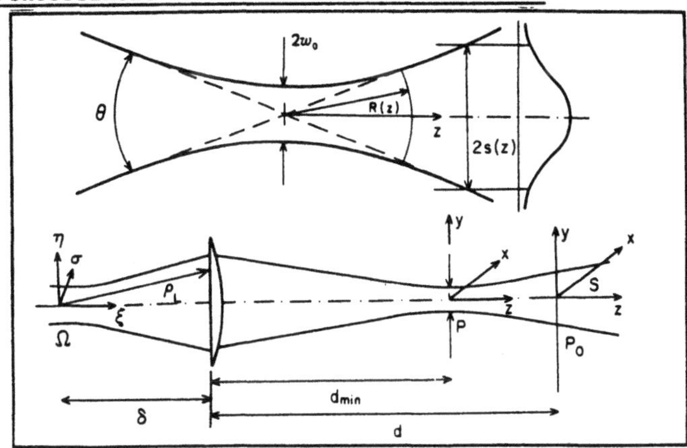

Für $f \to \infty$ und $\rho_L \to \infty$ kann man aus der Beziehung auf der vorhergehenden Seite analytische Ausdrücke für die Variation der Wellenfrontkrümmung R (Z)
und des Strahlenradius s(z) herleiten:

$$R(z) \;=\; z\left[1 + \left(\frac{\pi w_0^2}{\lambda z}\right)^2\right] \qquad \text{und} \qquad s(z) \;=\; w_0\left[1 + \left(\frac{\lambda z}{\pi w_0^2}\right)^2\right]^{\frac{1}{2}}.$$

Mit Hilfe dieser Beziehungen kann der Radius des Strahlenbündels und die
Wellenfrontkrümmung an der Linse berechnet werden:

$$\sigma_L \;=\; w_0\left[1 + \left(\frac{\lambda\delta}{\pi w_0^2}\right)^2\right]^{\frac{1}{2}}$$

und

$$\rho_L \;=\; \delta\left[1 + \left(\frac{\pi w_0^2}{\lambda\delta}\right)^2\right].$$

Indem man eine Variable $A = \pi w_0^2/\lambda$ einführt und σ_L und ρ_L in die Hauptbe-
ziehung für die Strahleneinschnürung einsetzt, ergibt sich dann:

$$s^2 \;=\; \frac{w_0^2 d^2}{\delta^2[1+(A/\delta)^2]}\left\{1 + \frac{\delta^4}{A^2}\,[1+(\tfrac{A}{\delta})^2]^2\left\{\frac{1}{d} - \frac{1}{f} + \frac{1}{\delta[1+(A/\delta)^2]}\right\}^2\right\}.$$

Die Lage der kleinsten Strahleneinschnürung kann aus dieser Beziehung hergeleitet werden:

$$d \;=\; \delta\left[\frac{\dfrac{\delta^2}{A^2}\,[1+\dfrac{A^2}{\delta^2}]^2\,[\dfrac{\delta}{f} - \dfrac{1}{(1+A^2/\delta^2)}]}{1 + \dfrac{\delta^2}{A^2}\,[1+\dfrac{A^2}{\delta^2}]^2\,[\dfrac{\delta}{f} - \dfrac{1}{(1+A^2/\delta^2)}]}\right].$$

Für f = δ liefert die obige Beziehung d = f und verdeutlicht die Bedingung für die Koinzidenz von Strahleneinschnürung und Brennpunkt der Linse. Der Abstand der Strahleneinschnürung vor der Linse muß gleich der Linsenbrennweite sein. Für d = f erreicht man für den Strahlradius im Brennpunkt einer Linse: $s = f\lambda/\pi w_0$

Der Ausdruck für die Lichtintensität lautet:

$$I_p(r) \;=\; \frac{2}{\pi}\left(\frac{\pi w_0}{f\lambda}\right)^2 P_L \cdot \exp\left[-\frac{2r^2}{s^2}\right].$$

4.29 GAUSSSCHE LICHTSTRAHLEN UND DIE FUNKTIONSWEISE VON LASER-DOPPLER-ANEMOMETERN

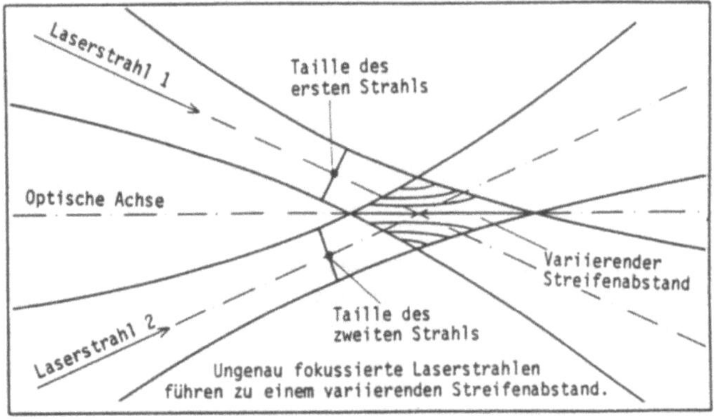

Es läßt sich aus den vorhergehenden Kapiteln ersehen, daß einige subtile Effekte auftreten können, wenn Gaußsche Strahlen durch Linsen fokussiert werden. Die theoretischen Ableitungen zeigten, daß der geringste Strahldurchmesser im allgemeinen nicht im Brennpunkt der fokussierenden Linse auftritt. Seine Lage bezüglich des Brennpunktes der Linse hängt vom Laser und vom Abstand zwischen Laser und Linse ab. Außerdem zeigten die Herleitungen, daß die Wellenfronten nur nahe der Strahleinschnürung eben sind, wohingegen sie an anderen Stellen Krümmungen besitzen.

Der Einfluß der Eigenschaften fokussierter Gaußscher Strahlen auf die Funktionsweise von Laser-Doppler-Anemometern wurde von Hanson (1974) untersucht. Benutzt man eine einzelne Linse, um die beiden einfallenden Strahlen zu fokussieren - wie es gewöhnlich bei Zweistrahlsystemen der Fall ist - schneiden sich die Achsen der Strahlen im Brennpunkt der Linse. Wenn die Strahleinschnürungen nicht auf diesen Punkt justiert sind, hat dies ein vergrößertes Meßvolumen zur Folge. Zusätzlich konnte gezeigt werden, daß sich die Krümmung der Wellenfronten, die außerhalb des Einschnürungsgebietes auftritt, zu einer signifikanten Änderung der Doppler-Frequenz führen kann, wenn die Partikeln unterschiedliche Teile des Meßvolumens durchqueren. Da die erwähnten Effekte oft sehr gering sind, wurden sie gewöhnlich in den Arbeiten mit Laser-Doppler-Anemometern ignoriert, entweder weil sie nicht in Betracht gezogen wurden, oder weil die Vorteile eines Aufbaues mit einer einzigen Linse diesen kleinen Nachteil überwogen. Für einige Anwendungen, so z.B. bei Laser-Doppler-Messungen über große Entfernungen, Untersuchungen in ausgedehnten Strömungsfeldern usw., können die angeführten Fehler signifikant werden, so daß entsprechende Schritte unternommen werden müssen, um einen optimalen Strahlenschnittpunkt sicherzustellen. Dies kann auf zwei Wegen erreicht werden:

a) Die Einschnürung des Laserstrahles wird auf den hinteren Brennpunkt der Übertragungslinse des LDA-Optik-Systems gelegt.
b) Eine zusätzliche, optische Komponente, bestehend aus einer konvexen und einer konkaven Linse, wird zwischen den Laser und die Übertragungslinse gesetzt. Dieses System wird dazu benutzt, um die Position der Strahleinschnürung bezüglich der fokussierenden Linse frei wählen zu können.

Genaues Fokussieren auf den hinteren Brennpunkt der Linse der übertragenden Optik ist für Messungen mit großen Abständen wichtig. Wenn das Auftreten des Gaußschen Lichtstrahles auf das Linsensystem nicht genau berücksichtigt wird, kann eine Scharfeinstellung im Brennpunkt nicht erreicht werden. Diese Effekte wurden ausführlich von Durst und Stevenson (1979) untersucht.

4.30 EINFLUSS GEOMETRISCHER PARAMETER, 1

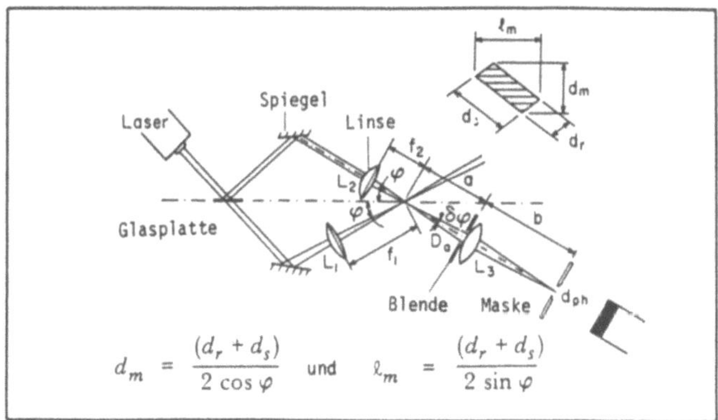

$$d_m = \frac{(d_r + d_s)}{2 \cos \varphi} \quad \text{und} \quad \ell_m = \frac{(d_r + d_s)}{2 \sin \varphi}$$

Eine der Hauptaufgaben beim Aufbau eines Laser-Doppler-Systems ist es, sicherzustellen, daß die gewünschte Geschwindigkeitsinformation im detektierten Signal auch enthalten ist. Dies erfordert einige Betrachtungen zum

172

Aufbau optischer Systeme, wie sie von Durst und Whitelaw (1971d) dargelegt wurden.

Für Referenzstrahlsysteme sind die Abmessungen des Kreuzungsbereiches des Referenz- und Streustrahles oben angegeben. Die Einschnürungsdurchmesser d_s und d_r werden über folgende Beziehungen berechnet:

$$d_s = \frac{5}{\pi} \frac{\lambda f_1}{D_1} \qquad\qquad d_r = \frac{5}{\pi} \frac{\lambda f_2}{D_1}$$

wobei diese als Durchmesser des inneren Bereiches und zwar an der Stelle, an der die Lichtintensität auf 0,1% der Intensität im Zentrum abgenommen hat, definiert sind. Benutzt man diese Abmessungen, so findet man eine gute Übereinstimmung zwischen der Zahl der berechneten Interferenzstreifen und der Zahl, die man durch Auszählen innerhalb eines Doppler-Signals erhält.

Das Lichtempfangssystem ist ein wichtiger Teil des Referenzstrahl-Anemometers. Seine Hauptaufgabe ist es, nur jenes Streulicht die Kathode des Photodetektors erreichen zu lassen, das zu konstruktiver Interferenz mit dem Referenzstrahl führt. Dies erfordert gewöhnlich die Verwendung zweier Blenden, wie in obiger Zeichnung dargestellt, mit denen verhindert wird, daß Licht von außerhalb des Überschneidungsbereiches beider Strahlen die Detektoroberfläche erreicht. Die Ausrichtung der beiden Blenden und ihr relativer Abstand hängen davon ab, ob kohärente oder nichtkohärente Erfassung benutzt wird, wie in Dia-Vorlage 4.20 diskutiert wurde. Die Zahl der Streifen im Meßvolumen ist gegeben durch:

$$N_{fr} = \frac{d_m}{U_\perp}\, \nu_D = \frac{1}{\lambda}\,(d_r + d_s)\tan\varphi\,.$$

Die obige Formel zeigt, daß, falls die Lichtstrahlen stark fokussiert werden, z.B. dadurch, daß die Abmessung d_r und d_s verringert werden, die Zahl der Interferenzstreifen im Meßvolumen nicht für eine korrekte Messung der Doppler-Frequenz ausreicht. Eine Mindestanzahl von Zyklen pro Doppler-Messung wird gewöhnlich von den eingesetzten Signalverarbeitungssystemen gefordert.

4.31 EINFLUSS GEOMETRISCHER PARAMETER, 2

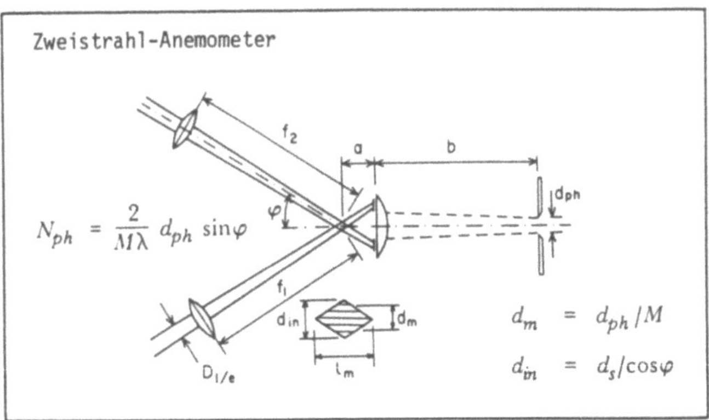

Die Erkenntnis der möglichen Vorteile der Laser-Doppler-Anemometrie brachte die Entwicklung und die Anwendung von Zweistrahl-Anemometern, die sich in vielen Gesichtspunkten von der Referenz-Strahl-Technik unterscheiden. Zweistrahl-Anemometer zeigen nicht nur unterschiedliche Signal-Rausch-Eigenschaften, sondern erfordern auch andere Optimierungsverfahren. Obige Abbildung enthält die in diesem Abschnitt betrachteten optischen Abmessungen und Gleichungen, die einige der abhängigen und unabhängigen Parameter betreffen. Einer dieser Parameter ist der halbe Winkel zwischen den beiden sich schneidenden Lichtstrahlen, der dem mittleren Durchmesser der streuenden Partikel, gemäß folgender Beziehung, angepaßt werden sollte:

$$\sin\varphi = \lambda/16 r_p \ .$$

Die Blende vor dem Photodetektor muß, gemäß der Beziehung

$$d_{ph} = \frac{N_{ph} M \lambda}{2 \sin\varphi}$$

gewählt werden, wobei M so festzusetzen ist, daß vom Photodetektor N_{ph} Interferenzstreifen im effektiven Meßvolumen beobachtet werden.

$$d_m = \frac{d_{ph}}{M} = \Delta x \, N_{ph} = \frac{\lambda N_{ph}}{2 \sin\varphi} \ .$$

Der effektive Durchmesser muß kleiner sein als die Ausdehnung des gesamten Schnittbereiches der beiden Lichtstrahlen:

$$d_{in} = \frac{d_s}{\cos\varphi} = \frac{5}{\pi} \lambda \left(\frac{f_1}{D_1}\right) \frac{1}{\cos\varphi} \ .$$

Dies ist der Forderung äquivalent, daß die Zahl der Interferenzstreifen im Schnittbereich N_{fr} größer sein soll als die Zahl der Interferenzstreifen N_{ph}, die vom Photodetektor aufgefangen wird. Ein Richtwert hierfür ist:

$$N_{fr} \approx \frac{5}{4} N_{ph} \; .$$

Damit ist sichergestellt, daß sich der äußere Bereich des Interferenzstreifenmusters mit seiner schlechten Signalqualität nicht auf die Messung auswirkt. Eine Zusammenfassung der obigen Gleichungen ergibt für die Zahl der Streifen innerhalb des Schnittbereiches folgende Beziehung:

$$N_{fr} \approx \frac{d_{in}}{\Delta x} = \frac{10}{\pi} \frac{f_1}{D_1} \tan \varphi \; .$$

4.32 EINFLUSS GEOMETRISCHER PARAMETER, 3

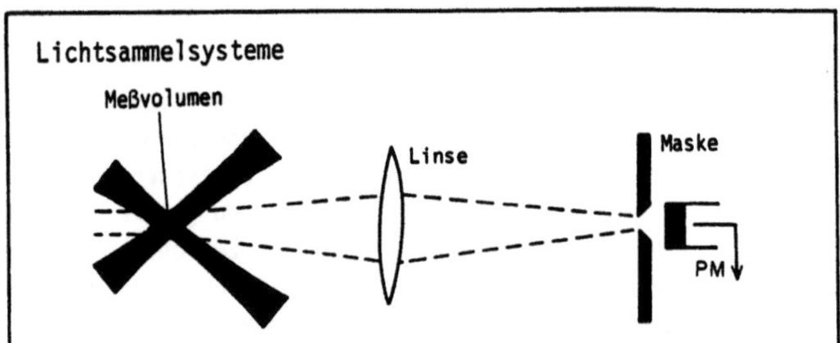

Das Lichtsammelsystem ist ein essentieller Teil des Anemometers. Es ist in der Lage das Signalrauschen zu reduzieren, wie in der Dia-Vorlage 3.36 dargestellt und bestimmt darüber hinaus den Durchmesser des Meßvolumens.

In Kapitel 3 wurde gezeigt, daß sich Laser-Doppler-Signale ganz allgemein aus mehreren Anteilen zusammensetzen, die sich aus Streulichtüberlagerungen ergeben, die von verschiedenen Teilchen und Laserstrahlen herrühren. Diese Ableitungen wurden in allgemeiner Form durchgeführt, die jedoch Einflüsse der Empfangsoptik und der begrenzten Photodetektorfläche nicht berücksichtigen. Damit erhebt sich die Frage nach dem Einfluß dieser Bauteile auf Laser-Doppler-Signale und deswegen werden einige Überlegungen dazu für Zweistrahl-Anemometer dargelegt.

Für Zweistrahl-Anemometer sollte man ein Interferenzmuster auf dem Detektor erwarten, das von zwei Partikeln herrührt, die von zwei Streustrahlen beleuchtet werden, wie in Kapitel 3 dargelegt wurde. Der Interferenzterm kann für viele praktische Probleme vernachlässigt werden, wie die Berücksichtigung der Abbildungsgesetze der Sammellinse verdeutlicht. In diesem Fall erzeugt jedes Streuteilchen ein eigenes Muster. Individuelle Muster werden auf unterschiedliche, sich nichtüberlagernde Positionen abgebildet. Zur Interferenz kann es deshalb nur in den äußeren Bereichen der Bilder der Streuteilchen kommen und daher kann der nichtlineare Term, der von der Interferenz zwischen zwei Teilchen herrührt, vernachlässigt werden. Das gesamte Signal wird deswegen bei Verwendung von großen Blenden und vielen streuenden Teilchen durch folgende Beziehung gut approximiert.

$$i_a(t) \;=\; \text{const} \int_A \sum_{p=1}^{N} \left[\frac{1}{2}\left(a_{p,1}^2 + a_{p,2}^2\right) \right.$$

$$\left. + \; a_{p,1}\,a_{p,2}\,\cos\left\{[(\phi_{p,1})_o - (\phi_{p,2})_o] + \frac{2\pi}{\lambda}\,t\,[\{U_p\}_i(\{\ell_1\}_i - \{\ell_2\}_i)]\right\}\right] dA$$

Wenn andererseits kleine Blenden verwendet werden und die Teilchendichte hoch genug ist, um ein Überlappen dieser Muster zu erreichen, muß das vollständige, nichtlineare Antwortsignal unter Einbeziehung der Detektorfläche berücksichtigt werden.

4.33 EINFLUSS GEOMETRISCHER PARAMETER, 4

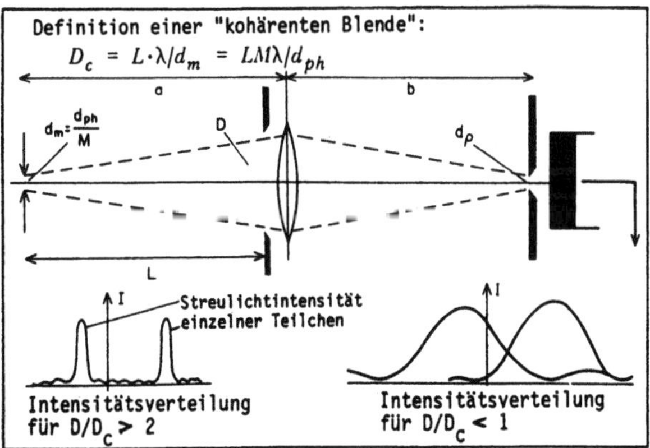

Die Überlegungen im vorhergehenden Kapitel haben gezeigt, daß für große Blenden und hohe Teilchendichte das Ausgangssignal eines Zweistrahl-Anemometers aus einer einfachen Addition über die Signale aller Partikel besteht. Diese Addition hat normalerweise eine Dämpfung der Amplitude des Terms zur Folge, der die Intensitätsmodulation beschreibt, die durch Partikelbewegung erzeugt wird. Drückt man die Summe der Cosinusterme als die Hälfte des Produkts der Summe und der Differenz der Argumente aus, so läßt sich für zwei gleiche Teilchen, diese Amplitudenabschwächung wie folgt, angeben:

$$\Delta I = 2a_1 a_2 \cos\left\{[(\phi_{1,1})_o - (\phi_{1,2})_o] - [(\phi_{2,1})_o - (\phi_{2,2})_o]\right\}$$

$$\cdot \cos\left\{\Delta\phi + \frac{2\pi}{\lambda} t \; [\{U_p\}_i (\{\ell_1\}_i - \{\ell_2\}_i)]\right\}.$$

Diese Gleichung zeigt, daß die Amplitude des Interferenztermes durch den Cosinus der Anfangsphasendifferenz gedämpft wird. Daher addieren sich die Signale von zwei Partikeln nicht notwendigerweise konstruktiv. Die Dämpfung wächst mit der Zahl der Teilchen, so daß Zweistrahl-Anemometer in Strömungen mit hoher Partikelkonzentration kein gutes Signal-Rausch-Verhältnis liefern.

Der Abschnitt 4.32 weist auf eine für die praktische Anwendung wichtige Eigenschaft von Doppler-Signalen hin. Das Signal eines Laser-Doppler-Anemometers kann als die Summe aller Beiträge der verschiedenen Streuteilchen aufgefaßt werden. Da sich Wellen unterschiedlicher Phase üblicherweise addieren, kann man schließlich folgern, daß die Modulationstiefe des Signales mit steigender Partikelanzahl abnimmt. Die Theorie von Drain (1972) legt nahe, daß der kohärente Teil eines Laser-Doppler-Signales mit wachsender Teilchenzahl zunimmt, der nichtkohärente Teil abnimmt. Da die Kohärenzdetektierung meistens mit Referenzstrahl-Anemometern versucht wird, kann man vermuten, daß diese für Messungen bei hoher Teilchenkonzentration von Vorteil sind.

4.34 EINFLUSS GEOMETRISCHER PARAMETER, 5

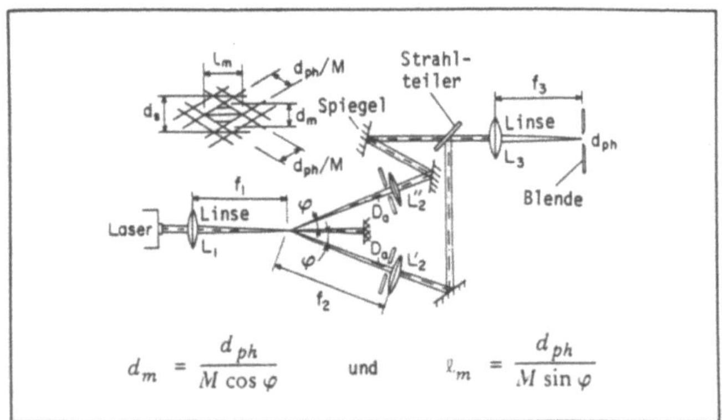

$$d_m = \frac{d_{ph}}{M \cos\varphi} \quad \text{und} \quad \ell_m = \frac{d_{ph}}{M \sin\varphi}$$

Zweistreustrahl-Anemometer wurden unabhängig voneinander von Bond (1968) und von Durst und Whitelaw (1971d) vorgeschlagen, die auf die besonderen

Vorteile dieser Bauweise für die Messung von lokalen Geschwindigkeitskorrelationen $\overline{u_i u_j}$ hinwiesen. Der halbe Winkel zwischen den Strahlen sollte wieder, gemäß folgender Beziehung, gewählt werden:

$$\sin\varphi = \lambda/16 r_p \ .$$

Die Dimensionen des Meßvolumens sind angegeben und ergeben sich aus der Abbildung der Blendenöffnung vor dem Photodetektor auf das Meßgebiet. Die optische Vergrößerung errechnet sich zu:

$$M = f_3/f_2 \ .$$

Die Vergrößerung M der Empfangsoptik und die Blendenöffnung vor dem Photodetektor muß so gewählt werden, daß man von einem Streuteilchen, das das Meßvolumen durchquert, N_{ph} Schwingungszyklen erhält. Aus dieser Forderung ergibt sich:

$$\frac{d_{ph}}{M} = \frac{N_{ph}\,\lambda}{2\tan\varphi} \ .$$

Der Durchmesser des fokussierten Lichtstrahles muß an der engsten Stelle geringfügig größer als d_m gewählt werden, um zu vermeiden, daß Gebiete mit geringer Intensität in die Messung mit einbezogen werden. Der empfohlene Wert beträgt hierfür:

$$d_s = \frac{5}{4}\,d_m \ ,$$

sowie

$$\frac{f_1}{D_1} = \frac{\pi}{4}\,\frac{d_{ph}}{M\,\lambda\,\cos\varphi} \ .$$

Mit dieser Gleichung kann das Öffnungsverhältnis der Sammellinse berechnet werden und damit die Abmessungen des effektiven Meßvolumens.

4.35 <u>EINFLUSS GEOMETRISCHER PARAMETER, 6</u>

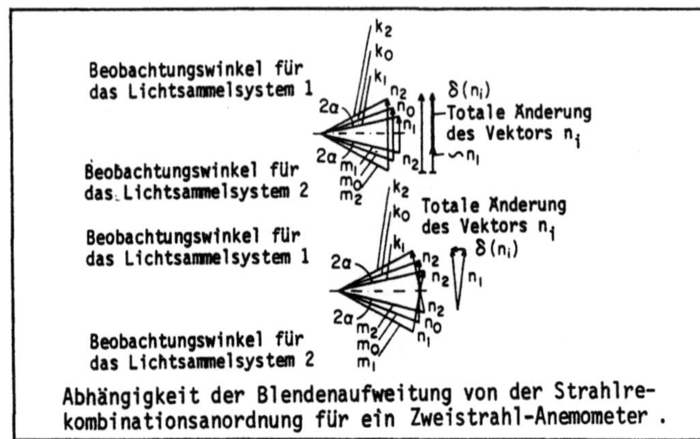

Abhängigkeit der Blendenaufweitung von der Strahlrekombinationsanordnung für ein Zweistrahl-Anemometer .

Es wird darauf hingewiesen, daß in die Beziehung, die in Abschnitt 4.34 für das Zweistreustrahl-Anemometer angegeben wird, die Abmessungen der Lochblenden vor den Empfangslinsen nicht eingehen und man deswegen schließen könnte, daß diese keine Auswirkung auf dessen Funktion haben. Dies ist jedoch nicht der Fall, da die Streustrahlen, die den Photodetektor erreichen, zeitlich und räumlich kohärent sein sollen. Deshalb muß die Abmessung des Meßvolumens der Blende, gemäß folgender Beziehung, angepaßt werden (siehe Abschnitt 2.21).

$$d_m \cdot D_a \leqslant f_2 \cdot \lambda$$

$$D_a \leqslant \frac{f_2 \lambda}{d_m} = \frac{1}{d_{ph}} f_2 M \lambda \cos\varphi .$$

Die Beziehung,

$$\delta\nu_D = \frac{1}{\lambda} \{n\}_i \, \delta\{U\}_i + \frac{1}{\lambda} \{U\}_i \, \delta\{n\}_i - \frac{\delta\lambda}{\lambda^2} \{U\}_i \{n\}_i \, ,$$

die aus der Auswertungsgleichung abgeleitet und in Abschnitt 5.2 diskutiert wird, impliziert, daß in den optischen Aufbau die Öffnungen der Blenden vor den Sammellinsen vergrößert werden können, ohne daß die erwartete Verbreiterung des Frequenzspektrums eintreten würde. Dies leitet sich aus der Art ab, wie die Lichtwellen überlagert werden: Die Variation $\delta\{n\}_i$ verursacht eine Ausdehnung des Frequenzspektrums durch optische Unvollkommenheit.

Dieser Verbreiterungseffekt ist weniger gravierend, wenn die beiden Strahlen sich so überlagern, daß sich das Innere des einen Strahles mit dem Äußeren des anderen überlagert. Dies kann der obigen Abbildung entnommen werden, die außerdem zeigt, daß eine vollständige Eliminierung der Frequenzverbreiterung nicht erreicht, daß diese jedoch beträchtlich reduziert werden kann.

4.36 <u>ABSCHLIESSENDE BEMERKUNGEN, 1</u>

o Unterschiedliche, optische Systeme für Laser-Doppler-Anemometer wurden gegenübergestellt,

o integrierte, optische Systeme, die auf Strahlenteilungsprismen basieren, empfohlen,

o verschiedene Modelle für Laser-Doppler-Signale diskutiert,

o der Anwendungsbereich der Modelle erweitert, um den Einfluß der Partikelgröße und der Partikelkonzentration auf das Laser-Doppler-Signal zu erklären,

o die Grenzen der verfügbaren Modelle aufgezeigt.

Die Abschnitte 4.36 und 4.37 fassen die unterschiedlichen Punkte dieses Kapitels zusammen und geben jene Phänomene an, die im einzelnen berücksichtigt wurden. Es wurde darauf hingewiesen, daß eine ganze Reihe optischer Systeme für Laser-Doppler-Anemometer vorgeschlagen wurden. Im ersten Teil dieses Kapitels wurden Beispiele für optische Konfigurationen gegeben, um auf den zeitlichen Ablauf der Entwicklung hinzuweisen. Integrierte, optische Systeme werden besonders empfohlen; Prismen mit festem und variablem Strahlabstand sollten im praktischen Betrieb angewandt werden.

Unterschiedliche Modelle für Laser-Doppler-Signale wurden rekapituliert und es zeigte sich, daß sie die gleichen physikalischen Phänomene mit jeweils anderen Worten beschreiben. Die Zusammenfassung wurde erweitert, um die Grenzen der verfügbaren Modelle anzugeben. Berechnungen des Einflusses der Partikelgröße auf Laser-Doppler-Signale, die auf dem Interferenzstreifenmodell basieren, liefern Ergebnisse, die mit der exakten Lösung, basierend auf der Mie-Theorie nicht übereinstimmen. Dies leitet sich aus der Tatsache ab, daß das Interferenzstreifenmodell unvollständig ist, da es die Streuwirkung der Partikel nicht in Betracht zieht.

Berechnungen, die sich ebenfalls auf das Interferenzstreifenmodell stützen und den Einfluß der Partikelkonzentration ermitteln, liefern Resultate, die etwas von den Experimenten abweichen. Diese Ergebnisse verdeutlichen, daß die verfügbaren Modelle für die Laser-Doppler-Signale mit Vorsicht angewandt werden sollten. Die physikalisch korrekten Betrachtungen, die in

Kapitel 3 dargestellt wurden, sollten benutzt werden, um die Eigenschaften
der Laser-Doppler-Signale vorherzusagen.

4.37 <u>ABSCHLIESSENDE BEMERKUNGEN, 2</u>

o Die Hauptkomponenten der Laser-Doppler-Anemometer wurden erwogen,
o grundlegende Eigenschaften von Lasern zusammengefaßt
  und deren Bedeutung für die Laser-Doppler-Anemometrie
  diskutiert,
o Leistungsanforderungen und Parameter, die das gestreute Licht beeinflussen, berücksichtigt,
o Eigenschaften der Gaußschen Lichtstrahlen zusammengefaßt und deren Auswirkungen auf die Laser-Doppler-Anemometrie diskutiert,
o Grundanforderungen an optische Systeme, bedingt durch
  geometrische Parameter, berücksichtigt.

Die Hauptkomponenten der Laser-Doppler-Anemometer wurden vorgestellt und
deren relative Anordnung zur Teststrecke diskutiert. Eigenschaften der
Laser wurden zusammengefaßt und deren Einfluß auf die Geschwindigkeitsmessung diskutiert. Es wurde gezeigt, daß der Einsatz von "multimode"-Lasern
Vorteile hat in Bezug auf die Laserleistung, diese jedoch gleiche Laufflängen der beiden Laserstrahlen erfordern, damit eine hohe Streifensichtbarkeit erreicht wird. Prismen, die diese gleichen Laufflängen liefern wurden
vorgestellt.

Die maximale Streulichtintensität auf dem Photodetektor wurde unter Verwendung der Mieschen Streuungstheorie berechnet. Diese Ableitungen zeigten,
daß die Zahl der gestreuten Photonen pro Partikel mit der Partikelgröße,
der Streuungseffizienz, der Laserleistung und besserer Fokussierung der
Laserstrahlen wächst. Die Zahl der gestreuten Photonen ist umgekehrt proportional zur Partikelgeschwindigkeit. Die Eigenschaften der Gaußschen
Lichtstrahlen beeinflussen die Laser-Doppler-Signale. Ihr Verhalten in der
Nähe der Strahleinschnürung wurde untersucht und die Hauptparameter eines
fokussierten Strahles berechnet. Die Ergebnisse zeigen, daß es notwendig
ist, den Abstand zwischen Laser und Übertragungslinse sorgfältig einzustellen, um ebene Interferenzstreifen im Meßvolumen zu erzeugen. Die erhaltenen
Ergebnisse für Gaußsche Lichtstrahlen werden anschließend verwendet, um den
Einfluß der geometrischen Parameter zu diskutieren und die optischen Anordnungen auszulegen.

5. OPTISCHE KOMPONENTEN

5.1 ZUSAMMENFASSUNG UND ZWECK

Das Ziel des Kapitels besteht darin:

o Die Vorteile von integrierten Einheiten aufzuzeigen
o Auswahlkriterien für Lichtquelle, optische Komponenten
  und Photoempfänger vorzustellen
o Die Methode der Frequenzverschiebung einzuführen sowie
  einige Verfahren der Realisierung aufzuzeigen
o Methoden der Unterdrückung des Gleichspannungsanteils
  des Signales (Pedestal) einzuführen

Dieses Kapitel beschäftigt sich mit auf die Anwendung bezogenen Aspekten von optischen Systemen und Photoempfängern für Laser-Doppler-Messungen. Ein Großteil der eigenen Forschungsarbeit der Autoren zielte darauf ab, das grundsätzliche Verständnis der LDA-Meßtechnik zu verbessern und die Grundlagen der Laser-Doppler-Anemometrie weiterzuentwickeln, um dann im zweiten Schritt der Arbeiten die gewonnenen Erkenntnisse in anwendungsfähige Geräte umzusetzen. Ein Hauptzweck dieses Kapitels besteht folglich darin, Informationen zu vermitteln, die bei der Auswahl von Einzelkomponenten für ein Laser-Doppler-Anemometer behilflich sein können. Ausgenommen sind hierbei Komponenten, die eng mit der Signalverarbeitung verknüpft sind. Diese werden in späteren Kapiteln behandelt.

Die Hauptkriterien für die Auswahl von Lichtquellen, in den Abschnitten 5.2 bis 5.4 vorgestellt, werden unter Einbeziehung der Doppler-Frequenz und anderer optischer Meßtechnik-Parameter diskutiert. Weiterhin kann die Wahl eines Lasers, der wie später gezeigt für die Laser-Doppler-Anemometrie am besten geeigneten Lichtquelle auch von der Art der Signalverarbeitung abhängen; die Grundlagen für Auswahlüberlegungen werden angedeutet.

Seit der Veröffentlichung von Durst und Whitelaw (1971a) fanden integrierte, optische Systeme weitverbreitet Anwendung. In modularer Form aufgebaut, stellen sie eine optimale Kombination von Flexibilität und sicherer optischer Justierung dar. Die Bedeutung des Ausdruckes "integrierte, optische Einheit" und ihre Vorteile werden in den Kapiteln 5.5 bis 5.8 erklärt. Abschnitt 5.9 erläutert die Anforderungen an die Einzelkomponenten, aus denen ein integriertes, optisches System aufgebaut ist und erlaubt so die korrekte Gestaltung der benötigten Linsen, Prismen, Spiegel und Strahlteiler. In Kapitel 5.10 und 5.11 wird kurz auf die Auswahl von Photoempfängern eingegangen. In manchen Anwendungsfällen ist ein Modul einer integrierten Optik erforderlich, um die Frequenz eines oder mehrerer Lichtstrahlen zu verändern. Dies erlaubt einerseits die Beseitigung der Unbestimmtheit der Strömungsrichtung, andererseits wird dadurch eine einfachere oder genauere Signalverarbeitung ermöglicht. Es werden die Funktionsprinzipien diverser Methoden zur Frequenzverschiebung beschrieben. In den Abschnitten 5.12 bis 5.19 werden wichtige praktische Aspekte der auf diesen Prinzipien aufgebauten Geräte erläutert.

In den Abschnitten 5.20 und 5.21 wird die Unterdrückung des Pedestals des Signals diskutiert. Schließlich deuten die beiden letzten Abschnitte die mögliche Realisierung einiger der in diesen Kapiteln erörterten Konzepte an, fassen Überlegungen zusammen und ziehen Schlußfolgerungen.

5.2 <u>AUSWAHL DER LICHTQUELLEN, 1</u>

$$\text{Bestimmungsgleichung:} \quad \hat{\nu}_D = \frac{\nu_o}{c} \{\hat{U}\}_i \{n\}_i$$

$$\delta\nu_D = \frac{\nu_o}{c} \{n\}_i \, \delta\{\hat{U}\}_i + \frac{\nu_o}{c} \{\hat{U}\}_i \, \delta\{n\}_i + \frac{1}{c} \{\hat{U}\}_i \{n\}_i \, \delta\nu_o$$

$$\qquad\qquad (A) \qquad\quad (B) \qquad\qquad (C)$$

$$\frac{\{\hat{U}\}_i \{n\}_i \, \delta\nu_o}{\{n\}_i \, \delta\{\hat{U}\}_i \, \nu_o} \ll 1 \quad \text{gilt auch für thermische Lichtquellen}$$

Prinzipiell ist jede Lichtquelle für die Verwendung in einem Laser-Doppler-Anemometer geeignet. In der Praxis jedoch führen Kohärenz, Kollimation und Intensität dazu, daß ausschließlich Laser-Lichtquellen für diesen Zweck eingesetzt werden. Die obige Dia-Vorlage liefert die grundlegende Bestimmungsgleichung für Laser-Doppler-Anemometer. Wie die dann abgeleitete zweite Gleichung zeigt, kann eine Änderung der Doppler-Frequenz durch eine Änderung der Strömungsgeschwindigkeit, der Richtung des einfallenden Strahles, repräsentiert durch den Einheitsvektor $\{n\}_i$, und der Frequenz der Lichtquelle, verursacht werden.

Das Verhältnis zwischen den Ausdrücken (C) und (A) liefert den Zusammenhang zwischen der durch Wellenlängenänderung der gewählten Lichtquelle verursachten Doppler-Frequenzvariation und der erwünschten Frequenzvariation infolge Geschwindigkeitsschwankungen. Eine Abschätzung des resultierenden Ausdruckes ergibt, daß dieses Verhältnis sehr viel kleiner als 1 ist. Dies

gilt auch für thermische Lichtquellen. Ausdruck (B) ist ebenfalls immer
größer als (C), für praktische Zwecke kann somit bei den weiteren Betrachtungen der Ausdruck (C) vernachlässigt werden.

Daraus ergibt sich, daß prinzipiell die schmalen Bandbreiten einer Laser-
Lichtquelle [Bloom, (1966)] nicht erforderlich sind. Die Anforderungen an
die Lichtintensität zwingen jedoch dazu, Laser zu verwenden. Da die Kosten
eines Lasers schnell mit der verfügbaren Ausgangsleistung steigen, sollte
dieser sorgsam ausgewählt werden. Oberhalb von ca. 50 mW Leistung ist die
Auswahl jedoch begrenzt, und die Kosten übersteigen den Preis eines 5 mW-
Lasers um circa das 8-fache. Die Frequenz der Laserlichtquelle kann wichtig
sein, da sie insbesondere den im Meßvolumen angebbaren Streifenabstand, die
Photodetektoreffizienz und das Streuverhalten einer Partikel beeinflußt.
Der Strahldurchmesser des eingesetzten Lasers ist dort zu berücksichtigen,
wo die Größe des Kontrollvolumens kritische Bedeutung erlangt. Typische
Lichtwellenlängen und Strahldurchmesser sind in nachfolgender Tabelle ange-
deutet.

Laser	Nennleistung	Wellenlänge	D2
He-Ne	1-15 mW	632,8 nm	0,65 mm
He-Cd	10-50 mW	441,6 nm	0,7-1,5 mm
Argon/	bis zu 10 W	514,5 oder	1,5 mm
Ionen		488,0 nm	

5.3 AUSWAHL DER LICHTQUELLEN, 2

Die erforderliche Laser-Leistung ist durch folgende
Gleichung mit anderen Parametern verknüpft:

$$P_L = \frac{10^4 D_I^2 (h\nu) \nu_D}{16\pi^2 \eta_q \eta_c Q_{scat} r_p^2 N_{ph}}$$

d.h. sie ist proportional zur Geschwindigkeit.

Der Einfluß verschiedener Größen auf das Signal-Rausch-Verhältnis kann durch folgende Gleichung beschrieben werden:

$$SNR \propto \frac{\eta_q \eta_c n Q_{scat} r_p^2 P_L \eta_o}{D_I^2 (h\nu) \Delta f} \quad .$$

Die erste Gleichung in der obigen Dia-Vorlage wurde von Durst und Whitelaw
(1973) abgeleitet und bereits in den Abschnitten 4.25 und 4.26 diskutiert.
Sie zeigt, daß die erforderliche Laser-Leistung direkt proportional zur

Doppler-Frequenz, zur Querschnittsfläche des Kontrollvolumens und zur Frequenz des Lichtes ist. Umgekehrte Proportionalität besteht zum Wirkungsgrad des Streulichtsystems, zur Quantenausbeute der Photokathode, zum Streukoeffizienten (abgeleitet aus der Mie-Theorie), zum Quadrat des Partikelradius und zur Zahl der Streifen im Kontrollvolumen. Diese Gleichung wurde auf der Basis der Zählung einer einzelnen Doppler-Periode unter Annahme einer idealen Bandpaßfilterung abgeleitet. Die darin enthaltenen Konstanten beinhalten die Abschätzung, daß für die Erkennung einer einzelnen Signalschwingung 100 Elektronen erforderlich sind. Diese Zahl mag für manche Signalauswertegeräte, z.B. den verfügbaren Counter-Systemen, zu niedrig, für andere Systeme, z.B. für den Photonen-Korrelator, zu hoch angesetzt sein. Weiterhin wurde der Einfluß der Modulation des Signals, die aus der Mie-Theorie abgeleitet werden kann (siehe hierzu die Abschnitte 3.33 bis 3.35), nicht berücksichtigt. Deshalb kann diese Gleichung lediglich als ein Leitfaden für die Erkennung relevanter Parameter zur Ermittlung der erforderlichen Laser-Leistung angesehen werden.

Die Leistungsfähigkeit der Signalauswertung hängt vom Signal-Rausch-Verhältnis des vom Photoempfänger kommenden Doppler-Signals ab. Der Betrag der gestreuten Lichtleistung hat großen Einfluß auf die Wahl des Signalverarbeitungssystems, da er die Signalstärke und den Rauschabstand bestimmt. Schwache Signale können jedoch durch Verstärkung verbessert werden, falls der Signal-Rausch-Verhältnis des Originalsignals am Photomultiplikatorausgang groß genug ist. Die Höhe des Rauschens am Photomultiplikatorausgang ist proportional zur Empfängerbandbreite Δf, deren Lage auf der Frequenzachse die größte zu erwartende Doppler-Frequenz mit einschließen muß.
Der Signal-Rausch-Abstand ist nur dort dem in der Dia-Vorlage angegebenen Ausdruck proportional, wo die Streulichtausbeute von n Partikeln gleich der Einzelausbeute mal der Zahl der Partikel ist. η_0 ist die Modulation oder Signalqualität und hängt von der Phasenverschiebung der an verschiedenen Partikeln erzeugten Streulichtwellen ab.

Die obige Formel wurde wiederum unter der Annahme hergeleitet, daß 100 Photonen pro Doppler-Schwingung von der Auswerteelektronik benötigt werden, um die Doppler-Frequenz korrekt zu messen. Falls andere, höhere oder niedrigere Systemanforderungen befriedigt werden müssen, wird sich diese Gleichung durch einen konstanten Faktor ändern. Allen Gleichungen ist jedoch gemeinsam, daß sich die erforderliche Laserleistung mit erhöhter Streulichtausbeute, größerem Partikeldurchmesser, besserer Quantenausbeute des Photomultiplikators und Sammelvermögen der Empfängeroptik reduziert. Eine starke Fokussierung des Strahles wird ebenfalls die Anforderungen an die Laserleistung verringern.

5.4 AUSWAHL DER LICHTQUELLEN, 3

Die folgenden Werte beschreiben ein typisches LDA-System:

$$D_I \ = \ 1.5 \times 10^{-4} \text{ m} \qquad\qquad (h\nu) \ = \ 3 \times 10^{-19} \text{ J}$$

$$\eta_q \ = \ 5 \times 10^{-2} \qquad\qquad\qquad \eta_c \ = \ 10^{-2}$$

$$Q_{scat} \ = \ 3 \qquad\qquad\qquad\qquad\quad d_p \ = \ 1 \times 10^{-6} \text{ m}$$

$$N_{ph} \ = \ 10^2 \qquad\qquad\qquad\qquad \nu_D \ = \ 0.5 \ \frac{\text{MHz}}{\text{m/s}}$$

Minimale Laserleistung:

$$P_L \ > \ 5 \times 10^{-6} \ \text{W/(m/s)}$$

Die Werte der obigen Dia-Vorlage beschreiben ein typisches von den Autoren benutztes System. Es basiert auf einem He-Ne-Laser und einem optischen System, wie es in ähnlichem Aufbau in Abschnitt 4.9 beschrieben wurde. Werden diese Werte in den Gleichungen der vorausgegangenen Dia-Vorlagen 5.2 - 5.3 eingesetzt, so resultiert daraus eine erforderliche Laserleistung von 0,005 mW pro m/s. Es zeigt sich, daß diese Gleichungen für viele praktische Anwendungszwecke einen zu niedrigen Wert erbringen. Aus praktischer Erfahrung können die Autoren für brauchbare LDA-Messungen nicht die Verwendung von He-Ne-Lasern mit einer Leistung unter 1 mW empfehlen, auch nicht für Strömungsgeschwindigkeiten von ca 1 m/s. Die spezifischen Werte, die sich mit den Gleichungen berechnen lassen, sind als theoretische Werte unter idealen Bedingungen zu verstehen. Da Laser nur in diskreten Leistungsstufen verfügbar sind, erfolgt die Auswahl meistens nach Kostengesichtspunkten mit Angabe einer minimalen Leistungsforderung. Die Autoren haben in der Vergangenheit für nahezu alle labormäßigen und industriellen Einsätze 5 mW bis 15 mW He-Ne-Laser verwendet und dies bis zu Geschwindigkeiten in der Größenordnung von 100 m/s. In Anwendungsfällen mit niedriger Partikelrate, z.B. normaler Umgebungsluft ohne Partikelzugabe, haben Laser mit Leistungen von circa 100 mW in Verbindung mit den in den Kapiteln 6 bis 9 beschriebenen Signalverarbeitungssystemen eine ausreichende Leistungsfähigkeit bewiesen. Ganz ohne Zweifel können für manche Signalauswerteverfahren, wie Photonen-Korrelation oder Filterbanktechniken, auch Laser mit merklich kleineren Leistungen verwendet werden. Die erforderlichen Laserleistungen sind zusätzlich stark von den verwendeten Streuteilchen abhängig.

Abschnitt 5.2 deutete an, daß an sich jede beliebige thermische Lichtquelle für die Laser-Doppler-Anemometrie geeignet wäre. Der oben angedeutete Leistungsbedarf hängt jedoch von den räumlichen Kohärenzeigenschaften der Lichtquelle ab. Laser erlauben die Fokussierung des Lichtes in ein kleines

Kontrollvolumen und damit die lokale Erzeugung hoher Lichtintensität. Weitere Bemerkungen über die Zusammenhänge zwischen der Signalqualität oder Modulation und Lasermoden sowie optischer Weglängendifferenzen werden in den Abschnitten 4.23 und 4.24 aufgeführt.

Zur obigen Berechnung der minimalen Laserleistung wurde eine Bandpaßfilterung von 1% Bandbreite angenommen. Durch solch schmale Bandpaßfilter sind lediglich Messungen in laminaren Strömungen möglich. Messungen in turbulenten Strömungen verlangen größere Bandbreiten und folglich auch höhere Laserleistungen.

5.5 INTEGRIERTE OPTISCHE EINHEITEN, 1

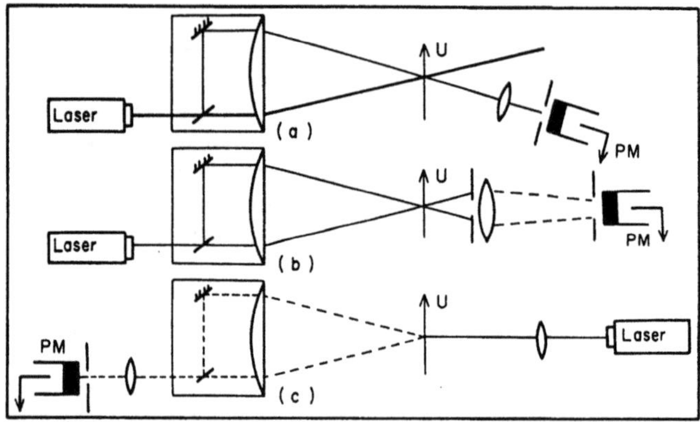

Ziel dieses und der nächsten Kapitel ist es, die Bedeutung des Begriffes "integrierte, optische Einheit" und deren Vorteile zu erläutern.

Dieser Begriff schließt zwei Forderungen ein, die zusammen eine Definition erlauben. Die erste Forderung besteht darin, daß eine Optik, die man integriert nennen kann, in mehr als nur einer optischen Anordnung arbeiten sollte. Zum zweiten muß gefordert werden, daß eine optimale Ausrichtung möglich ist, die bei vernünftigem, labormäßigem und industriellem Einsatz erhalten bleibt. In den Artikeln von Durst und Whitelaw (1971a, 1973) sind solche integrierten, optischen Einheiten beschrieben. Die entwickelten Einheiten erlauben Messungen in 3 verschiedenen Aufbauten in Vorwärtsstreurichtung und, weniger befriedigend, in der entsprechenden Rückwärtsstreurichtung. Diese Einheiten wurden gemäß der nachfolgend beschriebenen Vorgehensweise ausgerichtet. Damit konnten in nahezu allen im Labor realisierbaren Strömungen und vielen industriellen Strömungssituationen Signale von sehr guter Qualität erhalten werden. Sie wurden sowohl in der Nähe einer Vielzahl von praktischen Verbrennungssystemen eingesetzt, als auch in Situationen, in denen die Strömungsapparaturen starken niederfrequenten

Vibrationen ausgesetzt waren und sich in schmutziger Umgebung befanden. Die Justierung und der Betrieb der Optik blieb während der Messungen von den äußeren Experimentierbedingungen unberührt.

Die obige Dia-Vorlage zeigt integrierte optische Systeme in Referenzstrahl- (a), Zweistrahl- (b) und Zweistreustrahlanordnung (c). In jeder Anordnung umfaßt das integrierte optische System Linse, Spiegel und Strahlteiler, wobei Spiegel und Strahlteiler in einem Prisma zusammengefaßt sind oder - wie gezeigt - einzelne Komponenten bilden können. Der Strahlteiler muß in der Referenzstrahlanordnung mehr als 95% des einfallenden Lichtes dem starken, an den Teilchen streuenden Strahl zuweisen. In der Zweistrahlanordnung beträgt die Aufteilung möglichst genau 50:50. Alle Komponenten der optischen Einheit müssen sorgfältig ausgewählt werden. In den nachfolgenden Seiten dieses Kapitels werden hierzu Richtlinien erarbeitet.

Die obige Strahlteiler-Spiegel-Anordnung führt im Falle der Zweistrahl- und der Referenzstrahlanordnung zu unterschiedlichen optischen Weglängen für beide Strahlen. Das Zweistreustrahl-Anemometer besitzt abweichende optische Weglängen in der Empfangsoptik. Wie bereits in den Abschnitten 4.3 und 4.4 betont wurde, führt die Verwendung von nicht-weglängenkompensierten Optiken bei Multimode-Lasern zu verminderter Signalqualität. Daher wurde in neueren optischen Einheiten eine Weglängenkompensation eingeführt.

5.6 INTEGRIERTE OPTISCHE EINHEITEN, 2

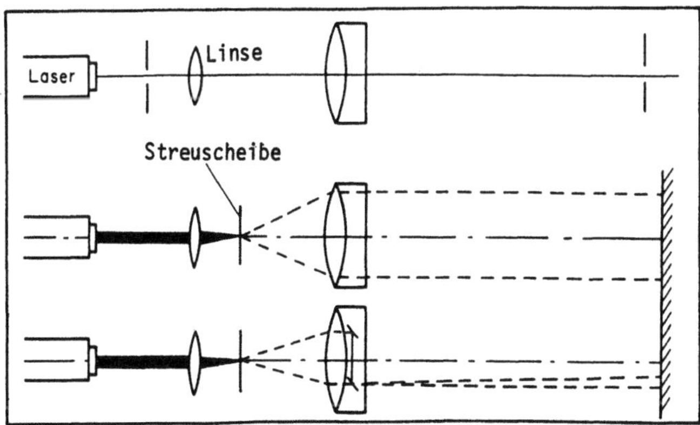

Eine optische Ausrichtung ist bei allen integrierten Laser-Doppler Optik-Einheiten erforderlich, die keine selbstjustierenden Prismen enthalten. Eine typische, für die Justierung der LDA-Optik erforderliche Vorgehensweise wird nachfolgend beschrieben. Um klarzustellen, mit welcher Sorgfalt die Ausrichtung der von Durst und Whitelaw (1971a, 1973) dargestellten

Systeme zu erfolgen hat, wird auch auf die Toleranzanforderungen an die Prismenanordnungen und der Justiereinrichtungen eingegangen.

Im ersten Schritt der Justierung einer LDA-Optik wird der Laser relativ zu einer optischen Bank ausgerichtet. Das geschieht unter Zuhilfenahme von zwei Lochblenden mit etwa 1,5 mm Durchmesser, die mittels Blendenhaltern auf der optischen Bank montiert werden. Danach wird die optische Einheit ohne Strahlteiler und Spiegel zwischen die beiden Blenden gesetzt und so justiert, daß der Laserstrahl durch die Mitte der Optik und der eingesetzten Linse geht. Anschließend wird die erste Blende durch eine Sammellinse ersetzt, bzw. nach der Blende eine Linse zur Fokussierung des Laserstrahls angebracht. Diese wird so ausgerichtet, daß sich die Lage des Strahls bezüglich optischer Einheit und zweiter Blende nicht verändert. Diese Situation zeigt die oberste Skizze in der obigen Dia-Vorlage. Nachdem im Brennpunkt der Linse eine Mattscheibe mit einer streuenden Oberfläche angebracht ist, kann nach Entfernung der beiden Blenden die optische Einheit so justiert werden, daß ein paralleler Strahl des Streulichtes von der Mattscheibe entsteht (siehe mittlere Skizze). Danach kann die optische Einheit befestigt und Spiegel sowie Strahlteiler eingebaut werden. Spiegel und Strahlteiler sind mit Hilfe entsprechend angebrachter Justierschrauben einzustellen, bis die zwei parallelen Lichtstrahlen der geradlinig durch den Strahlteiler gegangenen und des am Spiegel reflektierenden Strahles auf einem Schirm zusammenfallen. Die Parallelität der die LDA-Optik verlassenden Strahlen muß bis zum Schirm gewährleistet sein. Nach Erledigung dieser Justierarbeit können alle Schrauben an den Spiegel- und Strahlteilerjustierungen festgestellt werden. Die Anordnung kann nun für Messungen Anwendung finden.

Die für gute LDA-Signale erforderliche Ausrichtung der bei der Justierung verwendeten Lichtstrahlen mit einer Genauigkeit von 0,2 mm in einer Entfernung von 5 m entspricht einer Oberflächenparallelität der Spiegel, bzw. des Strahlteilers von besser als 7 Winkelsekunden. In der Praxis ist diese Genauigkeit nur in der Ebene normal zur Blattebene erforderlich. Eine Fehljustierung in Blattebene führt lediglich zu einer Verschiebung des Schnittpunktes, etwa entlang der Achse der Optik, währenddessen aus einer Fehljustierung senkrecht dazu eine Optikeinstellung resultiert, bei der sich die Strahlen nicht mehr kreuzen.

5.7 <u>INTEGRIERTE OPTISCHE EINHEITEN, 3</u>

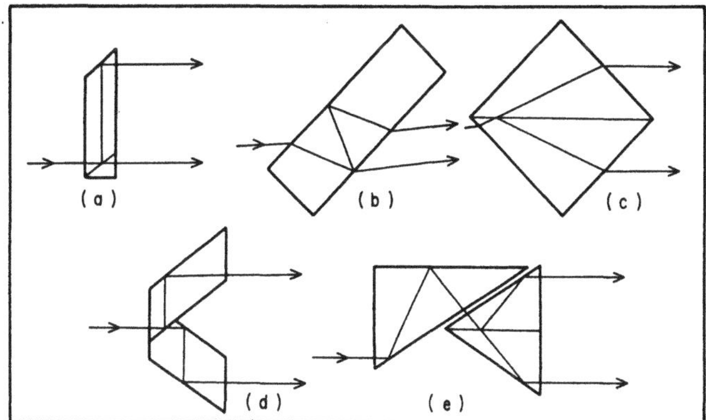

Die Anforderungen an die Genauigkeit der Strahlteilung in einer integrierten optischen Einheit lassen sich mit Prismen, wie in der obigen Dia-Vorlage skizziert, einfacher als mit Spiegeln und Strahlteileranordnungen erfüllen. Jedoch müssen die zulässigen Toleranzen der Oberflächenparallelitäten
genau spezifiziert und eingehalten werden. Weiterhin muß die Oberfläche des
Prismenstrahlteilers vergütet sein, um die notwendige Strahlintensität zu
erhalten und störende Mehrfachreflexionen der Strahlen zu vermeiden. Die
Aufgabe der Strahlteilung kann auch von den Einrichtungen zur Frequenzverschiebung der Laserstrahlen übernommen werden, wobei diese ebenfalls Komponenten von integrierten optischen Einheiten bilden können. Diese Geräte
werden an späterer Stelle in diesem Kapitel diskutiert.

Die Autoren haben während ihrer Arbeit Prismen - ähnlich den oben unter a),
d) und e) skizzierten - benutzt, wobei jedes der verwendeten Prismen Vor-
und Nachteile besaß. Prisma a) ist am einfachsten und preisgünstigsten herzustellen. Es bildet die Basis einer Apparatur, die am Imperial College für
Lehrzwecke verwendet wird. Das Prisma ist zusammen mit einer Linse in ein
einfaches Gehäuse montiert, welches am Frontring eines Lasers befestigt
ist. Die Einheit kann gedreht werden, um Messungen der Geschwindigkeitskomponenten in verschiedenen Richtungen zu ermöglichen. Prisma d) wird sowohl
am Imperial College als auch an der Universität Erlangen in integrierten
Einheiten verwendet, die für Vorwärts- und Rückwärtsstreuung geeignet sind.
Es bildet heute die Grundeinheit kommerzieller LDA-Optiken. Es ist in der
Herstellung teurer als Prisma a), besitzt jedoch den Vorteil, daß die beiden erzeugten Strahlen symmetrisch zum ankommenden Strahl austreten, also
optische Weglängendifferenzen vermieden werden. Dieses Prisma ist daher im
besonderen Maße für drehbare optische Einheiten für Laser-Doppler-Messungen
geeignet, bei denen eine Drehbewegung nicht zu einer Verschiebung des Kontrollvolumens führen darf, um so lokale Messungen von unterschiedlichen Geschwindigkeitskomponenten zu ermöglichen. Das Prisma d) ist sehr unempfind-

lich gegenüber Dejustierung, daher bildet es die Basis einiger kommerziell verfügbarer Instrumente, die verstärkt in der Meßpraxis Einsatz finden.

Prisma e) wurde an der Universität Karlsruhe entwickelt. Es erlaubt eine Verstellung des Strahlabstandes ohne Änderung der Systemsymmetrie. Daher kann der Winkel zwischen den fokussierten Strahlen und somit die Doppler-Frequenz variiert werden. Weiterhin ist es möglich, den Streifenabstand an die Partikelgrößenverteilung anzupassen; dies war eine der Forderungen in Kapitel 4. In jenen Fällen, in denen die Kohärenzlänge eine Rolle spielt, sind die Prismen c) bis e) besonders nützlich, da bei diesen beide Strahlen identische optische Weglängen besitzen. Prisma e) weist jedoch nicht die Dejustierunempfindlichkeit des Prismas d) auf.

5.8 <u>INTEGRIERTE OPTISCHE EINHEITEN, 4</u>

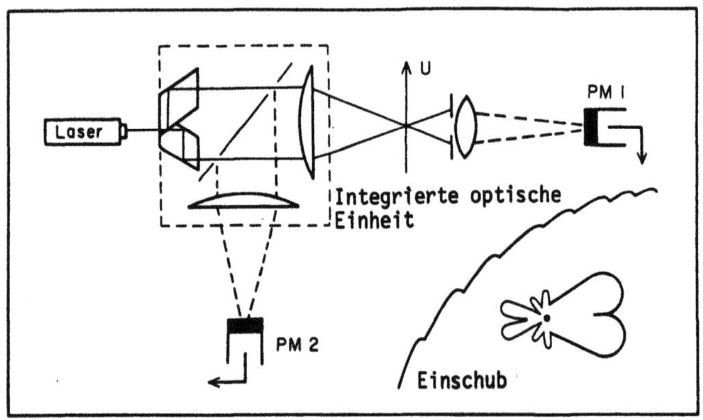

In der obigen Dia-Vorlage ist eine integrierte optische Einheit skizziert, die für Rückstreuzwecke konstruiert wurde. Ähnliche Einheiten wurden zuerst von den Autoren benutzt und nachfolgend auch in kommerziellen Systemen eingesetzt. Die optische Einheit umfaßt ein Prisma, zwei Linsen und einen Spiegel, der unter 45° zur optischen Achse eingebaut ist. In diesen Spiegel ist eine Ellipse eingeätzt, damit die Sendestrahlen bei jedem beliebigen Drehwinkel durch den Spiegel hindurchtreten können. Die in der optischen Achse angeordnete Linse hat die Aufgabe, die Sendestrahlen zu fokussieren sowie das rückgestreute Licht zu sammeln. Das Streulicht fällt als paralleler Strahl auf den Spiegel und wird danach durch eine zweite Linse auf den zweiten Photoempfänger (PM2) fokussiert. Die so aufgebaute Einheit arbeitet also mit einer Kollektion des Streulichtes im Bereich der optischen Achse, was ein Optimum an Signal-Rausch-Abstand erbringt (siehe hierzu Abschnitt 3.35).

Das Zusatzbild in der Dia-Vorlage stellt die auf der Mie-Theorie basierende, räumliche Streulichtintensität eines Partikels dar. Hierzu gibt es detaillierte Rechnungen, z.B. von Meyers (1971), jedoch ausschließlich für sphärische Partikel. Die Rechnungen zeigen, daß - bei üblicherweise für die Laser-Doppler-Anemometrie benutzten Partikeln - die Intensität des rückgestreuten Lichtes noch sehr viel niedriger ist als in obiger Skizze qualitativ angedeutet. Deshalb ist eine optimale Ausnutzung des rückgestreuten Lichtes durch Verwendung einer großen Sammellinse erforderlich. Die Autoren verwenden Linsen mit 100 mm Durchmesser. Alternativ hierzu können auch kleinere Sammellinsen benutzt werden, die in Richtung der Rückstreukeulen mit der höchsten Intensität des Streulichtes angeordnet werden.

Die Dia-Vorlage deutet an, daß die Rückstreueinheit auch in optischen Anordnungen mit Rückwärts- und Vorwärtsstreuung verwendet werden kann. Dies wird für Messungen in Zweiphasenströmungen von Vorteil sein, bei denen Signale mit starken Intensitätsunterschieden auftreten. Als Beispiel hierfür können Blasenströmungen genannt werden, in denen Blasen mit relativ großem Durchmesser vorhanden sind, die ein Rückstreusignal hoher Intensität ergeben. Dieses Signal kann von PM2 erfaßt werden. Falls sich keine Blasen im Kontrollvolumen befinden, empfängt der Photodetektor PM1 Signale in Vorwärtsrichtung, die von kleinen Teilchen in der Fluidphase herrühren. Die LDA-Signale dieser Teilchen können dem Geschwindigkeitsfeld der flüssigen Phase zugeordnet werden.

Die Verfügbarkeit von optischen Systemen, die in Vorwärts- und Rückwärtsrichtung arbeiten können, hat zur Verwendung von Rückstreuoptiken auch in solchen Fällen geführt, wo Vorwärtsstreuung möglich wäre. Die hohe Intensität des Streulichtes in Vorwärtsrichtung empfiehlt es jedoch, daß - wann immer möglich - in Vorwärtsrichtung gearbeitet werden sollte.

5.9 AUSWAHL DER OPTISCHEN KOMPONENTEN

Linsentyp	r_1/r_2	Aber. (mm)	r_1/r_2	Aber. (mm)
Plankonvex, einfallender Strahl auf ebener Fläche	∞	4.5	∞	2.0
Bikonvex	1	1.67	1	1.0
Plankonvex, einfallender Strahl auf gekrümmter Fläche	0	1.17	0	0.5
Optimale Linsenform	1/6	1.07	1/5	0.44
Brechungszahl	m = 1.5		m = 2	
Blende 100				

Die richtige Wahl der Sammellinsenausführung in einer LDA-Optik ist wichtig. Hierzu sind in obiger Dia-Vorlage in Abhängigkeit von Linsentyp und Brechungszahl die sphärischen Aberrationen (Linsenfehler) angegeben. Die plankonvexen Linsen haben eine ebene und eine gekrümmte Oberfläche, die bikonvexen Linsen zwei sphärisch gekrümmte Oberflächen (Abschnitt 2.10). Betrachtet man die Abbildungsfehler solcher Linsen, so ist als eine Schlußfolgerung für die Anwendung in der LDA-Meßtechnik zu fordern, daß ein zu fokussierender, achsenparalleler Strahl zuerst auf die Oberfläche mit dem kleineren Krümmungsradius auftrifft, um so die sphärische Aberration zu minimieren. Die Bedingung für optimale Radien der Linsenoberfläche zur Minimierung der sphärischen Aberration, die von Bergmann und Schäfer (1962) aufgestellt wurde, lautet:

$$r_1/r_2 \;=\; (2m^2 - m - 4)\,/\,(2m^2 + m)$$

Sie führt zu einem optimalen Radienverhältnis, welches die kleinste sphärische Aberration ergibt. Die Zahlen der obigen Tafel gelten für Linsen mit einer F-Zahl von 100[*] und größer. Die Aberrationen nehmen natürlich mit fallender F-Zahl bzw. Blendenzahl (d.h. steigender Lichtstärke) zu, sind jedoch für Linsen mit Blendenzahlen von circa 100 und größer nicht bedenklich.

Die Anforderungen an die Oberflächentoleranzen der Spiegel und Strahlteiler sind für LDA-Optikauslegungen gleichfalls wichtig. Folgende Grenzwerte für die maximale Oberflächenungenauigkeit sollten eingehalten werden:

$\lambda/8$ bei Reflexion
$\lambda/2$ bei Brechung.

---

[*] Blendenzahl = Brennweite / Linsendurchmesser

Der Größenunterschied rührt von den entsprechenden Wellenfrontenfehlern her, die durch Reflexion bzw. Brechung hervorgerufen werden. In den oben angegebenen Unterschieden der Werte spiegelt sich die, im Gegensatz zu reflektierenden Systemen, verhältnismäßig niedrige Empfindlichkeit von durchlässigen Systemen gegenüber Fehljustierungen wieder (siehe hierzu Abschnitt 4.7).

Sphärische Aberrationen können in LDA-Einkanaloptiken toleriert werden, da nur ein kleiner Teil der Linse dazu verwendet wird, die beiden Sendestrahlen zu fokussieren. Der Mittelpunkt der Linse sollte aus diesem Grunde jedoch genau auf der optischen Achse der Gesamtoptik angeordnet werden, um sicherzustellen, daß sich die beiden Strahlen des LDA-Systems im Kontrollvolumen schneiden.
Zweikanaloptiken, die unterschiedliche Wellenlängen und optische Systeme verwenden, erfordern, besonders wenn diese in Rückwärtsstreuung arbeiten, korrigierte Linsen, um eine gute Strahlabbildung beider Strahlenpaare und so einen optimalen Betrieb der LDA-Optik zu garantieren.

5.10 AUSWAHL DER PHOTOEMPFÄNGER, 1

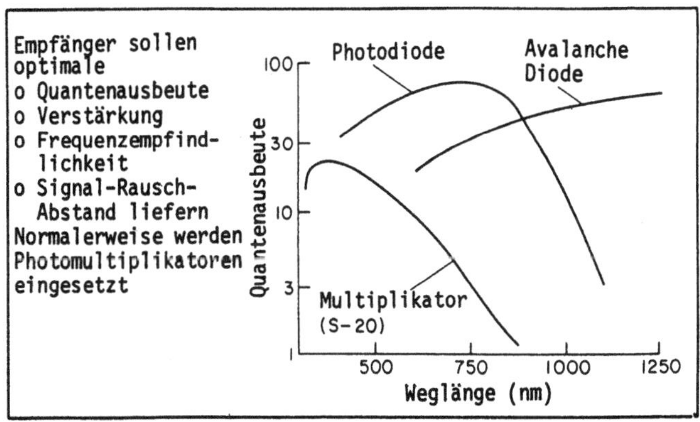

Photomultiplikator, Photodiode und Avalanche-Diode bilden die drei Grundtypen der in der Laser-Doppler-Anemometrie verwendeten Photoempfänger. Am häufigsten benutzt wurden bislang Photomultiplikatoren, da sie insgesamt die besten Eigenschaften für die Laser-Doppler-Anemometrie besitzen. Die Hauptkriterien für die Auswahl eines Photoempfängers sind Quantenausbeute, interne Stromverstärkung, Frequenzgang, durch den Empfänger verursachtes Rauschen sowie die Kosten. Im allgemeinen hat die Quantenausbeute der Photomultiplikatoren in der Nähe von 400 nm ein Maximum und fällt bis zur Wellenlänge eines He-Ne-Lasers (632,8 nm) ab, wo sie nur noch wenige Prozent beträgt. Die größte Empfindlichkeit für rotes Licht kann mit S20-Photokathoden erzielt werden, die eine Quantenausbeute von circa 5% besitzen.

In Verbindung mit Argon-Lasern der Wellenlänge 488 nm können mit S-11 und S-20 ebenso wie mit Bialkali-Photokathoden Quantenausbeuten von 15% erreicht werden. Photodioden haben ihre maximale Quantenausbeute im nahen Infrarotbereich, deshalb ist die Effizienz auch bei He-Ne-Lasern besser als bei Argon-Ion-Lasern. Typische Werte sind: etwa 70% für eine Photodiode und 20% für eine Avalanche-Diode.

Verstärkung, Frequenzgang und Rauschen eines Photoempfängers sind 3 Faktoren, die in einem Zusammenhang zu sehen sind und auch so behandelt werden können. In einem Photomultiplikator wird die Verstärkung des von der Kathode erzeugten Primärsignals durch Sekundäremissionen in einer Kette von Dynoden erzielt. Der Betrag der Verstärkung hängt von der Zahl der Dynoden und der Spannung ab, die über der Dynoden-Kette anliegt. Röhren von 10 bis 12 Dynoden ergeben eine für LDA-Zwecke genügende Verstärkung und liefern, bei entsprechender Schaltung und Operation, schnelle, für LDA-Messungen ausreichende Ansprechzeiten. Da der Anodenwiderstand, die Anodenkapazität und die Kabelkapazität zusammen als Tiefpaßfilter wirken, muß ein kleiner Anodenladungswiderstand, z.B. $50\,\Omega$, benutzt werden, um die Dämpfung der hohen Frequenzen zu minimieren. Der dominierende Rauschanteil des Photomultiplikators ist durch das Schrotrauschen bedingt, wobei die Beiträge der Kathode und der ersten Dynode infolge der Verstärkung in den nachfolgenden Dynoden die größten Beiträge zum Gesamtrauschen des Photomultipliers liefern. Aus diesem Grunde ist das Rauschen der Photomultiplikatoren klein gegenüber der Photodiode, die zusätzliche Rauschbeiträge aufweist.

Die Resultate von Durao und Whitelaw 1979 zeigen, daß die Signalamplitude von Photomultiplikatoren von der Signalfrequenz abhängen kann. Dieser Einfluß kann zu einer Bevorzugung der niedrigeren Doppler-Frequenzen, die von langsameren Streuteilchen stammen, führen. In der Tendenz gegenläufig ist die Tatsache, daß in einer Zeiteinheit mehr schnelle als langsame Teilchen beobachtet werden können. Dieser Punkt wird in Kapitel 9 noch näher diskutiert. Quantitativ hängt dieser Effekt vom speziellen Photomultiplikator ab; auch wird er vom bereits erwähnten Ladungswiderstand beeinflußt. Er sollte durch eine sorgfältige Wahl von Detektor und Widerstand minimiert werden, ist jedoch nicht immer zu vermeiden.

5.11 <u>AUSWAHL DER PHOTOEMPFÄNGER, 2</u>

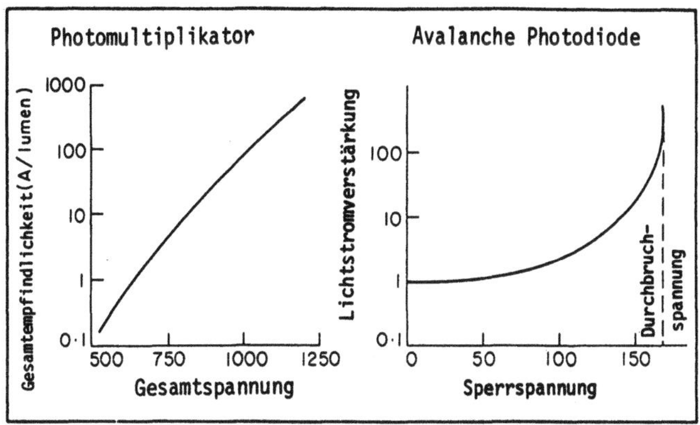

Im Vergleich zu einem Photomultiplikator besitzt eine Photodiode einen
wesentlich kleineren Verstärkungsfaktor. Die Ausgangsleistung einer Photodiode ist bei der Detektion von Lichtintensitäten, wie sie von Laser-
Doppler-Anemometern erhalten werden, zu niedrig, um weiterverarbeitet werden zu können, wobei die Ansprechzeit jedoch unter 1 ns betragen kann. Wird
die Ausgangsspannung der Photodiode an den Eingangswiderstand eines Vorver-
stärkers angelegt, so verschlechtert sich der Frequenzgang zunehmend. Für
eine genügende Verstärkung wäre ein hoher Eingangswiderstand erforderlich;
ein niedriger Widerstand dagegen ergibt einen besseren Frequenzgang. Daher
muß ein Kompromiß geschlossen werden, der darin liegt, daß solche Dioden
nur bei Messungen mit hoher Streuleistung und niedriger Doppler-Frequenz
eingesetzt werden. Da das Verhalten des Empfängers stark vom Vorverstärker
abhängt, haben Richtlinien zur Auswahl geeigneter Photodioden allein keinen
großen Wert. Es sind jedoch integrierte Photodioden-Vorverstärker-Module
verfügbar, deren Wirkungsweise aufgrund der Herstellerangaben abgeschätzt
werden kann.

Avalanche-Photodioden bedienen sich eines Signal-Verstärkungseffektes, wobei durch absorbierte Photonen herausgeschlagene Elektronenpaare infolge
Kollision mit anderen Atomen zusätzliche Elektronenpaare herauslösen. So
werden Verstärkungsfaktoren von circa 100 erzielt. Durch diese rauscharme
Verstärkung erübrigt sich eine hohe Vorverstärkung, woraus ein guter Frequenzgang resultiert. Der für die Verstärkung des Signals verwendete Lawi-
neneffekt findet statt, wenn an der Photodiode eine Gegenspannung angelegt
wird, die etwas kleiner als die Durchbruchspannung ist. Hierfür ist eine
geregelte Gleichstromquelle erforderlich.

Bezüglich der Kosten eines LDA-Detektorsystems hat die Photodiode Vorteile.
Die Kostenfrage ist jedoch nur von untergeordneter Bedeutung, da die Kosten
des Empfängers einschließlich Netzteil im Normalfall nur einen kleinen Teil

der Gesamtkosten eines Anemometers darstellen. Daher ist es nicht lohnenswert, wegen eines niedrigeren Preises eines Detektortyps die für kleine Lichtintensitäten und hinsichtlich hoher Doppler-Frequenzen stark eingeschränkte Anwendbarkeit in Kauf zu nehmen.

Sowohl Photomultiplikatoren als auch Avalanche-Photodioden benötigen eine stabile Hochspannungsversorgung, daher betragen hier die Gesamtkosten das 2- bis 3fache der reinen Empfängerkosten. Photodioden sind sehr billig und können mit einer preiswerten Niederspannungsquelle betrieben werden. Hier macht der Vorverstärker circa 3/4 des Gesamtpreises aus. Die Gesamtkosten einer kompletten Photodiodenempfängereinheit können sich auf weniger als die Hälfte des Photomultiplikatorpreises belaufen.

5.12 FREQUENZVERSCHIEBUNG, 1

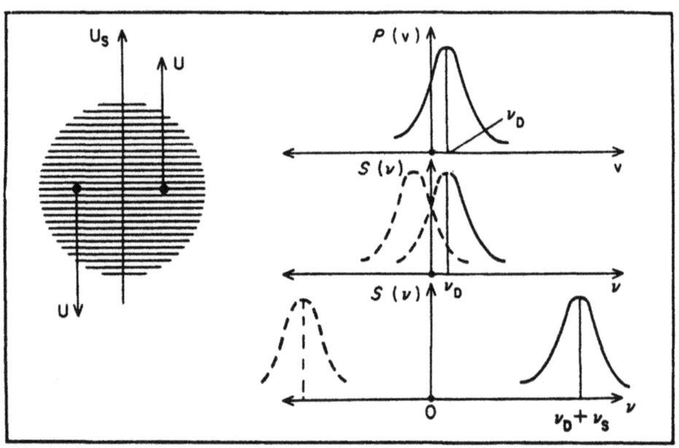

Das Diagramm rechts oben in der Dia-Vorlage zeigt eine Geschwindigkeitswahrscheinlichkeitsdichteverteilung[*), wie sie charakteristisch ist für ein Strömungsfeld mit einer mittleren Geschwindigkeit nahe 0 und einem endlichen rms-Wert der zugehörigen Geschwindigkeitsschwankungen. Das mittlere Diagramm deutet an, daß die Messung einer solchen Verteilung mit Geschwindigkeitsmeßsystemen schwierig ist, die keine Vorzeichenerkennung der gemessenen Geschwindigkeitskomponente ermöglichen, da es zu einer Überlagerung des entsprechenden negativen Spektrums und dem zur 0-Linie symmetrischen Spektrum des Photoempfängersignales (im Bild nicht dargestellt) kommt. In

---

[*) Die Definition der Geschwindigkeitswahrscheinlichkeitsdichteverteilung und ihre Beziehung zum Doppler-Spektrum S(ν) werden in Verbindung mit den Abschnitten 7.5, 7.7 und 7.8 diskutiert.

Wahrheit wird die Summe dieser 3 Verteilungen gemessen (durchgezogene Linie) wobei keine zufriedenstellenden Rückschlüsse auf die einzelnen Anteile mehr möglich sind. Das untere Diagramm verdeutlicht, wie das erwünschte Spektrum durch Addition einer Shiftfrequenz v_s in Richtung höherer Werte verschoben werden kann. In der Praxis führt die "Zumischung" von v_s wiederum zu einem Gesamtfrequenzspektrum; aber es kann erreicht werden, daß dieses nur solche hochfrequente Anteile besitzt, die weggefiltert werden können und deshalb kein Problem für die Signalverarbeitung des die Geschwindigkeitsinformation enthaltenen Niederfrequenzanteils darstellen.

Die Frequenzverschiebung, die eine korrekte Interpretation des gemessenen Geschwindigkeitsspektrums erlaubt, wird durch unterschiedliche Frequenzen der beiden sich kreuzenden Strahlen eines Laser-Doppler-Anemometers erhalten. Bequem wäre eine an verschiedene Geschwindigkeitsmessungen einfach anzupassende Frequenzverschiebung. Durch Frequenzverschiebung kann auch die Richtungszweideutigkeit der gemessenen Geschwindigkeit aufgehoben werden. Wie in der obigen Dia-Vorlage angedeutet, bewegen sich dabei die Interferenzstreifen mit einer Geschwindigkeit U_s. Je nach Bewegungsrichtung eines Partikels erhöht oder erniedrigt sich die gemessene Geschwindigkeit um U_s.

Im obigen Diagramm ist dargestellt, daß bei einer Frequenzverschiebung um $2v_D$ bei gleichgerichteten U und U_s die gemessene Geschwindigkeit dem Betrage nach unverändert bleibt. Auf den folgenden Seiten werden Methoden zur Frequenzverschiebung eines Lichtstrahles beschrieben.

Die Anwendung der Frequenzverschiebung ist für Messungen in hochturbulenten Strömungen unabdingbar. Wie in Abschnitt 12.15 gezeigt wird, sollte die Shiftfrequenz doppelt so hoch sein wie die maximale, örtlich auftretende Doppler-Frequenz, um alle Geschwindigkeitsschwankungen in einem Raumpunkt aufnehmen zu können. Die Nichtbeachtung dieser Bedingung führt zu fehlerhaften Ergebnissen.

5.13 <u>FREQUENZVERSCHIEBUNG, 2</u>

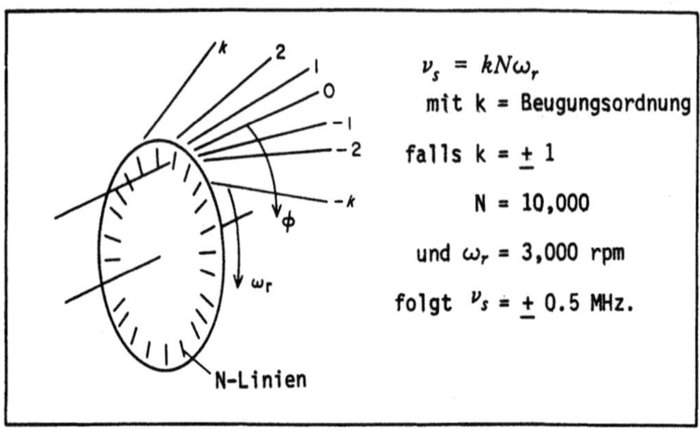

Der einfachste und billigste Weg zur Verschiebung der Frequenz eines Laserstrahles besteht darin, das Licht durch ein senkrecht zur Achse des einfallenden Strahles rotierendes Beugungsgitters oder einer $\lambda/2$ Platte zu
schicken. Suzuki und Hioki (1967) konnten zeigen, daß der einfallende,
ebene Lichtstrahl von einem bewegten Amplitudengitter gebeugt wird und erhielten einen Ausdruck für die Intensität des modulierten Lichtes. Von
einem Beugungsgitter werden Lichtstrahlen unter folgenden Winkeln ausge-
sendet:

$$\phi_k = \sin^{-1}[k\lambda/s]$$

(siehe Abschnitte 2.24 und 4.8), darin stellt k die Ordnungszahl des gebeugten Strahles und s den Gitterabstand dar. Für LDA-Zwecke wird angenommen, daß sich die Frequenz jeder dieser Strahlen durch den Betrag

$$\nu_s = kN\omega_r$$

von der Frequenz des einfallenden Strahles unterscheidet.
Stevenson (1970) hat, neben anderen, die Unabhängigkeit der Frequenzverschiebung vom Radius des rotierenden Beugungsgitters nachgewiesen.

Wie bereits in der Tafel angedeutet, folgt aus obiger Gleichung, daß eine
Frequenzverschiebung von $\pm$ 0,5 MHz mit einfach zu realisierender Linienzahl
und Umdrehungsgeschwindigkeit erzielt werden kann. Größere Frequenzverschiebungen erhält man durch Ausnützen der Strahlen höherer Ordnung, jedoch
ist für diese höheren Ordnungen die Intensität wesentlich geringer. So ergibt zum Beispiel ein geätztes Gitter Intensitäten von 25% in der ersten
Ordnung, 10% in der zweiten Ordnung und 1% in der dritten Ordnung, bezogen
auf die Ursprungsintensität des einfallenden Lichtes.

Mit Hilfe holographisch erzeugter Gitter können wesentlich höhere Ausbeuten erreicht werden. Das Gitter von Wigley (1974) besaß eine relative Intensität von 57% in den beiden Strahlen erster Ordnung. Ähnliche Werte wurden von Oldengarm (1973) beobachtet. Gebleichte holographische Gitter sind einfach herzustellen und finden in Anbetracht ihrer vergleichsweise hohen Effizienz weltweit in der Laser-Doppler-Anemometrie Anwendung.

5.14 FREQUENZVERSCHIEBUNG, 3

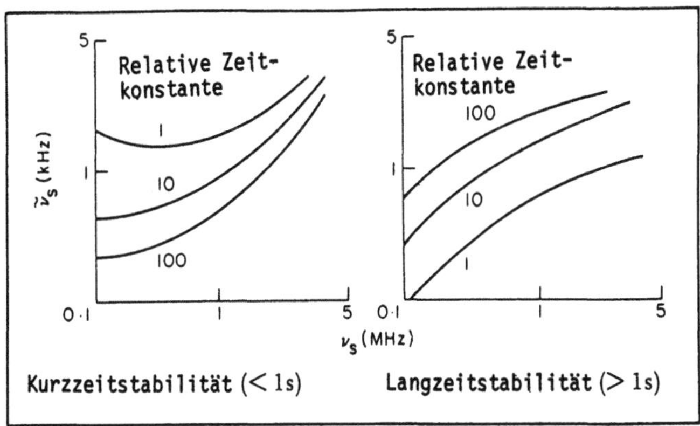

Das rotierende Gitter kann leicht genutzt werden, um zwischen den Strahlen erster Ordnung eine Frequenzverschiebung von über 1 MHz zu erzeugen, wird jedoch aus Gründen der Effizienz und Stabilität kaum für Shiftfrequenzen über 3 MHz verwendet. Da das Gitter einen endlichen Winkel zwischen den Strahlen erzeugt, kann es auch als Strahlteiler verwendet werden (siehe Abschnitt 4.8). Zylindrische (Mazumder, 1970) und radiale Reflexionsgitter können ebenfalls eingesetzt werden, besitzen jedoch eine vergleichsweise niedrige Effizienz, d.h. eine geringe Lichtausbeute für die beiden Strahlen erster Ordnung.

Bei jedem Gitter ist darauf zu achten, daß sich das Spektrum der Shiftfrequenz nicht mit dem Spektrum der Doppler-Frequenz überdeckt und damit die Interpretation der Messungen erschwert. Deshalb ist auf eine gute mechanische Ausrichtung, eine konstante Winkelgeschwindigkeit und die Qualität des Gitters großer Wert zu legen.
Optisches Flachglas mit eingebleichten Linien kann eine zufriedenstellende Qualität bieten. Die mechanische Ausrichtung und die Justierstabilität stellen kein Problem dar. Die verlangte Drehzahlkonstanz kann mit einem Synchronmotor erreicht werden, in manchen Fällen ist jedoch eine Drehzahlregelung erforderlich. In der obigen Dia-Vorlage sind die Stabilitätskriterien einer von Oldengarm (1973) entwickelten Steuereinrichtung angedeutet.

Rotierende Gitter können in gebündelten oder ungebündelten Lichtstrahlen eingesetzt werden. Im ersten Fall verliert die Intensitätsverteilung ihren Gaußschen Charakter. Die räumliche Intensitätsverteilung des Lichtes wird schräg zum einfallenden Lichtstrahl elliptisch variiert. Aus der Fokussierung eines Strahles auf ein rotierendes Gitter resultiert folglich eine komplexere und schwieriger zu berechnende Form des Kontrollvolumens als im unfokussierten Fall. Das gilt auch für Bragg-Zellen, die in den nachfolgenden Abschnitten beschrieben werden.

Rotierende Streuscheiben können ebenfalls zur Frequenzverschiebung von Laserlicht verwendet werden, siehe Rizzo (1975). Jedoch ist die Effizienz solcher Scheiben sehr viel kleiner als die der gebleichten Gitter. Trotzdem sind sie unter Umständen in Referenzstrahlanordnungen von Nutzen. Die Anforderungen an die Shiftfrequenz in hochturbulenten Strömungen (siehe Abschnitt 5.12) und die durch Effizienz- und Stabilitätsprobleme verursachten Einschränkungen sind dafür verantwortlich, daß Beugungsgitter nur dort eingesetzt werden, wo die mittlere Doppler-Frequenz wenige MHz nicht übersteigt.

5.15 <u>FREQUENZVERSCHIEBUNG, 4</u>

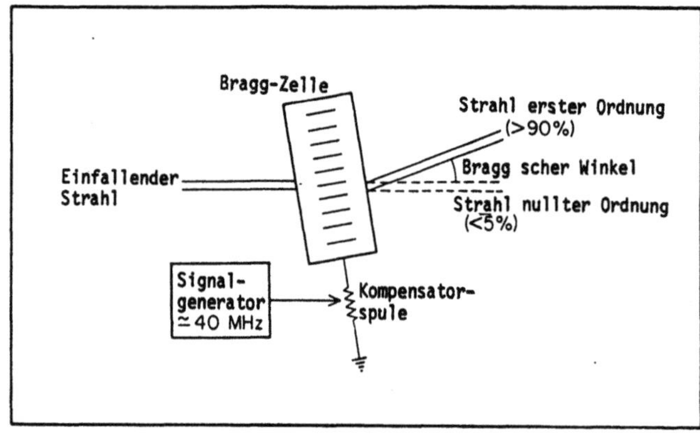

Der Debye-Sears-Effekt bildet die physikalische Grundlage für akusto-optische Zellen, die dazu verwendet werden können, Licht in verschiedene Strahlen mit unterschiedlichen Frequenzen und Richtungen aufzuteilen. Diese Zellen können auch im Bragg-Mode betrieben werden, um einen Strahl mit einer vom einfallenden Strahl abweichenden Frequenz und Richtung zu erzeugen. Die Prinzipien der akusto-optischen Zellen wurden z.B. von Debye und Sears (1932), Adler (1967) sowie Durst und Zaré (1974) diskutiert. In der Laser-Doppler-Anememotrie wurden sie angewandt z.B. von Berman und Dunning (1973), Farmer und Hornkohl (1973), Durao und Whitelaw (1974c) sowie Jernqvist und Johansson (1974).

Der einfallende Lichtstrahl durchdringt ein Medium, welches von akustischen Wellen angeregt wird (siehe Dia-Vorlage). Die Intensität der gebeugten Lichtstrahlen hängt unter anderem von der Zellengröße, der akustischen und optischen Wellenlänge, dem absorbierenden Medium, der für die Erregung des Kristalles angelegten elektrischen Leistung und dem Winkel zwischen akustischer Welle und einfallendem Lichtstrahl ab.

Die zugehörigen Gleichungen zur Ermittlung der Ablenkwinkel und der Frequenzen der Strahlen lauten:

$$\phi_k = \sin^{-1}(k\lambda/2\lambda_a)$$

$$\text{und}\quad \nu_k = \nu_o \pm k\nu_a\,.$$

Falls der einfallende Strahl die akustischen Wellen unter dem Braggschen Winkel:

$$\phi_b = \pm\sin^{-1}(\lambda/2\lambda_a)$$

schneidet und der Lichtweg mehr als eine akustische Wellenlänge überquert, neigt das Licht dazu, sich in einem Strahl mit der Frequenz:

$$\nu_b = \nu_o \pm \nu_a$$

zu sammeln. Der Winkel zur akustischen Welle beträgt $\pm\ \phi_b$. Das ist der spezielle Fall der Braggschen Reflexion.

Im allgemeinen sind die durch akusto-optische Zellen erreichbaren mittleren Shiftfrequenzen wesentlich höher als die der rotierenden Gitter. In der Tat erzeugen die handelsüblichen Feststoffzellen, bei denen Mineraloxide, wie z.B. SiO_2, als aktives Zellenmaterial verwendet wird (siehe hierzu z.B. Pinnow [1970]), Shiftfrequenzen um die 40 MHz. Die niedrigste, mit einer solchen Zelle erzeugte Frequenz, über die berichtet wurde, ist mit circa 3,5 MHz vermutlich jene von Jernquist und Johansson (1974), die Wasser als Arbeitsmedium benutzten. Eine niedrigere Frequenzdifferenz zwischen den beiden Sendestrahlen einer LDA-Optik bei hoher Ausbeute kann durch Verwendung zweier Bragg-Zellen verschiedener Frequenzen erzielt werden, die entweder in Serie (Verschiebung in entgegengesetzter Richtung) oder parallel (Verschiebung in gleicher Richtung) angeordnet werden.

5.16 <u>FREQUENZVERSCHIEBUNG, 5</u>

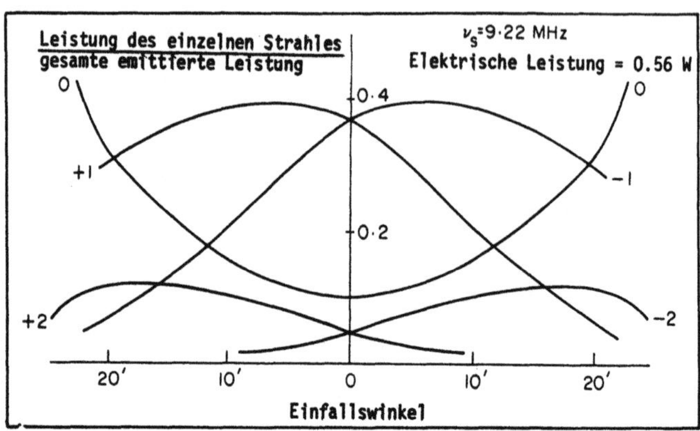

Durch die Experimente von Durao und Whitelaw (1975a) konnten viele der Ein-
flußparameter wassergefüllter, akusto-optischer Zellen quantifiziert werden. Diese Zellen sind vergleichsweise einfach herzustellen und erlauben
einen Betrieb sowohl bei hohen als auch bei niedrigen Shiftfrequenzen.
Durao und Whitelaw benutzten für den Antrieb der Zellen kreuzgeschnittene
25 mm-Kristalle mit einer nominalen Eigenfrequenz von 10 MHz. Um Frequenzen von ca 30 MHz erhalten zu können, wurden diese Kristalle in ihrer dritten Harmonischen betrieben. Eine Wassertiefe von 50 mm genügte, um merkbare
Reflexionen der akustischen Wellen zu unterdrücken. Die obige Dia-Vorlage
zeigt die Abhängigkeit der Intensität der verschiedenen reflektierten
Strahlen vom Winkel zwischen einfallendem Strahl und akustischer Welle. Im
dargestellten Fall schwingt der Kristall mit einer Frequenz von 9.22 MHz,
die zugeführte elektrische Leistung beträgt 0,56 W. Wie dem Bild entnommen
werden kann, nehmen die beiden Strahlen erster Ordnung, bei paralleler Anordnung des einfallenden Strahles, zusammen 76% der übertragenen Leistung
in Anspruch, der Strahl nullter Ordnung etwa 10%. Unter dem Braggschen
Winkel (circa 10 Bogenminuten) ist 41% im Bragg-reflektierten Strahl und
14% im Strahl nullter Ordnung enthalten. Bei einer Eingangsleistung von
0,25 W erniedrigen sich die genannten 76% in den Strahlen erster Ordnung
auf 67%, die 14% in der nullten Ordnung steigen auf 28%.

Festkörperfrequenzverschiebeeinrichtungen, wie die in Dia-Vorlage 5.15 dargestellte Frequenzverschiebeeinheit, benötigen ähnliche Leistungen, vorausgesetzt die Impedanz des Signalgenerators entspricht der des Übertragers.
Im Handel erhältliche Festkörperzellen verlangen im Bragg-Modus Leistungen
in der Größenordnung von 2 W und erzielen, wenn unter Bragg-Bedingungen gearbeitet wird, eine Intensität von 95% im Strahl erster Ordnung, bezogen
auf die Leistung des einfallenden Strahles.

Eine Frequenzdifferenz von 9 MHz zwischen den beiden Strahlen eines LDA-Systems ist für viele Strömungen ausreichend. Messungen in Rückström-gebieten mit gleichzeitig hoher Anströmgeschwindigkeit verlangen jedoch sehr viel größere Shiftfrequenzen. In diesen Fällen können Shiftfrequenzen in der Größenordnung von 20 MHz erwünscht sein. Diese kann man mit Fest-körper oder wassergefüllten Zellen erzeugen. Für ihre Anwendung müssen je-doch zusätzlich an die hohen Frequenzen angepaßte Filter und Signalaus-werteverfahren verfügbar sein. Unter Umständen ist es vorteilhaft, das ge-schiftete Doppler-Signal mit einem Oszillatorsignal zu mischen, um das Fre-quenzspektrum in einen Bereich zu verschieben, der besser an die vorhande-nen Signalauswertegeräte angepaßt ist. Diese Verfahrensweise erhöht aller-dings die auf die mittlere Doppler-Frequenz bezogenen Schwankungsanteile und hat damit nur einen begrenzten Anwendungsbereich.

5.17 FREQUENZVERSCHIEBUNG, 6

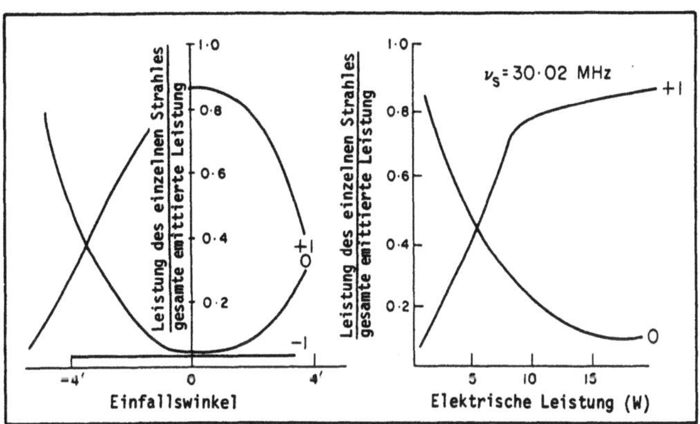

In der obigen Dia-Vorlage ist die Leistungsaufteilung der verschiedenen Strahlen eines akusto-optischen Modulators, d.h. einer Bragg-Zelle über dem Einfallswinkel bzw. der elektrischen Leistung aufgetragen. Die Ergebnisse bezüglich der Winkelabhängigkeit wurden anhand eines mit der dritten Harmo-nischen schwingenden Kristalls gemessen. Dabei waren die Voraussetzungen für den Braggschen Effekt erfüllt, z.B. war die Kristalllänge größer $2\lambda_a^2/\lambda$, wie von Willard (1949) gefordert. Als Ergebnis kann festgehalten werden, daß der größte Anteil der Leistung (88%) im Strahl erster Ordnung konzentriert ist. Das Bild zeigt weiterhin, daß dieses Resultat nur inner-halb eines kleinen Winkelbereiches (+1') erreicht werden kann. Daher ist auch der Einfluß der elektrischen Leistung von Wichtigkeit, da bei einem Leistungspegel oberhalb circa 10 W merkbare Strahlwinkelschwankungen in-folge thermischer Konvektion innerhalb des Wassers in der Zelle eintreten. Infolgedessen ist es zu empfehlen, die Zelle mit deutlich niedrigeren Lei-stungen als im Bild angedeutet, zu betreiben. Da es zudem eine hohe

Leistung erfordert, Kristalle in ihrer dritten Harmonischen zu betreiben, sollte man, wenn immer möglich, mit der Grundfrequenz der Kristalle arbeiten. Akusto-optische Zellen des beschriebenen Typs können im Debye-Sears-Modus über einen weiten Frequenzbereich eingesetzt werden; ein 9,2 MHz-Kristall, zum Beispiel, zwischen 8 und 11 MHz ohne nennenswerte Wirkungsgradeinbußen. Im vorliegenden Fall werden lediglich 6% des ankommenden Lichtes nicht übertragen. Diese Zellen können daher außerordentlich wirkungsvoll als Strahlteiler und Frequenzverschiebeeinrichtung verwendet werden. Weitergehende Erklärungen bezüglich des Wirkungsgrades wassergefüllter akusto-optischer Zellen sind in den Artikeln von Kleinhans und Fried (1965) sowie Chu und Mauldin (1973) nachzulesen. Zu beachten ist, daß die Gesamteffizienz bei Anordnungen von zwei akusto-optischen Zellen absinkt. Zwei Zellen in Parallelschaltung ergeben einen Wirkungsgrad, der sich aus dem Produkt der Einzelwirkungsgrade berechnen läßt, z.B. $0,88 \cdot 0,88$ ergibt also ungefähr 0,77.

Genau wie bei rotierenden Gittern führt die Fokussierung der einfallenden Lichtstrahlen bei der Anwendung akusto-optischer Zellen zu einer Verzerrung der Gaußschen Intensitätsverteilung der austretenden Lichtstrahlen.

Obwohl wassergefüllte akusto-optische Zellen vergleichsweise leicht und preiswert herzustellen sind, haben kleinere Abmessungen und bessere Verfügbarkeit der Feststoffzellen zu deren überwiegendem Gebrauch geführt. In kommerziellen Laser-Doppler-Anemometern werden daher ausschließlich Feststoffzellen eingesetzt; üblich sind Anordnungen mit nur einer Zelle oder jeweils einer Zelle in jedem Strahl.

5.18 FREQUENZVERSCHIEBUNG, 7

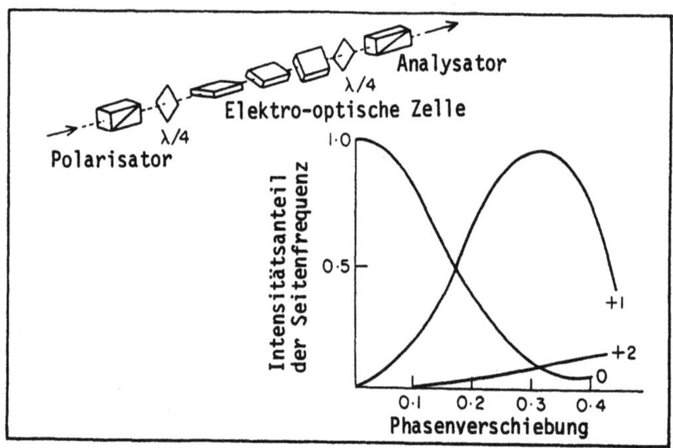

Eine weitere Möglichkeit zur Verschiebung der Lichtfrequenz basiert auf der Nutzung des elektro-optischen Effektes in Kristallen, wobei diese Methode im Prinzip mit einer rotierenen $\lambda/2$-Platte in zirkular polarisiertem Licht vergleichbar ist. In einer oder mehreren elektro-optischen Zellen wird ein rotierendes elektrisches Feld erzeugt, in dem der einfallende, zirkular polarisierte Lichtstrahl entsprechend seiner relativen Drehrichtung entweder beschleunigt oder verzögert wird. Daraus resultiert eine Frequenzverschiebung des austretenden Lichtes.

Drain und Moss (1972) entwickelten eine nach diesem Prinzip arbeitende Zelle (Kerr-Zelle genannt). Wie in der Zeichnung angedeutet, werden im Laserstrahl hintereinander drei Zellen angeordnet, die unterschiedliche Erregerfelder mit voneinander abweichender Phase besitzen. Die von Drain und Moss (1972) durchgeführten theoretischen Untersuchungen des Übertragungswirkungsgrades ergaben die in der Dia-Vorlage angeführten Resultate. Sie fanden heraus, daß bei einer Orientierung der Zellen untereinander in einem Winkel von $\pi/2N$ (N = Zellenzahl) die Effizienz der Seitenfrequenz von +1 stark mit der Zellenzahl ansteigt. Die Berechnung des Wirkungsgrades von vier Zellen ergab einen Wert von 92%. Auch eine Anordnung mit 4 Zellen wurde von ihnen getestet, wobei jede Zelle aus 2 Kalium-Dideuterium (KD*P)-Kristallen in einem mit Nitro-Benzol gefüllten Behälter bestand. Damit war es möglich, die Lichtfrequenz eines Strahles mit einer beliebigen Frequenz zwischen 0 und 10 MHz zu verschieben. Diese Kerr-Zelle wurde von Baker, Hutchinson und Whitelaw (1974b) für ihre Messungen im Rückströmgebiet eines Industriebrenners eingesetzt, wobei keine größeren Schwierigkeiten auftraten. Die Zelle verlangte zwar eine vorsichtige Behandlung, jedoch war die veränderliche Shiftfrequenz sehr vorteilhaft. In der Praxis entsprach der Wirkungsgrad nicht dem theoretisch berechneten Wert, teilweise durch die eingesetzten Polarisatoren und $\lambda/4$-Plättchen bedingt. Die hohen Anforderungen an Gleichspannungsoffset und Leistung haben die Verwendung dieser Zellen eingeschränkt.

Die Anwendung von Laser-Doppler-Anemometern in Strömungen mit sehr niedriger mittlerer Geschwindigkeit hat teilweise ein Bedarf an niedrigen Shiftfrequenzen geweckt. Hier können alternativ zur obigen Methode auch durch mechanische Rotation einer $\lambda/2$-Platte Shiftfrequenzen von wenigen kHz erreicht werden. Umdrehungs- und Shiftfrequenz sind dabei identisch.

5.19 <u>FREQUENZVERSCHIEBUNG, 8</u>

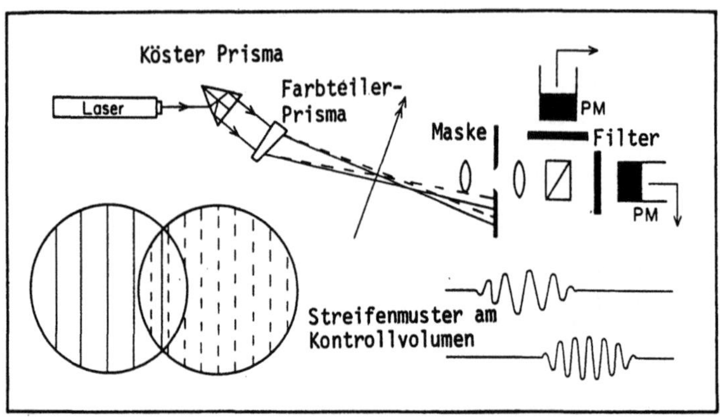

Eine äußerst zweckmäßige Methode, um die Strömungsrichtung zu erkennen, wurde von Pfeifer und Stein (1971) ausgearbeitet. Diese ist in der Dia-Vorlage angedeutet. Ein Laserstrahl mit zwei Wellenlängen, z.B. ein Argon-Laserstrahl mit Wellenlängen von 488 und 514,5 nm, wird mit Hilfe eines Köster-Prismas in zwei Strahlen aufgeteilt und diese durch ein Farbteilerprisma in ihre Farben getrennt. Es liegen somit zwei monochromatische Strahlenpaare vor, die in 2 Kontrollvolumen zum Schnittpunkt gebracht werden können. Das von Streupartikeln gestreute Licht wird von einem Zweifarbenstrahlteiler auf zwei Photomultiplikatoren verteilt, wobei diese mit schmalen Bandpaßfiltern abgedeckt sind, so daß jeder Empfänger nur eine Farbe detektiert. Die in der Dia-Vorlage gezeigten, typischen Signale machen deutlich, daß infolge der relativen Verschiebung der beiden Kontrollvolumen in Strömungsrichtung, diese aus der Reihenfolge der Streulichtsignale abgeleitet werden kann. Prinzipiell ist es möglich, Zweifarbenlaser auch dazu zu verwenden, eine Verschiebung des Dopplerspektrum von der Nulllinie zu erreichen. Die resultierende Shiftfrequenz mit den beiden oben erwähnten Frequenzen würde jedoch $3 \cdot 10^{7}$ MHz betragen und wäre damit für den hier relevanten Zweck zu hoch. Die Zweideutigkeit in der Strömungsrichtung kann auch mit Hilfe einer Zweielementen-Photodiode, asymmetrischen Intensitätsverteilungen der Sendestrahlen oder durch Ausnutzen der Phase des Streulichtes (Müller, 1970) aufgehoben werden.

Eine Zusammenfassung der verschiedenen Methoden, mit Hilfe von Laser-Doppler-Anemometern auch die Strömungsrichtung eindeutig zu bestimmen, ist im Artikel von Durst und Zaré (1974) enthalten. Darin wird aufgezeigt, daß Verzerrungen der Intensitätsverteilungen innerhalb des Kontrollvolumens dazu benutzt werden können, Informationen über die Bewegungsrichtung zu erhalten. Weiterhin gestattet der Gebrauch von polarisierten Laser-Lichtstrahlen eine Ermittlung der Richtung aufgrund der Phasenverschiebung der von zwei Photodetektoren erhaltenen Doppler-Signalen. Diese Methode wurde von Hiller und Meier (1972) angeregt, die gleichzeitig aufzeigten, daß die Anwendung auf Gebiete mit nur mäßiger Turbulenzintensität begrenzt ist.

Ein elektro-optischer Feststoffphasenmodulator wurde, zum Zwecke der Frequenzverschiebung, von Foord et al. (1974) vorgestellt. Dieser aus zwei $2 \times 2 \times 80$ mm großen Kristallen bestehende Modulator nutzt den sogenannten Pockels-Effekt aus. Eine Sägezahnspannung mit ungefähr 150 V Spitzenspannung wird an den Kristallen angelegt, durch die die beiden Lichtstrahlen hindurchtreten. Dies führt zu einer sägezahnartigen Änderung der Phase der Wellenfronten. Daher entstehen im Kontrollvolumen laufende Streifenmuster. Die Einschwingzeit der Wellenfronten ist kurz genug, um eine Verbreiterung des Doppler-Frequenzen-Spektrums bis hinauf zu 5 MHz zu vermeiden.

5.20 <u>PEDESTALUNTERDRÜCKUNG, 1</u>

> o Hochpaßfilter wurden dazu verwendet, das Pedestal (Niederfrequenzanteil) des Doppler-Signals zu unterdrücken, können jedoch bei falscher Einstellung das Doppler-Signal abschwächen.
>
> o Die Einstellung des Hochpaßfilters kann bei hochturbulenter Strömung nicht gleichzeitig für alle Doppler-Frequenzen optimal sein.
>
> o Die Frequenzverschiebung ist bei der Trennung von Pedestal und Doppler-Signal behilflich und vereinfacht die korrekte Filtereinstellung.

Der niederfrequente Anteil des Photoempfängersignals, der beim Durchgang eines Partikels durch die Laserstrahlen entsteht, d.h. das Pedestalsignal, besitzt oftmals ein außerhalb des Doppler-Frequenzbereiches liegendes Frequenzband. Dieses kann in den meisten Fällen unterdrückt werden. Falls jedoch die mittlere Geschwindigkeit der Strömung gegen Null geht oder die Turbulenzintensität ansteigt, ist es sehr schwierig, die Grenzfrequenz des Hochpaßfilters korrekt einzustellen. Die Wahrscheinlichkeit steigt an, daß niedrige Doppler-Frequenzen mit weggefiltert werden, zumal technisch herstellbare Filter nur eine endliche Flankensteilheit besitzen.

Durch Frequenzverschiebung läßt sich die Doppler-Frequenz ohne Beeinflussung des Pedestalsignales erhöhen. Daher vergrößert sich die Differenz zwischen den Doppler-und Pedestalfrequenzen und die Lage des Hochpaßfilters wird weniger kritisch. Wo Messungen in verschiedenen Punkten einer Strömung mit unterschiedlichen Doppler-Frequenzbereichen erforderlich sind, ist im Falle einer ungenügenden Differenz der beiden Spektren für jeden Meßpunkt eine neue Filtereinstellung erforderlich. Hier kann die Pedestalunterdrückung durch automatisierte Filterbänke, wie die der Opto-Elektronischen-Instrumente (OEI) erleichtert werden.

Zur Trennung von Pedestal- und Doppler-Signal wird derjenige Filter als geeignet ausgewählt, der am Ausgang hinter den parallelen, sich überlappenden Filter die größte Wirkung auf die Signalamplitude erzeugt. Eine optimale Arbeitsweise einer automatischen Filterbank ist nur dann gegeben, wenn alle Signalfrequenzspektren an einem gegebenen Punkt der Strömung in die Bandbreite eines einzelnen Filters fallen. Auf diesem Weg werden Totzeiten durch eine Filterumschaltung vermieden.

Filterbänke können auch so aufgebaut sein, daß mit Hilfe der gemessenen Frequenz eine Einstellung von Bandbreite und Mittenfrequenz erfolgt. König und Pfeifer [1979] stellten eine Filterbank vor, die von einem Counter und einem Minicomputer überwacht wird. Vorabinformationen über die Doppler-Frequenz werden zur sauberen Filtereinstellung benutzt, wobei vor den eigentlichen Messungen anhand erster Signale nochmals eine Überprüfung der Einstellung erfolgt. Die Elektronik übernimmt auf diese Art die komplette Filtereinstellung zur Unterdrückung des Pedestalsignales.

5.21 PEDESTALUNTERDRÜCKUNG, 2

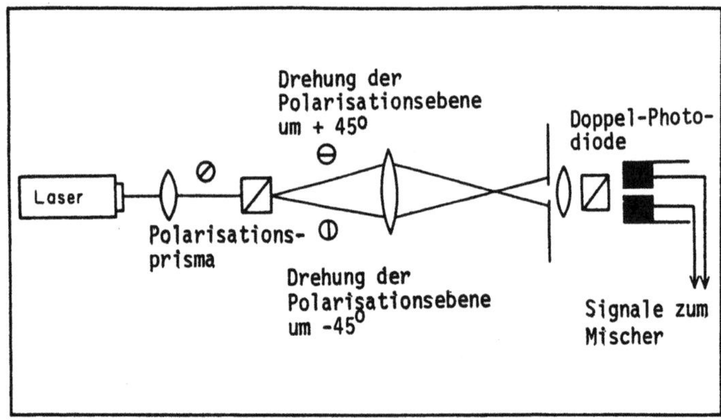

Die in obiger Dia-Vorlage gezeigte, optische Anordnung führt zu zwei Signalen mit gleicher Frequenz, jedoch unterschiedlicher Phase. Die Subtraktion dieser beiden Signale ergibt ein sinusförmiges Signal mit korrekter Doppler-Frequenz. Auf diese Art kann deshalb das Pedestalsignal ohne Rückgriff auf elektronische Filter und ohne Verlust an Doppler-Frequenz-Informationen unterdrückt werden.

Das obige Verfahren wurde unter anderem von Bossel, Hiller und Meier (1972a) sowie Dändliker und Iten (1974)' angewendet. Der linear-polarisierte Laserstrahl wurde auf ein Wollaston-Prisma fokussiert, welches zwei divergente, linear-polarisierte Strahlen mit senkrecht aufeinanderstehenden Polarisationsebenen erzeugte. Das Streulicht wurde empfangsseitig auf ein zweites Polarisationsprisma gebündelt, dessen Hauptachsen in der Polarisationsebene des Sendestrahles liegen. Die durch Sammellinse und Prisma gebildeten zwei Brennpunkte wurden auf eine Doppelelement-Photodiode gerichtet. Die von beiden Empfängern detektierten Signale sind bei identischer Frequenz um 180° phasenverschoben. Alternativ dazu könnte das empfangsseitige Prisma durch einen Strahlteiler und zwei Polarisationsfilter ersetzt werden, jeweils ein Filter vor jedem Photoempfänger. Diese Filter müssen Polarisationsrichtungen von +45 und -45° haben, damit jeder Empfänger eines der beiden um $\Delta x/4$ verschobenen Streifenmuster erkennt.

Die Unterdrückung des Pedestals mit optischen Mitteln ist einer elektronischen Filterung und Frequenzverschiebung vorzuziehen, da dadurch eine Trennung von Doppler- und Pedestal-Signal ohne Verlust an Doppler-Informationen und Signalintensität möglich wird.

Das Verfahren hängt jedoch vom Einfluß der Lichtstreuvorgänge auf die Polarisation ab. Dieser muß als eine Funktion von Partikelgröße und Streuwinkel bestimmt werden.

Falls das oben beschriebene System optimal justiert ist, lassen sich die beiden Signale der Photoempfänger mittels folgender Gleichungen beschreiben:

$$E_1 = E_p \exp\left[-\frac{(t-t_k)^2}{\Delta T_k^2}\right] \{1 + \eta_k \cos(2\pi\nu_D t)\}$$

$$E_2 = E_p \exp\left[-\frac{(t-t_k)^2}{\Delta T_k^2}\right] \{1 - \eta_k \cos(2\pi\nu_D t)\}$$

Es wird deutlich, daß bei einer Subtraktion der Gleichungen der Pedestalanteil herausfällt.

5.22 KOMBINIERTE FREQUENZVERSCHIEBUNG UND PEDESTALUNTERDRÜCKUNG

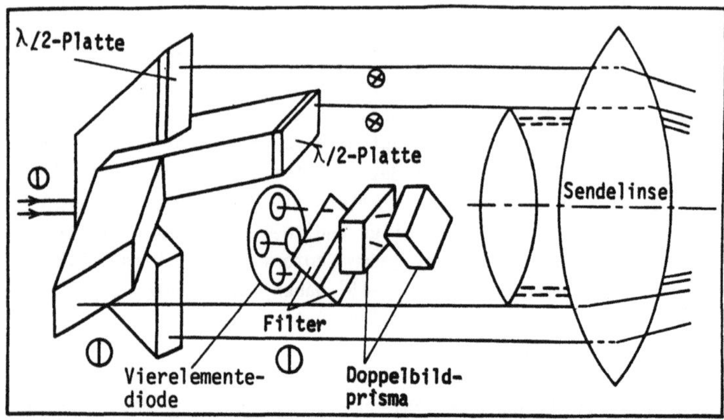

Während in Kapitel 12 dieses Buches Kriterien aufgestellt werden, die die
Auslegung eines kompletten Laser-Doppler-Anemometers erlauben, wird im vorliegenden Kapitel versucht, die Vorteile von integrierten, optischen Einheiten mit gleichzeitiger Frequenzverschiebung und Pedestalunterdrückung zu
kombinieren. Als Hinweis dazu, mit welcher optischen Anordnung diese Methoden verbunden werden können, wurde obige Skizze erstellt.

Die Skizze zeigt zwei Laserstrahlen mit unterschiedlicher Frequenz. Diese
können von einem Zweifarbenlaser mit einem Strahlteilerprisma, einem rotierenden Gitter, Bragg-Zellen oder ähnlichen Geräten erhalten werden. Die
beiden Strahlen werden jeweils in einem Prismensystem aufgeteilt. Die zusammengehörigen Strahlenpaare spannen zwei senkrecht aufeinanderstehende
Ebenen auf, wobei das Licht in der gleichen Ebene wie der einfallende
Strahl polarisiert ist.

Zwei der vier Strahlen werden durch ein λ/2-Plättchen geschickt und dabei
zirkular polarisiert. Danach erfolgt eine Fokussierung aller Strahlen in
ein gemeinsames Kontrollvolumen im strömenden Medium. Das Streulicht aus
diesem Kontrollvolumen wird wiederum von der gleichen Linse (Rückstreuung)
gesammelt und von einer zweiten Linse auf eine 4-Elemente-Photodiode gebündelt. Im Strahlengang vor dem Empfänger befinden sich zwei Doppelbild-Analysatoren (Wollaston-Prismen), unter 45° und 0° orientiert, sowie zwei optische Bandpaßfilter. Damit kann das Licht in zwei Paare monochromatischer
Strahlen aufgeteilt werden, wobei jedes Streulichtstrahlenpaar zwar identisch frequenzverschoben, jedoch um 90° phasenverschoben ist. Die Höhe der
Doppler-Frequenzverschiebung in jedem der Kanäle hängt von der Höhe der Geschwindigkeitskomponente senkrecht zum von den Strahlen gleicher Wellenlänge erzeugten Streifenmuster im Kontrollvolumen ab. Durch die 90° Phasenverschiebung der empfangenen Interferenzsignale kann auf einfachem Wege durch

Subtraktion der beiden korrespondierenden Photoempfängerspannungen die Pedestalschwingung unterdrückt werden. Das Vorzeichen der Phasendifferenz zwischen den zwei Strahlen definiert die Richtung der zugehörigen Geschwindigkeitskomponente.

Falls Geräte zur Frequenzverschiebung benutzt werden, um zwei Sendestrahlen zu erzeugen, so kann durch Veränderung der Shiftfrequenz sichergestellt werden, daß die resultierenden Signale von Null verschiedene Doppler-Frequenzen besitzen und der gewählten Art der Signalverarbeitung angepaßt sind.

5.23 SCHLUSSFOLGERUNGEN

---

o Laser werden als Lichtquellen benötigt.

o Es wurden Anforderungen an optischen Komponenten erarbeitet, die im Buch leicht erreichbar sind.

o Integrierte Optiken sind Anordnungen aus Einzelkomponenten vorzuziehen und können Frequenzverschiebung und Pedestalunterdrückung miteinschließen.

o Photomultiplikatoren ist bei hohen Frequenzen gegenüber Photodioden und Avalanche-Dioden der Vorzug zu geben, sie haben jedoch eine schlechtere Quantenausbeute.

An dieser Stelle kann folgendes festgehalten werden:

- Für Laser-Doppler-Anemometer werden ausschließlich Laser als Lichtquellen benutzt, wobei die benötigte Leistung mit der Strömungsgeschwindigkeit ansteigt.

- Die optischen Einrichtungen sollen aus Gründen der Anpassungsfähigkeit und Robustheit in integrierten Einheiten zusammengefaßt werden.

- Strahlteilung und Strahlfokussierung auf das Kontrollvolumen sollten nur unter Zuhilfenahme angepaßter Prismen und Linsen durchgeführt werden, relativ einfach erfüllbare Anforderungen an diese Komponenten konnten aufgestellt werden.

- Ein optisches Modul kann so gestaltet werden, daß es die Frequenzverschiebung mit einschließt, die spezifischen Vorteile verschiedener Systeme wurden beschrieben.

- Durch Frequenzverschiebung ist es möglich, neben der Aufhebung der Zweideutigkeit der Strömungsrichtung auch eine einfach zu realisierende, elektrische Pedestalunterdrückung einzuführen.

- Die Ausnutzung der Lichtpolarisation kann eine Hochpaßfilterung erübrigen.

- Die Wahl der Photoempfänger hängt vom Anwendungsfall ab. Dioden haben eine höhere Quantenausbeute und niedrigere Kosten. Geringeres Rauschen und besseres Ansprechen machen in vielen Fällen den Photomultiplikator attraktiver.

6. EINFÜHRUNG IN DIE SIGNALVERARBEITUNG

6.1 ZUSAMMENFASSUNG UND ZWECK

o Beschreibung der Form von Photodetektorsignalen
o Angabe der Anforderungen an das Signalverarbeitungssystem
o Allgemeine Beschreibung der Arbeitsprinzipien und Vorteile der wichtigeren, verfügbaren Methoden der Signalverarbeitung, wie z.B. Frequenzanalyse, Frequenznachlaufdemodulation, Frequenzzähler, Filterbänke,
  Photon-Korrelation, Spektroskopie und optische Frequenzanalyse.
o Einführung in die Kapitel 7, 8 und 9.

Die oben angeführten Ziele werden in der gegebenen Reihenfolge im Rahmen
des Kapitels behandelt. In den vorangegangenen Kapiteln beschäftigten wir
uns mit Möglichkeiten, befriedigende optische Signale zu erhalten. In
diesem Kapitel wird in den Abschnitten 6.2 bis 6.5 auf das elektrische
Signal eingegangen, das über den Photodetektor aus dem optischen Signal
erhalten wird. Die Form dieses Signals sowie die Kenntnis gewisser erforderlicher Strömungseigenschaften bewirken, daß vom Signalverarbeitungssystem bestimmte Eigenschaften beansprucht werden; diese werden in Abschnitt 6.6 angegeben.

In den restlichen Abschnitten des Kapitels werden sechs Methoden der Signalverarbeitung in allgemeiner Weise betrachtet. Die Autoren haben umfangreiche Erfahrungen mit drei dieser Techniken und zwar mit der Frequenzanalyse (Abschnitte 6.7 und 6.8), der Frequenznachlaufdemodulation, (Abschnitte 6.9 und 6.10) und mit Frequenzzählern (Abschnitte 6.11 und 6.12). Weil
diese weitaus öfter eingesetzt werden als die anderen, wird ihnen in den
nachfolgenden drei Kapiteln ein breiterer Raum eingeräumt. In diesem Kapitel werden sie kurz diskutiert, um ein schnelles Verständnis ihrer Arbeitsprinzipien sowie die Beurteilung ihrer jeweiligen Vorteile zu ermöglichen.

Die in den anderen Kapiteln nicht aufgeführten drei Verfahren basieren auf
Filterbänken, Photon-Korrelatoren und dem Fabry-Perot-Etalon. Da sie in
diesem Buch anderweitig nicht betrachtet werden, sollen sie hier eingehender dargestellt werden als die im vorigen Paragraphen erwähnten. Der Gebrauch einer Filterbank wurde von Baker, Hutchinson, Khalil und Whitelaw
(1974), die Details ihrer Arbeitsweise von Baker (1973) beschrieben, somit
beruhen die in diesem Kapitel, Abschnitt 6.13 und 6.15, dazu gemachten

Bemerkungen auf Erfahrungen. Im Gegensatz hierzu haben die Autoren wenig Erfahrung mit Photon-Korrelation und keine mit Fabry-Perot-Etalons. Es wäre jedoch unangebracht, bei einer Diskussion über Details der Signalverarbeitungsverfahren diese zwei Techniken unerwähnt zu lassen. Die Abschnitte 6.16 bis 6.20 sind der Photon-Korrelations-Spektroskopie und 6.21 bis 6.23 dem Etalon gewidmet. Der Inhalt des Kapitels wird in Abschnitt 6.24 zusammengefaßt.

6.2 <u>EIGENSCHAFTEN DES ELEKTRISCHEN SIGNALS, 1</u>

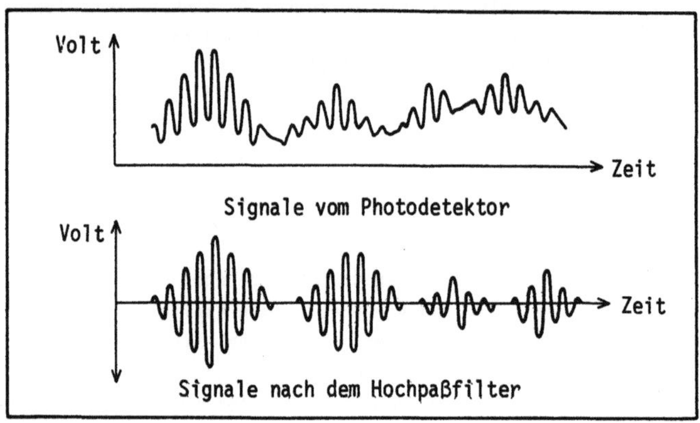

Das vom Photomultiplikator kommende Signal hat die im oberen Diagramm dargestellte Form. Das Signal mit niedriger Frequenz entspricht dem Durchgang der Partikel durch einen oder beide Lichtstrahlen und die sich zwischen den Einhüllenden befindende höhere Frequenz entspricht der Geschwindigkeit der einzelnen Partikel, welche den Bereich der Strahlüberschneidung passiert, auf den der Photodetektor ausgerichtet ist. Das Diagramm entspricht einer Situation mit hoher Partikeldichte, wobei sich meistens ein Partikel im Kontrollvolumen befindet. Die Anzahl der Schwingungen während eines Frequenz-"Burst" wäre normalerweise 10 bis 20 mal höher als in der obigen Skizze dargestellt.

Die Frequenz des Signals ist innerhalb jeder Einhüllenden normalerweise konstant, da die Passierzeit der Partikel durch das Meßvolumen sehr kurz und die Partikelgeschwindigkeit während dieser kurzen Zeit konstant ist. Von einer Einhüllenden zur anderen kann jedoch die Frequenz wechseln und somit ist es üblicherweise erforderlich, die Frequenz während jeder einzelnen Einhüllenden zu messen. In einer stationären, laminaren Strömung werden in Abwesenheit von Meßgeräteabweichungen alle gemessenen Frequenzen gleich sein; im Gegensatz hierzu wird eine turbulente Strömung Frequenzenänderungen aufzeigen, deren Höhe von der Turbulenzintensität abhängen.

In den meisten Fällen wird ein Hochpaßfilter eingesetzt, um die Signalkomponente niedriger Frequenz zu beseitigen; das erhaltene Signal hat dann das Aussehen wie im unteren Diagramm dargestellt. Der Filtereinsatz verursacht meistens keinerlei Informationsverlust. In einigen Situationen, besonders wenn die erforderliche Signalfrequenz nahe am Grundsignal ist, kann jedoch die Festlegung des Hochpaßfilters kritisch werden. Es ist leicht möglich, daß eine oder mehrere der im vorangegangenen Kapitel beschriebenen Techniken (Abschnitt 5.20 und 5.21) erforderlich werden, um eine Beseitigung des Grundsignals zu erlauben, ohne einen Verlust der Doppler-Frequenz-Information zu verursachen.

6.3 EIGENSCHAFTEN DES ELEKTRISCHEN SIGNALS, 2

o Frequenz des Signals innerhalb einer Einhüllenden ist proportional zur augenblicklichen Geschwindigkeitskomponente.

o Die Modulationstiefe der Einhüllenden variiert mit Partikelposition und -größe.

o Das Signal liegt nicht zu allen Zeitpunkten vor.

o Rauschen ist immer vorhanden: es kann - und üblicherweise ist es auch - beträchtlich sein.

o Das Vorzeichen der Geschwindigkeit kann nur bei Einsatz eines der im Kapitel 5 beschriebenen Verfahrensweisen ermittelt werden.

Die Aussagen in obiger Tafel beziehen sich auf die Form des Signals. Die erste Aussage wiederholt, daß sich in dem Signal jeder einzelnen Einhüllenden eine vollständige Geschwindigkeitsinformation befindet und daß die entsprechende Beziehung eine lineare ist.

Die Modulationstiefe der Einhüllenden variiert mit der Partikelposition im Meßvolumen und mit der Größe der Partikel. Zusätzlich muß betont werden, daß das Signal nicht jederzeit vorliegt und daß der Zeitanteil, an dem es vorliegt, von der Partikelkonzentration und von der Größe des Meßvolumens abhängt. Wenn das Meßvolumen und die Partikelkonzentration groß sind, können zwei oder mehrere Partikel zu demselben Signal beitragen; doch werden sie, abgesehen vom Bereich der Wechselwirkung, die gleiche Frequenz verursachen. Das von zwei oder mehreren Partikeln gestreute Licht kann sich zu einem verbesserten, aber auch zu einem abgeschwächten Signal kombinieren (Abschnitt 4.19). Ob das Signal verstärkt oder abgeschwächt wird, hängt von der relativen Lage der zwei Partikel ab. Die entsprechende Fehlerquelle der Durchgangszeiterweiterung wird in Kapitel 7 diskutiert. Ein nützliches Experiment stellt in diesem Zusammenhang das Übereinanderlegen zweier Transparente dar, von denen jedes konzentrische Ringe enthält, die ein Partikel und kugelförmige Lichtwellen simulieren. Die Bedeutung der relativen Lagen der beiden Zentren wurde von Durst und Stevenson (1974) nachgewiesen.

Das Signal kann Rauschen von verschiedenen Quellen enthalten, einschließlich elektronischem und Schrotrauschen. Die Signalverarbeitungsgeräte werden für abnehmende Signal-Rausch-Verhältnisse teuerer und deshalb ist eine starke Signalmodulation sehr zu wünschen, da sich das Signal-Rausch-Verhältnis mit kleiner werdender Modulationstiefe verringert.

Das Signal erlaubt keinen direkten Rückschluß auf das Vorzeichen der Geschwindigkeit, außer wenn das optische System derart eingerichtet werden kann, daß es eine bekannte und nicht-konstante Verteilung der Interferenzstreifen liefert oder wenn eine der im vorangegangenen Kapitel beschriebenen Verfahrensweisen eingesetzt wird.

6.4 EIGENSCHAFTEN DES ELEKTRISCHEN SIGNALS, 3

Das Verhältnis zwischen den Amplituden der Signalkomponenten hoher und niedriger Frequenz ist proportional zum Signal-Rausch-Verhältnis und hängt ab von:
o Der Laser-Leistung,
o dem Verhältnis Partikelgröße zu Interferenzstreifen,
o der relativen Intensität der zwei Lichtstrahlen,
o der Ausrichtung der Optik und des Lichtempfangssystems.
<u>Bemerkung:</u> Zur Minimierung des Bedarfes an komplexer Ausrüstung zur Signalverarbeitung sollte das Signal-Rausch-Verhältnis möglichst groß sein.

Das Verhältnis der Amplitude des Doppler-Signals zu der des Grundsignals, d.h. das Verhältnis zwischen den Komponenten der hohen und der niedrigen Frequenz wird als "Modulationsgrad" bezeichnet (Abschnitte 3.33 bis 3.36). Dieses Verhältnis ist proportional zu dem augenblicklichen Signal-Rausch-Verhältnis und hängt von den oben aufgezählten Parametern ab. Wie im vorangegangenen Kapitel erwähnt, ist die erforderliche Laserleistung proportional zu der Geschwindigkeit. Das Verhältnis von Partikelgröße zur Interferenzstreifenbreite sollte etwa eins zu vier gewählt werden. Natürlich bezieht sich Partikelgröße normalerweise auf die mittlere Partikelgröße in einer polydispersen Verteilung. Diese ist selten genau bekannt, doch sollte eine Abschätzung vorgenommen werden; glücklicherweise ist die absolute Größe des Verhältnisses nicht kritisch. Beispielsweise konnten die Autoren

Signal-Rausch-Verhältnisse von mehr als 40 dB bei Verhältnissen von Partikelgröße zu Interferenzstreifenbreite von etwa 0,5 bis 2,0 und 25 dB, bei einem Verhältnis von 20 nach einer Bandpaßfilterung erhalten.

Die Bedeutung der relativen Intensität der zwei Lichtstrahlen wurde bereits dargelegt. In einem Streifenmuster sollte die Intensität der zwei Strahlen gleich sein, um optimale Signalqualität zu erhalten. Wieder sind kleine Abweichungen vom Optimum nicht von großer Bedeutung: z.B. ein Streifensystem mit Signalaufnahme auf der Achse und einem Intensitätsverhältnis von etwa 5 erlaubt Signal-Rausch-Verhältnisse von etwa 30 dB, wo gleiche Intensitäten 40 dB erlauben würden.

Es wird der Bedeutung der Sache gerecht, zu wiederholen, daß ein großes Signal-Rausch-Verhältnis generell den Einsatz von weniger komplizierten und billigeren Signalverarbeitungsgeräten erlaubt. Deshalb ist sehr zu wünschen, daß die Optik mit der richtigen Laserleistung, mit dem richtigen Verhältnis von Partikelgröße zu Interferenzstreifen und den entsprechenden relativen Intensitäten der zwei Lichtstrahlen entworfen ist. Außerdem kann nicht genug betont werden, daß es notwendig ist, sicherzustellen, daß die Anordnung des optischen Systems richtig durchgeführt wird. Dies läßt sich am besten durch den Einsatz integrierter Optiken erreichen.

6.5 EIGENSCHAFTEN DES ELEKTRISCHEN SIGNALS, 4

Ausfallrate
Üblicherweise ist die Partikelrate derart, daß das Signal nicht stetig ist. Das Verhältnis

$$\frac{\text{Zeit während der kein Signal verarbeitet wird}}{\text{Gesamtzeit}}$$

wird häufig als die "Ausfallrate" bezeichnet. Die Bezeichnung "Signalpräsenzrate" wird auch verwendet und wird definiert als

$$1 - \text{Ausfallrate}$$

Die zwei Bezeichnungen "Ausfallrate" und "Signalpräsenzrate" sind in der Literatur der Laser-Doppler Anemometrie üblich und die Definitionen sind in der Tafel oben gegeben. Die Ausfallrate wird, wie bereits bemerkt, durch die Größe des Meßvolumens und die Partikelkonzentration bestimmt; sie wird auch durch das Diskriminierungsniveau der Signalverarbeitungselektronik beeinflußt. In einer Wasserströmung, z.B. in der von Melling und Whitelaw

(1973a) beschriebenen, kann die Ausfallrate kleiner als 2% sein. Im Kontrast hierzu kann in einer vorgemischten turbulenten Gasflamme die Ausfallrate im Extremfall bis über 99,99% hinaus anwachsen. Die Größenordnung der Ausfallrate ist wichtig, weil sie dafür entscheidend sein kann, welche Form der Signalverarbeitungselektronik optimal einer bestimmten Strömungskonfiguration angepaßt ist und weil sie die Zeit angibt, die notwendig ist, um einen statistisch sinnvollen Wert einer bestimmten Größe in einer turbulenten Strömung zu gewinnen. Wie wir sehen werden, sind Frequenznachlaufdemodulatoren dann günstig einsetzbar, wenn die Ausfallrate niedrig ist; im Gegensatz hierzu sind Zählerverfahren geeigneter in Situationen, wo die Ausfallrate hoch ist.

Statistische Auswirkungen der Ausfallrate sind für die Datenauswertung wichtig und verdienen es, hervorgehoben zu werden. In einer stationären laminaren Strömung liefert ein einziges Partikel einen Geschwindigkeitswert, der im Rahmen des Auflösungsvermögens der Instrumente genau ist. In einer turbulenten Strömung ist dies nicht so; die zur zuverlässigen Messung der mittleren Geschwindigkeit erforderliche Anzahl der Partikel wächst mit der Turbulenzintensität an. Die erforderliche Anzahl der Partikel wächst bei Messungen von Korrelationen höherer Ordnung der augenblicklichen Geschwindigkeitskomponenten. Eine entsprechende statistische Analyse wurde von Yanta und Smith (1973) ausgeführt und zeigt, daß z.B. 20.000 individuelle Messungen der Geschwindigkeit notwendig sind, um einen Wert $\tilde{u}/U$ mit einer Genauigkeit von 1% und 95% Aussagesicherheit zu bestimmen, vorausgesetzt U ist genau bekannt. Die erforderliche Anzahl zur Messung der mittleren Geschwindigkeit mit der gleichen Genauigkeit wächst mit der Turbulenzintensität; für $\tilde{u}/U = 0,1$ ist sie z.B. gleich 400.

6.6 ERFORDERNISSE EINES SIGNALVERARBEITUNGSSYSTEMS

Das erforderliche Signalverarbeitungssystem wird bestimmt durch

o die zu messenden Größen
z.B. $\hat{U}$ oder (U und $\overline{u^2}$) oder E(k) oder
(U, $\overline{u^2}$, $\overline{v^2}$ und uv)

o die geforderte Genauigkeit der Messung

o das Signal-Rausch-Verhältnis, die Partikelkonzentration, die Turbulenzintensität, usw.

Die Tafel zeigt, daß die empfohlene Form der Signalverarbeitung von vielen Faktoren abhängt. Im Prinzip können mittlere Geschwindigkeit, Reynoldsche Schubspannung und andere Korrelationen mit jedem der in diesem Kapitel besprochenen Signalverarbeitungseinrichtungen erhalten werden. Im Gegensatz hierzu kann eine Aufnahme der augenblicklichen Geschwindigkeit oder eine Messung des Energiespektrums nur mit Geräten erhalten werden, welche dem Signal in Echtzeit folgen. Frequenznachlaufdemodulatoren fallen in diese Kategorie, Zählerverfahren jedoch nicht, obgleich sie mit Hilfe von Magnetbändern hierfür eingerichtet werden können.

Die Auswahl der Instrumentation kann durch die für die Verarbeitung zur Verfügung stehende Zeit und durch die erforderte Form der darzustellenden Ergebnisse diktiert werden. Auch hängt sie von der geforderten Genauigkeit der Messungen ab. So erfordert bei der Frequenzanalyse, obgleich diese wegen ihrer Verfügbarkeit zuerst gewählt werden dürfte, die Signalverarbeitung für hohe Genauigkeit einen Zeitraum, der für viele Anwendungen viel zu groß ist. Ähnlich kann der Einsatz der Photon-Korrelation, obwohl er sinnvoll ist in Situationen sehr kleiner Intensität des Streulichtes, wegen der Kosten, der Zeit und des notwendigen Arbeitseinsatzes, um aus der Autokorrelationsfunktion die rms-Intensität zu erhalten, unmöglich werden. Es ist leicht ersichtlich, daß Frequenznachlaufdemodulatoren mit festem dynamischen Bereich nicht für den Einsatz mit solchen Doppler-Signalen geeignet sind, die größere, effektiv dynamischere Bereiche haben. Lichtfrequenzverschiebung kann die gemessene Frequenz erhöhen, mit entsprechender Verringerung des dynamischen Bereiches, und kann somit oftmals helfen, das sinnvolle Einsatzgebiet eines jeden Signalverarbeitungssystems zu erweitern.

Die Benutzung eines Frequenznachlaufdemodulators wird bei Partikelkonzentrationen mit hohen Ausfallraten nicht empfohlen. Frequenzzähler sind dann einzusetzen, wenn die Ausfallraten etwa 90% übersteigen. Wenn die Zeit zwischen den Partikeln bedeutend ist, werden Mittelungsverfahren wichtig. Insbesondere ist, auch abhängig von der Zeit zwischen den Dopplersignalen, der Datenaufnahmezeit des Signalprozessors und dem turbulenten Zeitmaßstab, eine Verschiebung der Mittelwerte zu höheren Frequenzen hin, wegen des Beobachtens von mehr schnellen als langsamen Partikeln, möglich. Dieser Effekt kann mit speziellen Datensammlungsverfahren vermieden werden und wird, obgleich auch auf andere Signalverarbeitungen anwendbar, in Verbindung mit dem Frequenzzähler in Kapitel 9 ausführlich diskutiert. Der Photodetektor kann eine entgegengesetzte Verschiebung hervorrufen, wie bereits in Abschnitt 5.10 angesprochen.

6.7 <u>FREQUENZANALYSE, 1</u>

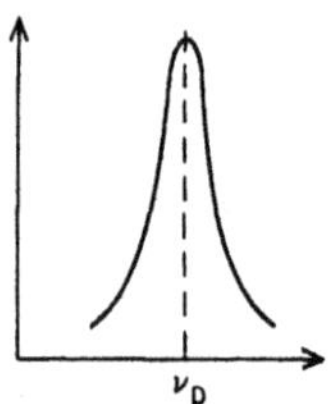

> o Das Signal des Photomultiplikators wird verstärkt, mit einer Oszillatorfrequenz f_{OS} vermischt und mit einem Filter mit Zentralfrequenz f_0 und Bandweite Δf_0 sichtbar gemacht.
>
> o Die Frequenz f_{OS} wird nach einer voreingestellten Überstreichzeit zeitlich verstellt.
>
> o Der Analysator kann mehrmals den Frequenzbereich überstreichen, um ein Signal aufzubauen, das proportional zur Quadratwurzel der Wahrscheinlichkeitsdichteverteilung der Geschwindigkeit ist.

Frequenzanalysatoren sind verhältnismäßig bekannt wegen ihrer Einsetzbarkeit in einem Bereich von strömungsmechanischen Problemen, sowie auch z.B. bei Schwingungen und bei elektronischen Entwurfs- und Prüfverfahren. Viele Strömungsmechaniker werden schon Frequenzanalysatoren zusammen mit Hitzdrahtanemometern eingesetzt haben, um turbulente Energiesspektren zu messen. Die Grundlagen ihrer Arbeitsweise werden in der Tafel oben dargestellt. Die Details der praktischen Verwirklichung des Prinzips hängen von dem jeweilig benutzten Analysator ab.

Für die Zwecke der Laser-Doppler-Anemometrie ist es notwendig, daß die Überstreichbreite des Instrumentes groß ist und daß die Breite des mittleren Frequenzfilters im Vergleich zur Breite des zu messenden Spektrums klein ist. Zusätzlich muß die Überstreichzeit im Vergleich zur Durchgangszeit der Partikel groß eingestellt werden. Ebenso muß die vom Analysator registrierte Anzahl von Signalen auch groß sein, um ein Spektrum aufzubauen, aus welchem sich statistische Aussagen mit hoher Zuverlässigkeit ableiten lassen. Die Notwendigkeit eines Streifenmusters mit einer großen Anzahl von Streifen wird in Abschnitt 7.27 behandelt. Es ist jedoch nützlich, an dieser Stelle zu vermerken, daß dies notwendig ist, um die durch die Durchlaufzeitverbreiterung hervorgerufenen Fehler zu vermeiden.

Das obige Diagramm zeigt, daß für die meisten Analysatoren das resultierende Spektrum proportional zu der Quadratwurzel der Wahrscheinlichkeitsdichteverteilung der Geschwindigkeit ist. Diese Proportionalität wird in Kapitel 7 für niedrige Partikelkonzentrationen abgeleitet. Für die meisten Verteilungen entspricht die wahrscheinlichste Frequenz ungefähr dem Mittelwert der Frequenz und deshalb der mittleren Geschwindigkeit. Die Breite des Spektrums ist mit der Turbulenzintensität verbunden und Abweichungen von einer Gaußschen Verteilung spiegeln die Asymmetrie- und Flachheitsfaktoren wider. Die notwendigen Formeln zu ihrer Berechnung befinden sich in Kapitel 7.

Es ist erwähnenswert, daß das Doppler-Spektrum sowohl von der Amplitude der Signale, als auch von ihrer Frequenz abhängen kann. Glücklicherweise kann der Einfluß dieser Form auf die zeitlich gemittelten Größen durch geeignete Bedienung des Spektrumanalysators klein gehalten werden.

6.8 <u>FREQUENZANALYSE, 2</u>

> o Erlaubt die Messungen von U, $\overline{u^2}$, $\overline{u^3}$, $\overline{u^4}$,...,
> o Kann bei von Rauschen behafteten Signalen erfolgreich eingesetzt werden,
> o Ist relativ einfach einzusetzen,
> o Zerstört Realzeit-Informationen
> o Ineffektiver Gebrauch des Eingangssignals, da $|v_D-f_{os}|$ selten mit f_o übereinstimmt
> o Erhalten der Werte von $\overline{v_D}$ und $\overline{(v_D-\overline{v_D})^2}$ aus der Analysatoranzeige ist zeitaufwendig und oftmals von mangelnder Genauigkeit,
> o Interpretation wird schwieriger, wenn $v_D \to 0$.

Die ersten drei Punkte in obiger Tafel sind alle günstig. Die Frequenzanalyse kann Werte der mittleren Geschwindigkeit und Korrelationen der Geschwindigkeitsfluktuationen liefern. Dieses Instrument ist verhältnismäßig einfach einzusetzen und geeignet für Arbeiten mit rauschbehafteten Signalen. Beispielsweise haben die Autoren Meßwerte in einer Ölflamme eines Heizkessels mit zwei Quadratmetern Fläche erhalten, Baker, Hutchinson und Whitelaw (1974a) , in der Nähe einer am stumpfen Körper stabilisierten Flamme, Durst, Melling und Whitelaw (1972d) und Durao, Melling, Pope und Whitelaw (1973) und in einem Plasmastrahl, in dem die Signal-Rausch-Verhältnisse wegen elektrischer Interferenz niedrig waren (Null db) und somit den Einsatz von zu dieser Zeit verfügbaren alternativen Instrumenten verhindert hatten.

Die übliche Form der Frequenzanalyse zerstört Realzeit-Informationen und obgleich es möglich ist festzustellen, daß ein bestimmtes Geschwindigkeitssignal z.B. Sinuswellencharakteristik hat, ist es unmöglich, die Frequenz der Strömungsschwingungen zu bestimmen. Die Zerstörung von Realzeit-Informationen hat zur Folge, daß das Instrument auch nicht für die Messung des turbulenten Energiespektrums geeignet ist.

Das Instrument ist zeitaufwendig und ineffizient im Gebrauch. Das Signal wird nur in dem in einer gegebenen Zeit abgetasteten Frequenzbereich aufgenommen. Dazu ist, obgleich die Interpretation der graphischen Anzeige zu den gesuchten strömungsmechanischen Größen führt, außerdem die Analyse der Daten aus dem aufgezeichneten Spektrum mühsam, besonders wenn hohe Präzision erforderlich ist.
Der letzte Punkt der Tafel kann natürlich durch den Einsatz einer der in Kapitel 5 erwähnten Frequenzverschiebungsvorrichtungen überwunden werden.

6.9 <u>FREQUENZNACHLAUF, 1</u>

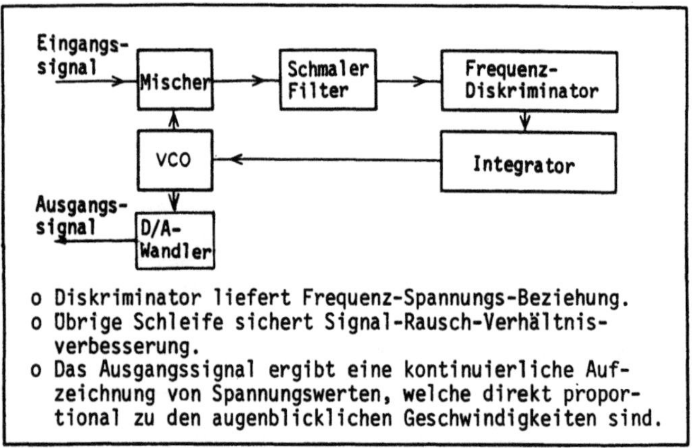

Die Dia-Vorlage zeigt das Prinzip, auf dem die Frequenznachlaufdemodulation basiert. Der spannungsgesteuerte Oszillator (VCO) liefert ein kontinuierliches Signal, welches mit dem Doppler-Signal gemischt wird und durch den Schmalbandfilter läuft, welcher normalerweise auf einen bestimmten Wert voreingestellt ist. Änderungen in der Frequenz des Doppler-Signals werden durch den VCO kompensiert und das Ausgangssignal ist, vorausgesetzt der Schaltkreis wurde richtig entworfen, proportional zu der augenblicklichen Doppler-Frequenz und somit zu der augenblicklichen Geschwindigkeit. In neueren kommerziellen Geräten wird das VCO-Ausgangssignal in einem Digital-Analog-Wandler (DAC) in ein Analogsignal gewandelt. Dadurch beeinflussen Nichtlinearitäten des VCO das Ausgangssignal nicht.

Normalerweise ist ein nahezu kontinuierliches Eingangssignal erforderlich. Wenn dies nicht vorliegt, hält ein Ausfallmechanismus das letzte bekannte Signal solange, bis ein neues Signal ankommt. Der Verriegelungs- und Entriegelungsvorgang kann, wie auch der Ausfallmechanismus, verbunden mit diskreten Partikeln, zu irreführenden Signalen führen. In den meisten kommerziellen Frequenznachlaufdemodulatoren sind die damit verursachten Fehler klein.

Ausfall kann drei Ursachen haben. Die Erste liegt in niedrigen Partikelkonzentrationen, die zweite in dem Unvermögen des Demodulators, den sehr
schnell wechselnden Frequenzen zu folgen und die dritte in den Signalamplituden, die für den Demodulator zu klein sind. Die erste Ursache kann als
Zufallseffekt betrachtet werden und durch Partikelzugabe beseitigt werden.
Die zweite führt zu einem systematischen Fehler, der insbesondere bei niedriger Turbulenzintensität wichtig sein kann. Das Vermögen des Frequenznachlaufdemodulators, raschen Frequenzänderungen zu folgen, hängt von verschiedenen Parametern des Instrumentes ab, u.a. von den Zeitkonstanten der
Komponenten des Nachlaufschaltkreises, von der Filterbandweite und von der
Lage der Dopplerfrequenz in einem bestimmten Instrumentenbereich: der Einfluß dieser Parameter variiert von Bereich zu Bereich. Lichtfrequenzverschiebung erlaubt die Lageänderung der Dopplerfrequenz auf jede bevorzugte
Position innerhalb des Frequenzbereiches und kann deshalb dazu beitragen,
den Gebrauch des Frequenznachlaufdemodulators zu optimieren.

6.10 FREQUENZNACHLAUF, 2

o Verfügbarkeit von Realzeit-Signal erlaubt die Messung
  von U und die Möglichkeit zur Messung von E(k).
o Digitale Spannungsmeßgeräte und rms-Meßgeräte erlauben
  ein direktes Ablesen von U und $\tilde{u}$.
o Das Signal kann in derselben Weise wie ein Hitzdrahtsignal verarbeitet werden.
o Begrenzung der Doppler-Frequenz, z.B. 50 MHz.
o Begrenzung der Anzahl der Wechsel der Doppler-Frequenz
o Forderung der Sicherstellung einer hohen Partikelkonzentration
o Forderung besonderer Sorgfalt zur Sicherung einer richtigen Interpretation.

Frequenznachlaufdemodulatoren erlauben Realzeit-Signalausgaben und somit
Messungen von augenblicklichen Geschwindigkeiten und Turbulenzenergiespek-
tren. Zählverfahren können auch Messungen dieser Art ergeben, jedoch unbe-
quemer: es müßte z.B. das Ausgangssignal auf ein Magnetband geschrieben
werden, um es nachträglich mit dem Computer auszuwerten. Frequenznachlaufdemodulatoren haben den wichtigen Vorteil, daß die Mittelwerte und die rms-
Größen direkt von den entsprechenden Meßgeräten abgelesen werden können.
Tatsächlich kann das Signal genau wie ein Hitzdrahtanemometersignal verarbeitet werden, jedoch ist beim ersteren die Beziehung zwischen den gemessenen Größen und den Strömungsgrößen linear.

In der Praxis sind die Frequenznachläufer auf eine Maximalfrequenz von etwa 50 MHz begrenzt, in den meisten Modellen liegt die Grenze jedoch bei 15 MHz oder niedriger. Sie sind besonders für Laboranwendungen geeignet, bei denen die Partikelkonzentrationen hoch sind und fast konstant gehalten werden können. In Wasserströmungen im Labor z.B. sind die wesentlichen Turbulenzfrequenzen fast immer kleiner als 500 Hz, die Geschwindigkeiten sind verhältnismäßig klein und die Partikelkonzentration ist hoch. In freien Gasströmungen können Frequenznachläufer mit Turbulenzenergien von Frequenzen über 5 kHz, mit hohen Geschwindigkeiten und niedrigen Partikelkonzentrationen konfrontiert werden; unter solchen Umständen ist oftmals eine alternative Instrumentation vorzuziehen.

Gemeinsam mit Frequenzanalysatoren neigen Frequenznachlaufdemodulatoren zu Fehlern mit Durchlaufzeitverbreitung. Die Größe der Durchlaufzeitverbreitung kann normalerweise durch entsprechende Wahl des optischen Aufbaus bei einem Wert von weniger als 1% gehalten werden. Sie variiert jedoch mit der Geschwindigkeit des Nachlaufschaltkreises.

6.11 ZÄHLVERFAHREN, 1

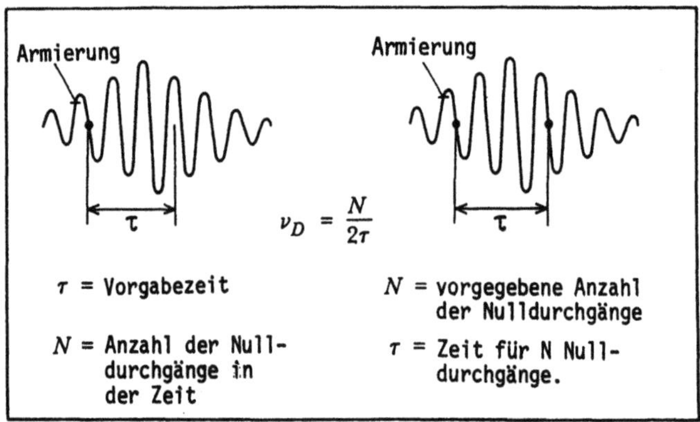

Wie in obiger Dia-Vorlage dargestellt, gibt es hauptsächlich zwei Wege, Zählverfahren zur Analyse des Laser-Doppler-Signals einzusetzen. In beiden Fällen wurden die Signale normalerweise durch einen Bandpaß gefiltert und möglicherweise mit einem Oszillatorsignal gemischt, um eine passende Frequenz zu erhalten. Der Zähler ist auf angegebene Werte von Diskriminierungsniveau und -neigung eingestellt und beginnt beim nächsten Nulldurchgang zu zählen.

Eine feste Torzeit kann vorgegeben sein, die Anzahl der Nulldurchgänge in dieser Zeit gemessen und somit die Frequenz bestimmt werden. Alternativ hierzu kann die Zeit gemessen werden, welche ein Partikel benötigt, um eine vorher festgesetzte Anzahl von Streifen zu überqueren. In beiden Fällen liefern die Frequenzmessungen bei einer statistisch signifikanten Anzahl von Partikeln die Werte der mittleren Geschwindigkeit, der rms-Größen, usw.. Ein Verfahren mit fester Torzeit kann zu Fehlern von bis zu einer halben Periode führen und infolgedessen basiert jede Frequenzmessung üblicherweise auf einer hohen Anzahl von Nulldurchgängen, um den Einfluß der Unbestimmtheit von ± 1 im Zähler klein zu halten. Auf Schwierigkeiten kann man auch dort stoßen, wo die Partikelgeschwindigkeiten stark schwanken; ein sinnvoller Wert von ist dann schwierig zu bestimmen.

Ein schneller Trigger-Mechanismus ist erforderlich, da die Anschwellzeit des Zählers klein sein muß im Vergleich mit jeder zu messenden Frequenz. Logische Schleifen können erforderlich sein, um Frequenzen auszuschließen, welche auf Zählungen von Rauschen oder von Signalen aus mehr als einer Einhüllenden stammen. Diskussionen von Vorgehensweisen dieser Art finden sich bei Asher (1972), Lapp, Penney und Asher (1973) und Brayton, Kalb und Crosswy (1973). Ein wichtiger Effekt von logischen Schleifen ist, daß hierbei auch potentiell nützliche Signale ausgeschlossen werden, wodurch die erforderliche Meßzeit zum Erhalten statistisch sinnvoller Antworten verlängert wird.

Das Problem des Erkennens der Nulldurchgänge in Gegenwart von Rauschen kann durch die Zählung von Durchgängen durch ein endliches Diskriminierungsniveau reduziert werden. Dieses Verfahren führt wegen der Amplitudenmodulation zu einem Fehler, wenn die Zählungen sich nicht symmetrisch um die Mitte der Einhüllenden anordnen lassen.

6.12 ZÄHLVERFAHREN, 2

> o Kann eine digitale Darstellung von U und $\overline{u^2}$, usw. liefern.
> o Zählen mit festem Tor ist relativ billig, jedoch wesentlich weniger präzis als Zählen der voreingestellten Nulldurchgänge.
> o Elektronische Logiken können erforderlich sein, um irrtümliche Zählungen zu verhindern.
> o Zählen voreingestellter Nulldurchgänge ist geeignet bei hochturbulenten Strömungen.
> o Eine Verbesserung der räumlichen Auflösung kann durch Diskriminierung erreicht werden.

Instrumente, die auf Zählung mit festen Toren basieren, können billig zu entwerfen, aufzubauen und einzusetzen sein. Sie können auch eine günstige digitale Darstellung der gesuchten Strömungsgrößen liefern. Für große Werte der Turbulenzintensität wird die Anzahl der Nulldurchgänge, die innerhalb der Zeit eines festen Tores auftreten, von Partikel zu Partikel stark variieren. Es ist möglich, sich Situationen vorzustellen, wo z.B. mit langsamen Partikeln weniger als 5 Nulldurchgänge innerhalb der Zeit des festen Gitters auftreten, mit schnellen Partikeln jedoch bis zu 100 Nulldurchgänge detektiert werden. Der mögliche Fehler von einer halben Periode mit Festtorzählern wird besonders schwerwiegend, wenn nur ein paar Nulldurchgänge gezählt werden. Periodenzeitgeber, die die mittlere Periode nach einer festen Anzahl von Nulldurchgängen festlegen, vermeiden diesen Fehler von einer halben Periode und sind somit geeigneter für Strömungen mit hoher Turbulenzintensität.

Es sollte betont werden, daß Zählverfahren keine Realzeitinformationen beinhalten, wenn sie nicht für nahezu kontinuierliche Signale eingesetzt werden, deren einzelne Zählungen in Realzeit auf Band gespeichert oder in analoge Spannungen umgewandelt wurden. Somit ist es schwierig, Schwingungen und Energiespektren aufzuzeichnen. Letztere Größe wurde von Scott, Mossey und Knott (1974) mit einer Kombination von Laser-Doppler-Anemometer, Magnetband und Minicomputer bestimmt. Auch werden Zählverfahren, im Gegensatz zu Frequenznachläufern, durch Änderungen der Partikelkonzentration nicht stark beeinflußt und arbeiten gut bei hohen Ausfallraten. Wegen des diskontinuierlichen Charakters des Doppler-Signals können Fehler bei der Probenentnahme, wie bei anderen Formen der Instrumentation auftreten. Diese werden in Kapitel 9 diskutiert.

Zählverfahren können wie andere Methoden eingesetzt werden, um die räumliche Auflösung zu verbessern. Dies kann durch Erhöhung des Diskriminierungsniveaus, an dem der Auslöseimpuls einsetzt, erreicht werden, so daß ein größerer Teil von Signalen niedriger Amplitude, welche aus Regionen des Streuvolumens mit kleiner Lichtintensität stammen, ausgeschlossen wird.

6.13 <u>FILTERBANK, 1</u>

o Begrenzte Erfahrung, basierend auf dem von Baker (1973) beschriebenen Instrument.

o Instrument benutzt 50 Filter im Bereich von 631 kHz bis 6.02 MHz: Ausgangsspannung abhängig von den Zentralfrequenzen aller Filter, die ein Doppler-Signal aufgenommen haben.

o Fünfzig Mal effizienter als Frequenzanalyse.

Baker (1973) hat die Arbeitsweise einer Filterbank beschrieben, wie sie von Baker (1974a, b) und Baker, Hutchinson, Khalil und Whitelaw (1974) für Messungen in isothermen Strahlen und Strömungsformen mit Verbrennung benutzt wurde. Das Instument wurde von der Abteilung für Elektronik und angewandte Physik von AERE, Harwell, zur Verarbeitung von Doppler-Signalen mit niedrigen Signalpräsenzraten (weniger als 1%), von schlechter Qualität und über eine vergleichsweise große Frequenzbandweite verstreut, entwickelt. Das Instrument nimmt Signale von einem Photomultiplier an, verstärkt diese innerhalb eines einstellbaren Bereiches (10 kHz bis 30 MHz) und liefert sie an die parallelen Eingänge einer Anzahl von eingestellten Filtern. Die Amplituden der zu den Filtern gelieferten Signale können durch Handsteuerung oder durch automatische Annäherungssteuerung optimiert werden. Das Instrument hat mit 50 Filtern gearbeitet, die den Bereich von 631 kHz bis 6.02 MHz überdeckten. Die benachbarten Filter sind mit einer Überschneidung von -3 dB eingestellt.

Ein Prüfsystem identifiziert den Filter mit der höchsten Resonanz und wenn eine Signalamplitude eine voreingestellte Schwelle überschreitet, wird ein Gleichstromsignal direkt ausgegeben, das der Zentralfrequenz des Filters proportional ist. Der Zeitanteil, in dem die Filtersignalamplituden den Schwellwert überschreiten, ergibt eine direkte Messung der Signalpräsenzrate bis hinab zu Werten der Größenordnung von 0,05%. Aus der obigen Beschreibung der Arbeitsweise einer Filterbank wird deutlich daß dieses Instrument effizienter ist als Frequenzanalysatoren des vorher in diesem Kapitel beschrieben Typs, da alle verfügbaren Doppler-Signale die Ausgangsleistung der Filterbank beeinflussen. Realzeitfrequenzanalysatoren wurden mit einer ähnlich effizienten Nutzung der Signale entwickelt; die Höchstfrequenz, bis zu der sie arbeiten können, ist jedoch für die meisten Untersuchungen mit Laser-Doppler-Anemometrie zu niedrig. Die Filterbank ist be-

deutend weniger anfällig für die Signal-Rausch-Begrenzungen von Zählverfahren und soll bei Werten der Signalpräsenzrate arbeiten, die deutlich
niedriger sind als jene, bei denen normalerweise Frequenznachlaufdemodulation eingesetzt würde.

6.14 FILTERBANK, 2

Eine Filterbank kann auf zwei Arten arbeiten:

a) Kontinuierliche Überwachung jedes Filters und Real-
   zeit-Aufzeichnung der Spannungen, die proportional zu
   der Zentralfrequenz des Resonanzfilters und somit zu
   der Momentangeschwindigkeit sind.

b) Aufzeichnung der Ausgänge von den Filtern nach einer
   voreingestellten Meßzeit zur Wiedergabe einer Wahrscheinlichkeitsdichteverteilung

Eine Wahrscheinlichkeitsdichteverteilung der Signalfrequenz kann auf zwei
Arten dargestellt werden. Ein analoger Speicher am Ausgang jedes Filters
akkumuliert eine Spannung, wenn dieser Filter der mit der höchsten Resonanz
ist und sein Signal über dem voreingestellten Grenzwert liegt. Die 50
Speicher werden wiederholt nacheinander abgefragt und eine dynamische
Histogrammanzeige baut sich auf dem Oszilloskop auf. Die Spannungen können
auch auf einem digitalen Spannungsmeßgerät oder auf einem X-Y-Schreiber
ausgegeben werden. Alternativ hierzu kann sich, wenn die akkumulierte Spannung in jedem Speicher mit einer ausgewählten Zeitkonstante abfließen darf,
die Oszilloskop-Darstellung mit einer über einem bekannten Zeitraum gemittelten Wahrscheinlichkeitsverteilung stabilisieren.

Somit kann das Instrument benutzt werden, um Realzeit-Signale oder zeitlich
gemittelte Werte aufzuzeichnen. Dies erlaubt die Möglichkeit der Überschneidung mit Frequenznachlauf bei hohen Werten der Signalpräsenzrate und
mit Zählern bei niedrigen Werten: in beiden Fällen ist der festeingestellte
Bereich der Filter ein Nachteil, doch ist die Fähigkeit zur Arbeit bei niedrigen Werten des Signal-Rausch-Verhältnisses ein Vorteil, der mit dem des
Photon-Korrelators rivalisiert.

Da die Bandbreiten der Filter linear mit den zentralen Filterfrequenzen ansteigen, steht die Amplitude A_f des integrierten Ausgangssignals f für jeden Filter in folgender Beziehung zur wahren Wahrscheinlichkeitsdichtefunktion $P(f)$:

$$A_f = C\,P(f)f$$

wobei C eine Konstante ist, so daß gilt:

$$\int_{-\infty}^{\infty} P(f)\,df = 1 .$$

Der Einfluß des Gewichtungsfaktors, welcher in A_f enthalten ist, sollte bei der Auswertung der Resultate berücksichtigt werden. Wie in den Diskussionen der Abschnitte 9.30 bis 9.36 dargelegt wird, führt dies zu korrekten Mittelwerten bei hohen Partikelkonzentrationen, kann aber zu Fehlern führen, wenn die Partikelkonzentrationen niedrig sind.

6.15 FILTERBANK, 3

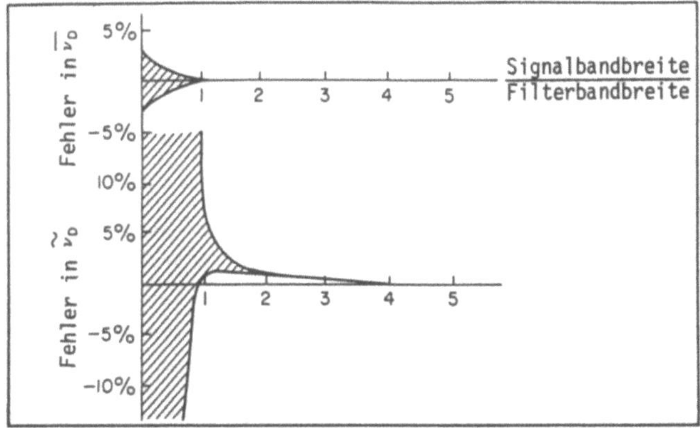

Ausführliche Tests der AERE Filterbank wurden sowohl mit elektronisch simulierten als auch mit wirklichen Doppler-Signalen durchgeführt. Abgesehen von ihrem Nominalbereich rührt ihre größte Einschränkung von der festgelegten Verteilung der Filter her. Bei hohen Turbulenzintensitäten können 20 Filter zu der gemessenen Wahrscheinlichkeitsverteilung beitragen, wohingegen bei niedrigen Turbulenzintensitäten hierzu auch weniger als 10 Filter beitragen können. Die Auflösung sinkt mit der Anzahl der Filter und es liegt nahe, daß die Filterbank für die Messung von niedrigen Turbulenzintensitäten ungünstig ist.

Die Tafel stellt nach Baker (1973) Fehlergrenzen für mittlere und rms-Frequenzen als Funktionen des Verhältnisses von Signal zu Filterbandbreite dar. Es ist klar, daß ein Fehler von bis zu 2,5% die Messungen der mittleren Frequenzen behaften kann, wenn die Signalbandbreite kleiner als eine Filterbandbreite ist. Der entsprechende Fehler der rms-Frequenz ist dann wesentlich größer. Wenn die Bandbreite des Signals im Vergleich zu der des Filters anwächst, fällt der Fehler der mittleren Frequenz bis zur Bedeutungslosigkeit und der rms-Frequenz bis auf höchstens 2% ab.

Der Vergleich zwischen Messungen, die weit strahlabwärts in einem Freistrahl mit Laser-Doppler-Anemometrie unter Benutzung der Filterbank und mit Hitzdraht-Anemometrie von Baker (1974a) erhalten wurden, belegen unmittelbar den Wert einer Filterbank. Die Messungen sind in guter Übereinstimmung bezüglich $\overline{U}$, $\overline{u^2}$, $\overline{u^3}$ und $\overline{u^4}$, ausgenommen am Rande des Strahles, wo die Fähigkeit der Laser-Doppler-Anemometrie mit Frequenzverschiebung die Richtungsunbestimmtheit der Geschwindigkeit aufzulösen, plausiblere Ergebnisse liefert. Von Baker, Hutchinson, Khalil und Whitelaw (1974) wurde gezeigt, daß dieses Instrument sich besonders gut zu Untersuchungen von Verbrennungsströmungen eignet.

6.16 <u>PHOTON-KORRELATIONS-SPEKTROSKOPIE, 1</u>

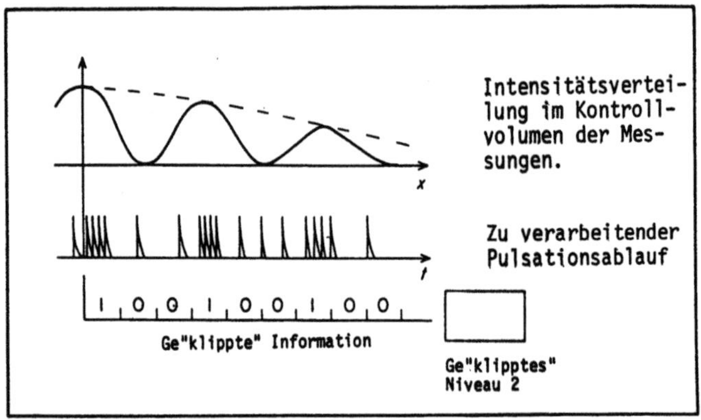

Wenn die Intensität des gestreuten Lichtes und/oder das Signal-Rausch-Verhältnis sehr niedrig sind, bietet die Photon-Korrelations-Spektroskopie Vorteile gegenüber anderen Signalverarbeitungen. Solche Umstände können vorliegen, wenn die Intensität des Laserlichtes niedrig ist, die Partikel sehr kleine Durchmesser haben oder der Lichtsammelaufbau ineffizient ist. Dies ist oft der Fall bei Messungen auf große Abstände.

Laser-Doppler-Signale sind aus Beiträgen von verschiedenen Elektronenimpulsen zusammengesetzt, welche durch einzelne, das Kathodenmaterial verlassende Photoelektronen erzeugt und durch Sekundäremissionen in der Dynodenkette des Photomultipliers verstärkt werden. Wenn die Streulichtintensität hoch genug ist, ruft die mittlere Ankunftsrate der Photonen an der Kathode ein Überschneiden der individuellen Impulse an der Anode hervor, so daß das resultierende Signal im wesentlichen kontinuierlich, und wie in Abschnitt 6.2 dargelegt, erscheint. Wenn die Lichtintensität des gestreuten Lichtes niedrig ist, kann die mittlere Rate der an der Photokathode ankommenden Photonen so sein, daß zwischen einzelnen Pulsen an der Anode deutlich erkennbare Zeitabstände bestehen. Diese Pulse zeigen eine endliche

Dauer wegen der Integrationszeiten im Verstärkungsprozeß des Photomultipliers. Wenn ein Streupartikel einen hellen Streifen im Meßvolumen überquert, ist die Wahrscheinlichkeit einer Photondetektion größer als wenn es
einen dunklen Streifen überquert. Somit wird eine statistisch ausreichende
Sammlung von solchen Signalen wegen der Intensitätsvariationen über das
Streifenmuster im Kontrollvolumen einen sinusförmigen Verlauf in der Pho-
tonankunftsrate zeigen. Dies ist in der obigen Tafel gezeigt und wurde von
Pike (1970) detailliert diskutiert. Die Periode der Intensitätsvariation
ist mit der Partikelgeschwindigkeit verbunden und kann über die Messung der
Autokorrelationsfunktion G(τ) über Zeitverzögerungen τ = rT erhalten wer-
den:

$$G(rT) = \sum_{r=0}^{\infty} n(t)\, n(t - rT). \quad r = 0, 1, 2, \dots$$

n(t) ist dabei die Anzahl der Photonen, die in einem Zeitintervall T, be-
ginnend mit dem Zeitpunkt t detektiert wurden. In ein praktisches Instrument kann nur eine endliche Anzahl M von Zeitverzögerungen eingebracht
werden.

6.17 PHOTON-KORRELATIONS-SPEKTROSKOPIE, 2

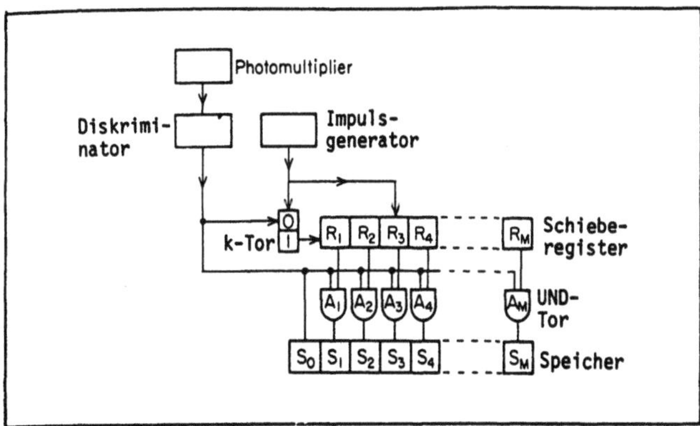

Die Technik der Photon-Korrelation wurde von Pike (1969) und Jakeman (1970)
vorgeschlagen. Da auch die bei niedrigen Doppler-Frequenzen von z.B. 1 MHz
oder weniger, auftretenden Zeitverzögerungen T zu kurz sind, um den Einsatz
der Autokorrelationsfunktion zur Berechnung mit der auf der vorangegangenen
Seite dargestellten Gleichung zu erlauben, schlugen Pike und Jakeman den
Einsatz von Abschneidetechniken vor, wie sie in Radardetektionssystemen
eingesetzt werden, um die Herstellung von Instrumenten zu akzeptablen Prei-
sen zu ermöglichen. Die Technik des Abschneidens benutzt ein Ersetzen des
Signals vor der Autokorrelation mit Einsen und Nullen. Eine 1 wird aufge-

232

zeichnet, wenn das Signal oberhalb eines voreingestellten Diskriminierungsniveaus liegt und eine 0 andernfalls.

Dadurch wird ein wesentlich schnelleres Verfahren eingesetzt:

$$G(rT) = \sum_{r=0}^{M} n(t)n_k(t - rT),$$

$$= N\langle n(t)n_k(t - rT)\rangle,$$

wo N die Gesamtzahl der gezählten Photonen ist. $n_k(t)$ nimmt die Werte 0
oder 1 an, je nachdem, ob $n(t)$ kleiner oder größer als das vorher beschriebene Abschneideniveau k ist. Ein Blockdiagramm eines Gerätes, welches diese
Operationen durchführt, ist oben dargestellt, wobei die Operation des Korrelators folgende ist (Foord et al., 1970).

Erstens wird eine Zeit T, typischerweise ungefähr 1/5 der mittleren Signal-
periode, ausgesucht und das Abschneide-(k) Torniveau wird nahe der mittleren Zählrate festgelegt. Alle Speicher werden gelöscht und alle Stufen des
Schieberegisters werden auf 0 gesetzt. Ein erster Puls vom Zeittaktgeber
setzt das k-Gatter in seinen "0"-Zustand. Alle Pulse, die im ersten Zeitintervall vom Pulsformer erhalten werden, akkumulieren nur im Speicher S_0,
da alle UND-Gatter A_1, A_2 ... von den leeren Schieberegisterstufen R_1, R_2
... geschlossen gehalten werden. Alle Pulse oberhalb des Abschneideniveaus,
die während des ersten Zeitintervalls T auftreten, setzen auch das k-Gatter
in seinen "1"-Zustand. Am Ende der Zeit T produziert der Zeittaktgeber
einen anderen Zeittakt, der einen Sprung im Shift-Register hervorruft, wobei der Zustand des k-Gatters in R_1 gesetzt wird. Der Zeittakt setzt das k-
Gatter auf 0 zurück. Während des zweiten Zeitintervalls werden alle vom
Pulsformer erhaltenen Pulse im Speicher S_0 addiert. Wenn R_1 sich im "1"-Zu-
stand befindet, wird die Anzahl der Pulse, die vom Pulsformer empfangen
werden über das UND-Gatter A_1 im Speicher S_1 gespeichert. Das Verfahren
wird fortgesetzt über sukzessive Zeitintervalle T bis die M-te Stufe erreicht ist. Die ganze Sequenz kann wiederholt werden, bis eine Korrelation
von ausreichender Genauigkeit erhalten ist.

6.18 PHOTON-KORRELATIONS-SPEKTROSKOPIE, 3

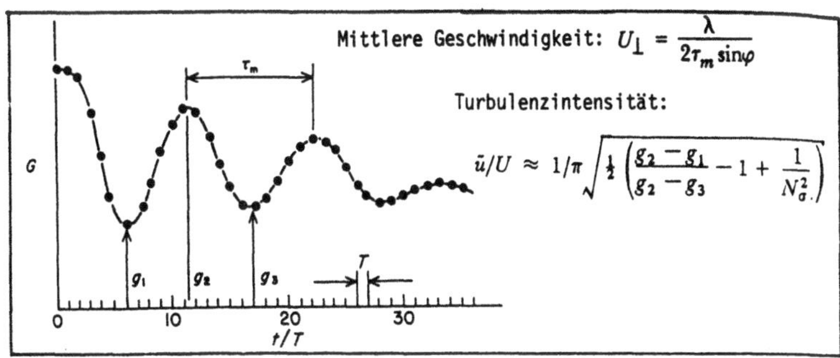

Wenn eine ausreichende Anzahl von Photonen detektiert wird, kann die Autokorrelationsfunktion (Akf) des Signals eines einzelnen Partikels in einer
Zeit gebildet werden, die klein ist im Vergleich zu den Integral- und Mi-
kromaßstäben der Turbulenz. Dies wäre mit einem Burst-Korrelator möglich
(z.B. Malvern Instruments, Modell 7025), der mit einer minimalen Sammelzeit
von 10 ns arbeitet. Meistens wird, mit langsameren Korrelatoren, mit minimaler Sammelzeit von 50 ns (die eine maximal herstellbare Doppler-Frequenz
von etwa 4 bis 5 MHz erlauben) die Akf aus Beiträgen von einer Reihe von
Signalen vieler Partikel aufgebaut und gibt Informationen über die mittlere
Partikelgeschwindigkeit und die statistischen Eigenschaften der Geschwindigkeitsfluktuationen. Diese Methode wurde von Jakeman, Pike und Swain
(1971), She (1973), Durrani und Greated (1974) und Smart (1974) beschrieben. In diesem Fall ist die Akf charakterisiert durch eine sinusförmige
Fluktuation von schnell abfallender Amplitude, die über einen abfallenden
Mittelwert überlagert ist. Die Periode der Fluktuation ist umgekehrt proportional zur mittleren Doppler-Frequenz, während die Dämpfung ein Maß des
Niveaus der turbulenten Geschwindigkeitsänderungen und der endlichen Über-
querungszeitverbreiterung (Abschnitte 7.25 bis 7.27) liefert. Die Akf liegt
auf einer Basislinie, welche die Detektion von Photonen von Hintergrund-
lichtquellen, Reflektionen von Wänden usw. wiedergibt, deren Ankunftszeiten
mit denen der Streupartikel unkorreliert sind.

Die Aufzeichnung der Autokorrelationsfunktion erlaubt eine Berechnung der
mittleren Geschwindigkeit über die Zeit τ_m zwischen den zwei Maxima. Die
zugehörige Formel ist in obiger Tafel, zusammen mit einer Beziehung, mit
der die Tubulenzintensität aus dem Abfall der Amplitude des sinusförmigen
Anteils der Autokorrelation berechnet werden kann.

Die obigen Formeln sind nur für Gaußsche Turbulenz gültig und aus der
Tafel geht hervor, daß die Periode τ_m nicht zuverlässig bestimmt werden

kann, da die Dämpfung mit wachsender Turbulenzintensität besonders schnell wird. Verbesserte Methoden zur Bestimmung der mittleren Geschwindigkeit $\hat{U}$ und der entsprechenden rms-Geschwindigkeitsfluktuation $\tilde{u}$ sind somit notwendig. Die theoretischen Grundlagen dieser Methoden sind ziemlich kompliziert und sollen hier und in den nachfolgenden Abschnitten nur zusammengefaßt werden.

Zuerst wird die Intensitätsverteilung des Lichtes im Streuvolumen modelliert, um die Akf $g(\hat{U}, \hat{V}, \hat{W}, \tau)$ des Signals eines einzigen, sich mit der Geschwindigkeit $(\hat{U}, \hat{V}, \hat{W})$ durch das Volumen bewegenden Partikels zu bestimmen. Die Autokorrelationsfunktion in einer durch eine Wahrscheinlichkeitsdichte $p_f(\hat{U}, \hat{V}, \hat{W})$ der Fluidgeschwindigkeit charakterisierten turbulenten Strömung ist dann mit der Akf eines einzelnen Partikels verbunden durch:

$$G(\tau) = \int_{-\infty}^{\infty} \int_{-\infty}^{\infty} \int_{-\infty}^{\infty} g(\hat{U}, \hat{V}, \hat{W}, \tau) h(\hat{U}, \hat{V}, \hat{W}) p_f(\hat{U}, \hat{V}, \hat{W}) \, d\hat{U} \, d\hat{V} \, d\hat{W}$$

worin $h(\hat{U}, \hat{V}, \hat{W})$ einen Bezug zwischen $p_f(\hat{U}, \hat{V}, \hat{W})$ und der Wahrscheinlichkeitsverteilung der Partikelgeschwindigkeit $p_p(\hat{U}, \hat{V}, \hat{W})$, herstellt und durch Theorien der Verzerrung der Partikelgeschwindigkeit durch das Probenehmen und anderer relevanter Verzerrungseffekte (siehe die Tafeln 5.10 und 9.30 bis 9.32) modelliert wird.

6.19 PHOTON-KORRELATIONS-SPEKTROSKOPIE, 4

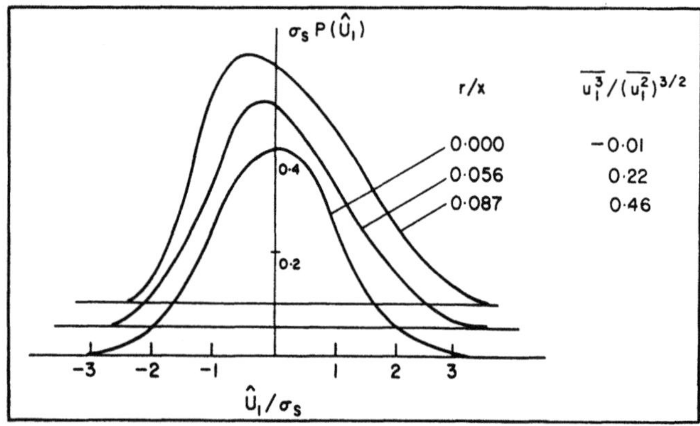

Die Behandlung der Gleichung für $G(\tau)$ des vorigen Abschnitts ist auf zwei Arten möglich, die in diesem und im folgenden Abschnitt beschrieben werden sollen.

o Durch Darstellung von p_f durch eine realistische Verteilung, so daß die Gleichung für $G(\tau)$ in geschlossener Form integriert werden kann, können die Parameter $\bar{U}$ und $\tilde{u}$ durch Anpassen der gemessenen Akf an die theoretische Akf nach der Methode der kleinsten Quadrate bestimmt werden.

o Durch Vereinfachung der Funktion g unter gewissen Annahmen wird eine Form für $G(\tau)$ erhalten, die durch Fourier-Transformation invertiert werden kann und damit das Doppler-Spektrum ohne irgendwelche Annahmen über die Form von p_f ergibt.

Zur Kurvenanpassung wird oft ein Gaußsches Modell für die Wahrscheinlichkeitsdichteverteilung der Geschwindigkeit benutzt, z.B. von Abbiss (1977), Moore und Smart (1976). Eine eindimensionale Form für diese Verteilung ist

$$p_f(\hat{U}) = \frac{1}{\sqrt{2\pi}\,\tilde{u}} \exp\left[-\frac{(\hat{U}-\bar{U})^2}{2\tilde{u}^2}\right],$$

womit $G(\tau)$ zu

$$G(\tau) = \frac{A}{\sqrt{k}} \exp\left[-\frac{4\bar{U}^2\tau^2}{d_2{}^2 k}\right] \left\{1 + \frac{m^2}{2} \exp\left[-\frac{2\pi\tilde{u}^2\tau^2}{\Delta x^2 k}\right] \cos\frac{2\pi\bar{U}\tau}{\Delta x k}\right\}$$

wird, wobei A eine Konstante ist, m die Signalqualität und

$$k = 1 + 8\tilde{u}^2\tau^2/d_2{}^2.$$

Alle Parameter der letzten Gleichung für $G(\tau)$ werden durch das optische System bestimmt, außer $\bar{U}$ und $\tilde{u}$, die durch Kurvenanpassung gefunden werden.

Die Genauigkeit von $\bar{U}$ und $\tilde{u}$ hängt von der Güte der gewählten Modelle für $p_f(\hat{U})$ ab. Ein Gaußsches Modell ergibt keine gute Darstellung der asymmetrischen Wahrscheinlichkeitsverteilungen, die in vielen turbulenten Scherströmungen gefunden wurden. Beispielsweise zeigt die obige Tafel die von Ribeiro und Whitelaw (1975) in einer voll ausgebildeten Region eines turbulenten Strahles gemessene Änderung von Wahrscheinlichkeitsverteilungen. Die entsprechenden Asymmetriefaktoren, $\overline{u_1^3}/(\overline{u_1^2})^{3/2}$, sind angegeben. Wie von Lumley (1970) vorgeschlagen, können solche Verteilungen durch Gram-Charlier-Verteilungen dargestellt werden, die eine Reihenentwicklung enthalten, deren erster Term der Gaußschen Verteilung entspricht. Die Vergleiche von Ribeiro und Whitelaw zwischen Gaußschen und nicht-Gaußschen Modellen zeigten Unterschiede in der mittleren Geschwindigkeit und Turbulenzintensität von 4%, bzw. 2% bei einer realen Turbulenzintensität von 50% und einer Asymmetrie von 0,5%. Die Differenzen waren kleiner für niedrigere Werte von Turbulenzintensität und Asymmetrie. Für Freistrahlmessungen modellierten Birch, Brown und Thomas (1975) solche Geschwindigkeitsverteilungen mit einer Gram-Charlier Verteilung und konnten als Ergebnis die Kurvenanpassung zwischen gemessenen und theoretischen Autokorrelationsfunktionen wesentlich verbessern. Die Anwendung eines so komplizierten Modells kann jedoch nur für Daten guter Qualität gerechtfertigt werden, obgleich auch dann nach Pike 1977 die Reihe nach drei oder vier Gliedern instabil wird.

6.20 <u>PHOTON-KORRELATIONS-SPEKTROSKOPIE, 5</u>

<u>Vorteile</u>
o Extrem empfindliche Technik,
o niedrige Laserleistung kann eingesetzt werden, sogar
  bei Rückstreuung,
o Messungen weitab von Bewandungen sind bei sehr niedrigen Partikelkonzentrationen möglich.
<u>Nachteile</u>
o Nur niedrige Doppler-Frequenzen sind meßbar,
o nur zeitgemittelte Informationen sind zu erhalten,
o Bestimmung der Autokorrelationsfunktion erfordert ausführliche Berechnungen,
o Wandschimmern bewirkt eine ernsthafte Verschlechterung
  der Autokorrelationsfunktion.

Eine zweite Behandlungsweise von $G(\tau)$ soll noch diskutiert werden und dann werden abschließende Bemerkungen über die Vor- und Nachteile der Photon-Korrelation, wie in der Tafel oben dargestellt, gemacht. Um die Fourier-Transformation einzusetzen, zeigten Moore und Smart [1976], daß bei einer großen Anzahl von Streifen im Meßvolumen und bei kleinen lateralen Geschwindigkeitsfluktuationen v und w, $G(\tau)$ sich auf die folgende Formel bringen läßt:

$$G(\tau) \propto \int_{-\infty}^{\infty} p_f(\hat{U}) \cos \frac{2\pi \hat{U}\tau}{\lambda^*} \, d\hat{U}$$

Die Autokorrelationsfunktion ist somit eine Fourier-Cosinus-Transformierte der Wahrscheinlichkeitsverteilung der Geschwindigkeit. Diese Gleichung muß umgekehrt werden, um die gewünschte Verteilung $p_f(\hat{U})$ zu erhalten. Pike [1977] betonte, daß diese Inversion mathematisch instabil ist und Schwierigkeiten auftauchen, weil $G(\tau)$ nur für eine endliche Anzahl von Verzögerungszeiten bekannt ist und jeder einzelne Wert von $G(\tau)$ mit experimentellen Fehlern behaftet ist. Allerdings zeigten Moore und Smart, daß eine befriedigende Inversion durch Extrapolation von $G(\tau)$ erzielt werden konnte, um G(0) - welches nicht meßbar ist - und eine Bedingung von verschwindender Neigung für G bei großem zu erreichen. Durrani und Greated [1975] betrachteten auch das Problem der Inversion und schlugen zwei "Schätzungen" vor, um die Frequenzauflösung bei einer Fourier-Transformation mit Daten aus einer kleinen Anzahl von Verzögerungszeiten zu erhöhen. Der Einsatz dieser Schätzgrößen scheint mit mathematisch anspruchsvollen Methoden das zu erreichen, was von Moore und Smarts Glättungs- und Extrapolationsmethoden weniger elegant erreicht wird.

Es gibt wenig mehr über die Vor- und Nachteile der Photon-Korrelation zu sagen, als in obiger Tafel dargestellt. Der zweite und dritte genannte Vorteil sind direkte Konsequenzen des ersten Vorteils, nämlich der sehr hohen Sensibilität der Methode, derart, daß Informationen von Partikeln erhalten werden können, die nur einige Photonen streuen. Solche Signale könnten nicht von Signalverarbeitungsgeräten detektiert werden, die deutliche Doppler-Signal-Bursts erfordern. Die hohe Empfindlichkeit ist besonders sinnvoll für Messungen auf große Distanzen. Auf der anderen Seite bietet sie keine Vorteile bei Messungen in Wandnähe, bei denen die Detektion von Photonen, die von Wänden gestreut würden, zu einem hohen Grundniveau der Autokorrelationsfunktion mit schlechter Unterscheidung der überlagerten, periodischen Funktion führen würde. Die anderen drei genannten Nachteile sind Schwächen langsamer (50 ns) Photon-Korrelatoren. Die in Abschnitt 6.18 angesprochenen, neueren Burst-Korrelatoren könnten besonders in dieser Hinsicht verbessert werden.

Im Gegensatz zu den anderen in diesem Kapitel diskutierten Prozessoren können Photon-Korrelatoren auch eingesetzt werden mit Flugzeit- (Zweipunkt-) Anemometern der von Tanner [1973] oder Schodl [1974] entwickelten Bauart. Anwendungen der Photon-Korrelation wurden von Durrani und Greated [1975] sowie von Smart [1978], diskutiert.

Trotz der aktiven Forschungsarbeiten auf dem Gebiet der Photon-Korrelations-Anemometrie wird aus Kapitel 13 hervorgehen, daß der Umfang an veröffentlichter Literatur von Bedeutung für die Strömungsmechanik, verglichen mit dem von anderen Methoden, klein ist.

6.21 <u>OPTISCHE FREQUENZANALYSE, 1</u>

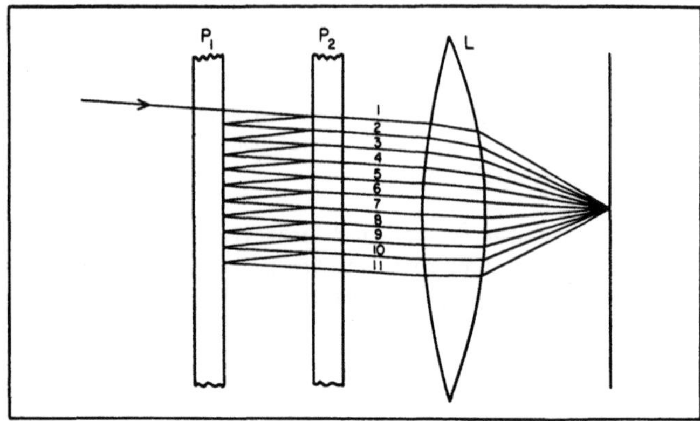

Messungen in Strömungen mit hohen Geschwindigkeiten können zu Doppler-Frequenzen führen, die dann die Detektionsmöglichkeiten vorhandener Photodetektoren und elektronischer Signalverarbeitungseinrichtungen überschreiten, wenn der Winkel zwischen den Lichtstrahlen nicht reduziert werden kann oder Frequenzverschiebungseinrichtungen nicht eingeführt werden können, um die Frequenz herunterzusetzen. In einigen Fällen jedoch ist dies wegen der Erfordernisse der räumlichen Auflösung oder wegen des Bereiches der verfügbaren Doppler-Frequenzen nicht möglich. Dann kann die optische Frequenzanalyse mit einem Fabry-Perot-Interferometer vorteilhaft sein.

Die Grundprinzipien der Fabry-Perot-Interferometer sind in Lehrbüchern, wie die von Bergmann und Schäfer (1962) und Sládková (1968), angegeben und werden hier zusammengefaßt. Das Interferometer besteht aus zwei Glasplatten, die durch einen Luftspalt getrennt werden, deren innere Oberflächen eine stark reflektierende Beschichtung besitzen. Ein einfallender Lichtstrahl wird dann vielfach reflektiert, wie in der Tafel oben dargestellt. Als Ergebnis entstehen zwischen den aus der Platte P_2 austretenden Lichtstrahlen Phasendifferenzen, die in der Brennebene der Linse konzentrische, kreisförmige Interferenzstreifen erzeugen. Fabry-Perot-Interferometer können ebene Spiegel benutzen, die innerhalb einer sehr engen Toleranz auf Parallelität eingestellt und deren Oberflächenebene besser als $\lambda/50$ sind. Bei einem gegebenen Auflösungsvermögen wird die Lichtsammelleistung des Fabry-Perot-Interferometers durch den Einsatz von konfokalen Spiegeln verbessert, außer wenn die Spiegelabstände sehr klein sind. Außerdem ist die Stabilität des konfokalen Fabry-Perot, selbst mit einer einfachen Konstruktion, besser.

6.22 OPTISCHE FREQUENZANALYSE, 2

In normalen Anwendungsfällen der Laser-Doppler-Anemometrie wird ein Referenzstrahl des Lasers in ein konfokales Fabry-Perot-Interferometer gerichtet. Die Spiegelabstände werden so eingerichtet, daß sich ein heller, zen-
traler Fleck ergibt. Nur dieser Bereich des Interferenzmusters wird vom
Photomultiplikator aufgenommen. Wenn sich die Frequenz des einfallenden
Lichtes ändert, wird der zentrale Streifen alternativ hell oder dunkel, je
nachdem, ob der Spiegelabstand einer ganzen (maximale Intensität) oder
halben (minimale Intensität) Anzahl von Wellenlängen entspricht. Die maximale Frequenzänderung, die vom Interferometer detektiert werden kann, entspricht jener, die erforderlich ist, um die Intensität der Zentralstreifen
zwischen sukzessiven Maxima zu verändern. Dies ist der "freie Spektralbereich" $\Delta\nu_{FSR}$ und wird durch den Abstand der Spiegel d und die Lichtgeschwindigkeit c gegeben:

$$\Delta\nu_{FSR} = \frac{c}{2d} \quad .$$

Eine andere wichtige Eigenschaft des Fabry-Perot-Interferometers ist sein
Auflösungsvermögen R, definiert als:

$$R = \frac{\lambda}{\Delta\lambda} \quad .$$

$\Delta\lambda$ ist die minimale Wellenlängenauflösung und hängt von der Breite der
Streifen ab. Normalerweise wird die Auflösung des Interferometers ausgedrückt mit seiner Finesse F, wobei:

$$F = \frac{\lambda R}{2d} \quad .$$

Die Finesse wird durch die Erhöhung der Reflektion der Spiegel und der Genauigkeit der Spiegeloberflächenkonturen verbessert und ist im Zentralstreifen des Interferenzmusters am größten.

6.23 OPTISCHE FREQUENZANALYSE, 3

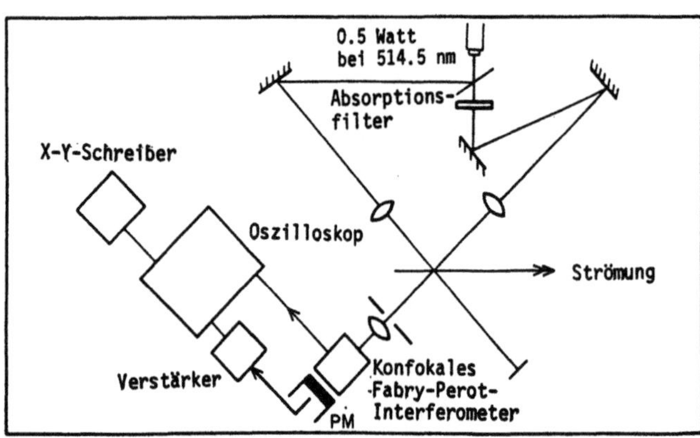

Fabry-Perot-Interferometer wurden z.B. von James et al. (1968), Andrews und Seifert (1972), Jackson und Paul (1971, 1972), Self (1974) und Eggins und Jackson (1974) eingesetzt, um die Verteilungen der Wahrscheinlichkeitsdichte der Geschwindigkeiten in Hochgeschwindigkeitsströmungen zu messen. Zu diesem Zweck wird einer der Spiegel auf einem piezoelektrischen Kristall montiert, so daß der Spiegelabstand durch Steuerung des Kristalls mit einer Sägezahnspannung vom Oszilloskop aus eingestellt werden kann. Damit wird ein Band von Doppler-Frequenzen, welches im freien Spektralbereich des Interferometers liegt, abgesucht und das Doppler-Spektrum auf dem Oszilloskop dargestellt. Der optische Aufbau von Eggins und Jackson ist typisch und in der Tafel oben dargestellt. Er umfaßt eine optische Einrichtung mit Referenzstrahl und mit piezoelektrisch abgesuchtem, konfokalen Fabry-Perot-Interferometer eines freien Spektralbereiches von 2 GHz. Die Reproduzierbarkeit der Messungen ist durch die Stabilität des Lasers und des Spiegelabstandes beeinflußt und dürfte während der Zeit, die notwendig ist, um den freien Spektralbereich abzusuchen, in der Größenordnung von 1% liegen. Die Präzision ist durch die Stabilität und die Finesse begrenzt. Im Falle des obigen Systems war die Absuchzeit etwa 50 Sekunden und die Finesse ungefähr 100. Ein bei 514,5 nm arbeitender Argon-Ion-Laser gewährleistete adäquate Stabilität.

Die Auflösung des Instrumentes begrenzt seine Anwendung auf hohe Doppler-Frequenzen, wobei es im Prinzip keine Grenzen der zu messenden Frequenz gibt. Jackson und Paul (1972) haben über den Einsatz des Fabry-Perot-Interferometers bei so niedrigen Geschwindigkeiten wie 60 m/s berichtet, wobei jedoch die Präzision niedriger war als bei höheren Geschwindigkeiten. Die Erweiterung des Geschwindigkeitsbereiches nach unten erfordert, daß der freie Spektralbereich durch Erweiterung des Spiegelabstandes verringert wird. Dies kann jedoch die Stabilitätsprobleme vergrößern.

Ein Aufbau des Interferometers mit einem Spannungsausgang proportional zur augenblicklichen Geschwindigkeit der Strömung wurde von Paul und Jackson (1971) vorgeschlagen und von Avidor (1974) in einem Hochgeschwindigkeitsstrahl eingesetzt. Dieses System benutzt ein statisch konfokales Fabry-Perot-Interferometer, um ein Interferenzmuster zu erzeugen, das sowohl durch eine speziell geformte Maske eines Photomultiplikators, als auch von einem zweiten Photomultiplikator ohne Maske aufgenommen wird. Die Maske ist derart geformt, daß das Verhältnis der Intensitäten, die von den Photomultiplikatoren mit und ohne Maske aufgenommen werden, direkt proportional zur Doppler-Frequenzverschiebung ist. Diese Methode dürfte nur in Hochgeschwindigkeitsströmungen mit hoher Partikelkonzentration von Bedeutung sein.

6.24 ABSCHLIESSENDE BEMERKUNGEN

o Doppler-Signale können in Amplitude, Frequenz und Phase variieren. Sie können zufällig auftreten.

o Die empfohlene Form der Signalanalyse hängt von den gesuchten Strömungsgrößen und von der Strömungskonfiguration ab.

o Die wichtigsten Mittel der Signalverarbeitung wurden allgemein diskutiert: Frequenzanalyse, Nachlauf- und Zähltechniken werden in den nachfolgenden drei Kapiteln detailliert beschrieben.

Die Tafel faßt die in diesem Kapitel besprochenen Themen zusammen. Es ist unmöglich, ein spezielles Verfahren zur Signalanalyse zu empfehlen ohne detaillierte Kenntnisse der Strömungssituation, der zu messenden Größen, der erforderten Präzision, der Summe des zur Verfügung stehenden Geldes und der Zeit. Die Autoren haben ausführlich von der Frequenzanalyse, der Frequenznachlaufdemodulation und von Zählverfahren Gebrauch gemacht, wobei sie mit dieser Auswahl der Techniken alle ihre Laborerfordernisse befriedigend erfüllen konnten. Frequenznachlauf wurde bei Wasserströmungen und in Gasströmungen von kleinen Maßstäben, bei denen Partikelzugabe einfach eingesetzt werden konnte, durchgeführt. In freien Gasströmungen, bei denen gute Signalqualität erhalten werden konnte und in Rückströmgebieten mit hoher Tur-

bulenz konnten Zählverfahren besonders gut eingesetzt werden. Frequenzanalyse wurde in vielen Fällen als eine Auswertemethode in Voruntersuchungen
eingesetzt. Sie erwies sich auch in Strömungen mit niedriger Signalqualität
als nützlich.

Die im vorangegangenen Absatz vorgeschlage Auswahl der Instrumentation basiert auf der Erfahrung mit bestimmten Instrumenten. Es ist wahrscheinlich,
daß sich mit der Verbesserung der Qualität der Instrumente die Vorteile der
Nachlauf- und Zählsysteme relativ ausgleichen werden. Außerhalb des Labors,
in Strömungen mit wenigen Partikeln, kleinen Partikeln oder niedrigen
Lichtsammelraten und in anderen Situationen mit schwacher Signalqualität
sollten Instrumentationen, wie die Filterbank oder der Korrelator, wachsende Anwendung finden. Optische Frequenzanalyse und Nachläufer bieten besondere Vorteile in Strömungen mit hoher Mach-Zahl.

7. SIGNALVERARBEITUNG DURCH FREQUENZANALYSE

7.1 ZUSAMMENFASSUNG UND ZWECK

<table>
<tr><td colspan="2">Die Diskussion der Frequenzanalyse von Laser-Doppler-Anemometer-Signalen wird geführt anhand von:</td></tr>
<tr><td></td><td>Tafel</td></tr>
<tr><td>o Zielvorstellungen</td><td>7.2</td></tr>
<tr><td>o Doppler-Spektrum</td><td>7.3</td></tr>
<tr><td>o Prinzipielle Arbeitsweise</td><td>7.4 - 7.10</td></tr>
<tr><td>o Praktische Arbeitsweise</td><td>7.11 - 7.13</td></tr>
<tr><td>o Interpretation des Ausgangssignals
  eines Spektrumsanalysators</td><td>7.14 - 7.16</td></tr>
<tr><td>o Probleme bei hohen Turbulenzintensitä-
  ten und bei ungleichmäßiger Teilchen-
  häufigkeit</td><td>7.17 - 7.19</td></tr>
<tr><td>o Bewertung der Methode</td><td>7.20 - 7.22</td></tr>
<tr><td>o Breiterung des Frequenzspektrums</td><td>7.23 - 7.32</td></tr>
<tr><td>o Schlußfolgerungen</td><td>7.33</td></tr>
</table>

In diesem Kapitel wird die Verarbeitung eines Doppler-Signals durch die Frequenz- oder die Spektralanalyse behandelt. Die Zielvorstellungen der Spektralanalyse und die Form des Ausgangssignals werden auf der nächsten Seite erörtert. Auf Tafel 7.3 wird die Interpretation des Doppler-Spektrums als das Leistungsspektrum der Spannung des Photodetektors untersucht. Danach werden einige Details des Prinzips eines Spektralanalysators und der für diese Signalverarbeitung benötigten Geräte hervorgehoben. Dies geschieht einerseits durch ein mathematisches Modell für die Signalverarbeitung, andererseits durch vereinfachte Blockdiagramme der elektronischen Komponenten. Die Arbeitsweise eines Spektralanalysators wird sowohl in der rein analogen Form beschrieben als auch im Zähl- oder Abtastmodus.

Auf den Tafeln 7.11 bis 7.13 wird die praktische Arbeitsweise mit dem Spektralanalysator besprochen. Um die Gewichtung des Doppler-Spektrums durch das Instrument möglichst klein zu halten, werden Kriterien für die Einstellung des Gerätes aufgestellt. Methoden zur Ableitung der statistischen Parameter der Doppler-Frequenzverteilung (mittlere Frequenz, Standardabweichung, etc.) aus dem Doppler-Spektrum sind auf den Tafeln 7.14 bis 7.16 beschrieben. Probleme, die bei der Verwendung dieser Technik in Strömungen mit hoher Turbulenzintensität oder mit räumlich wechselnder Partikelkonzentration auftreten, werden auf den Tafeln 7.17 bis 7.19 diskutiert. Die Vor- und Nachteile der Spektralanalyse und die Güte mehrerer kommerziell erhältlicher Geräte werden auf den Tafeln 7.20 bis 7.22 bewertet.

Im letzten Teil des Kapitels (Tafel 7.23 bis 7.32) wird die Aufweitung des Doppler-Spektrums diskutiert, die ihre Ursachen z.B. in der endlichen Durchlaufzeit und im Gradienten der mittleren Geschwindigkeit hat. Die

Auswirkungen der Aufweitung auf die Messung von turbulenten Geschwindigkeitsgrößen werden dargelegt und Möglichkeiten besprochen, den Einfluß der Aufweitung durch den Aufbau des optischen Systems zu minimieren.

7.2 <u>SPEKTRALANALYSE: ZIELVORSTELLUNGEN</u>

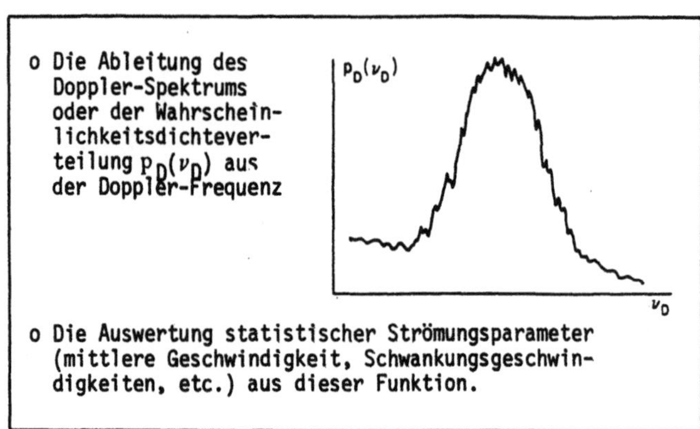

Die Spektralanalyse gehörte zu den ersten Techniken für die Signalverarbeitung bei Geschwindigkeitsmessungen, die unter Anwendung der Laser-Doppler-Anemometrie in Fluiden Anwendung fanden. Das war zweifellos auf die Verfügbarkeit von kommerziellen Spektralanalysatoren zurückzuführen. Signalverarbeitungsgeräte, wie Tracker (Frequenznachlaufdemodulatoren), die speziell für die Verarbeitung von Doppler-Signalen entwickelt wurden, waren nicht auf dem Markt. Nach ihrer Entwicklung verdrängten diese Signalverarbeitungsgeräte bei vielen Messungen in Strömungen den Spektralanalysator; aber die Spektralanalyse bleibt dennoch ein vielseitiges Werkzeug für diagnostische Studien bei Untersuchungen in Strömungen. Nicht zuletzt wegen des großen möglichen Variationsbereiches bezüglich der Partikelkonzentration, der Geschwindigkeit, des Signal-Rausch-Verhältnisses und der Turbulenzintensität, in dem die Frequenzanalyse eingesetzt werden kann. In Situationen, in denen andere Geräte, besonders Tracker, versagen können, lassen sich mittels Frequenzanalyse oftmals noch quantitative Informationen erhalten. Wichtiger ist für die Anwendung jedoch, daß theoretische Abhandlungen Doppler-Signale oftmals anhand des Doppler-Frequenz-Spektrums diskutieren; somit ist es immer nützlich, das Prinzip der Spektralanalyse unabhängig von dem für praktische Messungen verwendeten Signalverarbeitungsgerät zu kennen.

Das Ziel der Spektralanalyse ist es, das Leistungsspektrum des am Ausgang eines LDA-Systems (Photodetektorausgang) vorliegenden Doppler-Signals zu messen oder, was gleichbedeutend ist, die Wahrscheinlichkeitsdichtefunktion der Doppler-Frequenz zu bestimmen. Mit dieser Funktion können die statistischen Parameter, wie mittlere Doppler-Frequenz, Standardabweichung der Frequenzen, Schiefe, Flachheit, usw., gefunden werden. Die Auswertung der diesen Größen entsprechenden Geschwindigkeitsverteilungsparameter erfordert die Berücksichtigung bestimmter Korrekturen für spektrale Breiterungen. Diese bewirken, daß die Doppler-Frequenz und die an einem Meßpunkt vorliegenden Geschwindigkeitsverteilungen voneinander abweichen, obwohl die Differenz in einem gut konstruierten Anemometer klein sein sollte.

7.3 <u>STREULICHTSPEKTRUM</u>

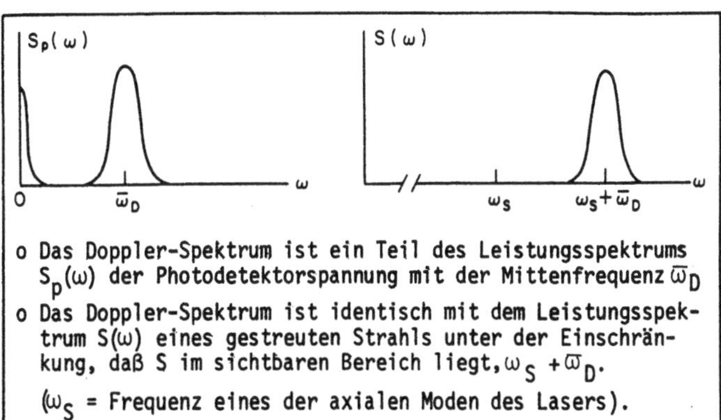

o Das Doppler-Spektrum ist ein Teil des Leistungsspektrums $S_p(\omega)$ der Photodetektorspannung mit der Mittenfrequenz $\overline{\omega}_D$

o Das Doppler-Spektrum ist identisch mit dem Leistungsspektrum $S(\omega)$ eines gestreuten Strahls unter der Einschränkung, daß S im sichtbaren Bereich liegt, $\omega_S + \overline{\omega}_D$.

(ω_S = Frequenz eines der axialen Moden des Lasers).

Das Doppler-Spektrum ist durch die Fourier-Transformation der Autokorrelationsfunktion definiert als das Leistungsspektrum der Photodetektorspannung:

$$S_p(\omega) = \Re \int_0^\infty \; < i(0)\,i(\tau) > \; e^{-i\omega\tau}\,d\tau \; .$$

Edwards et al. (1971) zeigten, daß das Spektrum der Photodetektorspannung eines Doppler-Signals eines einzelnen axialen Modus des Lasers die Form des Diagrammes links oben besitzt. Der Teil des Spektrums, dessen Mittenfrequenz die Eckfrequenz $\overline{\omega}_D$ ist, ist das gesuchte Doppler-Spektrum. Es wird durch die Überlagerung von Referenzstrahl und Streulicht oder in einem Zweistrahlsystem durch die Überlagerung des Streulichtes beider Strahlen erzeugt. Mathematisch betrachtet würde auch ein Spiegelbild dieses Spektrums um die Mittenfrequenz $-\overline{\omega}_D$ existieren. Das verbreiterte Signalmaximum um die Nullfrequenz resultiert aus der Selbstüberlagerung der zwei im Streuvolumen einfallenden Strahlen, die in einem Gleichspannungsanteil resultieren, dem das Interferenzstreifen-Anemometersignal überlagert ist, d.h. der Anteil ohne Modulation in der Doppler-Frequenz, dem der modulierte

Teil des Laser-Doppler-Signals überlagert ist. In einem realen Spektrumsanalysator trägt zusätzlich eine interne Referenzfrequenzmarkierung zum
Nullspektrum bei.

Edwards et al.(1971) zeigten zusätzlich, daß das Doppler-Spektrum genau dem
Spektrum $S(\omega)$ des Streulichtes entspricht, unter der Einschränkung, daß die
Mittenfrequenz $\omega_s + \overline{\omega}_D$ von letzterem im Bereich der sichtbaren Frequenz
liegt. Dieses Spektrum ist im rechten oberen Diagramm dargestellt. Die
Spektrumsanalyse des Streulichtes oder vielmehr der Photodetektorspannung
ist deshalb ausreichend für die Analyse des Doppler-Spektrums.

7.4 <u>ARBEITSPRINZIP DES FREQUENZANALYSATORS, 1</u>

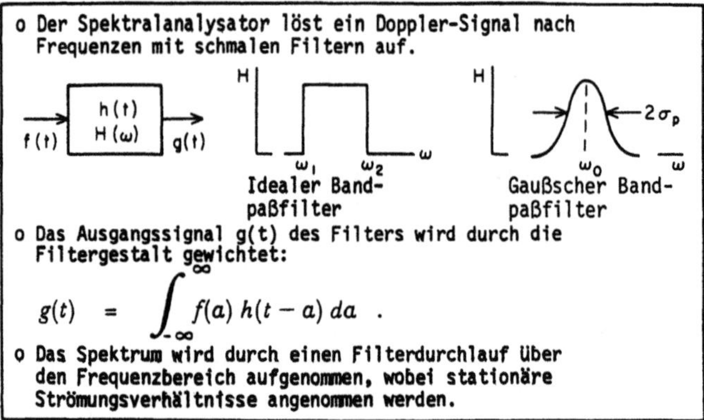

$$g(t) \;=\; \int_{-\infty}^{\infty} f(a)\,h(t-a)\,da \;\; .$$

In einem Spektralanalysator wird ein schmaler Bandpaßfilter zur Trennung
der Frequenzkomponenten des Eingangssignals verwendet. In der theoretischen
Behandlung des Spektralanalysators wird der Bandpaßfilter über den interessierenden Frequenzbereich mit konstanter Durchlaufzeit gefahren. Am Fil-
terausgang liegt die Verknüpfung des Eingangssignals mit der Impulsantwort
$h(t)$ des Filters an. Die Arbeitsweise eines Filters wird im allgemeinen
durch die Systemfunktion $H(\omega)$ beschrieben. Die Definition für $H(\omega)$ lautet:

$$H(\omega) \;=\; \int_{-\infty}^{\infty} h(t)\,e^{-i\omega t}\,dt \;\; .$$

Das Ausgangssignal des Filters ist Null; es sei denn, das Eingangssignal
enthält eine Frequenzkomponente, die in dem vom Filter betrachteten Frequenzbereich liegt. Tritt eine solche Komponente auf, ist das momentane
Ausgangssignal des Filters im Idealfall proportional zur Amplitude dieser
Komponente. Dieses Verhalten würde aber nur bei einem Bandpaßfilter mit

folgender Systemfunktion auftreten:

$$H(\omega) = \begin{cases} 1 & \omega_1 < \omega < \omega_2 \\ \\ 0 & \text{ansonsten} \end{cases}$$

Der Verlauf dieser Funktion ist in der obigen Abbildung dargestellt. In der Praxis werden Filter verwendet, deren Form ähnlich der Abbildung oben rechts aussieht, z.B. die Gaußsche Systemfunktion

$$H(\omega) = \exp\left\{ -\frac{(\omega - \omega_o)^2}{2\sigma_p^2} \right\}$$

Das hat zur Folge, daß durch den Filter Signale mit Frequenzen neben der Mittenfrequenz relativ zu den in der Nähe der Mitte liegenden gedämpft werden. Dadurch kann die Filterfunktion die Form des gemessenen Spektrums beeinflussen, besonders die Breite des Spektrums vergrößern. Diese gerätespezifische Aufweitung wird in Tafel 7.31 quantifiziert.

7.5 ARBEITSPRINZIP DES FREQUENZANALYSATORS, 2

o Das Leistungsspektrum wird als geglättetes und quadriertes Ausgangssignal des Spektralanalysators durch Mittelung über die quadrierten Signalamplituden vieler diskreter Partikel erhalten.

o Das Leistungsspektrum entspricht der Wahrscheinlichkeitsfunktion der Frequenzen im Doppler-Signal.

$$p_D(\nu_D)\delta\nu_D = \text{prob}(\nu_D^1 < \nu_D < \nu_D^1 + \delta\nu_D) = \lim_{T \to \infty} \frac{1}{T} \sum_i \delta t_i$$

Die am Eingang eines Spektralanalysators anliegenden Signale eines Laser-Doppler-Anemometers sind sowohl durch Amplituden als auch durch Frequenzmodulation charakterisiert. Die Amplitudenmodulation rührt vom Streulicht von Partikeln unterschiedlicher Größe her, die Regionen unterschiedlicher Lichtintensität durchqueren. Dagegen beinhaltet die Frequenzmodulation die gewünschte Information über Geschwindigkeitsvariationen der bewegten Partikel. Zur Desensibilisierung des Doppler-Spektrums gegenüber der Amplitude des Photodetektorausgangssignals ist es nötig, daß zu dem Ausgangssignal des Spektralanalysators, für jede Mittenfrequenz des den Frequenzbereich durchlaufenden Filters, eine große Zahl von Partikeln beiträgt. Deshalb muß

die maximale Durchlaufrate (sweep rate) auf die Konzentration der lichtstreuenden Partikel abgestimmt werden. Ableitungen, die in den Dia-Vorlagen
7.7 und 7.8 entwickelt werden, zeigen, daß das Leistungsspektrum der Photodetektorspannung aus dem geglätteten und quadrierten Ausgangssignal des
Spektralanalysators erhalten wird. Die Glättung trägt auch dafür Sorge, daß
die Mittelung über Zeiten durchgeführt wird, die lange genug sind, um Signale einer großen Zahl von Partikeldurchgängen durch das Streuvolumen ein-
zuschließen, so daß die Integrationszeit nach der Partikelerkennung an die
Partikelkonzentration angepaßt werden muß.

Für die Ableitung statistischer Informationen aus dem Doppler-Spektrum (die
Momente der Doppler-Frequenzverteilung) ist die Interpretation des Doppler-
Spektrums als die Wahrscheinlichkeitsdichtefunktion $p_D(v_D)$ der Doppler-Frequenz notwendig. Die Wahrscheinlichkeit, eine Doppler-Frequenz innerhalb
eines bestimmten Frequenzabstandes der Breite δv_D zu finden, ist das Inkrement der Fläche $p_D(v_D)\delta v_D$ unter dem Spektrum, siehe Abbildung oben. Das
Diagramm zeigt auch, daß diese Wahrscheinlichkeit gleich dem Bruchteil der
Gesamtzeit T ist, in der der Spektralanalysator auf den Frequenzbereich
$(v_D^1, v_D^1 + \delta v_D)$, in dem gerade Doppler-Frequenzen auftreten, abgestimmt
ist.

7.6 <u>ARBEITSPRINZIP DES FREQUENZANALYSATORS, 3</u>

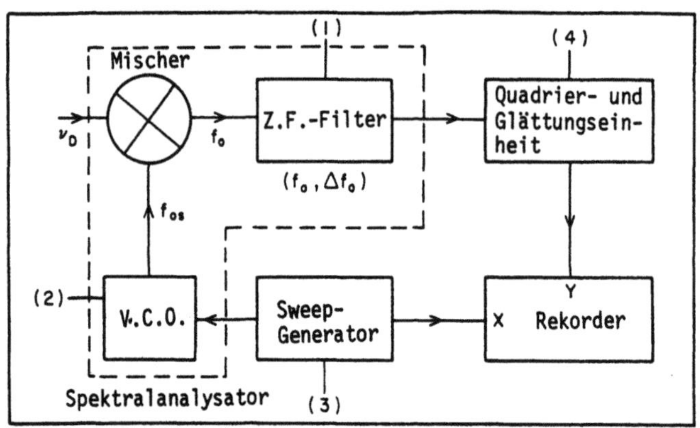

Die wichtigsten elektronischen Komponenten eines Spektralanalysators sind
in der obigen Abbildung dargestellt. In der Praxis wird das Abtasten des
gewünschten Doppler-Frequenzbereiches mit einem schmalen Bandpaßfilter
durch einen Filter bewerkstelligt, dessen Mitte auf einer festen Zwischenfrequenz (Z.F.) f_0 eingestellt ist. Das Doppler-Signal $s_k(t)$ wird mit einem
Signal $\cos 2\pi f_{os} t$ eines spannungskontrollierten Oszillators (voltage con-
trolled oscillator: V.C.O.) gemischt und so der Doppler-Frequenzbereich

abgetastet. Wird das Signal des k-ten Partikels dargestellt als:

$$s_k(t) = a_k(t) \cos(2\pi\nu_k t + \phi_k) \, ,$$

so gilt für den Momentanwert des Mischerausganges (einem analogen Multipli-kator):

$$s_M(t) = a_k(t) \cos(2\pi\nu_k t + \phi_k) \cos 2\pi f_{os} t \ \ .$$

Die Amplitude des gemischten Signals ist proportional zur Amplitude des Photodetektorsignals und besitzt eine Frequenzkomponente $f_{os} \pm \nu_k$. Die meisten Spektralanalysatoren wählen für ihren eindeutigen Betrieb die nie-drigere der beiden Frequenzen. Wenn die Doppler-Frequenz den Bedingungen:

$$f_o - \Delta f_o/2 \ \leqslant \ f_{os} - \nu_k \ \leqslant \ f_o + \Delta f_o/2$$

genügt, passiert ein Signal den Filter und gelangt in die Schaltkreise zur Quadrierung und Glättung des Frequenzanalysatorsausgangssignals.

Der V.C.O. wird durch eine Sägezahnspannung angesteuert, so daß die Fre-quenzen des aus dem Mischer übergebenen Signals linear mit der Zeit anstei-gen. Als Folge davon steigen auch die Doppler-Frequenzen ν_k der Signalkom-ponenten an, die zum Ausgangssignal des Analysators beitragen. Wenn die gleiche Sägezahnspannung zur Ansteuerung der x-Basis eines Schreibers ver-wendet wird, kann das Doppler-Spektrum aufgezeichnet werden. Die Kalibrie-rung der x-Achse auf die Frequenz wird mit einem Oszillator durchgeführt.

7.7 ARBEITSPRINZIP DES FREQUENZANALYSATORS, 4

$$\text{Eingangs-signal} \quad s_I(t) = \sum_{k=1}^{N} s_k(t) = \sum_{k=1}^{N} a_k(t) \cos(2\pi\nu_k t + \phi_k) \qquad (1)$$

$$\text{Gemischtes Signal} \quad s_M(t) = s_I(t) \cos 2\pi f_{os} t = s_I(t) \cos 2\pi (f_t + f_o) t \qquad (2)$$

$$\text{Gefiltertes Signal} \quad s_{ZF}(t) = \overline{s_I(t) \cos 2\pi f_t t} \ \cos 2\pi f_o t$$

$$- \overline{s_I(t) \sin 2\pi f_t t} \ \sin 2\pi f_o t \qquad (3)$$

$$s_{ZF}(t) = \Re(A_{ZF} \, e^{i2\pi f_o t}) \qquad (4)$$

$$\text{Amplitude} \quad A_{ZF} = \frac{1}{T} \int_{t_k}^{t_k + \tau_k} s_I(t) \, e^{i2\pi f_t t} \, dt \qquad (5)$$

Im folgenden werden Grundüberlegungen eines mathematischen Modells vorgestellt, das die Arbeitsweise eines Spektralanalysators erläutert und die Interpretation des quadrierten Ausgangssignals als äquivalent zur Wahrscheinlichkeitsdichtefunktion rechtfertigt. Es basiert auf der unveröffentlichten Arbeit von L.E. Drain, die von Durst (1972) und Asalor (1973) in erweiterter Form aufbereitet wurde.

Das Eingangssignal am Spektralanalysator ist zu jeder Zeit die Summe $s_I(t)$ der Signale, die von N Partikeln im Streuvolumen erzeugt werden. Das Mischersignal (Multiplikatorsignal) $s_M(t)$ ist durch Gleichung (2) in der Dia-Vorlage oben gegeben, wobei f_t die Frequenz ist, auf der der Analysator zur Zeit t abgestimmt ist. Wenn dieses Signal den Z.F.-Filter passiert, werden nur Komponenten in der Umgebung der Zwischenfrequenz f_0 durchgelassen. Das gefilterte Signal $s_{ZF}(t)$ hat eine Amplitudenmodulation, die durch die langsam variierenden Größen $s_I(t)\pi\cos 2 f_t t$ und $s_I(t)\pi\sin 2 f_t t$ in Gleichung (3) gegeben ist. Zur Abkürzung besteht die Vereinbarung, s_{ZF} in der Form von Gleichung (4) auszudrücken. A_{ZF} ist dort die komplexe Amplitude des gefilterten Signals und eine langsam variierende Funktion der Zeit, d.h.

$$A_{ZF} = \frac{1}{T} \int_t^{t+T} s_I(t)\, e^{i2\pi f_t t}\, dt \; .$$

Dieses Integral definiert die Glättung eines Filters mit der Zeitkonstanten $T = 1/\Delta f_0$, auf die man sich als die Zeitkonstante vor der Detektion bezieht. Durch die Kombination der Gleichungen (1) und (5), gefolgt von der Umkehrung der Reihenfolge von Integration und Summation kann A_{ZF} in Thermen mit bekannten Größen dargestellt werden. Die Integration stellt nur für die Dauer τ_k des Signals des k-ten Partikels einen Glättungseffekt dar, d.h. nur während der Durchgangszeit durch das Streuvolumen und beginnt zur Zeit t_k, wenn dieses Partikel in das Streuvolumen eintritt. Somit wurden die Integrationsgrenzen in Gleichung (5) zu t_k und $t_k + \tau_k$ geändert.

7.8 ARBEITSPRINZIP DES FREQUENZANALYSATORS, 5

$$A_{ZF} = \frac{1}{T} \sum_{k=1}^{N} \int_{t_k}^{t_k + \tau_k} a_k(t) \cos(2\pi\nu_k t + \phi_k)\, e^{i2\pi f_t t}\, dt \qquad (6)$$

$$A_{ZF} = \frac{1}{2T} \sum_{k=1}^{N} a_k \tau_k\, e^{-i\phi_k} \qquad (7)$$

$$|A_{ZF}|^2 = \frac{1}{4T^2} \sum_{k=1}^{N} a_k{}^2\, \tau_k{}^2 = \frac{\tau^2}{4T^2} \sum_{k=1}^{N} a_k{}^2 \qquad (8)$$

$$\overline{|A_{ZF}|^2} = \frac{\tau^2}{4T^2} N_a \overline{a_k{}^2}\, p_D(\nu_k)\, \Delta f_o \qquad (9)$$

d.h. das quadrierte und geglättete Ausgangssignal ist proportional zur Wahrscheinlichkeitsdichtefunktion.

Die erste Gleichung in der obigen Dia-Vorlage ist das Ergebnis aus der Kombination der Gleichungen (1) und (5) von Tafel 7.7. Für ein großes Ausgangssignal am Z.F.-Filter muß ν_k nahe bei f_t liegen, eine Bedingung, die näherungsweise erreicht wird durch:

$$\nu_k = f_t \qquad\qquad f_t - \frac{\Delta f_o}{2} < \nu_k < f_t + \frac{\Delta f_o}{2}$$

und

$$A_{ZF} = 0 \qquad\qquad \nu_k < f_t - \frac{\Delta f_o}{2} \ \text{ or } \ \nu_k > f_t + \frac{\Delta f_o}{2}$$

Mit diesen Näherungen wird aus Gleichung (6):

$$A_{ZF} = \frac{1}{2T} \int_{t_k}^{t_k + \tau_k} \sum_{k=1}^{N} a_k(t) \left\{ \exp\left[i(2\pi f_t t + \phi_k)\right] \right.$$
$$\left. + \exp\left[-i(2\pi f_t t + \phi_k)\right] \right\} e^{i2\pi f_t t}\, dt$$

Die Gleichung wird durch die Annahme $\tau_k \gg 1/f_t$ zur Gleichung (7) reduziert, einer Bedingung, welche Signalbursts mit circa 100 Zyklen oder mehr erfüllen. a_k steht nun für die mittlere Amplitude des Signals des k-ten Partikels. Die mittlere quadratische Amplitude des Z.F.-Signals ist durch Gleichung (8) gegeben, wobei momentan angenommen wird, daß alle Partikel die gleiche Durchgangszeit τ haben. (Diese Annahme wird auf Tafel 7.17 weiter untersucht.)

Nach der Mittelung über die Zeit vor der Detektion T kann $\overline{\sum_k a_k{}^2} = N_f \overline{a_k{}^2}$ gesetzt werden, wobei N_f die Anzahl der Partikel ist, die zum Ausgangssignal beitragen, wenn der Spektralanalysator auf die Frequenz f_t abgestimmt ist.

N_f ist das Produkt aus der Zahl der Partikel N_a, die das Meßvolumen in der Zeit T durchqueren und der Wahrscheinlichkeit $p_D (v_k) \Delta f_0$, daß die Doppler-Frequenz des k-ten Partikels in dem durch die obige Gleichung definierten Bereich liegt. Damit ist die quadrierte und geglättete Amplitude des Ausgangssignals des Spektralanalysators, ausgedrückt in Gleichung (9), proportional zur Wahrscheinlichkeitsdichtefunktion $p_D (v_k)$ der Doppler-Frequenz.

7.9 DIGITALE BESTIMMUNG DER WAHRSCHEINLICHKEITSDICHTE, 1

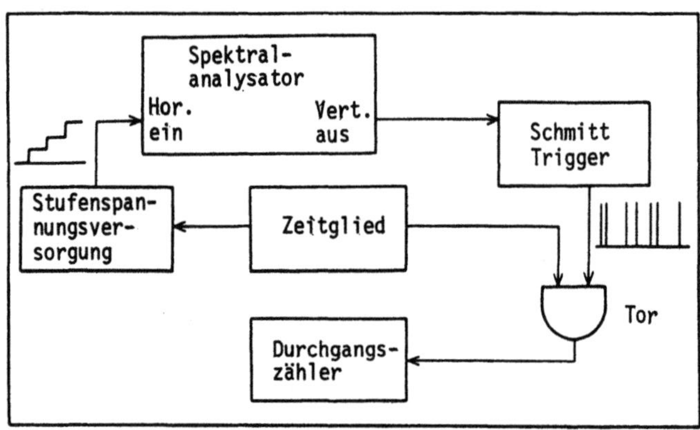

Wird ein Spektralanalysator in der in der Dia-Vorlage 7.6 aufgezeigten Anordnung für die Darstellung des Doppler-Spektrums auf einem X-Y-Schreiber benutzt, erfordert die Auswertung des Spektrums eine umständliche Digitalisierung der X-Y-Aufzeichnung, bevor die mittlere Doppler-Frequenz, die Turbulenzintensität usw. abgeleitet werden können (Tafel 7.14 bis 7.16). Um eine mehr digitale als analoge Aufzeichnung des Doppler-Spektrums zu erhalten, wurde das in der obigen Dia-Vorlage gezeigte System von Iten und Dändliker [1972], Simpson und Barr (1975), Durao (1976) und Durao, Laker und Whitelaw [1978] modifiziert. Das oben dargestellte System wurde von Durao benutzt. Anstatt den Frequenzbereich kontinuierlich abzutasten, wird das Z.F.-Filter in Stufen durch eine "Treppen"-Spannungsversorgung über die gesamte Spektralbreite des Spektralanalysators bewegt. Die Zeit, während der die Mittenfrequenz des Filters auf einer vorgegebenen Frequenz gehalten wird, kontrolliert ein Zeitglied, das die Spannungsinkremente der Spannungsversorgung reguliert. Die Amplitudeninformation des vertikalen Spektralanalysator-Ausgangs wird von einem Schmitt-Trigger übernommen, der für jede Impulsspitze am Spektralanalysatorausgang, die einen Triggerpegel übersteigt, einen Impuls von definierter Dauer und defininierter Höhe ausgibt. Zur Bestimmung der Anzahl der Doppler-Signale, die in dem durch das Z.F.-Filter definierten Frequenzband liegen und in der durch das Zeitglied gesetzten Zeit ankommen, wird der Ausgang des Schmitt-Triggers über ein logisches UND-Glied an einen Zähler angeschlossen. Durch das Festhalten des Z.F.-Filters an aufeinanderfolgenden Mittenfrequenzen ν_i für eine konstante Zeit, können die Spektrumsordinaten $\psi(\nu_i)$ digital ausgelesen werden. Der Spannungspegel der Stufenspannungsversorgung wird zur Doppler-Frequenz durch Kalibrierung mit einem Oszillator in Beziehung gesetzt.

Der Ausgang des Schmitt-Triggers kann geschrieben werden als:

$$A_s(t) = B\,\delta(t - t_j)$$

wobei B die Pulshöhe darstellt und das Partikel j zur Zeit t_j ankommt. Im Zeitintervall (t_i, t_i+1), während dem das Z.F.-Filter das Frequenzband

$$\left(\nu_k - \frac{\Delta f_o}{2}, \quad \nu_k + \frac{\Delta f_o}{2}\right)$$

überdeckt, ist die Anzahl der vom Zähler aufgezeichneten Impulse gegeben durch

$$C(t_i, t_{i+1}) = N_f = N_a p_D(\nu_k)\Delta f_o \ .$$

Damit ist der Zählerausgang eine Messung der Wahrscheinlichkeitsdichtefunktion der Doppler-Frequenz.

7.10 DIGITALE BESTIMMUNG DER WAHRSCHEINLICHKEITSDICHTE, 2

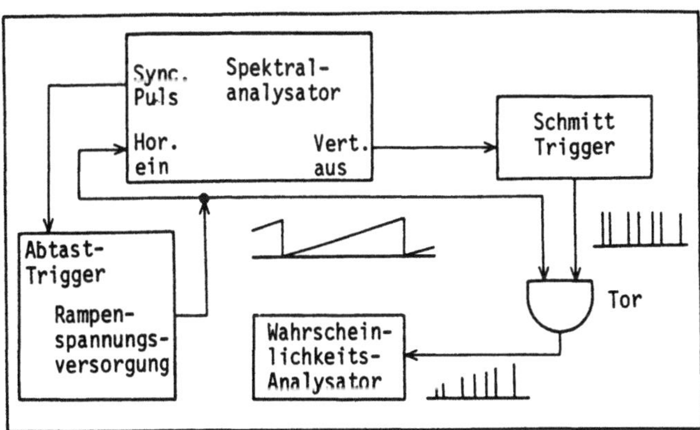

Die digital arbeitenden Spektralanalysatoren, die von Iten und Dändliker [1972] und Simpson und Barr (1975) entworfen wurden, sind sehr ähnlich aufgebaut. Sie sind auf der obigen Dia-Vorlage dargestellt. In diesen Systemen wird der Doppler-Frequenzbereich kontinuierlich abgetastet. Dazu wird, wie im Grundmodell eines Spektralanalysators von Tafel 7.6, eine Rampenspannung für den Eingang des V.C.O. verwendet. Eine externe Sägezahnspannung, die mit der Spektralanalysatorabtastung synchronisiert ist, ermöglicht wiederholtes Abtasten. Der vertikale Spektralanalysatorausgang wird auf einen Schmitt-Trigger gelegt. Damit erhält man eine Pulskette, die der Detektion von einzelnen Doppler-Signalen über einen kleinen Triggerpegel entspricht. Die gleichförmig hohen Impulse des Schmitt-Triggers werden mit der Sägezahnspannung multipliziert. Die Amplitude jedes Pulses ist dann proportional zur Doppler-Frequenz des Partikels, das die ursprüngliche Impulsspitze am Spektralanalysatorausgang verursachte. Die Wahrscheinlichkeitsdichtefunktion der Doppler-Frequenz wird durch die Verarbeitung der amplitudenmodulierten Impulskette in einem digitalen Wahrscheinlichkeitsanalysator (Mehrkanalanalysator) erreicht. Dieser digitalisiert die Pulshöhe und speichert eine der Pulshöhe entsprechende Zahl ab, um so ein Histogramm der Doppler-Frequenz aufzubauen. Die Kalibrierung der Frequenzintervalle im Histogramm wird mit einem Oszillatorsignal bekannter Frequenz durchgeführt. Auch mittels eines Mikrocomputers kann ein Histogramm erstellt werden.

Iten und Dändliker [1972] fügten ein analoges Display am Samplingausgang des Spektralanalysators hinzu. Dazu benutzten sie die Pulse des Schmitt-Triggers, um auf dem Display eines Speicheroszillographen eine Anzeige zu erhalten, wobei der vertikale Verstärker des Oszilloskops von der Rampenspannung des Spektralanalysators angesteuert wird. Dadurch sind die Ordinaten der auf dem Schirm erscheinenden Punkte proportional zu der gemessenen Doppler-Frequenz. In Strömungen mit bekannten periodischen Komponenten (zum Beispiel in Turbomaschinen) kann eine brauchbare Darstellung der Messungen dadurch erreicht werden, daß das Oszilloskop mit einer Rampenspannung abgetastet wird, deren Periode der Strömungsperiode gleicht. Nach mehreren Durchläufen kann sogar in partikelarmen Strömungen auf dem Speicherschirm eine die Geschwindigkeitsinformation enthaltende Anzeige aufgebaut werden.

Eine Sägezahnspannung, die den Frequenzbereich (ν_1, ν_N) in der Zeit t_s überstreicht, kann dargestellt werden durch

$$e(t) \propto \nu_1 + (\nu_N - \nu_1)\frac{t}{t_s} \, ,$$

und damit kann das über ein logisches UND-Glied verknüpfte Eingangssignal am Wahrscheinlichkeitsanalysator geschrieben werden als

$$G(t) = A(t)e(t) \propto \left[\nu_1 + (\nu_N - \nu_1)\frac{t}{t_s}\right] B\delta(t - t_j).$$

Die Anzahl der Zählungen in dem zum Frequenzintervall (ν_i, ν_{i+1}) gehörenden Speicher ist dann proportional zur Wahrscheinlichkeitsdichtefunktion, d.h.:

$$C\left(\frac{\nu_i - \nu_1}{\nu_N - \nu_1}\, t_s, \; \frac{\nu_{i+1} - \nu_1}{\nu_N - \nu_1}\, t_s\right) = N_f = N_a\, p_D(\nu_k)(\nu_{i+1} - \nu_i) \, .$$

7.11 PRAKTISCHE ARBEITSWEISE, 1

---

o Vorhandene Einstellmöglichkeiten bei der Darstellung
  des Spektrums.

  (1) Bandbreite f_0 des Z.F.-Filters (Hz).
  (2) Minimale und maximale Frequenz des Abtastbereiches
      (Hz).
  (3) Durchlaufrate df_{OS}/dt der V.C.O.-Frequenz (Hz/s).
  (4) (a) Echte Integrationszeit T_a
      oder
      (b) RC-Dämpfungszeitkonstante τ .

o Die Verstärkungsregelung am Eingang und an den Z.F.-
  Stufen des Spektralanalysators werden den Anforderungen entsprechend eingestellt.

Der Einsatz des Spektralanalysators erfordert eine sorgfältige Einstellung
der vier in der obigen Dia-Vorlage aufgelisteten Möglichkeiten. So wird
eine Verzerrung des Spektrums vermieden und die sehr nützliche Darstellung
auf einem Speicheroszillographen oder einem X-Y-Schreiber sichergestellt.
Einstellungen an der Verstärkung werden hier nicht besprochen, da die passenden Einstellungen leicht gefunden werden können. Die Angaben in der obigen Dia-Vorlage beziehen sich auf Tafel 7.6.

(1) Die Bandbreite Δf_0 des Z.F.-Filters legt die Frequenzauflösung des
    Analysators fest. Da die Form der Filtercharakteristik von Spektrum
    zu Spektrum variiert, ist die sinnvollste Definition für Δf_0 die
    Frequenzdifferenz zwischen den Punkten halber Leistung (-3dB).

(2) Die Grenzfrequenzen des Abtastbereiches werden durch die Bestimmung
    der Mittenfrequenz des Abtastbereiches festgelegt und durch die da-
    von abweichenden maximalen und minimalen Doppler-Frequenzen, die im
    Experiment zu erwarten sind. Die Mittenfrequenz ist durch den Pegel
    der Gleichspannung, die am Eingang des V.C.O. anliegt, festgelegt.
    Der Bereich der abgetasteten Frequenzen wird durch die minimale und
    maximale Spannung der Rampe bestimmt, die der Kippgenerator an den
    V.C.O. liefert.

(3) Die Änderungsrate der V.C.O.-Frequenzen hängt einmal von der Stei-
    gung seiner Frequenzspannungscharakteristik df_{OS}/dE ab, die unter
    (2) eingestellt wurde, zum anderen von der Änderungsrate der Rampen-
    spannung dE/dt. Die Rampenspannung kann von der Sägezahnspannung aus
    dem Oszillatorbaustein des Spektralanalysators gespeist werden oder
    von einem Kippgenerator, der auch die X-Achse eines X-Y-Schreibers
    steuert.

(4) Die Zeitintegration am Analysatorausgang, die einer Mittelung über die Zeit nach der Detektion entspricht, wird entweder durch eine echte Integratormittelung über die Zeit T_a erreicht oder mit einem Tiefpaßfilter mit der Zeitkonstanten τ.

7.12 PRAKTISCHE ARBEITSWEISE, 2

> (1) Für eine ausreichende Auflösung muß die Filterbandbreite schmal gegenüber der Bandbreite des Doppler-Spektrums sein.
>
> o Empfehlung für ein Gaußsches Spektrum:
>
> $$\Delta f_o \leq 0.2 \quad \text{(Standardabweichung)}.$$
>
> (2) } Die Durchlaufzeit des Filters durch seine eigene
>
> (3) } Breite muß seine Ansprechzeit übersteigen,
>
> o d.h. $\dfrac{\Delta f_o}{df_{os}/dt} \geq \dfrac{1}{\Delta f_o}$ oder $\dfrac{df_{os}}{dt} \leq \Delta f_o^2$.
>
> o Mildere Einschränkungen sind in der Praxis häufig akzeptabel.

In den nächsten zwei Dia-Vorlagen werden quantitative Einschränkungen für die in der Vorlage 7.11 diskutierten Einstellungen von Frequenzanalysatoren vorgestellt. Die Beziehungen auf den Tafeln wurden von Bendat und Piersol (1971) im Hinblick auf die Messung des Leistungsspektrums aufgestellt. In einigen Fällen fand Asalor (1973), daß die Kriterien gemildert werden können und trotzdem noch verläßliche Ergebnisse erhaltbar sind.

(1) Die Wahl der Bandbreite des Z.F.-Filters wird durch die Notwendigkeit für die Auflösung aller signifikanten Eigenschaften des Spektrums vorgeschrieben. Eine weite Bandbreite wird zur Ausgabe eines gedämpften Spektrums tendieren; sie führt aber zur Verwischung der charakteristischen Eigenschaften des Spektrums. Die oben spezifizierte Einschränkung ist nicht ganz zwingend. Wenn die gesamte Breite des Spektrums als 6σ angenommen wird (die Amplitude des Gaußschen Spektrums ist außerhalb der $\pm$3-fachen Standardabweichung vom Mittelwert sehr klein), dann entspricht dieser Begrenzung die folgende Angabe:

$$\Delta f_o \leq 0.03 \quad \text{(Spektrumsbreite)}$$

Bandbreiten bis zu 0,01 (Spektrumsbreite) können ohne Verletzung der anderen Beschränkungen erreicht werden; aber in Experimenten hat sich gezeigt, daß gute Messungen auch noch mit erheblich größeren Bandbreiten möglich sind.

(2) und (3) Damit das Z.F.-Filter auf jedes Signal, dessen Frequenz innerhalb seines Bandpasses liegt, vollständig ansprechen kann, muß die
Zeit, die für die Änderung der Mittenfrequenz um einen dem Abstand zwischen den Grenzfrequenzen des Filters entsprechenden Betrag erforderlich ist, größer sein als die Einstellzeit des Filters, d.h. größer als
der Kehrwert seiner Bandbreite. Da die Durchlaufzeit für die Filter-
breite gleich dem Quotienten aus der Filterbandbreite und der Änderungsrate der Frequenz am V.C.O.-Ausgang ist, kann die in der Tafel angeführte Grenze für die Abtastrate abgeleitet werden. Diese Forderung
ist in der Praxis der Laser-Doppler-Anemometrie für Messungen nicht
maßgebend, da sie ausnahmslos erfüllt wird, wenn der im folgenden Abschnitt beschriebenen Bedingung entsprochen wird.

7.13 PRAKTISCHE ARBEITSWEISE, 3

> (4) (a) Mittelung über die Zeit nach der Detektion.
>
> o Die echte Mittelungszeit T_a sollte die für den
> Filter notwendige Zeit zum Durchlauf seiner eige-
> nen Breite nicht überschreiten. Damit wird sicher-
> gestellt, daß alle Informationen bei einer vorge-
> gebenen Frequenz zur Bildung des Mittelwertes bei-
> tragen,
>
> o d.h. $\quad T_a \leqslant \dfrac{\Delta f_o}{df_{os}/dt} \quad$ oder $\quad \dfrac{df_{os}}{dt} \leqslant \dfrac{\Delta f_o}{T_a} \; .$
>
> (4) (b) Mittelung nach der Detektion mit einem RC-Glied.
>
> o Ein RC-Filter reagiert auf ein Sprungsignal in ca.
> $4\tau = 4\,RC,$
>
> d.h. $\quad \dfrac{df_{os}}{dt} \leqslant \dfrac{\Delta f_o}{4\tau} \; .$

(4) Die auf dieser Seite vorgestellten Einschränkungen beziehen sich auf
die Dämpfung des Ausgangssignals eines Spektralanalysators unter Verwendung eines externen Gerätes. Diese Kriterien können nicht direkt angewendet werden, wenn das Spektrum auf einem Speicherschirm eines Oszillographen, der die Spektralanalysatoreinheit enthält, aufgezeichnet
wird oder wenn der Spektralanalysator im Abtast- oder Zählmodus arbeitet. Die Amplitude des Analysator-Ausgangssignals wird über eine Zeit
T_a gemittelt, wenn eine echte externe Mittelung mit der Zeitkonstanten
T_a angewandt wird. Dieser Mittelwert wird für die nächsten T_a-Sekunden
an den Plotter kontinuierlich ausgegeben, danach wird er durch den
neuen Wert ersetzt. Die Signale, die einer einzelnen Doppler-Frequenz
entsprechen, können den Ausgang des Z.F.-Filters nur während der Zeit
beeinflussen, während der diese Frequenz zwischen der oberen und unteren Grenzfrequenz liegt. Deshalb muß T_a kleiner sein als die Zeit, die
der Filter für den Durchlauf eines seiner Bandbreite entsprechenden

Frequenzbereichs benötigt. So kann eine Verschlechterung der Frequenzauflösung des Analysators vermieden werden. Diese Einschränkung bestimmt die Grenze der Abtastrate in 4(a). Da nur mit der Bedingung
$T_a \gg 1/f_0$ eine ausreichende Dämpfung und damit eine einfache Interpre-
tationsmöglichkeit des Spektrums erreicht wird, ersetzt im praktischen
Einsatz dieses Kriterium das von Tafel 7.12.

Bendat und Piersol (1971) leiteten die äquivalente Beschränkung für die
RC-Dämpfung (siehe Tafel oben) anhand der Überlegung ab, daß ein RC-
Schwingkreis auf ein Sprungsignal am Eingang innerhalb von $4\tau = 4$ RC
Sekunden reagiert. Asalor (1973) zeigte an Tests mit simulierten und
realen Doppler-Spektren, daß τ innerhalb folgender Grenze vergrößert
werden kann:

$$\frac{df_{os}}{dt} \leqslant 5\,\frac{\Delta f_o}{\tau}$$

Diese abgeschwächte Begrenzung erleichtert die Aufgabe sehr, Abtastrate und
Zeitkonstante so auszuwählen, daß sie miteinander vereinbar sind.

7.14 STATISTIK DES DOPPLER-SPEKTRUMS

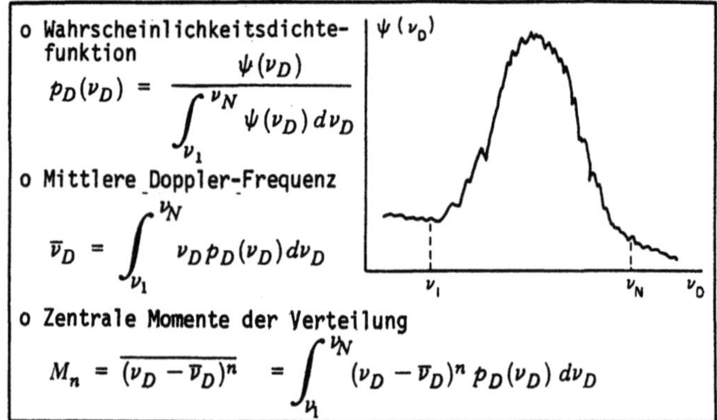

Das Ausgangssignal des Spektralanalysators ist eine Funktion $\psi(v_D)$ proportional zur Wahrscheinlichkeitsdichtefunktion $p_D(v_D)$ der Doppler-Frequenz.
Den Proportionalitätsfaktor erhält man durch die Forderung, daß das Gebiet
unter der Kurve der Wahrscheinlichkeitsdichtefunktion die Einheitsfläche
ist. Damit erhält man die oben aufgeführte Beziehung, wobei v_1 und v_N den
Frequenzbereich begrenzen, in dem $p_D(v_D)$ nicht Null ist. Wegen der breiten
Grundlinie des Bandrauschens bedeutet das für die Praxis, daß mehrere Einstellungen dieser Frequenzen getestet werden müssen.

Wenn $P_D(v_D)$ bestimmt ist, können die Momente der Wahrscheinlichkeitsdichtefunktion leicht aus der Formel der obigen Dia-Vorlage berechnet werden. Das Moment einer Funktion der Doppler-Frequenz ist das Integral dieser Funktion bei der Frequenz v_D, gewichtet mit dem Inkrement der Wahrscheinlichkeit, d.h. $p_D(v_D)dv_D$. Mit der aus dem ersten Moment erhaltenen mittleren Frequenz wird die Varianz aus den zentralen Momenten zweiter und höherer Ordnungen errechnet.

$$\left(\frac{\sigma_D}{2\pi}\right)^2 \;=\; \overline{(\nu_D - \bar{\nu}_D)^2} \;=\; M_2 \; ,$$

Die normierte Schiefe der Verteilung:

$$\frac{\overline{(\nu_D - \bar{\nu}_D)^3}}{[\overline{(\nu_D - \bar{\nu}_D)^2}]^{3/2}} \;=\; \frac{M_3}{M_2^{\,3/2}}$$

und der Flachheitsfaktor:

$$\frac{\overline{(\nu_D - \bar{\nu}_D)^4}}{[\overline{(\nu_D - \bar{\nu}_D)^2}]^2} \;=\; \frac{M_4}{M_2^{\,2}} \; \cdot$$

errechnen sich nach den angegebenen Formeln.

Der Fehler bei der Berechnung dieser Funktionen wächst mit der Ordnung des Momentes, da kleine Werte von $p_D(v_D)$, die nur unter Schwierigkeiten genau zu messen sind, in den Momenten höherer Ordnung stärker gewichtet werden. Die hier angeführte Definition der Momente unterscheidet sich leicht von der normalen Definition mit Integrationsgrenzen von $-\infty$ bis $+\infty$. Der Unterschied ist nötig, um das Nullspektrum der Photodetektorspannung auszuschließen; außerdem wird nur das Doppler-Spektrum betrachtet, das positiven Frequenzen entspricht.

7.15 INTERPRETATION DES SPEKTRALANALYSATORAUSGANGS, 1

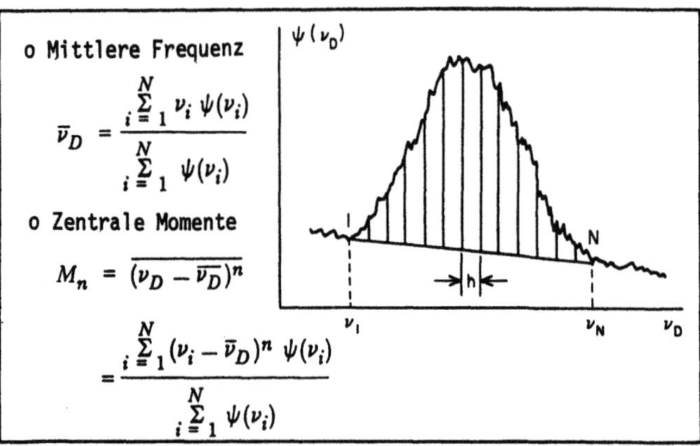

Auf der vorhergehenden Seite wurden die allgemeinen Gleichungen für die Berechnung der mittleren Doppler-Frequenz, des mittleren Wertes der quadratischen Abweichungen von der mittleren Frequenz, der Schiefe und anderer Momente aus der Wahrscheinlichkeitsdichtefunktion der Doppler-Frequenz dargestellt. Wenn nur eine analoge Darstellung des Doppler-Spektrums verfügbar
ist, z.B. dargestellt auf einem X-Y-Schreiber, dann müssen die Daten direkt
aus dem aufgezeichneten Spektrum gemessen werden. Dazu wird der Frequenzbereich (ν_1, ν_N) in eine endliche Zahl von Frequenzinkrementen der Breite
h Hz unterteilt. Die Ordinaten $\psi(\nu_i)$ des Spektrums werden an jeder der N
Frequenzen

$$\nu_i = \nu_1 + (i-1)\,h$$

nach einer angemessenen Glättung der Spektralkurve gemessen. Die Bestimmung
des Referenzpegels für $\psi = 0$ und der ν_1 und ν_N entsprechenden Frequenzen
bereitet jedoch Schwierigkeiten. Das Spektrum erhebt sich an den Enden mit
allmählich wachsenden Gradienten über die Linie des Grundrauschens, so daß
das Doppler-Spektrum und das Spektrum des Grundrauschens nicht leicht zu
unterscheiden sind. Außerdem verläuft die Grundlinie normalerweise nicht
horizontal, sondern fällt in Richtung steigender Frequenzen leicht ab. Deshalb muß die abfallende Grundlinie abgeschätzt werden und die Ordinaten
$\psi(\nu_i)$ von dieser Basis aus gemessen werden. Sind die Werte von $\psi(\nu_i)$ bestimmt, können die Ordinaten $p_D(\nu_i)$ der Wahrscheinlichkeitsdichtefunktion
durch ein finites Differenzen-Näherungsverfahren an die Integrationsformel
von Abschnitt 7.14 gefunden werden. Die Integrale für $\bar{\nu}_D$ und die Momente M_n
der vorhergehenden Seite werden durch die oben aufgeführten Gleichungen
ersetzt. Sie wurden nach der Trapezformel für Integration berechnet.

Die direkte digitale Zählung am Ausgang des Spektrumsanalysators verringert
die Datenmenge, die in der Spektralanalyse von LDA-Signalen und deren Auswertung anfällt, da die Ordinaten $\psi(\nu_i)$ ohne die zeitaufwendige Digitali-

sierung des aufgezeichneten Spektrums direkt verfügbar sind. Da das Spektrum vor der Berechnung der statistischen Momente bei der digitalisierenden Anwendung nicht geglättet wird, sollte das Spektrum auf einer ausreichenden Anzahl von Frequenzmessungen basieren, um so seine Form an die Form des Spektrums mit nahezu unendlich vielen Messungen anzunähern. Erst dann werden verläßliche statistische Ergebnisse für die Momente der gemessenen Geschwindigkeitsverteilung erhalten.

7.16 INTERPRETATION DES SPEKTRALANALYSATORAUSGANGS, 2

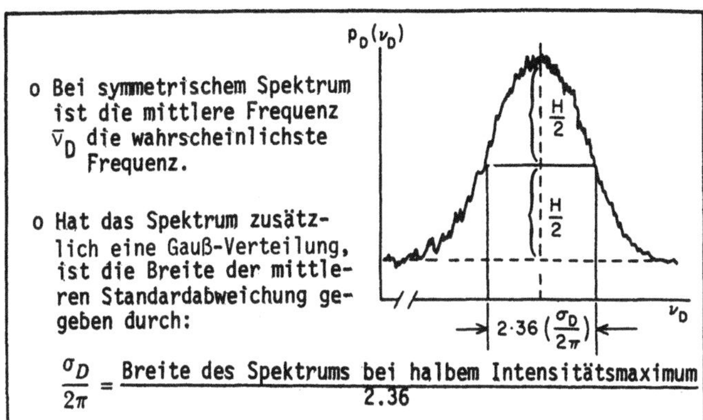

Unter bestimmten Voraussetzungen kann die mittlere Frequenz und die Standardabweichung eines gezeichneten Spektrums schneller berechnet werden, als mit der auf der vorhergehenden Seite beschriebenen allgemeingültigen Methode.

Bei symmetrischem Spektrum ist die mittlere Doppler-Frequenz $\bar{\nu}_D$ gleich der wahrscheinlichsten Frequenz, die der Lage des Maximums der Verteilung entspricht. Wird außerdem eine Gauß-Verteilung für das Spektrum angenommen, kann die Standardabweichung der Doppler-Frequenz mit der obigen Formel berechnet werden. Diese Beziehung kann leicht aufgestellt werden, wenn:

$$\exp\left[-\frac{(\nu_D - \bar{\nu}_D)^2}{2(\sigma_D/2\pi)^2}\right] = \frac{1}{2},$$

gesetzt wird und damit gilt:

$$\nu_D - \bar{\nu}_D = \sqrt{2\ln 2}\,\frac{\sigma_D}{2\pi} = 1.18\,\frac{\sigma_D}{2\pi}.$$

Der Fehler bei der Berechnung der Standardabweichung kann sehr groß werden, denn er hängt stark von der Glätte und Genauigkeit des aufgezeichneten

Spektrums in der Umgebung der Amplitudenhöhe (halber Wert vom Maximum) ab. Nichtsdestotrotz haben Goldstein und Hagen (1967) Daten einer turbulenten Rohrströmung veröffentlicht, die sie nach dieser Methode ermittelten.

Die Berechnungsmethode für mittlere Strömungsgrößen, die im vorhergehenden Abschnitt angegeben ist, sollte bei der Auswertung von Doppler-Spektren vorgezogen werden, denn sie arbeitet mit vielen Punkten und ist daher weniger von einem Fehler eines dieser Punkte abhängig. Die kürzere Methode, die oben erläutert wurde, ist in Fällen, in denen das gezeichnete Spektrum nicht verläßlich an eine Gaußsche Verteilungsfunktion angepaßt werden kann, nicht anwendbar. Besonders dann, wenn die Höhe der Basislinie des Breitbandrauschens nur näherungsweise definiert werden kann oder wenn die Spektren nur sehr bedingt eine Gaußsche Verteilung besitzen, was im allgemeinen in pulsierenden Strömungen oder in turbulenten Rohrströmungen in Wandnähe der Fall ist, sollte von vereinfachten Auswertungen des Doppler-Spektrums Abstand genommen werden. Trotzdem ist eine grobe Auswertung der spektralen Momente mit der auf dieser Seite beschriebenen Methode sinnvoll für die Überprüfung der aus dem digitalisierten Spektrum berechneten Varianz. Die Varianz wird dann falsch, wenn kleine Spitzen in der Spektralbasislinie des Grundrauschens bei Frequenzen, die weit von den Frequenzen des Doppler-Spektrums liegen, für die Berechnung nicht ausgesondert werden. Obwohl in bestimmten Teilen von Strömungen keine Gaußsche Turbulenzstatistiken anwendbar sind, weisen im allgemeinen Abweichungen im Flachheitsfaktor (Tafel 7.14) von mehr als $\pm$ 30% gegenüber dem Gaußschen Wert von 3 auf die Anwesenheit von Nebengeräuschspitzen hin.

7.17 <u>PROBLEME IM HOCHTURBULENTEN STRÖMUNGEN, 1</u>

o Partikeldurchlaufzeit

$$\tau_k \;=\; \frac{(N_{ph})_k}{v_k} \;=\; \frac{(N_{ph})_k}{f_t} \tag{1}$$

o Spektrum, gewichtet durch Bandbreite des Filters

$$\overline{|A_{ZF}|^2} = \frac{\Delta f_o^{\,2}}{4f_t^{\,2}} \, N_a \, \overline{(N_{ph})_k^2 \, a_k^2 \, p_D(v_k)\,\Delta f_o} \tag{2}$$

Konstante Filterbandbreite: $\qquad \overline{|A_{ZF}|^2} \propto p_D(v_k)/f_t^2 \tag{3}$

Proportionale Filterbandbreite: $\qquad \overline{|A_{ZF}|^2} \propto p_D(v_k)f_t$

o Das Spektrum unterscheidet sich von der Wahrscheinlichkeitsdichtefunktion wegen der höheren Ankunftsrate der Partikel mit hohen Geschwindigkeiten.

Wie bei anderen Signalauswertungsgeräten in der Laser-Doppler-Anemometrie wird die Interpretation des Spektralanalysatorausgangs schwieriger, wenn die Turbulenzintensität einer Strömung ansteigt. In Abschnitt 7.8 wurde angenommen, daß die Durchlaufzeit τ_k eines Partikels immer gleich bleibt. τ_k sollte jedoch wie in Gleichung (1) oben geschrieben werden, wobei $(N_{ph})_k$ Zyklen im Doppler-Signal während des Durchlaufs des k-ten Partikels vom Photodetektor gesehen werden. Anstelle von Gleichung (9) von Kapitel 7.8 wird dann Gleichung (2) oben verwendet, wobei $1/\Delta f_0$ durch T ersetzt wurde. Damit zeigt sich, daß A_{ZF}^2 proportional zum Ausdruck (3) ist, wenn ein Spektralanalysator mit konstanter Bandbreite Δf_0, was der üblichen Einstellung entspricht, betrieben wird. Die gezeichnete Verteilung ist dann eine gewichtete Darstellung der Wahrscheinlichkeitsdichtefunktion, besonders in hochturbulenten Strömungen mit großen v_N/v_1-Verhältnissen. Das Problem besteht auch für einen Filter mit konstanter prozentualer Bandbreite, weil dann

$$A_{ZF}^2 \propto p_D(v_k)\Delta f_0 \propto p_D(v_k)f_t.$$

McLaughlin und Tiederman (1973) wiesen darauf hin, daß das Laser-Anemometer Geschwindigkeitsinformationen liefert, die entsprechend dem Auftreten von Partikeln gemittelt sind, wenn die Partikel einzeln im Streuvolumen auftreten. So kann die Wahrscheinlichkeitsdichtefunktion zugunsten der höheren Geschwindigkeiten gewichtet werden, denn die schnelleren Partikel eines Fluids mit gleichförmig oder zufällig verteilten Größen der Streuteilchen treten häufiger auf. Dieser Effekt kann ohne vorherige Kenntnis des momentanen Geschwindigkeitsvektors nicht kompensiert werden. Bei niedrigen Turbulenzintensitäten würde N_f jedoch proportional zu der Doppler-Frequenz sein, die einer Komponente der Geschwindigkeit entspricht und daher ist

$$\overline{|A_{ZF}|^2} \propto p_D(v_k)/f_t \ .$$

Eine vollständige Untersuchung dieser Gewichtung muß noch durchgeführt werden, ihr Einfluß wird aber sicherlich davon abhängen, ob der Spektralanalysator im analogen Betriebsmodus (Tafel 7.6) oder im digitalen Betriebsmodus (Tafel 7.8) betrieben wird. Weitere Hinweise auf Gewichtungsfehler sind in den Abschnitten 9.30 bis 9.36 zu finden.

7.18 **PROBLEME IN HOCHTURBULENTEN STRÖMUNGEN, 2**

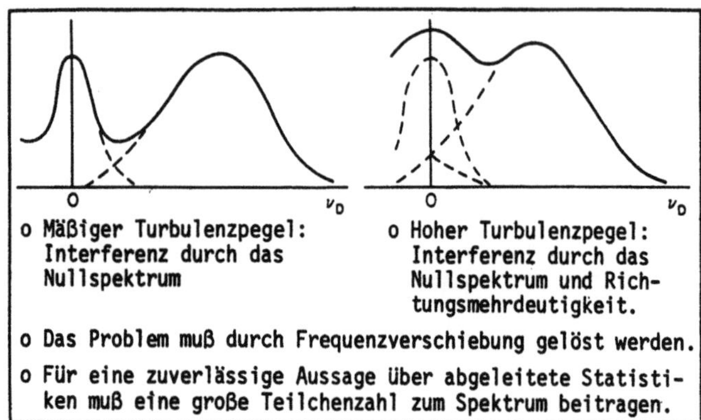

o Mäßiger Turbulenzpegel:
  Interferenz durch das
  Nullspektrum

o Hoher Turbulenzpegel:
  Interferenz durch das
  Nullspektrum und Rich-
  tungsmehrdeutigkeit.

o Das Problem muß durch Frequenzverschiebung gelöst werden.

o Für eine zuverlässige Aussage über abgeleitete Statistiken muß eine große Teilchenzahl zum Spektrum beitragen.

Ein großes Problem in hochturbulenten Strömungen, das der momentanen Rich-
tungsänderung der Strömung, wurde bereits in Kapitel 5 und 6 diskutiert.
Dort wurde die Richtungsunsicherheit von 180° in der mit dem Laser-Doppler-
Anemometer gemessenen Geschwindigkeitskomponente hervorgehoben. Durch diese
Richtungsunbestimmtheit wird der den negativen Geschwindigkeiten entspre-
chende Teil des Spektrums dem Teil des Spektrums überlagert, der den positiven Geschwindigkeitskomponenten einer turbulenten Strömung entspricht
(siehe rechtes Bild oben). Eine weitere Komplikation entsteht durch das
Nullspektrum, das mit wachsender Turbulenzintensität breiter wird. Wenn die
Doppler-Frequenzen der langsamsten Streupartikel in der Strömung in der
Nähe der Frequenzencharakteristik des Gleichspannungsanteils der schnellsten Partikel sind, überlappt das Nullspektrum das die Geschwindigkeitsinformation enthaltende Doppler-Spektrum und die Wahrscheinlichkeitsdichtefunktion kann aus dem Wandspektrum nicht verläßlich herausgelesen werden.
Teilweise beginnt dieses Problem schon bei einer niedrigeren Turbulenzintensität, bei der noch keine momentane Richtungsumkehr der Strömung auftritt. Die Lösung beider Probleme liegt in der Verschiebung der Frequenz
eines Laserstrahls relativ zu der Frequenz des anderen, um so die der Geschwindigkeit Null entsprechende Frequenz vom Spektrum des Niederfrequenzanteils des LDA-Signals zu verschieben. Diese Methode wurde in Kapitel 6
diskutiert.

Das Doppler-Spektrum muß auf einer genügend großen Zahl von Doppler-Signalen basieren, dann kann die mittlere Frequenz, die Standardabweichung der
turbulenzbedingten Frequenzfluktuation usw. in engen Zuverlässigkeitsgren-
zen gemessen werden. Wenn die Doppler-Signale sehr selten auftreten, so daß
sich die digitale Verarbeitung des Spektrumsanalysatorausgangs anbietet,
können die zum Spektrum beitragenden Partikel gezählt werden. Für die Zu-
verlässigkeitsgrenzen der mittleren Frequenz und der Standardabweichung

können statistische Kriterien angewandt werden, obwohl die Standardkrite-
rien nur auf Variable mit Gaußscher Verteilung passen. Yanta (1973) zum
Beispiel, führte Tests durch, um die kleinste Datenmenge zu bestimmen, die
für ein Signalverarbeitungsgerät nötig ist, das die Geschwindigkeitsinformation (Doppler-Frequenz) durch Periodendauermessungen bestimmt.

7.19 PROBLEME MIT UNGLEICHMÄSSIGER PARTIKELKONZENTRATION

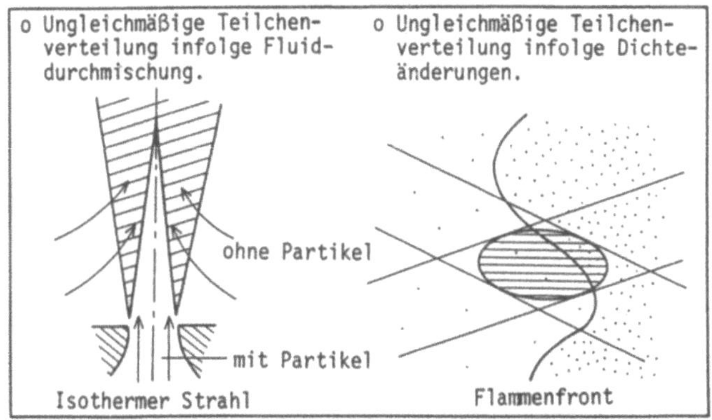

In Kapitel 7.17 wurde in der Geschwindigkeitswahrscheinlichkeitsdichtefunk-
tion, bei gleichförmiger Teilchenverteilung im Fluid, eine Gewichtung in
Situationen festgestellt, in denen die Partikelkonzentration klein genug
war, um Doppler-Frequenzen als "individuelle Realisierung" der Signalbursts
getrennter Partikel messen zu können. Diese kam infolge turbulenter Geschwindigkeitsfluktuationen zustande. Eine weitere Gewichtung kann aus
einer ungleichmäßigen Partikelanzahldichte in der Strömung resultieren. Der
Zustand einer ungleichmäßigen Partikelverteilung kann in der Mischzone
eines teilchenbeladenen und eines teilchenlosen Gasstromes vorliegen.
Besonders wenn ein teilchenbeladener Luftstrom in die Umgebungsluft abge-
lassen wird (Baker, 1974b) oder wenn in einem Gas mit ursprünglich gleich-
mäßiger Teilchenverteilung lokale Dichteänderungen zur Ungleichförmigkeit
führen, insbesondere in einer Flamme (Durst und Kleine, 1973). In der stark
instationären Zone des Streustrahls kreuzen teilchenbeladene Luft und teil-
chenfreie, mitgerissene Luft das Streuvolumen; aber Doppler-Signale können
nur von dem teilchenbehafteten Fluid empfangen werden. Das führt zur gewichteten Messung der Geschwindigkeits-p.d.f. (probability density func-
tion) und ebenso der lokalen, mittleren Geschwindigkeit, der Turbulenzintensität, der Reynolds-Spannungen, usw.. Entlang der Flammfront eines
reagierenden Gasgemisches kann das Verhältnis der Dichten des unverbrannten
und des verbrannten Gases bis zu 7 betragen. Damit kann in einem Meßvolumen, das die wechselnde Position der Flammfront überstreicht, das Ausmaß

der pro Zeiteinheit von dem unverbrannten Gas erhaltenen Doppler-Signale, das der vom verbrannten Gas erhaltenen Signale um ein Mehrfaches übersteigen. Somit wird die Geschwindigkeits-p.d.f. in Richtung des mit Teilchen höher dosierten Gasstromes gewichtet.

Die verschiedenen Zonen des Fluids besitzen Zeiten mit Doppler-Signalen proportional zu ihrer Verweilzeit im Streuvolumen und ihrer Partikelkonzentration. Die relative Anzahl der Doppler-Signale wird auch durch die Geschwindigkeiten der Fluidströme beeinflußt. Dies kann zu gewichteten Strömungsgeschwindigkeitsinformationen führen, wie in Abschnitt 7.17 beschrieben. Mit Ausnahme dieses Geschwindigkeitseffektes, der bei teilchengemittelten Signalverarbeitungselektroniken auftritt, kann eine Gewichtung in isothermen Mischungen vermieden werden, wenn die Möglichkeit besteht, in beiden Strömungen mit gleicher Teilchenbeladung (oder ohne zusätzliche Teilchen) zu arbeiten. Es gibt jedoch keine Möglichkeit, die Ungleichförmigkeit zu vermeiden, die bei Dichteänderungen im Fluid entsteht. Eine Methode zur Korrektur dieser Gewichtungsfehler wird in Kapitel 9 diskutiert.

7.20 **VORTEILE DER SPEKTRALANALYSE**

<table>
<tr><td>

o Hilfreiche Diagnosetechnik bei Strömungsuntersuchungen und bei Durchführung von Grundlagenuntersuchungen.

o In stationären Strömungen kann das Spektrum sogar bei sehr schlechter Signalqualität oder sehr seltenen Signalen aufgezeichnet werden, durch

  - ausreichend langsame Abtastraten,
  - wiederholtes schnelles Abtasten mit Anzeige auf dem Speicheroszilloskop.

o Spektralanalysatoren arbeiten über einen weiten Frequenzbereich, z.B. bis zu 100 MHz.

o Die Methode arbeitet bei niedrigen und hohen Turbulenzgraden gleich gut, vorausgesetzt das erhaltene Doppler-Spektrum überlappt nicht mit dem Nullspektrum.

</td></tr>
</table>

In Abschnitt 7.2 wurde angedeutet, daß die Spektralanalyse eine vielseitige Technik für Auswertezwecke in der Laser-Doppler-Anemometrie darstellt. Sie ist für vorläufige Messungen unter schlechten Bedingungen sehr hilfreich und, besonders bei digitaler Verarbeitung der Spektrumsanalysatorausgangsinformation, eine verläßliche Methode. In stationären Strömungen können verläßliche Doppler-Spektren aus Signalen mit sehr kleiner Doppler-Frequenzmodulation erhalten werden, d.h. mit kleinem Modulationsgrad (wie in Abschnitt 11.21 diskutiert) und aus Signalen mit sehr niedriger Impulsdauer. Die Spektren können nach zwei Methoden aufgebaut werden: Einmal wird eine ausreichend langsame Abtastrate eingestellt, um den Beitrag vieler

Partikel sicherzustellen, zum anderen wird ein Speicheroszilloskop verwendet, um wiederholte, schnellere Abtastungen zu überlagern. Desweiteren kann die Spektralanalyse in einem größeren Frequenzbereich verwendet werden, z.B. 1 kHz bis 100 MHz, als es für einen gegenwärtig käuflichen Frequenznachlaufdemodulator ohne Veränderungen am optischen System zur Frequenzverschiebung möglich ist. All diese Vorteile zusammen ermöglichen z.B. die erstmaligen Messungen der mittleren Geschwindigkeit in einer Naßdampfströmung von Crane und Melling (1975) bei Frequenzen bis zu 65 MHz. Hierbei wurden Photomultipliersignale verwendet, die vom Rauschen auf dem Oszillograph nicht unterschieden werden konnten.

Der Spektralanalysator arbeitet in einem Doppler-Frequenzvariationsbereich, der nicht durch die Strömung, sondern durch den Bediener festgelegt wird; die Änderungsrate der V.C.O.-Frequenz ist unabhängig von dem Strömungsverhalten. Damit ist der Arbeitsbereich des Spektralanalysators unabhängig von der Turbulenzintensität, solange Doppler-Spektrum und Nullspektrum nicht überlappen. Dagegen kann der Arbeitsbereich eines Frequenznachlaufdemodulators durch seinen dynamischen Bereich oder seine Nachführrate begrenzt sein oder ein Zählsystem durch jeden Hochpaßfilter vor dem Zähler. Treten Geschwindigkeiten in der Nähe von Null oder negative Geschwindigkeiten in Verbindung mit hohen Turbulenzgraden auf, kann die Spektralanalyse ebenso wie andere Signalverarbeitungsgeräte ohne Frequenzverschiebung nicht eingesetzt werden.

7.21 NACHTEILE DER SPEKTRALANALYSE

> o Die Methode verwendet die verfügbaren Informationen ineffizient, da alle Signale außerhalb eines engen Frequenzbandes unberücksichtigt bleiben. Es sind deshalb lange Meßzeiten nötig.
> o Die Spektralanalyse liefert keine Echtzeitaufnahme der momentanen Geschwindigkeit.
> o Das Spektrum kann durch ungleichmäßige Eingangssignalraten, wie sie wechselnde Partikelkonzentrationen verursachen, gestört werden.
> o Die Verarbeitung der Spektren in analoger Form ist langsam und zeitraubend.

Die Spektralanalyse hat als Signalverarbeitungstechnik der Laser-Doppler-Anemometrie vier prinzipielle Nachteile. Erstens benutzt sie die im Photodetektorsignal vorhandenen Doppler-Frequenzinformationen sehr unwirtschaftlich, da zu jeder einzelnen Zeit nur ein schmales Frequenzband untersucht wird und somit die Signale der Mehrheit der Streupartikel, die das Meßvolumen passieren, nicht ausgewertet werden. Folglich muß die Abtastdauer des Eingangssignals für die meisten Strömungen in der Größenordnung von 200 bis 300 s liegen, um ein statistisch zuverlässiges Spektrum zu erhalten. In dieser Hinsicht ist eine Filterbank (Kapitel 6) vorteilhafter, da sie das Doppler-Spektrum mit parallelen Filtern analysiert und so die ganze Eingangsinformation innerhalb ihres Gesamtfrequenzbereiches ausnutzt.

Zweitens kann ein Spektralanalysator keine momentane Doppler-Frequenz liefern, denn es gibt keinen Echtzeitausgang, der zum Aufbau einer Autokorrelationsfunktion oder eines Turbulenzenergiespektrums verwendet werden kann. Seine Anwendung ist deshalb auf Gebiete beschränkt, bei der die Turbulenz statistisch stationär ist.

Ein weiterer Nachteil entsteht durch die Abhängigkeit des Analysatorausgangs von der Amplitude des Eingangssignals, wenn die Ausgangsinformation analog weiterverarbeitet wird (siehe Tafel 7.6). Wie auf den Tafeln 7.7 und 7.8 gezeigt ist, wird dieser Effekt durch Mittelung über eine große Anzahl von Signalen zu jeder einzelnen Doppler-Frequenz minimiert. Wenn jedoch die Partikelkonzentration in einer charakteristischen Zeit wechselt, die länger als diese Mittelungszeit ist, aber kurz relativ zur Zeit, die für das Abtasten des Frequenzbereichs benötigt wird, ist das Ausgangssignal keine wahre Aufnahme der Wahrscheinlichkeitsdichtefunktion der Doppler-Frequenz. Der digitale Abtastmodus arbeitet weniger empfindlich gegenüber Partikelkonzentrationsfluktuationen, da Abtastraten verwendet werden können, die schnellsten Wechseln der Konzentration der Streupartikel Rechnung tragen. Wieder ist eine Filterbank weniger von Fluktuationen betroffen, da ein Anstieg der Dichte der Partikelzahl zu einem Anstieg der Signalanzahl über dem gesamten Frequenzband führt und damit wird das Spektrum schneller aufgebaut.

Schließlich ist die Reduzierung der Daten aus einer Zeichnung langsam und zeitraubend, da bei analoger Signalaufzeichnung die Kurve manuell digitalisiert werden muß. Die digitale Signalverarbeitung vermeidet jede Datenreduzierung aus einem gezeichneten Spektrum und ermöglicht so eine schnellere und genauere automatisierte Datengewinnung.

7.22 EINIGE KOMMERZIELLE SPEKTRALANALYSATOREN

Modell	Haupt-system	Frequenz-umfang	Maximale Frequenz-Abtastung	Bandbreite
Hewlett-Packard (HP) 8552A/8553B	141T	1 kHz– 110 MHz	100 MHz	50 Hz–300 kHz
HP 8557A	182T oder 180 series	10 kHz– 350 MHz	200 MHz	1 kHz–3 MHz
HP 8558B		100 kHz– 1.5 GHz	1.0 GHz	1 kHz–3 MHz
Tektronix 7L12	7613 oder 7000 series	100 kHz– 1.8 GHz	1.0 GHz	300 Hz–3 MHz
Tektronix 7L13		1 kHz– 1.8 GHz	1.0 GHz	30 Hz–3 MHz

Spektralanalysatoren mit Frequenzbereichen und Stabilitätseigenschaften, die für Laser-Doppler-Anemometer geeignet sind, können im allgemeinen als Anschlußgeräte für Oszillographen erhalten werden. Im Vergleich zu Signal-verarbeitungsgeräten, die speziell für die Laser-Doppler-Anemometrie ausge-legt wurden, sind sie preiswert, besonders da das Grundgerät auch als Basis für hochleistungsfähige Oszillographen eingesetzt werden kann. Das erste der oben aufgeführten Modelle wurde wahrscheinlich am häufigsten in der Laser-Doppler-Anemometrie verwendet, aber mit den einstellbaren Bandbreiten und der erreichbaren Amplitudenempfindlichkeit der anderen Modelle sind diese gleichwertig einsetzbar. Die spezifizierte maximale Abtastfrequenz ist der breiteste Abtastbereich, der bei freier Wahl der Mittenfrequenz eingestellt werden kann. Wesentlich engere Abtastbereiche können einge-stellt werden und werden normalerweise bevorzugt, da andere Überlegungen (z.B. die Reaktionszeit des Photomultiplikators) vorschreiben, daß Doppler-Frequenzen über 100 MHz kaum verarbeitet werden müssen.

Zu den Kosten des Spektralanalysators müssen für die analoge Weiterverar-beitung des Ausgangssignals die Kosten für eine Quadrier- und Integrations-einheit, einen X-Y-Schreiber und einen Rampenspannungsgenerator addiert werden. Oftmals sind die entsprechenden Geräte in den Labors vorhanden. Wenn der Spektralanalysator im Zähl-oder Abtastmodus betrieben wird, ist zusätzlich eine elektronische Einrichtung zur Ausführung der auf den Tafeln 7.9 und 7.10 aufgeführten digitalen Operationen erforderlich.

Diese Gerätekonfiguration, die eine Schmitt-Trigger-Schaltung, einen Wahr-scheinlichkeitsanalysator und einen Mikrocomputer oder einen Mikroprozessor enthalten wird, ist aufwendiger als die für rein analoge Datenverarbeitung. Die gestiegenen Kosten sind jedoch bereits durch die stark verbesserten Möglichkeiten der digitalen Spektralanalysesysteme gerechtfertigt. Sie haben die analogen Systeme bei der systematischen Datensammlung aus Laser-Doppler-Messungen ersetzt.

7.23 <u>BREITERUNGSKORREKTUREN, 1</u>

o Die Wahrscheinlichkeitsdichtefunktionen der Doppler-Frequenz $p_D(\omega_D)$ und der Geschwindigkeit $p_v(\omega_D)$ sind wegen spektraler Breiterungseffekte nicht identisch.

o Gründe für die Aufweitung   rms-Breite
  - Endliche Durchgangszeit σ_F
  - Geschwindigkeitsschwankungen innerhalb des Streuvolumens σ_T
  - Mittlerer Geschwindigkeitsgradient σ_g
  - Brownsche Bewegung   vernachlässigbar

  - Laserlinienbreite   vernachlässigbar

  - Gerätebedingte Breiterung σ_D

Bisher wurde die Diskussion in Richtung Erklärung der Arbeitsweise eines Spektralanalysators und Gebrauch zur Ableitung des Doppler-Spektrums geführt. Dieses Spektrum wurde als äquivalent zur Wahrscheinlichkeitsdichtefunktion der Doppler-Frequenz interpretiert. Daraus können die mittlere Doppler-Frequenz $\overline{\omega}_D$, die <u>mittlere,</u> quadratische Abweichung der Frequenz von der Mittenfrequenz $\sigma_D^2 = \overline{(\omega_D - \overline{\omega}_D)^2}$ und andere statistische Größen abgeleitet werden. Zugehörige Statistiken der Geschwindigkeitsverteilung wurden nicht diskutiert. Die dimensionslos gemachten Statistiken der zwei Verteilungen sollten ohne Breiterungseffekte, aufgrund des linearen Zusammenhangs zwischen Doppler-Frequenz und einer Geschwindigkeitskomponente, gleich sein, d.h.:

$$\frac{\overline{u_1^2}}{\overline{U_1^2}} = \frac{\overline{(\omega - \overline{\omega}_D)^2}}{\overline{\omega}_D^2} \quad , \qquad \frac{\overline{u_1^3}}{(\overline{u_1^2})^{3/2}} = \frac{\overline{(\omega_D - \overline{\omega}_D)^3}}{[\overline{(\omega_D - \overline{\omega}_D)^2}]^{3/2}} \quad ,\text{usw.}$$

für eine Geschwindigkeitskomponente. Wegen des Breiterungseffektes ist die Wahrscheinlichkeitsdichtefunktion der Doppler-Frequenz breiter als die der Geschwindigkeit (deswegen die Bezeichnung "Breiterung"), und die Streuung des Doppler-Spektrums kann nicht einfach als das Ergebnis von turbulenten Geschwindigkeitsschwankungen, gemittelt über die Zeit und das Streuvolumen, interpretiert werden. Diese Effekte sind in der obigen Dia-Vorlage aufgelistet. Auf einige von ihnen wurde bereits früher in diesem Buch hingewiesen. Sie haben ihre Ursachen in der endlichen Durchgangszeit von Streupartikeln durch das Meßvolumen, verhältnismäßig kleinen turbulenten Schwankungen innerhalb des Streuvolumens, Gradienten in der mittleren Geschwindigkeit, Brownscher Bewegung, der Linienbreite des Lasers und der Filtercharakteristik des Spektralanalysators. Die Breiterung durch den Laser und die Brownsche Bewegung (Abschnitt 10.14) ist vernachlässigbar. Die Verzerrung des Doppler-Spektrums durch einseitig gewichtende Effekte, die in Abschnitt 7.17 diskutiert wurden, oder durch unsachgemäße Einstellungen am Gerät, ist nicht enthalten.

7.24 **BREITERUNGSKORREKTUREN, 2**

> o Die Breiterung des Spektrums beeinflußt Messungen der Laser-Doppler-Anemometrie mit allen Typen von Signalverarbeitungsgeräten.
>
> o Bei der Auslegung von Laser-Doppler-Anemometern sollte versucht werden, die Aufweitung zu minimieren.
>
> o Das gemessene Doppler-Spektrum ist eine Verknüpfung der p.d.f.'s von Geschwindigkeit und instrumenteller Breiterung:
> $$p_D(\omega_D) = p_v(\omega_D) * p_b(\omega_D).$$
>
> o Sind p_D, p_v und p_b unabhängige Funktionen, dann gilt:
> $$\sigma_D^2 = \sigma_v^2 + \sigma_b^2 \quad \text{wobei}$$
> $$\sigma_b^2 = \sigma_F^2 + \sigma_T^2 + \sigma_g^2 + \sigma_p^2 \, .$$

Trotz ihres Namens tritt die "Breiterung" nicht ausschließlich in der Spektralanalyse auf. Die Breiterung durch Gradienten hängt nur von der Fluidströmung und den Dimensionen des Streuvolumens ab und ist bei jedem Signalverarbeitungsgerät vorhanden. Spektrale Breiterung wegen endlicher Durchgangszeiten und Geschwindigkeitsfluktuationen innerhalb des Streuvolumens können auch bei anderen Signalverarbeitunssystemen auftreten. Aufweitung durch die Bandbreite des Gerätes ist spezifisch für den Spektralanalysator, aber Einflüsse auf Messungen durch Instrumente selbst existieren auch bei anderen Verarbeitungsgeräten. Die Aufweitungsterme werden in diesem Kapitel als Breite des Spektrums bestimmt; in Kapitel 8 und 9 wird ihre Ermittlung für Nachlaufsysteme und Periodenzeitmeßgeräte behandelt. In einem gut aufgebauten Anemometer sollten die Korrekturen für die instrumentbedingte Breiterung minimal sein.

Die Aufweitung betrifft alle Statistiken der Wahrscheinlichkeitsdichtefunktion (p.d.f.) oder Momente ungerader Ordnung, z.B. der Mittelwert und die Schiefe einer Wahrscheinlichkeitsdichteverteilung werden nur von der Gradientenbreiterung beeinflußt. Am meisten interessiert bei vielen Messungen der Effektivwert der Geschwindigkeitsfluktuationen, deshalb werden Momente höherer Ordnung an dieser Stelle nicht weiter untersucht. Die gemessene p.d.f. ist die Verknüpfung der Geschwindigkeits-p.d.f. und der p.d.f. der zusammengesetzten Breiterungskomponenten. Kennt man die letztere, kann die Geschwindigkeits-p.d.f. prinzipiell für jede Form der Funktionen ermittelt werden. Häufig wird jedoch vorausgesetzt, daß alle p.d.f's eine Gauß-Verteilung besitzen, weil das passende Ergebnis dadurch erhalten wird, daß die Varianz des Doppler-Spektrums die Summe der Varianzen aller p.d.f.-Komponenten ist. Dieses Ergebnis erreicht man einfach durch die Anwendung des Faltungstheorems (z.B. Papoulis, 1965, Seite 159) auf zwei Gauß-Verteilungen mit den Mittelwerten μ_1 und μ_2, beziehungsweise den Varianzen $\sigma_1^{\,2}$ und $\sigma_2^{\,2}$. Wendet man die inverse Fourier-Transformation auf das Ergebnis an, erhält man eine neue Gauß-Verteilung mit dem Mittelwert $\mu_1 + \mu_2$ und der Varianz $\sigma_1^{\,2} + \sigma_2^{\,2}$. Dieses Ergebnis gilt auch für die Addition von unabhängigen statistischen Variablen ohne Rücksicht auf ihre Verteilung (z.B. Fraser, 1958, Seite 98).

7.25 <u>BREITERUNG DURCH DIE ENDLICHE DURCHGANGSZEIT, 1</u>

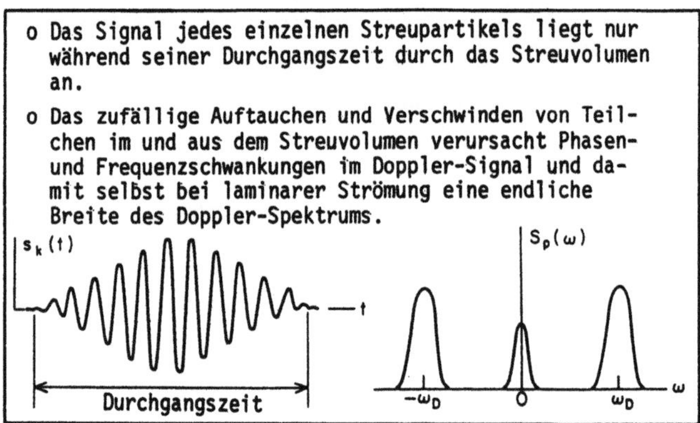

Die Breiterung des Doppler-Spektrums aufgrund der endlichen Durchgangszeit von Streupartikeln durch das Meßvolumen entsteht dadurch, daß Signale einzelner Streupartikel nur während der für die Durchquerung des Streuvolumens benötigten Zeit vorhanden sind. George und Lumley (1973) zeigten zum Beispiel, daß diese Form der Aufweitung eine Eigenart der Laser-Doppler-Anemometrie darstellt, die bei allen Signalverarbeitungssystemen entsteht, sobald mehrere Partikel gleichzeitig Licht zum Photodetektor streuen. Wenn jedoch zu keiner Zeit mehr als ein Partikel das Streuvolumen durchquert, ist die Genauigkeit der mit einem Nulldurchgangszähler gemessenen Doppler-Frequenz nur durch die Auflösung des Zählers begrenzt. Der Ursprung der Frequenzunsicherheit bei Streulicht von vielen Partikeln kann durch Schwankungen in der Phase und damit in der Frequenz von zusammengesetzten Doppler-Signalen (sogar in laminarer Strömung) erklärt werden (Lumley et al. 1969, Edwards et al. 1971), weil Signale von Partikeln, die das Streuvolumen zu willkürlichen Zeiten verlassen, verloren sind und durch die Signale von neu auftretenden Partikeln ersetzt werden. Hat das Doppler-Signal zur Zeit $t = 0$ die Phase $\phi(0)$, dann wird zu einem späteren Zeitpunkt $t = \tau$, $\phi(\tau)$ immer weniger mit $\phi(0)$ korrelieren, weil einige Partikel das Streuvolumen verlassen und andere es erreichen. Wenn τ schließlich die Durchgangszeit überschreitet, haben alle Partikel des ursprünglichen Teilchensets das Streuvolumen verlassen und $\phi(\tau)$ ist mit $\phi(0)$ nicht mehr korreliert. Somit muß die Frequenzunsicherheit in Beziehung zur Durchgangszeit gesehen werden, die wiederum von den Dimensionen des Streuvolumens abhängt. Dieses Volumen mit dem Mittelpunkt (x_{10}, x_{20}, x_{30}) ist für Gaußsche Strahlen ein Ellipsoid mit der Lichtintensitätsverteilung:

$$I(x_1, x_2, x_3) = \frac{I_{cent}}{(2\pi)^{3/2} \sigma_1 \sigma_2 \sigma_3} \, \exp\left[-\frac{(x_1 - x_{10})^2}{2\sigma_1^2} - \frac{(x_2 - x_{20})^2}{2\sigma_2^2} - \frac{(x_3 - x_{30})^2}{2\sigma_3^2} \right] .$$

7.26 BREITERUNG DURCH DIE ENDLICHE DURCHGANGSZEIT, 2

o Lichtintensitätsverteilung:

$$I(x_1) = \frac{I_{cent}}{\sqrt{2\pi}\,\sigma_1} \, \exp\left[-\frac{(x_1 - x_{10})^2}{2\sigma_1^2} \right] .$$

o Signal eines einzelnen Streupartikels, das das Streuvolumen durchquert:

$$s_k(t) = \frac{\cos \omega_D t}{\sqrt{2\pi}\,\sigma_t} \, \exp\left(-\frac{t^2}{2\sigma_t^2} \right) \quad \text{wobei} \quad \sigma_t = \frac{\sigma_1}{U_1} .$$

o Viele Partikel, die zu zufälligen Zeiten ankommen, ergeben eine Gauss-Verteilung mit der Standardabweichung

$$\sigma_F = \frac{1}{\sqrt{2}\,\sigma_t} = \frac{U_1}{\sqrt{2}\,\sigma_1} \quad \text{(George und Lumley, 1973)}.$$

Die Existenz der spektralen Breiterung durch endliche Durchgangszeiten der Streupartikel wurde in der Literatur ausführlich beschrieben, z.B. Pike et al. (1968), Adrian und Goldstein (1971), Greated und Durrani (1971), Morton (1973), George und Berman (1973), Wang (1973) und die auf der vorhergehenden Seite erwähnte Literatur. Alle diese Autoren sagen dieselbe Abhängigkeit der Breiterung von physikalischen Parametern vorher, aber nur Edwards et al. (1971, 1973) und George und Lumley (1973) haben den richtigen numerischen Faktor und die richtigen Dimensionen des Streuvolumens zur Annahme empfohlen.

Das Signal eines einzelnen Streupartikels kann, wie in der Dia-Vorlage 7.6 als $s_k(t) = a_k(t)\cos \omega_D t$ geschrieben werden. Für eine einzelne Geschwindigkeitskomponente U_1 ist die Betrachtung der eindimensionalen Lichtintensitätsverteilung $I(x_1)$ ausreichend. $I(x_1)$ impliziert eine Gaußsche Einheitsblende $a_k(t)$ und damit ein Signal $s_k(t)$, wie es in der obigen Dia-Vorlage beschrieben ist. $\sigma_t = \sigma_1/U_1$ ist dabei ein Maß für die Durchgangszeit des Partikels. Als Doppler-Spektrum erhält man:

$$S_p(\omega) = \int_{-\infty}^{\infty} s_k(t)\, e^{-i\omega t}\, dt = \frac{1}{2}\left[\exp\left\{-\frac{\sigma_t^2(\omega-\omega_D)^2}{2}\right\} + \exp\left\{-\frac{\sigma_t^2(\omega+\omega_D)^2}{2}\right\}\right]$$

mit zwei Gaußschen Maxima um die Mittenfrequenz $\omega = \pm\omega_D$ und der Standardabweichung $\sigma_F = \sigma_t^{-1}$. Lumley et al. (1969) und George und Lumley (1973) zeigten anhand der Verteilungen vieler Partikel mit beliebigen Phasen, daß die Standardabweichung:

$$\sigma_F = \frac{1}{\sqrt{2}\,\sigma_t} = \frac{U_1}{\sqrt{2}\,\sigma_1}$$

sein sollte, wenn das Kontrollvolumen durch zwei fokussierte, sich kreuzende Laserstrahlen definiert ist.

7.27 <u>BREITERUNG DURCH DIE ENDLICHE DURCHGANGSZEIT, 3</u>

o Die Breiterung, bezogen auf die mittlere Frequenz, beträgt: $\dfrac{\sigma_F}{\overline{\omega}_D} = \dfrac{\lambda}{4\sqrt{2}\,\pi\,\sigma_1\,\sin\varphi}$ od. $\dfrac{\sigma_F}{\overline{\omega}_D} = \dfrac{1}{2\sqrt{2}\,\pi N_\sigma}$.

o Bessere räumliche Auflösung führt zur Breiterung durch kürzere Signaldauer.

o Die relative Breiterung wird allein durch die Zahl der "Streifen" im Streuvolumen bestimmt.

o Die Breiterung durch die endliche Durchgangszeit und die Unsicherheit in der Wellenvektoraufweitung ("endliche Apertur") sind gleich.

Die Breiterung durch die endliche Durchgangszeit ist durch die erste Formel in der obigen Dia-Vorlage als Bruchteil der mittleren Doppler-Frequenz gegeben. Dies zeigt, daß die Verbesserung der räumlichen Auflösung eines Anemometers zu einer größeren Breiterung führt, weil sich dann die Zusammensetzung der Streupartikel mit der Zeit schneller ändert. Für ein Zweistrahl-Anemometer wird die Breiterung normalerweise als Funktion der Streifenanzahl ausgedrückt. Sind N_σ Streifen in einer Breite σ_1 des Volumens und ist der Streifenabstand $\Delta x = \lambda/2\sin\Phi$, dann wird die relative Breiterung durch die zweite Formel oben angegeben. In Sendeoptiken mit einer einzelnen Linse zur Fokussierung und Kreuzung eines parallelen Strahlenpaars, hängt N_σ nur vom Abstand der parallelen Strahlen und der Wellenlänge des Laserlichtes ab.

Bestimmte Veröffentlichungen in der Literatur, z.B. Goldstein und Hagen (1967) beziehen sich auf die Breiterung, die aus der Winkelunsicherheit bei der Richtung der Lichtwellen entsteht. Das ist jedoch nur eine andere Betrachtung des Phänomens, das die spektrale Breiterung infolge endlicher Durchgangzeiten der Streupartikel verursacht. Edwards et al. (1971) bewiesen dies formal, Angus (1972) durch ein physikalisches Argument. Betrachtet man die spektrale Breiterung als die Ungenauigkeit des Wellenvektors, werden die Strahlungsfelder der Sende- und Empfangsoptiken durch lineare Überlagerungen von ebenen Wellen modelliert. Jedes Wellenpaar führt zu einer Doppler-Frequenz und alle möglichen Kombinationen zusammen ergeben eine Verteilung der Frequenzen, die symptomatisch für die Breiterung sind. Werden für alle Wellen genau definierte Streuvektoren vorausgesetzt, muß jede eine unendliche, seitliche Ausdehnung haben. Deswegen kann die Aufweitung durch die endliche Durchgangszeit nicht als ein Zusatzeffekt zur Winkelungenauigkeit des Wellenvektors anerkannt werden.

7.28 BREITERUNG DURCH GESCHWINDIGKEITSFLUKTUATIONEN

o Die Varianz der spektralen Breiterung durch endliche
Durchgangszeiten in turbulenten Strömungen

$$\sigma_F^2 = \frac{U_1^2}{4\sigma_1^2} + \frac{\overline{u_1^2}}{4\sigma_1^2} + \frac{\overline{u_2^2}}{4\sigma_2^2} + \frac{\overline{u_3^2}}{4\sigma_3^2} .$$

o In niederturbulenten Strömungen sind die letzten drei
Terme im Vergleich zum ersten Term klein; bei hoher
Turbulenzintensität kann σ_F^2 ganz vernachlässigt
werden.

o Die Breiterung durch die Turbulenz entsteht aus
Schwankungen der über das Volumen gemittelten Geschwindigkeit (σ_V) und aus Geschwindigkeitsänderungen innerhalb des Streuvolumens (σ_T)

o $\sigma_T^2 \approx \frac{2}{15}\sigma_3^2 \left(\frac{4\pi\sin\varphi}{\lambda}\right)^2 \frac{\epsilon}{\nu} .$

Die Durchgangszeit eines Partikels wird in einer turbulenten Strömung natürlich von Geschwindigkeitsschwankungen beeinflußt, deshalb kann auch ein turbulenter Beitrag zur endlichen Volumenaufweitung erwartet werden. Die Studie von Edwards et al. (1973) zeigt auf, daß die Varianz der Aufweitung von seinem laminaren Wert (von Tafel 7.26) auf den Wert in der Tafel oben erhöht werden sollte. Diese zusätzlichen Terme sind jedoch klein, verglichen mit dem Beitrag der mittleren Geschwindigkeit bei niedrigen Turbulenzgraden, bei der eine Korrektur der Breiterung durch die endliche Durchgangszeit notwendig ist. Damit bleibt der frühere Ausdruck auch für turbulente Strömungen gültig.

In ihrer Diskussion der spektralen Breiterung von Doppler-Signalen haben George und Lumley (1973) den turbulenten Beitrag in zwei Teile geteilt. Der eine Teil, σ_v, resultiert aus Schwankungen in der volumengemittelten Geschwindigkeit. Der zweite Teil σ_T ist das Ergebnis von kleinen turbulenten Schwankungen in der Geschwindigkeit innerhalb des Streuvolumens. Die Varianz der Aufweitung durch kleine Fluktuationen wurde von George und Lumley in der oben gezeigten Form approximiert. Die Ausdehnung des Streuvolumens σ_3 wurde dafür in der Größenordnung vom Mikromaßstab nach Kolmogorov gewählt. Größere Abmessungen erfordern eine gründlichere Berechnung, aber in beiden Fällen nützt die Korrektur wenig, ohne eine vorherige Abschätzung der Turbulenzdissipation. In einigen veröffentlichten Messungen, z.B. von Goldstein und Hagen (1967), wurde die mittlere quadratische Turbulenzintensität als Differenz der Varianz der Doppler-Spektren angenommen, die in turbulenter und laminarer Strömung mit der gleichen optischen Anordnung gemessen wurden. Wegen der Geschwindigkeitsschwankungen im Streuvolumen postulierten George und Lumley (1973), daß diese Näherung nicht ganz korrekt ist. Für ein kleines Streuvolumen werden aber keine großen Diskrepanzen erwartet, d.h. nur solche, die für praktische Messungen vernachlässigt werden können.

7.29 <u>BREITERUNG DURCH GESCHWINDIGKEITSGRADIENTEN, 1</u>

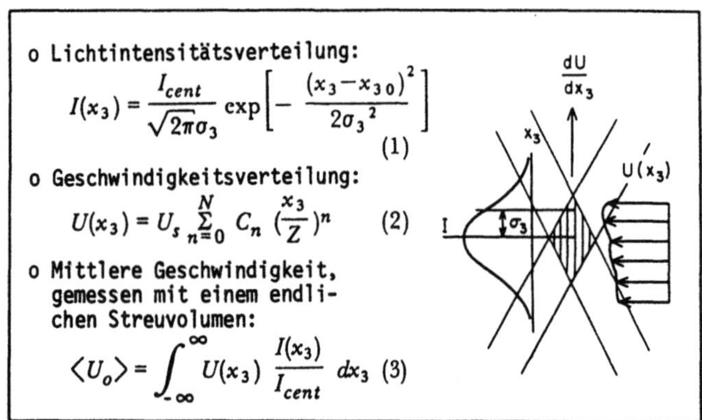

$$I(x_3) = \frac{I_{cent}}{\sqrt{2\pi}\sigma_3} \exp\left[-\frac{(x_3-x_{30})^2}{2\sigma_3{}^2}\right] \quad (1)$$

$$U(x_3) = U_s \sum_{n=0}^{N} C_n \left(\frac{x_3}{Z}\right)^n \quad (2)$$

$$\langle U_o\rangle = \int_{-\infty}^{\infty} U(x_3)\,\frac{I(x_3)}{I_{cent}}\,dx_3 \quad (3)$$

Eine Breiterung des Doppler-Spektrums durch Geschwindigkeitsgradienten entsteht dann, wenn ein Streuvolumen endlicher Größe ein Strömungsgebiet mit einem Gradienten in der mittleren Geschwindigkeit bedeckt. Als eine Folge davon haben Partikel, die das Streuvolumen durchqueren, einen Geschwindigkeitsbereich, der unabhängig von irgendwelchen, vielleicht vorhandenen, turbulenten Geschwindigkeitsschwankungen ist. Die Wahrscheinlichkeitsdichtefunktion einer lokalen Geschwindigkeitskomponente wird aufgeweitet und verzerrt im Vergleich zur Punktmessung. Edwards et al. legten 1971 eine elegante Näherung vor, die den Einfluß der Gradientenaufweitung berücksichtigt. Eine einfachere Untersuchung nach Goldstein und Adrian (1971), Melling (1973) und Kreid (1974) wird hier vorgestellt.

Zur Sicherheit sei noch einmal gesagt: Der dominante Effekt der Gradientenaufweitung soll nach Voraussetzung nur in einer Richtung, x_3, auftreten. In der Praxis ist diese Annahme vernünftig, denn sogar wenn signifikante Geschwindigkeitsgradienten in mehr als einer Richtung auftreten, bewirkt die ellipsoidale Form des Streuvolumens eine Aufweitung vor allem entlang der Hauptachse des Ellipsoids. Deshalb genügt es, statt die dreidimensionale Lichtintensitätsverteilung im Streuvolumen zu berücksichtigen, die eindimensionale Intensität $I(x_3)$ zusammen mit der aktuellen mittleren Geschwindigkeitsverteilung $U(x_3)$, die auf der Tafel als Polynom (2) dargestellt ist, zu benutzen. Wird der Punkt (x_{10}, x_{20}, x_{30}) als Mittelpunkt des Streuvolumens angesehen, sind die Geschwindigkeitsmessungen entsprechend der Lichtintensität gewichtet, vorausgesetzt, genügend Partikel tragen zum Ausgangssignal bei, so daß die Signalamplitudenvariationen mit dem Partikeldurchmesser herausgemittelt werden. Damit kann die gemessene, räumliche Durchschnittsgeschwindigkeit $\langle U(x_{30}) \rangle = \langle U_0 \rangle$ die durch Gleichung (3) in der Tafel gegeben ist, von der wahren Geschwindigkeit $U(x_{30}) = U_0$ abweichen, die aus der Gleichung (2) berechnet werden kann, wenn die Koeffizienten C_n bekannt sind.

7.30 <u>BREITERUNG DURCH GESCHWINDIGKEITSGRADIENTEN, 2</u>

o Beitrag der Gradientenbreiterung zur Varianz:

$$\langle [U - \langle U_o \rangle]^2 \rangle = \int_{-\infty}^{\infty} [U(x_3) - \langle U(x_{30}) \rangle]^2 \, \frac{I(x_3)}{I_{cent}} \, dx_3 \qquad (4)$$

o Ungefähre Verschiebung der mittleren Geschwindigkeit:

$$\langle U_o \rangle - U_o \approx \frac{\sigma_3^2}{2} \left(\frac{d^2 U}{dx_3^2}\right)_o + \frac{\sigma_3^4}{8} \left(\frac{d^4 U}{dx_3^4}\right)_o + \dots \qquad (5)$$

o Ungefähre Varianz der Gradientenbreiterung:

$$\langle [U - \langle U_o \rangle]^2 \rangle \approx \sigma_3^2 \left(\frac{dU}{dx_3}\right)_o^2 + \frac{\sigma_3^4}{2} \left(\frac{d^2 U}{dx_3^2}\right)_o^2 + \dots \qquad (6)$$

$$\frac{\sigma_g^2}{\overline{\omega}_D^2} \approx \frac{\sigma_3^2}{U_o^2} \left(\frac{dU}{dx_3}\right)_o^2$$

In einem Gebiet ungleichmäßiger Geschwindigkeiten wird die gemessene Varianz durch die Gradientenbreiterung des Doppler-Spektrums um den in der Gleichung (4) oben angegebenen Betrag $\langle [U - \langle U_0 \rangle]^2 \rangle$ erhöht. Gleichung (4) ist formal analog zur Gleichung (3) der vorhergehenden Seite angegeben für die mittlere Geschwindigkeit. Gleichungen (3) und (4) können berechnet werden, wenn die Koeffizienten C_n einer Näherungslösung an das echte Profil der mittleren Geschwindigkeit mit einem Polynom bekannt sind. Es zeigt sich aber, daß die Korrektur der Mittelwerte stets ein kleiner Bruchteil der maximalen Geschwindigkeit, U_s, des Profils ist und daß die Koeffizienten

278

C_n, die durch Anpassung an das gemessene Profil gefunden wurden, benutzt werden können.

Eine einfachere Vorgehensweise ist wahrscheinlich ebenso gut und wesentlich schneller anwendbar. Die Geschwindigkeit U in der Umgebung von $x_3 = x_{30}$ kann in der Form der Geschwindigkeit U_0 an der Stelle $x_3 = x_{30}$ ausgedrückt werden als:

$$U = U_o + (x_3 - x_{30})\ \left(\frac{dU}{dx_3}\right)_o + \frac{(x_3 - x_{30})^2}{2}\ \left(\frac{d^2 U}{dx_3{}^2}\right)_o + \ \ldots\ldots$$

Diese Näherung kann in den Gleichungen (3) und (4) verwendet werden, auch wenn die Integration zwischen den Grenzen $-\infty$ und $+\infty$ durchgeführt wird, denn die Gaußsche Lichtintensität $I(x_3)$ ist für $|x_3 - x_{30}| > 3\sigma_3$ vernachlässigbar. Die so erhaltene mittlere Geschwindigkeit und Varianz werden durch die Formeln (5) und (6) in der obigen Dia-Vorlage angegeben. Berman und Dunning (1973) setzten einen vollständigeren Ausdruck für die Varianz an, aber Terme höherer Ordnung sind für kleine Streuwinkel vernachlässigbar.

Für ein laminares, parabolisches Rohrgeschwindigkeitsprofil ergeben die Näherungslösungen (5) und (6) eine Übereinstimmung mit der exakten Methode nach Edwards et al. (1971). Nicht vergessen werden sollte, daß ein Gradient in der mittleren Geschwindigkeit das Doppler-Spektrum verbessert und damit asymmetrisch werden läßt. Zur Minimierung der Gradientenaufweitung sollte das optische System so angeordnet sein, daß entlang der Richtung des Geschwindigkeitsgradienten nur kleine Dimensionen vorhanden sind.

7.31 <u>BREITERUNG DURCH SIGNALVERARBEITUNGSSYSTEME</u>

o Für Gaußsche Filter mit der Bandbreite Δf_0 bei halber Leistung wird die Varianz des Spektrums vergrößert durch:

$$\sigma_p{}^2 = \left(\frac{2\pi\Delta f_o}{2\sqrt{2\ln 2}}\right)^2 .$$

o Die Breiterung durch den Spektralanalysator kann auf ein vernachlässigbares Maß reduziert werden.

o Die Filterform $H(\omega)$ wird durch die Antwort des Spektralanalysators auf eine kontinuierliche Cosinuswelle mit der Fourier-Transformation $F(\cos\omega_s t)$ gefunden.

d.h. Antwort $= F(\cos\omega_s t) * H(\omega)$.

Dem Einfluß der Bandweite des Z.F.-Filters im Spektralanalysator kann von den Aufweitungseffekten am leichtesten Rechnung getragen werden, und er kann auf ein vernachlässigbares Maß reduziert werden, ohne die Forderungen in den Tafeln 7.12 und 7.13 zu verletzen. Die endliche Filterbandbreite beeinflußt die Wahrscheinlichkeitsdichtefunktion der Doppler-Frequenz, $p_D(\omega_D)$, durch die Faltung von $p_D(\omega_D)$ mit der Systemfunktion des Filters $H(\omega)$. Die Auswirkung auf die Höhe des RMS-Wertes der Frequenzabweichung wird sehr einfach abgeleitet durch die Voraussetzung, daß der Filter eine Gaußsche Form mit der Varianz σ_p^2 besitzt. Es kann:

$$\sigma_p = 2\pi\Delta f_o / 2.36$$

angegeben werden, wobei die Bandbreite bei halber Leistung der Z.F.-Filtercharakteristik von der Gerätekalibrierung bekannt ist. Die Definition von σ_p als Funktion von Δf_0 sollte für eine Überprüfung, ob die Filterbandbreite relativ zur Breite des Doppler-Spektrums vernachlässigbar ist, hinreichend sein.

Eine genaue Bestimmung von σ_p und der Filterbandbreitenform kann mit dem Spektrum eines kontinuierlichen Wellensignals $\cos\omega_s t$ durchgeführt werden. Ein idealer Spektralanalysator sollte die Fourier-Transformation von $\cos\omega_s t$ darstellen, d.h.

$$\pi[\delta(\omega + \omega_s) + \delta(\omega - \omega_s)],$$

dagegen zeigt ein realer Analysator:

$$\pi[\delta(\omega+\omega_s) + \delta(\omega-\omega_s)] * H(\omega) = \pi\int_{-\infty}^{\infty} [\delta(q+\omega_s) + \delta(q-\omega_s)] H(\omega - q)\, dq$$

$$= \pi[H(\omega+\omega_s) + H(\omega-\omega_s)] .$$

Der Spektralanalysator zeigt also keine Impulsspitzen bei den Frequenzen $\omega = \pm\omega_s$, sondern die Filtersystemfunktion mit den Mittenfrequenzen $\omega = \pm\omega_s$. Eine Auftragung seiner Antwort auf ein kontinuierliches Cosinuswellensignal kann also zur Bestimmung von σ_p mit der Gaußschen Verteilung verglichen werden.

7.32 ABSCHÄTZUNG VON BREITERUNGSKORREKTUREN

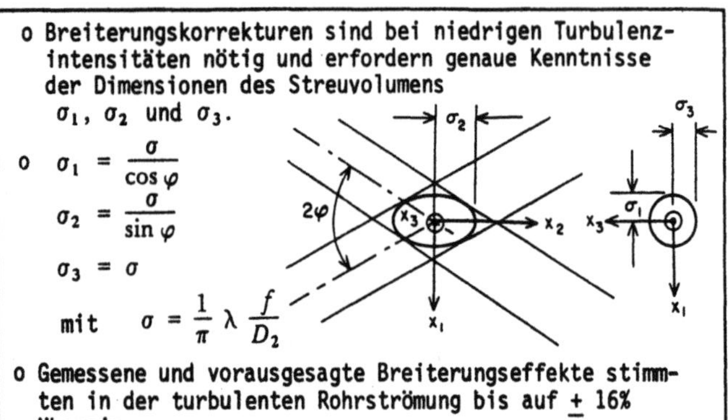

Auf den vorherigen Seiten wurden die Formeln zur Berechnung der Varianzbei-
träge zum Doppler-Spektrum aufgeführt, die andere Ursachen als Geschwindigkeitsfluktuationen haben. Schritte zur Reduzierung dieser Aufweitungseffek-
te auf ein Minimum werden durch die Formeln vorgeschlagen. Die Breiterungs-
beiträge können dann auf ein vernachlässigbares Maß reduziert werden, wenn
die Turbulenzintensität relativ hoch ist. Bei niedrigen Turbulenzpegeln ist
die genaue Bestimmung der Breiterungseffekte besonders wichtig; aber bei
der Gradientenaufweitung ist es jedoch oftmals schwierig, den Geschwindigkeitsgradienten aus dem mittleren Geschwindigkeitsprofil genau zu ermitteln. Auch die Dissipationsrate im Ausdruck für die Breiterung durch Geschwindigkeitsfluktuationen ist sehr unsicher mit Ausnahme von gut dokumen-
tierten Strömungen, wie einer turbulenten Rohrströmung. Eine allen Aufwei-
tungsbeiträgen gemeinsame Größe ist, abgesehen von der instrumentellen Aufweitung, die Standardabweichung σ_1, σ_2 oder σ_3 der Dimensionen des ellip-
soidalen Streuvolumens. Diese Dimensionen sind in der Tafel oben als Funk-
tion der Standardabweichung der Dimensionen des Mittelstückes eines einzelnen, fokussierten Gaußschen Strahles angegeben mit dem ursprünglichen
Durchmesser D_2 bei der Intensität $1/e^2$ (z.B. Kogelnik, 1965 oder Pike et
al. 1968). Die Ausdrücke für σ_1, σ_2 und σ_3 berücksichtigen jedoch keinen
Linsenfehler, keine Deformation der Strahlen bei der Durchquerung von Wänden, die Nähe des Streuvolumens in festen Begrenzungen oder Einschränkungen
des effektiven Meßvolumens durch die Apertur am Photodetektor. Auch der
Fall, daß Partikel das Streuvolumen nicht diametral durchqueren, ist in den
Aufweitungsformeln nicht berücksichtigt. Es gibt keine befriedigende Lösung
für die Berechnung dieser Effekte. Deshalb wird die Berechnung der Aufweitung mit idealen Dimensionen empfohlen. Berman und Dunning (1973) haben die
Theorie mit experimentellen Messungen der aus allen Quellen zusammengesetzten Aufweitung in einer turbulenten Rohrströmung verglichen und im schlech-
testen Fall eine Übereinstimmung von $\pm$ 16% gefunden.

7.33 ABSCHLIESSENDE ANMERKUNGEN

> o Die Spektralanalyse wurde in der Laser-Doppler-Anemo-
>   metrie häufig verwendet.
> o Das quadrierte Ausgangssignal des Analysators ist die
>   Wahrscheinlichkeitsdichtefunktion der Doppler-Fre-
>   quenz.
> o Echtzeitinformation kann nicht erhalten werden.
> o Die Datenerfassung ist ineffizient, die Verarbeitung
>   langsam.
> o Hohe Turbulenzintensitäten verursachen Schwierig-
>   keiten.
> o Breiterungskorrekturen werden notwendig, wenn die
>   Turbulenzintensität ermittelt werden soll.

Die Spektralanalyse ist bei Anwendungen sinnvoll, die einen weiten Bereich
von Doppler-Frequenzen und Signale schlechter Qualität abdecken. Das Ausgangssignal des Spektralanalysators ist, wenn es quadriert wird, proportional zur Wahrscheinlichkeitsdichtefunktion der Doppler-Frequenz, vorausgesetzt die Amplitude des Eingangssignals ist konstant. Damit können die Statistiken der Doppler-Frequenz, z.B. die mittlere Frequenz, der RMS-Pegel
der Schwankungen, die Schiefe und die Flachheit abgeleitet werden. Eine
Echtzeitinformation kann jedoch nicht erhalten werden. Die Autokorrelation
und das Energiespektrum der Geschwindigkeitsschwankungen in der Strömung
können also mit der Spektralanalyse nicht gemessen werden. Die Datenerfassung mit dem Spektralanalysator ist ineffizient, denn nur ein schmaler Frequenzbereich, der durch die Z.F.-Filterbandbreite definiert ist, wird jeweils beobachtet. Doppler-Frequenzen außerhalb des momentanen Filterberei-
ches werden nicht beachtet. Dadurch werden lange Datenverarbeitungszeiten
erforderlich. Wie bei anderen Verarbeitungsmethoden führen hohe Turbulenzintensitäten zu zusätzlichen Problemen, besonders wenn momentan Geschwindigkeiten in der Nähe von Null oder negative Geschwindigkeiten auftreten;
es sei denn, man verwendet eine Frequenzverschiebung, die das Doppler-Spektrum vom Nullspektrum trennt. Die Interpretation der Spektren wird auch
durch ihre Gewichtung zu höheren Frequenzen schwieriger, die durch schnellere Partikel verursacht wird.

Die Breite des Doppler-Spektrums wird nicht nur durch Geschwindigkeitsschwankungen festgelegt, die zu einem Bereich von Doppler-Frequenzen führen, sondern auch durch die Breiterung, die vor allem wegen der endlichen
Dauer des Doppler-Signals eines einzelnen Partikels entsteht und durch Gradienten in der mittleren Geschwindigkeit quer zum Streuvolumen. Das
Doppler-Spektrum muß bezüglich dieser Effekte korrigiert werden, wenn die
Turbulenzintensität und andere Strömungsstatistiken abgeleitet werden. Bei

einem gut korrigierten Anemometer können jedoch die Korrekturen klein gehalten werden, mit Ausnahme von Strömungen mit niedrigen Turbulenzintensitäten.

8. SIGNALVERARBEITUNG MIT FREQUENZNACHLAUFDEMODULATION

8.1 ÜBERSICHT

Erläuterung der Frequenznachlaufdemodulation von Signalen in der Laser-Doppler-Anemometrie:

	Abschnitt
o Zielsetzung	8.2
o Funktionsprinzip	8.3 - 8.8
o Bedienung	8.9 - 8.10
o Interpretation des Ausgangssignals	8.11
o Vorteile und Einsatzgrenzen	8.12 - 8.19
o Im Handel erhältliche Tracker	8.20
o Frequenzverbreiterung und Turbulenz- spektren	8.21 - 8.26
o Zusammenfassende Bemerkungen	8.27

Dieses Kapitel beschäftigt sich mit der Verarbeitung von Laser-Doppler-Signalen durch Frequenznachlaufdemodulatoren (Tracker). Nachdem in Abschnitt
8.2 auf die Form des Ausgangssignals eines Trackers eingegangen wird, werden in den Abschnitten 8.3 bis 8.10 Funktionsprinzip und Handhabung von
Trackern erläutert. Einige Tracker wurden speziell für die Laser-Doppler-
Anemometrie entworfen und haben damit individuelle Charakteristiken. In
diesem Kapitel werden die allgemeinen Grundzüge der Ausführung eines
Trackers und seiner Arbeitsweise behandelt. In den Abschnitten 8.6 bis 8.7
wird jedoch speziell auf den Frequenzdetektor (Diskriminator) eingegangen;
hier existieren wesentliche Unterschiede zwischen den im Handel erhältlichen Trackerausführungen. Die typischen für den Tracker geschaffenen Bedienungselemente werden in den Abschnitten 8.9 und 8.10 beschrieben. Abschnitt 8.11 behandelt die Gewinnung der statistischen Strömungsparameter,
wie z.B. die mittlere Geschwindigkeit und rms-Geschwindigkeit aus dem Ausgangssignal des Trackers. Die Vorteile von Frequenznachlaufdemodulatoren
werden in Abschnitt 8.12 diskutiert. In den Abschnitten 8.13 bis 8.19 wird
auf die Einsatzgrenzen einer Frequenznachlaufdemodulation von Laser-
Doppler-Signalen in verschiedenen Strömungen eingegangen. In diesen Abschnitten werden ebenfalls die Doppler-Frequenz und der Turbulenzpegel, das
Signal-Rausch-Verhältnis, die benötigte Datenrate, die erfaßbare Frequenzbandbreite, das dynamische Ansprechverhalten, der Frequenznachlaufbereich
und die Schnelligkeit der Frequenznachführung eines Trackers angesprochen.
Abschnitt 8.20 vergleicht sieben im Handel erhältliche Tracker. Der Schluß-
teil dieses Kapitels behandelt die Auswirkungen der nichtturbulenten Frequenzverbreiterung auf das Ausgangssignal des Trackers. Hier wird die Frequenzverbreiterung aufgrund der Verweilzeit der Streupartikel im Meßvolumen
und ihr Einfluß auf die Turbulenzspektrenmessungen hervorgehoben.

8.2 <u>FREQUENZNACHLAUF: ZIELSETZUNG</u>

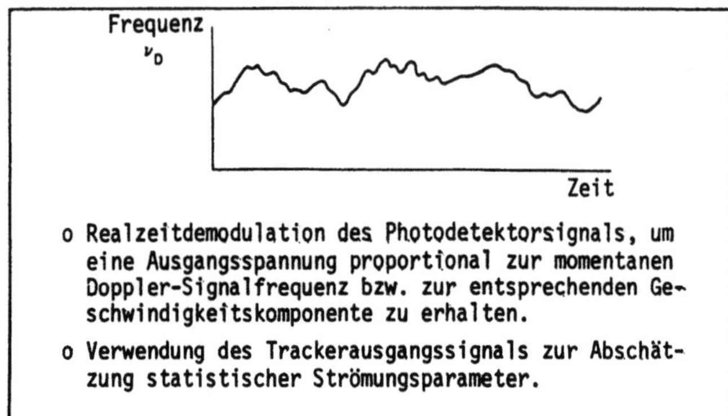

Frequenznachlaufmodulatoren ermöglichen, im Gegensatz zu Frequenzanalysatoren, eine Realzeitdemodulation des Doppler-Signals. Sie liefern ein Analogsignal, dessen Spannung zu jeder Zeit proportional der Komponente der lokalen Fluidgeschwindigkeit ist, auf die das optische System reagiert. Eine
weitere Signalverarbeitung mit Analoggeräten liefert die statistische Beschreibung der Strömungsgeschwindigkeit, z.B. über die mittlere Geschwindigkeit und die Komponenten der Schwankungsgeschwindigkeit, sowie auch Größen, die durch eine Frequenzanalyse nicht erhalten werden können, wie z.B.
das Turbulenzspektrum und die Autokorrelationsfunktion der Geschwindigkeiten. Aus der nichtidealen Arbeitsweise eines Trackers ergeben sich jedoch
Schwierigkeiten. Diese werden z.B. durch das oft diskontinuierliche Signal
des Photodetektors hervorgerufen, das dadurch entsteht, daß nur vereinzelte
Streuteilchen das Meßvolumen durchqueren. Somit enthält das demodulierte
Ausgangssignal nicht zu jedem Zeitpunkt eine Information über die augenblickliche Fluidbewegung. Dies kann zu fehlerhaften Geschwindigkeitssta-
tistiken führen. Schwankungen der aufgezeichneten Doppler-Frequenzen können
auch durch andere Ursachen als die der Geschwindigkeitsschwankungen im
Fluid (z.B. durch die Frequenzverbreiterung durch die endliche Verweilzeit
der Teilchen im Meßvolumen) hervorgerufen werden. Damit wird die Auswertung
der Messungen durch eine Kombination eines Anemometers mit einem Tracker
erschwert, die zusammen theoretisch einen linearen Geschwindigkeitssensor
ergeben sollten.

Es sollte erwähnt werden, daß auch andere Auswertelektroniken existieren,
mit denen eine der Doppler-Frequenz proportionale Spannung als Funktion der
Zeit erhalten werden kann. In Kapitel 6 wurde erwähnt, daß eine solche
Spannung von einer Filterbank geliefert werden kann, bei der kontinuierlich
die Spannung proportional der Mittenfrequenz des Filters mit der höchsten
Resonanz erhalten wird. Realzeitspektrumsanalysatoren, die ein kontinu-

ierlich fortlaufendes Spektrum erzeugen, können für diese Aufgaben ebenfalls herangezogen werden. Sie sind jedoch nur für Maximalfrequenzen von
einigen kHz geeignet.

8.3 FUNKTIONSPRINZIPIEN 1: DER OFFSET-HETERODYNE-TRACKER

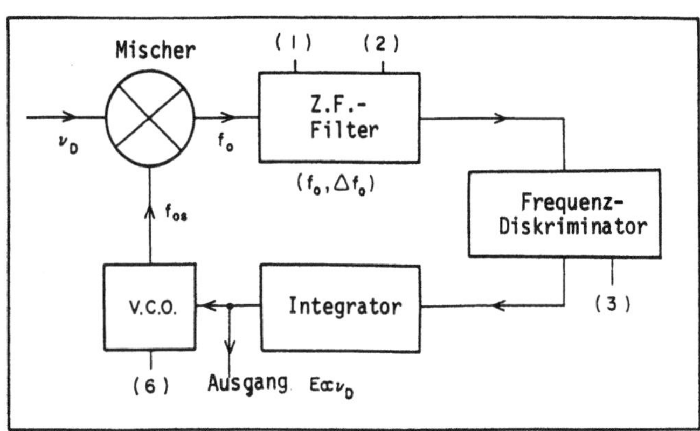

Die wesentlichen Komponenten eines Frequenznachlaufdemodulators sind im
Blockschaltbild dargestellt. Ein Vergleich mit Abschnitt 7.6 zeigt, daß sowohl der Frequenzanalysator als auch der Tracker drei gleiche Komponenten
enthalten. (Frequenzmischer, Bandpaßfilter und spannungsgesteuerter Oszillator (VCO)). Somit sind die Ausführungen in den Abschnitten 7.4 und 7.6,
die sich mit den Eigenschaften des Bandpaßfilters und der Arbeitsweise des
Mischers beschäftigen, auch für das vorliegende Kapitel von Bedeutung. Der
Integrator des Trackers entspricht der Glättungseinheit, welche dem Frequenzanalysator nachgeschaltet ist. Für den Diskriminator gibt es keine
vergleichbare Komponente im Frequenzanalysator. Weiterhin besitzt der
Tracker im Gegensatz zum Analysator einen geschlossenen Regelkreis, der den
Oszillator ansteuert.

Das Ausgangssignal des Photodetektors wird, ähnlich wie im Frequenzanalysator, mit dem Ausgangssignal des VCO gemischt (siehe auch Abschnitt 7.6).
Dabei resultiert ein Signal $s_M(t)$, welches durch einen engen Bandpaßfilter
geführt wird. Nur diejenigen Frequenzen des Signals, die sich nahe der
Mittenfrequenz f_0 des Filters befinden, werden durchgelassen. Somit verbessert sich auch das Signal-Rausch-Verhältnis (SNR) erheblich. Eine gewisse Verbesserung des Signal-Rausch-Verhältnisses kann auch durch einen
Filter vor der Mischerstufe erreicht werden. Es muß jedoch mit einem im
Verhältnis zur Doppler-Frequenz breiten Filterband gearbeitet werden, um
eine Dämpfung des Doppler-Signals zu vermeiden. Der Diskriminator erzeugt
eine Spannung, die den VCO so ansteuert, daß die Änderungen der Doppler-

Frequenz kompensiert werden, wie im nächsten Abschnitt erläutert wird. Der Integrator regelt das Einschwingverhalten und die Stabilität des Regelkreises.

Tracker, die einen engen Bandpaßfilter um die Mittenfrequenz f_0 betreiben (siehe Blockschaltbild oben), arbeiten nach dem Offset-Heterodyne-Prinzip. Eine alternative Arbeitsweise (Autodyne) wird in Abschnitt 8.8 beschrieben.

8.4 <u>FUNKTIONSPRINZIP 2: SPANNUNGSGESTEUERTER OSZILLATOR (VCO)</u>

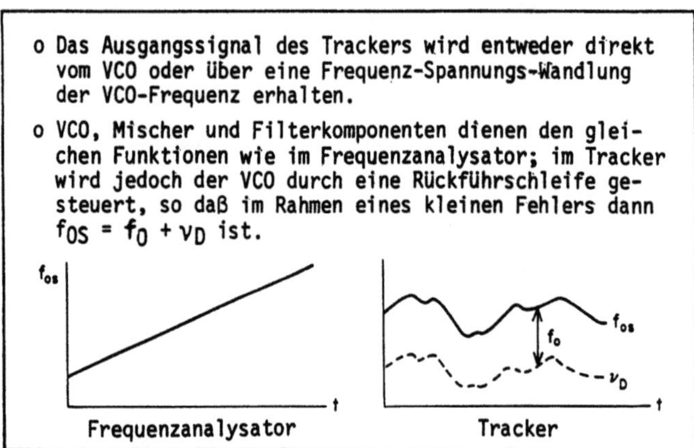

Ein wesentlicher Unterschied zwischen Frequenzanalysator und Tracker folgt aus der Arbeitsweise des VCO. Wie bereits in Abschnitt 7.6 erwähnt wurde, wird der VCO im Frequenzanalysator von einer Spannung, die linear mit der Zeit ansteigt, angesteuert. Er liefert ein Signal der Frequenz f_{OS}, deren Verlauf im Diagramm links oben dargestellt ist. Somit trägt das Ausgangssignal des Z.F.-Filters nur dann zum Doppler-Spektrum bei, wenn die Momentanwerte der Oszillatorfrequenz f_{OS} und der Doppler-Frequenz ν_D der Beziehung:

$$f_o - \Delta f_o/2 \leq f_{os} - \nu_D \leq f_o + \Delta f_o/2$$

genügen.
Andererseits wird der VCO des Trackers durch die Ausgangsspannung des Diskriminators so angesteuert, daß sich die Oszillatorfrequenz f_{OS} zu jedem Zeitpunkt von der Doppler-Frequenz ν_D um die Z.F.-Filterfrequenz

$$f_1 = f_{OS} - \nu_D$$

unterscheidet. Diese Filterfrequenz wird so eng wie möglich an der Mittenfrequenz f_0 des Z.F.-Filters gehalten (siehe das Diagramm rechts oben). Wegen der endlichen Ansprechzeit, die für die Stabilität der Rückführschleife und den Aufbau des Diskriminators (Abschnitte 8.5 bis 8.8) notwendig ist, kann die Frequenz f_i von der Z.F.-Filterfrequenz f_0 abweichen. Die Spannung, die an den VCO abgegeben wird, variiert proportional zur Doppler-Frequenz und kann als Trackerausgangssignal verwendet werden. Als Alternative kann das Ausgangssignal des VCO durch einen Frequenzzähler abgetastet und die Doppler-Frequenz $_D$ dann durch eine Subtraktion der Oszillatorfrequenz f_{OS} von f_0 erhalten werden ($v_D = f_{OS} - f_0$). Diese Technik ist der Periodenzeitmessung des gefilterten Doppler-Signals vorzuziehen, da das Ausgangssignal des VCO einen hohen Signal-Rauschpegel und keine Amplitudenmodulation besitzt. Das Ausgangssignal des Trackers kann ebenfalls durch eine Frequenz-Spannungs-Wandlung des VCO-Ausgangssignals erhalten werden. Diese Methode liefert eine bessere lineare Abhängigkeit zwischen der Ausgangsspannung und der Doppler-Frequenz als sie durch die direkte Verwendung der Steuerspannung des VCO zu erreichen ist.

8.5 FUNKTIONSPRINZIP 3: FREQUENZDETEKTOR (DISKRIMINATOR)

o Der prinzipielle Aufbau der Nachführschleifen ist in allen Offset-Heterodyne-Frequenztrackern gleich; die Tracker unterscheiden sich aber in den Frequenzdetektoren.

o Die Frequenzdetektoren erzeugen eine Ausgangsspannung e_0, die proportional der Differenz zwischen der Mittenfrequenz f_0 und der momentanen Frequenz f_i im Z.F.-Filter ist,

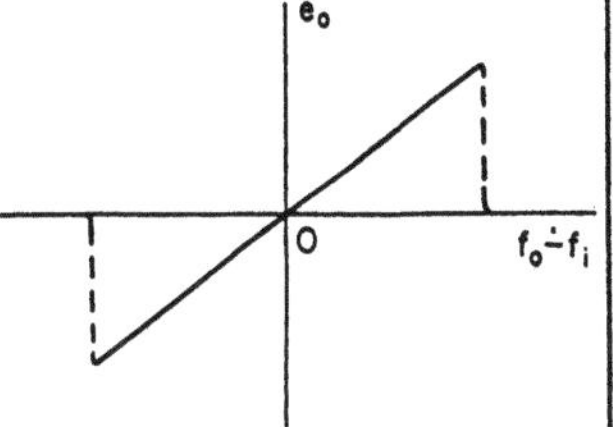

o Die Polarität der Spannung e_0 steuert den VCO so, daß diese Differenz verschwindet.

Obwohl unterschiedliche Ausführungen der Frequenzdetektoren in den erhältlichen Trackern (siehe Abschnitte 8.6 und 8.7) verwendet werden, so erfüllen sie doch alle die mit Hilfe des obigen Diagrammes erklärte Aufgabe. Folgt der Tracker beispielsweise einem Doppler-Signal der Frequenz v_{D1} mit der dazugehörigen Ausgangsfrequenz des VCO $f_{OS} = v_{D1} + f_0$ und ändert sich die Doppler-Frequenz von v_{D1} auf v_{D2} im nächsten Signal, so wird sich eine neue Z.F.-Filterfrequenz f_i einstellen, die durch die Gleichung

$$f_i = f_{os} - v_{D2} \; ;$$

gegeben wird. Diese Frequenz f_i unterscheidet sich von der Mittenfrequenz f_0, auf die die Nachführschleife sich zuerst selbständig eingestellt hat, um den Betrag $f_0 - f_i = v_{D2} - v_{D1}$. Daraus resultiert eine der Differenz der beiden Doppler-Frequenzen proportionale Fehlerspannung e_0 des Diskriminators:

$$e_0 \propto f_0 - f_i$$

Dabei stellt sich die Polarität der Spannung e_0 so ein, daß die VCO-Frequenz ansteigt bzw. abfällt, um die Z.F.-Frequenz f_i wieder in Übereinstimmung mit der Mittenfrequenz f_0 zu bringen. Ist die Doppler-Frequenz v_{D2} größer als v_{D1}, so wird die Z.F.-Frequenz f_i unter den Wert der Mittenfrequenz abfallen. Folglich wird eine positive Fehlerspannung e_0 durch den Diskriminator erzeugt (siehe auch Diagramm oben), welche die VCO-Frequenz f_{0S} ansteigen läßt. Damit wird die Frequenz $f_i = f_{0S} - v_{D2}$ ebenfalls um den Betrag höher, der sie - wie gefordert - an die Mittenfrequenz heranbringt. Indem die Differenz $f_0 - f_i$ auf diese Weise reduziert wird, geht auch e_0 gegen Null und eine allgemeine negative Rückkopplung ist gewährleistet.

Die lineare Spannungsfrequenzcharakteristik eines Diskriminators ist, wie das obige Diagramm andeutet, auf einen gewissen Bereich beschränkt. Tritt eine große Änderung der Doppler-Frequenz auf, so kann die für den Tracker zulässige Differenz $f_0 - f_i$ überschritten werden und die Kombination Diskriminator - VCO nicht mehr die erwünschte Rückkopplung erzeugen, die die Frequenznachfolgeschleife richtig einstellt.

8.6 FUNKTIONSPRINZIP, 4: DER PHASENDISKRIMINATOR

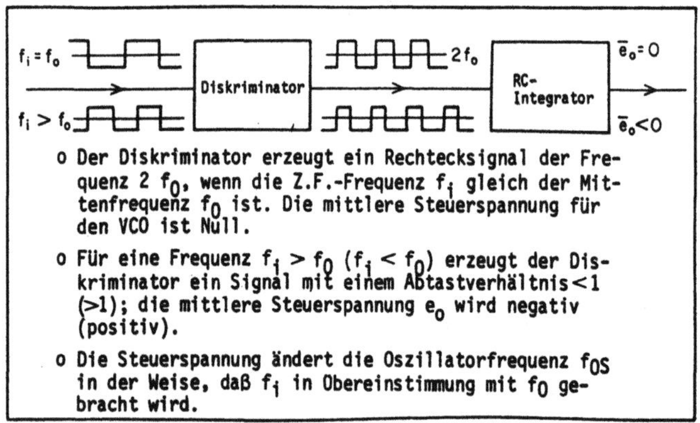

o Der Diskriminator erzeugt ein Rechtecksignal der Frequenz $2 f_0$, wenn die Z.F.-Frequenz f_i gleich der Mittenfrequenz f_0 ist. Die mittlere Steuerspannung für den VCO ist Null.

o Für eine Frequenz $f_i > f_0$ ($f_i < f_0$) erzeugt der Diskriminator ein Signal mit einem Abtastverhältnis < 1 (> 1); die mittlere Steuerspannung e_0 wird negativ (positiv).

o Die Steuerspannung ändert die Oszillatorfrequenz f_{0S} in der Weise, daß f_i in Übereinstimmung mit f_0 gebracht wird.

Der DISA 55L20 Tracker enthält einen Diskriminator, der mit Phasendifferenzen arbeitet. Er wurde von Deighton und Sayle (1971) detailliert beschrieben. In dieser Ausführung muß das Ausgangssignal des Z.F.-Filters aus Bild 8.3 (Filter A) vor Eingang in den Diskriminator erst einen Amplitudenbegrenzer (A) passieren. Der Begrenzer A beseitigt die Amplitu-

denschwankungen des Signals, indem er die Extremwerte der Schwingungen ab-
schneidet. Dadurch tritt ein annähernd rechteckiges Signal der Frequenz f_i,
wie die Abbildung oben zeigt, in den Diskriminator ein. Im Diskriminator
wird das Signal in 2 Signale aufgeteilt. Ein Signal wird direkt dem Verstärker zugeleitet, während das zweite Signal erst ein weiteres Z.F.-Filter
(B) und einen Begrenzer (B) durchläuft, bevor es den Verstärker erreicht.
Das Filter B mit der Mittenfrequenz f_0 selektiert aus dem eingehenden
Rechtecksignal die Sinuskomponente der Grundfrequenz f_i. Der Begrenzer B
wandelt diese wieder in ein Rechtecksignal um. Das Ausgangssignal von Filter B steht mit dem Eingangssignal in einer Phasenbeziehung Φ, die $\Phi = \pi/2$
gibt, wenn Frequenz f_i gleich der Resonanzfrequenz f_0 ist, während für
$f_i > f_0, \Phi > \pi/2$ und für $f_i < f_0, \Phi < \pi/2$ gilt. Das Ausgangssignal des Diskriminators ist das Produkt zweier Rechtecksignale. Im Resonanzfall besitzt
dieses Rechtecksignal die Frequenz $2f_0$, wie das Bild oben zeigt. Nach der
Glättung im Integrator ist der Mittelwert $\overline{e}_0$ dieses Signals Null und es erfolgt keine Nachstellung der VCO-Frequenz f_{0S}. Wenn jedoch f_i die Frequenz
f_0 übersteigt und $\Phi > \pi/2$ ist, so ist die Grundfrequenz des Signals zwar
noch $2f_0$, aber das Abtastverhältnis wird kleiner als 1. Damit wird die vom
Integrator ausgegebene Fehlerspannung e_0 negativ, reduziert dadurch die
Ausgangsfrequenz f_{0S} des VCO und folglich auch die Z.F.-Frequenz
$$f_i = f_{0S} - \nu_D,$$
die sich damit wieder auf den Wert der Mittenfrequenz f_0 einstellt. Für
$f_i < f_0$ läuft ein ähnlicher Selbstkorrekturmechanismus der Nachstellschlei-
fe ab.

8.7 FUNKTIONSPRINZIP, 5: PHASENREGELSCHLEIFE (PLL)

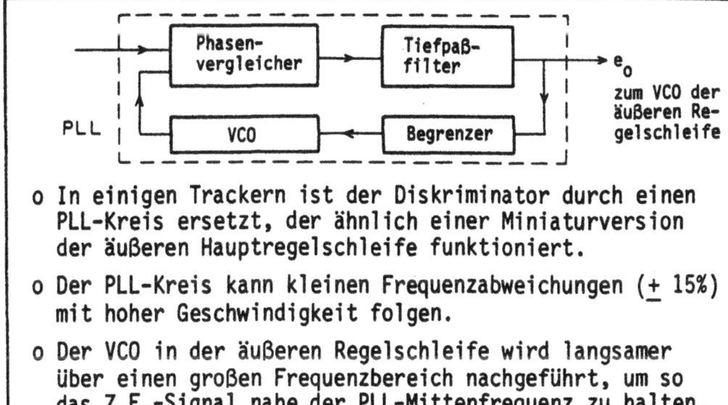

o In einigen Trackern ist der Diskriminator durch einen
  PLL-Kreis ersetzt, der ähnlich einer Miniaturversion
  der äußeren Hauptregelschleife funktioniert.

o Der PLL-Kreis kann kleinen Frequenzabweichungen ($\pm$ 15%)
  mit hoher Geschwindigkeit folgen.

o Der VCO in der äußeren Regelschleife wird langsamer
  über einen großen Frequenzbereich nachgeführt, um so
  das Z.F.-Signal nahe der PLL-Mittenfrequenz zu halten.

Ein PLL-Kreis, der die Aufgaben des Frequenzdiskriminators erfüllt, wird
kommerziell in den Trackern TSI 1090 und DISA 55N20, sowie in einigen

selbstangefertigten Geräten, z.B. Durst (1972), Mazumder (1972), Berman und Dunning (1973) sowie Fedders und Köneke (1979) eingesetzt. Eine der Vorzüge ist das Angebot an billigen integrierten Schaltungen für die PLL.

Oberflächlich ist der PLL-Kreis eine Miniaturversion der Standard-Nachlaufschleife aus Abschnitt 8.3 mit eigenem Tiefpaßfilter, VCO und Komparator. Das Z.F.-Signal der Hauptregelschleife und das Signal vom VCO des PLL-Kreises werden im Phasenkomparator vereinigt, der einfach als ein analoger Multiplikator angegeben werden kann, um eine Spannung proportional zur Phasendifferenz der zwei Signale zu liefern. Diese Spannung wird im Tiefpaßfilter des PLL-Kreises geglättet und dann dem VCO der PLL als Steuerspannung zugeführt. Dessen Ausgangsfrequenz ändert sich so, daß die Phasendifferenz zwischen den zwei Eingangssignalen des Komparators minimiert und damit letztendlich die Frequenzverschiebung aufgehoben wird. Der VCO des PLL-Kreises kann nur kleine Frequenzabweichungen (z.B. $\pm 15\%$) von seiner Mittenfrequenz verarbeiten; diesen kann er aber mit hoher Geschwindigkeit folgen. Deshalb wird im Tracker TSI 1090 der Phasenkomparator zur Steuerung eines VCO in einem äußeren Regelkreis benutzt. Dieser VCO kann im Unterschied zum VCO des PLL-Kreises langsamer über einen größeren Frequenzbereich gefahren werden und so kann die Frequenz des Eingangssignals des PLL-Kreises immer nahe der Mittenfrequenz des PLL-Kreises gehalten werden. Der äußere Regelkreis folgt somit den langsamen, großen Geschwindigkeitsänderungen, während der PLL-Kreis den schnellen, kleinen Änderungen einer turbulenten Strömung folgt. Liegen geringe Turbulenzintensitäten in einer Strömung vor, so kann der Tracker bei geöffnetem äußeren Regelkreis betrieben werden. Hier wird ein manuell eingestellter Oszillator zur Festlegung auf die mittlere Doppler-Frequenz benutzt, um die Beziehung:

$$f_{os} \;=\; \bar{v}_D + f_o$$

zu erfüllen. Der PLL-Kreis folgt dann allen Schwankungen der Doppler-Frequenz. Das Ausgangssignal des Tracker schwankt in diesem Fall um den Nullpunkt.

8.8 <u>FUNKTIONSPRINZIP, 6: AUTODYNE-TRACKER</u>

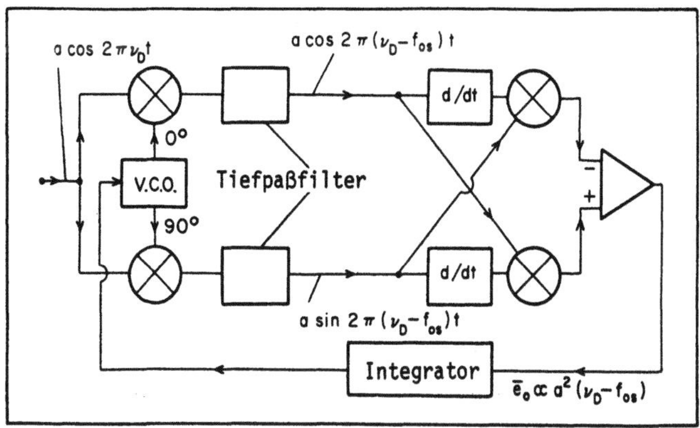

In die Tracker der Firmen Cambridge Consultants und Communications und
Elektronics Ltd. ist eine "autodyne" Funktionsweise eingebaut. Das Photodetektorsignal der Frequenz ν_D wird in dieser Ausführung (Smith-Saville,
1972, Wilmshurst und Rizzo, 1974) aufgeteilt und separat mit zwei Komponenten eines VCO-Ausgangssignals, die untereinander um 90° phasenverschoben
sind, gemischt. Die zwei gemischten Signale werden durch einen Tiefpaß gefiltert, um den Hochfrequenzanteil der Frequenz ν_D + f_{OS} zu eliminieren.
Damit können die beiden Signale für eine Amplitude a des Photodetektorsignals durch folgende Gleichungen dargestellt werden:

$$e_1 = a \cos 2\pi(\nu_D - f_{os})t$$

und

$$e_2 = a \sin 2\pi(\nu_D - f_{os})t \ .$$

Die Funktion des Diskriminators wird hier durch ein Netzwerk (siehe Dia-
gramm oben) erreicht, welches so eingestellt ist, daß die Differenzier- und
Multiplizierglieder zusammen mit dem Summationsverstärker (mit geeigneten
Vorzeichen der zwei Eingangssignale) ein über eine kurze Zeit gemitteltes
Ausgangssignal liefern:

$$\bar{e}_o = e_1 \overline{\frac{de_2}{dt}} - e_2 \overline{\frac{de_1}{dt}} = 2\pi a^2 (\nu_D - f_{os}) \ .$$

Für den Fall einer überhöhten Oszillatorfrequenz f_{OS} wird e_o reduziert und
damit fällt die Ansteuerspannung des VCO. Somit verkleinert sich die Frequenz f_{OS} des VCO-Ausgangssignals und stimmt sich auf die Doppler-Frequenz
ν_D ein. Im Unterschied zu "Offset-Heterodyne"-Trackern, die einen konstan-

ten Frequenzunterschied f_0 benötigen, minimiert das Autodyne-System den
Frequenzunterschied zwischen v_D und f_{OS}. Die Beobachtung des VCO Ausgangs-
signals ist somit äquivalent zu der der Doppler-Frequenz (allerdings ohne
Amplitudenmodulation und mit einem viel höheren Signal-Rausch-Verhältnis).
Alternativ kann von der Steuerspannung des VCO ein demoduliertes Analogsig-
nal erhalten werden.

8.9 BEDIENUNG, 1

o Einstellmöglichkeiten am Gerät:
  (1) Frequenzbereich (und Z.F.-Wert)
  (2) Filterbandbreite (und Zeitkonstante des Integra-
      tors)
  (3) Ansprechschwellenwert
  (4) Eingangsverstärkung
  (5) Z.F.-Verstärkung
  (6) Manuelle/automatische Abstimmung
o Die Einstellmöglichkeiten (1), (4) und (6) sind an
  allen Trackern vorhanden.
o Die Einstellungen (2), (3) und (5) werden üblicherweise beim Bau des Gerätes optimiert.

Die Funktionsweise eines Frequenz-Trackers hängt von dem Aufbau der Nachführschleife des betrachteten Modells ab. Ein optimales Funktionieren erfordert beträchtliche Geschicklichkeit, die nur durch Erfahrung gewonnen
werden kann. Die folgenden zwei Abschnitte werden jedoch die an Geräten
vorhandenen Einstellungen und ihren Sinn, zusammen mit einigen allgemeinen
Richtlinien erläutern. Die sechs Einstellmöglichkeiten der obigen Tabelle
sind in Übereinstimmung mit Abschnitt 8.3 durchnummeriert. Nicht in jeder
Trackerausführung sind alle diese Bedienungselemente vorhanden, aber das
Verständnis ihrer Funktionsweise wird aufzeigen, in welcher Weise die geeigneten festen Werte für nichtjustierbare Komponenten in der Entwurfsphase
zu wählen sind.

Üblicherweise gehören zu den vorhandenen Einstellmöglichkeiten die manuelle
oder automatische Abstimmung (6), die Eingangsverstärkung (4) und der Frequenzbereich (1). Eine Einstellmöglichkeit der Eingangsverstärkung wird
immer dann vorgesehen, wenn nicht eine amplitudenempfindliche Rückkopp-
lungsschleife vorliegt, die eine automatische Steuerung der Verstärkung
(AGC) ermöglicht. Die Eingangsverstärkung sollte den erforderlichen Signal-
pegel für die folgenden Schaltkreise liefern. Eine Übersteuerung des Verstärkers kann jedoch zu einem Abschneiden der Amplitude der Doppler-Signale

führen und ein geringes Signal-Rausch-Verhältnis zur Folge haben, da eine Verstärkung des Rauschens, besonders bei kleinen Signalraten, auftritt.

Ein Tracker ist mit verschiedenen Frequenzbereichen ausgestattet. Damit kann er Doppler-Frequenzen über eine größere Bandbreite akzeptieren als die durch den VCO vorgegebene Bandbreite (d.h. das Verhältnis von maximaler zu minimaler Frequenz, welches er für eine gegebene Mittenfrequenz liefern kann, siehe Abschnitt 8.17). Für die Wahl des Frequenzbereiches ist es vorteilhaft über einen Schätzwert der mittleren Doppler-Frequenz zu verfügen, z.B. durch Beobachtung des Photodetektorsignals an einem Oszillographen. Bei Trackern, die nach dem Offset-Heterodyne-Prinzip arbeiten (Abschnitt 8.3), ändert sich beim Wechsel auf einen anderen Frequenzbereich auch die Mittenfrequenz des Z.F.-Filters sowie seine Bandbreite, die normalerweise proportional zur Z.F.-Frequenz eingerichtet wird.

8.10 BEDIENUNG, 2

> (2) Wahl der Z.F.-Filterbandbreite als Kompromiß zwischen
> o besserer Rauschunterdrückung bei kleiner Bandbreite,
> o besserem Frequenzverhalten bei großer Bandbreite.
> (3) Setzen eines Ansprechschwellenwertes zur Vermeidung der Bewertung von Rauschsignalen innerhalb der Z.F.-Filterfrequenzbereiche.
> (4) Der Tracker wird bei offenem Regelkreis und durch Ansteuern des VCO mit einem manuellen Potentiometer oder einer Rampenspannung solange eingestimmt bis $f_{OS} - \nu_D \approx f_0 \pm \Delta f/2$ erreicht ist. Dann wird der Regelkreis für eine automatische Nachführung geschlossen.

Die meisten Trackermodelle sind nicht mit einer Einstellmöglichkeit der Bandbreite des Z.F.-Filters (2) ausgestattet. Die Bandbreite ist gewöhnlich auf einige Prozent der maximalen Frequenz des jeweiligen Bereiches eingestellt. Die Wahl einer geeigneten Bandbreite ist ein Kompromiß zwischen Verbesserung des Signal-Rausch-Verhältnisses und der Ansprechgeschwindigkeit auf Fluktuationen der Doppler-Frequenz. Enge Bandbreiten erzielen eine bessere Rauschunterdrückung. Weite Bandbreiten erhöhen die Geschwindigkeit, mit der den aus den turbulenten Geschwindigkeitsschwankungen resultierenden Fluktuationen der Doppler-Frequenz gefolgt werden kann. Dieses Verhalten ergibt sich aus der kürzeren Ansprechzeit des Z.F.-Stufenfilters. Das Frequenzverhalten wird auch durch die Zeitkonstante des RC- oder Echtzeit-Integrators bestimmt, der das Diskriminatorausgangssignal glättet, um die

Steuerspannung des VCO zu liefern. Ein Vergrößern der Filterbandbreite ist mit einer Verkleinerung der Zeitkonstante verbunden, obwohl in einigen Trackern diese Zeitkonstante unabhängig davon einstellbar ist.

Tracker mit Frequenzdiskriminator sind mit einem einstellbaren Ansprech-schwellenwert versehen. Dies wird durch einen Schmitt-Trigger ermöglicht, der in Verbindung mit einem dem Diskriminator vorgeschalteten Begrenzer und einer variablen Z.F.-Filterverstärkungssteuerung den Wert der Spannung be-stimmt, bei dem das Z.F.-Signal begrenzt wird. Der Schmitt-Trigger steht in Wechselwirkung mit der Signalausfall-Schutzschaltung; seine Einstellung für ein zufriedenstellendes Tracken ist für jede einzelne Strömung eine Er-probungssache.

Durch Abkopplung des Frequenzdiskriminators vom VCO und Wobbeln des VCO über den Frequenzbereich durch manuelle Variation der Steuerspannung bzw. eine automatisch linear ansteigende Steuerspannung wird das Tracken initi-iert (6). Wenn die Ausgangsfrequenz f_{OS} des VCO durch diese Ansteuerung einen Wert erreicht hat, der sich von der Doppler-Frequenz ν_D ungefähr um die Frequenz des Z.F.-Filters f_0 unterscheidet, sendet der Z.F.-Filter ein Signal zum Diskriminator; der Regelkreis kann geschlossen und damit das automatische Tracken begonnen werden. Die meisten Tracker sind mit einem Suchmechanismus ausgestattet, der die Doppler-Frequenz automatisch auffin-det. Der Mechanismus wird ohne manuelle Betätigung immer dann initiiert, wenn der Tracker die Frequenz verloren hat und sie innerhalb einer vorge-gebenen Zeitspanne nicht wieder aufnehmen kann.

8.11 <u>INTERPRETATION DES AUSGANGSSIGNALS</u>

o Die analoge Ausgangsspannung E des Trackers ist der Doppler-Frequenz ν_D proportional.

o Die mittlere Frequenz ist $\overline{\nu_D} = \overline{E} \times f_R/E_R$

mit der Proportionalitätskonstanten E_R/f_R des jeweili-gen Frequenzbereiches des Trackers.

o Der rms-Pegel der Frequenzfluktuationen ist:
$\nu_D/\overline{\nu_D} = \tilde{e}/\overline{E}$ ($\tilde{e}$ = rms-Spannungsfluktuation)

o Ein Digitalausgang ist ebenfalls vorhanden.

Der Tracker liefert ein Ausgangssignal mit einer Analogspannung (siehe Ab-schnitt 8.3), die vom demodulierten Steuersignal des VCO oder direkt vom VCO Ausgangssignal, nach Durchlaufen eines Frequenzspannungswandlers, erhalten wird. Für eine sehr hohe Datenrate mit einem kontinuierlichen Doppler-Signal stellt das Analogausgangssignal (nach Tiefpaß-Filterung mit einer angepaßten Zeitkonstante) eine Echtzeitaufzeichnung der gemessenen Geschwindigkeitskomponente dar (Abschnitt 8.2). Das Analogsignal kann dann in gleicher Weise wie das Hitzdrahtsignal weiterverarbeitet werden. Mit nachgeschalteten Echtzeit-Integratoren, rms-Metern und Spektrumsanalysatoren, die den Bereich der Turbulenzfrequenzen umfassen, erhält man dann Mittelwerte, rms-Werte und Spektraldaten. Eine Aufzeichnung des analogen Ausgangssignals auf Magnetbänder für eine spätere Verarbeitung oder Ermittlung von Turbulenzgrößen mit Hilfe von Online-Rechengeräten ist ebenfalls möglich.

Da die Spannung des Trackerausgangssignals zur Doppler-Frequenz proportional ist, kann die mittlere Doppler-Frequenz $\overline{V_D}$ direkt aus der mittleren Spannung $\overline{E}$ mit Hilfe der Proportionalitätskonstanten f_R/E_R errechnet werden. Der Wert der Spannung E_R ist der Wert der Ausgangsspannung für die höchste Frequenz f_R des gegebenen Tracker-Bereiches. Der rms-Pegel der Doppler-Frequenz ist ebenfalls der rms-Spannung direkt proportional. Die Umrechnung der Doppler-Frequenzen in Geschwindigkeiten kann direkt erfolgen, zumindest für die Mittelwerte, da hier ein linearer Zusammenhang zwischen Frequenz und Geschwindigkeit vorliegt.

Frequenz- und Geschwindigkeitsfluktuationen können innerhalb der durch Beiträge der nichtturbulenten Verbreiterung (siehe Abschnitte 7.23 bis 7.32) bestimmten Genauigkeitsgrenzen als äquivalent angesehen werden; dies wird in den Abschnitten 8.21 bis 8.26 in Zusammenhang mit Frequenztrackern näher erläutert.

Für niedrigere Datenraten nähert sich das analoge Ausgangssignal dem in Abschnitt 8.14 dargestellten Verlauf mehr als dem von Abschnitt 8.2. Eine analoge Mittelung des Ausgangssignals führt dann zu einer Gewichtung jeder gemessenen Frequenz mit der Zeitspanne, die bis zum nächsten verarbeiteten Signal vergeht. Diese Mittelung führt zu verzerrten Statistiken der Geschwindigkeiten, die nicht korrigiert werden können. In diesem Fall ist es vorzuziehen, einen digitalen Ausgang zu verwenden und die Doppler-Frequenz nur einmal für jedes Doppler-Signal, somit nicht während der Zeit, in der die Nachführschleife bei Signalausfall verriegelt ist, zu bestimmen. Eine digitale Anzeige wird durch Abtasten der VCO-Frequenz mit einem Nullstellendetektor erhalten. In den Fällen, in denen nur eine mittlere Doppler-Frequenz benötigt wird, kann das Ausgangssignal digital vor der Anzeige über eine gewisse Zeit gemittelt werden. Eine Weiterverarbeitung des VCO-Ausgangssignals mit einem Minicomputer erlaubt, neben der Errechnung der Mittelwerte, weitere statische Auswertungen. Die entsprechenden Mittelwerte können teilchengewichtet sein. Gewichtungsfehler, wie sie in Kapitel 9 in Verbindung mit Zählern diskutiert werden, sind zu berücksichtigen.

8.12 VORTEILE DER FREQUENZNACHLAUFDEMODULATION

> o Für eine statistische Auswertung steht ein Echtzeit-
> signal proportional der momentanen Geschwindigkeits-
> komponente zur Verfügung.
>
> o Die Datenerfassung und Verarbeitung erfolgt wesentlich
> schneller als beim Spektrumsanalysator.
>
> o Innerhalb der Grenzen, welche durch die über die Z.F.-
> Filterbandbreite und andere Verzögerungen im Regel-
> kreis festgelegten maximalen Folgeraten (Frequenzgang)
> gegeben werden, ist eine Verbesserung des Signal-
> Rausch-Verhältnisses möglich.

Obwohl der Frequenznachlauf der Doppler-Signale normalerweise nur in Flüs-
sigkeits- bzw. in stark mit Streuteilchen angereicherten Gasströmungen
mäßiger Turbulenzintensität oder mittlerer Doppler-Frequenz zufriedenstellende Ergebnisse ergibt, besitzt das Verfahren jedoch in diesen Strömungen
große Vorteile gegenüber anderen Signalverarbeitungselektroniken. Da der
Tracker ein Ausgangssignal mit einer der augenblicklichen Doppler-Frequenz
direkt proportionalen Spannung liefert, sind anhand von Informationen, die
bei Einsatz eines Spektrumanalysators verloren wären, Aussagen über das
Zeitverhalten der Strömungsgeschwindigkeit möglich. Mit einem Zählverfahren
kann diese Information nur dann gewonnen werden, wenn die Datenerfassung
ausreichend schnell erfolgt und wenn das Ausgangssignal des Zählers in ein
Analogsignal umgewandelt wird.

Das Ausgangssignal des Trackers kann sofort mit den gebräuchlichen Analog-
filtern, Quadrier- und Mittelungselektroniken weiterverarbeitet werden, um
so die erforderliche Information über die Strömung zu liefern. Dies ist
weitaus günstiger als eine Weiterverarbeitung von Doppler-Spektren, die
erst digitalisiert werden müssen, um anschließend im Rechner verarbeitet
werden zu können. Selbst wenn Mittelwertbildungen bei turbulenten Strömungen über Zeiten bis zu 100 Sekunden erforderlich sind, kann man die Daten
durch Frequenznachlauf schneller als bei einer Spektrumsanalyse erhalten.

Tracker können aber nicht bei so niedrigen Signal-Rausch-Verhältnissen des
Eingangssignals betrieben werden, wie Spektrumsanalysatoren, deren VCO
nicht durch die Doppler-Frequenz gesteuert und deshalb durch Rauschen nicht
beeinflußt wird. Das Signal-Rausch-Verhältnis am Diskriminator des Trackers
kann jedoch wegen der engen Bandpaßfilterung des Z.F.-Bauteils wesentlich
besser sein als das des Eingangssignals. Aufgrund dieser Verbesserung der
Signalqualität sollten Tracker, im Vergleich zu Zählern, bei einem niedri-

geren Signal-Rausch-Pegel am Eingang arbeiten. Da bei Zählern der eingesetzte Bandpaßfilter nicht nachgeführt wird, benutzen diese nur einen weiten Bandpaß-Filter am Ausgang des Photodetektors, um so den Verlust von
Doppler-Signalen zu vermeiden.

8.13 EINSATZGRENZEN DES FREQUENZNACHLAUFS

o Tracker benötigen ein kontinuierliches Eingangssignal,
  also eine hohe Partikelkonzentration in der Strömung
  falls keine ausreichende Signalausfallschutzschaltung
  eingebaut ist.
o Die maximale momentane Doppler-Frequenz liegt für die
  meisten Tracker bei ca. 20 MHz oder darunter.
o Die Obergrenze der zulässigen Turbulenzintensität wird
  durch das Antwortverhalten, den Frequenzbereich des
  Trackers und die Folgerate bestimmt.
o Die Funktionstüchtigkeit verschlechtert sich mit ver-
  kleinertem SNR; es können Störfrequenzen detektiert
  werden.

Der potentielle Vorteil des Einsatzes von Trackern zur Verarbeitung von
Doppler-Signalen kann in vielen Strömungen nicht verwirklicht werden. Die
Tracker arbeiten bei einer ausreichend hohen Streuteilchenkonzentration am
besten. Bei hohen Teilchenkonzentrationen werden kontinuierliche Doppler-
Signale erzeugt. Eine natürliche Konzentration von Streuteilchen der richtigen Größe, die im Mittel ca. zehn Partikel gleichzeitig im Meßvolumen
liefert, wird selbst in Wasser nur selten vorkommen. Auf den nächsten Seiten werden deshalb elektronische Systeme erläutert, die es einem Tracker
ermöglichen, während Ausfallzeiten, in denen kein verwertbares Doppler-Signal vorhanden ist, seine Funktionsbereitschaft aufrecht zu erhalten.

Die meisten im Handel erhältlichen Tracker können keine augenblicklichen
Doppler-Frequenzen über ca. 20 MHz aufnehmen; die entsprechende, maximale,
von Trackern zu verarbeitende mittlere Frequenz in turbulenten Strömungen
ist wesentlich niedriger. Dies begrenzt für eine gegebene Strömungsgeschwindigkeit die maximale Größe des Winkels zwischen den beiden Laserstrahlen und somit auch die räumliche Auflösung, besonders für eine axial
angeordnete Empfangsoptik. Die Höhe der Turbulenzintensität, bis zu welcher
ein Tracker funktionieren kann, wird durch verschiedene Faktoren, die in
den Abschnitten 8.16 bis 8.19 erläutert werden, bestimmt. In günstigen Fällen kann eine Turbulenzintensität von ca. 30% ohne optische Frequenzverschiebung verarbeitet werden; in komplizierten Strömungen liegt diese Grenze jedoch wesentlich niedriger. Die zusätzliche Flexibilität, die für höhe-

re Turbulenzintensitäten erst durch optische Frequenzverschiebung ermöglicht wird, ist durch die Maximalfrequenz des Trackers begrenzt (Abschnitt 8.19).

Ein geringes Signal-Rausch-Verhältnis des Z.F.-Signals vermindert die Funktionstüchtigkeit des Trackers. Da sich der Tracker unabhängig vom Vorhandensein von Partikeln ein Eingangssignal sucht, sind zwei Interpretationen des SNR relevant. Ein augenblickliches SNR kann für einen Signalburst eines Streuteilchens bestimmt werden; dadurch wird die Wahl der Z.F.-Bandbreite beeinflußt. Ein zeitlich gemitteltes SNR kann in der gleichen Strömung, im Falle langer Signalausfallzeiten ohne Streupartikel wesentlich niedriger ausfallen. Unter diesen Umständen kann sich der Tracker auf ein schwaches, aber permanentes Rauschsignal einschwingen und erkennt damit ein starkes, aber seltenes Doppler-Signal nicht mehr.

8.14 EINSATZGRENZEN DURCH SIGNALAUSFALL

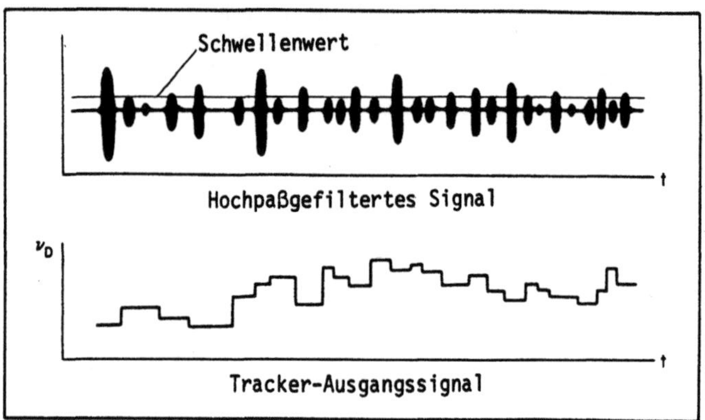

Der Begriff Signalausfall (drop-out) steht für einen Zustand, in dem der Tracker nicht auf eine Doppler-Frequenz reagiert. Dieser Zustand kann in folgenden Fällen auftreten:

- niedrige Signalfrequenzrate infolge niedriger Streupartikelkonzentration,
- große Doppler-Frequenzunterschiede zwischen zwei aufeinanderfolgenden Partikeln, denen der Tracker wegen des begrenzten Arbeitsbereiches des Regelkreises (Abschnitt 8.15) nicht folgen kann,
- Zurückweisen der gemessenen Doppler-Frequenz eines Partikels durch die Validationsschaltung, z.B. wegen eines zu geringen SNR.

Kommt der Tracker in den Zustand des Signalausfalls, so wird der Regelkreis durch eine Schutzschaltung auf der zuletzt gemessenen Doppler-Frequenz gehalten. Der VCO wird vom Diskriminator entkoppelt und die Steuerspannung des VCO auf konstantem Wert gehalten. Eine Rückkehr zu normalem Tracken erfolgt erst bei Auffinden eines neuen, gültigen Doppler-Signals. In diesem Zustand hat das Ausgangssignal des Trackers die im unteren Diagramm der Abbildung gezeigte Form. Die horizontalen Linien zeigen die Signalausfallperioden an, in denen der Regelkreis nicht den aktuellen Geschwindigkeitsschwankungen folgt, sondern den Wert der Frequenz des vorausgegangenen Signals hält. Werden im Regelkreis anstelle von aktiven Integratoren RC-Integratoren eingesetzt, so kann die Haltespannung mit der Zeit absinken. Dies führt zu Fehlern in den Mittel- und rms-Werten, die mit ansteigender Dauer des Signalausfalls zunehmen. Auch wenn der Haltemechanismus für das Trackerausgangssignal zufriedenstellend ist, weil ein analoger Realzeit-Integrator mit einer ausreichenden Signalausfallschutzschaltung eingesetzt wird, kann für lange Ausfallzeiten die wahre, mittlere Doppler-Frequenz nur bedingt bestimmt werden; in den gelieferten Mittelwert wird jeder Spannungswert mit der Haltezeit zwischen zwei aufeinanderfolgenden Doppler-Signalen gewichtet eingehen und nicht mit der Zeit, über die die Strömung die entsprechende Geschwindigkeit besaß. Somit ist es notwendig, die Signalausfallzeitspanne auf einen sehr kleinen Bruchteil der Gesamtzeit zu beschränken. Dies auch wegen der Tendenz des Trackers, sich auf Rauschen oder auf fremdartige Signale zwischen den eigentlichen Doppler-Signalen festzusetzen. Eine künstliche Zuführung von Streuteilchen sollte im Bedarfsfall zur Minimierung von Perioden mit Signalausfall angewendet werden.

8.15 SIGNALAUSFALL UND EINSATZGRENZEN DURCH DEN ARBEITSBEREICH

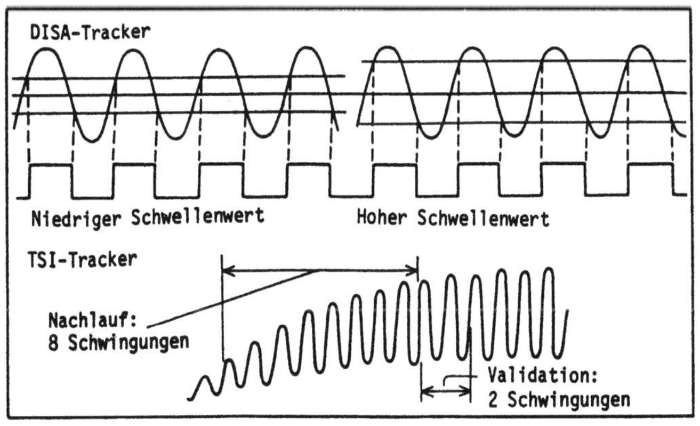

Die Ursachen des Signalausfalls und die Vorteile und Einsatzgrenzen von Signalausfallschutzschaltungen wurden im vorhergehenden Abschnitt erläutert. Zwei Methoden der Signalausfallerkennung werden hier am Beispiel des DISA- bzw. des TSI-Trackers erläutert. Im DISA-Tracker wird im Begrenzer A (Abschnitt 8.6) ein Schwellenwert für die Signaldetektion gesetzt. Der Regelkreis des Frequenznachlaufs bleibt solange im Signalausfallzustand, bis ein Signal eintrifft, welches den gesetzten Schwellenwert für die Signalamplitude übersteigt. Das Setzen eines niedrigeren Schwellenwertes wird zwar die Rate der bewerteten Signale erhöhen, aber gleichzeitig erhöht sich auch die Wahrscheinlichkeit Rauschen zu detektieren. Um diese Möglichkeit auszuschalten, wird ein zusätzlicher Signalausfallschutzmechanismus eingebaut, der anstelle der Signalamplitude die Signalfrequenz verarbeitet. Ein Signal wird dann als falsch bewertet und die Signalausfallschutzschaltung aktiviert, wenn die Z.F.-Frequenz f_i außerhalb des Frequenzbereiches $2/3\ f_0 < f_i < 2f_0$ liegt. Der TSI-Tracker arbeitet mit einer Datenvalidationsmethode, die äußerst selektiv zu sein scheint. Hier wird eine der Doppler-Frequenz proportionale Spannung ausgegeben, wenn der Tracker-VCO auf 8 Schwingungen des Doppler-Signals phasengleich schwingt. Die daraufhin vorliegende Steuerspannung des VCO wird jedoch nur dann für ein Ansteuern des Regelkreises zur Änderung des Spannungswertes des letzten Doppler-Signals auf den neuen Spannungswert freigegeben, wenn der Regelkreis für weitere zwei Schwingungen des Signals phasengleich bleibt.

Der Tracker kann nur dann von dem VCO-Spannungshaltezustand in den eigentlichen Nachlaufzustand zurückversetzt werden, wenn ein Doppler-Signal mit einer Amplitude größer als der gesetzte Schwellenwert und mit einer Frequenz innerhalb des Arbeitsbereiches des Regelkreises registriert wird. Der Arbeitsbereich ist durch die größte Frequenzdifferenz festgelegt, auf die sich der Regelkreis einstellen kann, d.h. durch die maximale Differenz zwischen den Doppler-Frequenzen, die durch zwei aufeinanderfolgende Partikel im Meßvolumen erzeugt und vom Tracker akzeptiert wird. Der Arbeitsbereich hängt zum Teil von der maximalen Abweichung $f_0 - f_i$ (Abschnitt 8.5) ab, die der Diskriminator akzeptieren kann und wächst mit zunehmender Bandbreite des Z.F.-Filters.

8.16 EINSATZGRENZEN DURCH DAS DYNAMISCHE ANSPRECHVERHALTEN

> o Für kleine Schwankungen (1%) wird die Nachfolgerate (Hz/s) durch das dynamische Verhalten des Regelkreises bestimmt.
>
> o Das dynamische Ansprechen wird durch die von den Integratoren und den Z.F.-Filter bestimmten Zeitverzögerung begrenzt.
>
> o Die zeitliche Verzögerung T_0 des Integrators dominiert zur Sicherstellung der Regelkreisstabilität.
>
> o Für die Ansprechzeit auf kleine, sprunghafte Änderungen der Doppler-Frequenz gilt:
>
> $$t_r = \frac{T_o}{g_d\, g_{os}}$$
>
> g_d = Diskriminatorverstärkung (V/Hz)
>
> g_{os} = VCO Empfindlichkeit (Hz/V)

Die Nachlaufrate (Hz/s), d.h. die schnellste, zeitliche Änderungsrate der Doppler-Frequenz, der ein Tracker zu folgen vermag, bestimmt in hohem Maße seine Anwendungsmöglichkeit. Für kleine Schwankungen der Doppler-Frequenz (z.B. 1%) wird das Nachlaufverhalten nur vom dynamischen Verhalten der Rückführschleife begrenzt. Die Glättungen (Tiefpaßfilterung) durch den Z.F.-Filter und den Integrator des Regelkreises erzeugen eine zeitliche Verzögerung und damit eine obere Grenze des Frequenzganges. Enthält der Regelkreis mehrere Komponenten, die jeweils eine eigene Zeitverzögerung bewirken, so dominiert gewöhnlich die Zeitkonstante T_0 des Integrators für die Sicherstellung der Regelkreisstabilität. Wird die Z.F.-Frequenz verändert, so muß deshalb auch T_0 geändert werden (siehe auch Abschnitt 8.10).

Das Ansprechverhalten des Regelkreises auf eine kleine sprunghafte Änderung der Doppler-Frequenz läßt sich mit dieser einzigen Zeitkonstanten T_0, wie folgt, darstellen:

$$t_r = \frac{T_o}{g_d\, g_{os}}$$

wobei das Produkt aus dem Verstärkungsfaktor g_d des Frequenzdiskriminators und der Empfindlichkeit g_{os} des VCO den Gesamtverstärkungsfaktor des Regelkreises ergibt. Die Gesamtverstärkung wird relativ groß gehalten (z.B. 100 - 1000), um so für eine schwankende Doppler-Frequenz, der der Regelkreis folgen muß, die Minimierung jeglicher Abweichungen der Z.F.-Frequenz f_i von der Mittenfrequenz f_0 sicherzustellen. Damit wird die Ansprechzeit des Regelkreises wesentlich kleiner als die Zeitkonstante des Integrators. Der Reziprokwert dieser Ansprechzeit wird als enge Signalbandbreite bezeichnet. Die enge Signalbandbreite ist proportional der Bandbreite des Z.F.-Filters. Sie ist also für die geringsten Doppler-Frequenzen, für die ein Tracker ausgelegt ist, sehr schmal, für die turbulenten Schwankungen im höchsten Frequenzbereich des Trackers aber von ausreichender Weite.

8.17 EINSATZGRENZEN DURCH DEN FREQUENZBEREICH DES TRACKERS

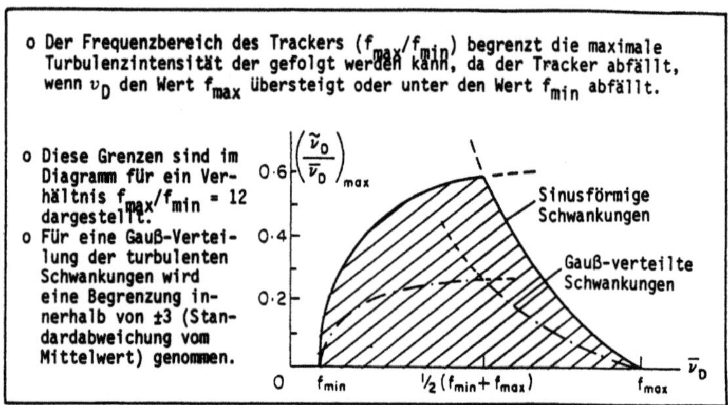

Der Frequenzbereich und die Nachfolgerate eines Trackers bestimmen den Maximalwert der Geschwindigkeitsschwankungen in turbulenten Strömungen, denen noch gefolgt werden kann.

Da jeder Frequenzbereich des Trackers durch eine zulässige untere Frequenz f_{min} und obere Frequenz f_{max} begrenzt ist, wird der Tracker nicht in der Lage sein, ein Doppler-Signal zu verarbeiten, dessen augenblickliche Frequenz außerhalb dieser Grenzwerte liegt. Die Grenzfrequenz f_{max} kann über der nominalen, maximalen Grenzfrequenz f_R des Frequenzbereiches liegen. Bei einer vorgegebenen mittleren Doppler-Frequenz $\overline{v}_D$ steigt die Wahrscheinlichkeit, daß die momentane Doppler-Frequenz v_D, f_{max} übersteigt bzw. unter f_{min} abfällt, mit zunehmender Höhe der rms-Fluktuationen der Doppler-Frequenz. Eine maximale momentane Abweichung kann ohne Kenntnis der Wahrscheinlichkeitsdichteverteilung der Doppler-Frequenzen nicht in Beziehung zur Standardabweichung gebracht werden. Unter der Annahme einer zeitlich sinusförmigen Variation der Doppler-Frequenz v_D kann aber eine obere Grenze für die maximale Turbulenzintensität, die noch verarbeitet werden kann, angegeben werden. Es gilt:

$$(\text{rms-Abweichung}) = (\text{maximale Abweichung}) / \sqrt{2}$$

und damit

$$\left(\frac{\tilde{v}_D}{\overline{v}_D}\right)_{max} = \frac{1}{\sqrt{2}}\left(\frac{\overline{v}_D - f_{min}}{\overline{v}_D}\right) \ \text{falls} \ \ \overline{v}_D < \tfrac{1}{2}(f_{min} + f_{max})$$

oder
$$= \frac{1}{\sqrt{2}}\left(\frac{f_{max}-\bar{v}_D}{\bar{v}_D}\right) \text{ falls } \bar{v}_D > \tfrac{1}{2}(f_{min}+f_{max}) \,.$$

Das Abbildung oben zeigt die graphischen Darstellungen dieser Gleichungen für einen Trackerfrequenzbereich von f_{max}/f_{min} = 12. Die Kurven zeigen für eine gegebene mittlere Frequenz $\bar{v}_D$ im Bereich $f_{min}< \bar{v}_D < f_{max}$ die maximale rms-Intensität, der noch gefolgt werden kann. Die approximativen maximalen Turbulenzintensitäten einer turbulenten Strömung mit einer Gauß-Verteilung der Geschwindigkeitsdichteverteilung sind ebenfalls eingetragen. Diese Näherungswerte ergeben sich aus der Annahme, daß die Maximalabweichung der Frequenzen von der mittleren Frequenz den dreifachen rms-Wert nicht überschreitet.

8.18 EINSATZGRENZEN DURCH DIE FREQUENZNACHLAUFRATE

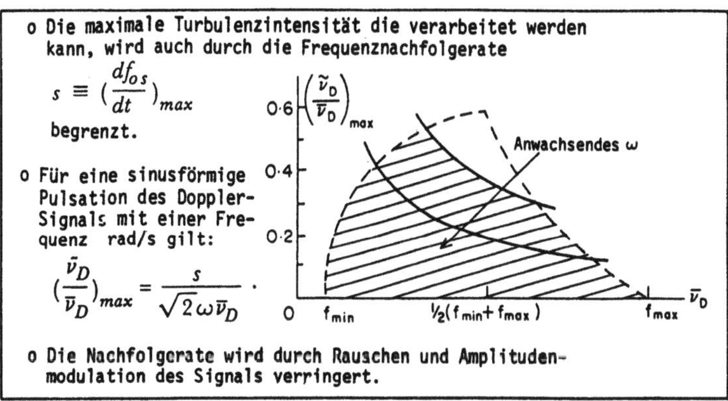

$$s \equiv \left(\frac{df_{os}}{dt}\right)_{max}$$

$$\left(\frac{\tilde{v}_D}{\bar{v}_D}\right)_{max} = \frac{s}{\sqrt{2}\,\omega\,\bar{v}_D} \,.$$

Die Gleichungen der vorhergehenden Seite ergeben sich mit dem Momentanwert der Doppler-Frequenz und ihrer Fluktuation mit der Kreisfrequenz ω, wie folgt:

$$\frac{v_D - \bar{v}_D}{\bar{v}_D} = \sqrt{2}\,\left(\frac{\tilde{v}_D}{\bar{v}_D}\right)\sin\omega t\,.$$

Die Nachlaufrate (slew rate) wird als die maximale Geschwindigkeit der Frequenzänderungen definiert, der durch einen Nachfolgeregelkreis gefolgt werden kann. Für die Sinusfluktuation ergibt sich:

$$s \equiv \left(\frac{df_{os}}{dt}\right)_{max} = \left(\frac{dv_D}{dt}\right)_{max} = \sqrt{2}\,\omega\,\bar{v}_D\left(\frac{\tilde{v}_D}{\bar{v}_D}\right)_{max} \,.$$

Für gegebene Werte von s und ist $(\tilde{v}_D/\bar{v}_D)_{max}$ umgekehrt proportional zu $\bar{v}_D$ und ergibt damit die hyperbolische Funktion des obigen Bildes, die den durch den Frequenzbereich bedingten Schranken für die maximale Turbulenzintensität überlagert ist. Diese zusätzlichen Schranken, die durch die Nachlaufrate gesetzt werden, engen den Arbeitsbereich mit ansteigendem oder abfallendem s weiter ein.

Ist die Funktionstüchtigkeit des Trackers nur durch seinen Frequenzbereich begrenzt, so kann den höchsten Turbulenzintensitäten gefolgt werden, wenn die mittlere Doppler-Frequenz in der Mitte des Frequenzbandes liegt. Das Verhalten des Trackers ist für mittlere Doppler-Frequenzen unterhalb der Mitte des Frequenzbandes wesentlich besser als für jene oberhalb der Mitte. Die durch die Nachlaufrate bedingte zusätzliche Schranke hebt diese Eigenschaft noch deutlicher hervor; unter gewissen Umständen kann die optimale, mittlere Doppler-Frequenz für die Frequenznachfolge nahe der unteren Grenze des Frequenzbereiches liegen.

Die Nachlaufrate ist der maximalen Frequenz f_{max} sowie der totalen Frequenzänderung f_T, die in einem Frequenzbereich möglich ist, proportional, d.h. $f_T = f_{max} - f_{min}$. Für einen weiten Frequenzbereich des Trackers gilt $f_{max} \gg f_{min}$; damit wird $f_T \approx f_{max}$ und es gilt $s \sim f_{max}^2$. Diese empirische Beziehung stimmt gut mit den Herstellerangaben überein (siehe Tabelle in Abschnitt 8.20). Für verrauschte Signale mit Amplitudenmodulation wird die Nachlaufrate kleiner als der theoretische Wert der für nahezu unverrauschte Signale mit konstanter Amplitude angegeben ist.

8.19 OPTIMIERUNG DER FREQUENZNACHFOLGE

o Die mittlere Frequenz f_{opt}, für die maximaler Turbulenzintensität gefolgt werden kann, übersteigt den Wert $(f_{max} + f_{min})/2$ nicht. Sie nimmt mit ansteigender maximaler Turbulenzfrequenz ω ab.

o Die mittlere Frequenz kann von $\bar{v}_D$ auf f_{opt} durch Zumischen einer elektronischen oder optischen Frequenz f_{LO} angehoben werden. $\quad f_{opt} = \bar{v}_D \pm f_{LO}$.

o Die Frequenzanhebung kann durch die Herabsetzung des relativen Pegels der Frequenzfluktuationen die nachfolgbare Turbulenzintensität erhöhen.

z.B.: $\qquad \dfrac{\tilde{v}_D}{\bar{v}_D + f_{LO}} < \dfrac{\tilde{v}_D}{\bar{v}_D}$.

Es wurde gezeigt, daß bei der Frequenznachfolge die optimale mittlere Frequenz f_{opt} mit ansteigender typischer Maximalfrequenz ω der Turbulenz kleiner wird, wenn nicht die Nachlaufrate erhöht werden kann. Üblicherweise stimmt die mittlere Doppler-Frequenz $\bar{\nu}_D$ nicht mit f_{opt} überein, wenn nicht der Schnittwinkel 2φ der Strahlen stufenlos eingestellt werden kann. Der Einsatz von optischer bzw. elektronischer Frequenzanhebung, bzw. einer Kombination von beiden, ist für eine gewünschte Anhebung bzw. Absenkung der Frequenzen wesentlich praktischer. Bei elektronischer Frequenzumsetzung wird dem Photodetektorsignal ein Sinussignal der Frequenz f_{LO} eines Oszillators über einen Analogmultiplikator zugemischt. Die Frequenz f_{LO} kann so eingestellt werden, daß der Ausgang des Multiplikators gerade die mittlere Frequenz f_{opt} hat. Die elektronische Frequenzumsetzung erhöht die Mittenfrequenzen des Doppler-Spektrums sowie des Sockelspektrums (Intensitätsschwankung) und ergibt damit keinerlei Vorteile für große Geschwindigkeitsschwankungen, bei denen sich diese zwei Spektren überlappen. Die optische Frequenzumsetzung verändert nur das Doppler-Frequenzspektrum, so daß sich sogar eine vollständige Trennung von Null- und Doppler-Spektrum erzielen läßt, wenn die mittlere Frequenz in einen höheren Frequenzbereich des Trackers angehoben wird. Da die optische Frequenzanhebung im Gegensatz zur elektronischen nicht stufenlos einstellbar ist, läßt sich mit einer Kombination der beiden die größte Flexibilität in der Einstellung von f_{opt} erzielen. Unabhängig davon, wie die mittlere Frequenz angehoben wird, wird der relative rms-Pegel der Fluktuation für eine gegebene Turbulenzintensität reduziert, d.h.

$$\frac{\bar{\nu}_D}{f_{opt}} < \frac{\bar{\nu}_D}{\bar{\nu}_D} \quad \text{falls} \quad f_{opt} > \bar{\nu}_D \ .$$

Diese Vorteile lassen sich ebenfalls mit anderen Signalprozessoren verwirklichen. Das Anheben der Frequenz auf optischem Wege wird aber in zwei Weisen eingeschränkt. Erstens muß die neue mittlere Frequenz f_{opt} unterhalb der Maximalfrequenz, die der Tracker verarbeiten kann, liegen und somit muß $\bar{\nu}_D$ weit unter dieser Grenze liegen. Zweitens wird die Auflösung in der Frequenzbestimmung wegen der hohen Grundfrequenz verschlechtert.

8.20 EINIGE FREQUENZNACHLAUFDEMODULATOREN

Modell	Frequenz-bereich	Anzahl der Arbeitsbe-reiche	Arbeits-bereich	Z.F.-Bandbreite (% f.s.d.)	Nachfolgerate s/f^2_{max}
BBC Goerz LSE 01	5 kHz—16 MHz	3	32:1	1.25	4×10^{-5}
Cambridge Consultants	70 Hz—16 MHz	5	20:1	2.0	5×10^{-3}
DISA 55L20	2 kHz—15 MHz	7	6:1	0.5—8	9×10^{-4}
DISA 55N20	1 kHz—10 MHz	7	10:1		3×10^{-4}
OEI LD-E-101	10 kHz—10 MHz	3	40:1	5	1.5×10^{-4}
TNO 1057	10 kHz—5 MHz	2 { tief / hoch	40:1 / 500:1	5 / 0.4 or 3	1.8×10^{-4} / 1.2×10^{-5}
TSI 1090-1A	2 kHz—50 MHz	3 { tief / mittel / hoch	250:1 / 100:1	10 / 10	4×10^{-4} / 1.6×10^{-4}

In der Tabelle sind 7 kommerzielle Tracker mit ihren wichtigsten Eigenschaften aufgelistet. Das erste und dritte Trackermodell sind bereits ausgelaufen, aber ihre Kenndaten sind hier (zusammen mit den Kenndaten des TNO-Modells) zum Vergleich mit neueren Modellen angeführt; sie werden noch in vielen Labors eingesetzt.

Mit Ausnahme des TSI-Trackers liegt die maximale Doppler-Frequenz, die verarbeitet werden kann, unter 20 MHz. In Abschnitt 8.13 wurden die Einsatzgrenzen, die durch eine obere Grenzfrequenz bedingt werden, ausführlich behandelt. Die erforderliche Anzahl der Frequenzbereiche zur Abdeckung des totalen Frequenzganges des Trackers reduziert sich mit zunehmender Größe der einzelnen Arbeitsbereiche. Ein weiterer Arbeitsbereich wie der des TSI-1090-Trackers erweist sich daher als vorteilhaft. Eine hohe Nachlaufrate ist ebenfalls eine wünschenswerte Eigenschaft; die des Cambridge-Consultant Trackers ist besonders hervorragend. Den Angaben über die Nachlaufrate wurden die Maximalwerte der Hersteller aus Testreihen mit künstlichen FM-Signalen (kontinuierlich, konstante Amplitude) zugrunde gelegt. Diese Werte wurden an die Gleichung:

$$s = (\text{const})f^2_{max}$$

angepaßt.

Einige Tracker können von einer hohen Nachlaufrate (siehe Tabelle) auf eine niedrigere umgeschaltet werden. Weitere interessante Eigenschaften, die hier nicht angeführt sind, geben Auskunft über Linearität und Genauigkeit des demodulierten Ausgangssignals sowie den Rauschpegel. Einige Tracker verfügen über Validationsmethoden, die die neuen Signale mit der zuletzt gemessenen Doppler-Frequenz vergleichen, bzw. für eine gewisse Anzahl von

Schwingungen die Frequenzkonstanz überprüfen (Abschnitte 8.14 und 8.15). Solche Validationsschaltungen besitzen alle gegenwärtig auf dem Markt befindlichen Tracker (zweites, viertes und sechstes Modell in der Tabelle). Die drei erwähnten Trackermodelle können auch als Spektrumsanalysatoren betrieben werden; diese Verwendungsmöglichkeit wurde erstmalig in dem Tracker GOERZ LSE 01 realisiert. In modernisierten oder neuen Geräten (z.B. Cambridge Consultants, DISA 55N20) werden zunehmend neben den Analogausgängen auch Digitalausgänge vorgesehen.

Bei einem Vergleich der Geräteeigenschaften, die aus Testreihen mit künstlichen Signalen ermittelt wurden, muß beachtet werden, daß unter praktischen Arbeitsbedingungen mit stark amplitudenmodulierten Doppler-Signalen, denen ein Rauschen überlagert ist, die Funktionstüchtigkeit des jeweiligen Gerätes weit unterhalb seiner Spezifikationen liegt. Ein vollständiger Vergleich von Trackermodellen sollte deshalb auch Testreihen mit Signalen aus einer realen Strömung einschließen.

8.21 KORREKTUREN DER SPEKTRUMSVERBREITERUNG

o Die Ursachen der Spektrumsverbreiterung sind die gleichen wie bei der Spektralanalyse und ergeben einen Gesamtbeitrag von:

$$\sigma_b^2 \; = \; \sigma_F^2 + \sigma_T^2 + \sigma_g^2 + \sigma_p^2 \; .$$

o Die mittlere quadratische Verbreiterung läßt sich durch die Signalspannung des Trackers ausdrücken.

$$\left(\frac{\overline{e^2}}{\overline{E^2}}\right)_b \; = \; \left(\frac{\overline{e^2}}{\overline{E^2}}\right)_F + \left(\frac{\overline{e^2}}{\overline{E^2}}\right)_T + \left(\frac{\overline{e^2}}{\overline{E^2}}\right)_g + \left(\frac{\overline{e^2}}{\overline{E^2}}\right)_p \; .$$

o Das durch die endliche Verweilzeit verursachte Rauschen läßt sich aus einer laminaren Strömung mit vernachlässigbarer Verbreiterung wegen Geschwindigkeitsgradienten ermitteln.

o Das Rauschen des Gerätes ermittelt man durch Tracken eines Oszillatorsignals.

Bei einem Vergleich des Ausgangssignals eines Spektrumanalysators mit dem eines Trackers zeigt sich für das gleiche Doppler-Signal, daß die endliche Breite oder die Verbreiterung des Doppler-Spektrums mit einer Spannungsschwankung des Trackerausgangssignals äquivalent ist. Die Ursachen der Verbreiterung, außer den im Streuvolumen aufgelösten turbulenten Geschwindigkeitsschwankungen sind die gleichen, die in Abschnitt 7.23 aufgelistet worden sind und zwar die endliche Verweilzeit (σ_F), die Geschwindigkeitsvariationen innerhalb kleiner Längenmaßstäbe (σ_T), der Gradient der mittleren Geschwindigkeit (σ_g) und die Bandbreite des Gerätes (σ_p). Die rms-Größen können auch durch entsprechende rms-Ausgangsspannungen des Trackers ausgedrückt werden. Besitzt jede dieser Variablen eine Gauß-Verteilung, so kann der quadratische Mittelwert des Gesamtbeitrages σ_b^2 als Summe der einzelnen Varianzen dargestellt werden (siehe Abschnitt 7.24).

Die Bestimmung dieser Beiträge kann durch die gleichen Methoden erfolgen, die für die Spektralanalyse (Abschnitte 7.25 bis 7.32) angegeben wurden. Der letzte Teil dieses Kapitels befaßt sich darum nur noch mit den Verbreiterungsphänomenen, die mit den demodulierten Ausgangssignalen eines Trackers in Zusammenhang gebracht werden können. Alternativ zu der Bestimmung des Beitrages der endlichen Verweilzeit aus der Gleichung in Abschnitt 7.26, kann dieser Beitrag durch Frequenznachfolge eines Doppler-Signals aus einer laminaren Strömung mit vernachlässigbarem Geschwindigkeitsgradienten, z.B. auf der Achse einer vollentwickelten Rohrströmung, bestimmt werden. Der Beitrag des Eigenrauschens eines Trackers kann durch das Tracken einer Sinusschwingung von konstanter Frequenz und Amplitude gemessen werden.

8.22 <u>VERBREITERUNG DURCH ENDLICHE VERWEILZEIT, 1</u>

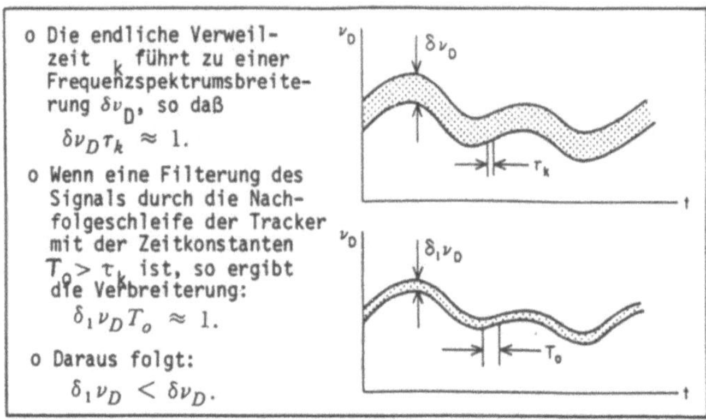

Die meisten Analysen und Experimente, die in Bezug auf die Effekte der Verbreiterung durchgeführt wurden, wie die in den Abschnitten 7.25 und 7.26 erwähnten, beruhen auf der Methode der Spektralanalyse. Treacy (1971) äußerte die Meinung, daß durch die Verarbeitung eines Photodetektorsignals mit einem Tracker die Verbreiterung reduziert werden kann. Diese Reduzierung wurde von Wilmshurst (1971), Greated und Durrani (1971) sowie von Adrian (1972) quantitativ bestimmt.

Wird die Doppler-Frequenz in einer laminaren Strömung über ein Zeitintervall Δt gemessen, so kann diese Frequenz innerhalb eines Intervalls

$$\delta\nu_D \approx \Delta t^{-1} \quad \text{d.h.} \quad \delta\nu_D \Delta t \approx 1$$

bestimmt werden.

Entsprechend der Definition einer Fourier-Transformation sollte sich die Messung des Doppler-Spektrums über ein unendliches Zeitintervall Δt erstrecken; damit wäre $\delta \nu_D = 0$ und eine Verbreiterung des Spektrums wäre nicht vorhanden. Bei einem Laser-Doppler-Anemometer entspricht die Signaldauer der Verweilzeit der Partikel (τ_k) im Meßvolumen. Es entsteht also eine Unbestimmtheit in der Frequenz von $\delta \nu_D \approx \tau_k^{-1}$. Dies führt zu Spannungsschwankungen des Trackerausgangssignals, die idealisiert in den Diagrammen oben dargestellt sind. Die Variationen großen Maßstabes entstehen durch die Geschwindigkeitsschwankungen und die endliche Breite der Spur zeigt auf die Frequenzverbreiterung hin. Wird die Information über das zeitliche Verhalten der Doppler-Frequenz mit einem Tracker der Ansprechzeit T_0 erhalten, so verändert sich diese Frequenzunbestimmtheit zu:

$$\delta_1 \nu_D \approx T_o^{-1} .$$

Eine Reduzierung der Frequenzverbreiterung wird durch eine Anhebung von $T_0 (T_0 > \tau_k)$ erreicht, d.h. es wird $\delta_1 \nu_D < \delta \nu_D$. Das sich ergebende Ausgangssignal des Trackers ist im unteren Diagramm dargestellt. Die Zeitkonstante T_0 muß aber kleiner gehalten werden als die Zeit, die die kleinsten interessierenden Wirbel zum Durchgang durch das Meßvolumen benötigen, sonst werden die hochfrequenten Komponenten der Turbulenz unterdrückt. Eine Reduzierung von T_0 erhöht die Nachlaufrate, führt aber zu einem stärker verrauschten Ausgangssignal des Trackers.

8.23 <u>VERBREITERUNG DURCH ENDLICHE VERWEILZEIT, 2</u>

o Eine durch FM-Demodulation (T_0 anstelle von τ_k) erzielte, ansteigende Kohärenzzeit, kann die durch die Verweilzeit verursachte Verbreiterung von σ_F/ω_D zu

$$\left(\frac{\bar{e}}{\bar{E}}\right)_F \approx \frac{\sigma_F}{\bar{\omega}_D} \sqrt{4 \frac{\sigma_t}{T_o}} \quad \text{reduzieren.}$$

o Es ist zweifelhaft, ob eine Reduzierung der durch Verweilzeit verursachten Verbreiterung ohne Verlust an Turbulenzinformation zu erreichen ist, da turbulente Schwankungen und Phasenschwankungen im gleichen Bereich auftreten.

Im vorangegangenen Abschnitt wurden qualitative Argumente für die Reduzierung der Verbreiterung aufgrund der endlichen Verweilzeit durch eine FM-Demodulation des Doppler-Signals aufgeführt. Diese Reduzierung wird nur erreicht, wenn die Zeit T_0 der Mittelung im Demodulator die Transitzeit der Partikel τ_k übersteigt. Adrian (1972) zeigte für ein unverrauschtes Signal, daß der für die Verbreiterung wegen endlicher Verweilzeit wesentliche rms-Pegel des Trackerausgangssignals durch die obige Gleichung gegeben ist. Die Größe σ_F/ϖ_D ist eigentlich die durch die endliche Verweilzeit bewirkte Verbreiterung, wenn das Doppler-Signal mit einem Spektrumsanalysator verarbeitet wird. $4\sigma_t$ ist die Zeitspanne, während der ein Partikel die $1/e_2$-Intensitätskontur einer Gaußschen Lichtintensitätsverteilung passiert. Adrian erhielt dieses Ergebnis, indem er den FM-Demodulator durch einen Nullstellenzähler simulierte, der eine Folge von Pulsen erzeugte, in Intervallen, die den Nulldurchgängen des Doppler-Signals entsprechen. Die geglättete Pulsfolge stellte das demodulierte Ausgangssignal dar. Die oben angeführte Gleichung ergibt sich, indem man die mittlere quadratische Spannung des Ausgangssignals mit der Autokorrelation des Doppler-Signals, die für Zeitspannen $\sigma_t > \tau_k$ auf Null abfällt, in Verbindung bringt. Greated und Durrani (1971) gingen von einer etwas einfacheren Annahme aus, erhielten aber bis auf einen numerischen Faktor, nahe Eins, das gleiche Ergebnis.

Adrian (1972) zeigte, daß diese Beziehung in Gegenwart von weißem Rauschen etwas abgeändert werden muß. Er leitete für reines Rauschen und für ein unverrauschtes Signal obere und untere Schranken der Werte von $(\tilde{e}/\overline{E})_F$ ab. Diese hängen von der Bandbreite des Rauschens, der Bandbreite des Z.F.-Filters und von den Parametern der obigen Gleichung ab.

Die Annahme, daß durch Vergrößern der Zeitkonstanten T_o über den Wert von τ_k hinaus, eine Reduzierung von $(\tilde{e}/\overline{E})_F$ zu erreichen ist, wurde von George und Lumley (1973) unberücksichtigt gelassen. Sie behaupten, daß die Phasenschwankungen von den zufälligen Ankunftszeiten der Partikel meistens in gleicher Größenordnung wie die turbulenten Geschwindigkeitsschwankungen auftreten. Damit ist eine Reduzierung des von der endlichen Verweilzeit herrührenden Rauschens nur mit einem Verlust an Information über hohe Turbulenzfrequenzen zu erreichen. (Siehe Abschnitt 8.26).

8.24 SPEKTREN DER TURBULENZ UND DER FREQUENZUNBESTIMMTHEIT, 1

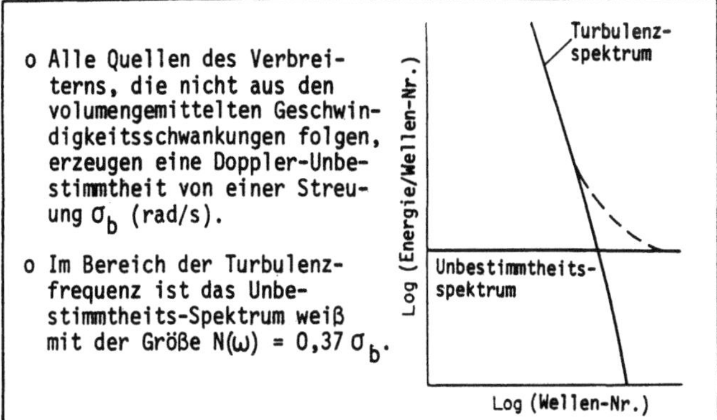

Die Messung des Energiespektrums der Schwankungen der Doppler-Frequenz wird durch das Echtzeit-Ausgangssignal des Trackers ermöglicht. Es liegt deshalb nahe, den näheren Zusammenhang zwischen dem Energiespektrum der Geschwindigkeitsschwankungen und dem Turbulenzspektrum zu untersuchen. Diese Untersuchungen wurden von Wang (1973), George und Berman (1973), George und Lumley (1973) und von Berman und Dunning (1973) durchgeführt.

Die nichtturbulenzbedingte Verbreiterung rührt von Phasenverschiebungen $\dot{\phi}(t)$ in einem von mehreren Partikeln gleichzeitig erzeugten Photodetektorsignal her. Das Spektrum dieser Phasenfluktuationen ist die Fourier-Transformierte der Kovarianz $\dot{\phi}(t)\dot{\phi}(t+\tau)$:

$$N(\omega) \;=\; \frac{\sigma_b}{4\sqrt{\pi}} \; \sum_{n=1}^{\infty} n^{-3/2} \exp\!\left(-\frac{\omega^2}{4n\sigma_b^2}\right).$$

Dieses inhärente Rauschspektrum (Unbestimmtheit)[*)] ist bis zu einer Frequenz σ_b, die der Streuung des Verbreiterungsspektrums entspricht, annähernd weiß und fällt für höhere Frequenzwerte mit ω^{-1} ab. Da der Wert von σ_b jede Turbulenzfrequenz von Interesse übersteigt, hat der wichtigste Teil des Unbestimmtheitsspektrums eine konstante Größe, die für einen Definitionsbereich über positive und negative ω gleich dem Wert an der Nullfrequenz ist, d.h. N(ω) = N(0) = 0,37 σ_b. Oberhalb einer bestimmten Wellenzahl k interferiert das Turbulenzspektrum, welches bei hohen Frequenzen mit $k^{-5/3}$ abfällt mit dem Spektrum der Frequenzunbestimmtheit, das frequenzun-

---

[*)] Der Ausdruck "Unbestimmtheit" (ambiguity) wird üblicherweise in der Literatur verwendet. Er ist aber irreführend, da keine Unsicherheit in der Bestimmung der Frequenzverbreiterung besteht.

abhängig ist. Als Resultat wird das gemessene Spektrum sich stabilisieren, wie im Diagramm die gestrichelte Linie zeigt und oberhalb der Frequenz σ_b weiter abfallen. Dieses Verhalten wurde in den angeführten Veröffentlichungen bestätigt, insbesondere in den Arbeiten von Berman und Dunning (1973), sowie auch von van Maanen et al. [1975]. In der letzteren Arbeit wurde auch gezeigt, daß eine wesentliche Reduzierung des Pegels des Unbestimmtheitsspektrums durch Verwendung von zwei getrennten Photodetektoren erzielt werden kann. Da die zwei Signale der Photodetektoren die gleiche Doppler-Information tragen, aber die Anteile des Rauschens weitgehend unkorreliert sind, wird durch eine Kreuzkorrelation der Ausgänge der Anteil des Unbestimmtheitsrauschens unterdrückt.

8.25 TURBULENZ- UND UNBESTIMMTHEITSSPEKTREN, 2

---

o Für positive ω wurde die Größe des Unbestimmtheitsspektrums gemessen, um die Beziehung $N(\omega) = 0,37\ \sigma_b$ zu prüfen.

o Oberhalb einer bestimmten Wellenzahl überdeckt das Unbestimmtheitsspektrum das Turbulenzspektrum.

o Zur Auflösung hoher Wellenzahlen muß $N(\omega)$ minimiert werden:
- durch eine Erhöhung der Streifenanzahl im Meßvolumen, falls eine Verbreiterung aufgrund der Verweilzeit dominiert;
- durch eine Verkleinerung der Meßvolumengröße, falls eine Verbreiterung aufgrund von Geschwindigkeitsgradienten dominiert.

o Das Optimum wird in der Praxis selten erreicht.

Die Größe des Unbestimmtheitsspektrums wurde in einer turbulenten Rohrströmung für verschiedene Reynolds-Zahlen und verschiedene radiale Positionen von Berman und Dunning (1973) gemessen. Die Verarbeitung des Photodetektorsignals erfolgte mit einem FM-Demodulator. Anschließend erfolgte die digitale Weiterverarbeitung des Ausgangssignals zu einem Energiespektrum, aus dem dann die Höhe $N(\omega)$ des Unbestimmtheitsspektrums erhalten wurde. Die Streuungen σ_F, σ_g und σ_T wurden aus den optischen Parametern und den Gleichungen aus den Abschnitten 7.26 bzw. 7.30 bestimmt, um mit ihnen σ_b zu berechnen. σ_b, $N(\omega)$, nur für positive ω berechnet, wurde dann mit $0,37\ \sigma_b$ verglichen, wobei sich eine Übereinstimmung von besser als $\pm 16\%$ ergab.

Oberhalb einer bestimmten Wellenzahl k überdeckt das Unbestimmtheitsspektrum das Turbulenzspektrum. Zur Auflösung hoher Wellenzahlen ist eine Minimierung von $N(\omega)$ durch Verkleinern der Summe σ_b aller Einzelabweichungen notwendig. Dies kann aber nicht durch ein Verkleinern der individuellen Beiträge zur Unbestimmtheit erreicht werden. So gilt, beispielsweise aus den Abschnitten 7.28, 7.30 und 7.32, daß

$$\sigma_F \sim \sigma_1^{-1};\ \sigma_g \sim \sigma_3;\ \sigma_T \sim \sigma_3 \ \text{und} \ \sigma_3 \sim \sigma_1 \ \text{ist}$$

und damit bewirkt eine Reduzierung des Anteils der Verbreiterung aufgrund der Verweilzeit ein Ansteigen der anderen Beiträge zur Verbreiterung, wenn nicht der Durchmesser und die Länge des Meßvolumens separat angepaßt werden können, so z.B. mit Hilfe der Blendenöffnung des Photodetektors. Da sich die relativen Beiträge von σ_F, σ_b und σ_T an verschiedenen Meßorten ändern können, z.B. aufgrund der Änderung der lokalen, mittleren Geschwindigkeitsgradienten, werden auch die optimalen Meßvolumendimensionen von Punkt zu Punkt verschieden sein. In der Praxis ist es aber nicht üblich, die Meßvolumengrößen während einer Messung des Strömungsprofils zu verändern, da damit laufend eine Änderung der optischen Geometrie des Anemometers verbunden wäre. Das Meßvolumen sollte als der beste Kompromiß für das gesamte Strömungsfeld festgelegt werden, wobei auch der Einfluß des Strahlenwinkels auf die Doppler-Frequenz und damit auf die Geschwindigkeitscharakteristik berücksichtigt werden sollte.

8.26 TURBULENZ- UND UNBESTIMMTHEITSSPEKTREN, 3

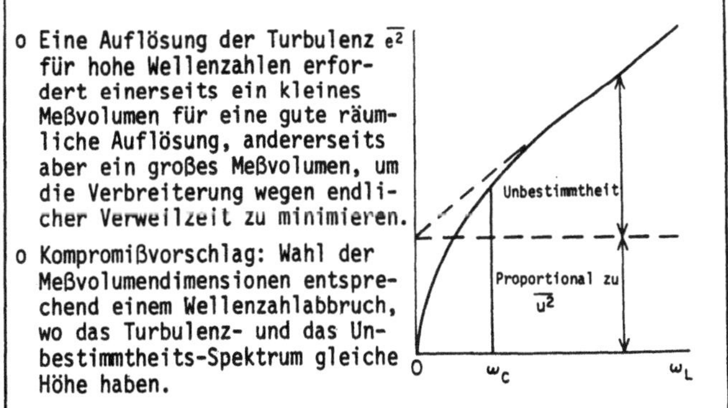

Für die Wahl der Dimensionen des Meßvolumens ist ein weiterer Kompromiß zwischen der Verbreiterung und der räumlichen Auflösung notwendig. Ein kleines Meßvolumen ist für eine gute Auflösung der hochfrequenten Turbulenzkomponente notwendig, da sonst die Fluktuationen von kleinen räumlichen Maßstäben durch die räumliche Mittelung unterdrückt würden. Eine kleine Ausdehnung des Meßvolumens in Richtung der vorherrschenden Geschwindigkeitskomponente U_1 erzeugt aber für ein gegebenes Streifenmuster einen Anstieg der Verbreiterung wegen der endlichen Verweilzeit der Streupartikel im Meßvolumen. Damit steigt die Höhe des Unbestimmtheitsspektrums und der

314

hochfrequente Anteil des Turbulenzspektrums wird verfälscht. Eine maximale Auflösung der Frequenzen soll nach einem Vorschlag von George und Lumley (1973) durch ein spezielles Auswahlverfahren der Meßvolumendimensionen ermöglicht werden, bei der die Frequenzunterdrückung aufgrund der räumlichen Mittelung mit der Frequenzunterdrückung, die aus einem Anwachsen des "ambiquity"-Spektrums über das Turbulenzspektrum hinaus entsteht, übereinstimmt. Der Vorschlag berücksichtigt aber nicht die Möglichkeit, die longitudinalen und lateralen Dimensionen des Meßvolumens durch eine Streulichtmessung unter einem gewissen Winkel zur optischen Achse unabhängig voneinander zu begrenzen. Die Gleichungen für σ_F und σ_b (Kapitel 7) gelten aber für diese abgeschnittene Lichtintensitätsverteilung nicht mehr genau.

Eine Möglichkeit der Trennung des turbulenten von den nichtturbulenten Anteilen der Verbreiterung, die gleichzeitig in einem Ausgangssignal eines Frequenzdemodulators vorhanden sind, ist von George (1974) vorgeschlagen worden. Das demodulierte Ausgangssignal wird durch einen Tiefpaßfilter mit einer Grenzfrequenz ω_L gefiltert; eine Verkleinerung von ω_L bewirkt ein nahezu lineares Abfallen des mittleren quadratischen Spannungswertes $\overline{e^2}$ im Frequenzbereich $0,18\,\sigma_b > \omega_L > \omega_c$, in dem das gesamte Spektrum (Unbestimmtheit plus Turbulenz) annähernd weiß ist. Im Bereich $\omega_L < \omega_c$ unterdrückt das Filter die turbulenten, wie auch die nichtturbulenten Fluktuationen und das Ausgangssignal fällt für $\omega_L \rightarrow 0$ sehr schnell auf Null ab, wie es in der Abbildung oben dargestellt ist. Eine Extrapolation des linearen Bereiches auf $\omega_L = 0$ sollte dann den Betrag der mittleren quadratischen Energie $\overline{e^2}$, der Geschwindigkeitsschwankungen ergeben. Eine sehr genaue Messung des linearen Bereiches, für die lange Mittelungszeiten erforderlich sind, ist die Voraussetzung für die Anwendung dieser Methode.

8.27 ABSCHLIESSENDE BEMERKUNGEN

o Frequenz-Tracker liefern ein Ausgangssignal, dessen Spannung der momentanen Doppler-Frequenz proportional ist.

o Tracker ermöglichen eine bequemere und schnellere Datenerfassung als es mit Spektrumsanalysatoren möglich ist.

o Die Weiterverarbeitung des Ausgangssignals, um zeitlich gemittelte Geschwindigkeitsverteilungen und Turbulenzspektren zu erhalten, ist innerhalb der durch die Unbestimmtheitsverbreiterung gesetzten Grenzen möglich.

o Hohe mittlere Doppler-Frequenzen und Turbulenzintensitäten, kleine Streupartikelkonzentrationen und ein niedriges Signal-Rausch-Verhältnis erschweren den Einsatz des Trackers.

Die Ausgabe eines zur momentanen Geschwindigkeitskomponente proportionalen Echtzeitsignals ist, abgesehen von vorhandenen Verbreiterungsfluktuationen, einer der wesentlichen Vorteile der Frequenz-Tracker. Ein Vergleich mit Auswerteelektroniken ohne Echtzeitdemodulation des Signals zeigt, daß diese Eigenschaft den Umfang der verfügbaren Informationen aus den Messungen vergrößert; es können z.B. Autokorrelationen, Turbulenzspektren, Kreuzkorrelationen (wenn zwei Tracker vorhanden sind), neben Mittelwerten, Turbulenzintensitäten und Wahrscheinlichkeitsdichteverteilungen der Geschwindigkeiten einfach erhalten werden. Der Einsatz von analogen Mittelungselektroniken, Korrelatoren usw. auf das demodulierte Signal, beschleunigt die Weiterverarbeitung der Daten. Im Vergleich zu digitalen Elektroniken, die oftmals für Zähl- bzw. Zeitbestimmungsverfahren eingesetzt werden, sind die analogen Auswertegeräte billiger.

Hohe, mittlere Doppler-Frequenz, hohe Turbulenzintensität, geringe Streupartikelkonzentration in der Strömung und kleines Signal-Rausch-Verhältnis beeinträchtigen allgemein die Funktion des Trackers. Der unterschiedliche Aufbau der Tracker hinsichtlich des Diskriminators, der Signalausfallschutzschaltung, des Frequenzbereiches und der Nachfolgerate führt dazu, daß sich die einzelnen Tracker unter solchen Bedingungen unterschiedlich verhalten. Für alle Modelle verschlechtern sich jedoch unvermeidbar Effizienz und Zuverlässigkeit der Resultate mit schlechter werdenden Bedingungen.

Die Kriterien zur Minimierung des Anteils an spektraler Verbreiterung, der nicht auf Geschwindigkeitsschwankungen zurückgeht, sind für den Spektrumsanalysator und den Tracker gleich, da sie von einer Optimierung des optischen Systems abhängen. Die Tiefpaßfilterung in der Nachführschleife des Trackers kann jedoch möglicherweise den Einfluß der Verbreiterung wegen endlicher Verweilzeit reduzieren.

9. SIGNALVERARBEITUNG DURCH ZÄHLVERFAHREN

9.1 ZWECK UND INHALT DES KAPITELS

> Dieser Abschnitt gibt an:
>
> o Unterschiede von Signalverarbeitungssystemen, die im Zeit- und Frequenzbereich arbeiten.
>
> o Schwierigkeiten bei Niederturbulenzmessungen mit Geräten, die im Frequenzbereich arbeiten.
>
> o Vorteile der Signalverarbeitung im Zeitbereich.
>
> o Nachteile der Zähltechniken mit fester Torzeit.
>
> o Vorteile der Periodendauermessung.
>
> o Mögliche Fehlerquellen bei Periodendauerzählern.

In diesem Kapitel wird versucht, die Vor- und Nachteile anzudeuten, die mit der Anwendung von Zähltechniken bei Laser-Doppler-Messungen verbunden sind. Es werden zunächst die Hauptprobleme zusammengefaßt, die bei der Verarbeitung von Laser-Doppler-Signalen im Zeit- oder Frequenzbereich entstehen (Abschnitte 9.2 bis 9.7). Unterschiede in der Arbeitsweise werden an den speziellen Eigenschaften von Laser-Doppler-Signalen erklärt. Es wird gezeigt, daß Signalverarbeitungssysteme, die im Frequenzbereich arbeiten, gewöhnlich das Rauschen in Dopplersignalen durch enge Bandpaßfilter eliminieren. Die begrenzte Ansprechzeit solcher Systeme und die endliche Signallänge verursachen jedoch eine inhärente Spektrumsverbreiterung, wie dies in den Abschnitten 9.3 bis 9.6 gezeigt wird. Für ein Signal konstanter Amplitude, aber endlicher Dauer, liefern Frequenzmessungen mittels Zähltechniken keine Schwankungen. Zähltechniken sind jedoch gegen Rauschen empfindlich und in den Abschnitten 9.7, 9.9 und 9.17 werden einige mögliche Fehlerquellen erörtert. Fehler in der Frequenzmessung, die von der begrenzten Zeitauflösung oder von der festen Torzeit des Counters herrühren, werden in den Abschnitten 9.10 bis 9.12 diskutiert. Die Arbeitsprinzipien von Frequenzzählern werden in den Abschnitten 9.13 bis 9.19 beschrieben. Probleme, die sich mit der Beseitigung des niederfrequenten Signalanteils ergeben, werden in den Abschnitten 9.20 bis 9.22 betrachtet.

Die Komponenten eines Periodendauermeßsystems, das eine logische Schaltung enthält, um fehlerhafte Frequenzmessungen zu unterdrücken, werden ausführlich in den Abschnitten 9.23 bis 9.27 beschrieben. Einige vorläufige Testmessungen, die mit solch einem System (Abschnitt 9.28) erzielt wurden, deuten an, daß diese Technik für Strömungen geringer Turbulenz geeignet erscheint. Abschnitt 9.29 stellt die wesentlichen Charakteristiken einiger kommerziell erhältlicher Systeme heraus. Es wird gezeigt, daß die Daten-validierung, die auf einem Zeitvergleich - zum Beispiel zwischen vier und acht Doppler-Zyklen - basiert, für die Laser-Doppler-Anemometrie unzurei-chend ist.

Kapitel 9 betrachtet ebenso Teilchenmittelungs- und Zeitmittelungseigen-schaften und deutet an, daß diese nur für besondere Erfassungstechniken zu identischen Resultaten führen. Zeitgemittelte Messungen können durch geeig-nete Aufnahmetechniken erhalten werden. Andere Aufnahmemethoden führen für zeitgemittelte Werte zu verfälschten Informationen, so daß Korrekturen be-müht werden müssen, um die gemessenen Daten in korrespondierende, zeitge-mittelte Daten umzuwandeln. Diese Korrekturen können nur geschätzt werden. Details sind in den Abschnitten 9.30 bis 9.37 angegeben, Schlußfolgerungen liefert der Abschnitt 9.38.

9.2 DOPPLER-FREQUENZMESSUNGEN, 1: FEHLERQUELLEN

Ursachen fehlerhafter Frequenzmessungen:

o Ungenaue optische Systeme (ungleicher Interferenz-streifenabstand durch schlecht ausgerichtete Optiken).

o Veränderung der Geschwindigkeit über das Meßvolumen (optisches System ist nicht dem Geschwindigkeitsgra-dienten angepaßt).

o Nicht durch das Strömungsfeld bedingte Einflüsse auf die Geschwindigkeit von Streuteilchen.

o Amplitudenempfindliche elektronische Signalverarbei-tungssysteme, z.B. Frequenzanalysatoren.

o Elektronische Komponenten endlicher Bandbreite.

o Elektronisches Rauschen.

Für die Analyse von Frequenzmeßfehlern von Countern müssen die Ursachen fehlerhafter Signalfrequenzen erkannt werden.

Die Beschreibung von Laser-Doppler-Signalen durch das Interferenzstreifen-modell oder durch Doppler-Betrachtungen setzt implizit voraus, daß im Meß-volumen ebene Wellenfronten vorliegen. Es wird in den Abschnitten 4.27 bis 4.29 jedoch gezeigt, daß für das Erreichen ebener Wellen, der "Gaußsche Charakter" von Laserstrahlen berücksichtigt werden muß. Wenn dies nicht er-folgt, ergeben sich ungleiche Interferenzstreifenabstände, welche zu unter-schiedlichen Frequenzmessungen von Teilchen gleicher Geschwindigkeit führen.

In ähnlicher Weise werden verschiedene Doppler-Frequenzen gemessen, wenn
innerhalb des Kontrollvolumens ein starker Geschwindigkeitsgradient auftritt. Dieser kann zu Geschwindigkeitsfluktuationen führen, gemäß den räumlichen Geschwindigkeitsdifferenzen, was durch Anpassung des optischen
Systems an die zu untersuchende Strömung minimiert werden kann. Falls die
Anpassung die gradientenbedingten Geschwindigkeitsfluktuationen nicht auf
ein annehmbares Maß reduziert, so müssen die Enddaten korrigiert werden,
wie es in den Abschnitten 7.29 und 7.30 erklärt wurde.

Die Einflüsse von Schallfeldern, Temperaturgradienten, usw. auf die Teilchenbewegung werden in Kapitel 10 diskutiert und sollten bei der Messung
von Fluidgeschwindigkeiten berücksichtigt werden. Der Einfluß von Gradienten in der Teilchenkonzentration auf die Signalfrequenzbestimmung kann
ebenso eine sorgfältige optische Auslegung und mögliche Korrekturen erfordern.

Zusätzlich zu diesen optischen Fehlern, die durch eine geeignete optische
Auslegung minimiert oder gar oft eliminiert werden können und zu Fehlern,
die durch das Strömungssystem und seine Umgebung bedingt sind, gibt es
Effekte des elektronischen Systems, die verstanden werden müssen, um eine
Systemoptimierung und Datenkorrektur durchzuführen. Einige dieser Effekte
wurden in Kapitel 7 und 8 erläutert. Sie werden hier in den Abschnitten 9.3
bis 9.7 im Zusammenhang mit Zähltechniken erneut aufgegriffen. Das vorliegende Kapitel hebt hervor, daß Fehler sowohl aufgrund fehlerhafter, individueller Doppler-Frequenzmeßfehler auftreten können, als auch infolge der
Mittelungsmethoden, die auf korrekte, individuelle Messungen angewandt
wurden. Beide Fehlerquellen werden im Detail diskutiert und Vorschläge zu
ihrer Elimination angegeben. Im ersten Teil des Kapitels werden Fehlerquellen, die bei Messungen individueller Doppler-Frequnzen entstehen können, identifiziert und ein optimales Countersystem beschrieben. Der letzte
Teil des Kapitels faßt das vorhandene Wissen über die Signalerfassung und
deren Einfluß auf die Berechnung von Mittelwerten zusammen.

9.3 DOPPLER-FREQUENZMESSUNGEN, 2:
SPEKTRUMSVERBREITERUNG INFOLGE ENDLICHER SIGNALDAUER

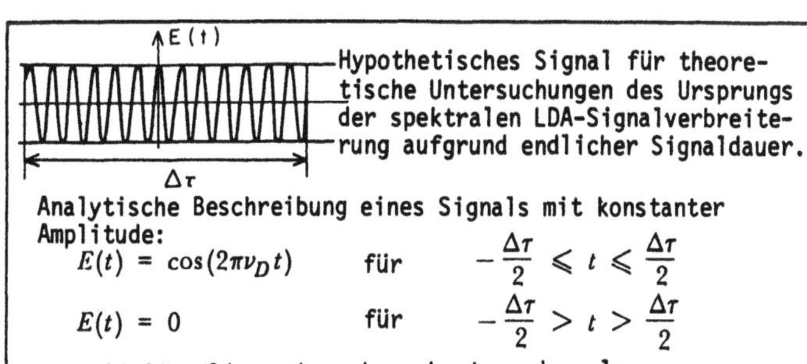

$$E(t) = \cos(2\pi\nu_D t) \qquad \text{für} \qquad -\frac{\Delta\tau}{2} \leqslant t \leqslant \frac{\Delta\tau}{2}$$

$$E(t) = 0 \qquad \text{für} \qquad -\frac{\Delta\tau}{2} > t > \frac{\Delta\tau}{2}$$

$$\Delta\tau = \frac{N_{ph}}{\nu_D}$$

Es wurde in Kapitel 7 gezeigt, daß Signalverarbeitungssysteme, welche die Doppler-Frequenzinformation im Frequenzbereich bestimmen, im allgemeinen amplitudenempfindlich sind, so daß die endgültige Information von der Dauer der Doppler-Signale abhängt. Dies kann anhand des obigen idealisierten Doppler-Signals verdeutlicht werden, dessen Amplitude über die Zeit $\Delta\tau$ konstant gehalten wurde. Setzt man den Zeitursprung in die Mitte des Signals, so kann man den zeitlichen Signalverlauf analytisch, wie folgt, ausdrücken:

$$E(t) = \cos(2\pi\nu_D t) \quad \text{for} \ -\Delta\tau/2 \leqslant t \leqslant \Delta\tau/2$$
$$E(t) = 0 \qquad\qquad \text{for} \ -\Delta\tau/2 > t > \Delta\tau/2 \,.$$

Die Fourier-Transformierte von E(t) ist gegeben durch:

$$F(E) = \frac{1}{2}\int_{-\Delta\tau/2}^{+\Delta\tau/2} \left[\exp(-i2\pi\nu_D t) + \exp(i2\pi\nu_D t)\right] \exp(-i2\pi\nu t)dt$$

oder nach der Auswertung:

$$F(E) = \frac{\Delta\tau}{2}\left[\frac{\sin[\pi(\nu_D-\nu)\Delta\tau]}{\pi(\nu_D-\nu)\Delta\tau}\right] + \frac{\Delta\tau}{2}\left[\frac{\sin[\pi(\nu_D+\nu)\Delta\tau]}{\pi(\nu_D+\nu)\Delta\tau}\right] \,.$$

Wenn das Frequenzspektrum genügend schmalbandig ist, so daß $(\nu_D+\nu)$ und $(\nu_D-\nu)$ sich nicht überlappen, kann das Leistungsspektrum wie folgt geschrieben werden:

$$A^2(\nu) = \Delta\tau^2\left[\frac{\sin[\pi(\nu_D-\nu)\Delta\tau]}{\pi(\nu_D-\nu)\Delta\tau}\right]^2 \,.$$

Die obige Berechnung für das Leistungspektrum sagt aus, daß die spektrale Bandbreite in Beziehung zur Signaldauer steht; sie ist umgekehrt proportional zum Zeitabschnitt $\Delta\tau$. Folglich weist selbst in laminaren, stationären Strömungen das Spektrum eines Laser-Doppler-Anemometers eine endliche Bandbreite auf:

$$\delta\nu_D \sim 1/\Delta\tau = \nu_D/N_{ph}.$$

Die relative, spektrale Bandbreite ist der reziproken Anzahl der Zyklen eines Bursts proportional:

$$\delta\nu_D/\nu_D \sim 1/N_{ph}.$$

Vernachlässigt man die Signalverbreiterung infolge der endlichen Signaldauer, so müßte man das resultierende Doppler-Spektrum als Folge eines turbulenten Strömungsfeldes deuten und folglich fehlerhafte Messungen erhalten. In turbulenten Strömungsfeldern ist der Verbreiterung des Frequenzspektrums eine Turbulenzverbreiterung überlagert:

$$\sigma^2_{mes} = \sigma^2_{lam} + \sigma^2_{tur}.$$

Die Größe der Transitzeitkorrektur kann zwar oft klein gehalten werden, sie verhütet aber immer noch genaue Messungen in Strömungen mit niedrigem Turbulenzgrad. In solchen Fällen sollten Instrumente, die im Frequenzbereich arbeiten, nicht verwendet werden. Im Gegensatz dazu sind Instrumente, die in der Zeitebene arbeiten, frei von Transitzeiteffekten und sollten daher in diesen und vielen anderen Strömungen bevorzugt werden (siehe Abschnitt 9.8).

9.4 DOPPLER-FREQUENZMESSUNGEN, 3: ANALYTISCHE BESCHREIBUNG VON DOPPLER-SIGNALEN

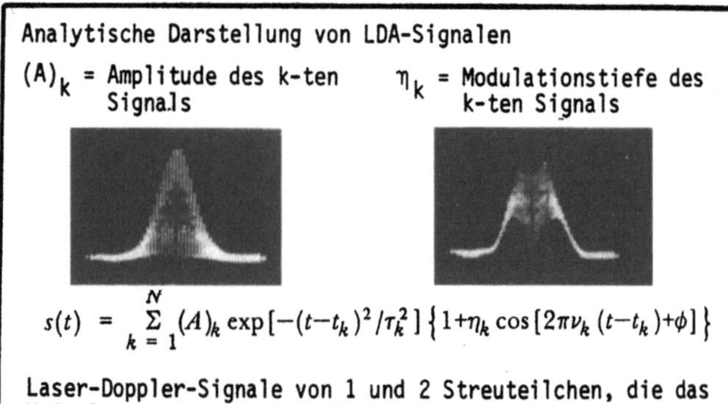

Weitere Nachteile von Signalverarbeitungssystemen, die im Frequenzbereich arbeiten, können an einem analytischen Ausdruck für LDA-Signale aufgezeigt werden. Nach den Argumenten von Kapitel 3 kann bewiesen werden, daß Laser-Doppler-Signale, die aus Beiträgen von Einzelteilchen gleicher Geschwindigkeit bestehen, sowohl bei der Zweistrahl- als auch bei der Referenzstrahlmethode sich additiv verhalten, wenn die Größe des Meßvolumens relativ zur Entfernung des Detektors klein ist. Folglich gilt:

$$s(t) = \sum_{k=1}^{N} s_k(t) \; ,$$

wobei $s_k(t)$ das Signal des k-ten Teilchens darstellt. Berücksichtigt man die Gaußsche Lichtintensitätsverteilung und den Einfluß der Streuteilchengröße auf die Signalmodulation, so ergibt sich:

$$s(t) = \sum_{k=1}^{N} (A)_k \exp[-(t-t_k)^2/\tau_k^2] \left\{ 1 + \eta_k \cos[2\pi\nu_k(t-t_k) + \phi] \right\} \; ,$$

wobei $(A)_k$ die Signalamplitude des k-ten Teilchens ist, t_k die Zeit, zu der das Teilchen die Mittellinie des Meßvolumens überquert, τ_k ein Maß für die Signaldauer und η_k die Modulationstiefe des k-ten Signals darstellt.

Der obige Ausdruck kann benutzt werden, um Signale zu berechnen, die von Einzelteilchen, Teilchenpaaren oder von Vielfachteilchen verursacht wurden. Die Signale in der obigen Dia-Vorlage wurden von Durst und Venkatesh (1980) für ein und zwei Teilchen berechnet. Sie zeigen, daß eine reduzierte Modulationstiefe in einem Teil des Signals für zwei Teilchen auftrat, da die zwei Teilchen nicht in Phase bezüglich des Interferenzstreifenabstandes ankamen.

Die folgenden zwei Seiten bestätigen, daß Signale, die aus dem Streulicht mehrerer Teilchen bestehen, zu einer effektiven Transitzeitverbreiterung führen, wenn sie von Meßgeräten interpretiert werden, die im Frequenzbereich arbeiten. Deshalb muß Zählsystemen unter solchen Umständen oft der Vorzug gegeben werden. Da die Phasenfluktuationen mit wachsender Teilchenanzahl ansteigen, variiert die Signalamplitude drastisch. Triggerpegel in Countern stellen normalerweise sicher, daß nur solche Signalanteile einen Beitrag zur individuellen Frequenzmessung leisten, die nicht stark durch Phasenfluktuationen beeinflußt sind.

9.5 DOPPLER-FREQUENZMESSUNGEN, 4:
EINFLUSS VON FILTERN ENDLICHER BANDBREITE

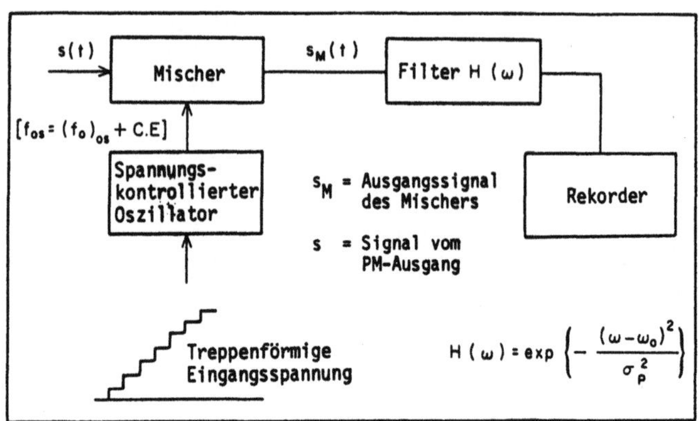

Mit Hilfe des analytischen Ausdrucks aus Abschnitt 9.4 konnten Durst und Venkatesh (1980) den Einfluß endlicher Filterbandbreiten in Frequenzanalysatorsystemen auf das Laser-Doppler-Spektrum untersuchen. Sie führten einen idealen Filter in ihre Ableitungen ein, indem sie die Kennlinie des engen Bandpaßfilters als Gaußförmig spezifizierten, z.B.

$$H(\omega) = \exp\left\{-(\omega - \omega_o)^2/\sigma_p^2\right\}.$$

Nach dem Mischer hat das Signal die Form:

$$s_M(t) = \sum_{k=1}^{N} (A)_k \exp[-(t-t_k)^2/T_k^2]\cos(2\pi f_{os}t)\left\{1 + \eta_k \cos[2\pi\nu_k(t-t_k) + \phi]\right\},$$

wobei die Phase φ die Position des Interferenzstreifensystems bezüglich der Gaußschen Lichtintensitätsverteilung des Laserstrahls beschreibt und somit ohne Einschränkung der Allgemeingültigkeit gleich Null gesetzt werden kann. Deshalb kann der obige Ausdruck in die folgende Form umgeschrieben werden, falls

$$\omega_0 S = 2\pi f_{OS}, \; \omega_k = 2\pi\nu_k, \; T_k = (t - t_k)$$

und $\Phi_k = \omega_{OS} t_k$ eingeführt werden.

$$s_M(t) = \sum_{k=1}^{N} (A)_k \exp[-T_k^2/T_k^2]\left[\cos(\omega_{os}T_k + \phi_k) + \frac{\eta_k}{2}\left\{\cos[(\omega_{os} - \omega_k)T_k + \phi_k] + \cos[(\omega_{os} + \omega_k)T_k + \phi_k]\right\}\right].$$

Die Fourier-Transformierte dieses Signals lautet:

$$F(s_M) = F(\omega) = \sum_{k=1}^{N} (A_p)_k \sqrt{\pi} \, \tau_k \, \frac{1}{2} \left[\exp[-\frac{\tau_k^2}{4} (\omega - \omega_{os})^2 + j\phi_k] + \right.$$

$$+ \exp[-\frac{\tau_k^2}{4} (\omega + \omega_{os})^2 - j\phi_k] + \frac{\eta_k}{2} \left\{ \exp[-\frac{\tau_k^2}{4} (\omega - \omega_{os} + \omega_k)^2 + j\phi_k] \right.$$

$$+ \exp[-\frac{\tau_k^2}{4} (\omega + \omega_{os} - \omega_k)^2 - j\phi_k] + \exp[-\frac{\tau_k^2}{4} (\omega - \omega_{os} - \omega_k)^2 + j\phi_k]$$

$$\left. \left. + \exp[-\frac{\tau_k^2}{4} (\omega + \omega_{os} + \omega_k)^2 - j\phi_k] \right\} \right] .$$

Dieses Signal wird von dem Filter endlicher Bandbreite des obigen Spektrum-analysatorsystems wahrgenommen. Das Spektrum dieses Signals nach dem Filter lautet:

$$G(\omega) = F(\omega) \, H(\omega) .$$

9.6 DOPPLER-FREQUENZMESSUNGEN, 5: EINFLUSS VON FILTERN ENDLICHER BANDBREITE

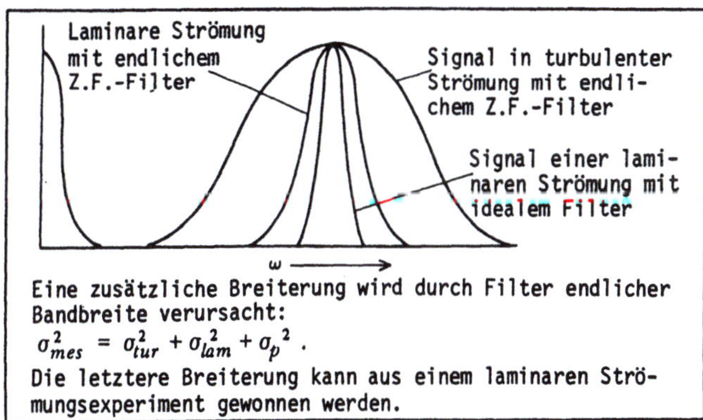

Die Fourier-Transformierte des Signals nach Bandpaßfilterung endlicher Breite, d.h. G(ω), besteht aus mehreren Anteilen, die symmetrisch zur Oszillatorfrequenz f_{os} liegen und mit dem Gleichanteil des Doppler-Signals sowie den Signalanteilen aus der Summe und der Differenz von Doppler- und Oszillatorfrequenzen korrespondieren.

Gibt es keine Interferenz zwischen den verschiedenen Teilen des Gesamtspektrums, so genügt die Betrachtung solcher Teile des Spektrums, für die

$\omega \gg \omega_{0S}$ gilt. $G(\omega)$ kann geschrieben werden als:

$$G(\omega) = \sum_{k=1}^{N} (A_p)_k \sqrt{\pi} \, \tau_k \, \frac{1}{2} \left\{ \exp\left[-\frac{\tau_k^2}{4}(\omega-\omega_{os})^2\right] + \frac{\eta_k}{2} \left\{ \exp\left[-\frac{\tau_k^2}{4}(\omega-\omega_{os}+\omega_k)^2\right] \right. \right.$$

$$\left. \left. + \exp\left[-\frac{\tau_k^2}{4}(\omega-\omega_{os}-\omega_k)^2\right] \right\} \right\} \exp[j\phi_k] \, \exp\left[-\frac{(\omega-\omega_o)^2}{\sigma_p^2}\right]$$

Die Kontrolle der Bandbreite des Analysatorfrequenzantriebs gestattet die
Betrachtung nur der wichtigen Teile des Spektrums

$$G_D(\omega) = \frac{\sqrt{\pi}}{4} \sum_{k=1}^{N} (A_p)_k \, \tau_k \eta_k \left\{ \exp\left[-\frac{\tau_k^2}{4}(\omega-\omega_{os}+\omega_k)^2 - \frac{1}{\sigma_p^2}(\omega-\omega_o)^2\right] \right\} \exp[j\phi_k] \, .$$

Es wird angenommen, daß das Signal mit der obigen Fourier-Transformierten
vom Detektorsystem erfaßt wird und somit ein aufgezeichnetes Signal liefert, das proportional ist zu:

$$A \sim \left[\left| \int_{-\infty}^{+\infty} G_D(\omega) d\omega \right| \right]^2 \, .$$

Die Integration liefert:

$$A \sim \frac{\pi^2}{16} \left\{ \left| \sum_{k=1}^{N} \frac{(A_p)_k \eta_k}{\sqrt{1+(\frac{2}{\sigma_p \tau_k})^2}} \left\{ \exp\left[- \frac{1}{\sigma_p^2 \left[1+(\frac{2}{\tau_k \sigma_p})^2\right]}(\omega_{os}-\omega_k-\omega_o)^2 \right] \right\} \exp[j\phi_k] \right| \right\}^2 \, .$$

Diese Gleichung zeigt, daß die endliche Bandbreite des Filters eine zusätzliche Verbreiterung des Laser-Doppler-Spektrums bewirkt. Folglich können in
der Praxis mit Frequenzanalysatoren keine Messungen in Strömungen mit niedriger Turbulenz ohne Endkorrekturen vorgenommen werden.

9.7 DOPPLER-FREQUENZMESSUNGEN, 6: RAUSCHQUELLEN

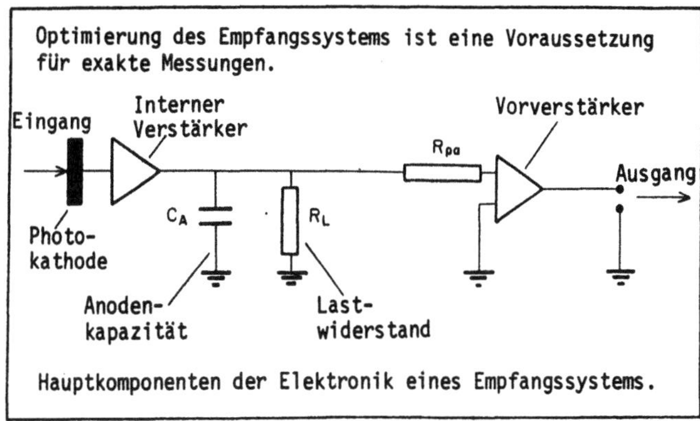

Elektronisches Rauschen wurde in Abschnitt 9.2 als eines der Phänomene erwähnt, das weder durch Anpassung des optischen Systems an die Strömungssituation noch durch Optimierung der Optikauslegung beseitigt werden kann. Es ist immer in Doppler-Signalen vorhanden und muß vor allem bei der Anwendung von Countern minimiert werden, da dieses Rauschen leicht als Geschwindigkeitsinformation interpretiert werden kann, sofern keine Unterdrückungsmaßnahmen getroffen werden.

Das Schaubild zeigt schematisch die Hauptbestandteile eines Detektorsystems und deutet an, welche davon zum Signalrauschen beitragen. Der Eingang zum Photodetektor besteht aus einem elektromagnetischen Feld, dessen Intensität sich mit der Doppler-Frequenz sinusförmig ändert. Sobald das Feld mit dem Kathodenmaterial in Wechselwirkung tritt, muß die Quantennatur des Lichtes berücksichtigt werden, damit die Anzahl der Elektronen, die das Kathodenmaterial zu einem bestimmten Zeitpunkt verlassen aus der eintreffenden Lichtleistung bestimmt werden kann. Infolge der begrenzten Quanteneffizienz weist das Signal nach der Photokathode ein inhärentes Rauschniveau auf, das mit der Formel für das Schrotrauschen berechnet werden kann:

$$\overline{i_p^2} = 2eI_{pc}\Delta f.$$

Darüber hinaus senden die meisten Kathodenmaterialien Elektronen infolge ihrer endlichen Temperatur aus und dies verursacht einen Dunkelstrom, der gegeben ist durch:

$$\overline{i_d^2} = 2eI_o\Delta f.$$

Photodetektoren können interne Verstärker enthalten, welche die von der Kathode kommenden Ströme um einen Faktor M verstärken:

$$M^2(\overline{i_p^2} + \overline{i_d^2}) = 2M^2 e(I_{pc} + I_o)\Delta f .$$

Einige dieser Verstärker verursachen ein zusätzliches Rauschen, das durch Einführen eines Überschußfaktors F berücksichtigt werden kann, so daß das Rauschen eines internen Verstärkers geschrieben werden kann als:

$$\overline{i_{ex}^2} = (F-1)M^2(\overline{i_p^2} + \overline{i_d^2}) .$$

Die obigen Rauschterme müssen berücksichtigt werden, falls das Signal-Rausch-Verhältnis von Laser-Doppler-Signalen bestimmt werden soll. Darüber hinaus sind durch parasitäre Kapazitäten und äußere Widerstände Rauschbeiträge zu erwarten. Wie von Humphrey, Melling und Whitelaw (1975) gezeigt wurde, können Countersysteme zufriedenstellend mit SNR > 8 dB arbeiten.

Eine Steigerung des Signal-Rausch-Verhältnisses zwischen dem Vorverstärker und der verarbeitenden Elektronik läßt sich durch eine schmalbandige Filterung erreichen. Ebenso wird die Filterung zur Elimination des Signalgleichanteils durchgeführt (Abschnitte 9.20 bis 9.22).

9.8 FREQUENZMESSUNGEN MITTELS ZÄHLTECHNIKEN

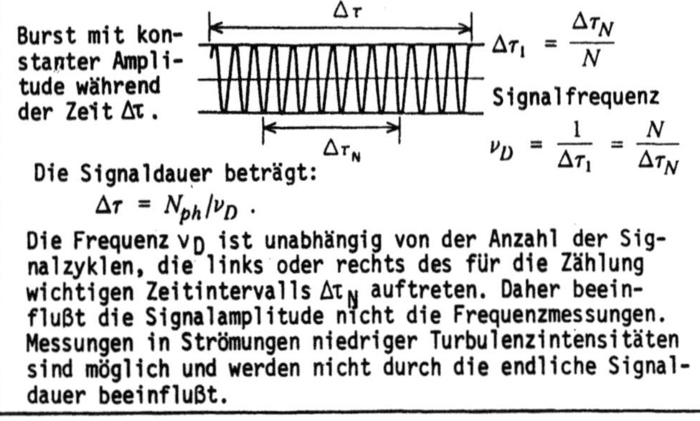

Messungen von Laser-Doppler-Frequenzen in der Zeitebene können mit Zähltechniken vorgenommen werden und zur Erklärung der grundlegenden Prinzipien der Zählmethoden ist im Schaubild ein idealisiertes Doppler-Signal gezeigt. Dieses Signal ist von konstanter Amplitude und weist eine Signaldauer $\Delta\tau$ auf, die groß gegenüber dem Kehrwert der Doppler-Frequenz ist, so daß mehrere Signalzyklen innerhalb des Bursts liegen.

Wird das obige Signal von einem elektronischen System verarbeitet, das die Signaldauer $\Delta\tau_N$ einer vorgewählten Anzahl von Signalzyklen mißt, so kann die Frequenz aus der gemessenen Information gemäß folgender Formel errechnet werden:

$$\nu_D = \frac{N}{\Delta\tau_N} \ .$$

Für das ideale Signal ist der Wert von ν_D unabhängig von N, solange $N \ll N_{max}$ ist und kann sogar aus einem einzigen Zyklus berechnet werden, z.B.:

$$\nu_D = \frac{1}{\Delta\tau_1} \ .$$

Für die Anwendung auf Doppler-Signale ist dies eine wichtige Eigenschaft aller Elektroniksysteme, die im Zeitbereich arbeiten:

o Erfassungssysteme im Zeitbereich liefern Frequenzmessungen, die unabhängig von der Burstdauer sind, d.h. die Anzahl der Zyklen in einem Burst beeinflußt nicht die Messungen der Signalfrequenz.

Die Verbreiterung des Frequenzspektrums ist nur eine Eigenschaft jener Auswertesysteme, die im Frequenzbereich arbeiten (siehe Abschnitt 9.3). Die Verbreiterung infolge endlicher Signaldauer ist also keine inhärente Eigenschaft der Signalverarbeitung in der Laser-Doppler-Anemometrie.

Dies stellt einen grundlegenden Unterschied zwischen Signalverarbeitungssystemen, die im Frequenzbereich arbeiten und solchen die im Zeitbereich arbeiten, dar. Mit Zeitbereichsinstrumenten ist es möglich, eine einzelne Periode zu vermessen, um die Geschwindigkeit einer laminaren Strömung daraus abzuleiten. Dies ist infolge der Transitzeiteffekte mit einem im Frequenzbereich arbeitenden Gerät nicht möglich. Die Genauigkeit der Einzelperiodenmessung des Countersystems hängt jedoch vom Signal-Rausch-Verhältnis ab.

9.9 FREQUENZMESSUNGEN MITTELS ZÄHLTECHNIKEN, 2: EINFLUSS DES RAUSCHENS

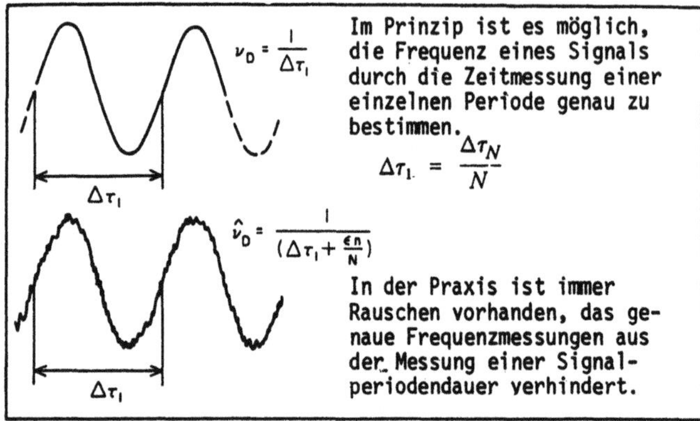

Da die Transitzeit- und Bandpaßfiltereffekte von Geräten, die in der Frequenzebene arbeiten, bei Zeitbereichsmeßgeräten nicht in Erscheinung treten, kann hier vorausgesehen werden, daß inhärentes Rauschen die Hauptursache von "Zählfehlern" darstellt. Daher muß die Auswirkung des Rauschens auf die Meßgenauigkeit verstanden werden, damit dieser Effekt auf ein Minimum reduziert werden kann.

Wird ein sinusförmiges Signal der Frequenz ν_D betrachtet, so ist die Zeit zwischen zwei aufeinanderfolgenden Nulldurchgängen über das gesamte Signal stets die gleiche, denn sie ergibt sich aus:

$$\Delta\tau_1 = \frac{1}{\nu_D} \ .$$

In Gegenwart von Rauschen schwanken die Zeiten zwischen zwei aufeinanderfolgenden Nulldurchgängen um einen Mittelwert $\Delta\tau_1$, mit einer mit dem Rauschniveau zunehmenden Standartabweichung. Aus den individuellen Zeitmessungen zwischen zwei Nulldurchgängen kann die momentane Signalfrequenz berechnet werden:

$$\hat{\nu}_D = \nu_D + \delta\nu_D = \frac{1}{(\Delta\tau_1 + \epsilon_n)} = \frac{1}{\Delta\tau_1}\left[1 + \frac{\epsilon_n}{\Delta\tau_1} + \ldots\right] \ .$$

Eine Zeitmittelung über diese Gleichung ergibt die obige Formel für die mittlere Signalfrequenz. Die Frequenzabweichung ist gegeben durch:

$$\frac{\delta\nu_D}{\nu_D} = \frac{\epsilon_n}{\Delta\tau_1} \ .$$

Falls die Frequenzmessungen nicht über die Zeit zwischen zwei, sondern über die Zeit zwischen N Nulldurchgängen erfolgt, verändert sich die obige Beziehung zu:

$$\hat{\nu}_D = \nu_D + \delta\nu_D = \frac{N}{(\Delta\tau_N + \epsilon_n)} = \frac{1}{\Delta\tau_1}\left[1 + \frac{\epsilon_n}{\Delta\tau_1 N} + \cdots\right].$$

Daraus zeigt sich, daß der Fehler, der bei Zeitmessungen infolge von Rauschen auftritt, durch das Messen vieler Signalperioden verringert werden kann; je höher die Anzahl der gemessenen Signalperioden ist, desto genauer erfolgt die Frequenzmessung. Daher sollten bei der Konstruktion eines möglichst effizienten elektronischen Systems für Laser-Doppler-Messungen über alle Perioden eines Doppler-Bursts gemessen werden, da eine Verringerung der Anzahl der Nulldurchgänge die Meßgenauigkeit unnötigerweise herabsetzt.

9.10 FREQUENZMESSUNGEN MITTELS ZÄHLTECHNIKEN, 3: ZEITMESSFEHLER INFOLGE BEGRENZTER ZEITAUFLÖSUNG

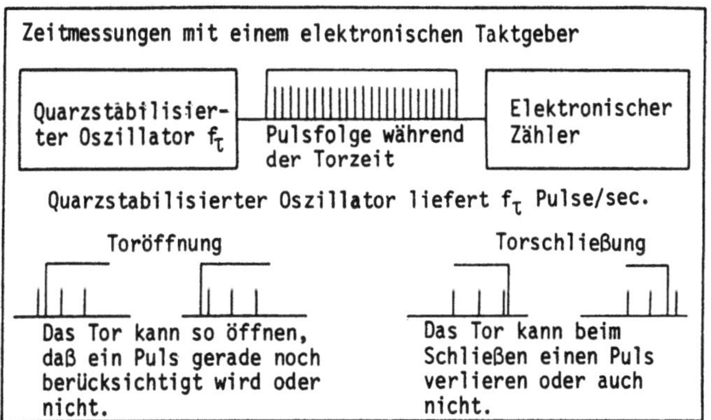

In Abschnitt 9.9 wurde argumentiert, daß die Zeitmessung exakt ist. Dies trifft jedoch in der Praxis nicht uneingeschränkt zu, da Zeitmessungen durch das Zählen von Pulsen erfolgen, welche von einem Präzisionsoszillator mit konstanter Frequenz f_τ geliefert werden. Geräte dieser Art haben eine begrenzte Zeitauflösung entsprechend $1/f_\tau$. Die Zeitauflösung stellt eine Genauigkeitsgrenze für die von Countern gemessenen Signalfrequenzen dar.

Innerhalb der Zeit zwischen zwei Nulldurchgängen eines sinusförmigen Signals erzeugt ein Counter-Taktgeber $\Delta\tau_1 \times f_\tau = N_{\tau_1}$ Pulse. Wird die Anzahl der Pulse während einer großen Toröffnungszeit gezählt und wurden die Pulse von einem rauschfreien Signal konstanter Frequenz abgeleitet, so weichen die

Zählwerte um maximal ± 1 Puls voneinander ab. (± 1 Zählunsicherheit). Der maximale Zeitfehler kann deshalb berechnet werden gemäß:

$$\epsilon_T = \pm \frac{1}{f_T}$$

beziehungsweise der relative Zeitfehler zu

$$\epsilon_T / \Delta \tau_1 = \nu_D / f_T \; .$$

Die obige Beziehung verdeutlicht, daß die Taktfrequenz elektronischer Counter verglichen mit der gemessenen Signalfrequenz sehr groß sein sollte, um reduzierte Genauigkeiten infolge von Zeitfehlern zu vermindern.

Falls Frequenzmessungen mit N_{ph} Nulldurchgängen erfolgen, so gilt folgende Beziehung:

$$\Delta \tau_N = \frac{N_{ph}}{\nu_D} \qquad \epsilon_T = \pm \frac{1}{f_T} \; .$$

Der relative Zeitfehler ergibt sich aus:

$$\frac{\epsilon_T}{\Delta \tau_N} = \frac{\nu_D}{N_{ph} \, f_T} \; .$$

Diese Beziehung erlaubt es abermals, die schon in Abschnitt 9.9 erwähnten Schlußfolgerungen zu ziehen. Ein optimales Signalverarbeitungssystem sollte möglichst alle Signalzyklen innerhalb eines Doppler-Bursts verwenden, um den Zeitfehler zu verringern. Gleichermaßen läßt sich die Meßgenauigkeit durch eine Steigerung der Taktfrequenz des elektronischen Zeitgebers erhöhen.

9.11 FREQUENZMESSUNGEN MITTELS ZÄHLTECHNIKEN, 4: MEHRDEUTIGKEITSFEHLER BEI FESTTORCOUNTERN

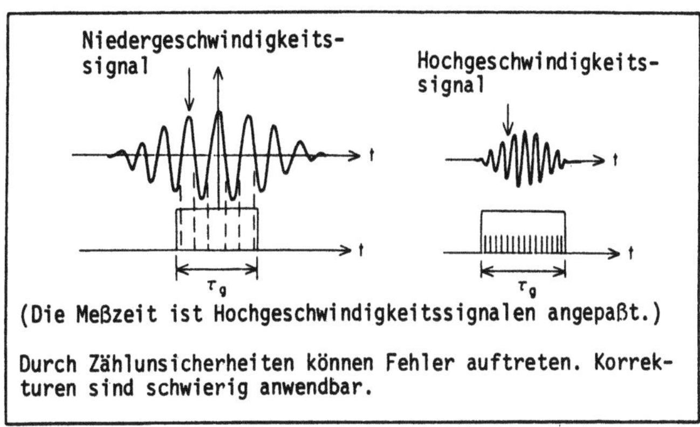

Berücksichtigt man die Grundlagen der Frequenzmessung mittels elektronischer Counter, wie sie in Abschnitt 9.8 erklärt sind, können Doppler-Frequenzmessungen in laminaren Strömungen mit Festtorzeitzähltechniken durchgeführt werden. Eine geeignete Torzeit kann vorgegeben werden:

$$\tau_g = \frac{(N_{ph})_{min}}{\nu_D} \quad .$$

Für genaue Messungen ist eine Logik erforderlich, um Signale mit weniger als (N_{ph})min Zyklen zu unterdrücken. Aufgrund dieser Tatsache ist die Bestimmung von Geschwindigkeitsfeldern mit Countern, die vorgesetzte Torzeiten aufweisen, ein mühsames Unterfangen.

Bei schnellen Geschwindigkeitsschwankungen über der Zeit, wie sie in turbulenten Strömungen erwartet werden, können Countersysteme mit festen Torzeiten praktisch nicht zur Verarbeitung von Laser-Doppler-Signalen eingesetzt werden. Das rührt daher, daß die Einstellung der Torzeit von der Signalfrequenz abhängt, welche vor der Messung noch unbekannt ist. Die Wahl der Torzeit, entsprechend einer in der Strömung vorliegenden Geschwindigkeit, löst dieses Problem nicht. Dies geht aus dem obigen Schaubild hervor, wo auch gezeigt wird, daß echte Fehler infolge Zählunsicherheiten in der Zeitmessung bei Niedergeschwindigkeitssignalen auftreten können, wenn die Torzeit den Hochgeschwindigkeitssignalen angepaßt ist. Eine Abschätzung dieses Fehlers ist anhand einer Torzeitbetrachtung möglich:

$$\tau_g = \frac{N_{ph}}{(\nu_D)_h} \quad .$$

332

In dieser Zeit kann für die Niedergeschwindigkeitskomponente die folgende
Anzahl an Signalperioden erwartet werden:

$$N_\ell = \tau_g \, (\nu_D)_h = N_{ph} \, \frac{(\nu_D)_\ell}{(\nu_D)_h} \quad .$$

Der relative Fehler infolge der Zählunsicherheit ergibt sich zu:

$$\frac{(\nu_D)_h}{N_{ph}(\nu_D)_\ell} \quad .$$

Folglich kann der Fehler umso größer sein, je breiter der Geschwindigkeitsbereich ist.

9.12 FREQUENZMESSUNGEN MITTELS ZÄHLTECHNIKEN, 5: ZEITFEHLER BEI FESTZEITTORCOUNTERN

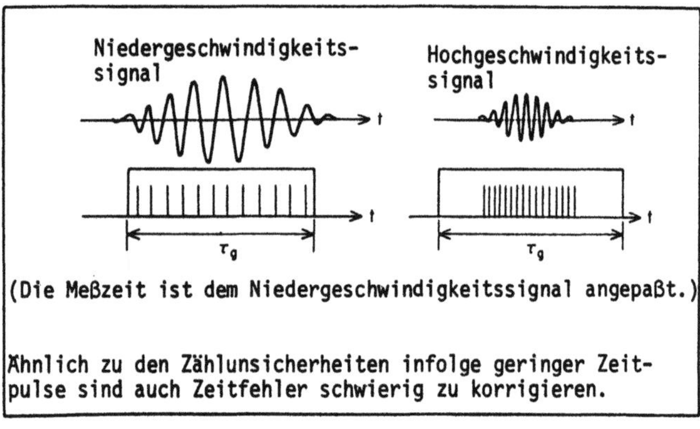

Aus den in Abschnitt 9.11 erwähnten Problemen könnte man annehmen, daß diese Schwierigkeiten durch die Anpassung der Torzeit an die Hochgeschwindig-
keitskomponente verursacht werden und daß eine Anpassung an die Niedergeschwindigkeitskomponente besser wäre. Dies reduziert zwar den +1 Puls Mehr-
deutigkeitsfehler bei der Anzahl der Nulldurchgänge, bewirkt aber erhebliche Zeitfehler bei der Frequenzmessung von Hochgeschwindigkeitssignalen.
Dieser Zeitfehler ist im obigen Schaubild angedeutet; er wird verursacht
durch die lange Torzeit, welche die Signaldauer von Hochgeschwindigkeits-
bursts übersteigt. Folglich wird der Anzahl der Nulldurchgänge innerhalb
des Bursts eine falsche Zeit zugeordnet, weshalb eine zu niedrige Frequenz
gemessen wird. Tatsächlich ergeben Frequenzmessungen, die mit fester Torzeit durchgeführt werden, sofern diese Torzeit auf die Niedergeschwindig-
keitskomponenten abgestimmt ist, die gleiche Frequenz für all jene Signale,

welche dieselbe Anzahl von Signalperioden aufweisen. Ein Zähler kann auf diese Weise eher dazu benutzt werden, die Anzahl der Signalzyklen eines Bursts zu messen, anstatt die Signalfrequenz zu bestimmen.

Die Erläuterungen in den Abschnitten 9.11 und 9.12 zeigen, daß Frequenzmessungen von Laser-Doppler-Signalen mit Countern nicht mit festen Torzeiten erfolgen dürfen. Die allgemeineren Betrachtungen, die in den Abschnitten 9.8 bis 9.10 vorgestellt sind, erlauben es, einige Schlußfolgerungen zu ziehen, die für die Auslegung eines optimalen Signalverarbeitungssystems zur Messung von Doppler-Frequenzen wichtig sind.

a) Für die Frequenzmessungen mittels Zähltechniken sollte eine große Anzahl von Doppler-Perioden ausgewertet werden, um den negativen Einfluß des Rauschens auf die Meßgenauigkeit zu verringern. Eine Verringerung der Anzahl an ausgewerteten Signalperioden auf 16 oder 8, wie es bei einigen kommerziellen Countern vorkommt, führt zu einem nichtoptimalen Signal-verarbeitungssystem.
b) Die Frequenz des elektronischen Taktgebers sollte viel größer als die Doppler-Frequenz sein. Um einen geringen Genauigkeitsverlust zu gewähr-leisten, sollte das Tor jeweils mit dem ersten Signalnulldurchgang ge-öffnet und mit dem letzten geschlossen werden.
c) Im Sinne genauer Frequenzmessungen sollte die Anzahl von Nulldurchgängen in einem Burst so groß wie möglich sein. Deshalb verursacht das Zählen von 8 oder 16 Nulldurchgängen bei einer festen Taktfrequenz für die Zeitmessung eine unnötige Verminderung der Meßgenauigkeit.

Die Abschnitte 9.11 und 9.12 verdeutlichen, daß die Torzeit für die Zählung der Taktpulse der Dauer des Laser-Doppler-Signals angepaßt werden sollte und daß Elektroniken für LDA-Frequenzmesssungen als Periodendauer-Meßsyste-me arbeiten sollten.

9.13 ARBEITSPRINZIPIEN VON FREQUENZZÄHLERN, 1

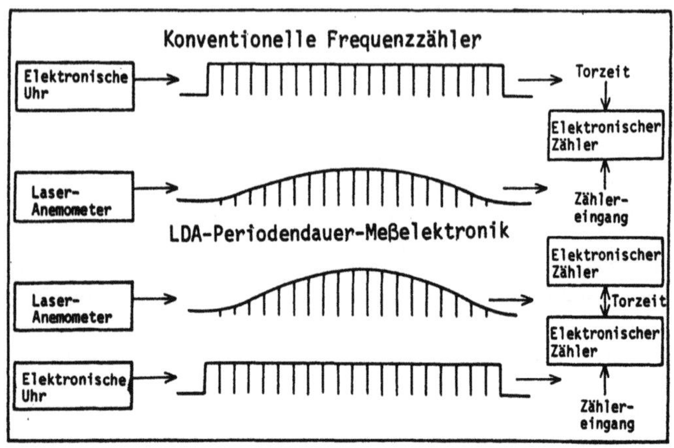

Im Abschnitt 9.12 wurden die Hauptanforderungen für ein optimales elektronisches System angegeben. Vergleicht man diese Anforderungen mit den Eigenschaften konventioneller Frequenzzähler, so ergibt sich, daß letztere nicht optimal arbeiten und zu fehlerhaften Messungen führen können.

Konventionelle Frequenzzähler mit fester Torzeit verwenden eine elektronische Uhr, um einen Counter anzusteuern, der die Nulldurchgänge von Doppler-Signalen zählt. Folglich sollten Torzeit und Signaldauer aneinander angepaßt sein, was eine Vorinformation über die zu messende Geschwindigkeit erfordert. Darüber hinaus wird das Tor simultan mit den Taktpulsen der Uhr geöffnet und geschlossen. Ist die Taktfrequenz zu klein, so können genaue Messungen nur für niedrige Doppler-Frequenzen erhalten werden.

Die auftretenden Probleme, wenn konventionelle Countertechniken zur Auswertung von Signalen mit großen Frequenzschwankungen benutzt werden, lassen sich eliminieren durch die Verwendung von Periodendauermeßsystemen. Diese Techniken messen die Zeit, die ein Teilchen benötigt, um eine vorgesetzte Anzahl von Interferenzstreifen zu durchqueren und nicht die Anzahl der Interferenzstreifen, die in einer vorgesetzten Zeit überquert werden. Das bedeutet, daß Periodendauermeßmethoden die Nulldurchgänge des Anemometersignals verwenden, um einen Counter zu steuern, der die Pulse einer elektronischen Uhr zählt. Diese Methoden führen selbst bei kleinen Torzeiten zu einem großen Zählwert und folglich zu kleinen Mehrdeutigkeitsfehlern.

Es ist ersichtlich, daß die Periodendauermessung die für Laser-Doppler-Anemometer-Messungen erforderlichen Frequenzinformationen enthält und darüber hinaus viele mögliche Fehler von Frequenzzählern vermeidet. Periodenzeitkonfigurationen müssen deshalb bevorzugt werden, wobei die Systemauslegung sehr sorgfältig erfolgen muß, wie in den folgenden Abschnitten beschrieben.

Das obige Schaubild zeigt, daß bei Periodendauermeßgeräten die Anzahl der Nulldurchgänge des Doppler-Bursts und die Anzahl der Nulldurchgänge der elektronischen Uhr gezählt werden müssen. Der Informationsgehalt beider Counter liefert die zu bestimmende Doppler-Frequenz:

$$\nu_D = (N_0)/(N_c \cdot \Delta\tau_c)$$

wobei N_0 = Anzahl der Nulldurchgänge;
N_c = Anzahl der Taktpulse und
$\Delta\tau_c$ = Taktperiode.

9.14 ARBEITSPRINZIPIEN VON FREQUENZZÄHLERN, 2: AMPLITUDENDISKRIMINIERUNG

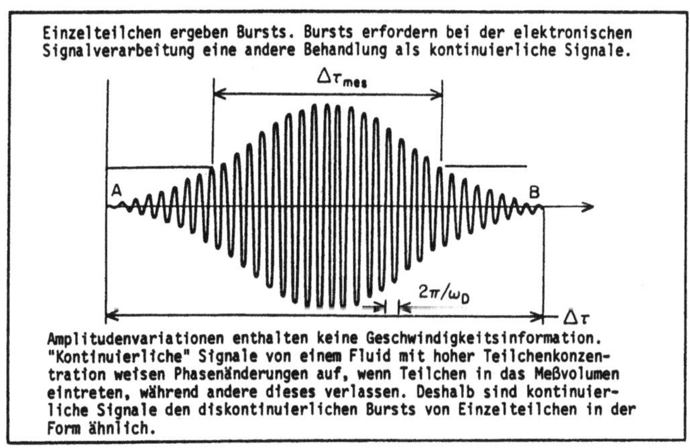

Laser-Doppler-Signale sind analytisch in Abschnitt 9.4 beschrieben, wobei der dort angegebene mathematische Ausdruck zeigt, daß sie infolge der Gaußschen Lichtintensitätsverteilung im Meßvolumen eine inhärente Variation der Signalamplitude aufweisen. Berücksichtigt man die SNR-Variation mit der Signalamplitude, siehe Durst und Heiber (1974), so ist es offensichtlich, daß die Meßgenauigkeit sowohl innerhalb des Bursts als auch von Signal zu Signal variiert und abhängig davon ist, wie und wo das Teilchen das Meßvolumen durchquert. Folglich erfordert eine hohe Meßgenauigkeit Signale guter Qualität sowie in die Elektronik integrierte Amplitudendiskriminatoren, um sicherzustellen, daß nur Signale mit hoher Amplitude für die Frequenzmessungen verwendet werden. Die Amplitudendiskriminierung bewirkt zusätzlich, daß nur jener Teil des Bursts für Messungen verwendet wird, der das höchste Signal-Rausch-Verhältnis besitzt.

Betrachtet man die Form von Laser-Doppler-Signalen, so wird deutlich, daß trotz Amplitudendiskriminierung Signale mit zu wenig Zyklen von der Elektronik gesehen werden können, woraus die positive Wirkung von Amplitudendiskriminatoren durch den negativen Einfluß von Rauschen geschmälert wird, siehe Abschnitt 9.9. Amplitudendiskriminierung sollte daher immer in Verbindung mit logischen Schaltungen verwendet werden, die verhindern, daß Signale mit weniger als einer vorbestimmten Anzahl von Zyklen zu den Frequenzmessungen beitragen.

Die oben erwähnten Zusatzmodule eines Frequenzzählers verbessern nicht nur die Meßgenauigkeit, sondern auch die räumliche Auflösung, da solche Teilchen mit hoher Signalamplitude durch das Zentrum des Meßvolumens bewegt werden. Die wirkliche Größe des Meßvolumens ist daher über die gemeinsamen Eigenschaften des optischen und elektronischen Systems definiert, aber sie ist schwer exakt zu berechnen. Es sollte festgehalten werden, daß in der Literatur verschiedene Definitionen für die Größe des Meßvolumens benutzt werden, daß aber der Effekt der Signalpegeldiskriminierung auf die Meßvolumengröße oft vernachlässigt wird.

9.15 ARBEITSPRINZIPIEN VON FREQUENZZÄHLERN, 3: TRIGGERPEGEL FÜR PERIODENDAUERMESSUNGEN

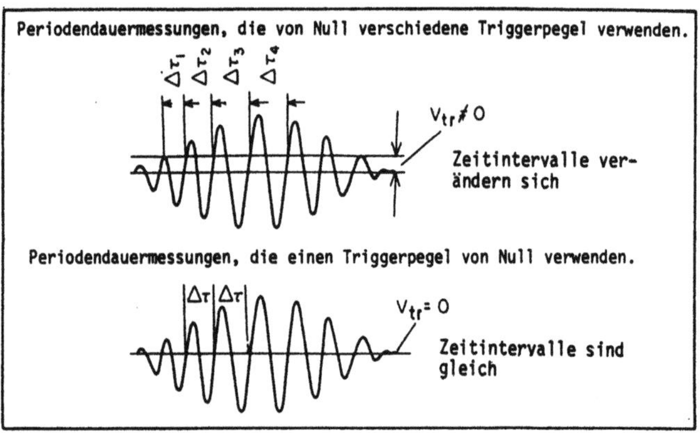

In Abschnitt 9.9 wurden Probleme der simultanen Anwesenheit von Doppler-Signalen und Rauschen diskutiert, jedoch keine Erläuterungen über die Anforderungen an das optische System gegeben, welche sich nur aus der Anwesenheit von Rauschen ergeben. Die Situation bei der nur Rauschen vorliegt, kann bei Messungen in Strömungen niedriger Teilchenkonzentration vorliegen.

Allgemein anwendbare elektronische Systeme sollten in der Lage sein, solche Signale zu verarbeiten. Im folgenden wird gezeigt, daß die sich bei Periodendauermeßsystemen ergebende Probleme bezüglich der alleinigen Anwesenheit von Rauschen nicht nur durch eine Erhöhung des Triggerpegels gelöst werden können. Diese Vorgehensweise führt nur bei Signalen mit konstanter Amplitude zum Erfolg.

Es ist bereits erläutert worden, daß typische Doppler-Signale diskrete Bursts sind, welche durch Einzelteilchen im Meßvolumen erzeugt wurden. Zwischen den Bursts tritt ein inhärentes Rauschsignal auf, das durch den Dunkelstrom des Photodetektors, durch Streulicht, welches die Photokathoden erreicht sowie durch inhärente Elektronenbewegungen innerhalb elektronischer Komponenten verursacht wird. Bei vorliegendem Rauschen dürfen die Signalnulldurchgänge nicht für die Messung der Doppler-Frequenz benützt werden, da diese Nulldurchgänge auch zwischen den Signalen auftreten. Jedes Periodendauermeßsystem, das eine Serie von Nulldurchgängen aus Doppler-Signalen und Rauschen erhält, liefert Ergebnisse, die fälschlicherweise so interpretiert werden könnten, als kämen sie von einer hochturbulenten Strömung. Folglich können sich Periodendauermessungen von Doppler-Signalen infolge von Rauschen zwischen den Signalen als stark verfälscht erweisen.

Als Lösung des obigen Problems wird das Anheben des Triggerniveaus in der Eingangsstufe des Periodendauermeßystems empfohlen, so daß Rauschsignale den Periodenzähler nicht aktivieren. Der erforderliche Triggerpegel kann so eingestellt werden, daß in der Abwesenheit von Doppler-Signalen Messungen vermieden werden.

Das obige Schaubild zeigt, daß korrekte Doppler-Frequenz-Messungen nicht bei von Null verschiedenen Triggerpegeln durchgeführt werden können. Die Periodendauern werden gegen die Signalränder hin, bei angehobenem Triggerpegel, kleiner, was zu fehlerbehafteten Messungen führt. Es ist im Hinblick auf korrekte Doppler-Frequenz-Messungen wesentlich, elektronische Periodendauermeßsysteme zu verwenden, die anstelle von Pegeldurchgängen Nulldurchgänge verwenden. Das Problem des zwischen den Signalen vorhandenen Rauschens muß durch geeignete Amplitudendiskriminatoren eliminiert werden.

9.16 ARBEITSPRINZIPIEN VON FREQUENZZÄHLERN, 4:
SPITZENWERTDETEKTOREN

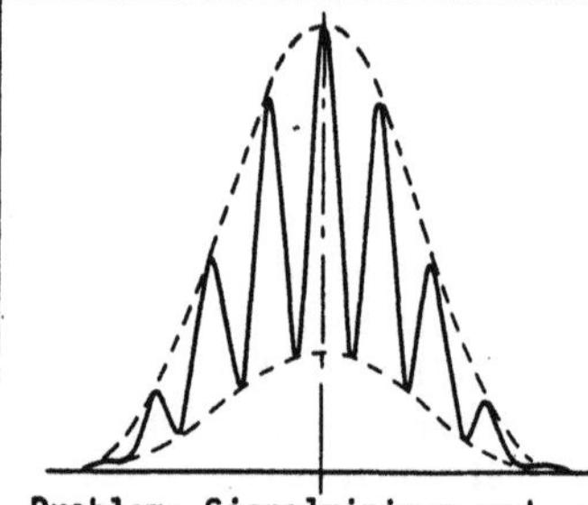

Die Verwendung von Pulshöhendetektoren ermöglicht die Detektion der Maxima. Eine ähnliche Elektronik kann zur Detektion der Minima verwendet werden. Solche Elektroniken erlauben es, den Signalgleichanteil zu entfernen, ohne das untere Frequenzband zu beschneiden.

Problem: Signalminimum und -maximum sind in Gegenwart von Rauschen nicht klar definiert, so daß der am wenigsten dafür geeignete Teil eines Signals für die Frequenzmessungen herangezogen wird.

Die im vorangegangenen Abschnitt erwähnten Probleme und die Tatsache, daß die vorliegende Form des Doppler-Signals nach Bandpaßfilterung oder der Anwendung optischer Verfahren zwecks Entfernung des Signalsockels nur zur Null-Volt-Linie symmetrisch ist, haben zu Versuchen geführt, die Maxima und Minima von Doppler-Signalen zur Torzeitsteuerung von Countern zu verwenden. Die Berge und Täler sinusförmig schwankender Doppler-Signale korrespondieren mit den Mittellinien der hellen und dunklen Zonen des Interferenzmusters innerhalb des Meßvolumens. Zwei benachbarte Intensitätsmaxima haben einen Abstand von:

$$\Delta x = \frac{\lambda}{2\sin\varphi}$$

und die Zeit, die ein Teilchen benötigt, um diese Strecke zurückzulegen, ergibt sich aus:

$$\Delta\tau_1 = \frac{\Delta x}{U_\perp} = \frac{\lambda}{2\,U_\perp\sin\varphi}\;.$$

Der Reziprokwert dieser Zeit entspricht genau der Doppler-Frequenz und folglich könnten die Maxima und Minima von Doppler-Signalen zur Bestimmung der gesuchten Frequenz herangezogen werden. Mit der Erkennung der Maxima und Minima sind jedoch einige praktische Probleme verbunden, welche verhindern, daß diese Methode als Grundlage einer universell anwendbaren Elektronik für Laser-Doppler-Messungen dienen kann.

Maxima- und Minimadetektoren arbeiten am besten und mit höchster Präzision, wenn der zu detektierende Punkt wohl definiert ist, wie z.B. bei dreieckförmigen Schwingungen. Wird die Maxima- und Minimadetektion auf Laser-

Doppler-Signale angewandt, so wird der auf Rauschen empfindlichste Kurven-abschnitt zur Bestimmung der gesuchten Information herangezogen. Es ist einleuchtend, daß jeder Rauschbeitrag im Signal sich in solchen Gebieten am stärksten auswirkt, wo die Signalamplitude relative Extremwerte aufweist, was in Meßfehlern resultiert, welche als Geschwindigkeitsfluktuation gedeutet würden.

Erwähnt werden sollte, daß genau genommen nicht nur die RMS-Rauschamplitude, sondern auch das Frequenzspektrum des Rauschens berücksichtigt werden muß. In den meisten praktischen Anwendungen der Laser-Doppler-Anemometrie kann das Rauschen als "weiß" angenommen werden, was eine konstante Amplitude über dem gesamten, von der Elektronik gesehenen Frequenzbereich impliziert. Bei Annahmen einer solchen Rauschverteilung kann gezeigt werden, daß niederfrequente Signale mit geringerer Genauigkeit als hochfrequente Signale gemessen werden, siehe Abschnitt 9.17.

9.17 ARBEITSPRINZIPIEN VON FREQUENZCOUNTERN, 5: VIELFACHNULLDURCHGÄNGE DURCH RAUSCHEN

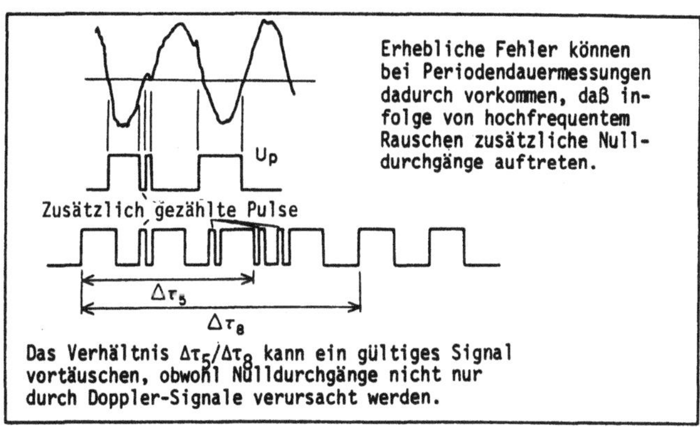

Im letzten Abschnitt wurde angedeutet, daß das Rauschfrequenzspektrum bei der Beurteilung der Leistungsfähigkeit eines elektronischen Signalverarbeitungssystems der Laser-Doppler-Anemometrie berücksichtigt werden muß. Weist ein verrauschter Doppler-Burst niedriger Signalfrequenz Rauschanteile oberhalb des Dopplerspektrums auf, so können Vielfachnulldurchgänge auftreten, wie sie im obigen Schaubild angegeben sind. Diese verursachen fehlerhafte Frequenzmessungen, da zu viele Nulldurchgänge innerhalb der Burstdauer gezählt werden. Um korrekte Messungen zu erhalten, müssen die Beiträge von Vielfachnulldurchgängen in dem vorliegenden Doppler-Burst eliminiert werden.

Eine Möglichkeit, um Fehler infolge von Vielfachnulldurchgängen zu eliminieren, sind Logikmodule, welche die Zeiten für zwei verschiedene Anzahlen
von Nulldurchgängen vergleichen, wie beispielsweise 4/8- und 5/8-Vergleiche
in einigen kommerziellen Countern. Geräte dieser Art lösen freilich die
Fehler infolge von Vielfachnulldurchgängen nicht. Dies ist im obigen Schaubild demonstriert, wo auch gezeigt wird, daß der Vergleich zweier Zeitintervalle für 5 und 8 Doppler-Perioden auf ein gültiges Signal hindeuten
kann, obwohl die gemessene Frequenz mit der vorliegenden Doppler-Frequenz
nicht übereinstimmt. Dies resultiert aus der Tatsache, daß Counter nur
Pulse zählen und diese Pulse nicht in gleichen Abständen auftreten müssen.
In den meisten neueren Systemen werden Vielfachnulldurchgänge durch Pegeldiskriminatoren eliminiert, deren Triggerpegel oberhalb und unterhalb der
Null-Volt-Linie angeordnet sind. Zusätzliche Logikschaltungen finden Anwendung, die eine bestimmte Reihenfolge von Pegelüberschreitungen und Nulldurchgängen abfragen, bevor ein Nulldurchgang als gültig betrachtet wird.
Solche Logikschaltungen verwenden jeweils den ersten Nulldurchgang zwischen
zwei Diskriminatorpegeldurchgängen und unterdrücken die restlichen Nulldurchgänge. Versuche von Pfeifer und vom Stein [1972] und Hösel [1978] zeigen, daß die Beurteilung der Datengüte durch Pegeldiskriminatoren im Hinblick auf die Elimination fehlerhafter Nulldurchgänge viel effektiver ist
als Zeitvergleiche zwischen verschiedenen Anzahlen von Nulldurchgängen.

9.18 PERIODENSCHWANKUNGEN INNERHALB VON BURSTS

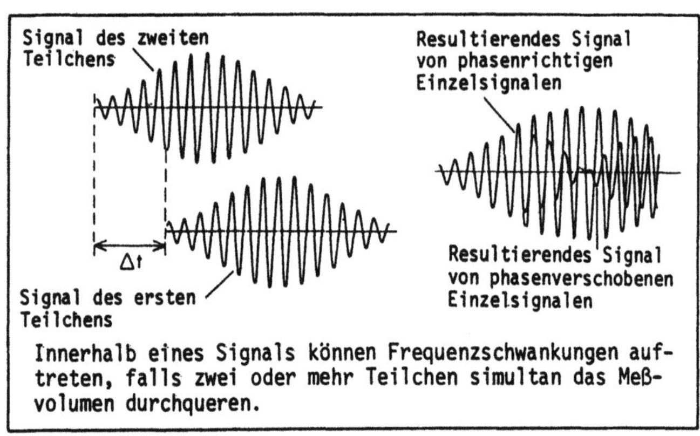

Obwohl elektronische Periodendauermeßsysteme hauptsächlich für Messungen in
Strömungen niedriger Teilchenkonzentration vorgesehen sind, kann die Anwesenheit von zwei Teilchen im Meßvolumen - zumindest während kleiner
Zeitintervalle - nicht immer ausgeschlossen werden. In diesen Zeiten läßt
sich das Photodetektorausgangssignal berechnen aus der Summe der Einzel-

teilchensignale. Diese Überlagerung hängt von dem Zeitintervall Δt ab, welches die Phasenverschiebung zwischen den beiden Streuteilchen beschreibt. Falls dieses Zeitintervall einer ganzzahligen Anzahl von Doppler-Zyklen entspricht, so variieren diese Signale gleichphasig und addieren sich "konstruktiv" zu einem Signal, dessen Frequenz mit der individuellen Teilchenfrequenz übereinstimmt. Diese Situation wird in der obigen Dia-Vorlage angedeutet.

Die Signale können jedoch auch mit einer resultierenden Phasenverschiebung auftreten, z.B.

$$\Delta t\, \nu_D = N + \tfrac{1}{2}$$

woraus eine "destruktive" Überlagerung resultieren kann. In diesem Fall können sich die beiden Signale komplett auslöschen, woraus zwei Signal-Bursts entstehen, die gegeneinander zeitverschoben sind. Natürlich können diese Signale auch um Teilperioden phasenverschoben sein, was zu Amplitudeneinbrüchen zwischen den beiden Signalen führt. Unter ganz speziellen Gegebenheiten tritt ein gesamter Verlust des sinusförmigen Informationsgehaltes im Doppler-Signal auf.

Für Signale, die aus phasenverschobenen Einzelteilchen entstanden sind, treten Frequenzvariationen auf, wie sie im obigen Schaubild angegeben sind. Die Skizze zeigt, daß in solchen Signalen sogar Nulldurchgänge verloren gehen können, wenn die Signalamplitude gegen Null tendiert. Deshalb empfiehlt sich vor der Verarbeitung eine Elimination des Niedrigamplitudensignalanteils, um auf diese Art fehlerhafte Beiträge aufgrund von Vielfachteilchensignalen zu vermeiden.

Die Untersuchungen der Autoren deuten an, daß bei Signalverarbeitungssystemen mit Pegeldiskriminatoren, in der Praxis fehlerhafte Doppler-Frequenzmessungen infolge solcher Phasenfluktuationen vermieden werden können. Erste Ergebnisse über die Größenordnung möglicher Fehler wurden von Pfeifer [1978] publiziert; für eine endgültige Beurteilung müßten jedoch detailliertere Untersuchungen durchgeführt werden.

9.19 ZEITAUFLÖSUNG VON LASER-DOPPLER-ANEMOMETERN

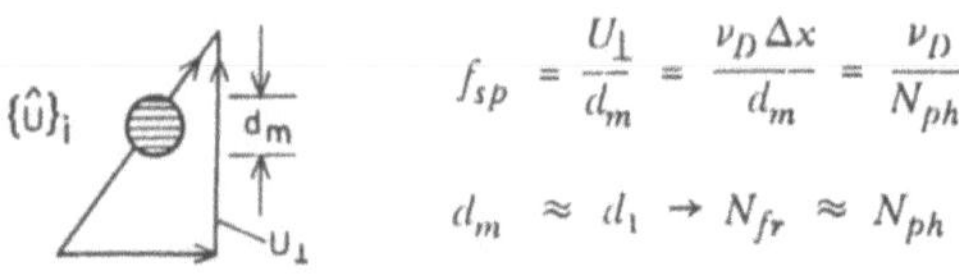

Die zeitliche Auflösung durch ein elektronisches System wird durch das Zeitintervall zwischen zwei unabhängigen Messungen definiert.
Eine LDA-Optik kann räumlich auflösen:

$$f_{sp} = \frac{U_\perp}{d_m} = \frac{\nu_D \Delta x}{d_m} = \frac{\nu_D}{N_{ph}}$$

$$d_m \approx d_1 \to N_{fr} \approx N_{ph}$$

Es gibt keine Möglichkeit, die zeitliche Auflösung einer Elektronik kleiner zu machen als $1/f_{sp}$; dies ist auch meßtechnisch nicht sinnvoll.

Zusätzlich zu der Betrachtung der Meßgenauigkeit muß bei der Auslegung eines optimalen Countersystems die Datenrate berücksichtigt werden. Ist ein Counter schneller als erforderlich, so entstehen zusätzliche Entwicklungsprobleme, sowie höhere Kosten.

In Verbindung mit der Zeitauflösung elektronischer Datenverarbeitungssysteme stellt sich die Frage, ob sich gemeinsame Grenzanforderungen für alle Signalverarbeitungssysteme der Laser-Doppler-Anemometrie ableiten lassen. Diese Grenzen hängen stark von den zu vermessenden Strömungen sowie von der Art der Messungen ab. Es gibt jedoch ein Kriterium für die Obergrenze der erforderlichen, zeitlichen Auflösung eines elektronischen Systems, die durch das optische System und nicht durch die Strömung oder die spezielle Messung bedingt ist.

Die Frequenz, die das optische System räumlich auflösen kann, kann mit folgender Formel beschrieben werden:

$$f_{sp} = \frac{U_\perp}{d_m} = \frac{\nu_D \Delta x}{d_m} = \frac{\nu_D}{N_{ph}} \cdot$$

Amplitudendiskriminierung erlaubt eine Reduktion der Längsabmessungen des Meßvolumens, bis der Durchmesser die größte Dimension darstellt; z.B. $d_m = d_1$.

$$f_{sp} = \frac{\nu_D \Delta x}{d_m} = \frac{\nu_D \Delta x}{d_1} = \frac{\nu_D}{N_{fr}} \cdot$$

Diese Obergrenze kann elektronisch mit Periodendauermeßsystemen, jedoch nicht mit Frequenznachlaufdemodulatoren aufgelöst werden, sofern große Geschwindigkeitsschwankungen simultan zu hoher Signalverstärkung erwartet werden. Folglich ist die zeitliche Auflösung von Laser-Doppler-Anemometern normalerweise durch das optische System begrenzt, sofern optimierte Periodendauermeßsysteme benutzt werden, sowie durch die Elektronik dort, wo Frequenztracker angewendet werden.

9.20 <u>BESEITIGUNG DES SIGNALGLEICHANTEILS, 1</u>

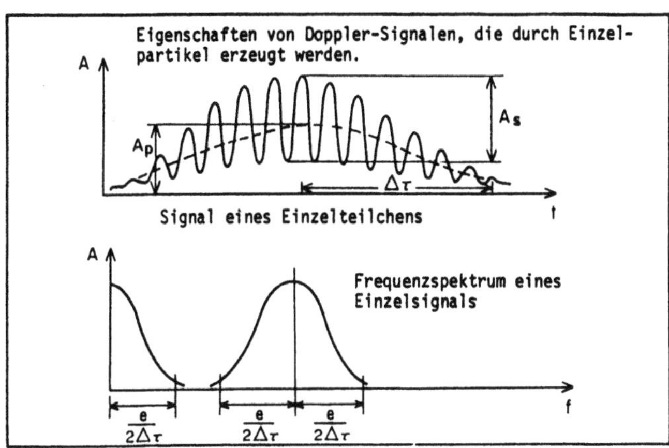

Die Gleichungen aus Abschnitt 9.4 und die Erläuterungen in Kapitel 3 zeigen, daß der Photodetektor Signale erzeugt, die aus zwei Anteilen bestehen:

1. Einem Gauss-förmigen Gleichanteil mit der maximalen Amplitude Ap, welche durch das Streulicht verursacht wird, wenn ein Teilchen durch die beiden nichtinterferierenden Sendelichtstrahlen fliegt,

und

2. einem sinusförmigen Signal mit Gauss-verteilter Spitzenwertamplitude As, die durch die Interferenz des von einem Teilchen gestreuten Lichtes beider Sendestrahlen erzeugt wird. Die Frequenz des sinusförmigen Signals enthält die gesuchte Geschwindigkeitsinformation.

Ein typisches Signal eines Laser-Doppler-Anemometers ist in obiger Dia-Vorlage skizziert. Die Signalamplituden Ap und As sind in den Spitzenintensitäten der Laserstrahlen innerhalb des Konntrollvolumens direkt proportional. Das Verhältnis As/Ap hängt von der Größe des Streuteilchens ab, von seinen optischen Eigenschaften, den Polarisationseigenschaften der einfallenden Strahlen, dem Winkel zwischen diesen Strahlen, den Eigenschaften und der Position des Empfängersystems sowie dem Verhältnis der Lichtintensitäten beider Strahlen. Folglich ergeben sich für das Amplitudenverhältnis As/Ap sowie für die absoluten Größen As und Ap eine starke Abhängigkeit von dem verwendeten optischen System und den verwendeten Streuteilchen. Diese Tatsache verhindert die Entwicklung allgemein anwendbarer, elektronischer Signalverarbeitungssysteme für Laser-Doppler-Signale. Im allgemeinen erschwert die in der Praxis vorliegende Anwesenheit des Niederfrequenzanteils des Signals, die direkte Anwendung gut entwickelter Countersysteme direkt nach dem Photomultiplier. Die Entwicklung elektronischer Systeme für Laser-Doppler-Anemometer sollte daher Geräte mit einbeziehen, welche den Signalsockel eliminieren.

In der Literatur werden zwei Methoden vorgeschlagen, die auf elektronischen Hochpaßfiltern sowie den Polarisationseigenschaften der einfallenden Laserstrahlen aufbauen. Bei der ersten Methode wird das Sockelsignal herausgefiltert und auf diese Weise ein symmetrisches Signal erzeugt, wie dies in den Abschnitten 9.8 bis 9.18 erörtert wurde. Die Verwendung von Hochpaßfiltern erfordert jedoch, daß die Eckfrequenzen der Filter, gemäß den Signaleigenschaften und den zu messenden Geschwindigkeiten eingestellt werden. Die Filtereinstellung muß für Messungen an verschiedenen Orten eines Strömungsfeldes öfters geändert werden. Die Beseitigung des Signalgleichanteils durch Hochpaßfilter wird auf den folgenden beiden Seiten weiterbehandelt. Die optische Gleichanteilbeseitigung ist dagegen nicht auf niedrige rms-Schwankungen beschränkt und sie ist zudem in der Lage, die Signalamplitude zu erhöhen. Sie hängt jedoch von den Polarisationseigenschaften ab, die durch das Streuverhalten der Teilchen geändert werden können. Weitere Erläuterungen hierzu werden in den Kapiteln 5 und 12 gegeben.

9.21 BESEITIGUNG DES SIGNALGLEICHANTEILS, 2: HOCHPASSFILTERUNG

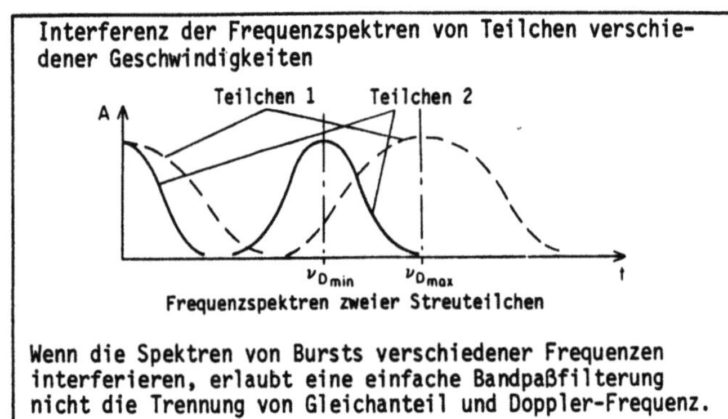

Wenn die Spektren von Bursts verschiedener Frequenzen interferieren, erlaubt eine einfache Bandpaßfilterung nicht die Trennung von Gleichanteil und Doppler-Frequenz.

In Abschnitt 9.20 wurde gezeigt, daß eine Methode zur Reduzierung des Gleichanteiles von Laser-Doppler-Signalen in der Anwendung von Hochpaßfiltern besteht, wobei geeignete Eckfrequenzen eingestellt werden müssen, damit das sinusförmige Doppler-Signal den Filter passieren kann. Die Funktionsweise eines solchen Filters kann mit dem Frequenzspektrum eines Doppler-Signales veranschaulicht werden, siehe Abschnitt 9.6. Die beiden Teile des Frequenzspektrums kennzeichnen den Niederfrequenzanteil und hochfrequenten Doppleranteil des LDA-Signals. Wie im unteren Diagramm der Dia-Vorlage 9.20 gezeigt wird, ergeben sich die Bandbreite des Gleichanteils (bezogen auf 10% des maximalen Amplitudenwertes) zu $e/2\tau$ sowie die Bandbreitengrenzen des sinusförmigen Signals zu $(\nu_D + e/2\tau)$ und $(\nu_D - e/2\tau)$. Drückt man τ durch die Sockelbandbreite aus, so zeigt sich eine direkte Proportionalität zur Doppler-verschobenen Frequenz sowie eine umgekehrte Proportionalität zu der vom Photodetektor gesehenen Anzahl der Interferenzstreifen. Bei den meisten Laser-Doppler-Anemometern ist N_{ph} nicht kleiner als 10, weshalb - wie aus den folgenden Ausführungen ersichtlich ist - die Sockelbandbreite 14% der Doppler-Frequenzverschiebung nicht übersteigt. Soweit es das Signal eines Einzelteilchens betrifft, kann das Sockelsignal vollständig vom sinusförmigen Nutzsignal abgetrennt werden.

Bei Strömungen mit großen zeitlichen Geschwindigkeitsschwankungen, wie in hochturbulenten und oszillierenden Strömungen, überlagern sich die Frequenzspektren der Gleichanteile schneller Teilchen mit den Nutzanteilen der LDA-Signale, wie oben gezeigt wird. Damit der Sockel durch elektronische Hochpaßfilter beseitigt werden kann, muß folgende Bedingung erfüllt sein:

$$(\nu_D)_{min} \gg \frac{e}{2\tau_{max}}$$

wobei $(\nu_D)_{min}$ die Doppler-Frequenzverschiebung der langsamsten Teilchen ist und τ_{max} den Parameter für die höchstmögliche Frequenzverschiebung darstellt, der $(\nu_D)_{max}$ entspricht. Die Eliminierung von τ_{max} durch die Gleichung $\tau_{max} = N_{ph}/(\nu_D)_{max}$ ergibt folgende Beziehung zwischen $(\nu_D)_{min}$ und $(\nu_D)_{max}$:

$$(\nu_D)_{min} \gg \frac{e}{2N_{ph}}\,(\nu_D)_{max}\;.$$

Für $N_{ph} = 10$ ergibt sich $(\nu_D)_{min} \gg 0,14\,(\nu_D)_{max}$: Dies entspricht einem rms-Wert von 25% für ein Gaußsches Doppler-Spektrum.

9.22 BESEITIGUNG DES SIGNALGLEICHANTEILS, 3: FREQUENZVERSCHIEBUNG

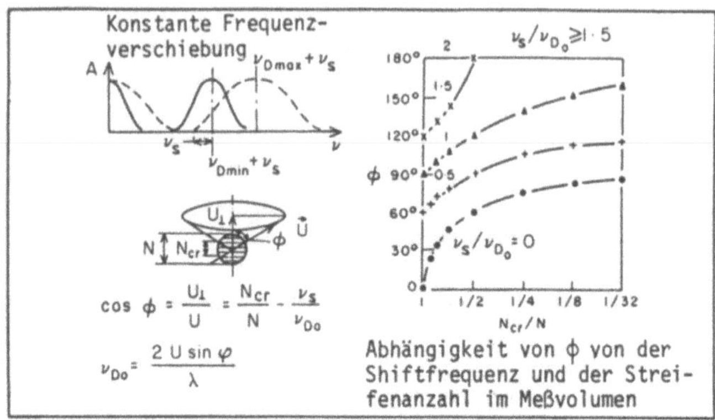

In Fällen, bei denen die niedrigsten Doppler-Frequenzen noch unterhalb des im letzten Abschnitt angegebenen Wertes liegen, dehnt sich das Frequenzspektrum des sinusförmigen Signalanteils bis gegen Null aus, so daß eine einfache elektronische Filterung zur Beseitigung des Gleichanteils nicht mehr ausreicht. Um diese Schwierigkeit zu überwinden, kann einer der beiden Sendestrahlen noch vor der Fokussierung im Meßvolumen, durch Überlagerung einer konstanten Shiftfrequenz v_s, frequenzverschoben werden. Derart wird - wie in obiger Dia-Vorlage gezeigt - der gesamte sinusförmige Nutzanteil des Frequenzspektrums um v_s verschoben, ohne daß das Frequenzspektrum des Gleichanteils verändert wird. Jetzt kann der Signalsockel auf elektronische Weise mit einem einfachen Hochpaßfilter abgetrennt werden. Verschiedene Methoden der Frequenzverschiebung sind in Abschnitt 5 erklärt.

Die Frequenzverschiebung des Laserlichtes hilft auch mit Probleme zu lösen, wie sie bei der Messung einer Geschwindigkeitskomponente und gleichzeitigem Auftreten starker Quergeschwindigkeitskomponenten auftreten. In solchen Fällen können die Streuteilchen nicht genügend Interferenzstreifen durchlaufen, obwohl im Meßvolumen genügend Streifen vorhanden sind, um interne Filter von Signalverarbeitungssystemen, z.B. von Frequenznachlaufdemodulatoren oder von Frequenzanalysatoren usw., zu aktivieren oder um akzeptable Signale für 5/8-Zeitvergleichsschaltungen zu liefern, wie sie in verfügbaren Countersystemen eingebaut sind. Folglich ist der Geschwindigkeitsbereich, der ohne Frequenzverschiebung betrachtet werden kann, auf einen Kegel des Halbwinkels ϕ beschränkt, wobei gilt:

$$\cos\phi = \frac{U_\perp}{U} \geqslant \frac{N_{cr}}{N} \quad .$$

Bei Anwendung einer Frequenzverschiebung verändert sich Gleichung (1) zu

$$\cos\phi = \frac{U_\perp}{U} \geqslant \frac{N_{cr}}{N} - \frac{\nu_s}{\nu_{D_o}}$$

wobei ν_{D_o} = 2Usinφ/λ ist. Die durch Frequenzverschiebung erzielte Verbesserung ist im obigen Schaubild angedeutet, wo der Kegelwinkel φ für verschiedene ν_s/ν_{D_o} aufgetragen ist. $\nu_s > 2\nu_{D_{max}}$ erlaubt, daß alle Geschwindigkeitskomponenten aufgezeichnet werden können.

Um lokale Informationen aller Geschwindigkeitskomponenten zu erhalten, sollten zuerst Messungen ohne Frequenzverschiebung durchgeführt werden. Die maximale Doppler-Frequenz kann dann aus diesen Messungen bestimmt werden, damit eine Shiftfrequenz von mindestens dem doppelten, gemessenen Maximalwert eingestellt werden kann. Diese Vorgehensweise stellt sicher, daß alle vorkommenden Geschwindigkeitskomponenten gemessen werden können. Bei hohen Geschwindigkeiten können Systemgrenzen verhindern, daß dieses Kriterium eingehalten werden kann.

9.23 LASER-DOPPLER PERIODENDAUER-MESSYSTEME, 1: GRUNDKOMPONENTEN

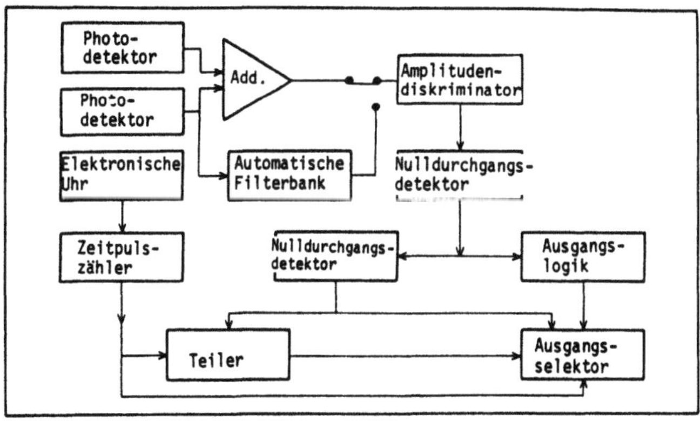

Nach der Erläuterung jener Eigenschaften von Laser-Doppler-Signalen, welche die Anwendung konventioneller Frequenzzähler bei der Messung der Doppler-Frequenz verhindern und nach Hinweisen auf Hauptfehlerquellen bei Messungen, behandelt dieser Abschnitt die Grundkomponenten eines Laser-Doppler-Countersystems. Dieses System besitzt alle Eigenschaften, die für genaue Frequenzmessungen sowohl bei Bursts als auch bei kontinuierlichen Signalen erforderlich sind.

Das Blockdiagramm setzt die Anwendung optischer Gleichanteilunterdrückung voraus (Kapitel 5). Das erfordert den Einbau zweier Photodetektoren, die zwei um den Phasenwinkel $\Delta\phi = \pi$ phasenverschobene Signale liefern, so daß durch elektronische Summierung der Photodetektorsignale ein symmetrischer Doppler-Burst entsteht. Wenn keine optische Gleichanteilunterdrückung möglich ist, sollte das Pedestal mit einem elektronischen Filter beseitigt werden. Eine automatische Filterbank kann zur Anpassung der unteren Eckfrequenz notwendig werden. Falls Frequenzverschiebung angewandt wird, reicht eine einfache Hochpaßfilterung aus. Der symmetrische Burst, der nach dem Filtern vorliegt, wird einem Amplitudendiskriminator zugeführt, der nur solche Signale weiterleitet, die eine genügend große Amplitude aufweisen, um das für genaue Messungen erforderliche Signal-Rausch-Verhältnis zu garantieren. Der Amplitudendiskriminator und der Nulldurchgangsdetektor liefern sowohl die Pulskette für den Nullstellenzähler als auch die Torzeit, wie sie für korrekte Periodendauermessungen bei Bursts variabler Signaldauer benötigt werden. Diese Torzeit wird an den Zeitzähler weitergeleitet, welcher die Signaldauer eines Bursts durch Zählen der Pulse eines Hochfrequenzoszillators mißt.

Um genaue Periodendauermessungen zu erhalten, sollte ein Laser-Doppler-Countersystem eine Ausgangslogik besitzen, die entscheidet, ob ein ausgewertetes Signal genügend Nulldurchgänge aufweist oder nicht. Zutreffendenfalls wird das Signal an den Ausgang weitergeleitet. Die Information am Ausgang kann aus der Signalzeitdauer und der Nullstellenanzahl bestehen oder aus der jeweiligen Doppler-Frequenz; die Auswahl erfolgt mit einem Ausgangsselektor.

Die einzelnen Komponenten dieses Periodendauermeßsystems werden in den folgenden Abschnitten behandelt.

9.24 LASER-DOPPLER PERIODENDAUERMESSYSTEME, 2: EINGANGSSTUFE

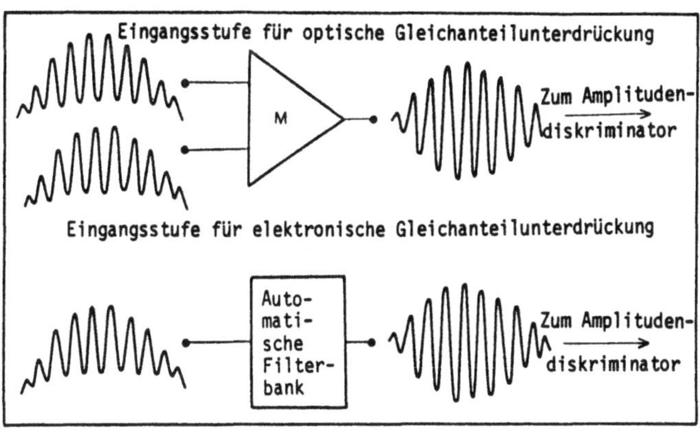

Die Eingangsstufe eines Laser-Doppler Countersystems kann sowohl eine optische als auch eine elektronische Gleichanteilunterdrückung aufweisen. Ein
Selektor, der eine Wahl zwischen einer der beiden Versionen zuläßt, ermöglicht die Anwendung des elektronischen Systems in einem breiten Bereich optischer Anordnungen.

Die obige Dia-Vorlage zeigt in Form eines Blockdiagrammes die beiden Teile
der Eingangsstufe eines vorgeschlagenen elektronischen Systems. Der Diffe-
renzverstärker "M" subtrahiert die Signale zweier Photomultiplier, welche
zu einem symmetrischen Doppler-Signal führen, die dem Amplitudendiskriminator zugeleitet werden. Die Verstärkung des Differenzverstärkers sollte einstellbar sein, um eine Signalanpassung an den Amplitudendiskriminator zu
ermöglichen.

Damit auch Signale von optischen Systemen, welche keine Frequenzverschiebung beinhalten, verarbeitet werden können, sollte die Eingangsstufe eines
Countersystems eine automatische Filterbank enthalten, welche das Doppler-
Signal von seinem Gleichanteil trennt. Eine solche Filterbank besteht aus
einer Reihe von Bandpaßfiltern, von denen jeder einzelne etwa eine Fre-
quenzdekade abdeckt. Wird ein Signal der Filterbank zugeleitet, so werden
alle Filter angeregt, wobei deren Ausgangssignale unterschiedliche Amplituden aufweisen. Auf den Filtersatz folgt eine Amplitudenerkennungsstufe,
welche jene Ausgangssignale mit ausreichender Amplitude dem Amplitudendiskriminator zur Weiterverarbeitung zuführt.

Die praktische Verwirklichung automatischer Filterbänke ist bei einer großen Anzahl von Filtern mühsam und teuer. Es ist jedoch heute bekannt, daß
eine Filterbank mit etwa 10 Bandpaßfilterstellungen für ein Countersystem
bis etwa 100 MHz ausreicht.

In den letzten Jahren sind automatische Filterbänke verfügbar geworden,
z.B. arbeitet die von Durst und Heidbreder [1979] mit 15 Bandpässen im Bereich von 500 Hz bei 15 MHz. Die Filterauswahl erfolgt durch Amplitudenver-
gleiche der Signale an den verschiedenen Filterstufen. Die von König [1977]
beschriebene Filterbank besteht aus unabhängigen Hoch- und Tiefpaßfiltern,
welche gemäß den lokalen, mittleren Geschwindigkeiten und den gemessenen
Standardabweichungen gesetzt werden können. Diese können aus ersten Messungen mit maximaler Filterbandbreite abgeschätzt werden. Die Bandbreite wird
dann reduziert auf die gemessene, mittlere Geschwindigkeit plus oder minus
drei Standardabweichungen der turbulenten Geschwindigkeitsfluktuationen.
Filterbänke dieser Art werden von TSI-Deutschland GmbH vertrieben.

9.25 LASER-DOPPLER PERIODENDAUERMESSYSTEM, 3:
AMPLITUDENDISKRIMINATOR UND NULLSTELLENDETEKTOR

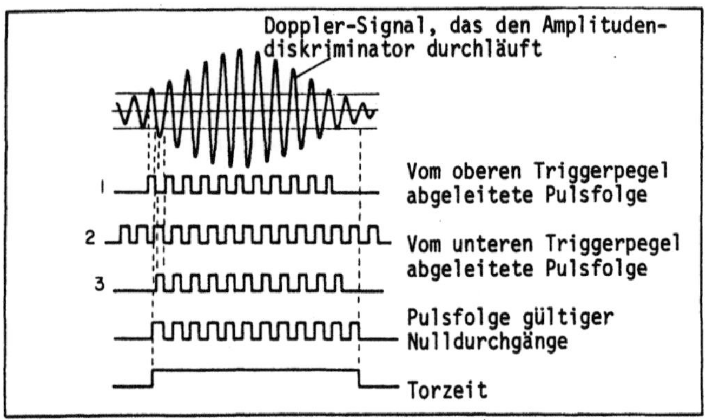

Das von der Eingangsstufe des Countersystems produzierte symmetrische Signal wird vom Amplituden- und Nullstellendetektor verarbeitet, um Pulsfolgen
zu generieren, die dem Nullstellenzähler und verschiedenen Logikbausteinen
zugeführt werden, um die Gültigkeit der Frequenzinformationen zu überprüfen. Eine Möglichkeit, die benötigten Pulsfolgen, welche genaue Frequenzmessungen erlauben, zu erzeugen, ist in der obigen Dia-Vorlage gezeigt.
Diese Pulsfolgegenerierung hat sich als eine in der Praxis erfolgreiche
Methode zur Gewinnung der Dopplerfrequenz erwiesen.

Die Signale der zwei Pegeldetektoren (Schmitt-Trigger) und eines Nulldurchgangsdetektors werden einer geeigneten, logischen Schaltung zugeführt, um
die Pulsketten 1, 2 und 3 zu erzeugen. Überquert das Doppler-Signal den
oberen Triggerpegel, so generiert es ein Schmitt-Trigger-Ausgangssignal,
das verwendet wird, um ein Schaltsignal für eine Logikschaltung zu liefern,
deren Ausgang auf Eins gesetzt wird. Das Nulldurchgangsdetektorsignal setzt

diesen Ausgang auf Null zurück. Der abwechselnde Einfluß der Signale aus dem oberen Pegeldetektor und dem Nulldurchgangsdetektor liefert die Pulsfolge 1.

Die Pulsfolge 2 wird nur durch den Nulldurchgangsdetektor erzeugt, indem der Ausgang eines geeigneten Logikbausteines so geschaltet wird, daß er zwischen Eins und Null hin- und herschaltet. Eine Kombination der Signale des Nulldurchgangsdetektors mit denen des Schmitt-Triggers der unteren Pegelerkennung liefert die Pulsfolge 3. Der Ausgang eines geeigneten Logik-Bausteines wird vom Detektor des unteren Triggerpegels gesetzt und vom Nulldurchgangsdetektor zurückgesetzt.

Falls alle drei Signalketten vorliegen, wird eine gültige Information erhalten und jene Nulldurchgänge verwenden, für die entweder Ausgang 1 oder 3 gesetzt ist. Auf diese Weise wird der Einfluß von Vielfachnulldurchgängen zum größten Teil unterdrückt.

Das Tor öffnet mit dem ersten gültigen Nulldurchgang und schließt einen Nulldurchgang nach demjenigen, für den Ausgang 1 oder Ausgang 3 gesetzt war. Dies korrespondiert mit drei Nulldurchgängen am Ende eines Doppler-Signals, die den oberen oder unteren Triggerpegel nicht mehr überqueren.

Das obige Verfahren wurde von Iten und Mastner (1971) vorgeschlagen und ist heutzutage in den meisten Periodendauermeßsystemen für Laser-Doppler-Messungen eingebaut. Es stellt sicher, daß Vielfachnulldurchgänge vermieden werden. Wie Abschnitt 9.17 hervorhebt, wird der erste Nulldurchgang nach einem überschnittenen Triggerpegel verwendet, während zusätzliche Nulldurchgänge zwischen den Triggerpegeln unterdrückt werden.

9.26 LASER-DOPPLER PERIODENDAUER-MESSSYSTEM, 4:
AUSWAHL DER TAKTFREQUENZ

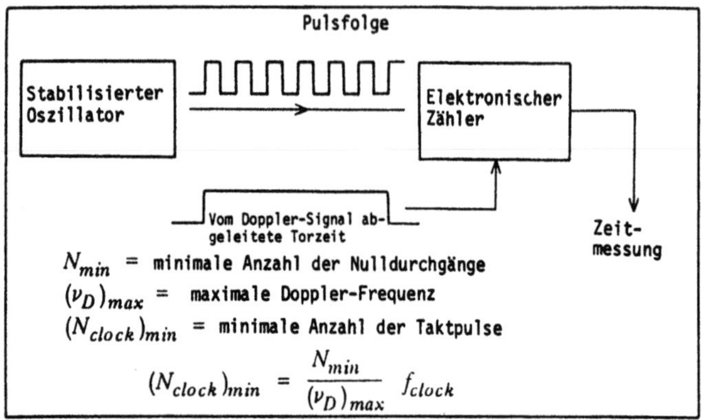

N_{min} = minimale Anzahl der Nulldurchgänge

$(\nu_D)_{max}$ = maximale Doppler-Frequenz

$(N_{clock})_{min}$ = minimale Anzahl der Taktpulse

$$(N_{clock})_{min} = \frac{N_{min}}{(\nu_D)_{max}} \, f_{clock}$$

Um die Doppler-Frequenz zu bestimmen, ist es notwendig, die Anzahl der Nulldurchgänge im Doppler-Signal mit der Zeitdauer der erhaltenen Nulldurchgänge zu verknüpfen. Beide müssen mit einer Genauigkeit erhalten werden, welche die Gesamtgenauigkeit des Periodenmeßgerätes bestimmt. Die Hauptprobleme, die mit der Auswahl einer geeigneten, elektronischen Takterzeugung verbunden sind, werden untenstehend diskutiert.

Das elektronische System sollte ein Logikmodul enthalten, damit nur jene Signale einen Beitrag leisten, die mehr als eine vorgesetzte Anzahl von Nulldurchgängen aufweisen, d.h. N_{min}. Folglich ist die kürzeste, vom Periodendauermeßgerät zu bestimmende Zeit

$$\Delta\tau_{min} = \frac{N_{min}}{(\nu_D)_{max}} \; .$$

Die Anzahl der Pulse einer elektronischen Takterzeugung der Frequenz f_{clock} ist dann

$$(N_{clock})_{min} = \frac{N_{min}}{(\nu_D)_{max}} \, f_{clock} \; .$$

Da die Torzeit keinen Phasenbezug zu den Taktpulsen aufweist, fluktuieren die Zeitmessungen aufgrund des Quantisierungsrauschens um die ± 1-Taktperiode und daher muß die Taktfrequenz so ausgewählt werden, daß der Fehler einen vorgegebenen Prozentsatz nicht überschreitet. Die erforderliche Genauigkeit der Zeitmessungen kann definiert werden als:

$$a = \frac{2}{N_{clock}}$$

Sie muß höher sein als ein vorgesetzter Wert; z.B.

$$a \leqslant \frac{2}{(N_{clock})_{min}} \quad .$$

Durch Kombination obiger Gleichungen erhält man die Endbeziehung für die erforderliche Taktfrequenz der Zeitgebung für Laser-Doppler-Messungen.

$$f_{clock} \geqslant \frac{2}{a} \; \frac{(\nu_D)_{max}}{N_{min}} \quad .$$

Falls eine Genauigkeit von 1% gewünscht ist für N_{min} = 20, so wird eine Taktfrequenz von

$$f_{clock} \geqslant 10(\nu_D)_{max}$$

benötigt.

9.27 LASER-DOPPLER PERIODENDAUER-MESSYSTEM, 5: AUSGANGSLOGIK

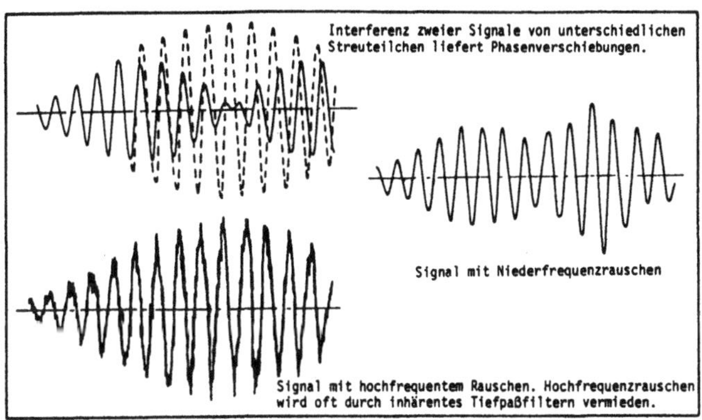

Das Verfahren zur Detektion "korrekter" Nulldurchgänge, das in Abschnitt 9.25 erläutert wurde, stellt nur eine Möglichkeit dar, um gültige, mittels Periodendauermeßsystemen gewonnene Doppler-Informationen zu erhalten. Zusätzliche Logik-Bausteine müssen eingebaut werden, um sicherzustellen, daß die Geschwindigkeitsinformation am Ausgang eines Laser-Doppler-Anemometers mit der geforderten Genauigkeit verfügbar ist.

Es wurde in Abschnitt 9.26 hervorgehoben, daß genaue Zeitmessungen eine Überprüfung der minimalen Anzahl der Nulldurchgänge erfordern. Deshalb ist ein Kontrollzähler nötig, der die Nulldurchgänge zählt und das Signal nur dann passieren läßt, wenn die Anzahl der Nulldurchgänge einen vorgegebenen

Wert überschreitet. Dieses Modul stellt sicher, daß der Rauscheinfluß auf Laser-Doppler-Messungen minimiert wird.

Die Interferenz von Doppler-Signalen zweier unterschiedlicher Streuteilchen bewirkt Frequenz- und Amplitudenschwankungen, da die beiden Signale im allgemeinen keinen festen Phasenbezug aufweisen. Die Amplitudenvariation aktiviert das Pegelerkennungssystem, welches das "Ende" des Doppler-Bursts detektiert, falls die Amplitude einen der Amplitudendiskriminatorpegel unterschreitet. Die zweite Signalhälfte reaktiviert die Triggerpegellogik, wodurch dieser zweite Teil als neues Signal interpretiert wird. Auf diese Weise werden auftretende Frequenzfehler minimiert. Die Forderung nach einer minimalen Anzahl von Nulldurchgängen innerhalb jedes Signalpaketes erlaubt eine Reduktion des Meßfehlers auf ein vertretbares Minimum. Der Zeitvergleich zwischen aufeinanderfolgenden Serien von fünf und acht Nulldurchgängen arbeitet wegen der Streuteilcheninterferenzen und den in Abschnitt 9.17 angedeuteten Problemen nicht so effektiv, um die Elimination fehlerhafter Frequenzmessungen wesentlich zu verbessern.

Der Rauscheinfluß auf die Nulldurchgänge und dessen Verminderung durch Mittelung über viele Signalzyklen wurde diskutiert. Das Rauschen kann jedoch derart auftreten, daß die in Abschnitt 9.25 beschriebene Folge der Pegel- und Nulldurchgänge zerstört wird. Dies bewirkt, daß die Logik ein Signalende detektiert, wodurch ein Signal in zwei oder mehrere individuelle Teilsignale aufgespalten wird. Enthalten diese Teilsignale genügend Nulldurchgänge, um die N_{min}-Logik zu passieren, so werden sie als gültige Signale behandelt. Auf diese Weise werden durch Niederfrequenzrauschen verfälschte Daten berücksichtigt. Hochfrequentes Rauschen wird durch die sequentielle Überprüfung der Pegel- und Nulldurchgangserkennung eliminiert, wie dies in Abschnitt 9.25 beschrieben ist.

Der Umgang mit Periodendauermeßsystemen zeigt, daß nicht der Rauschpegel die Genauigkeit der Messungen begrenzt, sondern die verfügbare, zeitliche Auflösung einzusetzender Taktgeneratoren. Kommerzielle Periodendauermeßsysteme streben Taktzeiten von 1 ns an, wodurch die Grenzen der zur Verfügung stehenden Technologie erreicht sind.

9.28 MESSUNGEN MIT EINEM PERIODENZEITMESSYSTEM

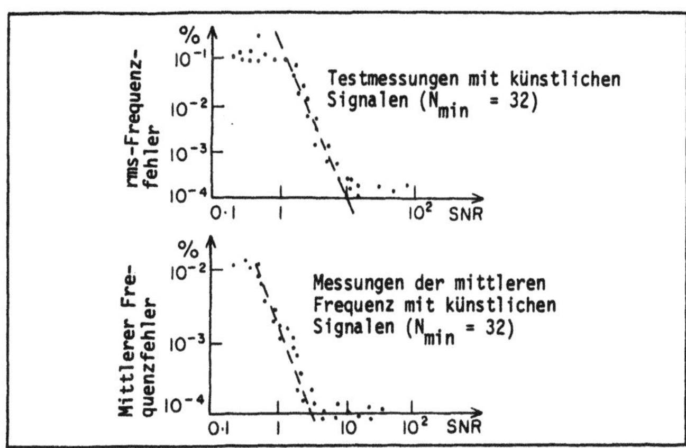

Um die vorhergesagten Eigenschaften eines Periodendauermeßsystems zu über-
prüfen - wie sie in den Abschnitten 9.23 bis 9.27 dargelegt sind - wurde
ein Countersystem gebaut und mit künstlichen Doppler-Signalen betrieben.
Erzeugt wurden diese Signale in einem Simulator, wobei das Rauschen entweder unabhängig von der Signalamplitude oder proportional zur Wurzel der
Signalamplitude war. Ersteres Rauschen wird üblicherweise in praktischen
Anwendungen mit starkem Hintergrundrauschen gefunden, während letzteres
Rauschen in Strömungen mit geringer Streuteilchenkonzentration und einem
kleinen Anteil an Hintergrundlicht auftritt. Ebenso kontrollierte der Sig-
nalsimulator die Anzahl der Signalzyklen in einem Burst und erlaubte die
Auswahl einer minimalen Anzahl gültiger Signalzyklen, N_{min}, um die Doppler-
Frequenz zu berechnen.

In obiger Dia-Vorlage wird ein typischer Satz von Meßergebnissen gezeigt
und zwar erhalten für eine Burstlänge von 60 Zyklen, eine Rauschbandbreite,
die doppelt so hoch ist wie die der mittleren Frequenz und eine Vorgabe von
32 Signalzyklen für das Gültigkeitskriterium. Dies bedeutet, daß verrauschte Signale, die weniger als 32 gültige Nulldurchgänge aufweisen, durch das
Zählsystem nicht akzeptiert wurden. Die Ergebnisse deuten darauf hin, daß
mit sauber aufgebauten Zählsystemen sehr genaue Messungen durchgeführt werden können, wobei Signal-Rausch-Verhältnisse von bis zu 3 vorliegen sollten. Offensichtlich kann die hohe Genauigkeit bei kleinen Signal-Rausch-
Verhältnissen nur mit einer genügend hohen Rate gültiger Daten erreicht
werden; diese Datenrate fällt ab mit fallendem Signal-Rausch-Verhältnis. Im
obigen Experiment wurden für ein Signal-Rausch-Verhältnis oberhalb von 10
nahezu alle Daten akzeptiert. Ähnliche Messungen von Humphrey, Melling und
Whitelaw (1975) führten zu ähnlichen Schlußfolgerungen, wobei von diesen
Autoren die Leistung eines Zählsystems bei niedrigeren Signal-Rausch-Verhältnissen untersucht wurde.

Transientenrekorder mit schneller Analog/Digital-Wandlung stehen heute zur Verfügung und gestatten in nahezu sequentieller Verarbeitung die Digitalisierung und Speicherung der Photomultipliersignale. Das Funktionsprinzip solcher Geräte wird in Abschnitt 9.38 erklärt. Die Überprüfung der mit Transientenrekordern gespeicherten Signale ermöglicht die Untersuchung von Periodendauermeßsystemen, siehe z.B. Durst und Tropea [1977].

9.29 VERFÜGBARE COUNTERSYSTEME

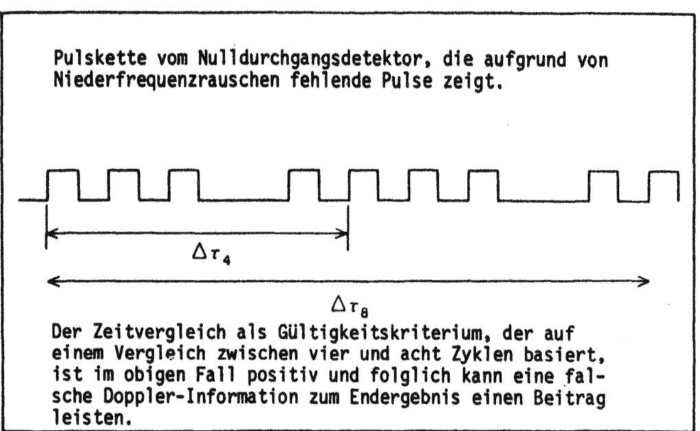

Eine Reihe von Zählern mit eingebauten Gültigkeitskriterien, die auf einem Zeitvergleich zwischen 4 und 8, 5 und 8 sowie 10 und 16 Zyklen basieren, ist am Markt verfügbar. Diese Art der Gültigkeitsüberprüfung wurde in Abschnitt 9.27 erörtert, wo auch deren Empfindlichkeit gegenüber Fehlern infolge von Hochfrequenzrauschen beschrieben ist. Korrekt betriebene kommerzielle Periodendauermeßsysteme kennen diese Unzulänglichkeit jedoch meist nicht, da sie mit Tiefpaßfiltern betrieben werden. Aus diesem Grunde zeigen solche Auswertesysteme Fehlmessungen (bad data points) meistens bei niederen Frequenzen. Wie schon erwähnt, wird dies durch die Tatsache hervorgerufen, daß Laser-Doppler-Signale vor der Auswertung mit Countersystemen üblicherweise entweder durch inhärente RC-Glieder in der Elektronik oder durch spezielle Filter tiefpaßgefiltert werden.

Es ist erwähnenswert, daß die Bedingungen für Niederfrequenzrauschen bei allen Laser-Doppler-Signalen unterschiedlich sind. Solches Rauschen sowie eine unvollständige Elimination des Gleichanteils von Doppler-Signalen verursachen fehlende Nulldurchgänge und folglich inkorrekterweise zu tiefe Doppler-Frequenzen. Beide Effekte können überlagert auftreten und unkorrekte Datenpunkte im niederen Frequenzbereich verursachen.

Ein anderer Effekt kann beobachtet werden, wenn Counter mit 4:8, 5:8 Zeit-vergleich auf Laser-Doppler-Messungen in Strömungen mit hoher Partikelkon-zentration angewendet werden, wo Phasensprünge infolge von Partikeln, die in das Meßvolumen ein- und ausdringen, auftreten können. Diese führen wie-derum zu Fehlern im niederen Doppler-Frequenz-Bereich. Dieser negative Meß-einfluß auf niedere Doppler-Frequenzen kann jedoch in vielen praktischen Fällen vernachlässigt werden, wo ausgewogene Streuteilchenzugaberaten exi-stieren und die Wahrscheinlichkeit sich überlappender Signale entsprechend gering ist.

Die obige Dia-Vorlage und entsprechende Bemerkungen in den Abschnitten 9.17, 9.25 und 9.27 deuten an, daß die verschiedenen Formen von Zeitver-gleichen zwischen 4 und 8, 5 und 8, 10 und 16 etc. Nulldurchgängen, zur effektiven Elimination fehlerhafter Messungen nicht so sehr geeignet sind. Es ist effizienter, Triggerpegel auf beiden Seiten der Null-Spannungslinie anzuordnen, um Vielfach-Nulldurchgänge infolge von Rauschen zu vermeiden und sicherzustellen, daß keine Nulldurchgänge unerkannt bleiben. Abschnitt 9.28 deutet an, daß ein minimales Signal-Rausch-Verhältnis erforderlich ist, damit solche Gültigkeitskriterien für Daten, die auf Amplitudendiskri-minierung von Signalen basieren, zufriedenstellend arbeiten. Pfeifer und vom Stein [1972] und Hösel [1978] zeigten jedoch, daß Counter mit Amplitu-dendiskriminatoren wirkungsvoll alle Doppler-Signale mit kleinen Signal-Rausch-Verhältnissen eliminieren und derart 4:8, 5:8 oder 10:16 Zeitver-gleiche überflüssig werden lassen.

9.30 INFORMATIONSGEHALT VON LASER-DOPPLER-SIGNALEN

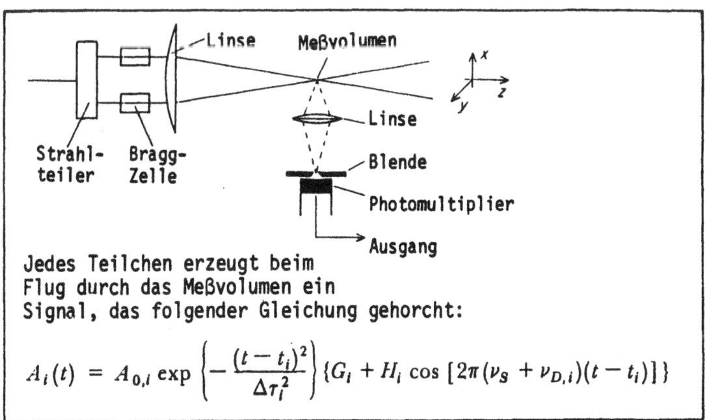

$$A_i(t) = A_{0,i} \exp\left\{-\frac{(t-t_i)^2}{\Delta\tau_i^2}\right\}\{G_i + H_i \cos\left[2\pi(\nu_S + \nu_{D,i})(t-t_i)\right]\}$$

Viele Veröffentlichungen auf dem Gebiet der Laser-Doppler-Anemometrie be-schäftigen sich im Detail mit der Auslegung optischer Systeme, siehe z.B. Durst und Whitelaw (1971a) und Kapitel 4 dieses Buches. Zahlreiche optische

358

Anordnungen für Referenzstrahl-, Zweistrahl- und Zweistreustrahl-Anemometer
sind bekannt und beschleunigten stark die Entwicklung praktischer Systeme.
Soweit es den Informationsgehalt der Signale betrifft sind Einzelheiten des
optischen Systems nicht von Bedeutung, da nur die Übertragungsfunktion
interessiert. Für das oben gezeigte System beschreibt die im Schaubild angegebene Übertragungsfunktion die Amplitude des i-ten Teilchens am Photomultiplikatorausgang als Antwort auf ein individuelles Teilchen, welches
das Meßvolumen durchquert. Falls sich mehr als ein Teilchen im Kontrollvolumen aufhält, ergibt sich das Signal als Summe der Einzelpartikelsigna-
le. Folglich lautet die Antwortfunktion bei Vielfachstreuung: [*]

$$A(t) = \sum_{k=1}^{N} A_{0,k} \exp\left\{-\frac{(t-t_k)^2}{\Delta\tau_k^2}\right\} \{G_k + H_k \cos[2\pi(\nu_S + \nu_{D,k})(t - t_k)]\}$$

Dieser Ausdruck gilt für jede Partikelkonzentration, unabhängig davon, ob
die Teilchen als Häufigkeit oder als Einzelteilchen im Meßvolumen vorliegen.

Die obige Gleichung zeigt, daß die Übertragungsfunktion von den Ankunftszeiten t_k einzelner Partikel und von den korrespondierenden Zeitintervallen
$\Delta\tau_k$ abhängt, während deren sich die Teilchen im Kontrollvolumen aufhalten.
Die Begrenzung des Meßvolumens ist dadurch definiert, daß die Intensität
auf 1/e des Maximalwertes abgefallen ist. Zusätzlich beeinflußt die Teilchengeschwindigkeit diese Gleichung über die Doppler-Frequenz sowie über
die mittels G_k und H_k beschriebenen Streueigenschaften. Die Kopplung all
dieser Eigenschaften muß bei der Signalverarbeitung berücksichtigt werden.
Das bedeutet für die Laser-Doppler-Anemometrie:

o Elektronische Signalverarbeitungssysteme müssen korrekt ausgelegt und
  konstruiert sein, um die Doppler-Frequenz von Einzelteilchen zu bestimmen.

o Auswerteprozeduren sollten die obigen, gekoppelten Einflüsse berücksichtigen, um sicherzustellen, daß wahre, zeitgemittelte Messungen erhalten werden können.

Der erste Teil dieses Kapitels behandelte die korrekte Messung individueller Doppler-Frequenzen durch Periodendauermeßsysteme, wohingegen die ver-
bleibenden Abschnitte sich mit der Messung gemittelter Größen beschäftigen.

---

[*] Der cosh $(yz)/(\sigma_y\sigma_z)$ Term mit dem G_i im allgemeinen Fall multipliziert
    werden muß, wurde vernachlässigt, da das vorliegende optische System nur
    Teilchen aus dem Zentrum des Kontrollvolumens sieht.

9.31 EIGENSCHAFTEN ZEITGEMITTELTER GRÖSSEN, 1:
ZUSAMMENHANG ZU TEILCHENGEMITTELTEN EIGENSCHAFTEN

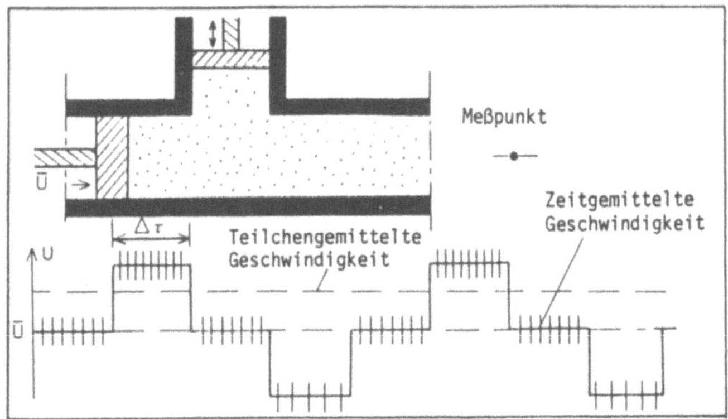

Turbulente Strömungsvorgänge können durch partielle Differentialgleichungen
für die zeitgemittelten Geschwindigkeitskomponenten und zeitgemittelten
Korrelationen der überlagerten Geschwindigkeitsschwankungen bestimmt werden, siehe Kapitel 1. Die Messung dieser Strömungsgrößen ist eine Aufgabe
der experimentellen Strömungsmechanik. Dies ist der Grund weshalb Laser-
Doppler-Systeme eine geeignete Datenverarbeitung benötigen, um die gewünschten Größen zu ermitteln.

Die Information, die mit Periodendauermeßsystemen erhalten wird, ist ein
momentanes Maß für die Geschwindigkeit eines individuellen Teilchens, z.B.
$(\nu_D)_p$. Stehen diese Informationen von N Streuteilchen zur Verfügung, so
können teilchengemittelte Größen, wie folgt, definiert werden.

$$\langle \nu_D \rangle = \lim_{N \to \infty} \frac{1}{N} \sum_{k=1}^{N} (\nu_D)_k$$

und

$$\langle \Delta \nu_D^2 \rangle = \lim_{N \to \infty} \frac{1}{N} \sum_{k=1}^{N} ((\nu_D)_k - \langle \nu_D \rangle)^2$$

Diese Mittelungsgrößen könnten auf elektronische Weise einfacher erhalten
werden. Es gibt jedoch einen Unterschied zwischen zeitgemittelten und teilchengemittelten Strömungsgrößen. Dies läßt sich einfach anhand der im obigen Schaubild gezeigten hypothetischen Strömung erklären. Die Strömung wird
hervorgerufen durch die Bewegung von zwei Kolben, von denen der eine am
Zylinderausgang eine konstante Geschwindigkeit Ū und der andere eine trep-
penförmig oszillierende Strömung mit positiven und negativen Pulsen er-

zeugt. Deshalb treten die im obigen Diagramm durch die durchgezogene Linie gekennzeichneten Geschwindigkeitsschwankungen auf. Die Strömung besitzt einen zeitgemittelten Geschwindigkeitswert von $\overline{U}$. Vorausgesetzt wird eine zufällige Streuteilchenverteilung im Raum, die aber mit im Mittel konstanter Konzentration innerhalb des gesamten Strömungsraumes vorliegt. Folglich kann die Anzahl der Teilchen, die das Meßvolumen pro Zeit durchqueren - wie folgt - berechnet werden:

$$\dot{N} = \int_A C_v \{\hat{U}\}_i \, d\{A\}_i$$

wobei C_v die Volumenkonzentration, $\{\hat{U}\}_i$ die momentane Fluidgeschwindigkeit und $d\{A\}_i$ die Projektionsfläche des Meßvolumens, senkrecht zu den betreffenden Achsen darstellen. Die Integration muß über die gesamte Projektionsfläche ausgeführt werden, woraus sich die folgende Beziehung zwischen den Teilchenankunftsraten für die langsamere (L) und die schnellere (H) Geschwindigkeitskomponente ergibt.

$$\frac{\dot{N}_L}{\dot{N}_H} = \frac{U_L}{U_H} \; .$$

Folglich verursachen die höheren Geschwindigkeitswerte eine größere Teilchenrate, weshalb sie von einem Periodendauer-Countersystem öfter erfaßt werden als die niedrigeren Geschwindigkeiten. Dies erklärt die Abweichung zwischen zeit- und teilchengemittelten Geschwindigkeitsinformationen.

9.32 EIGENSCHAFTEN ZEITGEMITTELTER GRÖSSEN, 2: KONTINUIERLICHE SIGNALE

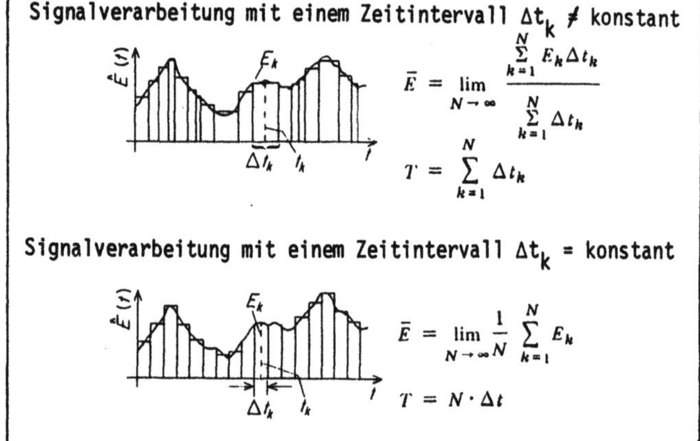

Das Schaubild faßt die Grundlagen der digitalen Signalverarbeitung zusammen, welche generell Anwendung finden, um die zeitgemittelten Größen zeitabhängiger Signale zu berechnen, z.B. Größen wie

$$\bar{E} = \lim_{T \to \infty} \frac{1}{T} \int_0^T \hat{E}(t)\,dt \quad \text{und} \quad \overline{e^n} = \lim_{T \to \infty} \frac{1}{T} \int_0^T [\hat{E}(t) - \bar{E}]^n\,dt \ .$$

Die Integration der obigen Gleichungen kann digital für unregelmäßige Abtastintervalle Δt_k ausgeführt werden, was zu folgenden, allgemeingültigen Formeln führt:

Für den Mittelwert ergibt sich:
$$\bar{E} = \lim_{N \to \infty} \frac{\sum\limits_{k=1}^{N} E_k \Delta t_k}{\sum\limits_{k=1}^{N} \Delta t_k}$$

und für die Momente, welche die Abweichung vom Mittelwert beschreiben:
$$\overline{e^n} = \lim_{N \to \infty} \frac{\sum\limits_{k=1}^{N} [E_k - \bar{E}]^n \Delta t_k}{\sum\limits_{k=1}^{N} \Delta t_k} \ .$$

Für stationäre Zufallsprozesse behalten diese Gleichungen ihre Gültigkeit für Abtastintervalle Δt_k, solange der Abtastvorgang und die abgetastete Größe nicht miteinander korreliert sind. Die Auflösung einer betrachteten Frequenz erfordert, daß die Δt_k-Werte klein sind gegen das zu erfassende Zeitmaß des Signals.

Falls die Abtastintervalle Δt_k als konstant gewählt werden, d.h. $\Delta t_k = \Delta t =$ = konst., vereinfachen sich die obigen Gleichungen zu:

$$\bar{E} = \lim_{N \to \infty} \frac{\sum\limits_{k=1}^{N} E_k \Delta t_k}{\sum\limits_{k=1}^{N} \Delta t_k} = \lim_{N \to \infty} \frac{1}{N} \sum\limits_{k=1}^{N} E_k = \langle E \rangle .$$

$$\overline{e^n} = \lim_{N \to \infty} \frac{\sum\limits_{k=1}^{N} [E_k - \bar{E}]^n \Delta t_k}{\sum\limits_{k=1}^{N} \Delta t_k} = \lim_{N \to \infty} \frac{1}{N} \sum\limits_{k=1}^{N} [E_k - \bar{E}]^n = \langle e^n \rangle .$$

Demgemäß stimmen die zeitgemittelten und ensemblegemittelten Eigenschaften miteinander überein, für den Spezialfall, daß konstante Abtastintervalle gewählt werden.

Wie auf den folgenden Seiten diskutiert wird, erlauben die diskontinuierlich auftretenden Doppler-Signale oft keine regelmäßigen Abtastintervalle
innerhalb einer vernünftigen Zeit. Deshalb kann der zeitgemittelte Meßwert
vom ensemblegemittelten Wert abweichen.

9.33 EIGENSCHAFTEN ZEITGEMITTELTER GRÖSSEN, 3: EINFLUSS DES MESSVOLUMENS

Nötig sind lokale, zeitgemittelte Größen, z.B.:

$$[\bar{\nu}_D] = \lim_{V \to 0} \frac{1}{V} \int_0^V \lim_{T \to \infty} \frac{1}{T} \int_0^V \hat{\nu}_D(t, V)\,dt\,dV$$

Die Teilchen liefern Signale unterschiedlicher
Dauer Δt_k, was wie folgt geschrieben werden kann:

$$[\bar{\nu}_D] = \lim_{V \to 0} \frac{1}{V} \int_0^V \lim_{N \to \infty} \frac{\sum_{k=1}^{N} (\nu_D)_k \Delta t_k}{\sum_{k=1}^{N} \Delta t_k}\,dV$$

Die Größe $[\bar{\nu}_D]$ ist der lokale Wert der zeitgemittelten Doppler-Frequenz $\bar{\nu}_D$.

Die auf den vorangegangenen Seiten in Bezug auf die kontinuierlichen Signale formulierten Grundgleichungen sind auch für diskontinuierliche Signale
gültig, wie sie in der Laser-Doppler-Anemometrie vorkommen. Es gibt jedoch
zwei weitere Eigenschaften von Doppler-Signalen, die weiterer Erläuterungen
bedürfen. Die Einflüsse der Doppler-Signaldauer Δt_k und der Zeit zwischen
zwei Teilchen t_p werden in Abschnitt 9.34 betrachtet. Hier wird der Zusammenhang zwischen der Dauer des Doppler-Signals und der das Signal erzeugen-
den Meßvolumengeometrie beleuchtet und deren Auswirkungen auf das Ender-
gebnis diskutiert.

Die zweite Gleichung der obigen Dia-Vorlage stellt eine zeitgewichtete Näherung dar, um die mittlere lokale Doppler-Frequenz zu bestimmen. In dieser
Gleichung kann das Integral nur dann entfallen, d.h. gelöst werden, wenn
die Beziehung zwischen Δt_k und V bekannt ist, was nur selten zutrifft. Deshalb kann die Gleichung nur benutzt werden, um Schätzwerte für $[\nu_D]$ zu erhalten, obwohl in vielen Fällen diese Schätzung genauer und besser sein
wird, als wenn sie durch andere Methoden bestimmt wird, wie z.B. nach Abschnitt 9.34. Es würde für die normalisierte Zeit

$$\widetilde{\Delta t} = \frac{\Delta t_k}{\sum_{k=1}^{N} \Delta t_k}$$

genügen, wenn sie unabhängig vom Volumen wäre, aber das ist im allgemeinen nicht der Fall.

Trotz der Grenzen der Zeitwichtungsnäherung gibt es viele Korrekturvorschläge, siehe z.B. Durst [1974], George [1975], Dimotakis [1976] und Hösel und Rodi [1977]. Durst [1974] schlug die gemessene Durchgangszeit zwischen dem Punkt maximaler Signalamplitude und dem Punkt halber Amplitude vor, wohingegen z.B. Hösel und Rodi [1977] die Zeit zwischen Punkten gleicher Amplitude verwendeten. Wie von Durst, Tropea und Venkatesh [1980] gezeigt wurde, resultieren diese Näherungen in unterschiedlich berechneten Mittelwerten.

Eine Alternative zu der Zeitwichtungsnäherung sahen McLaughlin und Tiederman (1973) und weitere Autoren in der Anwendung von "Biasing"-Korrekturen, um gemittelte Eigenschaften über die Annahme einer linearen Abhängigkeit zwischen Teilchenankunftsrate und gemessener Geschwindigkeitskomponente zu beschreiben. Diese eindimensionale Korrektur kann zu großen Fehlern führen, wie von Durao, Laker und Whitelaw [1980] sowie von Durst und Tropea [1980] erläutert wurde. Die zweidimensionale Korrektur, wie sie von den gleichen Autoren vorgeschlagen und z.B. von Bachalo und Johnson [1979] benutzt wurde, arbeitet zufriedenstellender, besonders wenn das Meßvolumen die Form eines langen Zylinders aufweist. Diese Korrektur folgt der Gleichung:

mit
$$\bar{U} = \frac{\Sigma (U\omega)_n}{\Sigma \omega_n}$$

$$\omega_n = 1/\sqrt{U_n^2 + V_n^2}$$

wobei U und V die Geschwindigkeitskomponenten einer Strömung sind, bei der die dritte Geschwindigkeitskomponente gleich Null ist. Ein Zweikanal-Anemometer ist erforderlich, um diese Korrektur zu nutzen, wenngleich sie - wie alle Wichtungsmethoden - in der Anwendbarkeit begrenzt ist.

9.34 EIGENSCHAFTEN ZEITGEMITTELTER GRÖSSEN, 4: GESCHWINDIGKEIT DER DATENAUFNAHME

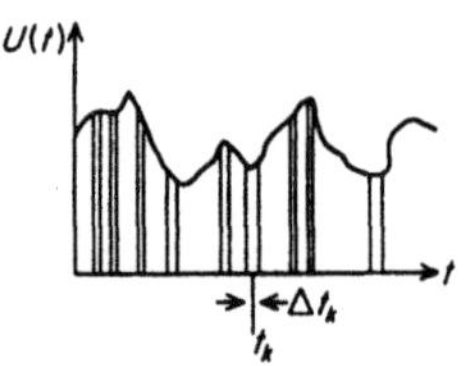

o Die Laser-Doppler-Anemometrie bestimmt das Strömungsfeld nur zu Zeiten t_k innerhalb des Intervalls Δt_k.

o Bei hohen Geschwindigkeiten kommen mehr Teilchen im Meßvolumen an als bei niederen Geschwindigkeiten.

o Bei kleinen Strömungsgeschwindigkeiten verbleiben Teilchen länger im Meßvolumen.

o Teilchenankunftsrate, Abtastrate und Turbulenzfrequenzen sind von Bedeutung für die Datenaufnahme.

In Abschnitt 9.32, in Verbindung mit kontinuierlichen Signalen wurde gezeigt, daß die Datenerfassung mit konstanten Zeitintervallen Δt_k sowohl bei Zeitmittelung als auch bei Ensemblemittelung zu den gleichen Werten führte. Im Prinzip liefert dieselbe Methode auch zeitgemittelte Werte eines diskontinuierlichen Signals, wenn die Signalankunftszeit mit der Geschwindigkeit korreliert ist. Deshalb führen Meßwerte zu Zeiten t_s innerhalb von Zeitintervallen Δt_s ebenfalls zu zeitgemittelten Ergebnissen. Die Gleichung

$$\bar{U} = \frac{1}{N} \sum_{k=1}^{N} U_k$$

erlaubt die Berechnung dieses Ergebnisses, wobei implizit die Zeitwichtung benutzt wird, da Doppler-Signale langsamer Teilchen länger dauern.

Die obige Abtastmethode kann praktisch genutzt werden, sofern die Teilchenankunftsrate hoch genug ist, wenn nicht, wird sie in steigendem Maße ineffizient und bei teilchenarmen Strömungen, wie sie in der Praxis oftmals auftreten, ist diese Methode nutzlos. Sie kann nur in solchen Strömungen empfohlen werden, bei denen die Zeitmaßstäbe der Teilchenankunftsrate t_p geringer sind als die mittleren turbulenten Zeitmaßstäbe t_t.

In Fällen bei denen die Mittelwerte von t_p geringer oder viel größer sind als t_t, führt die obige Gleichung zu korrekten Zeitmittelwerten, falls die Abtastung zufällig erfolgt, siehe z.B. Durao und Whitelaw (1975b). Diese Methoden kontrollieren über die elektronische Datenverarbeitung oder über entsprechende Software die Doppler-Signale, welche zur Mittelwertfindung benutzt werden und diese Kontrolle unterdrückt die Korrelation zwischen Teilchenankunftsrate und Geschwindigkeit.

In vielen praktischen Fällen ist die Teilchenankunftsrate gering und

$$\overline{t_p} \gg t_t.$$

Unter diesen Umständen kann die Korrelation zwischen Teilchenankunftsrate und Geschwindigkeit nur durch die im ersten Abschnitt erwähnte Datenerfassungsmethode unterdrückt werden, die jedoch, gemäß den im zweiten Abschnitt erläuterten Erkenntnissen, ausscheidet. In ähnlicher Weise und unabhängig von der Teilchenankunftsrate bleibt diese Korrelation auch bei allen Countern erhalten die mit schnellen Ansprechzeiten arbeiten, so daß die Wiederholzeit kürzer ist als die kürzeste Zeit zwischen Teilchen. Dann wird der über die Summation

$$\frac{1}{N} \sum_{k=1}^{N} U_k$$

bestimmte Mittelwert ein teilchengemittelter Wert sein, welcher sich vom Zeitmittelwert unterscheidet.

Der Unterschied zwischen Teilchen- und Zeitmittelwerten ist abhängig von der Turbulenzintensität und somit nur wichtig in einem Bereich von etwa 0,15 bis 0,50. Es ist unwahrscheinlich, daß unter realen Umständen bei der mittleren Geschwindigkeit Fehler von mehr als 10% vorkommen.

9.35 <u>EIGENSCHAFTEN ZEITGEMITTELTER GRÖSSEN, 5:</u>
<u>AMPLITUDENEFFEKTE</u>

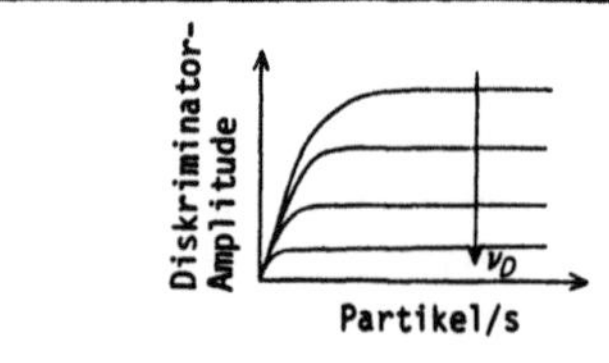

o Ergebnisse von Durao und
  Whitelaw [1979]

o Einfluß endlicher Anoden-
  anstiegszeiten auf Laser-
  Doppler-Signalamplitude

o Mit wachsender Doppler-Frequenz sinkt die Anzahl der
  Signale oberhalb eines vorgesetzten Amplitudenpegels.

In den Abschnitten 9.33 und 9.34 wurde stillschweigend vorausgesetzt, daß
Messungen individueller Doppler-Frequenzen nicht durch die Eigenschaften
von Photodetektoren oder sonstiger Teile des Laser-Doppler-Anemometer-
systems beeinflußt werden. Solche Geräteeinflüsse sind zwar meist vorhanden
aber meistens für Messungen zeitgemittelter Laser-Doppler-Signale ohne Bedeutung, obwohl ein Zusammenhang zwischen instrumentellem Beitrag und der
Signalfrequenz einzelner Doppler-Signale besteht. Solch ein Zusammenhang
wurde von Durao und Whitelaw [1979] festgestellt. Sie zeigten, daß die endliche Anstiegszeit der Photomultiplieranode, in Abhängigkeit von der Frequenz, die Amplitude des Laser-Doppler-Signals beeinflußt. Aus diesem Grund
nimmt die Signalamplitude am Ausgang des Photomultipliers mit steigender
Doppler-Frequenz ab, weshalb für Elektroniken mit konstantem Triggerpegel
mit zunehmender Geschwindigkeit die detektierte Signalrate abfällt. Dieser
Effekt ist gegensätzlich zu der bekannten Erscheinung, daß die Ankunftsrate
mit der Teilchengeschwindigkeit zunimmt.

Durao und Whitelaw [1979] fanden ebenso eine direkte Abhängigkeit zwischen
der Laser-Doppler-Signalamplitude und der Strömungsgeschwindigkeit. Sie
zeigten experimentell, daß die Signalamplitude mit zunehmender Geschwindigkeit selbst für solche Signale kleiner wird, bei denen die gemessenen
Doppler-Frequenzen identisch sind.

Signalverarbeitungssysteme können so ausgelegt werden, daß sie die Signal-
Rausch-Verhältnisse (SNR) individueller Signale berücksichtigen, um nur
solche Signale für die Mittelwertbestimmung auszuwählen, die ein Signal-
Rausch-Verhältnis aufweisen, welches einen vorgegebenen Wert übersteigt.
Dies führt zu einer Bevorzugung von Signalen hoher Amplitude bei der Mit-
telwertbildung und schließt eine Abhängigkeit von Laserleistung, Teilchen-

größe, Teilchenmaterial usw. ein. Falls kein Zusammenhang zwischen diesen Größen und der Signalfrequenz besteht werden die Mittelwerteigenschaften jedoch nicht berührt. Genaue Messungen erfordern eine sorgfältige und in einigen Fällen auch eine auf experimentelle Voruntersuchungen basierende Abschätzung, wie stark bei dem vorliegenden System die Signalamplitude möglicherweise von der Signalfrequenz abhängt und somit den gemessenen Mittelwert beeinflussen kann.

9.36 EIGENSCHAFTEN ZEITGEMITTELTER GRÖSSEN: 6 VORGESCHLAGENE ERFASSUNGSTECHNIKEN

o Bei hohen Teilchenraten, z.B. $\bar{t}_R \ll t_t$ können genaue Werte zeitgemittelter Größen erhalten werden, entweder durch die Wahl konstanter Werte der Abtastintervalle Δt_k und Zeiten zwischen den Abtastungen, durch Zufallsabtastung oder durch lange Zeiten zwischen Abtastungen, z.B. $\bar{t}_s \gg \bar{t}_p$.

o Bei kleinen Teilchenankunftsraten, z.B. $\bar{t}_p \ll t_t$ können Zeitmittelwerte nicht über die Summe

$$\frac{1}{N} \sum_{k=1}^{N} U_k$$

erhalten werden.
Die Anwendung der Gleichung

$$U = \sum_{k=1}^{N} (U_k \Delta t_k) \Big/ \sum_{k=1}^{N} \Delta t_k$$

wird empfohlen, wobei Δt_k oder Dauer des k-ten Doppler-Signales zwischen den Punkten maximaler und halber maximaler Amplitude gleichzusetzen ist.

Im obigen Schaubild sind Hauptpunkte der vorangegangenen fünf Abschnitte in Form von Empfehlungen zusammengefaßt. Bei hohen Teilchenkonzentrationen gibt es, wie oben beschrieben, keine Schwierigkeit, Ergebnisse zu erhalten, die von Korrelationen zwischen Teilchenankunftsrate, Geschwindigkeit und Signalamplitude unabhängig sind und dies wurde durch Durao, Laker und Whitelaw [1980] in Untersuchungen demonstriert.

Bei kleinen Teilchenankunftsraten, wie sie in vielen praktisch wichtigen Situationen vorkommen, können keine Abtasttechniken benutzt werden, um Geschwindigkeitskorrelationseffekte zu eliminieren. Auswege müssen gefunden werden, entweder in der zeitgewichteten Gleichung des obigen Schaubildes oder über Korrekturen des in Abschnitt 9.33 erwähnten Typs. Die zeitgemittelte Gleichung ist für die Beseitigung der Korrelation zwischen Teilchenankunftsrate und Geschwindigkeit vorzugsweise zu verwenden, obwohl sich die Bestimmung der exakten Zeitmittelwerte bei kleinen Teilchenraten als unmöglich erweist, die Signaldauer von Doppler-Bursts durch die stets variierende Signalform zu definieren oder zu messen.

Es sollte betont werden, daß durch die kurzen Verarbeitungszeiten kommerzieller Counter Geschwindigkeitskorrelationseffekte für alle Werte von $\bar{t}_p$ auftreten, es sei denn, daß entweder die Wiederholzeit oder die Zeit zwischen Bursts eingestellt wird und mit diesen Werten daraufhin der Mittelwert gebildet wird.

Amplitudeneffekte können ebenso auftreten und deren Einfluß muß sorgfältig beurteilt werden. In manchen Fällen können diese die Geschwindigkeitskorrelationseffekte zwischen Teilchenankunftsrate und Geschwindigkeit nahezu aufheben. Dies kann, zumindest annäherungsweise, durch Abschätzungen erhalten werden, wie sie von Durao, Laker und Whitelaw [1980] vorgestellt wurden. Falsch eingestellte Filter können ebenso zu den negativen Amplitudeneffekten beitragen, weshalb Eckfrequenzen und Flankensteilheit in geeigneter Weise angepaßt, bzw. implementiert sein müssen, um solche Beiträge zu vermeiden.

Nachdem durch Einstellen der Diskriminatorpegel am Counter Datenratenvariationen verursacht werden, ist es nützlich, sich daran zu erinnern, daß sehr niedrige oder sehr hohe Triggerpegel zu falschen Ergebnissen führen. Bei niedrigen Pegeln liegt die Ursache für mögliche Fehlmessungen im Rauschen. Bei hohen Triggerpegeln können die Vorteile der Signalverarbeitung bei nur guter Signalqualität durch die Eliminierung der kleinen Signale schneller Teilchen ausgeglichen werden, insbesondere in den Fällen, in denen Amplitudengeschwindigkeitskorrelationen von Interesse sind. Ebenso können bei sehr hohem Triggerpegel auch Schwierigkeiten auftreten die Logikanforderungen von Countersystemen zu erfüllen.

9.37 RÄUMLICHE TEILCHENKONZENTRATIONSSCHWANKUNGEN

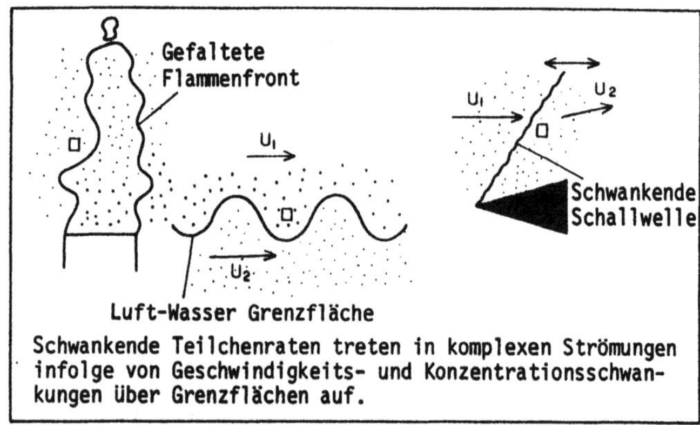

Schwankende Teilchenraten treten in komplexen Strömungen infolge von Geschwindigkeits- und Konzentrationsschwankungen über Grenzflächen auf.

In komplexen Strömungssystemen, z.B. Flammen, Zweiphasenströmungen, Überschallströmungen usw. treten Schwankungen der Streuteilchenrate dadurch
auf, daß zu verschiedenen Zeiten verschiedene Teilchenkonzentrationen im
Meßvolumen vorkommen, siehe Abschnitt 7.17. Dies wurde von Durst und Kleine
(1973) im Zusammenhang mit turbulenten Vormischflammen gezeigt, wobei sie
fanden, daß die Laser-Doppler-Information durch die Teilchenkonzentrations-
schwankungen über der gefalteten Flammenfront beeinflußt werden. Sie erklärten dies, indem sie aufzeigten, daß für Elektroniken, die Teilchenmit-
telungen ausführen, die momentane Fluidgeschwindigkeit von der momentanen
Teilchenkonzentration abhängt:

$$\dot{N} = \int_A C_v \, \{\dot{U}\}_i \, d\{A\}_i \; .$$

Folglich müssen in jenen Strömungssystemen, in denen die Teilchenrate nicht
nur eine Funktion der Strömungsgeschwindigkeit ist, die in den Abschnitten
9.30 und 9.31 vorgestellten Ausführungen ergänzt werden.

Die obige Dia-Vorlage zeigt einige der Strömungssysteme, in denen man sich
unkorrelierte oder schwach korrelierte Geschwindigkeits-und Konzentrations-
fluktuationen vorstellen kann. So läßt sich beispielsweise bei Laser-
Doppler-Messungen nahe der Phasengrenze einer Luft-Wasser-Strömung zu bestimmten Zeitintervallen die Luftgeschwindigkeit mit der für Luftströmungen
typischen Datenrate erfassen. Danach wird die Wasserströmung mit deren
eigener Geschwindigkeit und deren charakteristischer Teilchenkonzentration
auftreten, wobei am Ausgang einer Periodendauermeßeinrichtung Informationen
über diese Eigenschaften vorliegen. Ein Geschwindigkeitswert, der einen
Mittelwert über eine lange Zeit darstellt, ist weder für die Luft noch für
die Wasserströmung repräsentativ.

Ähnliche Einflüsse von Konzentrationsschwankungen treten für Strömungen
durch Begrenzungsflächen von Stoßwellen in Überschallströmungen auf. Asalor
und Whitelaw (1975) lieferten weitere Informationen über Strömungen mit Reaktionen, Baker (1974b) sowie Durao und Whitelaw (1974c) über teilchenbeladene Düsenströmungen.

Die in Abschnitt 9.36 vorgeschlagenen Datenerfassungstechniken reduzieren
Wichtungseffekte aufgrund räumlicher Schwankungen der Teilchenkonzentration. Aus diesem zweiten Grund sind Teilchenkonzentrationen wünschenswert,
die zu Zeitintervallen zwischen den Teilchen führen, die etwas größer als
die integralen Zeitmaßstäbe der Turbulenz sind.

9.38 <u>SCHLUSSFOLGERUNGEN UND ABSCHLIESSENDE BEMERKUNGEN</u>

> o Signalverarbeitung im Frequenzbereich verursacht in-
> härente Frequenzverbreiterung.
>
> o Genaue Laser-Doppler-Messungen im Zeitbereich durch
> Periodendauer-Meßsysteme erfordern:
> - vollständige Entfernung des Signal-Gleichanteils,
> - gute Signal-Rausch-Verhältnisse oder gute Methoden
>   der Signalverbesserung,
> - Mittelung über mehrere Signalzyklen innerhalb eines
>   Bursts,
> - niedrige Triggerniveaus für die Erkennung der Null-
>   durchgänge,
> - genaue zeitgemittelte Messungen können erreicht wer-
>   den,
> - Eliminierung schlechter Datenpunkte,
> - schnelle Elektroniksysteme, um die benötigten hohen
>   Taktfrequenzen zu verarbeiten.

Signalverarbeitungssysteme, die in der Frequenzebene arbeiten, erlauben die
Trennung der in Laser-Doppler-Signalen enthaltenen Information von inhären-
tem Rauschen mittels enger Bandpaßfilter, welche über dem gesamten, inter-
essierenden Frequenzbereich angeordnet sind. Das resultierende Doppler-
Spektrum zeigt eine inhärente Frequenzverbreiterung infolge der begrenzten
Burstdauer. Diese Frequenzverbreiterung tritt bei Systemen, die Laser-
Doppler-Signale in der Zeitebene verarbeiten nicht auf.

Die Frequenz von Laser-Doppler-Signalen kann mit konventionellen Frequenzzählern, welche in einem vorgesetzten Zeitintervall die Anzahl der Nulldurchgänge zählen, nicht gemessen werden, da Laser-Doppler-Bursts in hochturbulenten Strömungen unterschiedliche Signaldauer besitzen und die Signalamplitude infolge der Gaußschen Variation der Lichtintensität innerhalb des Meßvolumens typische Schwankungen aufweist. Daher müssen Periodendauermeßsysteme herangezogen werden, um die Zeit zu messen, in der eine
vorgesetzte Anzahl von Signalnullstellen vorkommt.

Genaue Periodendauermeßsysteme erfordern eine vollständige Entfernung des
Signalgleichanteils. Dies kann durch angepaßte elektronische Bandpaßfilter
erreicht werden, jedoch reduziert die endliche Bandbreite den dynamischen
Arbeitsbereich, da Frequenzen unterhalb der eingestellten Filtereckfrequenz
nicht detektiert werden können. Optische Sockelunterdrückung, z.B. unter
Anwendung der Polarisationseigenschaften der Laserstrahlen vermeiden diese
Einschränkung im dynamischen Bereich.

Periodendauermeßsysteme sind empfindlich gegen Rauschen im Signal und erfordern deshalb gute Signal-Rausch-Verhältnisse am Photomultiplierausgang.
Gegebenenfalls muß das Signal-Rausch-Verhältnis vor der Signalverarbeitung
durch sauber ausgelegte, optische Systeme und Bandpaßfilter gesteigert wer-

den. Der Rauscheinfluß kann durch Mittelung der Frequenzmessung über mehrere Signalzyklen eines Bursts reduziert werden. Weitere Auswirkungen des Rauschens, wie Vielfachnulldurchgänge und/oder fehlende Nullstellen, sollten durch Datenvalidierungseinrichtungen vermieden werden. Solche Systeme sollten schlechte Signale aufgrund von Rauschen oder anderen Einflüssen unterdrücken, um genaue Laser-Doppler-Frequenzmessungen mit Periodendauermeßgeräten zu gewährleisten.

Um den Einfluß der Amplitudenmodulation des Doppler-Signals zu minimieren, sind niedrige Triggerpegel für die Nullstellendetektion notwendig. Um den Rauscheinfluß zwischen Doppler-Signalen zu unterdrücken, sind zusätzliche Triggereinrichtungen erforderlich, so daß der Nulldurchgangsdetektor nur dann aktiviert wird, wenn Doppler-Signale mit genügender Signalamplitude vorliegen.

Zeitfehler können infolge der Ableitung der Zeit aus der Frequenz eines quarzstabilisierten Taktgenerators auftreten. Die Reduzierung dieser Fehler erfordert hohe Taktfrequenzen und folglich schnelle Elektronikbausteine.

10. STREUPARTIKEL: SPEZIFIKATION

10.1 ÜBERBLICK

Es werden Eigenschaften und das Verhalten von suspendierten Teilchen hinsichtlich ihrer Verwendbarkeit für die Laser-Doppler-Anemometrie untersucht. Dabei wird folgendes betrachtet:

	Abschnitt
o Streueigenschaften	10.2
o physikalische Eigenschaften	10.3
o fluiddynamisches Verhalten	10.4 - 10.14
o Partikelkonzentration	10.15 - 10.17
o Einfluß von Kraftfeldern	10.18 - 10.20
o natürliches Vorkommen	10.21
o Gesundheitsvorkehrungen	10.22

Die vorhergehenden Kapitel haben herausgestellt, daß Geschwindigkeitsmessungen mittels Laser-Doppler-Anemometrie auf Signalen basieren, die von in einer Strömung suspendierten Partikeln herrühren und nicht von Signalen, die vom Fluid selbst erzeugt werden. Während bei manchen Anwendungen, wie z.B. Feststofftransport oder Zweiphasenströmungen, die Bewegung der einzelnen Teilchen von Interesse ist, wird ein Experimentator in den meisten anderen Fällen die Geschwindigkeit der kontinuierlichen Phase zu messen wünschen. Auch diese Information wird über Teilchen erhalten und es ist deshalb wichtig, daß man weiß, wie gut die Bewegung der suspendierten Partikel die Bewegung des Fluids wiedergibt. Letzteres wird in diesem und im Kapitel 11 behandelt.

Ein Rückblick auf die Lichtstreuung bei Molekülen und Atomen in Abbildung 10.2 zeigt auf, daß die Partikeln, die als Streuzentren nötig sind, einen gewissen Teilchendurchmesser nicht unterschreiten dürfen. In der Dia-Vorlage 10.3 sind die notwendigen physikalischen Eigenschaften dieser Partikeln zusammengestellt. Die Abschnitte 10.4 bis 10.11 beschäftigen sich mit der Partikelbewegung in turbulenten Strömungen, um daraus den maximalen Durchmesser eines Partikels gegebener Dichte abzuleiten, bei dem dieses der Strömung noch folgt. Zu diesem Zweck werden auch rotierende Strömungsgefäße und Hochgeschwindigkeitsströmungen betrachtet (Abschnitte 10.12 und 10.13). Auf eine kurze Behandlung der Brownschen Partikelbewegung in Abschnitt 10.14 folgt eine Diskussion der Partikelkonzentrationsgrenzen und der Beziehung zwischen Konzentration und der Auflösung kleinskaliger Turbulenz (Abschnitte 10.15 bis 10.17). Koagulationseffekte und der Einfluß äußerer Kräfte werden in den Dia-Vorlagen 10.18 bis 10.20 dargestellt. Das vorliegende Kapitel wird mit Anmerkungen zum natürlichen Vorkommen von Streupartikeln und zu Gesundheitsvorkehrungen bei Zugabe von Teilchen zu Strömungen abgeschlossen (Abschnitte 10.21 und 10.22).

10.2 NOTWENDIGKEIT FÜR DISPERGIERTE PARTIKEL ALS LICHTSTREUELEMENTE

Streuquerschnitt $\qquad$ $C_{str}(m^2)$

o Moleküle (Rayleigh-Streuung) $\qquad$ 10^{-33}

o freie Elektronen (Thompson-Streuung) $\qquad$ 10^{-30}

o Partikel im μ-Bereich (Mie-Streuung) $\qquad$ 10^{-12}

o Kugeln, 100 μm Durchmesser $\qquad$ 10^{-8}

$$C_{str} = \frac{P_s}{I_o} = R^2 \int \frac{I(\theta,\phi)}{I_o}\, d\Omega$$

Die Laser-Doppler-Anemometrie bedarf geeigneter Streuteilchen in einem strömenden Fluid, die wesentlich größer als Moleküle sind. Dies zeigt schon ein Vergleich der Streuquerschnitte C_{str} (Abschnitt 3.6). Solche Querschnitte für verschiedene Streuprozesse sind in der obigen Dia-Vorlage verglichen. C_{str} ist definiert als das Verhältnis der Streuleistung P_s (W) in alle Raumrichtungen zu der auf die Partikelquerschnittsfläche einfallenden Lichtleistung I_o (W/m^2), die sich als Produkt aus dem Teilchenquerschnitt und der auf dieser Fläche vorliegenden Lichtintensität errechnet. Daraus ergibt sich für den Streuquerschnitt die Dimension einer Fläche. Für eine Streulichtintensitätsverteilung I (Θ, ϕ) in einem Abstand R von einem Teilchen erhält man die Leistung, die durch einen differentiellen Ausschnitt der Fläche $R^2 \sin\Theta d\Theta d\phi = R^2 d\Omega$ zu I (Θ, ϕ)$R^2 d\Omega$ tritt. Dies führt zu der in der obigen Dia-Vorlage angegebenen Formel für C_{str}. Der Streuquerschnitt von Molekülen und Atomen bei Rayleigh-Streuung ist proportional zu $V_s^2 \lambda^{-4}$; wobei V_s das Volumen von Streuzentren willkürlicher Größe darstellt. Der Streuquerschnitt bei der Thompson-Streuung für freie Elektronen wird annähernd durch $(8/3)\pi r_p^2$ wiedergegeben. Wie in der obigen Dia-Vorlage gezeigt wird, sind diese Streuquerschnitte viele Größenordnungen kleiner als diejenigen, die von Teilchen mit einem Durchmesser in der Nähe der Wellenlänge des Lichtes erhalten werden. Die Streueigenschaften solcher Teilchen genügen bestimmten Lösungsansätzen für die Maxwell-Gleichungen, die zuerst von Mie (van de Hulst, 1957) abgeleitet wurden. Für größere Mie-Partikel ist der Streuquerschnitt dem geometrischen Querschnitt ungefähr proportional, wie die letzten beiden Beispiele in der Dia-Vorlage zeigen. Es wird jedoch später gezeigt, daß für viele Anwendungen der Laser-Doppler-Anemometrie in einphasigen Strömungen 100 µm-Teilchen zu groß sind.

Die vergleichbaren Werte der Streuquerschnitte, die in der obigen Dia-Vorlage angegeben sind, beweisen letztlich nicht, daß Elektronen- oder Molekülstreuung zu schwach für die Anwendung zur Laser-Doppler-Anemometrie sind. Berechnungen von Meyers (1971) oder Flynn und Mack (1971) ergeben jedoch, daß die Rayleigh-Streuung für ein ausreichendes Signal-Rausch-Verhältnis für herkömmliche Laserleistungen nicht geeignet ist.

10.3 <u>ANFORDERUNGEN AN DIE STREUPARTIKEL</u>

Partikel, deren Bewegung für die Beschreibung der Strömungsgeschwindigkeit einer kontinuierlichen Phase verwendet wird, sollten:
o der Strömung folgen können,
o gute Lichtstreueigenschaften besitzen,
o einfach zu erzeugen und einzubringen sein,
o billig hergestellt werden können,
o ungiftig, nicht korrosiv und nicht abrasiv sein,
o nicht flüchtig oder schwer verdampfbar sein,
o chemisch inert sein,
o nicht verschmutzend wirken.

Die obige Dia-Vorlage weist auf die Eigenschaften hin, die für Streupartikel in den meisten Strömungen wünschenswert sind, in denen Laser-Doppler-Messungen durchgeführt werden sollen. Die Gewichtung der Bedeutungen dieser Eigenschaften variiert jedoch von Strömung zu Strömung. Wenn die Geschwindigkeit von Partikeln, die von einer Strömung mitgenommen werden, als Maß für die Fluidgeschwindigkeit gelten soll, ist ihr Folgevermögen in einer Strömung sehr wichtig. Aus diesem Grund ist die erste Hälfte dieses Kapitels der Fluiddynamik der Partikel gewidmet. Wenn in dieser Hinsicht ein zufriedenstellendes Verhalten der Partikel sichergestellt werden kann, kann man sich auf die Optimierung der Lichtstreuung konzentrieren, d.h. auf die Auswahl der Partikel in Bezug auf Brechungsindex und Regelmäßigkeit der Oberfläche.

Die Hauptpunkte der Partikelerzeugung werden im nachfolgenden Kapitel behandelt. Die Kosten der Partikelerzeugung sind im Vergleich zu den Gesamtkosten eines Laser-Doppler-Anemometers klein, hängen aber stark von der Menge und der Zusammensetzung des verwendeten Teilchenmaterials ab. Es ist nicht weiter schwierig, Substanzen zu finden, die ungiftig, nicht korrosiv und nicht abrasiv sind. Nichtflüchtige, chemisch inerte Teilchen sind für Strömungen mit niedrigen Temperaturen ohne weiteres zu erhalten, während die Auswahl von Partikelmaterialien für z.B. Flammen, wesentlich begrenzter ist. Flüchtige Teilchen können vorteilhaft bei der Einstellung einer gleichmäßigen Verteilung in einer Gasströmung sein, vorausgesetzt sie verdampfen nicht vor dem Meßort. Die Forderung, daß die Partikel nicht verschmutzend wirken sollen, bedeutet vor allem für Gasströmungseinrichtungen, daß sie sich nur wenig an den Wänden des jeweiligen Meßraumes bzw. in dem damit verbundenen Rohrleitungssystem absetzen. In Krümmern, T-Stücken und Rohrverbindungen kann es teilweise Schwierigkeiten mit Feststoffteilchen geben, deren Absetzrate nur schwer angegeben werden kann und in der Praxis nur durch Experimente bestimmbar ist.

10.4 STRÖMUNGSVERHALTEN VON DISPERGIERTEN PARTIKELN

Die Bewegung von Partikeln, die in einem strömenden Fluid dispergiert sind, wird beeinflußt durch:

o Partikelform,

o Partikelgröße,

o Dichteunterschied zwischen Partikel und Fluid,

o Konzentration,

o Massenkräfte,

o Viskositätskräfte.

Die oben aufgelisteten Parameter, welche die Relativbewegung zwischen Partikel und Fluid beeinflussen, in dem die für Meßzwecke erforderlichen Teilchen dispergiert sind, nehmen Erkenntnisse der nächsten Seiten vorweg. Rein gefühlsmäßig erscheinen sie jedoch schon ohne Zusatzerläuterung als wichtig, um Fluidgeschwindigkeit über Partikelgeschwindigkeit zu messen. Es ist wohl bekannt, daß die Form einer Partikel den einwirkenden Strömungswiderstand bestimmt. Da die Berechnung der Partikelbewegung sogar für kugelige Partikel ziemlich kompliziert ist, wird nur dieser Fall betrachtet und es wird angenommen, daß die Ergebnisse qualitativ auf Partikel mit unregelmäßigerer Form anzuwenden sind. Die Annahme der Kugelform ist für flüssige Partikeln richtig und gilt weitgehend für monodisperse Feststoffpartikeln einheitlicher Größe. Bei anderen Formen von Feststoffpartikeln, wie sie etwa durch Agglomerate entstehen, ist diese Annahme kaum erfüllt. Der Zusammenhang zwischen dem Durchmesser einer Partikel, ihrer relativen Dichte und die Antwort auf die Geschwindigkeitsschwankungen des Fluids bei einer gegebenen Frequenz wird in den nächsten Abschnitten diskutiert. Dabei wird angenommen, daß ein kugelförmiges Teilchen in einem unendlich ausgedehnten Fluid vorliegt. Bei Partikelkonzentrationen, die man durch Dispergierung von Teilchen in Gasen erhält, d.h. bei Konzentrationen von 10^{10}m^{-3} oder weniger, ist diese Voraussetzung nicht stark einschränkend, d.h. sie gibt den in Versuchen vorliegenden Zustand gut wieder. Partikeln mit einem Durchmesser von 1 µm und einer Anzahlkonzentration von etwa 10^{12}m^{-3} sind immer noch durch einen Abstand von 100 Durchmessern im Mittel getrennt. Anzahldichten dieser Größenordnung sind aber etwa 100 mal größer als Teilchendichten, die für die Laser-Doppler-Anemometrie als notwendig erachtet werden. Die Art und Weise, in der die Partikelbewegung durch Wechselwirkung mit anderen Teilchen bei einer Konzentration oberhalb von 10^{12}m^{-3} verändert werden kann, wird in den Abschnitten 10.15 bis 10.19 dargelegt. Es ist jedoch unwahrscheinlich, daß diese Probleme in vielen Anwendungen der Laser-Doppler-Meßtechnik auftreten. Äußere Kräfte auf die Partikeln werden für den größten Teil dieses Kapitels als vernachlässigbar angenommen, werden aber kurz in Abschnitt 10.20 untersucht. Die dominierenden Kräfte, die auf die Teilchen wirken, sind die Viskositätskräfte.

10.5 PARTIKELBEWEGUNGSGLEICHUNG, 1

(1) Beschleunigungs-   (2) Stokes-   (3) Kraft durch Druck-
     kraft   Widerstand   gradient auf das Fluid

$$\frac{\pi d_p^3}{6}\,\rho_p\,\frac{d\hat{U}_p}{dt} = -3\pi\mu d_p\hat{V} + \frac{\pi d_p^3}{6}\,\rho_f\,\frac{d\hat{U}_f}{dt}$$

$$-\frac{1}{2}\,\frac{\pi d_p^3}{6}\,\rho_f\,\frac{d\hat{V}}{dt} - \frac{3}{2}\,d_p^2\,\sqrt{\pi\mu\rho_f}\int_{t_o}^{t}\frac{d\hat{V}}{d\xi}\,\frac{d\xi}{\sqrt{t-\xi}}$$

(4) Fluidwiderstand   (5) Widerstandskraft
     bei Beschleunigung   infolge instationärer
     der Kugel   Bewegung

$$\hat{V} \equiv \hat{U}_p - \hat{U}_f$$

Die Berechnung der Partikelbewegung relativ zu einem viskosen Fluid, wurde bisher nur für den Fall einer Kugel in einem unendlich ausgedehnten Fluid durchgeführt und ist nur für die im nächsten Abschnitt festgelegten Bedingungen gültig. Die Gleichung für die relative Bewegung einer Kugel zu einem unendlich ausgedehnten, stehenden Fluid wurde von Basset (1888) abgeleitet. Für ein strömendes Fluid kann die Basset-Gleichung in die Form umgewandelt werden, die obenstehend angegeben ist und welche die momentane Geschwindigkeit $\hat{V}$ der Kugel relativ zum Fluid berücksichtigt. (Hinze, 1959, S. 352). Die Kraft, die nötig ist, um eine Kugel zu beschleunigen und die viskose

Widerstandskraft nach dem Stokesschen Gesetz werden in den ersten beiden Termen dargestellt. Die Beschleunigung des Fluids bewirkt einen Druckgradienten in der Nähe der Partikeln und so eine zusätzliche Kraft, Term (3). Der vierte Term stellt den Widerstand eines reibungsfreien Fluids bei der Beschleunigung einer Kugel dar. Dieser wird durch die Potentialtheorie vorhergesagt. Wenn der erste, dritte und vierte Term kombiniert werden, entspricht die Beschleunigungskraft der Kraft auf eine Kugel, deren Masse durch eine zusätzliche "virtuelle Masse" vergrößert wurde. Letztere ist die Hälfte der Fluidmasse, die durch die Kugel verdrängt wird. Der letzte Term ist das "Basset-Integral der Vorgeschichte", das die Widerstandskraft angibt, die durch Abweichung des Strömungsfeldes von dem einer stationären Strömung in der oben angegebenen Formulierung entsteht. Äußere Kräfte wie Gravitations-, Zentrifugal- und elektrostatische Kräfte sind in der angegebenen Kräftegleichung vernachlässigt worden.

Das Widerstandsgesetz, das im zweiten Term der Gleichung verwendet wird, gilt für eine schleichende Strömung um eine Kugel. Weitere Gesetze, die auf höhere Reynolds-Zahlen (z.B. Al-Taweel und Carley, 1971) oder kompressible Strömungen (z.B. Abschnitt 10.13) anwendbar sind, können ebenfalls eingesetzt werden. Wenn die Gasdichte besonders klein wird, z.B. infolge eines niedrigen Druckes im Strömungsfeld, sollte der Term (2) zur Berücksichtigung der Knudsen-Zahl Kn entsprechend modifiziert werden. Sie wird mit dem Partikeldurchmesser gebildet. Crane und Moore (1972) dividieren zum Beispiel diesen Term durch $(1+2.53Kn)$, um eine diskontinuierliche Strömung in Naßdampf zu berechnen, wo Knudsen-Zahl-Einflüsse möglich sind.

10.6 PARTIKELBEWEGUNGSGLEICHUNG, 2

Annahmen:
o homogene, zeitunabhängige Turbulenz,
o Partikel kleiner als die kleinsten Turbulenzelemente,
o Stokessches Widerstandsgesetz gilt
o Partikel ist immer im selben Fluid
o keine Wechselwirkung zwischen den Partikeln.

Ziel: Verknüpfung der Partikel- (p) mit der Fluidbewegung (f) durch:
o relative Amplitude η und Phasenantwort β,
o relative rms-Geschwindigkeit $[\overline{(u_p-u_f)^2}]^{1/2}$,
o Verhältnis der rms-Geschwindigkeiten $\bar{u}_p/\bar{u}_f$.

Die Gleichung der Partikelbewegung in Abbildung 10.5 ist mit den obigen Annahmen gültig. Die Voraussetzung einer in zeitlich gemittelten Größen, zeitunabhängiger Turbulenz, die ergodische Hypothese, wird häufig bei Messungen in einer turbulenten Strömung verwendet. Die Homogenität der Turbulenz kann für kleinskalige Bewegungen in einer Strömung als in der Strömung vorliegend angenommen werden. Die nächsten beiden oben genannten Annahmen können nicht vollständig geprüft werden, solange nicht der für verläßliche LDA-Messungen erforderliche Partikeldurchmesser aus der Rechnung abgeleitet worden ist. Da jedoch die kleinsten Turbulenzelemente in praktisch relevanten Strömungen typischerweise in der Größenordnung von 0,1 mm bis 1 mm liegen, genügt die zweite Annahme allen in der LDA-Meßtechnik vorliegenden Anforderungen. Das Stokessche Widerstandsgesetz kann angewendet werden, wenn die Reynolds-Zahl - gebildet mit der relativen Geschwindigkeit $\hat{V}$ zwischen Partikel und Fluid - kleiner als ungefähr 1 ist. Diese Bedingung wird infolge des kleinen Teilchendurchmessers ohne weiteres erfüllt, solange die relative Geschwindigkeit nicht unannehmbar groß wird. Wird weiterhin angenommen, daß die unmittelbare Nachbarschaft eines Partikels immer aus denselben Fluidmolekülen zusammengesetzt ist, können keine Lösungen zugelassen werden, die eine große relative Bewegung zwischen Partikel und Fluid aufweisen. Für die vorliegende Anwendung wird erwartet, daß die Partikelgeschwindigkeit in der Nähe der Fluidgeschwindigkeit liegt. Die Annahme, daß keine Wechselwirkung zwischen den im Fluid mitgeführten Partikeln besteht, wurde in Abschnitt 10.4 behandelt.

In den Abschnitten 10.7 bis 10.11 werden drei Möglichkeiten zur Lösung der Bewegungsgleichung diskutiert. Die erste Lösung von Hjelmfelt und Mockros (1966) verknüpft die momentanen Geschwindigkeiten des Partikels und des Fluids in Amplitude und Phasenlage durch das Verhältnis $\eta \equiv |\hat{U}_p/\hat{U}_f|$ und die Phase β von $\hat{U}_p$ relativ zu $\hat{U}_f$. Chao (1964) drückt die von ihm erhaltenen Ergebnisse in Termen der relativen rms-Geschwindigkeit $[\overline{(u_p-u_f)^2}]^{1/2}$ oder dem rms-Geschwindigkeitsverhältnis $\tilde{u}_p/\tilde{u}_f$ der turbulenten Schwankungen aus. Al-Taweel (1973) benutzte eine Berechnung des momentanen Amplitudenverhältnisses η, um ein gemessenes Spektrum von Geschwindigkeitsschwankungen zu korrigieren.

10.7 PARTIKELBEWEGUNGSGLEICHUNG, 3:
LÖSUNG NACH HJELMFELT UND MOCKROS

Ausdruck von U_f und U_p als Fourier-Integrale:

$$\hat{U}_f = \int_0^\infty (\zeta \cos \omega t + \lambda \sin \omega t)\, d\omega$$

$$\hat{U}_p = \int_0^\infty [\eta\{\zeta \cos (\omega t + \beta) + \lambda \sin (\omega t + \beta)\}]\, d\omega$$

Lösung für η, β = Funktion $\left(\sqrt{\dfrac{\mu}{\rho_f \omega d_p^2}} \ , \ \dfrac{\rho_p}{\rho_f} \right)$

(ω = Kreisfrequenz)

Hjelmfelt und Mockros (1966) und Hinze (1959) lösten die Differentialgleichung für die Teilchenbewegung, indem sie $\hat{U}_f$ und $\hat{U}_p$ als Fourier-Integrale in der obigen Form ausdrückten, wobei das Amplitudenverhältnis η und die Phasenlage β - wie in Dia-Vorlage 10.6 definiert - eingesetzt wurden. Durch Substitution der Ausdrücke für $\hat{U}_f$ und $\hat{U}_p$ in die Gleichung in Abbildung 10.5 sind η und β als Funktion des Dichteverhältnisses s = ρ_p/ρ_f und der Stokes-Zahl N_s = $(\mu/\rho_f \omega d_p^2)^{1/2}$ bestimmt. Daraus folgt, daß die Antwort einer Partikel mit dem Durchmesser d_p und der Dichte ρ_p auf Geschwindigkeitsschwankungen des Fluids mit der Kreisfrequenz ω allein von diesen beiden Parametern abhängt.

In der Laser-Doppler-Anemometrie ist häufig der Fall von in einer Gasströmung dispergierten Feststoff- oder Flüssigkeitsteilchen von Interesse. Das Dichteverhältnis ist für eine solche teilchenbeladene Gasströmung wesentlich größer als eins. Für diese Bedingung wird die Partikelbewegung sehr genau durch die alleinige Verwendung der Terme (1) und (2) der Gleichung aus 10.5 beschrieben. Die Ausdrücke für η und β sind dann sehr einfach.

Für die Anwendung in der Laser-Doppler-Anemometrie ist es vorteilhaft, die gewünschte Amplitudenantwort bei einer Turbulenzfrequenz f_{turb} anzugeben und daraus dann den maximalen, annehmbaren Durchmesser für eine Partikel mit gegebener Dichte abzuleiten. Bei der vierten Annahme in Abbildung 10.6 wird vorausgesetzt, daß eine Partikel in einem kleinen Fluidballen eingebettet ist und auf turbulente Geschwindigkeitsänderungen reagieren muß. Diese Änderungen können erheblich langsamer auftreten als die Schwankungen, die von einer ortsfesten Sonde registriert werden, an der Fluidballen von der Hauptströmung vorbei bewegt werden. Die Frequenzantworten von 1 - 10 kHz sind in den Abbildungen 10.8 und 10.10 dargestellt und auf eine von einer ortsfesten Sonde erwarteten Antwort bezogen. Da gegenwärtig keine besseren alternativen Messungen vorliegen, mit denen Ergebnisse von Berechnungen verglichen werden können, ist diese Form der Darstellung von Ergebnissen sinnvoll.

10.8 KRITERIEN ZUR PARTIKELGRÖSSE, 1: METHODE NACH HJELMFELT UND MOCKROS

Partikel	Fluid	Dichte-Verhältnis	Viskosität $(kg\ m^{-1}s^{-1})$	Durchmesser 1 kHz	(μm) 10 kHz
Silikon-öl	Luft (NTP)	900	$1,8\ 10^{-5}$	2,6	0,8
TiO_2	Luft (NTP)	$3,5\ 10^3$	$1,8\ 10^{-5}$	1,3	0,4
MgO	Methan-Luft-Flamme (1800 K)	$1,8\ 10^4$	$5,9\ 10^{-5}$	2,6	0,8
TiO_2	Sauer-stoff-plasma (2800 K)	$3,0\ 10^4$	$1,1\ 10^{-4}$	3,2	0,8
PVC	Wasser	1,54	$1,0\ 10^{-3}$	16	5,0

In dieser Tabelle sind in den letzten beiden Spalten die maximal annehmbaren Partikeldurchmesser dargestellt. Sie wurden für $\eta = 0,99$ bei Frequenzen bis zu 1 bzw. 10 kHz berechnet, wobei die physikalischen Daten für die Fluid- und Partikeleigenschaften Anwendung fanden, die in den mittleren Spalten angegeben sind. Die angegebenen Beispiele beziehen sich alle auf Strömungen, die mit künstlichen Streuteilchen versehen wurden; aber es dürften ähnliche Ergebnisse zu erwarten sein, wenn natürlich vorkommende Partikeln in der Strömung verwendet werden, um optische Signale für Laser-Doppler-Messungen zu erhalten. Die Näherung für ein hohes Dichteverhältnis, wie in Abschnitt 10.7 diskutiert, wäre auf die ersten vier Beispiele in der obigen Tabelle anwendbar. Betrachtet man die erhaltenen Ergebnisse, so fällt auf, daß die Variation des maximalen zulässigen Durchmessers viel kleiner ist, als es die Verschiedenartigkeit der Partikel-Fluid-Kombinationen erwarten läßt. Offensichtlich wird der Anstieg des Dichteverhältnisses bei zunehmenden Temperaturen in diesen Beispielen durch die ansteigende Viskosität des Fluids weitgehend kompensiert. Die erhaltenen Grenzfrequenzen können als typisch für die kleinsten Wirbel angesehen werden, in denen noch eine signifikante Turbulenzenergie vorliegt. Partikel mit einem Durchmesser in der Nähe von 1 μm ermöglichen in Gasströmungen Frequenzantworten von mehr als 1 kHz.

Der letzte oben erwähnte Fall beschäftigt sich mit der Zugabe von geeigneten Partikeln in eine Wasserströmung. Obwohl Leitungswasser für viele Laser-Doppler-Experimente genügend Streuteilchen enthält, ist es manchmal vorteilhaft, die Signalrate durch Zugabe von Teilchen zu erhöhen. Die obere Grenze des Partikeldurchmessers für Flüssigkeiten ist wegen des viel kleineren Dichteverhältnisses erheblich unkritischer als bei Gasströmungen. Wenn $\rho_p/\rho_f = 1$ ist, folgen die Teilchen mit den Annahmen aus Abschnitt 10.6 der Strömung exakt und zwar unabhängig von der Größe. Dies ist ein unrealistisches Ergebnis, das durch die Annahmen zur Partikel-Fluid-Wechselwirkung bedingt ist.

Es sollte erwähnt werden, daß die üblicherweise in der Laser-Doppler-Anemometrie verwendeten Streupartikeln einen beträchtlichen Durchmesserbereich überdecken. Bei den meisten Strömungen ist diese breite Verteilung der Teilchendurchmesser zu akzeptieren, vorausgesetzt der maximale, durch die Partikeldynamik festgelegte Durchmesser ist nicht größer als der entsprechende, in der obigen Tabelle angegebenen Grenzwert.

10.9 PARTIKELBEWEGUNGSGLEICHUNG, 4: LÖSUNG NACH CHAO

Bestimmung von

$$\frac{\overline{u_p^2}}{\overline{u_f^2}} = \int_0^\infty \frac{\Omega^{(1)}}{\Omega^{(2)}} \, E(\omega)\,d\omega \quad ,$$

wobei $E(\omega)$ die Energiespektrumsdichtefunktion
und

$$\Omega^{(1)}(\tfrac{\omega}{\delta}), \quad \Omega^{(2)}(\tfrac{\omega}{\delta},\gamma) \qquad \left[\delta \equiv \frac{12\mu}{\rho_f d_p^2}, \quad \gamma \equiv \frac{3\rho_f}{2\rho_p + \rho_f} \right]$$

aus der Fourier-Transformation der Bewegungsgleichung
abgeleitet sind.

Um das Problem der Partikelbewegung zu lösen, berechnete Chao (1964) die Fourier-Transformation der Bewegungsgleichung und zeigte, daß die kinetischen Energien der Partikelgeschwindigkeitsschwankungen $\overline{u_p^2}$ und der Fluidgeschwindigkeitsschwankungen $\overline{u_f^2}$ durch die Gleichung in obiger Dia-Vorlage verknüpft sind. Die Funktionen $\Omega^{(1)}$ und $\Omega^{(2)}$ sind gegeben durch:

$$\Omega^{(1)}\left(\tfrac{\omega}{\delta}\right) = \left(\tfrac{\omega}{\delta}\right)^2 + \sqrt{6}\left(\tfrac{\omega}{\delta}\right)^{3/2} + 3\left(\tfrac{\omega}{\delta}\right) + \sqrt{6}\left(\tfrac{\omega}{\delta}\right)^{1/2} + 1$$

$$\Omega^{(2)}\left(\tfrac{\omega}{\delta}\right) = \frac{1}{\gamma^2}\tfrac{\omega}{\delta}^2 + \frac{\sqrt{6}}{\gamma}\left(\tfrac{\omega}{\delta}\right)^{3/2} + 3\left(\tfrac{\omega}{\delta}\right) + \sqrt{6}\left(\tfrac{\omega}{\delta}\right)^{1/2} + 1 .$$

Die Parameter ω/δ und γ spielen eine vergleichbare Rolle wie die Stokes-Zahl N_S und das Dichteverhältnis s in Abschnitt 10.7. Tatsächlich ist

$$\omega/\delta = 1/(12N_S^2) \quad \text{und} \quad \gamma = 3/(2s+1).$$

Die Energiespektrumsdichtefunktion der Fluidturbulenz ist so definiert, daß

$$\int_0^\infty E(\omega)\,d\omega = 1 \qquad \text{ist.}$$

Wenn die Partikel- und Fluiddichten gleich sind, dann ist $\gamma = 1$ und damit $\Omega^{(2)} = \Omega^{(1)}$. Daraus folgt $\overline{u_p^2} = \overline{u_f^2}$ aus der ersten Gleichung. Die Lösung nach Chao besagt also auch, daß auftriebslose Partikel, d.h. Teilchen mit der Dichte des Fluids, die die Annahmen aus Abschnitt 10.5 erfüllen, der Fluidbewegung exakt folgen.

Das Verhältnis $\overline{u_p^2}/\overline{u_f^2}$ gibt an, wie gut die Partikeln der Fluidbewegung folgen und zwar in Termen der Gesamtenergie der Geschwindigkeitsschwankungen, die bei allen Turbulenzfrequenzen unterhalb einer bestimmten Grenze f_{turb} auftreten. Da die Energie von Schwankungen hoher Frequenz vergleichsweise klein ist, ist dieses Verhältnis ziemlich unempfindlich gegenüber f_{turb}, wenn f_{turb} z.B. über 1 kHz ansteigt. Im Gegensatz zu der Vorgehensweise von Chao und daraus resultierenden Ergebnissen ist die Vorgehensweise nach Hjelmfelt und Mockros und deren Resultate für die Teilchenbewegung überzeugender. Von diesen Autoren wird gefordert, daß Partikel bei einer Frequenz f_{turb} dem Fluid augenblicklich folgen.

10.10 KRITERIEN ZUR PARTIKELGRÖSSE, 2: METHODE NACH CHAO

Partikel	Fluid	$\overline{u_p^2/u_f^2}$ (1,6 kHz)	
		$d_p = 0,8$ μm	$d_p = 5$ μm
Silikonöl	Luft (NTP)	1,00	0,98
TiO_2	Luft (NTP)	1,00	0,82
MgO	Methan-Luft-Flamme (1800 k)	1,00	0,97
TiO_2	Sauerstoff-plasma (2800 k)	1,00	0,99
PVC	Wasser	1,00	1,00

Die fünf Teilchen-Fluid-Kombinationen von teilchenbeladenen Strömungen, die in Abbildung 10.8 dargestellt sind, werden in diesem Abschnitt mit dem Kriterium für die maximale Partikelgröße überprüft, das sich nach Chao ergibt. Für $E(\omega)$ verwendete Chao bei seinen Überlegungen das von Laufer (1954) angegebene Energiespektrum einer vollentwickelten Strömung in der Mitte eines Rohres, wobei eine Reynolds-Zahl von 5×10^5 zugrunde gelegt wurde. Der Einfachheit halber und aus Gründen möglicher Vergleiche wurde dasselbe $E(\omega)$ für die Berechnungen in allen obigen Beispielen verwendet, obwohl die Gültigkeit bei z.B. Flammen als fraglich eingestuft werden kann. Die Energie des gewählten Spektrums der Fluidgeschwindigkeitsschwankungen ist oberhalb von 1,6 kHz zu vernachlässigen, so daß dieser Fall als gleichwertig zu der Frequenzantwort nach der Methode von Hjelmfelt und Mockros behandelt werden kann. In der obigen Tabelle wurde das Verhältnis der turbulenten kinetischen Energien einer Partikel und des Fluids für zwei Durchmesser - 0,8 µm und 5 µm - berechnet, um das Verhalten von kleinen und großen Partikeln in der betrachteten, turbulenten Strömung aufzuzeigen. Das hohe Dichteverhältnis zwischen Teilchenmaterial und Fluid, das in den ersten vier Beispielen angegeben ist, erlaubt wiederum eine Vereinfachung der Berechnungen, da in diesem Fall:

$$\frac{\Omega^{(1)}}{\Omega^{(2)}} = [1 + (\frac{2s}{3}\,\frac{\omega}{\delta})^2]^{-1}$$

angegeben werden kann. Trotz dieser möglichen Vereinfachung erwiesen sich die Berechnungen beträchtlich aufwendiger als die mit der vorangegangenen Methode durchgeführten Abschätzungen des Teilchenverhaltens. Werden die Ergebnisse für 1 kHz in Abbildung 10.8 mit denen für 1,6 kHz hier verglichen, kann daraus abgeleitet werden, daß ein 5 µm Partikel in den erwähnten Gasströmungen nicht ohne einen gewissen "Schlupf" den Geschwindigkeitsschwankungen folgt, der selbst bei 1 kHz Turbulenzfrequenz noch vorliegt. Die Intensität der Partikelgeschwindigkeitsschwankungen ist aber in drei der oben betrachteten Fälle noch innerhalb ein paar Prozent der angenommenen Schwankungen des Fluids. Wie erwartet, deuten die Ergebnisse nach der Methode von Chao darauf hin, daß größere Partikeln als die, die nach der Methode von Hjelmfelt und Mockros in Strömungen berechnet wurden, für LDA-Messungen erlaubt sind. Dies brächte Vorteile für die Größe der Partikeln, die als Streuzentren für die Laser-Doppler-Anemometrie zulässig sind. Die Notwendigkeit, daß man vor der Durchführung der Abschätzungen das Teilchenfolgevermögen des Energiespektrums der Turbulenz kennen muß, ist ein klarer Nachteil der Methode von Chao.

10.11 <u>PARTIKELBEWEGUNGSGLEICHUNG, 5: LÖSUNG NACH AL-TAWEEL</u>

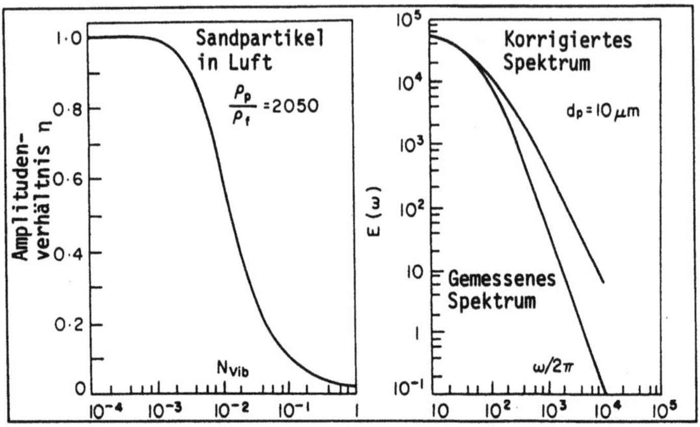

Al-Taweel und Carley (1971) lösten die Partikelbewegungsgleichung aus Abschnitt 10.5, um das Amplitudenverhältnis η und die Phasenverzögerung β von Fluid-Partikel-Bewegungen zu bestimmen. Sie erhielten Ausdrücke, die denen von Hjelmfelt und Mockros (1966) als äquivalent anzusehen sind. Eine typische Berechnung der Amplitudenantwort von kugeligen Sandpartikeln in Luft ist im linken oberen Diagramm dargestellt, in dem auf der Abszisse eine dimensionslose Frequenz oder "Vibrationszahl" aufgetragen ist.

$$N_{vib} = \frac{\rho_f \omega d_p^2}{\mu} = \frac{1}{N_s^2} \, .$$

Ähnliche Kurven sind für Al_2O_3-Partikeln bei Meyers und Feller (1972) gezeigt.

Die von Hjelmfelt und Mockros (1966) angegebene Methode wurde von Al-Taweel (1973) zur Überprüfung der Abweichungen in den Energiespektren der Fluid und Partikelbewegung erweitert. In der ersten Gleichung in Abbildung 10.9 ist das Energiespektrum der Geschwindigkeitsschwankungen der dispergierten Partikel gegeben durch:

$$\frac{\Omega^{(1)}}{\Omega^{(2)}} \, E(\omega)$$

wobei $E(\omega)$ das Spektrum der Fluidgeschwindigkeit ist. In der Methode nach Chao wurde $E(\omega)$ als gemessen betrachtet und mit den aus der Gleichung in Abbildung 10.5 berechneten $\Omega^{(1)}$ und $\Omega^{(2)}$ konnte dann das Energiespektrum der Partikelbewegung abgeleitet werden. Al-Taweel kehrte diesen Vorgang zur Abschätzung des Fluid-Partikel-Verhaltens um. Die experimentelle Bestimmung des Energiespektrums für die Partikelbewegung, kombiniert mit der Berechnung von η als eine Funktion von ω, erlaubte die Herleitung des Energiespektrums für die Fluidgeschwindigkeitsschwankungen. Das obere rechte Diagramm zeigt die Ergebnisse für Sandpartikeln mit einem Durchmesser von 10 µm in Luft. Es werden in dem Bewegungsspektrum der Partikeln die hohen Frequenzanteile unterrepräsentiert. Dies ist auf den gewählten hohen Teilchendurchmesser zurückzuführen.

10.12 PARTIKELBEWEGUNG IM ZENTRIFUGALFELD

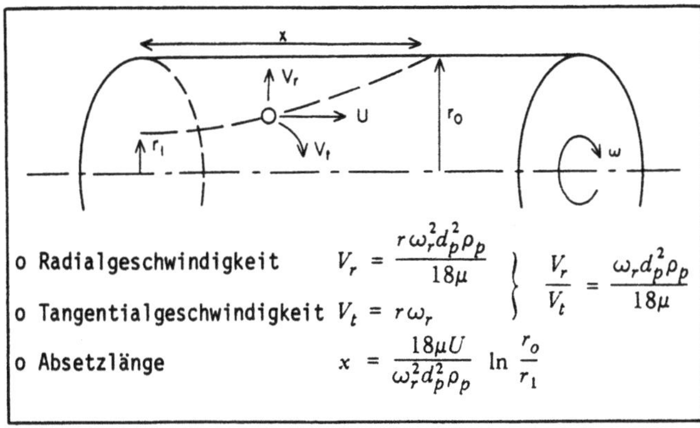

o Radialgeschwindigkeit $\quad V_r = \dfrac{r\,\omega_r^2 d_p^2 \rho_p}{18\mu}$

o Tangentialgeschwindigkeit $V_t = r\omega_r$

$\left. \begin{array}{c} \\ \\ \end{array} \right\} \quad \dfrac{V_r}{V_t} = \dfrac{\omega_r d_p^2 \rho_p}{18\mu}$

o Absetzlänge $\qquad x = \dfrac{18\mu U}{\omega_r^2 d_p^2 \rho_p}\,\ln\dfrac{r_o}{r_i}$

Die vorhergehenden Abschnitte haben das Verhalten von Partikeln beim auftreten turbulenter Geschwindigkeitsschwankungen beschrieben und zwar in solchen Fällen, in denen Massenträgheitskräfte dominierten. Die Anwendung der Laser-Doppler-Anemometrie auf von Massenkräften induzierte Strömungen wirft jedoch Fragen bezüglich des Partikelverhaltens auf, falls keine Turbulenz auftritt. Ein Zentrifugalfeld stellt eine gewöhnliche Quelle von Massenkräften dar, die sowohl auf das im Zentrifugalfeld vorliegende Fluid und auf die Teilchen einwirken. In diesem Abschnitt wird ein solches Feld für den einfachen Fall einer erzwungenen Wirbelströmung ohne radiale Fluidgeschwindigkeit betrachtet. In dem der Wirbelströmung ausgesetzten Fluid, in der Teilchen, die dem Stokesschen Widerstandsgesetz gehorchen, ausgesetzt sind, sollen letztere die tangentiale Fluidgeschwindigkeit erreicht haben. Wird die Stokes- und Zentrifugalkraft gleichgesetzt, ergibt sich die obige Formel für V_r. Für ein Wassertröpfchen mit einem Durchmesser von 1 µm in einem Luftwirbel, der mit 9000 1/min rotiert, gilt $V_r/V_t < 0{,}003$. Aufgrund dieses Verhältnisses kann die Fluidgeschwindigkeit aus der Partikelgeschwindigkeit richtig bestimmt werden. Da die Radialgeschwindigkeit mit dem Quadrat des Partikeldurchmessers ansteigt, sind Partikel mit einem Durchmesser von größer als ungefähr 2 µm inakzeptabel. Diese Ergebnisse sind durch Messungen und Berechnungen von Burson, Keng und Orr (1967) unterstützt, die für ihre Abschätzungen die Gleichung in Abbildung 10.5 verwendeten, wobei Term (5) vernachlässigt und Term (2) durch ein etwas modifiziertes Widerstandsgesetz ersetzt wurde.

Die Absetzung von Teilchen aus einer rotierenden Strömung kann eine Erniedrigung der Partikelkonzentration in Strömungsrichtung verursachen. Partikéln, die in einem erzwungenen Wirbel mit der Axialgeschwindigkeit U bei einem Radius r_1 eingebracht werden, erreichen die Wand, die am Radius r_0 gelegen ist, nach einer Entfernung x, wie dies in obiger Abbildung angegeben ist. Berechnungen für eine Drehzahl von 9000 1/min zeigen, daß diese radiale Drift sogar für 1 μm-Partikeln in Luft stark ist. Doppler-Signale, die das Fluidgeschwindigkeitsfeld richtig repräsentieren, können daher in rotationsbehafteten Strömungen nur von sehr kleinen Partikeln erhalten werden, d.h. von 0,1 μm-Partikeln, die oftmals natürlich in der Strömung zurückgeblieben sind. Die Stärke des Austragseffektes von Teilchen aus rotierenden Strömungsfeldern hängt natürlich von den Abmessungen der Anlage und der Stärke des jeweiligen Wirbels ab.

10.13 <u>PARTIKELBEWEGUNG IN HOCHGESCHWINDIGKEITSSTRÖMUNGEN</u>

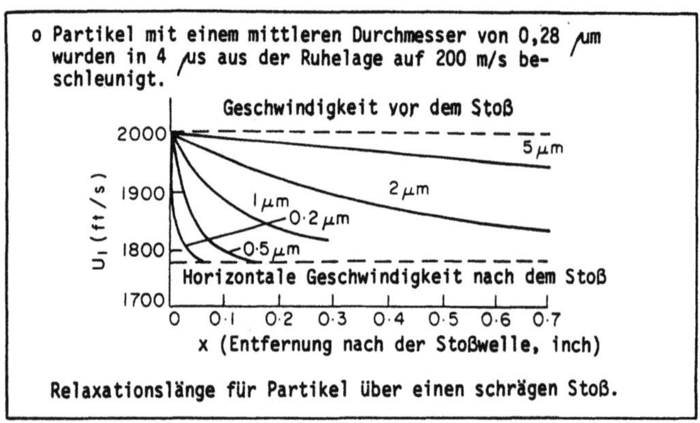

Relaxationslänge für Partikel über einen schrägen Stoß.

Es gibt Hinweise bezüglich der Bewegung von Partikeln in Überschall- bzw. schallnahen Strömungen, daß die Durchmesser für das Erhalten verläßlicher Fluidgeschwindigkeitsinformation wesentlich kleiner als 1 μm gehalten werden sollten. Dies geht aus den oben angegebenen Ergebnissen hervor. Der erste Punkt in der Abbildung bezieht sich auf eine Arbeit von von Stein und Pfeifer (1972a), die natürlich vorkommende Staubpartikel in der Luft eines Stoßwellenrohres verwendeten, um Laser-Doppler-Messungen durchzuführen. Wird eine gleichmäßige Beschleunigung angenommen, betrug die Relaxationslänge für diese Partikel ungefähr 0,4 mm, um die nach einem Verdichtungsstoß vorliegende Strömungsgeschwindigkeit zu erreichen. Die oben gezeigten Berechnungen von Yanta, Gates und Brown (1971) deuten darauf hin, daß die Relaxationslänge für Partikeln, die einen schrägen Verdichtungsstoß kreuzen, schnell mit dem Partikeldurchmesser zunimmt. Streuzentren mit einem Durchmesser von 1 μm zeigen einen ausgeprägten Schlupf. Es sind verschiedene Änderungen zum Stokesschen Widerstandsgesetz für Hochgeschwindigkeitsströmungen vorgeschlagen worden, um die Nacheilung der Partikeln zu berechnen. Diese hängt von der Partikel-Reynolds-Zahl und der Mach-Zahl ab, die mit der Schlupfgeschwindigkeit $\hat{V}$ zu bilden ist. Neilson und Gilchrist (1969) setzten z.B. folgende Version der Bewegungsgleichung an:

$$\frac{d\hat{U}_p}{dt} \;=\; -\;\frac{18\mu}{\rho_p d_p^2}\;(1.17\,\mathrm{Re}^{0.15} + 0.02\,\mathrm{Re})\,\hat{V}\,.$$

Wenn die Durchmesser der Streupartikeln und das Widerstandsgesetz genau bekannt sind, können Geschwindigkeitsmessungen mit einem Laser-Doppler-Anemometer korrigiert werden, um die Fluidgeschwindigkeit zu erhalten. Das Problem ist jedoch wesentlich komplizierter, wenn die gewöhnlich als Streupartikel verwendeten Aerosole keine einheitliche Größe besitzen. Die unterschiedlichen Antwortzeiten von großen und kleinen Partikeln führen dann zu einer Aufspreizung der Doppler-Frequenzen, die aber nicht eine sich ändernde Fluidgeschwindigkeit bedeutet (Yanta, 1973). Um die Interpretation der Daten zu erleichtern, sind Partikel mit einem Durchmesser von unter 0,3 µm trotz ihres kleinen Streuquerschnittes zu bevorzugen. Verläßliche Messungen lassen sich mit solchen Teilchen durch den Einsatz von Lasern hoher Leistung erreichen.

10.14 BREITERUNG DES DOPPLER-SPEKTRUMS DURCH BROWNSCHE BEWEGUNG

o Die Breiterung des Doppler-Spektrums durch Diffusion ist von gleicher Größenordnung wie die Breiterung infolge der Durchgangszeit, wenn die Diffusionszeit ≈ Durchgangszeit ist, d.h.:

$$\left[\left(\frac{4\pi \sin\varphi}{\lambda}\right)^2 D\right]^{-1} \;\approx\; \frac{\sigma_1}{U}\,.$$

Diffusionskoeffizient $D \approx 2\times 10^{-11}\,\mathrm{m^2/s}$ für ein 1 µm-Partikel bei 20 °C.

d_p (µm)	f (mm)	φ (deg)	d_1 (mm)	U (mm/s)
0.5	100	14.3	0.12	49
1.0	100	14.3	0.12	25
1.0	200	7.2	0.25	13

o Die Breiterung durch Diffusion ist außer in laminaren Strömungen mit sehr niedrigen Geschwindigkeiten zu vernachlässigen.

Auf die Brownsche Diffusion von Streupartikeln wurde in Abschnitt 7.23 hingewiesen, dort aber in ihren Auswirkungen auf LDA-Messungen als vernachlässigbar hingestellt. Diese Annahme soll nun überprüft werden. Da die Diffusion von Streuteilchen das Doppler-Spektrum symmetrisch aufspreizen sollte, braucht nur der Einfluß auf den Effektivwert der Frequenzschwankungen betrachtet werden. Edwards et al. (1971) haben vorgeschlagen, daß der Effekt durch Vergleich der charakteristischen, oben angegebenen

Diffusionszeit mit der Partikeldurchgangszeit σ_1/U abgeschätzt werden kann. Die oben aufgeführte charakteristische Diffusionszeit gibt die Zeit an, die man bei vorliegen Brownscher Molekülbewegung erhält, um eine Partikel über eine Länge in der Größenordnung des Interferenzstreifenabstandes zu transportieren. Der Diffusionskoeffizient für eine Kugel mit Stokes-Widerstand bei einer Temperatur T läßt sich wie folgt angeben:

$$ D \;=\; \frac{kT}{3\pi\mu d_p} $$

wobei k die Boltzmann-Konstante und σ_1 in Abbildung 7.32 gegeben ist. Die maximale Strömungsgeschwindigkeit, bei der die Brownsche Bewegung berücksichtigt werden muß, ist in der Tabelle für eine Laborluftströmung für verschiedene Parameter (f und φ) des optischen Aufbaus angegeben. Zu ihrer Bestimmung wurde ein nicht fokussierter Laserstrahl verwendet, sondern einer mit einem Durchmesser von D_2 = 0,65 mm, wie er aus einem 5 mW He-Ne-Laser gewöhnlich erhalten wird. Die so errechneten Geschwindigkeiten sind niedriger, als die für turbulente Strömungen üblichen Fluidgeschwindigkeiten, mit Ausnahme der Fluidbewegung, die in der Nähe von Staupunkten gefunden werden. Bei höheren Strömungsgeschwindigkeiten als die in der obigen Tabelle angegebenen Werten ist die Breiterung durch Diffusion unbedeutend im Vergleich mit anderen Quellen. Deshalb kann die Diffusionsbreiterung bei der Entwicklung der Turbulenzintensitäten aus den rms-Pegeln von Schwankungen der Doppler-Frequenz ignoriert werden.

10.15 KONZENTRATIONSGRENZEN VON STREUPARTIKELN

o Die maximale Partikelanzahldichte wird festgelegt durch
- Lichtschwächung, Turbulenzdämpfung oder beschleunigte Agglomeration (Abbildung 10.18)
- Verschlechterung des Signals einer Zweistrahloptik

o Die minimale Partikelanzahldichte wird festgelegt durch
- maximal zulässigen Signalausfall bei Trackern
- minimal erlaubte Datenrate bei Spektrumsanalysatoren oder Zählern.

Die obige Dia-Vorlage zeigt eine Auflistung von Grenzen in Bezug auf Anzahldichten von Partikeln mit einem Durchmesser, der klein genug ist, um der Strömung zu folgen und groß genug ist, um gute Doppler-Signale zu erhalten. Streuzentren, die sehr klein sind und aus diesem Grunde nur zu sehr schwachem Streulicht führen, können in einer ziemlich hohen Anzahldichte ohne schwerwiegende Einwirkungen auf die Messungen in der zu untersuchenden Strömung vorliegen, mit der Ausnahme, daß eine massive Konzentration einen hohen Gleichspannungsanteil im Signal ergibt und damit erhöhtes Signalrauschen. Die Konzentration von größeren Partikeln sollte bei LDA-Messungen allerdings klein gehalten werden, selbst wenn sie nicht zu den Doppler-Signalen beitragen, die für Messungen verwendet werden.

Die obere Grenze der zulässigen Teilchenkonzentration wird selten erreicht, sei es auch nur wegen der Schwierigkeit, eine Strömung bis zu sehr hohen Konzentrationen mit Teilchen zu beladen. In einer Blutströmung jedoch wird das Licht beträchtlich durch die roten Blutkörperchen (Scheibchen mit einem Durchmesser von 8 μm) mit einer Konzentration von $5 \times 10^{15} m^{-3}$ geschwächt. Das Auftreten einer Turbulenzdämpfung in einem Luftfreistrahl durch Einbringung von Tröpfchen wurde durch Hetsroni und Sokolov (1970) beschrieben. Dieser Effekt trat nur im Dissipationsgebiet kleiner Wirbel auf und nahm mit dem Partikeldurchmesser und der Volumenkonzentration zu. Die ansteigende Dissipation mit größeren Partikeln resultiert aus dem größeren Schlupf zwischen den Partikeln und dem Fluid. Bevor jedoch diese unerwünschten Effekte für LDA-Messungen wichtig werden, wird das Signal-Rausch-Verhältnis der Anemometersignale verschlechtert und zwar verstärkt für ein Zweistrahlsystem und bei höheren Konzentrationen auch für ein Referenzstrahlsystem (Wang und Snyder, 1974).

Wenn ein Doppler-Signal durch einen Tracker hinsichtlich seiner Frequenz ausgewertet wird, liegt die kleinste erlaubte Partikelkonzentration durch die Notwendigkeit eines nahezu kontinuierlichen Signals fest. Aus diesem Grund fordert man für Messungen mit Trackern im allgemeinen eine ausreichende Konzentration, um die meiste Zeit wenigstens eine Partikel im Streuvolumen zu halten. Bei einer Spektrumsanalyse oder einem Zählverfahren wird eine niedrigere Konzentration für verläßliche Fluidgeschwindigkeitsmessungen genügen. Das Minimum der erforderlichen Teilchenkonzentration wird durch die Zeit festgesetzt, die man bereit ist zu warten, um statistisch gültige Mittelwerte der Strömungsgeschwindigkeit und der relevanten Turbulenzgrößen zu erhalten (Yanta, 1973) oder durch die Zeit, für die eine Strömung stationär gehalten werden kann.

10.16 PARTIKELKONZENTRATIONSMESSUNGEN MIT ANEMOMETER-SIGNALEN

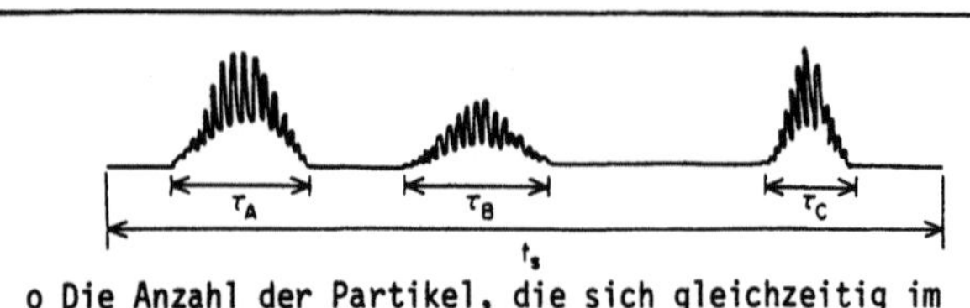

o Die Anzahl der Partikel, die sich gleichzeitig im Meßvolumen aufhalten, ist gegeben durch:

$$n \approx \frac{\Sigma \tau_k}{t_s} \; .$$

o Kontrollvolumen $\quad V \approx \pi r_m^2 \, \ell_m \; .$

o Partikelkonzentration $N \approx \dfrac{n}{V}$ Partikel/m^3.

Dieser Abschnitt weist auf einen einfachen Weg zur Abschätzung der Partikelanzahlkonzentration aus dem Anemometer-Signal hin. Er kann nur angewendet werden, wenn sich zu jeder Zeit im Mittel weniger als eine Partikel im Streuvolumen befindet und er ist mit Vorsicht zu genießen, wenn die Turbulenzintensität der Strömung so groß wird, daß die Durchgangszeiten τ_k der einzelnen Partikel merklich variieren. Aus einer Anzahl von Oszillographenaufzeichnungen des Doppler-Signals kann - wie oben zu erkennen ist - der Anteil der Gesamtzeit t_s, in dem sich die Partikel im Meßvolumen aufhalten, aus $\Sigma \tau_k/t_s$ gewonnen werden. Vorausgesetzt, daß die Spanne der Zeiten τ_k nicht zu variabel ist, bedeutet dieses Verhältnis auch den Anteil der Zeit, für das Partikeln im Streubereich anwesend sind. Das interessierende Volumen wird aus den geometrischen Gegebenheiten des Systems berechnet (Kapitel 4). Die Genauigkeit bei der Bestimmung der Streuteilchenanzahl pro Einheitsvolumen nimmt in dem Maße zu, wie die Anzahl der Signalaufzeichnungen gesteigert wird.

Die minimale Konzentration für den Einsatz eines Trackers kann durch die Annahme von n = 0,5 abgeschätzt werden, wobei n den Anteil der Zeit angibt, in dem Teilchen anwesend sind. Für ein Kontrollvolumen mit r_m = 0,125 mm und ℓ_m = 0,5 mm wird dann die notwendige Konzentration ungefähr 2×10^{10} Partikel pro m^3 betragen. Die maximale Konzentration, bei der eine Zweistrahloptik eingesetzt werden kann, liegt bei ungefähr 4×10^{12}m^{-3}, wobei zur Errechnung dieses Wertes angenommen wird, daß sich als obere Grenze etwa 100 Partikeln gleichzeitig im Streubereich aufhalten.

10.17 PARTIKELKONZENTRATION UND AUFLÖSUNG DER TURBULENZ-FREQUENZ

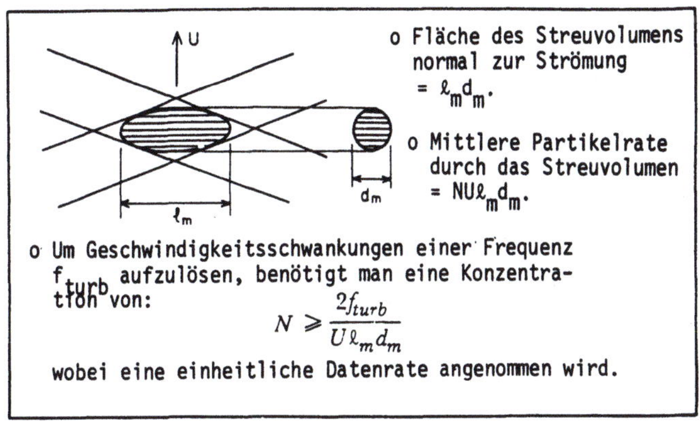

Die Fähigkeit eines Laser-Doppler-Anemometers, hohe Frequenzen in einem Turbulenzspektrum aufzulösen, kann durch ein zusätzliches Rauschspektrum begrenzt werden, das aus der Breiterung des Signalspektrums (Kapitel 8) oder der dynamischen Antwort der Partikeln auf Schwankungen der Fluidgeschwindigkeit (Abschnitte 10.4 bis 10.11) resultiert. Eine dritte Begrenzung kann auftreten, wenn Streupartikeln nicht in genügender Anzahl vorhanden sind, um die lokale Geschwindigkeitszeitentwicklung einer Strömung aufzulösen.

In einer Strömung mit der mittleren Geschwindigkeit U, die Partikeln mit einer mittleren Anzahldichte N m^{-3} enthält, ist die mittlere Signalrate, die von dem das Streuvolumen kreuzenden Teilchen erhalten wird, durch $N U \ell_m d_m$ gegeben. Die Datenrate ist nicht gleichförmig, da sie vom zufälligen Auftreten von Teilchen abhängt. Wenn eine konstante Datenrate für eine näherungsweise Betrachtung angenommen wird, sind wenigstens $2f_{turb}$ Daten pro Sekunde aufzunehmen, um eine turbulente Frequenz f_{turb} zu bestimmen (Bendat und Piersol, 1971, S. 229). Daraus folgt:

$$NU\ell_m d_m \geq 2f_{turb}$$

welches die Formel für die minimale Anzahldichte in obiger Abbildung ergibt.

Diese Formel ist in zweifacher Hinsicht unbefriedigend, da sie sich auf Zeitmittelwerte von N und U stützt. Erstens ist es in einer stationären Strömung möglich, gültige statistische Werte mit einer geringeren, mittleren Anzahldichte als N zu erhalten. Wie bei Mayo et al. (1974) herausgestellt wird, existiert nämlich immer eine endliche Wahrscheinlichkeit, daß zwei Partikel dicht genug hintereinander ankommen, um f_{turb} festzulegen.

Natürlich wird eine lange Zeit nötig sein, um bei einer niedrigen Partikelkonzentration eine signifikante Anzahl dieser engen Partikeldurchtritte aufzunehmen. Zweitens benötigen dort, wo realzeitaufgelöste Ergebnisse gefordert werden, die auftretenden hochfrequenten Geschwindigkeitsschwankungen eine höhere Partikelankunftsrate, als die errechnete mittlere Rate, um eine ausreichende, zeitliche Auflösung der Geschwindigkeitsmessungen zu gewährleisten. Perioden schneller Geschwindigkeitsänderungen sind aber nicht mit Perioden einer erhöhten Partikelankunftsrate korreliert, so daß eine Konzentration nötig sein wird, die weit über dem geschätzten, mittleren N liegt, um hochfrequente turbulente Geschwindigkeitsschwankungen messen zu können.

10.18 AGGLOMERATION VON AEROSOLEN

Regel nach Smoluchowski: $\dfrac{dN}{dt} = -\dfrac{K}{2}\,N^2$						
Agglomerationskonstante $K(r_{p1},r_{p2})(10^{-16}\ \mathrm{m^3/s})$ (r_p in μm)			Agglomeration eines Aerosols (anfänglich monodispers, mit $N = 10^{12}\ \mathrm{m^{-3}}$)			
r_{p2} \ r_{p1}	0.01	0.1	1.0	r_p (μm)	Zeit (min) zur Verminderung von N um 5%	50%
0.01	21			0.01	0.2	4
0.1	169	11		0.1	1.4	26
1.0	2030	36	6.4	1.0	2.7	50

Die Agglomeration von Aerosolen wurde in Abschnitt 10.15 als wichtiges Phänomen angegeben, über das in der LDA-Meßtechnik Wissen notwendig ist. Die Größenordnung, durch die die Anzahldichte durch Agglomeration in Gasen verringert wird, ist durch die Gleichung von Smoluchowski (Davies, 1966) gegeben. Die Proportionalität mit N^2 zeigt an, daß die Agglomerationsrate rasch mit hohen Anfangskonzentrationen ansteigt. Die Agglomerationskonstante K für Kugeln kann aus der kinetischen Theorie von Kugelbewegungen und elastischen Wechselwirkungen berechnet werden. Die oben dargestellten Werte können für Wassertröpfchen in Luft in der Nähe des NTP angewendet werden. Die Tabelle zeigt, daß die Agglomeration zwischen gleichartigen Partikeln mit zunehmenden Radien abnimmt, während die Rate zwischen ungleichen Partikeln ansteigt und zwar in dem Maße, wie stark sich das Radienverhältnis von eins unterscheidet. Deshalb wird die Anzahl kleiner Partikel schnell durch Agglomeration mit größeren Partikeln verringert. Bei für die Laser-Doppler-Anemometrie interessanten Partikeln, d.h. mit einem Durchmesser von 0,1 bis 1 μm, kann K durch:

$$K(r_{p1},r_{p2}) = 4\pi(D_1 + D_2)(r_{p1} + r_{p2})$$

angenähert werden, wobei die Diffusionskoeffizienten D durch die Beziehung in Abschnitt 10.14 bestimmt werden können. Für diesen Größenbereich ist deshalb die Agglomeration unabhängig vom Partikelmaterial.

Die zweite Tabelle der obigen Abbildung zeigt typische Zeiten, nach denen die Anzahlkonzentration eines Aerosols mit 5 bzw. 50% von einer ursprünglich monodispersen Zusammensetzung bei einer hohen Konzentration (für LDA-Standardbedingungen) vermindert wird. Es ist natürlich nicht möglich, ein monodisperses Aerosol zu erhalten, wenn z.B. eine Strömung in einem geschlossenen Kreislauf mit Teilchen beladen wird. Obwohl Agglomeration die Zusammensetzung eines Aerosols kontinuierlich ändert, wurde in dieser Berechnung ein unveränderliches K verwendet. Ein Anstieg des mittleren Durchmessers, der zu einer Verminderung von K führt, wird ungefähr durch die zunehmende Polydispersion des Aerosols ausgeglichen, die eine Zunahme von K bewirkt.

10.19 ELEKTROSTATISCHE EFFEKTE ZWISCHEN DEN PARTIKELN

Einfluß der Ladung q pro Partikel:

1. Elektrostatische Kraft zwischen Partikeln: klein im Vergleich mit dem Partikelgewicht, d.h. für
   $$q = 5e, \; N = 10^{12} \; \text{m}^{-3}, \; d_p = 1 \; \mu\text{m}, \; \rho = 10^3 \; \text{kg/m}^3.$$
   $$F_{elec}/F_{grav} \approx 3 \times 10^{-5}.$$

2. Agglomerationskonstante: variiert mit Faktor Z

$d_p(\mu\text{m})$	Z	
	$q_1 = q_2 = 5e$	$q_1 = -q_2 = 5e$
0.1	0	14
1.0	0.46	1.9

Der Vorgang der Aerosolerzeugung führt normalerweise zu einer Erhöhung der statischen Ladung der Partikel (Green und Lane, 1964). Die Größe der Ladung hängt vom Material, dem Partikeldurchmesser und der Art der Erzeugung ab; ein Wert von ungefähr 5 Elementarladungen (e) scheint aber repräsentativ zu sein. Diese Ladung wurde für die Berechnung der elektrostatischen Kraft zwischen zwei durch die Entfernung R = N$^{-1/3}$ getrennten Partikel benutzt, wobei die Formel:

$$F_{elec} = \frac{(5e)^2}{4\pi^2 \epsilon_o R^2}$$

verwendet wurde.

Bei einem 1 µm Wassertröpfchen ist diese elektrostatische Kraft im Vergleich mit dem Partikelgewicht sogar für die angeführte hohe Konzentration zu vernachlässigen. Da die Schwerkraft in jedem Fall im Vergleich mit den fluiddynamischen Kräften ignoriert werden kann (sie führt zu einer Absetzgeschwindigkeit in Luft von nur 0,03 mm/s), können direkte elektrostatische Wechselwirkungen zwischen den Partikeln vernachlässigt werden.

Elektrostatische Kräfte der Größenordnung a_1e und a_2e auf Partikel mit den Radien r_{p1} und r_{p2} werden jedoch die Agglomerationsrate beeinflussen (Davies, (1966), S. 43), indem die Agglomerationskonstante K durch einen Faktor

$$Z = \frac{y}{e^y - 1}$$

verändert wird, wobei

$$y = \frac{a_1 a_2 e^2}{(r_{p1} + r_{p2})kT} \qquad \text{ist.}$$

Die obigen Darstellungen zeigen, daß im Prinzip der elektrostatische Einfluß ziemlich groß für die hier interessierenden kleineren Partikel sein kann. In Übereinstimmung mit der Erfahrung verhindern gleiche Ladungen die Agglomeration, während ungleiche Ladungen die Agglomeration fördern. Da die Agglomeration bei Partikelkonzentrationen, wie sie für viele Laser-Anemometeranwendungen geeignet sind, klein ist, wird dieser zusätzliche Effekt normalerweise keine Probleme bei der Durchführung von LDA-Messungen verursachen.

10.20 WEITERE KRAFTEINWIRKUNGEN AUF PARTIKEL

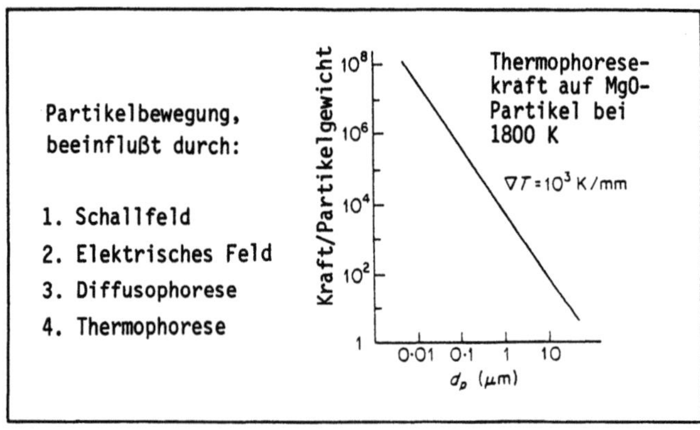

In dieser Dia-Vorlage sind weitere wichtige Kräfte für bestimmte Anwendungen aufgeführt. Für Einzelheiten kann z.B. auf Davies (1966) und Talbot et al. [1980] zurückgegriffen werden. Die Bedeutung der oben angegebenen Einflüsse wird aber untenstehend zusammenfassend erwähnt. Eine Partikelbewegung, die durch Schallfelder induziert wird, ist nur bei Pegeln von 140 bis 150 dB von Bedeutung (weit über der Intensität, die für das menschliche Ohr erträglich ist). Es erfolgt durch das auftretende Schallfeld eine zunehmende Agglomeration der Partikel.

Im Hinblick auf die Ladung, die man normalerweise auf Aerosolpartikeln vorfindet, kann ein äußeres elektrisches Feld die Bewegung der Aerosolpartikel relativ zum Gas beeinflussen. Bei elektrischen Feldern angemessener Stärke kann diese Kraft ausschlaggebend sein, selbst wenn das eleektrische Feld einer Partikel nicht stark genug ist, die Bewegung von in der Nähe befindlichen Teilchen zu beeinflussen. Dieser Effekt wird bekannterweise benutzt, um Gasströme in einem elektrostatischen Filter zu reinigen.

Die Diffusophorese bzw. Thermophorese beziehen sich jeweils auf die Partikelbewegung durch einen Konzentrationsgradienten in einem Gasgemisch oder auf eine Bewegung infolge eines Temperaturgradienten. Von diesen beiden Effekten ist die Thermophorese bei Geschwindigkeitsmessungen in Flammen von größerem Interesse. Die Vorhersage der Thermophoresegeschwindigkeit und -kraft ist nicht ganz zuverlässig, aber das oben angegebene Diagramm zeigt, was für den Fall von MgO-Partikeln in einer Gasflamme mit einer mittleren Temperatur von 1800 K erwartet werden kann. Ein starker Temperaturgradient von 1000 K/mm induziert eine Thermophoresegeschwindigkeit in der Größenordnung von 0,1 bis 0,2 m/s und eine Kraft, die zwischen 10^4 und 10^6 mal größer ist als die, die durch die Schwerkraft für Partikel mit einem Durchmesser zwischen 1 und 0,1 μm hervorgerufen wird. Bei Messungen mit hoher Genauigkeit kann es daher nötig sein, thermophoretische Kräfte in dieser Größe zu berücksichtigen. Normalerweise sind jedoch andere Schwierigkeiten bei der Anwendung in Flammen von größerem Einfluß, wie z.B. Strahlbrechung infolge von Temperaturgradienten (Abschnitt 12.22) und ungleichmäßige Teilchenbeladung der Treibstoff- bzw. Oxidantienströme (Abschnitte 7.19 und 12.23), die unterschiedlich starken Gewichtungen der Geschwindigkeitsmessungen durch die Beiträge von verbrannten und unverbrannten Gasen führen.

10.21 NATÜRLICHES VORKOMMEN VON STREUPARTIKELN

Zusammensetzung typischer Aerosole in der Atmosphäre	
Durchmesser d_p (μm)	Konzentration N (m^{-3})
>1.0	3×10^6
0.3–1.0	2×10^8
0.1–0.3	3×10^9
0.03–0.1	3×10^{10}
0.002–0.03	5×10^{10}

Bevor im nächsten Kapitel die Methoden zur Beladung von Strömungen mit Teilchen betrachtet werden, ist es notwendig, das Vorhandensein von Streuteilchen brauchbarer Größe und genügender Menge in den gewöhnlichen Arbeitsmedien, Wasser und Luft, sicherzustellen. Bei Wasser variiert die Menge und Art der Verunreinigungen stark von Ort zu Ort, aber Leitungswasser sollte normalerweise genügend Streuteilchen enthalten, um annehmbare Signale mit einem 5 mW-Laser zu liefern.

In Luft wird die absolute Partikelanzahl vom Ort und ebenfalls der Meßzeit abhängen, wobei ungefähr eine Größenordnung in allen Größenbereichen als Variationsbreite angegeben werden kann. Die Größenverteilung von Aerosolen in der Atmosphäre in sehr unterschiedlichen Gebieten (innerhalb und außerhalb von Gebäuden, Stadt, Land) wird jedoch für Radien zwischen 1 nm und 3 µm gut durch eine Junge-Verteilung wiedergegeben

$$\frac{dN}{dr_p} = C r_p^{-(\nu+1)}$$

wobei C und ν Konstanten mit $2,0 < \nu < 4,0$ sind. Das oben angegebene Diagramm zeigt eine typische Verteilung mit $\nu = 3,0$, die von Clark und Whitby (1967) an der Peripherie einer Stadt gemessen wurde. Die begleitende Tabelle deutet an, daß die Konzentration der Partikeln in dem für LDA-Messungen benötigten Größenbereich um den Faktor 10 bis 100 zu klein ist, um mit niedrigen Laserleistungen die für die LDA-Signalverarbeitung bei Trackern oder Spektrumanalysatoren erforderlichen Datenaufnahmeraten zu liefern. Werden Laser mit einigen hundert mW Leistung verwendet, können Signale von solchen Aerosolen ohne zusätzliche Beladung erhalten werden, wie durch zurückliegende Windgeschwindigkeitsmessungen gezeigt worden ist. Bei diesen Messungen wurden zur Auswertung Zählersysteme verwendet. Für Laborzwecke ist es gewöhnlich vorteilhaft, eine Strömung wenigstens leicht zusätzlich

mit Teilchen zu versehen. Wie bereits in Kapitel 6 diskutiert wurde, erlaubt die Photonkorrelation Messungen in vielen Gasströmungen ohne zusätzliche Teilchenbeladung, wobei kleine Laser verwendet werden können.

10.22 <u>GESUNDHEITSGESICHTSPUNKTE BEI DER VERWENDUNG VON AEROSOLEN</u>

> o Nichtflüchtige Teilchen mit einem Durchmesser von 0,2
>   bis 5 µm werden vom Atmungssystem nicht freigegeben,
>   sondern sofort abgelagert.
> o Es ist beim Gebrauch von nicht-toxischen Aerosolen das
>   gleiche Risiko vorhanden wie bei toxischen Aerosolen,
>   wenn auch giftiger Rauch, wie Tabakrauch, nur mit Vor-
>   sichtsmaßnahmen verwendet werden.
> o Experimente sollten, wo immer möglich, bei guter Be-
>   lüftung durchgeführt werden.
> o Schutzmasken sind ineffektiv, wenn sie nicht besonders
>   ausgewählt und mit Sorgfalt angewendet werden.

Die obige Dia-Vorlage stellt einige Warnungen bezüglich möglicher Gesundheitsrisiken zusammen, die sich aus der Teilchenbeladung in Gasströmungen
ergeben, denen Experimentatoren ausgesetzt sein können. Die Dia-Vorlage
schlägt außerdem einige Vorkehrungen vor, die getroffen werden sollten, um
LDA-Messungen ohne Gesundheitsgefährdung durchführen zu können. Die Teilchen, die in ihrer Größe geeignet für die Laser-Doppler-Anemometrie sind,
lagern sich unglücklicherweise sehr leicht im Atmungssystem ab. Wenn sie in
der Lage sind, der Luftströmung ohne großen Schlupf zu folgen, dringen sie
tief in die feinen Kanäle der Lunge ein und bleiben im Gegensatz zu kleineren Partikeln, die wieder ausgeatmet werden, an den Kanalwänden haften. Die
Risiken in Verbindung mit toxischen Substanzen sind in medizinischen Nach-
schlagewerken und in industriellen Sicherheitsnormen dokumentiert. Aber es
stehen auch Gefahren, die gewöhnlich nicht aufgenommen sind, mit nicht-
toxischen Substanzen in Verbindung, wenn diese in fein verteilter Form vorliegen und somit im Atmungssystem verbleiben.

Der einfachste Weg einer ungefährlichen Messung ist die Verwendung einer
minimalen Menge der Teilchensubstanz, die natürlich mit den Forderungen an
die Funktion des eingesetzten Signalprozessors übereinstimmen muß. Ein
Aerosolgenerator, der eine große Menge Partikeln unbrauchbarer Größe herstellt, verursacht offensichtlich eine in der LDA-Meßtechnik vermeidbare
Verunreinigung. Eine sorgfältige Entlüftung wird die beste Möglichkeit
sein, um die gesundheitliche Sorgfalt walten zu lassen und um die Strömung
während der Messung nicht zu stören. Dies ist leichter bei einer geschlossenen als bei offenen Strömungen zu erreichen.

Gasmasken zum Schutz vor Schädigungen durch Einatmen von Submikron-Partikeln sind überall erhältlich; aber es sollte daran erinnert werden, daß fehlerhaft arbeitende Masken gefährlich sein können, insbesondere wenn der Träger annimmt, daß er vollständig geschützt sei. Der Filter der Gasmaske muß in Übereinstimmung mit einem Wartungsplan gewechselt werden. Überdruckmasken sind am wirkungsvollsten, da ein Eindringen von kontaminierter Luft durch den Überdruck in der Maske erschwert wird. Sie sind jedoch unhandlich und benötigen eine getrennte Luftversorgung. Diese Masken dürften nicht notwendig sein, wenn die Teilchenbeladung von Gasströmungen mit der erforderlichen Vorsicht und Überwachung durchgeführt wird.

10.23 ABSCHLIESSENDE BEMERKUNGEN

o Die Ausbreitung von Streupartikeln ist von primärem Interesse bei Gas-, weniger bei Flüssigkeitsströmungen.

o Für gute Frequenzantworten sollten die Partikel einen Durchmesser von unter 1 µm in einer Luftströmung haben.

o Konzentrationen von 10^{10} bis $10^{11} m^{-3}$ sind für LDA-Messungen geeignet und auch in Strömungen einstellbar.

o Mögliche Gefahren für die Gesundheit, insbesondere wenn freie Strömungen mit Teilchen versehen werden, sollten berücksichtigt werden.

Dieses Kapitel hat Kriterien für die Größe und Konzentration von Lichtstreupartikeln, die in der Laser-Doppler-Anemometrie verwendet werden, zusammenfassend dargelegt. Es werden solche Partikeln betrachtet, welche die Forderung erfüllen, der Strömung zu folgen. Gasströmungen sind hervorgehoben worden, da dort die Notwendigkeit einer Partikelzugabe größer als in Flüssigkeiten ist, mit Ausnahme von sehr reinen Flüssigkeiten, wie sie im allgemeinen nur im Bereich des Mediums Anwendung finden. Darüber hinaus sind für Gasströmungen die Auswahlkriterien strenger als für Flüssigkeiten. Dies ist auf die großen Dichteverhältnisse zurückzuführen. Ein Durchmesser von 1 µm ist ein geeignetes Maß für die Partikelgröße, die in einer großen Anzahl von Gasströmungen verwendet werden kann und den Turbulenzfrequenzen von über 1 kHz zu folgen erlaubt. Kleinere Partikel sind ebenfalls brauchbar, ergeben aber ein wesentlich schlechteres Signal, da sich der Streuquerschnitt mindestens mit dem Quadrat des Radius ändert. Partikelanzahldichten von ungefähr 10^{10} bis 10^{11} pro m^{3} liefern in der gewöhnlichen Laboranwendung kontinuierliche oder fast kontinuierliche Signale aus dem LDA-Streuvolumen. Dies gilt auch für die heute auf dem Markt verfügbaren kommerziellen Anemometer.

Ferner sind die in der LDA-Meßtechnik verwendeten Konzentrationen nicht hoch genug, um Schwierigkeiten durch Agglomeration oder andere Partikel-wechselwirkungen in LDA-Messungen von Fluidgeschwindigkeiten einzubringen. Gesundheitsrisiken sind, insbesondere bei geschlossenen Strömungen nicht schwerwiegend, vorausgesetzt es werden vernünftige Schutzmaßnahmen getroffen bzw. ausreichende, die Strömung nicht störende Absaugmaßnahmen einge-leitet. Es ist nicht nötig, toxische Teilchenmaterialien einzusetzen, da brauchbare nichttoxische Substanzen verfügbar sind. Es sollte aber daran erinnert werden, daß auch letztere in Form feiner Teilchen nicht harmlos sind und zu Niederschlägen im Atmungssystem führen können.

11. STREUPARTIKEL: ERZEUGUNG UND MESSUNG

11.1 ZWECK UND INHALT DES KAPITELS

Die Erzeugung und Größenbestimmung geeigneter Streupartikel für die Laser-Doppler-Anemometrie wird in den folgenden Abschnitten diskutiert.

	Abschnitt
o Einbringen von Streupartikeln in Flüssigkeiten (Seeding)	11.2
o Erzeugung von Aerosolen	11.3 - 11.10
o Übliche Streupartikelmaterialien	11.11
o Sammeln von Partikeln zur Größen- bestimmung	11.12 - 11.14
Optische Methoden zur Partikel- größenbestimmung	11.15 - 11.24

Aufbauend auf den im vorhergehenden Kapitel abgeleiteten Kriterien für den
Partikeldurchmesser und die Anzahldichte werden in diesem Kapitel Methoden
zur Partikelerzeugung und -größenbestimmung für Gasströmungen vorgestellt.
Diese Methoden sind notwendig, um sicherzustellen, daß die erzeugten Partikel klein genug sind, um der Strömung zu folgen und somit Messungen der
Partikelgeschwindigkeiten Messungen der Fluidgeschwindigkeiten gleichgesetzt werden können. Bis auf den Abschnitt 11.2, in dem Flüssigkeitsströmungen behandelt werden, befaßt sich dieses Kapitel ausschließlich mit Gasströmungen, da die Erzeugung geeigneter Partikel für Gasströmungen höhere
Anforderungen stellt als für Flüssigkeitsströmungen.

Die zur Zeit bekannten Methoden zur Erzeugung von Aerosolen werden in den
Abschnitten 11.3 bis 11.10 beschrieben. Die Vor- und Nachteile der vorgestellten Methoden bezüglich der Erzeugung von Teilchen mit Partikeldurchmessern von ca. 1 µm und der für LDA-Messungen notwendigen Konzentration
werden diskutiert. Eine Vielzahl dieser Methoden wurden in Verbindung mit
der Laser-Doppler-Anemometrie entwickelt und ihre Vorteile gegenüber anderen Methoden sind leicht aufzuzeigen. Die Güte eines Partikelgenerators
hängt in hohem Maße von einer "Trial-and-Error" Optimierung ab, die je nach
Anwendungsgebiet neu vorgenommen werden muß. In Abschnitt 11.11 ist eine
Tabelle aller Substanzen angegeben, die zur Partikelerzeugung in der Laser-
Doppler-Anemometrie angewandt wurden. Wie aus dem weiten Anwendungsbereich
der Laser-Doppler-Anemometrie zu schließen ist, exisistiert kein Partikel-
generator, der für alle Fälle geeignet ist. Zum Beispiel sind die Anforderungen an die Streupartikel bei LDA-Messungen in Verbrennungssystemen andere als bei isothermen Gasströmungen geringer Temperatur.

Der zweite Teil dieses Kapitels behandelt die Partikelgrößenbestimmung. Dabei wird besonders Wert auf die Messung von polydispersen Aerosolen gelegt, da die für LDA-Messungen erzeugten Streupartikel in der Regel keine einheitlichen Durchmesser aufweisen. Die Abschnitte 11.13 und 11.14 beschreiben Methoden, wie man Partikel aus einer Gasströmung sammeln und deren Größe mit dem Elektronenmikroskop bestimmen kann. Optische Techniken zur Partikelgrößenbestimmung werden in den Abschnitten 11.15 bis 11.24 vorgestellt. Dabei handelt es sich um Methoden, die auf der Lichtintensitätsverteilung beruhen, welche aus der Mie-Streutheorie berechnet wird. Eine Methode, die auf dem Streifenabstandsmodell der Laser-Doppler-Anemometrie basiert, wird gleichfalls diskutiert.

11.2 <u>EINBRINGEN VON STREUPARTIKELN IN FLÜSSIGKEITEN</u>

> o Eine Zugabe von Streupartikeln für Wasserströmungen ist im allgemeinen nicht notwendig; für andere Flüssigkeiten kann sie sinnvoll sein.
>
> o In Flüssigkeitsströmungen werden normalerweise konzentrierte Suspensionen als Streupartikel zugegeben.
>
> o Monodisperse Suspensionen aus Latexpartikeln sind im Handel erhältlich, aber sie sind sehr teuer.
>
> o Milch ist preiswerter und enthält Partikel im Bereich von 0,3 bis 3,0 µm.
>
> o Suspensionen sind bis zu 1:50000 verdünnt, wenn sie der Flüssigkeit zugegeben werden.

Wie in der oben stehenden Tafel bereits erwähnt, ist das Einbringen von Streupartikeln (seeding) in Flüssigkeiten normalerweise nicht notwendig, so daß diesem Problem nur ein Abschnitt gewidmet wird. Bei den ersten Laser-Doppler Experimenten in Wasserströmungen, von denen einige als Referenzen aufgeführt sind, war die Zugabe von Streupartikeln notwendig, da mit Referenzstrahloptiken gearbeitet wurde. Die Einführung von Zweistrahl-Laser-Doppler-Systemen, welche mit einer geringen Zahl an Streupartikeln auskommen sowie der Wunsch, möglichst wenig Fremdpartikeln in großen Wasserkanälen zu haben, machen eine Zugabe von Streupartikeln in Leitungswasser unnötig. Für andere Flüssigkeiten, zum Beispiel Glyzerin und Öl, kann eine Partikelzugabe notwendig sein, insbesondere dann, wenn mit einem Frequenznachlaufmodulator (frequency tracker) gearbeitet wird. Bei den Experimenten von Weston et al. (1972) wurde ein Hydrauliköl mit einer geringen Anzahl an eigenen Streupartikeln unter der Zugabe von zusätzlichen Teilchen untersucht. Eine zusätzliche Partikelzugabe scheidet dann aus, wenn keine Verunreinigung des Fluids zugelassen ist. Im Gegensatz zu den obenstehend diskutierten Flüssigkeiten befinden sich im Blut eine zu große Zahl an Streupartikeln. Goldstein und Kreid (1971) zeigten, daß es notwendig ist, das Hämoglobin aus dem Blut zu entfernen, um für die Laser-Doppler-Anemometrie den nötigen Lichtdurchgang zu erhalten.

Wenn eine Zugabe von Streupartikeln erforderlich ist, verwendet man in der Regel konzentrierte Suspensionen von Partikeln. Polystyrene Latexpartikel wurden mit Erfolg von Goldstein und Adrian (1971) sowie Berman und Dunning (1973) eingesetzt. Monodisperse Suspensionen von Partikeln, deren Größe im unteren Mikronbereich liegen, sind für Wasser in verschiedenen, von den Herstellern angegebenen Größenbereichen erhältlich. Die Agglomeration der Partikeln wird durch Zugabe von Emulgatoren in die Suspensionen verhindert. Einige Experimente mit Wasserströmungen wurden unter der Zugabe von Milch durchgeführt, zum Beispiel bei Pike et al. (1968) oder George und Lumley (1973). Die Zugabe von Milch erfordert ein häufiges Reinigen der Apparatur, da Milch einen hohen Fettgehalt hat und zudem leicht sauer wird. Für die in der Literatur beschriebenen Experimente variierte die Konzentration der Suspensionen im Bereich von 1:50000 bis 1:2000.

11.3 METHODEN ZUR AEROSOLERZEUGUNG

o Der Durchmesser der Partikel, die in Gasströmungen für
  die Laser-Doppler-Anemometrie benötigt werden, sollte
  circa 1 µm betragen.
o Die kontinuierliche Erzeugung von Partikeln mit einem
  einheitlichen Durchmesser wird mit wachsender Partikelrate problematischer.
o Erzeugungsmethoden
  - Zerstäubung
  - Fluidisation
  - Kondensation
  - Verbrennung oder eine andere chemische Reaktion

Um die für Laser-Doppler-Messungen in Gasströmungen erforderlichen Partikeln mit einem Durchmesser von circa 1 µm zu erzeugen, werden Aerosolgeneratoren benötigt. Im Idealfall sollte solch ein Generator monodisperse Aerosole mit gleichen Partikeldurchmessern erzeugen. In der Praxis läßt sich dieses jedoch nicht realisieren; das gilt auch schon für solche Strömungsfälle, bei denen kleine Strömungsgeschwindigkeiten unter 5 m/s und kleinen Querschnitten der Strömungskanäle von ca. 10^{-4} m^2 auftreten. Es ist jedoch möglich, Aerosolpartikel in kontinuierlicher Rate zu erzeugen, deren Durchmesser in einem sehr schmalen Bereich liegen. Die Probleme, Partikeln in einem kleinen Größenbereich zu erzeugen, wachsen jedoch mit steigender Teilchenrate. Die meisten kommerziellen Partikelerzeuger sind für einen breiten Anwendungsbereich außerhalb der LDA-Meßtechnik konzipiert, so daß die erhaltenen Partikel zehn mal größer sind als sie für die Laser-Doppler-Anemometrie benötigt werden. Es bedarf einigen Scharfsinns, um die größeren Partikeln auszusondern und Teilchen in einem engen Bereich um 1 μm zu erhalten.

In diesem Kapitel werden die üblichen Erzeugungsmethoden und Typen von Partikelgeneratoren vorgestellt. Sie sind in der obenstehenden Tafel nach ihrer Anwendbarkeit in der Laser-Doppler-Anemometrie aufgeführt. Mit Hilfe der Zerstäubung erhält man in der Regel Flüssigkeitstropfen. Es ist aber auch möglich, feste Partikeln aus einer Lösung oder Suspensionen zu erzeugen. Wisler und Mossey (1973) gaben ihrer Luftströmung zum Beispiel 1 μm Polystyrene Latexpartikel bei. Aerosole, die durch Verbrennung oder andere chemische Reaktionen erzeugt werden, können aus festen oder flüssigen Partikeln bestehen. Durch Fluidisation oder Kondensation produzierte Aerosole liegen jeweils nur in festen oder gasförmigen Partikeln vor.

11.4 <u>ZERSTÄUBUNG: DRUCKLUFT- UND ULTRASCHALLZERSTÄUBER</u>

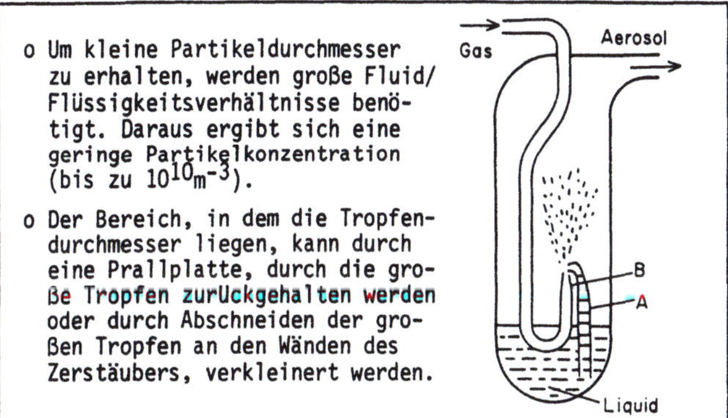

Bei der Partikelherstellung durch Zerstäubung wird eine Flüssigkeit an einer Düsenwand zu einem dünnen Film geformt und anschließend in die Länge gezogen. Der Film wird sich dann aufgrund der Wirkung der Scherkräfte, die gegen die Oberflächenspannung anzugehen haben, in eine Anzahl von Tropfen aufspalten. Druckluftzerstäuber (Zweifluidzerstäuber), Druckzerstäuber und Drehtellerzerstäuber sind die meist gebrauchten Varianten, die zur Partikelherstellung in der LDA-Meßtechnik Anwendung finden. In einer Reihe von Veröffentlichungen geben Fraser, Eisenklam und Dombrowski (1957) nützliche Informationen zur Konstruktion geeigneter Partikelgeneratoren und zeigen Vergleiche der resultierenden Größenverteilungen der einzelnen Zerstäubertypen auf.

404

Beim Betrieb von Zweifluidzerstäubern schert ein Gasstrom mit großer Strömungsgeschwindigkeit einen dünnen Flüssigkeitsfilm, der instabil wird und
im Anschluß in einzelne Tropfen zerfällt, die vom Gasstrom mitgeführt werden. Bei der in der obigen Dia-Vorlage abgebildeten Konstruktion strömt
eine Flüssigkeit aufgrund des geringen statistischen Druckes in das Rohr A
und wird vom Gasstrom aus Rohr B mitgerissen. Dabei bilden sich Tropfen
unterschiedlichster Größen aus, wobei allerdings nur die kleinen Tropfen,
welche der Strömung zu folgen vermögen, den Generator verlassen können. Die
größeren Tropfen treffen gegen die Behälterwand und werden somit zurückgehalten. Zerstäuber dieser Art arbeiten sehr gut mit Silikonöl und erzeugen
Luftströmungen von ca. $2 \times 10^{-4} m^3$/s mit einer Konzentration von ca. 10^{10}
Partikeln/m^3 bei einem Einlaßdruck von ca 1 bis $2 \times 10^5 Nm^{-2}$. Die Leistung
eines solchen Generators hängt sehr stark von der relativen Position der
Mündungen der beiden Rohre A, B (10,5 mm Innendurchmesser) ab.

Eine Anzahl von Druckluftzerstäubern wurde von Raabe [1976] verglichen,
unter anderem die Zerstäubermodelle von Laskin, Collison und Dautrebande,
welche detailliert von Dautrebande, Beckmann und Walkenhorst [1958] beschrieben wurden. Der Laskin-Zerstäuber wurde bei einer Vielzahl von Experimenten in der Laser-Doppler-Anemometrie eingesetzt. Eine ausführliche
Information über die Konstruktion und Leistung dieses Zerstäubers sowie
verschiedener, vom Grundmodell abweichender Varianten, werden in der Arbeit
von Echols und Young [1963] gegeben.

Der mittlere Tropfendurchmesser von Druckluftzerstäubern sollte abnehmen,
wenn die relative Geschwindigkeit zwischen der Gas- und Flüssigkeitsströ-
mung an den Austrittsöffnungen der Rohre A, B und somit das Verhältnis von
Gas- und Flüssigkeitsmassenfluß anwächst. Wie auch bei anderen Zerstäubertypen erhält man beim Druckluftzerstäuber ein polydisperses Spray dessen
Partikelgrößenverteilung mehr oder weniger eng sein kann. Der mittlere Partikeldurchmesser kann nach der Erzeugung weiter verkleinert werden, indem
man das Spray um eine Prallplatte führt, wie es zum Beispiel von Yanta
(1973) demonstriert wurde. Mit dem oben beschriebenen Design eines Druck-
luftzerstäubers ist es möglich, eine mittlere Tropfengröße um 1 µm zu erhalten (Durst 1980).

Bei den Ultraschallzerstäubern wird die zur Tropfenerzeugung notwendige
Energie aus einer Ultraschallquelle gewonnen und in das Fluid eingeleitet.
Eine genaue Beschreibung der Konstruktion solcher Generatoren ist bei Denton und Swartz 1974 gegeben. Die Durchmesser der erzeugten Partikeln liegen in einem Bereich von 2 bis 5 µm. Ultraschallzerstäuber können hohe Partikelkonzentrationen liefern, wobei der mittlere Partikeldurchmesser von
der Frequenz der Quelle abhängt. Solche Zerstäuber fanden wegen der etwas
zu großen Teilchengröße nur geringe Anwendung in der Laser-Doppler-Anemometrie.

11.5 ZERSTÄUBER: DRUCK- UND DREHTELLERZERSTÄUBER

<table>
<tr><td>

Druckzerstäuber

o Das Spray wird durch
  Aufspalten eines Flüs-
  sigkeitsfilmes an einer
  Kante erzeugt.

o Flache oder konisch ge-
  formte Filme oder zwei
  sich treffende Flüssig-
  keitsstrahlen werden
  eingesetzt.

o Große Partikeldurchmes-
  ser und eine weite Durch-
  messerverteilung resul-
  tieren.

</td><td>

Drehtellerzerstäuber

o Der Flüssigkeitsfilm
  zerfällt am Rand einer
  rotierenden Scheibe in
  Tropfen.

o Kleine Partikeldurch-
  messer erfordern große
  Scheibendurchmesser,
  hohe Drehgeschwindig-
  keiten und geringe Flüs-
  sigkeitsmengen.

o Die Aerosole sind poly-
  dispersverteilt, beson-
  ders bei großen Durch-
  flußraten.

</td></tr>
</table>

Das Fluid wird bei Druckzerstäubern durch eine Düse gepreßt und nach dem Ausströmen zu einem dünnen Film geformt. Bei einigen Zerstäuberkonstruktionen nimmt der Film, je nach Düsengestaltung, eine flache oder konische Form an. Er zerfällt, schon kurz nachdem er die Düse verlassen hat, unter der Wirkung der Scherkräfte gegen die Oberflächenspannung in einzelne Tropfen. Alternativ zu dieser Methode der Tropfenentstehung durch die Filminstabilität können die Tropfen auch durch Aufprallen eines Flüssigkeitsstrahles auf eine Prallplatte oder durch Kollision zweier Flüssigkeitsstrahlen erzeugt werden. Die letztgenannten Methoden lassen jedoch keine Kontrolle der Partikeldurchmesser zu. Mittlerer Durchmesser und Breite der Verteilung können über einen weiten Bereich verteilt liegen. Bei Druckzerstäubern reduziert sich der mittlere Partikeldurchmesser mit wachsendem Druckabfall über die Düse. Im allgemeinen sind die kleinsten Durchmesser jedoch 10 mal größer als die für die Laser-Doppler-Anemometrie zulässigen Größen.

Drehtellerzerstäuber erhalten die zur Zerstäubung notwendige Energie aus der Beschleunigung eines Flüssigkeitsfilmes auf einer rotierenden Scheibe. Durch die Zentrifugalkraft wird die Flüssigkeit nach außen getragen, der Flüssigkeitsfilm verdünnt und er kann sich dann in Tropfen aufspalten. Die an Dralltellerzerstäubern entstehende maximale Tropfengröße verringert sich mit wachsendem Plattendurchmesser, zunehmender Windgeschwindigkeit und abnehmender Strömungsgeschwindigkeit des eingebrachten, zu zerstäubenden Fluids. Die Tropfengröße kann ferner durch die Wahl einer geeigneten Flüssigkeit gesteuert werden. So nimmt z.B. die Tropfengröße mit geringer werdender Oberflächenspannung und zunehmender Dichte des Fluids ab. Die mit Dralltellerzerstäubern erzeugten Aerosole sind polydispers. Am Plattenende kann es aufgrund des Kollapsierens der aufgestauten Flüssigkeit zur Ausbildung sehr großer Tropfen kommen. Liegen kleine Strömungsgeschwindigkeiten

vor, so können die Tropfen nach Größe separiert werden, da sie unterschiedliche Trajektionen im Raum haben. Für höhere Strömungsgeschwindigkeiten ist
eine saubere Aufspaltung aufgrund der wachsenden Randstörungen und der Turbulenz nicht mehr möglich. Dennoch, Drehtellerzerstäuber erlauben eine bessere Partikelgrößenkontrolle als Druckzerstäuber, aber keine dieser beiden
Methoden ist so gut für die Laser-Doppler-Anemometrie geeignet wie die
Druckluftzerstäubung.

11.6 <u>FLUIDISATION VON PULVER</u>

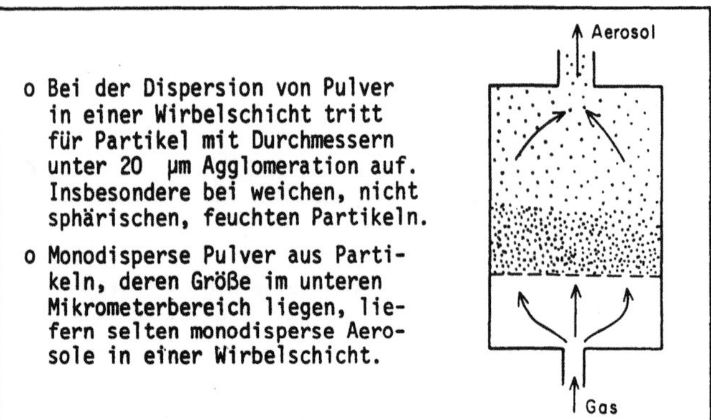

Während Flüssigkeitspartikel aufgrund ihrer sphärischen Geometrie für das
Einbringen in kalte Gasströmungen gut geeignet sind, werden für Flammen
oder Hochtemperaturströmungen, wie von Durst und Kleine (1973) beschrieben,
nicht brennbare, feste Partikel benötigt. In Abschnitt 11.3 wurde die Zerstäubung von Lösungen und Suspensionen als eine Möglichkeit des Seeding von
Partikeln erwähnt. Eine üblichere Methode, die in einer Vielzahl von Laser-
Doppler-Experimenten angewandt wurde, z.B. bei James (1968), ist das Einbringen von Pulverteilchen in einer Strömung, die durch die Wirbelschicht
geführt wird.

Bei der Partikelerzeugung mit Hilfe der Wirbelschicht treten besondere
Schwierigkeiten hinsichtlich der Erzeugung einer kontrollierten Partikelgröße und der Einhaltung einer kontinuierlichen Teilchenrate auf. Probleme
entstehen, obwohl Kunii und Levenspiel (1969) eine Vielzahl von sinnvollen
Richtlinien für das Design und die Optimierung von Wirbelschichten gegeben
haben. Die Erzeugung von für die Laser-Doppler-Anemometrie anwendbaren Partikeln in Wirbelschichten ist eine Aufgabe für die - so scheint es - eine
große Erfahrung notwendig ist. Der Grad der in der Wirbelschicht erreichbaren Dispersion hängt von der Oberfläche und Härte der Partikeln sowie von
der Feuchtigkeit der Gase und des Pulvers ab. Glatte, harte und trockene
Partikel zerstäuben leichter als rauhe, weiche und feuchte, obgleich extre-

me Trockenheit aufgrund der elektrostatischen Kräfte, die Dispersion hemmen kann. Die Fluidisation von Pulver mit einheitlichen Partikeln im unteren Mikrometerbereich erzeugt aufgrund der Agglomeration selten Aerosole mit den gleichen Durchmessern. Zum Beispiel erzeugten Melling und Whitelaw (1973b) aus 0,25 µm Titandioxid Partikel ein Aerosol mit Agglomeration von ca. 2 µm Durchmesser. Ferner führt, mit Ausnahme sehr kleiner Strömungsgeschwindigkeiten, zeitweilige Agglomeration von Partikeln in der Wirbelschicht zu einer uneinheitlichen Schichtdichte mit Blasen oder Einschlüssen von Luft. Eine Folge davon ist eine uneinheitliche Aerosolkonzentration, in der die Wirbelschicht verlassenden Strömung.

Bei ihren Bemühungen, die Stabilität der Partikelerzeugung zu verbessern, benutzten Glass und Kennedy [1977] eine zusätzliche Zyklonströmung, um 0,1 bis 1,0 µm Al_2O_3-Partikel aus einer Wirbelschicht zu erhalten. Für Konzentrationen größer als 10^9 Partikel/m^3 gelang es ihnen, die rms-Schwankungen der Partikelkonzentration zu reduzieren. Die Schwankungen lagen bei 6%, bezogen auf die mittlere, gemessene Konzentration.

Bei der "Puldoulit"-Wirbelschicht, beschrieben von Guichard [1976], wird das zu fluidisierende Pulver mit relativ großen Glaskugeln (100 bis 200 µm) gemischt und die Mischung wird während der Fluidisation geschüttelt. Durch die Zwischenräume der Kugeln kann sich das Gas ohne Bildung von Blasen frei bewegen und die kontinuierliche Reibung zwischen den Kugeln verringert die Aggregation der Pulverteilchen, welche die Kugeln umschließen. Dadurch erhält man eine stabile Verteilung der Konzentration und der Partikelgröße. Eine einfachere Form einer vibrierenden Wirbelschicht wurde von Asalor und Whitelaw (1976) speziell für Messungen von Strömungen in Verbrennungen entwickelt.

11.7 <u>KONDENSATION: PARTIKELGENERATOR GRUNDMODELL</u>

<table>
<tr><td>

o Eine organische Flüssigkeit wird in einem stationären Luftstrom verdampft.

o Das Luft-Dampf-Gemisch passiert den Kondensator. Es bilden sich Tropfen an den Kondensationskernen.

o Verdünnte Luft wird zugeführt, um Agglomeration zu verhindern.

o Nahezu monodisperse Aerosole können für kleine Durchflußraten erzeugt werden.

</td><td>

</td></tr>
</table>

Generatoren, die zur Partikelerzeugung die Kondensation von Dämpfen verwenden, liefern, abhängig von den jeweiligen Randbedingungen, Aerosole in einem kontrollierbaren Bereich mit einem mittleren Partikeldurchmesser von 0,01 und 5 µm. Allerdings wurden solche Generatoren noch nicht sehr häufig in der Laser-Doppler-Anemometrie eingesetzt. Beim Grundmodell eines durch Kondensation teilchenerzeugenden Generators wird eine organische Flüssigkeit durch einen auf konstanter Temperatur gehaltenen Verdampfer in einem stationären, gefilterten Luftstrom verdampft. Diesem Luft-Dampf-Strom werden vor dem Kondensatorteil des Teilchengenerators kleinste Natriumchloridteilchen als Kondensationszentren hinzugefügt. Im Kondensator wird das Gas langsam und einheitlich gekühlt, so daß Kondensation an den Wänden und an den Natriumchloridteilchen stattfindet. Das so entstehende Aerosol wird, falls eine enge Partikelgrößenverteilung gewünscht ist, durch die Zugabe von Luft verdünnt, so daß keine Agglomeration der sich durch Kondensation bildenden Teilchen einsetzen kann. Der Grad der Einheitlichkeit der Partikeldurchmesser hängt von der relativen Konzentration von Dampf und Kondensationskernen sowie der Reinheit der Flüssigkeit, der Luft und der Länge des Kondensators ab, welcher die Verweilzeit der Teilchen bestimmt. Der jeweilige Partikeldurchmesser ist abhängig von der Dampftemperatur und dem Siedepunkt der Flüssigkeit. Ein Ansteigen der Dampftemperatur führt zu einem Ansteigen der Dampfkonzentration und als Folge dessen wachsen die Tropfendurchmesser. Befinden sich keine Kondensationskerne in der Strömung, so findet die Kondensation vorwiegend an den Wänden des Kondensators statt, da die Sättigung des Dampfes zu gering ist, um eine spontane Kondensation in der Strömung zu erhalten.

Kondensationskeime aus Natriumchlorid können durch Verdampfung an einem Heizfaden oder durch Funkenschlag zwischen zwei Elektroden erzeugt werden. Selbst für nicht einheitliche Kondensationskerndurchmesser erhält man sehr einheitliche Tropfen, deren Durchmesser 5 bis 10 mal so groß sind wie die Kerndurchmesser. Die Größe und Einheitlichkeit der Tropfen hängt im wesentlichen vom Erzeugungsprozeß der Kondensationshülle und nicht vom Durchmesser der Kondensationskerne ab. Der Kondensationsgenerator von Sinclair und La Mer, der bei Green und Lane (1964) oder Davies (1966, S. 7) beschrieben wird, wurde so konstruiert, daß eine Kontrolle der oben aufgeführten Parameter, welche die besten kontrollierbaren Bedingungen zur Erzeugung von monodispersen Aerosolen darstellen, möglich wird.

11.8 KONDENSATION: VERGLEICH DER PARTIKELGENERATOREN

Sinclair-La Mer	Rapaport-Weinstock	Becker
o Aufwärmzeit ca. 6 h	o Aufwärmzeit ca. 15 min	o Wie bei kommerziellen Generatoren
o Kondensationskerne(Salz) hinzufügen	o Kondensationskerne befinden sich in der Flüssigkeit vor dem Verdampfen	o Kondensationskerne in der Flüssigkeit (Öl)
o Sehr empfindlich bezüglich der Dampftemperatur und Reinheit der Flüssigkeit	o Unempfindlich gegenüber Temperaturschwankungen	o Temperaturkontrolle und Ölreinheit notwendig; aber nicht so bedeutend
o Monodispers		o Robuste Konstruktion

In diesem Abschnitt werden drei Typen von Kondensationsgeneratoren hinsichtlich ihrer Anwendbarkeit zur Streupartikelerzeugung für die Laser-Doppler-Anemometrie bei Anwendungen in Gasströmungen verglichen. Die hervorragend gegebene Größenkontrolle bei dem Sinclair-La Mer-Generator wurde bereits auf der vorhergehenden Seite beschrieben. Allerdings überschreitet der oftmals bei Sinclair-La Mer-Generatoren getriebene Aufwand in einem hohen Maß die Erfordernisse in der Laser-Doppler-Anemometrie. Eine einfachere Erzeugung von mehr polydispersen Aerosolen durch Fluidkondensation mit einer weniger genauen Temperatur- und Reinheitskontrolle, sowie kürzeren Aufwärmzeiten, ist der im Sinclair-La Mer-Generator angewandten Methode vorzuziehen.

Ein robusteres Gerät wird bei Becker (1961) beschrieben. Es wurde gebaut, um Luft mit einem Ölnebel anzureichern, um dann die Konzentrationsschwankungen bei turbulenter Durchmischung zu messen (Becker, Hottel und Williams, 1967). In diesem Teilchengenerator wird Öl über einer erwärmten Kugelschüttung in einer aufgeheizten Strömung verdampft und anschließend recht schnell auf Raumtemperatur abgekühlt, wodurch sich ein "trockener", weißer Nebel ausbildet. Die Kontrolle der Lufttemperatur und die Reinheit des Öls sind für diesen Generator ebenfalls von Bedeutung; allerdings sind sie als weniger kritische Parameter als beim Sinclair-La Mer-Generator anzusehen. Eine Konsequenz hieraus ist jedoch, daß die Partikelgrößenverteilung breiter ist; aber im Mittel liegen die Durchmesser der resultierenden Nebeltröpfchen in dem für gute Laser-Doppler-Signale angegebenen Bereich.

In seiner Konzeption ist der Rapaport-Weinstock-Generator zwischen den beiden oben beschriebenen Partikelgeneratoren angesiedelt. Dieser Generator wurde entwickelt, um Streuteilchen aus Dioctylphthalat (DOP) in eine Luftströmung einzubringen (Stevenson, 1973). Bei diesem Generator wird die Flüssigkeit zuerst zerstäubt, dann wird das resultierende grobe Aerosol verdampft und danach kondensiert. Die resultierenden Tröpfchen kondensieren auf den Kondensationskernen, die als Teil des verdampfenden Sprays übrigbleiben. Dabei entsteht eine etwas einheitlichere Größenverteilung, als sie bei dem originalen Aerosol vorlag. Man erhält also eine für Laser-Doppler-Messungen ausreichend enge Größenverteilung des am Ende produzierten Aerosols, ohne die beim Sinclair-La Mer-Generator notwendige lange Aufwärmzeit.

11.9 VERBRENNUNG UND CHEMISCHE REAKTION

o Durch Verbrennung können hohe Partikelkonzentrationen erzielt werden.

o Die Erzeugungsrate ist sehr ungleichmäßig, da sie mehr von der chemischen Reaktion als von der Strömung bestimmt wird.

o Aerosole mit festen Partikeln, die durch Verbrennung erzeugt werden, sind weniger anfällig bezüglich Agglomeration als solche, die durch Fluidisation eines Pulvers gewonnen werden.

o Chemische Methoden liefern unerwünschte Nebenprodukte.

Die Erzeugung von Streupartikeln durch Verbrennung oder andere chemische Reaktionen ist sehr aufwendig und schwierig; trotzdem werden für die Laser-Doppler-Anemometrie Versuche mit Tabakrauch, Rauchpartikeln sowie Ammoniumchlorid (aus der Reaktion von Ammoniumhydroxid und Hydrochloridsäure) durchgeführt. Durch Verbrennung erhält man zum Beispiel eine höhere Teilchenrate als bei Druckluftzerstäubern (Abschnitt 11.4), was in einigen Laser-Doppler-Experimenten wünschenswert ist. Ein Nachteil der Partikelerzeugung durch Verbrennung ist jedoch, daß die Partikelrate in einem größeren Maß von der chemischen Reaktion als von dem Gasvolumenstrom abhängt. Für einen guten Betrieb müßten Durchsatzgeschwindigkeit und Geschwindigkeit der chemischen Reaktion aufeinander abgestimmt sein. Dies ist schwierig und daraus ergibt sich eine uneinheitliche Partikelkonzentration in dem austretenden Luftstrom. Nebenprodukte der Reaktion können sich an den Scheiben der Meßstrecke ablagern. Zusätzlich ist es möglich, daß die Strömung durch sich bildende Asche behindert wird. Ferner können die Reaktanden oder die Produkte der ablaufenden Reaktionen korrosiv sein. Weiterhin haben feste Teilchen aus der Verbrennung weniger die Tendenz während ihrer Erzeugung Agglomerate auszubilden, als dieses für Teilchen während der Fluidisation aus einer Pulverschüttung der Fall ist. Koagulation der Partikel nach der Ausbreitung im Aerosol ist für beide Erzeugungsmethoden gleich wahrscheinlich.

Beispiele für die Anwendung von Verbrennungsmethoden zur Erzeugung von Streupartikeln sind die Erzeugung von Titandioxid und Magnesiumoxid in Flammen, wo sie direkt zur LDA-Messung Anwendung finden können. Im Fall der Erzeugung von Titandioxidpartikeln werden feste Titandioxidpartikel direkt in der Flamme durch Verbrennung von Titantetrachlorid erzeugt. Eine weniger die Flamme beeinflussende Methode wurde von Zaré (1972) angewandt. Bei dieser wurde Magnesiumpulver in einer gleichbleibenden Rate auf eine elektrisch beheizte Platte getropft, welches sich dort entzündete und verbrannte. Als Folge der Reaktion entsteht Magnesiumoxid als feiner weißer Rauch, der in den Gasstrom der Flamme geleitet wurde. All diese Versuche zeigten jedoch, daß eine Wirbelschicht eine weitaus befriedigendere Methode zur Erzeugung von festen Partikeln ist, als die angewandten Methoden, die auf chemischen Reaktionen beruhen.

11.10 <u>AEROSOLERZEUGUNG: ZUSAMMENFASSUNG</u>

	Typ des Partikels	Größen-kontrolle	Konzentrations-kontrolle	Einsatz-vorteil	Anwendung
Wind-zerstäubung	flüssig	genau	gut	gut	kalte Strömung
Strömungs-fluß	solid	schwach	genau	gut	heiße Strömung
Verdampfung	flüssig	gut	gut	genau	kalte Strömung
Verbrennung, chemische Reaktion	flüssig oder solid	schlecht	schlecht	schwach	nicht zu empfehlen

In diesem Abschnitt werden die Aerosolerzeugungsmethoden verglichen, welche auf den letzten fünf Seiten in Bezug auf ihre Anwendung in der Laser-Doppler-Anemometrie beschrieben wurden. Die Methoden sind in der Reihenfolge der Anwendbarkeit bei der Laser-Doppler-Anemometrie aufgelistet. In den einzelnen Spalten werden ihre Vor- und Nachteile bezüglich der Größenkontrolle, der Konzentrationskontrolle sowie ihrer Benutzerfreundlichkeit angegeben. Diese hängen jedoch auch zu einem gewissen Grad vom Volumendurchsatz des Generators und der Generatorkonstruktion ab. Druckluftzerstäubung und Fluidisation decken zusammen alle zu erwartenden Anwendungsbereiche der Laser-Doppler-Anemometrie in kalten und heißen Strömungen ab. Kondensationsaerosole stellen eine alternative für kalte Strömungen dar. Die Erzeugung von Aerosolen durch chemische Reaktion ist im Vergleich zu den anderen Methoden deutlich benachteiligt und daher nicht zu empfehlen.

In der obigen Tabelle wurden nur Druckluft-(Zweifluid-)Zerstäuber berücksichtigt, da Druck- und Drehtellerzerstäuber im allgemeinen größere Partikeln in einer sehr weiten Größenverteilung erzeugen. Die Anwendung von Ultraschallzerstäubern kann sinnvoll sein, da sich der mittlere Tropfendurchmesser durch die Vibrationsfrequenz, welche auf die Oberfläche der Flüssigkeit wirkt, aus der die Tropfen erzeugt werden, anpassen läßt. Zerstäubte Flüssigkeitstropfen sind im allgemeinen nur für kalte Strömungen anwendbar. Jedoch könnte die Einfachheit, mit welcher sie - im Vergleich zur Fluidisation - zu erzeugen sind, diese Methode auch für heiße Gasströmungen attraktiv machen. Zum Beispiel wurden zerstäubte Silikonöltropfen in Bereiche mit niedrigeren Temperaturen von Flammen gebracht (Durao, Durst und Whitelaw, 1973), (Durst, Melling und Whitelaw, 1972b); sie verbrannten allerdings zu schnell, um Messungen an der Flamme vornehmen zu können. Als beste Möglichkeit zur Streupartikelerzeugung für heiße Strömungen kann das Zerstäuben von nicht brennbaren, festen Partikeln aus einer Lösung oder Suspension angesehen werden.

11.11 TYPISCHE MATERIALIEN ZUR STREUTEILCHENERZEUGUNG FÜR DIE LASER-DOPPLER-ANEMOMETRIE

Material	d_p (μm)	ρ (kg/m^3)	m	Methode
Silikonöl	< 5	970	1.47	Zerstäubung
DOP	$0.35 - 1.2$	984	1.48	Zerstäubung
Wasser	$1 - 2$	1000	1.33	Zerstäubung
TiO$_2$	$0.5 - 2$	4200	2.6	Wirbelschicht
Al$_2$O$_3$	< 8	3970	1.76	Wirbelschicht
MgO		3580	1.74	Verbrennung
Tabak	$0.1 - 1.0$			Verbrennung
Eis	0.5	920	1.31	Sublimierung

In der obenstehenden Dia-Vorlage ist eine Auswahl von in der Literatur bekannten Stoffen aufgeführt, die als Streuteilchen in der Laser-Doppler-Anemometrie Anwendung finden. Der Partikeldurchmesser, die Materialdichte und der Brechungsindex sind als eine Entscheidungshilfe für die jeweilige Anwendbarkeit der Materialien aufgeführt. Die angegebenen Durchmesser sind Schätzwerte für Bedingungen spezieller Experimente und stellen daher nicht unbedingt den mit der jeweiligen Methode und Substanz zu erhaltenen optimalen Wert dar. Dies betrifft sowohl den mittleren Teilchendurchmesser als auch die Breite der Verteilung. Der jeweilige Brechungsindex der aufgeführten Materialien wurde aus Tabellen für physikalische Stoffeigenschaften entnommen. Es kann sein, daß er nicht den optischen Eigenschaften von Aggregaten fester Partikel entspricht. Insbesondere gilt diese Einschränkung bezüglich der Absorption, weil nur der Realteil des Brechungsindex angegeben ist.

Silikonöl und DOP wurden mit beträchtlichem Erfolg in der Laser-Doppler-Anemometrie eingesetzt, zum Beipiel bei Huffaker et al. (1969) sowie bei Durst und Whitelaw (1971e). Von Yanta, Gates und Brown (1971) wurde Wasser mit einem Zusatz von Dodecanol eingesetzt, um Verdampfung bei der Ausbildung einer Monoschicht um die Tropfen zu verhindern. Titandioxid wurde von Durao, Melling, Pope und Whitelaw (1973), Magnesiumoxid von Zaré (1972) sowie Durst und Kleine (1973) eingesetzt. Als Streupartikel für Flammen benutzte James et al. (1968) und Asher (1972) Aluminiumoxid aufgrund des hohen Schmelzpunktes des Materials. In den Anfängen der Laser-Doppler-Anemometrie wurde Tabakrauch für eine Luftströmung eingesetzt (Melling, 1971), aber die Nachteile, wie sie im Abschnitt 11.10 diskutiert wurden, ließen keine erfolgreichen Messungen zu. Durch Sublimation erzeugte Aerosole wurden in diesem Kapitel nicht angesprochen. Ihr Einsatz ist im allgemeinen auch nicht zu empfehlen. Als Beispiel einer erfolgreichen Anwendung solcher

Partikeln seien Jackson und Paul (1971) angeführt. Sie benutzten Eispar-
tikeln in einem Windkanal als Streuteilchen.

11.12 <u>PARTIKELGRÖSSENBESTIMMUNG: EINFÜHRUNG, 1</u>

> o Der Partikeldurchmesser muß bekannt sein, um Aussagen
> über die Teilchenbewegung im Strömungsfeld machen zu
> können.
> o Die erzeugten Aerosole sind polydispers; die Kenntnis
> ihrer Größenverteilung ist wünschenswert, aber die
> Kenntnis des größten Durchmessers reicht aus.
> o Für eine gute Teilchenerzeugung gilt: Die größten und
> wahrscheinlichsten Teilchendurchmesser sollten in
> einem engen Bereich liegen.
> o Partikelgrößen werden bestimmt: Durch mikroskopische
> Untersuchungen, optische Verfahren, Sinkgeschwindig-
> keit oder Schlupfgeschwindigkeit bei sehr großen Strö-
> mungsgeschwindigkeiten.

In der Laser-Doppler-Anemometrie ist es von Bedeutung, die Größe der Streupartikel zu kennen, um sicherzustellen, daß diese klein genug sind, um den
Geschwindigkeitsfluktuationen des Fluids folgen zu können. Daraus ergibt
sich, daß der größte Partikeldurchmesser einen wichtigen Parameter in der
Größenverteilung darstellt. Der größte Durchmesser sollte den in der Parti-
kel-Bewegungsanalyse (Tafel 10.4 bis 10.13) abgeleiteten, maximal zulässigen Wert nicht überschreiten. Noch besser ist es, wenn die Größenverteilung
der polydispersen Aerosole bekannt ist. In Gasströmungen mit sehr großen
Fluidgeschwindigkeiten können die Partikel der Strömung nicht exakt folgen.
Die Teilchentrajektorien relativ zur Strömung hängen daher stark von den
Partikeldurchmessern ab. Für solche Strömungen muß die Partikelgrößenverteilung bekannt sein und sie muß Anforderungen an das Teilchenfolgevermögen
genügen. In allen turbulenten Strömungen ist eine enge Teilchengrößenverteilung anzustreben. Bei einer weiten Größenverteilung würde das Einhalten
eines maximalen Durchmessers zur Folge haben, daß die wahrscheinlichsten
Partikeldurchmesser weit unter dieser Grenze lägen, mit dem Ergebnis, daß
eine große Anzahl der Teilchen nur wenig Laserlicht streuen würde. Dieses
ist bei Aerosolen, die durch Zerstäubung erzeugt wurden, der Fall. Hierbei
liegen Teilchengrößenverteilungen zugunsten großer Durchmesser vor, falls
nicht größere Tröpfchen durch geeignete Prallplatten und/oder Zyklone ausgesondert werden.

Die üblichen Methoden zur Partikeldurchmesserbestimmung sind mikroskopische
Untersuchungen der kleinen Teilchen nachdem sie aus der Strömung aufgefan-

gen wurden (Tafeln 11.13 bis 11.14), oder die Größenbestimmung aufgrund ihrer Durchmesserabhängigkeit von den optischen Streueigenschaften der Partikel (Tafel 11.15 bis 11.24). Für Teilchendurchmesser über 0,8 µm kann der Durchmesser über die Partikelsinkgeschwindigkeit in Luft bestimmt werden. Dazu benutzt man eine schmale Zelle (Schaeffer), in welcher die Konvektionsströme vernachlässigbar klein gehalten werden, so daß die Setzgeschwindigkeit mittels Laser-Doppler-Anemometrie als Maß für die Teilchengröße bestimmt werden kann. Eine indirekte Festlegung eines Größenhistogrammes durch die Schlupfgeschwindigkeit von Teilchen ist bei sehr großen Strömungsgeschwindigkeiten (Yanta, 1973) möglich und zwar in Bereichen, in denen das Geschwindigkeitsfeld als stationär bekannt ist.

11.13 PARTIKELGRÖSSENBESTIMMUNG: EINFÜHRUNG, 2

o Die Teilchengrößen einer Aerosolverteilung können mit dem Elektronenmikroskop bestimmt werden.

o Die Größenbestimmung vieler Partikel mit einem Photomikrographen führt zu einem Durchmesser-Histogramm.

o Die Größenverteilung von Tropfen kann verschoben sein, da sich die Tropfen nach dem Aufbringen verteilen oder auch verdampfen können.

o Das Aufbringen von Partikeln aus der Strömung auf den Objektträger eines Mikroskopes erfordert besondere Methoden, da sehr kleine Partikel aufgrund ihrer geringen Trägheit exakt der Strömung folgen.

Eine grundlegende Technik der Teilchengrößenbestimmung ist das Vermessen einer Anzahl von Teilchen in einem gegebenen Durchmesserbereich mit einem Mikroskop, das eine kalibrierte Teilung zur Größenbestimmung enthält. Wählt man die Anzahl der zur Größenverteilungsbestimmung herangezogenen Partikeln groß genug, so erhält man eine verläßliche Größenverteilung der Teilchen. Das Auflösevermögen eines optischen Mikroskopes beim Vermessen von Partikeln um 1 µm ist sehr begrenzt. Für kleinere Teilchen kann daher nur ein Elektronenmikroskop zur Größenbestimmung herangezogen werden. Das Elektronenmikroskop liefert auch gute Informationen über die Form der Partikeln. Diese ist für Festkörperteilchen sehr unregelmäßig, wie eine vom Elektronenmikroskop erhaltene Photographie von Titandioxid zeigt (Melling und Whitelaw, 1973b). Vorsicht ist bei Flüssigkeitsteilchen geboten, um eine Verzerrung der Verteilungen zu vermeiden. Die Tropfen können sich infolge Fluidoberflächenwechselwirkungen verteilen und damit die Größenverteilung dahingehend beeinflussen, daß große Durchmesser bevorzugt werden. Um dieses zu verhindern, muß die Objektträgeroberfläche mit einem Antibenetzungsmittel beschichtet werden. Umgekehrt kann der Durchmesser der Partikeln auf

Grund auftretender Verdunstung auch kleiner gemessen werden als er tatsächlich ist. Dieses ist verstärkt im Elektronenmikroskop als eine Folge des Unterdruckes zu erwarten.

Bevor eine mikroskopische Teilchengrößenbestimmung vorgenommen werden kann, müssen die Partikel aus der Strömung entnommen werden. Dazu benutzt man eine Platte oder ein Gitter wobei Vorsicht geboten ist, daß die Verteilung der Teilchen nicht in Richtung großer Durchmesser infolge ungünstiger Teilchenentnahme verschoben wird. Dieses ist möglich, da die kleinen Partikel aufgrund ihrer geringen Trägheit der Strömung um die Platte oder dem Gitter folgen, anstatt sich auf ihnen abzulagern. Bei großen Beschleunigungen um die Platte, wie sie in Gasströmungen mit hohen Gasgeschwindigkeiten auftreten, bleiben die kleinen Partikel eher auf der Platte haften als bei kleinen Gasströmungsgeschwindigkeiten. Dagegen werden eine Vielzahl von großen Partikeln wieder von der Strömung mitgerissen, wenn hohe Gasströmungsgeschwindigkeiten vorliegen. Auf der folgenden Seite werden drei zufriedenstellende Methoden zur Teilchenentnahme aus Strömungen beschrieben. Diese sollten bei mikroskopischen Größenbestimmungen im Bereich der Laser-Doppler-Anemometrie Anwendung finden.

11.14 ENTNAHME VON PARTIKELN

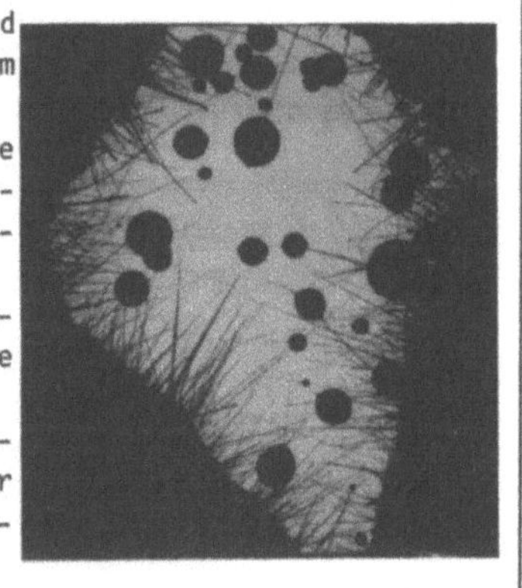

Folgende drei Methoden sind zum Sammeln von Partikeln im µm-Bereich möglich:
o Kaskaden Impaktor (große Beschleunigung der Luftströmung in aufeinanderfolgenden Düsen)
o Kegelzentrifuge (Zentrifugalkraft wirkt auf die Luftströmung)
o Isokinetische Entnahmesonde (die Probe wird mit der Außenströmungsgeschwindigkeit abgesaugt).

In diesem Abschnitt werden drei Geräte zur Entnahme von Partikeln beschrieben, der "Kaskaden Impaktor", die Kegelzentrifuge und die isokinetische Entnahmesonde. Der "Kaskaden Impaktor" nützt die unterschiedliche Trägheit der Aerosolteilchen, um sie grob nach ihrer Größe zu sortieren. Ein Teilchenstrom passiert mehrere aufeinanderfolgende Düsen. Nach jeder Düse trifft der Strom auf eine Platte, wobei ein Teil der Partikeln auf der

Platte verbleibt. Unterwirft man die Partikeln einer stetig wachsenden Beschleunigung in den Düsen und nähert man die Prallplatten mehr und mehr den Düsenmündungen, so sammeln sich auf den aufeinanderfolgenden Platten Teilchen mit immer kleineren Radien. Eine feinere Größenauflösung erhält man mit Hilfe einer Kegelzentrifuge (Keith und Derrick, 1960), in der die Partikeln durch die Zentrifugalkraft abgeschieden werden. Die Zentrifuge besteht aus einem feststehenden äußeren und einem rotierenden inneren Kegel. Bringt man eine Aerosolprobe in die Zentrifuge ein, so werden die Teilchen mit der Luftströmung in Rotation versetzt. Es lagern sich aufgrund der Zentrifugalkraft die großen Partikeln an dem äußeren Kegel ab. Von dessen Rand bis zum Kegelinneren hat man nach der Ablagerung eine kontinuierliche Verteilung der Aerosolpartikeln.

Im besonderen für die Anwendung in der Laser-Doppler-Anemometrie entwickelte Durst (1980) eine isokinetische Absaugsonde, welche die Partikeln auf feinen Metallkristallen festhält. Die Sonde saugt die Gasströmung mit der gleichen Geschwindigkeit an, die in der mit Teilchen versehenen Strömung am Ort der Absaugung vorliegt. Dadurch ist sichergestellt, daß die kleineren Partikeln nicht in einem Bypass bevorzugt um die Sonde strömen. Die feinen, wie Haare aussehenden Metallkristalle bestehen aus Kupferoxid und sind stabil genug, Partikeln aus Strömungen mit einer Geschwindigkeit von 200 m/s aufzufangen und festzuhalten. In der obigen Abbildung sieht man, daß die Kristalle sehr klein sind im Vergleich zu den festgehaltenen Tropfen, deren Größe sich im μm-Bereich bewegt. Die eigentliche Partikelgrößenbestimmung erfolgte im Anschluß an die Teilchenkollektion in der von Durst beschriebenen Arbeit durch Vergleich mit einem Iris-Diaphragma, dessen Durchmesser in 48 bekannte Teilungen eingestellt werden kann.

11.15 <u>OPTISCHE GRÖSSENBESTIMMUNG: EINFÜHRUNG</u>

o Viele Methoden zur optischen Größenbestimmung von sphärischen Aerosolen nutzen deren Lichtstreueigenschaften.

o Die Methoden benötigen einen Vergleich zwischen experimentellen und theoretischen Streueigenschaften bei einem gegebenen Brechungsindex m.

o Die optische Größenbestimmung ist beschränkt auf monodisperse, sphärische Teilchen; doch können einige Charakteristiken von polydispersen Aerosolen gemessen werden.

o Laser-Doppler-Signale können Informationen über die Partikelgröße der sphärischen Teilchen enthalten, zum Teil ohne daß deren Brechungsindex bekannt ist.

Die Streueigenschaften von Partikeln, deren Durchmesser in der Größenordnung der Wellenlänge des Lichtes liegen, die von besonderem Interesse für die Laser-Doppler-Anemometrie sind, hängen stark vom Teilchendurchmesser ab. Dieses gilt sowohl für die Lichtstreuung in eine bestimmte Richtung, als auch für die räumliche Intensitätsverteilung des gestreuten Lichtes. Es wurden eine Reihe von Methoden zur optischen Partikelgrößenbestimmung entwickelt, welche von den optischen Streueigenschaften der Teilchen Gebrauch machen. Einen Überblick über diese Methoden findet man bei Hodkinson in Davies (1966). Die dort vorgestellten Methoden werden eingeteilt in Extinktionsmethoden, welche auf der gesamten Streuung entlang eines Lichtstrahles beruhen und in Streumethoden, bei denen die Winkelabhängigkeit der Intensitätsverteilung des gestreuten Lichtes ausgenutzt wird. Bei den meisten der heute bekannten Methoden werden experimentelle Kurven für eine bestimmte Streufunktion der entsprechend berechneten, theoretischen Verteilung angepaßt. Dieses führt zu einer Eichkurve für unterschiedliche Durchmesser und dem vorliegenden Brechungsindex, aus dem dann der jeweilige Teilchendurchmesser bestimmt werden kann. Die Lösungen der Streugleichungen wurden nur für sphärische Teilchen abgeleitet, so daß strenggenommen die optische Größenbestimmung nur für Tropfen und reguläre sphärische Partikel optimal möglich ist. Sie wird aber auch für irreguläre feste Partikel angewandt, siehe Dalzell, Williams und Hottel (1970). Für monodisperse Aerosole arbeiten die vorstehend beschriebenen, optischen Methoden besser als für polydisperse Aerosole, da für letztere die charakteristische Verteilung der räumlichen Lichtintensität aufgrund von Interferenzen verschmiert wird. Für polydisperse Aerosole ist eine Partikelgrößenbestimmung mit optischen Countern, die das Streulicht jedes einzelnen Partikels registrieren, möglich.

Das Laser-Doppler-Signal enthält Informationen über die Größe und die Anzahldichte der Aerosolpartikeln in der Strömung. Unter bestimmten Voraussetzungen ist die LDA-Methode zur Teilchengrößenbestimmung unabhängig vom Brechungsindex des Teilchenmaterials, der bei vielen in der LDA-Meßtechnik angewandten Aerosolen nicht bekannt ist. Dies ist für andere Methoden der optischen Teilchengrößenbestimmung nicht bekannt. Eine vollständige Analysis optischer Partikelgrößenbestimmungen mittels Laser-Doppler-Anemometrie ist zur Zeit noch nicht verfügbar. Für die Größenbestimmung von Tropfen werden eine Vielzahl von Methoden bei Azzopardi [1979] vorgestellt.

11.16 <u>EXTINKTIONSMESSUNGEN: MONODISPERSE AEROSOLE</u>

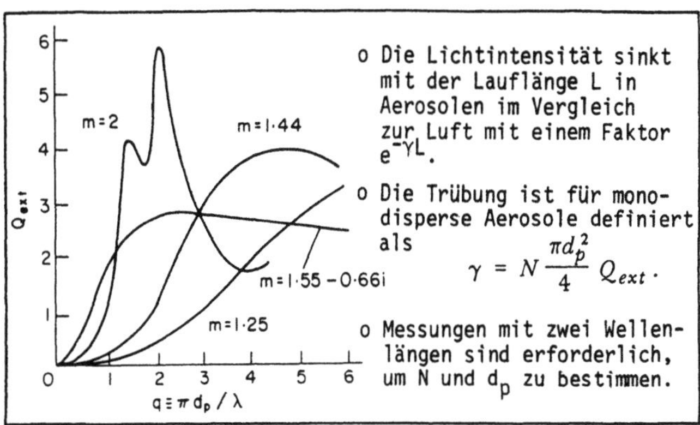

Bei Extinktionsmessungen wird die gesamte Lichtmenge bestimmt, die beim Passieren eines Lichtstrahles durch ein Medium von Aerosolen gestreut oder absorbiert wird. Die Intensität des Lichtes sinkt exponentiell mit der Lauflänge im Gas-Aerosol-Gemisch und wird gedämpft durch die Trübung γ, welche obenstehend für monodisperse Aerosole für eine Anzahldichte N definiert ist. Der typische Verlauf der Extinktionskoeffizienten (Extinktionseffizienz), Q_{ext} (d_p, m) wird in der obigen Dia-Vorlage dargestellt. Als Parameter wurden drei Brechungsindizes von nichtabsorbierenden Kugeln angenommen und die Extinktionskoeffizienten als Funktionen der normierten Partikelgröße q aufgetragen. Die Partikeldurchmesser d_p liegen für He-Ne-Laser im Bereich von 1,2 µm aufwärts. Für große Werte von q zeigt die Kurve gedämpfte Oszillationen, die sich für große Partikeldurchmesser dem Wert 2 nähern. Bei absorbierenden Materialien kann der Brechungsindex als komplexe Zahl angenommen werden. Die Extinktionskurven ähneln für solche Brechungsindizes gedämpften Schwingungen, die sich für große Partikeldurchmesser wieder dem Wert 2 annähern. Die einzelnen, lokalen Maxima und Minima der gedämpften Schwingungen, welche die Feinstruktur des Streulichtes repräsentieren und den obigen Kurven überlagert auftreten, wurden in der Zeichnung aus Gründen der Übersichtlichkeit weggelassen.

Der apparative Aufbau, der für Extinktionsmessungen benötigt wird, ist sehr gering. Die Grundausstattung ist eine Lichtquelle, die paralleles Licht ausstrahlt, welches dem Gas-Aerosol-Gemisch zugeführt wird. Nach dem Passieren der Aerosole wird das von der Lichtquelle ausgesandte Licht durch eine Linse fokussiert und über eine Apertur gelangt es in den Photodetektor. Hodkinson (Davies 1966) zeigten, daß der Durchmesser der Apertur, welche das Einfallen von Streulicht auf den Photodetektor verhindern soll, keine kritische Größe darstellt. Für große Partikel, die in Vorwärtsrichtung stärker streuen als kleine, sollte der Aperturdurchmesser kleiner gewählt werden als für kleine Partikel. Nach Kraus (1973) ist eine exakte Extinktionsmessung nicht möglich, da der Photodetektor immer ein gewisses Maß an Streulicht mit empfängt, das von Aerosolen in Vorwärtsrichtung gestreut wird. Messungen der ausgesendeten Lichtintensität für zwei Wellenlängen, mit und ohne Aerosol, zeigen, daß die Partikeldurchmesser und die Anzahldichte aus der theoretischen Kurve für Q_{ext} bestimmt werden können.

11.17 <u>EXTINKTIONSMESSUNGEN: POLYDISPERSE AEROSOLE</u>

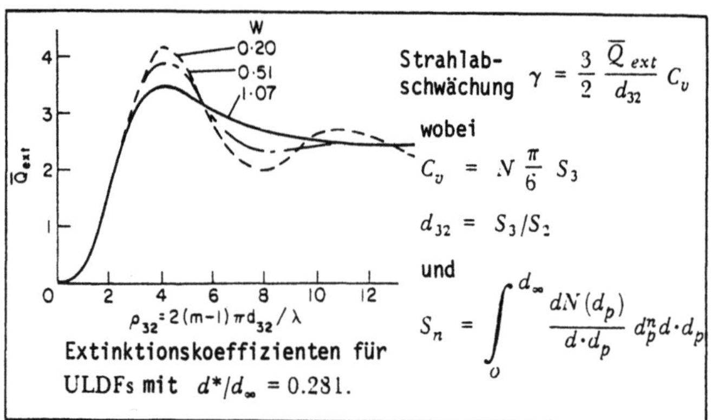

Extinktionskoeffizienten für ULDFs mit $d^*/d_\infty = 0.281$.

Die Größenbestimmung von Aerosolen durch Extinktion erfordert eine Kenntnis über die Strahlabschwächung, welche aus Transmissionsmessungen bei zwei Wellenlängen, auf die gleiche Weise wie bei monodispersen Aerosolen, erhalten werden kann. Zur Interpretation der Meßergebnisse muß zusätzlich eine Annahme über die Partikelgrößenverteilung gemacht werden. Aerosole, die durch Zerstäubung hergestellt werden, lassen sich durch die von Mugele und Evans (1951) vorgeschlagene ULDF-Verteilung einer Obergrenzenverteilungsfunktion, darstellen. Die Dichtefunktion, dN/d.d_p der ULDF ist durch folgende drei Parameter definiert:

Dem größten Durchmesser d , der Skewness d^*/d , das heißt, dem Verhältnis vom wahrscheinlichsten zum größten Durchmesser, sowie der Halbwertebreite $w=(d_+ - d_-)/d^*$ wobei gilt:

$$\frac{dN(d_+)}{d \cdot d_p} = \frac{dN(d_-)}{d \cdot d_p} = \frac{1}{2} \frac{dN(d^*)}{d \cdot d_p} \; .$$

Dobbins und Jizmagian (1966) beschrieben die Strahlabschwächung γ der polydispersen Aerosole durch einen mittleren Extinktionskoeffizienten Q_{ext}. Dieser ist definiert als:

$$\bar{Q}_{ext}(d_{32},m) = \frac{1}{S_2} \int_0^{d_\infty} Q_{ext}(d_p,m) \frac{dN(d_p)}{d \cdot d_p} \; d_p^2 \; d \cdot d_p \; .$$

C_v steht für das Partikelvolumen pro Einheitsvolumen und d_{32} für den Sauter-Durchmesser, dem mittleren Verhältnis von Volumen zur Oberfläche.

In der oben angegebenen Abbildung sind Kurven von Q_{ext} für unterschiedliche ULDF-Verteilungen von verschiedenen Halbwertsbreiten bei gleicher Skewness über dem Größenparameter d_{32} aufgetragen. Der Einfluß von w auf Q_{ext} ist gering mit Ausnahme der Werte von d_{32} = 4 und 8, welche einem mittleren Volumen zum Oberflächenverhältnis d_{32} von 0,8 und 1,6 µm für Teilchen in Luft entsprechen. Die Variation von Q_{ext} mit d_{32} kann durch eine einzige Kurve mit einer Standardabweichung von 6% dargestellt werden. Darüberhinaus ist diese Kurve für jede andere Größenverteilung gültig. Aus den Messungen der Strahlabschwächungen von einem beliebigen Aerosol bei zwei Wellenlängen erhält man den mittleren Durchmesser d_{32} und die Volumenkonzentration C_v. Dies sind hinreichende Werte, um die Eignung eines Aerosols für die Laser-Doppler-Anemometrie abzuschätzen (Morse et al., 1968).

11.18 STREUMESSUNGEN: MONODISPERSE AEROSOLE

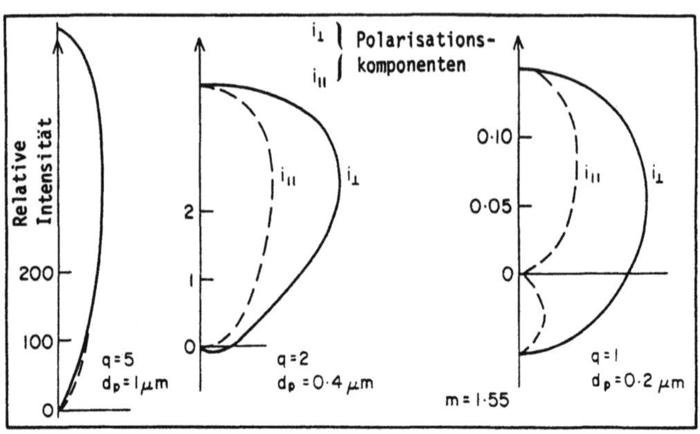

Von "Mie-Teilchen" gestreutes Licht zeigt eine winkelabhängige Intensitätsverteilung, welche stark von dem Partikelgrößenparameter $q = \pi d_p / \lambda$ beeinflußt wird. Die Eigenschaften der Streumuster sind in der obenstehenden Abbildung für q = 5,2 und 1 dargestellt. Diese Werte entsprechen einem d_p von
1, 0,5 und 0,2 μm bei einer Wellenlänge von 633 nm sowie einem Brechungsindex von 1,55. Mit kleiner werdendem Durchmesser nimmt die Streuintensität
drastisch ab, wie an der Skalierung der Graphen zu sehen ist. Ferner erhält
man eine gleichmäßigere Intensitätsverteilung bezüglich des Winkels, gemessen von der durch Pfeile gekennzeichneten Vorwärtsrichtung des Lichtes.
Obwohl kleinere Partikeln, relativ zu ihrer Strömung in Vorwärtsrichtung,
eine stärkere Rückwärtsströmung aufweisen als große Teilchen, ist das
Streulicht der großen Teilchen sehr viel intensiver. Es werden in der
obigen Dia-Vorlage Verteilungen für die linear polarisierten Komponenten
des gestreuten Lichtes, senkrecht und parallel zur Beleuchtungs- und Beobachtungsebene gezeigt. Die Streuverteilungen sind in Wirklichkeit sehr viel
detaillierter als es in diesen Diagrammen dargestellt wird. Sie zeigen ungefähr die Anzahl q der Streukeulen, die der mittleren Streulichtverteilung
zwischen 0° und 180° überlagert sind. Genauere Verteilungen werden von
Hodkinson (Davies 1966), Kerker (1969) und van de Hulst (1957) gezeigt.

Ein Vergleich der gemessenen Intensitätsverteilungen zwischen 0° und 180°
mit den theoretischen Kurven liefert aufgrund der feinen Details der Kurven
ein empfindliches Maß für den Partikeldurchmesser. Jedoch werden bei Streulichtmessungen für polydisperse Aerosole die feinen Streumuster aufgrund
der unterschiedlichen Winkellagen überlagert detektiert und dadurch wichtige Details der Einzelverteilungen verschmiert. Nur bestimmte Messungen von
Einzeleigenschaften der Streufunktionen von Teilchen können dazu herangezogen werden, monodispersen Partikeln eine Größe mit Hilfe der theoretischen
Werte zuzuordnen. Zum Beispiel könnte man aus dem Polarisationsverhältnis

$i_{\parallel}(\Theta)/i_{\perp}(\Theta)$, welches bei einem Winkel $\Theta = 90°$ gemessen wird, den Durchmesser über einen großen Teilchendurchmesserbereich eindeutig bestimmen. Dennoch, Streumessungen erfordern im allgemeinen einen aufwendigeren, apparativen Aufbau als Extinktionsmessungen. Ferner sind sie stärker mit Abweichungen aufgrund von Hintergrundinterferenz behaftet, da das detektierte Streulicht nicht so intensiv ist, wie das detektierte Licht bei Extinktionsmessungen.

11.19 LICHTSTREUMETHODEN: POLYDISPERSE AEROSOLE

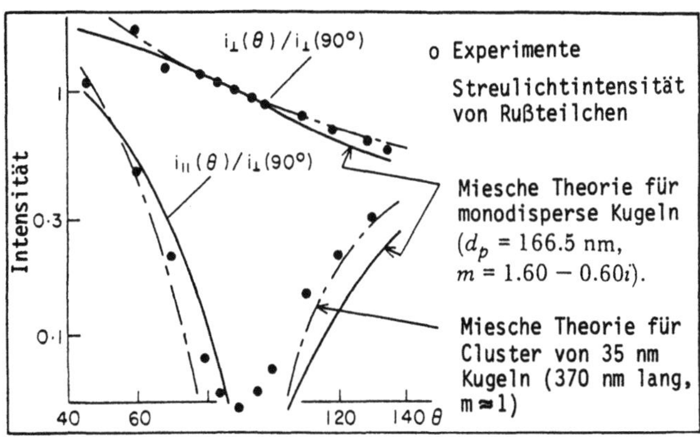

Dalzell, Williams und Hottel (1970) verglichen Lichtstreumessungen zur Bestimmung der Durchmesser und Konzentration von Rußpartikeln, wie sie in Diffusionsflammen entstehen, mit Auswertungen von Elektronenmikroskopaufnahmen und der aus einem Flammenvolumen gefilterten Kohlenstoffmenge. Licht von einer Quecksilberlampe wurde an Partikeln gestreut und dieses Streulicht von einem um die Flammenachse drehbaren Photomultiplikator detektiert. Vor dem Photomultiplikator wurde das Streulicht durch ein Polarisationsprisma und einen Filter geleitet. Das Prisma diente zur Aufspaltung des detektierten Lichtes in die Polarisationskomponenten $i_{\perp}$ und $i_{\parallel}$, der Filter sollte das Hintergrundlicht der Flamme reduzieren. Im obenstehenden Diagramm wird die gemessene Intensität mit einer aus der Mie-Theorie abgeleiteten, theoretischen Verteilung verglichen. Im ersten Fall wurden die Partikeln als monodisperse, absorbierende Kugeln mit einem Brechungsindex von $m = 1,60 - 0,60\ i$ angenommen. Als beste Anpassung mit dem Parameter q für eine Reihe von Kurven ergab sich ein Durchmesser von 0,1665 µm. Die Massenkonzentration wurde allerdings um 45% zu niedrig abgeleitet. Aufnahmen vom Elektronenmikroskop zeigen, daß es sich bei den Partikeln um Agglomerate von sphärischen Teilchen mit einem Durchmesser von circa 35 nm handelt. Für Auswertungen von Streulichtaufnahmen von agglomerierten Teilchen wurde ein Cluster-Modell entwickelt, in welchem die Längen der einzel-

424

nen Cluster als normalverteilt angesehen wurden und die Cluster alle Orientierungen im Raum annehmen konnten. Die beste von diesem Modell abgeleitete Streulichtverteilung, welche im obenstehenden Diagramm zu sehen ist, liefert eine mittlere Cluster-Länge von 0,37 µm und eine um 20% zu große Massenkonzentration. Im Vergleich zu den gemessenen Streuintensitäten liegen die aus dem Cluster-Modell mit einem Brechungsindex von m ≈ 1 berechneten Werte besser als die mit der Theorie der monodispersen Kugeln ermittelten Werte. Um die Massenkonzentration exakt anzunähern, nimmt man am besten eine bidisperse Verteilung von Kugeln an, wobei die meisten Kugeln einen Durchmesser von 35 nm haben und einige wenige einen Durchmesser von 0,1665 µm.

Besieht man sich die Auswertemethoden bei Streulichtmessungen, so ist es verständlich, daß Lichtstreumessungen in polydispersen Aerosolen nicht den exakten Partikeldurchmesser liefern. Eine Abschätzung der Partikelgrößen ist über die Form der Größenverteilung möglich, wobei die Gültigkeit dieser Verteilung nicht aus dem Lichtstreuexperiment nachgewiesen werden kann. Die Richtigkeit der Verteilung muß mit einer anderen Methode nachgewiesen werden.

Durst und Umhauer (1975) haben gleichzeitig die Geschwindigkeiten und Größen einzelner Partikeln mit einem kombinierten Geschwindigkeits- und Partikelgrößenmeßsystem bestimmt. Dazu benutzten sie die Intensität von unter 90° gestreutem Weißlicht, um den Partikeldurchmesser aus der Mie-Theorie zu bestimmen. Aus den Größen einer Vielzahl gemessener Partikeln erhält man eine Größenverteilungscharakteristik für einen gegebenen Ort im zu untersuchenden Strömungsfeld.

11.20 OPTISCHE PARTIKEL-ZÄHLER

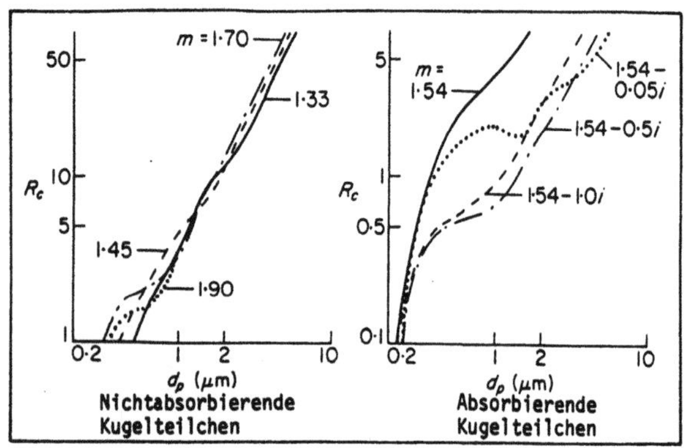

In optischen Partikel-Zählern passieren die Aerosolpartikeln individuell das durch fokussiertes, weißes Licht gebildete Meßvolumen. Das Streulicht wird über einen großen Raumwinkel gesammelt (üblicherweise in Vorwärtsrichtung). Die vom Photodetektor gemessene Schwingung und deren Amplitude stellen ein Maß für die Größe der Partikeln dar. Die Intensität von unter einem bestimmten Winkel gestreuten Licht ist im allgemeinen ein ungenaues Maß zur Festlegung der Partikelgröße. Dies liegt an der komplizierten Form der Streufunktion, wie in Abschnitt 11.18 beschrieben wurde. Der Gebrauch von weißem Licht und das Sammeln des Streulichtes über einem großen Raumwinkel dämpfen die Oszillationen der Antwortfunktion und führen zu einer idealisierten Kurve, deren Werte durch

$$R_c = \iiint \frac{\lambda^2}{8\pi^2} \, (i_\parallel + i_\perp) f(\lambda) F(\theta, \phi) \, d\lambda \, d\theta \, d\phi$$

definiert sind. Die Funktion $f(\lambda)$ verbindet die Wellenlängenverteilung des Weißlichtes mit der spektralen Empfindlichkeit des Photodetektors und $F(\theta, \phi)$ hängt von der Geometrie der Kollektorapertur sowie der Konvergenz des dazugehörigen Strahles ab. Für eine angemessen gewählte Meßapparatur hängt der Photodetektorausgang R_c nur schwach vom Brechungsindex des Teilchenmaterials ab, wie in dem obenstehenden Diagramm, berechnet von Cooke und Kerker [1975], für nichtabsorbierende Partikeln zu sehen ist.

In der praktischen Anwendung erhält man die Abhängigkeit des Photodetektorausgangssignals vom Partikeldurchmesser durch Kalibrieren des Gerätes mit monodispersen, kugelförmigen Partikeln bekannter Größe. Größenmessungen anderer Partikeln sind daher mit Fehlern behaftet, die von der unterschiedlichen Form und dem Brechungsindex, der zur Kalibrierung herangezogenen Partikeln stammen. Letzterer Fehler - der Brechungsindexeinfluß auf die Partikelgrößenmessung - kann durch das Sammeln des Streulichtes über einen großen Raumwinkel, auf ein Minimum reduziert werden.

Die Amplitudenverteilung des Signals wird durch Zuordnung in einem Mehrkanalanalysator gefunden. Aus der Amplitudenverteilung erhält man dann die Größenverteilung der Aerosole durch Mittelung über die Kalibrierkurve. Eine Beschreibung der Verarbeitung der Signale sowie eine Diskussion der Größe der Fehler, die von gleichzeitigem Detektieren von zwei Partikeln herrühren, sowie der Einfluß des Partikelbrechungsindex sowie der Partikelform wird von Willeke und Liu 1976 gegeben. Die in Partikelzählern zur Größenmessung benutzte Signalamplitude steigt mit dem Quadrat des Partikeldurchmessers an. Dies erlaubt ein 100:1 Verhältnis zwischen der Sättigung des Photomultiplikators für das stärkste Signal und der unteren Schwelle für das schwächste Signal, das über dem Rauschen liegt. Daraus ergibt sich, daß ein Partikelzähler über eine Dekade von Partikeldurchmessern benutzt werden kann. Der übliche Bereich geht von 0,3 bis 3 µm. Im Vergleich zu dem in den letzten vier Abschnitten beschriebenen Methoden ist der Partikelzähler sehr einfach anzuwenden, jedoch können die Ergebnisse von geringerer Genauigkeit sein.

Ein Instrument zur kombinierten Partikelgeschwindigkeits- und -größenmessung, welches in Abschnitt 12.29 beschrieben wird, verwendet eine Form von optischen Partikelzählern mit einer weißen Lichtquelle zur Partikelgrößenbestimmung.

11.21 PARTIKELGRÖSSENBESTIMMUNG DURCH DAS ANEMOMETERSIGNAL, 1

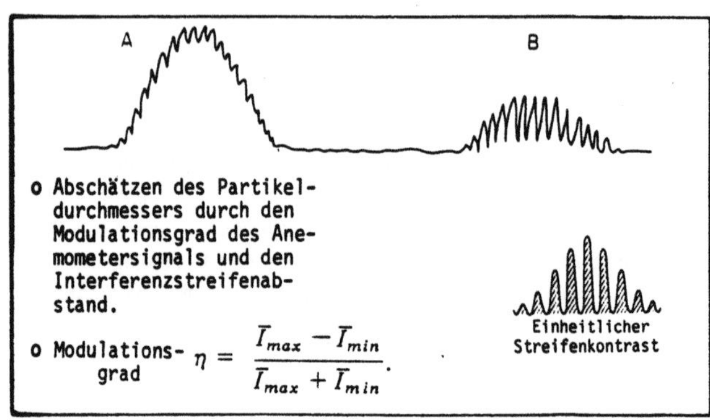

$$\eta = \frac{\bar{I}_{max} - \bar{I}_{min}}{\bar{I}_{max} + \bar{I}_{min}}.$$

Seit der Veröffentlichung der Arbeit von Farmer (1972, 1973) wurden eine Reihe von grundlegenden Untersuchungen und Experimenten durchgeführt, mit dem Ziel, die Größe der Streupartikeln mit Hilfe des Doppler-Signals festzustellen. Die qualitative Grundlage dieser Arbeiten wurde von Durst (1973) vorgeschlagen. Er führte aus, daß die Form der Doppler-Signale (siehe obenstehende Tafel) - zumindest in Vorwärtsstreuung - kleinen und großen Partikeln unter Berücksichtigung des Streifenabstandes zugeordnet werden kann. Erhält man bei Streifenabständen von 2 µm, welche für Geschwindigkeitsmessungen typisch sind, Signale der Form A, so kann man aus diesen schließen, daß der maximale Partikeldurchmesser größer als 1 µm sein muß. Dies folgt aus den Überlegungen in Kapitel 10.

Quantitative Messungen von Partikeldurchmessern mit einem Streifenanemometer beruhen auf dem Modulationsgrad η, welcher in Abschnitt 2.19 definiert wurde. $\bar{I}_{max}$ und $\bar{I}_{min}$ sind die maximalen und minimalen Streuintensitäten der aufeinanderfolgenden hellen und dunklen Streifen. Grundlegend für solche Messungen ist die Erfordernis, daß der Streifenkontrast einheitlich ist, wie in der obigen Abbildung gezeigt. Diese Bedingung ist in der Umgebung der geometrischen Mitte des Streuvolumens für Strahlen gleicher Intensität gegeben. Für diesen Fall zeigte Farmer (1972), daß der Modulationsgrad der Signale von homogenen Kugeln vom Partikeldurchmesser und dem Streifenabstand abhängt. Es gilt nach Farmer (1972) die Beziehung für die Intensität:

$$\eta \approx \frac{2 J_1 \left(2\pi r_p / \Delta x\right)}{2\pi r_p / \Delta x}$$

wobei J_1 eine Bessel-Funktion erster Ordnung darstellt. Aus dieser Formel geht hervor, daß der Modulationsgrad von sphärischen Partikeln für Durchmesser d_p = 1,22 Δx, 2,23 Δx, 3,24 Δx usw. gegen Null geht. Diese Eigenschaft wurde von Farmer (1973) experimentell nachgewiesen. Dazu benutzte er Glas und Aluminiumkugeln mit bekannten Durchmessern im Bereich von 15 bis 120 µm. Die Schwankungen der Intensitätsfunktionen lieferte eine eindeutige Zuordnung der Durchmesser allein durch die Kenntnis von ; es sei denn die Intensität beträgt $\eta \gtrsim 0,15$, welche einem Partikeldurchmesser von $d_p \lesssim \Delta x$ entspricht.

11.22 PARTIKELGRÖSSENBESTIMMUNG DURCH DAS ANEMOMETERSIGNAL, 2

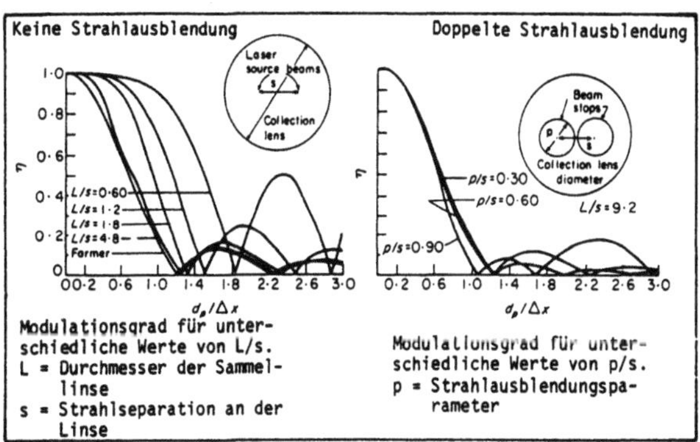

Die von Farmer (1972) eingeführte theoretische Modulationsfunktion wird in der linken obigen Abbildung als durchgezogene Linie dargestellt. Diese Funktion ist für Vorwärtsstreuung an großen sphärischen Partikeln ($q \gtrsim 60$) gültig. Robinson und Chu [1975] erweiterten die Anwendung der Modulationsfunktion unter Verwendung der skalaren Beugungstheorie auf sphärische Partikel, deren Durchmesser kleiner als 1 µm ist. In beiden Theorien wird davon ausgegangen, daß der Modulationsgrad unabhängig vom Brechungsindex ist. Robinson und Chu [1975] fanden ebenso wie Farmer, daß bei einer Verkleinerung der Apertur, der Wert des Modulationsgrades, unabhängig von der Partikelgröße, gegen eins strebt.

Die Überlegungen von Roberds [1977], die ebenfalls auf der skalaren Beugungstheorie beruhen, bestätigen die Ergebnisse von Robinson und Chu [1975]. Sie zeigen den gleichen Trend, daß der Modulationsgrad mit kleiner werdender Apertur gegen eins strebt. Dieses ist in der rechten obigen Abbildung dargestellt. Roberds [1977] betrachtete in seiner Arbeit Fälle, bei denen die Lichtkollektionsapertur durch Ausblenden der einfallenden Laserstrahlen reduziert wurde. Er unterschied zwei Fälle; einmal wird ein einzelner Strahlstop im Zentrum der Sammellinse benutzt, um die zwei Strahlen auszublenden; im anderen Fall wird jeder Strahl separat ausgeblendet. Der Verlauf der Modulationsfunktion für den zweiten Fall ist im rechten Diagramm aufgetragen. Die Nebenmaxima der Visibility-Funktion sind substantiell schmäler als für die Einzelstrahlausblendung, so daß der Bereich von $d_p/\Delta x$, über welchen d_p eindeutig bestimmt werden kann, größer wird. Roberds [1977] präsentierte Daten von Messungen in Vorwärtsrichtung, die seine Theorie stützten. Für Rückwärtsstreuung war allerdings keine Korrelation zwischen der Theorie und den Meßergebnissen möglich.

Mit der komplexen Mie-Streutheorie für isotrope, sphärische Partikel fanden Chu und Robinson [1977], daß der Brechungsindex einen großen Einfluß auf den Modulationsgrad hat. Besonders bei Rückwärtsstreuung erhält man aus der Modulationsfunktion nur für einen kleinen Durchmesserbereich eindeutige Informationen über die Partikelgröße und diese auch nur dann, wenn der Brechungsindex genau bekannt ist. Die Funktion oszilliert sehr stark für Rückwärtsstreuung. Dies macht die Probleme, die von Roberds [1977] bearbeitet wurden, verständlich.

Die Arbeit von Durst und Eliasson (1975) zielt darauf hin, den bestimmbaren Durchmesserbereich über den durch die Differenz zwischen dem ersten und den folgenden Maxima der Modulationsfunktion festgelegten, eindeutigen Bereich hinaus zu erweitern. Diese Arbeit und die von Durst und Heiber [1977] beschreiben den Vorteil der aus einer gleichzeitigen Betrachtung der Signal-Amplitude und dem Modulationsgrad erwächst. Da die zwei Funktionen eine unterschiedliche Abhängigkeit vom Verhälnis des Durchmessers zum Streifenabstand besitzen, kann ein eindeutiges Amplituden- und Modulationspaar über einem größeren Bereich festgelegt werden als dies für die Modulations-Funktion allein möglich ist.

11.23 PARTIKELGRÖSSENBESTIMMUNG DURCH DAS ANEMOMETERSIGNAL, 3

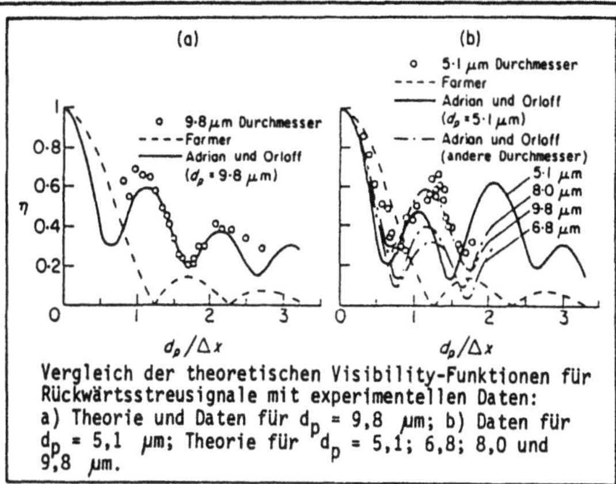

Vergleich der theoretischen Visibility-Funktionen für
Rückwärtsstreusignale mit experimentellen Daten:
a) Theorie und Daten für d_p = 9,8 μm; b) Daten für
d_p = 5,1 μm; Theorie für d_p = 5,1; 6,8; 8,0 und
9,8 μm.

Eine auf der Mieschen Streutheorie beruhende Berechnung der Modulations-
Funktion in funktionaler Form η ($d_p/\Delta x$, q, m, Ω) wurde von Adrian und
Orloff [1977] durchgeführt. Für die Streuung in Rückwärtsrichtung zeigten
die Modulations-Funktionen die bekannten Maxima und Minima. Im Gegensatz zu
den vorhergehend beschriebenen Funktionen lagen die Werte jedoch immer bei
endlichen Werten. Der in der obigen Abbildung gezeigte Funktionsverlauf
stimmt gut mit den gemessenen entsprechenden Werten von Doppler-Signalen
überein, welche für Partikeln mit bekanntem Durchmesser auf einem Oszilloskop aufgezeichnet wurden. Bei den vorgestellten Experimenten und Berechnungen ging man von festen Partikelgrößen und variablen Streifenabständen aus.
In der Praxis liegt jedoch der umgekehrte Fall vor; die Streifenabstände
sind fest vorgegeben und die Partikelgröße ist variabel, so daß Einbrüche
im Signal in der obigen Darstellung, schlechten Gesamtsignalen bei LDA-Messungen entsprechen.

Die aus der skalaren Bewegungstheorie, der Mieschen Streutheorie und aus
Experimenten erhaltenen Ergebnisse sind, wie in den Diagrammen zu sehen
ist, kontrovers. Aus diesem Grunde präsentierte Farmer [1978] zur Klärung
der Situation experimentelle Ergebnisse und stellte die Interpretation vor-
angegangener Daten in Frage. Im Gegensatz zu den Oszilloskopaufzeichnungen
wurde der Modulationsgrad elektronisch aufgenommen, um Verzerrungen durch
die Signalauswahl, das Rauschen sowie durch zu kleiner Sample-Anzahl zu
vermeiden. Farmer [1978] zeigte durch Vorwärtsstreumessungen an 153 μm
Wassertropfen, die das Streuvolumen auf bekannten Trajektorien passierten,
daß Modulationen im Bereich von 0,15 bis 0,95 meßbar sind. Der Wert von η
wird größer, je näher die Trajektorien an den Rand des Streuvolumens verlaufen. Daraus ergibt sich, daß eine Kontrolle der Trajektorien notwendig
ist, um Meßdaten richtig interpretieren zu können. Vorwärts- und Rückwärts-
streumessungen der Signalmodulation in polydispersen Aerosolen, die jeweils
mit dem gleichen optischen System vorgenommen wurden, lieferten virtuell

die gleiche Wahrscheinlichkeitsverteilung für den Modulationsgrad, wenn die Signale für beide Streurichtungen im gleichen Maß verstärkt wurden. Dieses Ergebnis widerspricht den Berechnungen aus der Mie-Theorie. Die Auswirkungen auf die Größe der Kollektionsapertur waren ebenfalls geringer als vorherberechnet.

Anglesio et al. [1979] und Ghezzi et al. [1979] versuchten die Vorteile der Modulationstechnik zur Größenbestimmung von aerosolen Brennstofftropfen in einem Durchmesserbereich von 5 bis 100 µm einzuführen. Berechnungen für vereinfachte Fälle mit einheitlicher Lichtintensität im Meßvolumen zeigten, daß die Methode in Vorwärtsstreuung anwendbar ist. Dieses gilt jedoch nur für sehr kleine Strahlschnittwinkel ($2\varphi = 0,5°$ bis $1°$) und dem daraus resultierenden langen Meßvolumen. Aufgrund der Einzelpartikelmessungen ist die maximale Konzentration auf $10^8 m^{-3}$ beschränkt; dieses ist ein sehr kleiner Wert für typische Tropfensysteme. Die Modulationsgradmethode erscheint jedoch anwendbar für Messungen von Teilchengrößen in Flammen (Brioschi et al. 1980). Sie ist dort Signalamplitudenmethoden vorzuziehen, da sie auf Fluidgrundlicht weniger stark reagiert.

11.24 PARTIKELGRÖSSENBESTIMMUNG DURCH DAS ANEMOMETERSIGNAL, 4

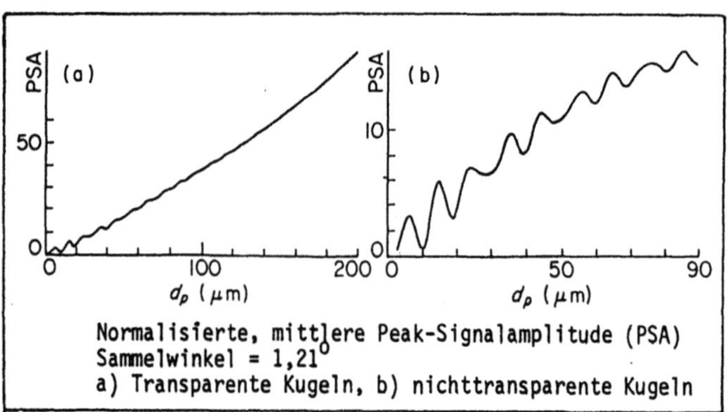

Normalisierte, mittlere Peak-Signalamplitude (PSA)
Sammelwinkel = $1,21^0$
a) Transparente Kugeln, b) nichttransparente Kugeln

Für relativ große Partikel, mit Durchmessern in der Größe von 30 bis 250 µm, wie sie in Brennstoffsprays vorliegen, stellten Ungut et al. [1978] eine Methode vor, welche die Größeninformation aus der Amplitude des ersten Maxima (Peak) des Signals gewinnt. Die Peak-Amplitude wurde von einem in Vorwärtsrichtung gestreuten Doppler-Signal gemessen und gleichzeitig die Signalfrequenz mit einem Counter bestimmt. Ein Photomultiplikator detektierte mit dieser Methode das unter 90° vom Streuvolumen kommende Licht, wobei nur solche Dopplersignale akzeptiert wurden, für das die Streupartikel annähernd durch das Zentrum des Volumens gingen. Daraus ergibt sich, daß die maximale Lichtintensität im wesentlichen als konstant angesehen werden konnte. Im allgemeinen ist die maximale Lichtamplitude eine Funktion des Partikeldurchmessers. Für transparente Partikel kann jedoch unter einem bestimmten Detektionswinkel eine monotone Relation bis zu Partikeldurchmessern von 250 μm gefunden werden, wie in der obigen Abbildung zu sehen ist. Bei nicht transparenten Partikeln ist kein monotoner Verlauf der Streulichtfunktion mit dem Partikeldurchmesser gegeben, sondern die Werte oszillieren, so daß eine befriedigende Beziehung zwischen maximaler Signalamplitude und dem Partikeldurchmesser nur bis etwa 90 μm gegeben ist.

Eine andere Methode für große Partikeln (Durchmesser 0,1 bis 1 mm) wurde von Wigley [1978] vorgeschlagen. Solche Partikeln sind groß im Vergleich zum Streuvolumen, so daß eine Partikeldurchflugszeit durch das Meßvolumen festgelegt werden kann. Man definiert sie als Zeit zwischen den Pulsen des vorwärtsgestreuten Lichtes, wenn die Partikel unter einem gegebenen Winkel in das Streuvolumen eintritt und dieses wieder verläßt. Aus der Frequenz des rückwärtsgestreuten Doppler-Signals beim Passieren des Meßvolumens durch das Partikel kann gleichzeitig dessen Geschwindigkeit festgelegt werden. Der Durchmesser der Partikel kann dann aus der Durchflugszeit und der Geschwindigkeitsinformation erhalten werden. Erste Testergebnisse für Drähte, die mit einer Geschwindigkeit von einigen m/s durch das Meßvolumen gezogen wurden, zeigten eine Genauigkeit von 5% für 1 mm Durchmesser und einen schlechteren Wert von 10% für 0,1 mm Drähte. Nach weiterer Entwicklung kann diese Methode zur Größenbestimmung von Spraytropfen und Blasen in Flüssigkeiten anwendbar sein. Sie ist jedoch nicht erweiterbar auf die Partikelgrößen, welche für die Laser-Doppler-Anemometrie als Streuteilchen zum Messen von Gasströmungen eingebracht werden müssen.

Aus der Diskussion in den Abschnitten 11.21 bis 11.24 wird klar, daß eine Partikelgrößenbestimmung mit Hilfe des Modulationsgrades von Laser-Doppler-Signalen und der Amplitudenfunktionen nur qualitative Ergebnisse liefert; für quantitative Aussagen sollten andere Methoden gewählt werden.

11.25 ABSCHLIESSENDE BEMERKUNGEN

> o In der Laser-Doppler-Anemometrie werden durch Zerstäu-
> bung, Fluidisation, Kondensation und chemische Reak-
> tion erzeugte Streupartikel eingesetzt.
> o Durch Funkenschlag erzeugte Aerosole liefern eine sta-
> tionäre Teilchenrate; fluidisierte Aerosole sind dort
> einzusetzen, wo feste Partikel erwünscht sind (Ver-
> brennungen).
> o Partikeldurchmesser können mit der Elektronenmikros-
> kopie, durch Lichtstreuungsmethoden und der Laser-
> Doppler-Anemometrie bestimmt werden.
> o Eine qualitative Teilchengrößenbestimmung von nicht
> sphärischen, polydispersen Partikeln kann mit der
> Elektronenmikroskopie und einer statistisch ausge-
> wogenen Partikelkollektionsmethode erhalten werden.

In den vorhergehenden Kapiteln wurde beschrieben, wie die für die Laser-
Doppler-Anemometrie benötigten Streupartikel in Gasströmungen erzeugt werden können. Für kalte Strömungen sind Zweiphasenzerstäuber mit Erfolg einsetzbar, da sie eine konstante Teilchenrate erzeugen. Durch Funkenschlag
zerstäubte Aerosole kann man mit einem mittleren Durchmesser von 1 µm erzeugen, wenn die größeren Tropfen aus dem Spray entfernt werden. Tropfen,
die durch einen Kondensationsgenerator erzeugt wurden, haben die richtige
Größe, aber der geforderte schmale Temperaturbereich, sowie die notwendige
Reinheit der Flüssigkeit stellen ein Problem dar. Im Vergleich zu zerstäub-
ten oder kondensierten Aerosolen sind fluidisierte Aerosole, bezogen auf
die Einheitlichkeit und Konzentration der Partikel als weniger gut einzu-
schätzen. Sie finden jedoch Anwendung in Bereichen mit hohen Temperaturen.
Das Erzeugen von Partikeln durch Verbrennung oder andere chemischen Reaktionen kann aufgrund der nicht konstanten Teilchenrate und den unerwünschten Nebenprodukten, nicht empfohlen werden.

Es müßte möglich sein, exakte Messungen der Partikelgrößenverteilung für
polydisperse Aerosole mit dem Laser-Doppler-Anemometer zu erhalten. Die
Durchmesserverteilung kann mit einem Elektronenmikroskop für eine repräsentative Auswahl von Teilchen festgelegt werden. Eine Methode zur Kollektion
einer repräsentativen Partikelauswahl wurde in Abschnitt 11.24 bei der Beschreibung der Isokinetischen Sonde vorgestellt. Partikelphotos vom Elektronenmikroskop sind für feste Teilchen von großem Wert, da diese im allgemeinen eine unregelmäßige Form besitzen. Optische Methoden erlauben eine
schnelle Partikelgrößenbestimmung und können für polydisperse Aerosole, wie
Durst und Umhauer (1975) gezeigt haben, dem jeweiligen Größen- und Geschwindigkeitsbereich angepaßt werden. Da das Messen der Lichtintensität

leichter ist als winkelabhängige Streumessungen und diese ein Maß für den mittleren Partikeldurchmesser darstellt, kann sie ohne Kenntnis der Größenverteilung zur Partikelgrößenbestimmung von polydispersen Aerosolen angewandt werden. Für Partikeldurchmesser, die größer als einige Mikrometer sind, ist der Auslösungskoeffizient jedoch insensitiv bezüglich des Durchmessers. Das Ableiten der Partikeldurchmesser aus dem Laser-Doppler-Signal ist eine attraktive Methode und führt zu einer sehr schnellen qualitativen Abschätzung gerade bei polydispersen Aerosolen. Diese Methode findet heute verstärkt in der Teilchengrößenbestimmung Anwendung.

12. LASER-DOPPLER-ANEMOMETER FÜR SPEZIELLE ANWENDUNGEN

12.1 ZIELE

Im vorliegenden Kapitel wird versucht:

o Den Aufbau von Laser-Doppler-Anemometern zu beschreiben und Vorteile modularer Systeme aufzuzeigen.

o Messungen in Strömungen mit niederen und hohen Streuteilchenkonzentrationen zu erläutern.

o Besondere Anforderungen in hochturbulenten Strömungen anzugeben.

o Anwendungen in Hochgeschwindigkeitsströmungen zu diskutieren.

o Örtliche und räumliche Korrelationsmessungen zu erläutern.

o Teilchengrößen- und Teilchenkonzentrationsmessungen zu beschreiben.

o Auswertegleichungen für Ein- und Zweikanalsysteme vorzustellen.

Dieses Kapitel faßt Ergebnisse aus den Kapiteln 1 bis 11 zusammen und verwendet diese für Erläuterungen des Aufbaus von Laser-Doppler-Anemometern für verschiedene Strömungsbedingungen. Besondere Aufmerksamkeit wird hierbei modularen Systemen und ihrer Anwendung für spezielle Messungen geschenkt. Obwohl in diesem Kapitel hauptsächlich die Auslegung von optischen Systemen behandelt wird, werden zusätzlich die geeigneten elektronischen Bauteile und Signalverarbeitungssysteme vorgeschlagen und für spezielle Anwendungen vorgestellt.

In den Abschnitten 12.2 bis 12.9 werden Messungen von Strömungen mit geringen Streuteilchenkonzentrationen betrachtet, bei denen die Anwendung von Zweistrahl-Anemometern vorteilhaft ist. Der korrekte Aufbau solcher Systeme wird diskutiert und die Einzelkomponenten von modularen, optischen Anordnungen für Messungen im Vor- und Rückwärtsstreuverfahren werden aufgezeigt.

In den Abschnitten 12.10 bis 12.13 werden vor allem Messungen in Strömungen mit hoher Streuteilchenkonzentration behandelt. Obwohl bisher wenig Erfahrungen über solche, in der Praxis nur selten vorkommende Strömungen vorliegen, sind einige Ausführungen auf der Basis von Erfahrungen aus Laborversuchen möglich.

Messungen in hochturbulenten Strömungen werden in den Abschnitten 12.14 bis 12.18 betrachtet. Es zeigt sich, daß beträchtliche Meßfehler entstehen können, wenn richtungsunempfindliche Laser-Doppler-Systeme für Messungen bei hohen Turbulenzintensitäten eingesetzt werden. Diese Fehlerquelle kann durch eine Frequenzverschiebung der Laserstrahlen vermieden werden.

Bei Messungen in Hochgeschwindigkeitsströmungen, Abschnitte 12.19 bis 12.21, und bei Untersuchungen in Flammen, Abschnitte 12.22 bis 12.24, wird besonders die Herstellung von geeigneten Streuteilchen behandelt.

Korrelationsmessungen von Geschwindigkeitsschwankungen werden in den Abschnitten 12.25 und 12.26 und räumliche Korrelationsmessungen in Abschnitt 12.27 diskutiert. Die Abschnitte 12.28 und 12.29 behandeln die Erweiterung der Laser-Doppler-Anemometrie auf die Messung von Teilchengrößen und -konzentrationen. In den Abschnitten 12.30 bis 12.33 wird aufgezeigt, daß Laser-Doppler-Messungen auf der Basis des von großen Teilchen reflektierten Lichtes möglich sind. Das vorliegende Kapitel wird durch die Zusammenfassung der Auswertegleichungen für die Bestimmung der Geschwindigkeitsmittelwerte und der Turbulenzintensitäten vervollständigt. Diese Gleichungen werden in den Abschnitten 12.34 bis 12.38 vorgestellt. Eine Zusammenfassung und abschließende Bemerkungen werden in Abschnitt 12.39 gegeben.

12.2 MESSUNGEN IN STRÖMUNGEN MIT GERINGER TEILCHENKONZENTRATION, 1

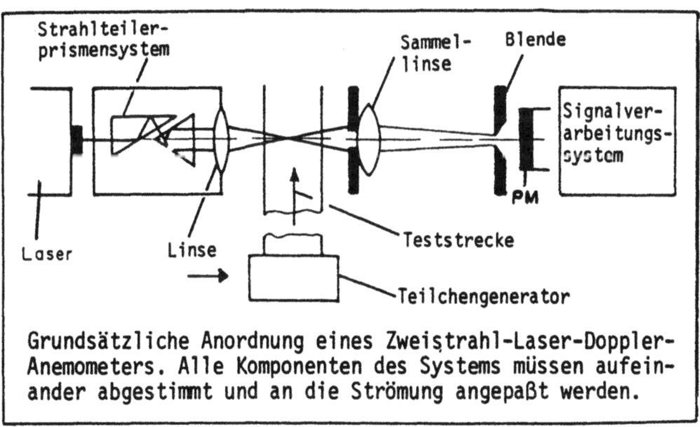

Grundsätzliche Anordnung eines Zweistrahl-Laser-Doppler-Anemometers. Alle Komponenten des Systems müssen aufeinander abgestimmt und an die Strömung angepaßt werden.

Die meisten Strömungsmessungen, die mittels Laser-Doppler-Anemometrie durchgeführt werden, lassen sich zufriedenstellend mit einem Zweistrahl-Anemometer durchführen. Solche Anemometer eignen sich besonders bei geringen Streuteilchenkonzentrationen, die gewöhnlich in unverschmutzten Fluiden, z.B. Laborluft, Leitungswasser etc., vorzufinden sind. Aus diesem Grund wird die Aufmerksamkeit im vorliegenden Abschnitt zuerst diesem Typ von Laser-Doppler-Anemometern zugewendet.

Es wurde in Kapitel 4 gezeigt, daß die Anemometer nach bestimmten Kriterien aufzubauen sind, um zu gewährleisten, daß das gemessene Doppler-Signal die erforderliche Geschwindigkeitsinformation enthält. Die Optimierung des Systems erfordert die Berücksichtigung aller Komponenten. In der obigen Dia-Vorlage sind die Hauptkomponenten eines Zweistrahl-Laser-Doppler-Anemometers, die Laserlichtquelle, das integrierte, optische System, das Lichtdetektionssystem, der Photodetektor und das elektronische Signalverarbeitungssystem dargestellt. Das oben skizzierte System arbeitet im Vorwärtsstreuverfahren, um das in diesem Betriebsort vorliegende höhere Signal-Rausch-Verhältnis auszunutzen. Nichtsdestoweniger sind Messungen im Rückwärtsstreuverfahren möglich, die jedoch in den meisten Fällen ein geringeres Signal-Rausch-Verhältnis zeigen.

Die obige Dia-Vorlage zeigt zusätzlich die Meßstrecke sowie ein Teilchenzugabegerät, um der Strömung geeignete Streuteilchen zuzusetzen. Das letztere der Geräte ist möglicherweise notwendig, um über ausreichend Teilchen für die Auflösung von kleinen Geschwindigkeitsschwankungen im Fluid zu verfügen. Geringe Teilchenkonzentrationen können in manchen Strömungen vorteilhaft sein und schließen die Anwendung von Laser-Doppler-Anemometern nicht aus. Sie erfordern jedoch immer eine lange Meßzeit. Aufgrund der kleinen räumlichen Ausdehnung des Meßvolumens ist das gleichzeitige Vorhandensein von vielen Teilchen im Meßgebiet nur durch eine hohe Zugaberate zu erreichen.

Für die Laser-Doppler-Anemometrie besteht eine geeignete Definition der Teilchenkonzentration relativ zu der mittleren Anzahl von Streuteilchen, die sich zur gleichen Zeit im Meßvolumen befinden. Bei einer niederen Teilchenkonzentration liegt diese Teilchenanzahl im Bereich von 0,1 oder darunter und bei hohen Teilchenkonzentrationen im Bereich von 10 oder darüber. Für typische in Laborströmungen aufgebaute Laser-Doppler-Anemometer ergibt dies eine Konzentration von 10^9 bzw. 10^{11} Teilchen pro m^3. Zufriedenstellende Messungen können bei diesen Konzentrationen durchgeführt werden, falls die einzelnen Teilchen groß genug sind, um ein für die Signalverarbeitung ausreichendes Signal-Rausch-Verhältnis der einzelnen LDA-Signale zu liefern. Die bei Gasströmungen gewöhnlich vorhandene, natürliche Teilchenkonzentration ist unzureichend für schnelle Strömungsmessungen.

12.3 MESSUNGEN IN STRÖMUNGEN MIT GERINGER TEILCHENKON-
ZENTRATION, 2: HERSTELLUNG VON GEEIGNETEN STREUTEILCHEN

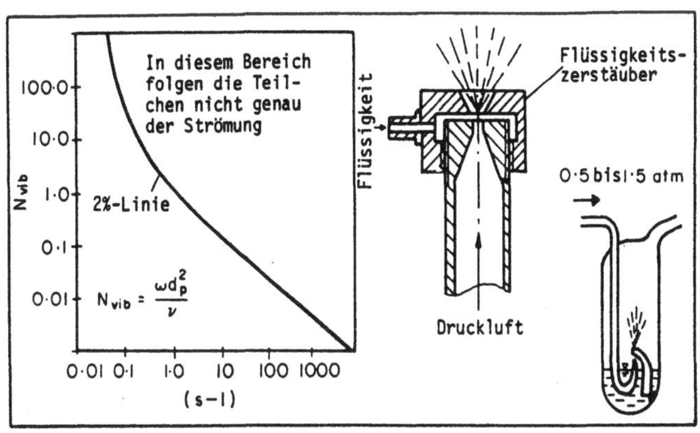

Beim Einsatz der Laser-Doppler-Anemometrie wird die Geschwindigkeit von kleinen Teilchen gemessen, die im Fluid mitgeführt werden. Um sicherzustellen, daß die Teilchengeschwindigkeit zu jeder Zeit mit der Strömungsgeschwindigkeit übereinstimmt, ist eine Begrenzung der Teilchengröße erforderlich. Diese Größeneinschränkung hängt von den jeweiligen Strömungsbedingungen ab. Dennoch sind einige generelle Aussagen für turbulente Strömungen möglich, die bereits in den Kapiteln 10 und 11 angesprochen wurden. Diese basieren auf theoretischen Ableitungen der Bewegung von einzelnen Teilchen, welche mit der Beziehung in Abschnitt 10.5 analytisch beschrieben werden kann. Für Teilchen mit dem Durchmesser d_p und einem Teilchenfluiddichteverhältnis $s = \rho_p/\rho_F \neq 1$ folgen die Teilchen den Strömungsschwankungen nicht exakt, sondern mit einer an den Strömungsschwankungen gemessenen geringeren Amplitude. Dies ist in dem Diagramm in der obigen Dia-Vorlage zu sehen. Die in das Diagramm eingezeichnete Kurve stellt eine Grenzkurve dar, entlang der die Teilchenschwankungen in ihrer Amplitude zu 98% mit der Amplitude der Strömungsschwankungen übereinstimmen. Wenn der Strömung zusätzlich Teilchen beigegeben werden, so sollte deren Größe d_p und deren Dichte ρ_p den zu erwartenden Frequenzen der Strömungsschwankungen angepaßt sein.

Die Gleichungen, die in den Abschnitten 10.5 und 10.7 vorgestellt wurden, können dazu verwendet werden, um Ergebnisse von Laser-Doppler-Messungen zu korrigieren, bei denen die vorhandenen Teilchengrößen aufgrund der gegebenen Strömungsbedingungen nicht mit den für genaue Messungen erforderlichen Größen übereinstimmten. In solchen Fällen differiert die gemessene Teilchenfluktuationsgeschwindigkeit von der vorhandenen Strömungsgeschwindigkeit. Für ein gegebenes Teilchenfluiddichteverhältnis kann jedoch das Amplitudenverhältnis zwischen Teilchen- und Strömungsschwankungen als eine Funktion der Stokes-Zahl berechnet werden. Solche Berechnungen wurden erstmals von Al-Taweel (1973) durchgeführt und wurden in Abschnitt 10.11 für ein Dichteverhältnis s = 2050 gezeigt.

In der Laser-Doppler-Anemometrie sind zusätzlich Anforderungen an die Teilchen hinsichtlich der zu detektierenden optischen Signale zu stellen, um ein großes Signal-Rausch-Verhältnis und damit eine hohe Meßgenauigkeit zu erhalten. Diese erforderlichen guten optischen Eigenschaften werden vom Teilchendurchmesser, der Teilchenform und dem Brechungsindex des Teilchens, relativ zu dem das Teilchen umgebende Fluid bestimmt. Geeignete Streuteilchen für Flüssigkeits- und Gasströmungen können normalerweise entsprechend den Ausführungen in Kapitel 11 erzeugt werden. Dies geschieht mit Hilfe eines Zerstäubers, wie er auf der obigen Dia-Vorlage dargestellt ist oder durch Zumischen von Feststoffteilchen (Asalor und Whitelaw, 1976).

Seit dem Aufkommen von kommerziellen Laser-Doppler-Systemen sind Flüssigkeitsteilchengeneratoren erhältlich, die Teilchen in dem jeweils passenden Größenbereich erzeugen. Teilchengeneratoren für Feststoffteilchen sind, für die Anwendung in Verbrennungssystemen ebenfalls erwerbbar.

12.4 MESSUNGEN IN STRÖMUNGEN MIT GERINGER TEILCHENKONZEN-
TRATION, 3: OPTISCHE PRISMEN FÜR ZWEISTRAHL-ANEMOMETER

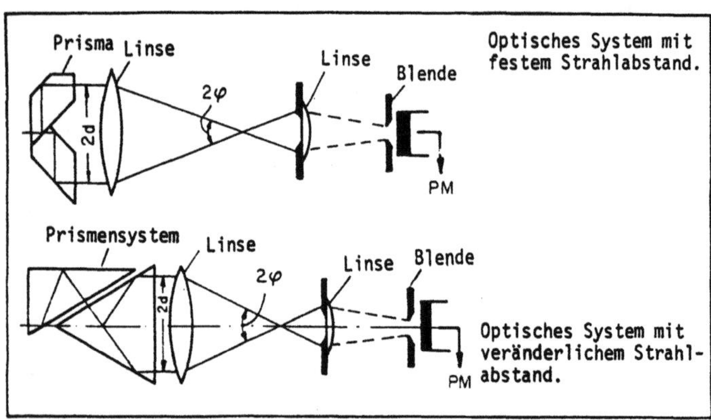

Das Vorhandensein von Streuteilchen mit einer bestimmten Größenverteilung und die Forderung nach einem Meßsignal mit einem optimalen Signal-Rausch-Verhältnis implizieren eine besondere optische Anordnung. Es wurde in Abschnitt 4.21 gezeigt, daß der Winkel zwischen den beiden sich kreuzenden Strahlen eines Zweistrahl-Laser-Doppler-Anemometers nach folgender Beziehung an die Teilchengröße angepaßt sein sollte:

$$\sin \varphi \simeq \frac{\lambda}{16 r_p}.$$

Obwohl diese Beziehung nur eine Näherungslösung für das Problem des Einflusses der Teilchengröße darstellt, ist ihre Anwendung für die Praxis zufriedenstellend.

Die Anpassung des Winkels zwischen den beiden Lichtstrahlen an die Teilchengröße kann bei einem optischen System, in dem ein Strahlteiler mit festem Strahlabstand verwendet wird, durch Auswechseln der fokussierenden Linse erreicht werden. Dies bedingt jedoch, daß die Brennweite der Linse nicht durch die räumliche Ausdehnung der vorhandenen Meßstrecke festgelegt ist. Liegt die gewählte Linse durch die Meßstreckengröße fest, so muß der Strahlabstand durch die Verwendung eines anderen, nicht mit festem Strahlabstand versehenen Strahlteilers geändert werden.

Eine stufenlose Variation des Strahlabstandes ist mit Hilfe des in der obigen Dia-Vorlage dargestellten Strahlteilungssystems möglich. Bei optischen Systemen, die dieses System verwenden, können optimale Signale erhalten werden, ohne die Teilchengrößenverteilung vorher zu kennen. Dies vereinfacht die experimentelle Untersuchung von unbekannten Strömungs- und Teilchenverhältnissen sehr stark, da der Winkel der beiden Strahlen durch die stufenlose Variation des Strahlabstandes so angepaßt werden kann, daß ein optimaler Modulationsgrad des Signals vorliegt. In Hochgeschwindigkeitsströmungen ist der maximal einstellbare Winkel φ jedoch dadurch festgelegt, daß die Doppler-Frequenz im Meßbereich der Auswerteelektronik liegt.

Erfahrungen mit Strahlteileranordnungen, entsprechend der obigen Dia-Vorlage haben gezeigt, daß die Flexibilität bezüglich des Strahlabstandsbereiches 2d, die mit Hilfe des zweiten Prismas erreicht wird, im Vergleich zu der Unempfindlichkeit des ersten Prismas gegen Dejustierungen nicht so wichtig ist. Das Prisma mit konstantem Strahlabstand kann in der Bildebene gedreht werden, ohne daß die Richtung der beiden austretenden Strahlen beeinflußt wird. Dies vereinfacht den Aufbau und die Justierung von optischen Systemen sehr stark.

12.5 MESSUNGEN IN STRÖMUNGEN MIT GERINGER TEILCHEN-KONZENTRATION, 4: AUFBAU DES OPTISCHEN SYSTEMS

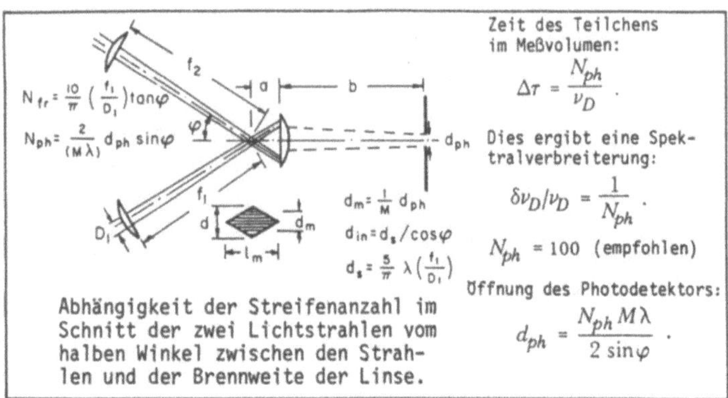

Abhängigkeit der Streifenanzahl im Schnitt der zwei Lichtstrahlen vom halben Winkel zwischen den Strahlen und der Brennweite der Linse.

Bei der Auslegung eines Zweistrahl-Laser-Doppler-Anemometers ist die Laserleistung entsprechend den Angaben in den Abschnitten 4.25 und 5.3 auszuwählen. Dieses Auswahlkriterium wurde von Durst und Whitelaw (1971) beschrieben. Die Wahl des Photodetektors hängt von der Wellenlänge der Laserstrahlung ab. Er sollte bei der vorliegenden Wellenlänge eine hohe Quantenausbeute erreichen.

Der Durchmesser der Blende vor dem Photomultiplikator sollte mit der in Abschnitt 4.31 erklärten Gleichung

$$d_{ph} = \frac{N_{ph}\,M\lambda}{2\sin\varphi}$$

berechnet werden, wobei N_{ph} so zu wählen ist, daß die Laufzeitverbreiterung (transit-time broadening) des Doppler-Spektrums auf weniger als 1% reduziert ist. Der Wert M bedeutet die Vergrößerung des "optischen Kollektionssystems", d.h. M = b/a. Der Wert für M sollte so gewählt sein, daß die Blende mit dem Durchmesser d_{ph} einfach herzustellen ist.

Die Blende vor dem Photomultiplikator legt den effektiven Durchmesser des Kontrollvolumens fest. Dieser ist durch die folgende Gleichung gegeben:

$$d_m = \frac{d_{ph}}{M} \; .$$

Dieser Durchmesser muß kleiner sein als der Durchmesser des Schnittvolumens der beiden sich kreuzenden Strahlen, der sich nach folgender Gleichung berechnet:

$$d_{in} = \frac{d_s}{\cos\varphi} = \frac{5}{\pi}\lambda\,\frac{f_1}{D_1}\,\frac{1}{\cos\varphi} \; .$$

Als Wert für d_{in} ist zu empfehlen:

$$d_{in} = \frac{5}{4}\, d_m = \frac{5}{4}\, \frac{d_{ph}}{M} \; .$$

Diese Wahl des Schnittvolumens legt die Anzahl der Streifen N_{fr} im Meßkontrollvolumen fest, von denen N_{ph} vom Photomultiplikator erfaßt werden. Die Erfahrung hat gezeigt, daß diese einfachen geometrischen Betrachtungen ausreichen, um die in der Strömungsmeßtechnik angewandten Laser-Doppler-Anemometer für die meisten Anwendungen zu optimieren.

12.6 MESSUNGEN IN STRÖMUNGEN MIT GERINGER TEILCHEN-KONZENTRATION, 5: AUFBAU DES OPTISCHEN SYSTEMS

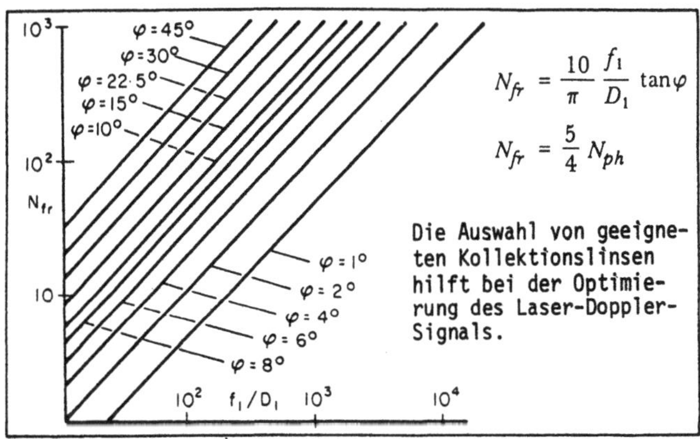

Die vorgeschlagene Beziehung zwischen dem Durchmesser des Schnittvolumens der beiden Laserstrahlen und dem effektiven Durchmesser des erfaßten Kontrollvolumens ist gleichbedeutend mit der Forderung, daß die Anzahl der Streifen im Schnittvolumen größer ist als die Anzahl der vom Photomultiplikator erfaßten Streifen. Es wurde im vorigen Abschnitt angedeutet, daß N_{ph} größer als 100 sein sollte, um die Laufzeitverbreiterung (transit-time-broadening) auf weniger als 1% zu reduzieren. Als Wert für N_{fr} ist zu empfehlen:

$$N_{fr} = \frac{5}{4}\, N_{ph} \approx 125 \; .$$

Diese Anforderung stellt sicher, daß die äußeren, intensitätsschwachen Bereiche des Streifenmusters nicht zum Signal beitragen.

Die Anzahl der Streifen im Schnittvolumen kann ebenfalls in der folgenden Form ausgedrückt werden:

$$N_{fr} = \frac{d_{in}}{\Delta x} = \frac{10}{\pi} \frac{f_1}{D_1} \tan \varphi.$$

Diese Beziehung ist auf der obigen Dia-Vorlage für verschiedene Winkel φ dargestellt und kann verwendet werden, um den entsprechenden Wert F, f_1/D_1, der fokussierenden Linse auszuwählen. Dieser Wert ist durch einen vorgegebenen Winkel φ und durch die erforderliche Streifenanzahl festgelegt.

Der obige Wert F der fokussierenden Linse kann außerdem zur Berechnung der effektiven Länge des Meßkontrollvolumens benützt werden:

$$\ell_m = \frac{d_s}{\sin\varphi} = \frac{5\lambda f_1}{\pi D_1 \sin\varphi} \cdot$$

Mit der Kenntnis von d_m und l_m ist die Berechnung des Meßkontrollvolumens möglich:

$$V_m = \frac{\pi}{4} d_m^2 \ell_m \cdot$$

Dieser Wert kann zusammen mit der Teilchenkonzentration verwendet werden, um die durchschnittliche Anzahl der Streuteilchen im Meßkontrollvolumen zu bestimmen. Danach läßt sich das entsprechende optische System auswählen, wie in den folgenden Abschnitten diskutiert wird.

12.7 MESSUNGEN IN STRÖMUNGEN MIT GERINGER TEILCHEN-KONZENTRATION, 6: MODULARE OPTISCHE SYSTEME

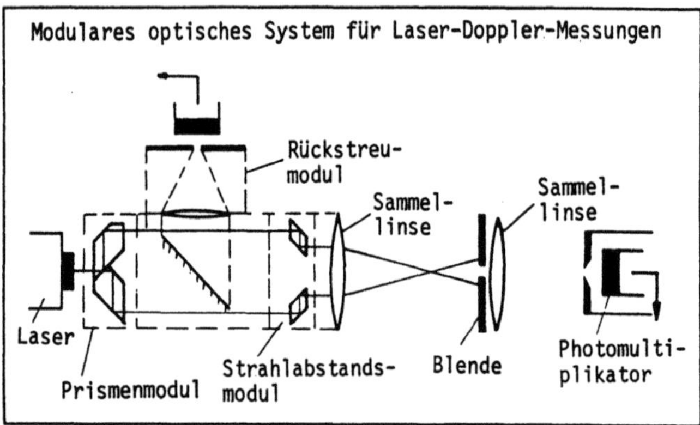

Die Anwendung von Zweistrahl-Laser-Doppler-Anemometern vereinfacht sich sehr durch die Verwendung von integrierten optischen Systemen. Durch die

Verwendung von selbstjustierenden Strahlteilerprismen, die in Abschnitt 12.4 beschrieben wurden, ergeben sich Gesamtoptiken für Laser-Doppler-Messungen, die nicht übermäßig sorgfältig ausgerichtet werden müssen. Diese Systeme sind unempfindlich gegen Schrägstellungen und Vibrationen. Sie können unter Nichtlaborbedingungen verwendet werden, um in vielen in der Praxis auftretenden Strömungssituationen Mittelwerte der Strömungsgeschwindigkeit und der Turbulenzgrößen zu messen. Ergänzend können optische Systeme für das Vorwärts-oder Rückwärtsstreuverfahren ausgelegt werden und gestatten somit einfache Messungen bei unterschiedlichen Versuchsbedingungen.

Die Erfahrung hat gezeigt, daß durch die Auslegung von modularen optischen Systemen ein hoher Flexibilitätsgrad erreicht wird, wie er gelegentlich in Laboratorien benötigt wird. Ein solches modulares optisches System ist in der obigen Dia-Vorlage zu sehen. Es sind ein Strahlteilermodul, ein Strahlabstandsmodul und ein Rückwärtsstreumodul mit einer fokussierenden Linse zu einem optischen Gesamtsystem für Laser-Doppler-Messungen zusammengefaßt. Dieses System kann, je nach Anbringung des Photodetektors, sowohl für Vorwärtsstreuung als auch für Rückwärtsstreuung verwendet werden. Im Falle der Rückwärtsstreuung wird das Streulicht von der Frontlinse des integralen optischen Systems gesammelt und durch eine zweite Linse auf die Lochblende vor dem Photodetektor fokussiert. Wenn ein optisches System einen modularen Aufbau besitzt, können verschiedene Komponenten zu Systemen kombiniert werden, mit denen Mehrkomponentenmessungen und räumliche Korrelationsmessungen möglich sind.

Die Vorteile von modularen Systemen werden bei kommerziellen Systemen ausgenutzt, um die Anwendungen in einem großen Bereich von Strömungsproblemen zu ermöglichen. Die Flexibilität solcher Systeme bringt Vorteile für den Hersteller und für den Anwender von Laser-Doppler-Anemometern. Gut ausgelegte Systeme können den Grundstock für den Gebrauch von Laser-Doppler-Anemometern als generell anwendbares Instrument bei der Strömungsforschung bilden.

Die Wirkungsweise eines Zweistrahl-Laser-Doppler-Anemometers mit Vorwärts- und Rückwärtsstreuung ist auf der obigen Dia-Vorlage dargestellt. Es sollte festgehalten werden, daß die Verwendung des Vorwärtsstreuverfahrens, wenn möglich, aufgrund der höheren Streulichtintensität (500 - 1000 mal), dem Rückwärtsstreuverfahren vorzuziehen ist, obwohl dieses bei vielen Anwendungen in der Praxis vorteilhafter erscheint, weil sich die Empfangs- und Sendeoptik auf der gleichen Seite der Meßstrecke befinden.

12.8 MESSUNGEN IN STRÖMUNGEN MIT GERINGER TEILCHENKONZENTRATION, 7: ANORDNUNGEN FÜR DIE SIGNALVERARBEITUNG

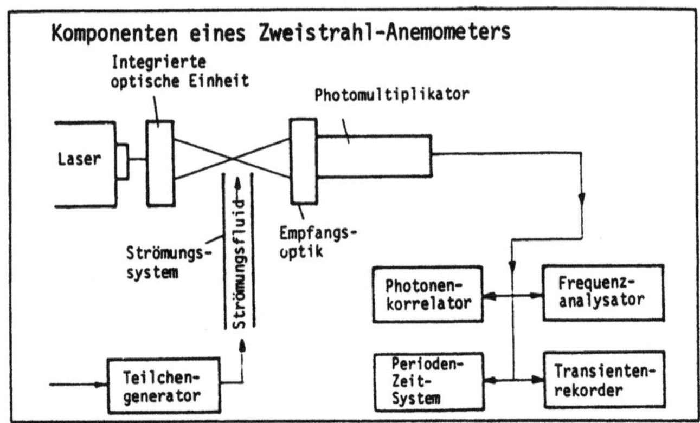

Die Abschnitte dieses Kapitels haben sich bisher vor allem mit den optischen Systemen von Laser-Doppler-Anemometern für deren Gebrauch in Strömungen mit geringer Teilchenkonzentration befaßt. Wenig wurde über die Anwendung solcher Anordnungen und über geeignete elektronische Einheiten für die Verarbeitung des Doppler-Signales berichtet. Diese Tatsache verdeutlicht die Ansicht der Autoren, daß ein gut ausgelegtes optisches System für zuverlässige Laser-Doppler-Geschwindigkeitsmessungen wesentlich ist. Dennoch ist bei der Messung von Doppler-Signalen die richtige Auswahl des Signalverarbeitungssystems für die jeweils gegebenen Strömungsbedingungen wichtig. Diesbezügliche Diskussionen wurden bereits in den Kapiteln 6 bis 9 geführt. In diesem Kapitel werden hierzu nur die wesentlichsten, ergänzenden Bemerkungen angegeben.

Messungen in Strömungen mit geringer Teilchenkonzentration sollten mit den auf der obigen Tafel dargestellten elektronischen Systemen durchgeführt werden. Periodenzeitsysteme können ohne Low-Pass-Filter eingesetzt werden, wenn die verfügbare Laserleistung und die vorhandenen Streuteilchengrößen ein entsprechendes Signal-Rausch-Verhältnis von größer als 20 (26 dB) ergeben. Bei geringeren Signal-Rausch-Verhältnissen müssen den Periodenzeitsystemen Band-Pass-Filter vorgeschaltet werden, um zuverlässige Ergebnisse zu erhalten. Zusätzlich ist bei großen Datenraten eine "On-line"-Datenverarbeitungsanlage notwendig, um die hohen Signalraten zu detektieren, abzuspeichern und auszuwerten.

Periodenzeitsysteme können nicht eingesetzt werden, wenn die Intensität des Streulichtes zu gering ist und die Signale des Photomultiplikators ein Signal-Rausch-Verhältnis von 3 (10 dB) nicht überschreiten. Bei diesen Bedingungen ist der Gebrauch eines Frequenzanalysators zu empfehlen. Bei sehr kleinen Teilchenkonzentrationen sollte eine schrittweise Verstellung der

Meßfrequenz (step sweep) zusammen mit dem eingesetzten Analysator verwendet werden, um eine ausreichende Anzahl von Teilchen bei der Bestimmung der Wahrscheinlichkeitsfunktion der lokalen Strömungsgeschwindigkeit zu berücksichtigen.

Wenn bei experimentellen Bedingungen nur kleine Teilchen mit weniger als 0,1 µm in der Strömung vorzufinden sind und/oder nur eine kleine Laserleistung zur Verfügung steht, kann ein hohes Signal-Rausch-Verhältnis nicht erwartet werden. In diesem Fall ist die Verwendung eines Photonenkorrelators zur Bestimmung der Doppler-Frequenz notwendig. Anmerkungen zur Auswahl der Laserleistung wurden bereits in den Kapiteln 5 und 6 gemacht.

Die Entwicklung von schnellen Analog-Digital-Wandlern mit schnellen Abspeicherungseinheiten für elektronische Signale resultierten in Transientenrekordern. Mit diesen Geräten ist es möglich, die Signale des Photomultiplikators eines Laser-Doppler-Anemometers abzuspeichern und auf den Rechner zu überspielen. Software-Programme können dann für die Berechnung der Doppler-Frequenz und anderer Größen des Doppler-Signals verwendet werden.

12.9 MESSUNGEN IN STRÖMUNGEN MIT GERINGER TEILCHENKONZENTRATION, 8: ERFORDERLICHE TEILCHENKONZENTRATIONEN

Mikroturbulenter Längenmaßstab:(isotrope Turbulenz)

$$s^2 = 15 \frac{L\nu}{\sqrt{\overline{u^2}}} = 15 \frac{DL}{Re\,Tu} \ .$$

D = Rohrdurchmesser, L = Makromaßstab der Turbulenz (L~D/2), Re = Reynolds-Zahl, Tu = Turbulenzintensität.

Erwartete Frequenz der Turbulenz:

$$f_{turb} = \frac{U}{s} = U\sqrt{\frac{\sqrt{\overline{u^2}}}{15L\nu}} = U\sqrt{\frac{Re\,Tu}{15DL}} \ .$$

Diese Frequenzen müssen erfaßbar sein, obwohl sie nur ab und zu auftreten.

Beim Abschätzen der erforderlichen Teilchenkonzentration muß der Längenmaßstab der Mikroturbulenz, die Meßdauer sowie die gewünschte Meßgenauigkeit in die erforderlichen Überlegungen mit einbezogen werden. Auf die Zeiterfordernis und auf die Anzahl der einzelnen Teilchenmessungen, die notwendig sind, um eine bestimmte Genauigkeit als Funktion der Turbulenzintensität zu erhalten, wurde bereits in Abschnitt 7.18 hingewiesen. Die obige Dia-Vorlage enthält einen Ausdruck für die zu erwartende maximale Turbulenzfrequenz bei der Rohrströmung und damit für die Ankunftsrate $\dot{n}$ der Teilchen, die notwendig sind, um diese Frequenz aufzulösen. Diese Angabe bezieht sich auf die vollentwickelte Rohrströmung und setzt isotrope Turbulenz voraus (Hinze, 1959). Ähnliche Ausdrücke können für unterschiedliche Strömungen näherungsweise bestimmt bzw. angegeben werden.

Um sicherzustellen, daß das durchschnittliche Zeitintervall zwischen den Teilchen kleiner ist als die in der obigen Dia-Vorlage angegebene Forderung, kann die Teilchenkonzentration, wie folgt, berechnet werden. Die Gesamtzahl der Teilchen, die pro Zeiteinheit das Meßvolumen durchqueren, ist gegeben durch:

$$\dot{n} \approx NUA_m \; .$$

Hierin bedeutet N die Anzahl der Teilchen pro Einheitsvolumen und A_m die Projektionsfläche des Meßvolumens normal zur Richtung der Geschwindigkeit U des die Teilchen tragenden Fluids (siehe Abschnitt 12.38).

Eine mindestens erforderliche Teilchenkonzentration

$$N_{min} \geqslant \frac{2f_{turb}}{U.A_m} = \frac{2}{sA_m}$$

kann berechnet werden, um die Turbulenzfrequenzen aufzulösen, die bei Untersuchungen von Strömungsvorgängen von Interesse sind.

Da der Großteil der Turbulenzenergie bei Frequenzen unter f_{turb} liegt, ist diese theoretische Teilchenkonzentration bei Messungen von Mittel- und rms-Werten der lokalen Geschwindigkeit nicht notwendig. Zudem sollte erwähnt werden, daß mit einer mittleren Konzentration die kleiner als N_{min} ist, noch eine statistisch signifikante Anzahl von Messungen in einem ausreichend kurzen Zeitintervall erhalten werden kann. Somit ist eine Hochfrequenzauflösung möglich. Da das Turbulenzspektrum bei hohen Frequenzen gedämpft ist, ist die theoretisch bestimmte Konzentration bei Messungen von mittleren Geschwindigkeiten und Effektivwerten der turbulenten Geschwindigkeitsschwankungen selten erforderlich.

12.10 MESSUNGEN IN STRÖMUNGEN MIT HOHER TEILCHENKONZEN-
TRATION, 1: ANORDNUNG DES OPTISCHEN SYSTEMS

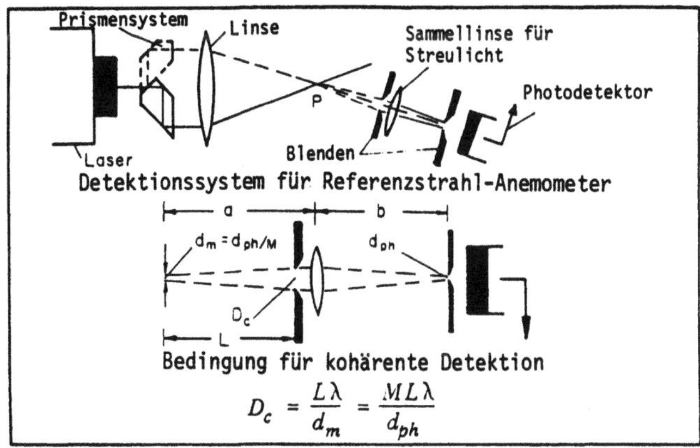

$$D_c = \frac{L\lambda}{d_m} = \frac{ML\lambda}{d_{ph}}$$

Die Ausführungen in den Abschnitten 4.19 und 4.20 zeigten, daß Referenzstrahl-Anemometer für Messungen in Strömungen mit hohen Teilchenraten eingesetzt werden sollten. Theoretische Untersuchungen von Drain (1972) zeigten, daß Referenzstrahl-Anemometer bei hohen Teilchenkonzentrationen größere Signal-Rausch-Verhältnisse liefern als Zweistrahl-Anemometer. Seine
Ergebnisse zeigten weiterhin den Einfluß der Größe der Empfangslinse für
das Streulicht auf das Signal-Rausch-Verhältnis und daß eine kohärente Detektion des Streulichtes bei hohen Teilchenkonzentrationen vorteilhaft sein
kann.

Auf der obigen Dia-Vorlage ist ein Referenzstrahlsystem mit einem Prisma,
das bereits in Abschnitt 12.4 vorgestellt wurde, dargestellt. Das Lichtempfangssystem enthält je eine Blende vor der Sammellinse und vor dem
Photodetektor. Die Sammellinse ist so positioniert, daß das Meßkontrollvolumen auf die Blende vor dem Detektor abgebildet wird. Damit beträgt der
Durchmesser des Meßkontrollvolumens:

$$d_m = \frac{d_{ph}}{M} \cdot$$

Hierin bedeutet M die optische Vergrößerung des optischen Empfangssystems
für das Streulicht, d.h. M = b/a. Es ist leicht den obigen Darstellungen zu
entnehmen, daß die optischen Eigenschaften dieses Detektionssystems gleichzusetzen sind mit zwei Lochblenden mit den Durchmessern d_m und D_c, die im
Abstand L voneinander angebracht sind. Solche Lochblendenanordnungen wurden
in früheren Zeiten an Stelle des oben gezeigten Systems verwendet.

Um eine kohärente Erfassung bei der Anwesenheit von vielen Teilchen zu erhalten, muß die Bedingung für räumliche Kohärenz, die in Abschnitt 2.21 für
zufallsverteilte Lichtquellen abgeleitet wurde, erfüllt sein:

$$d_m D_c = L\lambda \ .$$

Diese Beziehung kann, wie folgt, umgeschrieben werden:

$$D_c = \frac{ML\lambda}{d_{ph}} = \frac{bL\lambda}{ad_{ph}} \ .$$

Für $a \approx L$, was in den meisten Fällen zutrifft, ergibt sich:

$$D_c = \frac{b\lambda}{d_{ph}} \ .$$

12.11 MESSUNGEN IN STRÖMUNGEN MIT HOHER TEILCHENKONZENTRATION, 2: ANORDNUNG DES OPTISCHEN SYSTEMS

Optisches System und Teilchengröße müssen angepaßt sein.

$$\sin \varphi \simeq \lambda/16 r_p.$$

Abmessungen des Meßvolumens:

$$d_s = \frac{5}{\pi}\,\lambda\,\frac{f_1}{D_1} \ \text{and} \ d_r = \frac{5}{\pi}\,\lambda\,\frac{f_2}{D_1} \ ; \ d_{in} = \frac{(d_r + d_s)}{2\cos\varphi} \ \text{and}$$

$$l_{in} = \frac{(d_r + d_s)}{2\sin\varphi}; \ N_{fr} = \tfrac{1}{2}(d_r + d_s)\tan\varphi \ .$$

Spektrale Breiterung:

$$\nu_D = \frac{2U}{\lambda}\,\sin\varphi; \quad \delta\nu_D = \frac{2U}{\lambda}\,\cos\varphi\,\delta\varphi \ .$$

Gleichungen für Referenzstrahlsysteme (siehe Tafel 4.30).

Bei Referenz- und Zweistrahl-Anemometern wird der halbe Winkel zwischen den zwei Strahlen verwendet, um eine vorhersagbare Beziehung zwischen den scheinbaren Streifenabständen und den Durchmessern der Strahlteilchen zu erhalten, d.h.

$$\sin \varphi \simeq \lambda/16 r_p.$$

Die Linsenbrennweiten und Anordnungen werden so gewählt, daß eine vorhersagbare Anzahl von Signalschwingungen entsteht, d.h. daß sie der folgenden Beziehung genügen:

$$N_{fr} = \frac{d_{in}}{U}\nu_D = \frac{1}{\lambda}\,(d_r + d_s)\tan\varphi.$$

Es kann in der Auswertungsgleichung gezeigt werden, daß eine kleine Blende im Lichtkollektionssystem eines Referenzstrahl-Anemometers zu einer Frequenzverbreiterung führt

$$\delta v_D = \frac{2U}{\lambda} \cos\varphi \, \delta\varphi .$$

Eine Kombination der oberen Beziehung mit der Auswertungsgleichung liefert:

$$\delta\varphi = (\frac{\delta v_D}{v_D}) \tan\varphi .$$

Dies gibt die spektrale Breiterung infolge einer endlichen Blendenöffnung an, welche von der Wahl des halben Winkels zwischen den Strahlen und dem Winkel, über welchem das Licht gesammelt wird, herrührt. $\delta\varphi/\varphi$ muß natürlich bei der Auslegung der Optik ein kleiner Wert zugeordnet werden.

Wie in Abschnitt 4.30 gezeigt wurde, ist eine zweite Blende nach der Lichtkollektionslinse nötig, um zu verhindern, daß Streulicht von außerhalb des Schnittvolumens der Strahlen den Photodetektor erreicht. Der Durchmesser dieser Beziehung ist durch

$$d_{ph} = Md_r$$

gegeben, worin die Vergrößerung M des Lichtkollektionssystems und die Brennweite der Streulichtdetektionslinse so gewählt werden, daß die Blendenöffnung ohne größere Probleme herstellbar ist und die Justierung keine größeren Schwierigkeiten bereitet.

12.12 MESSUNGEN IN STRÖMUNGEN MIT HOHER TEILCHENKONZENTRATION, 3: MODULARE OPTISCHE SYSTEME FÜR REFERENZSTRAHLSYSTEME

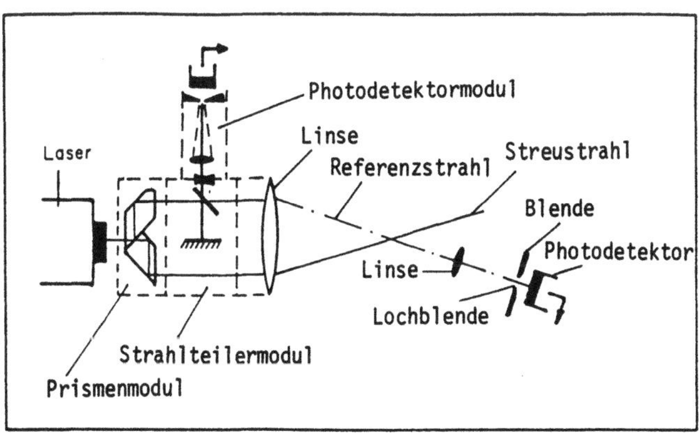

450

Spezielle Module eines modular aufgebauten LDA-Systems können leicht kombiniert werden, um ein gesamtes optisches System für Referenzstrahlmessungen zu erhalten. Die obige Dia-Vorlage zeigt den schematischen Aufbau eines solchen optischen Systems, bestehend aus einer Laserlichtquelle, einem Prismenmodul, einem Strahlteilermodul mit Aufteilung des Strahles in Streu- und Referenzstrahl, einem Photodetektormodul, das an der Strahlteilereinheit befestigt ist und einer fokussierenden Linse, welche die zwei Strahlen im Meßvolumen überlagert. Zur Andeutung der Anwendbarkeit in Vorwärtsstreurichtung ist eine Lichtsammellinse und ein zweiter Photodetektor auf der anderen Seite des Meßvolumens mitangebracht. Die Justierung für LDA-Messungen in Rückstreurichtung wird durch einfaches Einrichten der Lochblende vor dem Photodetektor erreicht. In Vorwärtsstreurichtung kann eine Justierung leicht dadurch verwirklicht werden, daß man zuerst die Photodetektorlochblende in der Mitte des Referenzstrahles anbringt und dann die Linse hinzufügt. Die Linse wird nachfolgend solange justiert, bis der Strahl wieder auf die Lochblende auftrifft und das Meßvolumen korrekt auf die Blende abgebildet ist.

Die obige optische Anordnung kann erweitert werden, um komplexere Systeme z.B. für die simultane Messung von zwei Geschwindigkeitskomponenten zu erhalten. Zusätzlich ist es mit gut ausgelegten Systemen möglich, durch die Kombination von Modulen Messungen von räumlichen Korrelationen in der Referenzstrahlanordnung durchzuführen.

Das Prisma, das den Strahl in einen starken Streu- und einen schwachen Referenzstrahl aufteilt, wurde bereits in Abschnitt 12.7 gezeigt und beschrieben, wo es zur Erzeugung von zwei Strahlen mit gleicher Intensität Anwendung fand. Diese beiden Anwendungsmöglichkeiten des Strahlteilerprismas werden durch mehrere Strahlteilerschichten erreicht, die auf der Strahlteilerfläche des Prismas angebracht sind. Durch entsprechende Positionierung des Prismas relativ zum Laserstrahl kann jede dieser Schichten aktiviert werden. Prismen mit drei Schichten ermöglichen Messungen in Zweistrahl- und Referenzstrahlanordnungen und können zur optischen Gleichspannungsunterdrückung bei LDA-Signalen benutzt werden, siehe Durst und Zaré (1975).

Obwohl Referenzstrahl-Anemometer verstärkt in den Anfangsjahren der Laser-Doppler-Anemometrie verwendet wurden, haben sich Zweistrahl-Anemometer bei den meisten Anwendungen als vorteilhaft erwiesen. Referenzstrahl-Anemometer ergeben jedoch prinzipiell bessere Signal-Rausch-Verhältnisse als Zweistrahl-Anemometer, wenn die durchschnittliche Teilchenanzahl im Meßkontrollvolumen etwa die Zahl 100 übersteigt. Die genaue Konzentration hängt von der Teilchengröße und von der Lichtabschwächung ab, welche die Strahlen beim Durchdringen des strömenden Fluids erfahren. Dies wird im folgenden Abschnitt behandelt.

12.13 MESSUNGEN IN STRÖMUNGEN MIT HOHEN TEILCHEN-KONZENTRATIONEN, 4: SIGNALVERARBEITUNGSSYSTEME

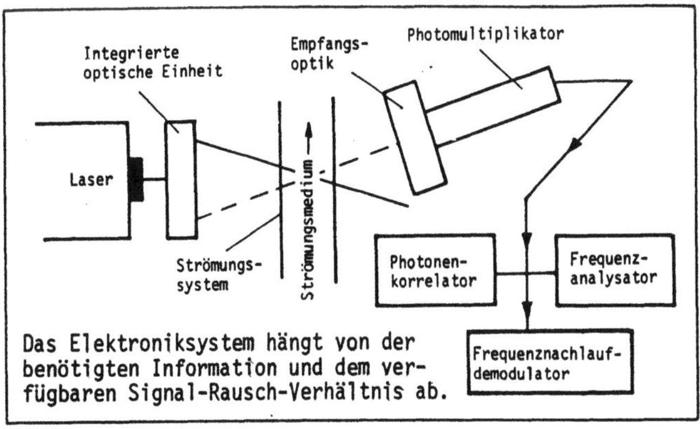

Die obige Dia-Vorlage zeigt ein Laser-Doppler-Anemometer, das für Messungen in Strömungen mit hohen Teilchenkonzentrationen geeignet ist. Das optische System setzt sich aus Sende- und Empfangsoptik sowie dem Photodetektor, der in Vorwärtsstreurichtung angebracht ist, zusammen. Außerdem ist das elektronische System zur Analyse der Doppler-Daten, die bei hohen Teilchenkonzentrationen erhalten werden, dargestellt, wie es von den Autoren für diese Anwendungsfälle empfohlen wird. In Strömungen mit hohen Teilchenkonzentrationen ist das erhaltene Signal-Rausch-Verhältnis sehr klein und muß deshalb bei der Frequenzmessung verbessert werden. Dies wird mit Hilfe von Frequenzanalysatoren mit engen Band-Paß-Filtern, die den interessanten Frequenzbereich abtasten, erreicht. Frequenznachlaufdemodulatoren liefern eine Signalverbesserung in ähnlicher Weise, nämlich durch Verwendung des engen Paßbandes des IF-Filters. Photonenkorrelatoren bestimmen die Autokorrelationsfunktion des Doppler-Signales, welches einem konstanten Signal, in dem sich das Rauschen aufkorreliert, überlagert ist. Den Beitrag des Doppler-Signales erhält man durch Subtraktion des Eigenrauschanteiles von dem Gesamtsignal.

Das kleine Signal-Rausch-Verhältnis der Signale in Strömungen mit hohen Teilchenkonzentrationen verhindert die Verwendung von Periodenzeitsystemen, wenn vor der eigentlichen Doppler-Frequenzmessung keine große Verstärkung des Signal-Rausch-Verhältnisses durch Filtern des Signales möglich ist. Die Anwendung von Bandpaßfiltern schränkt die Grenzen des dynamischen Bereiches des gesamten elektronischen Systemes sehr stark ein. Messungen von großen Geschwindigkeitsschwankungen können somit nicht durchgeführt werden. Deshalb empfehlen die Autoren keine Periodenzeitsysteme für Messungen in Strömungen mit hohen Teilchenkonzentrationen.

Es sollte erwähnt werden, daß nur geringe Erfahrungen über Laser-Doppler-Messungen in praktischen Strömungen mit sehr hohen Teilchenkonzentrationen vorliegen und sich somit das Wissen der Autoren nur auf Versuche unter Laborbedingungen stützt. Messungen außerhalb der Laboratorien, z.B. in Kaminen, in Kühltürmen, in verschmutzten Flüssen etc., sollten durchgeführt werden, um weitere Informationen über Möglichkeiten und Grenzen der LDA-Meßtechnik zu erhalten. Bei hohen Teilchenkonzentrationen führt die Abschwächung des Laserstrahles entlang des Strahlweges zu einer Reduzierung der Laserleistung im Meßkontrollvolumen. Zusätzlich reduziert sich das von der Empfangsoptik erfaßte Streulicht durch Streuung an vielen Teilchen. Bei Teilchenkonzentrationen in denen das Fluid nicht mehr transparent ist, sind Lichtstreuverfahren nicht mehr anwendbar.

12.14 MESSUNGEN IN HOCHTURBULENTEN STRÖMUNGEN, 1: FEHLER, DIE VON UNEINDEUTIGKEITEN IN DER STRÖMUNGSRICHTUNG HERRÜHREN

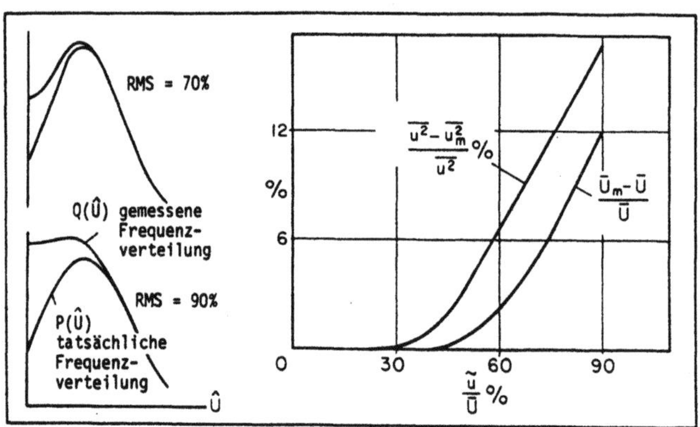

Die Anwendung von Laser-Doppler-Anemometern in hochturbulenten Strömungen erfordert eine besondere Sorgfalt, da die Geschwindigkeitskomponenten nach Betrag und Richtung ermittelt werden müssen, um zuverlässige Messungen zu erhalten. Diese Tatsache wurde von Durst und Zaré (1974) aufgezeigt und wird nachfolgend für einen hypothetischen Strömungsfall erläutert. Für eine eindimensionale, turbulente Strömung mit der Wahrscheinlichkeitsdichte $P(\hat{U})$, $-\infty < \hat{U} < +\infty$, berechnen sich die mittlere Geschwindigkeit und das mittlere Quadrat der Schwankungen wie folgt:

$$\overline{U} = \int_{-\infty}^{+\infty} \hat{U} \, P(\hat{U}) \, d\hat{U}$$

$$\overline{u^2} = \int_{-\infty}^{+\infty} (\hat{U} - \overline{U})^2 \, P(\hat{U}) \, d\hat{U} \; .$$

Ein Laser-Doppler-Anemometer ohne optische Frequenzverschiebung ist zweideutig in Bezug auf die Strömungsrichtung. Die negativen Geschwindigkeitskomponenten werden genauso behandelt wie die entsprechenden positiven Werte. Deshalb ergibt sich bei der gleichen Strömung die gemessene Wahrscheinlichkeitsdichte wie folgt:

$$Q(\hat{U}) = [P(\hat{U}) + P(-\hat{U})] \qquad 0 \le \hat{U} < +\infty$$

Für die mittlere Geschwindigkeit und das mittlere Quadrat der Geschwindigkeit erhält man:

$$\bar{U}_m = \int_0^{+\infty} \hat{U} Q(\hat{U})\, d\hat{U}$$

$$\overline{u_m^2} = \int_0^{+\infty} (\hat{U} - \bar{U}_m)^2\, Q(\hat{U})\, d\hat{U}\ .$$

Diese gemessenen Werte können beträchtlich von den tatsächlichen Werten abweichen. In der oberen Tafel sind P(Û) und Q(Û) für eine Gaußsche Verteilung

$$P(\hat{U}) = \frac{1}{\sqrt{2\pi u^2}}\ e^{-(\hat{U}-\bar{U})^2/2\overline{u^2}}$$

zusammen mit den Kurven der Meßfehler des Mittelwertes und der mittleren quadratischen Abweichung für verschiedene Turbulenzintensitäten aufgetragen. Diese Fehler, die bei Turbulenzintensitäten unter 40% vernachlässigbar sind, wachsen bei höheren Turbulenzintensitäten sehr stark an.

12.15 MESSUNGEN IN HOCHTURBULENTEN STRÖMUNGEN, 2: STRÖMUNGSRICHTUNG UND OPTISCHES SYSTEM

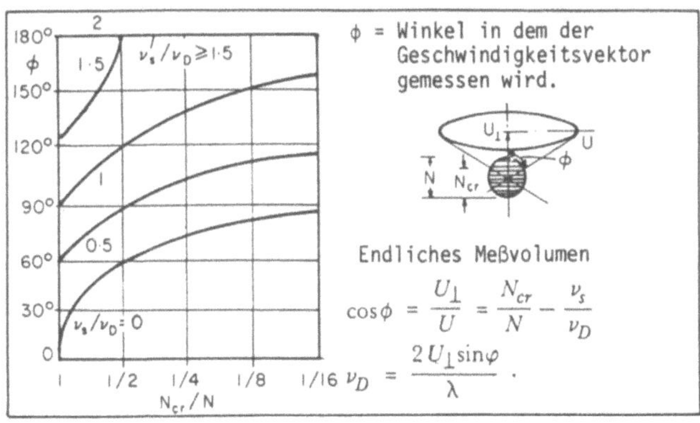

In Abschnitt 12.14 wurden die Meßfehler diskutiert, die bei der Anwendung von Laser-Doppler-Anemometern ohne Möglichkeit der Strömungsrichtungsbestimmung auftreten können. Eine weitere Fehlerquelle entsteht dadurch, daß Anemometer ohne Frequenzverschiebung unempfindlich für bestimmte Strömungskomponenten sind. Dies ist leicht an dem oben gezeigten finiten Kontrollvolumen zu verstehen, wenn sich ein Teilchen mit einer großen Komponente parallel zu den Interferenzstreifen hindurchbewegt. In solch einem Fall sind die Streifen, die tatsächlich durchquert werden, nicht ausreichend, obwohl genügend Streifen im Meßkontrollvolumen vorhanden sind, um die internen Filter des Signalverarbeitungssystems, z.B. Frequenztracker, Frequenzanalysatoren etc, zu aktivieren oder um akzeptable Signale für einen 5/8-Zeitvergleich, wie er in gängigen Perioden-Zeit-Meßsystemen enthalten ist, zu liefern. Daher ist der Bereich des Geschwindigkeitsfeldes, der vom Laser-Doppler-Anemometer erfaßt werden kann, entsprechend der folgenden Gleichung begrenzt:

$$\cos\phi = (\frac{U_\perp}{U}) = (\frac{N_{cr}}{N})$$

Daraus folgt, $\phi = 60°$, wenn für die Auswertung eines Doppler-Signales die Hälfte der Gesamtanzahl der Streifen notwendig ist.

Es ist leicht einzusehen, daß dieses Problem durch die Möglichkeit einer optischen Frequenzverschiebung, die ein bewegtes Streifenmuster im Meßkontrollvolumen erzeugt, lösbar ist. Die obige Gleichung kann für diesen Fall, wie folgt, umgeschrieben werden:

$$\cos\phi = (U_\perp/U) = (N_{cr}/N) - (\nu_s/\nu_D) .$$

Die Verbesserung, die durch die Frequenzverschiebung erzielbar ist, ist auf dem obigen Diagramm dargestellt, in dem ϕ für verschiedene Werte (ν_s/ν_D) aufgetragen wurde. Dieses Diagramm zeigt weiterhin, daß die Signale von allen Teilchen detektiert werden, wenn die Frequenzverschiebung der doppelten, maximal in der Strömung auftretenden Doppler-Frequenz entspricht. Diese Frequenzverschiebung wurde z.B. von Durst, Wigley und Zaré (1974) bei Messungen in hochturbulenten Strömungen verwendet. Sie verglichen ihre Ergebnisse über Frequenzverschiebung mit den Daten, die Fehler wegen der Richtungszweideutigkeit enthalten und die Vergleiche ergaben beträchtliche Unterschiede, wie in Abschnitt 12.18 zu sehen sein wird.

12.16 MESSUNGEN IN HOCHTURBULENTEN STRÖMUNGEN, 3: FREQUENZVERSCHIEBUNG MIT BRAGG-ZELLEN

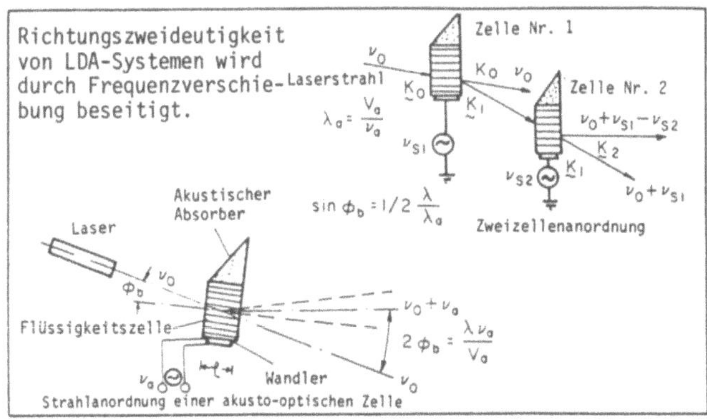

Eine akusto-optische Anhebung bzw. Absenkung der Lichtwellenfrequenz ist mit Hilfe von opto-akustischen Bauteilen möglich, wie in den Abschnitten 5.15 bis 5.17 gezeigt wurde. Dieses Phänomen wurde zuerst von Debye und Sears (1932) beobachtet und von Raman und Nath (1935) theoretisch erklärt. Willard (1949) beobachtete das Auftreten eines einzelnen scharfen Beugungsmaximums, wenn eine mit Flüssigkeit gefüllte akusto-optische Zelle so im Winkel zu dem auftreffenden Laserstrahl steht, daß die Bragg-Beziehung erfüllt ist:

$$\sin\phi_b = \frac{1}{2}(\lambda/\lambda_a) \ .$$

Die Zelle sollte groß genug sein, damit der im Bragg-Winkel durch das flüssige Medium hindurchtretende Lichtstrahl mindestens eine volle Wellenlänge der Ultraschallwelle passiert. Dies beinhaltet eine untere Grenze für die Baugröße von Flüssigkeitszellen:

$$\ell \geq \lambda_a^2/\lambda \ .$$

Die Doppler-Frequenzverschiebung, die unter diesen Bedingungen in der Flüssigkeitszelle erzeugt wird, entspricht der Ultraschallfrequenz ν_s.

Bei Zulassung praktischer Größen der Transducer und der Flüssigkeitszellen tritt der Bragg-Effekt bei Frequenzen höher als 10 MHz auf. Um einen Wirkungsgrad in der Nähe von 100% zu erhalten, sollte eine akusto-optische Zelle mit Ultraschallwellen einer Frequenz größer als 30 MHz angeregt werden. Diese Frequenz ist generell als Frequenzverschiebung für die Anwendung in der Laser-Doppler-Anemometrie zu groß. Durch die Kombination von zwei Zellen kann jede gewünschte Frequenzverschiebung produziert werden. Die Gesamtauslenkung zwischen dem aus- und eintretenden Strahl beträgt:

$$\theta = \frac{\lambda}{V_a}\,(\nu_{s1} - \nu_{s2}).$$

In einer Zweizellenanordnung nimmt der Gesamtwirkungsgrad als Produkt der beiden Einzelwirkungsgrade ab (90% × 90% = 81% ist praktrisch erreichbar).

12.17 MESSUNGEN IN HOCHTURBULENTEN STRÖMUNGEN, 4: OPTISCHES SYSTEM MIT BRAGG-ZELLEN-MODUL

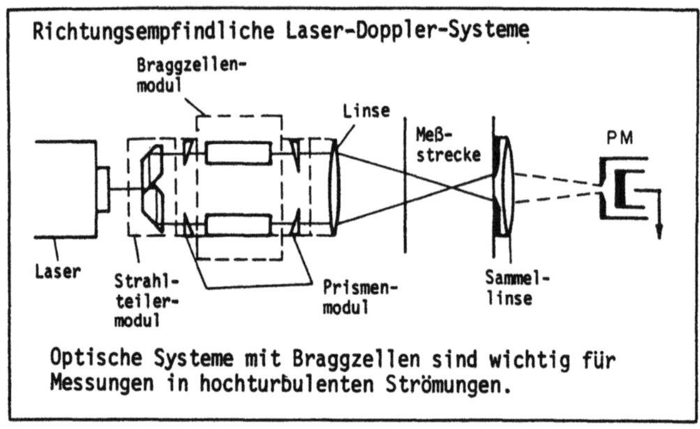

Die Meßfehler, die in den Abschnitten 2.13 und 2.14 erwähnt wurden, können durch die Verwendung von Laser-Doppler-Anemometern mit optischen Frequenz- verschiebungseinheiten vermieden werden. Wenn Bragg-Zellen eingesetzt wer- den, um die Frequenz der in das Meßvolumen eintretenden Laserstrahlen zu verändern, sollten diese entsprechend den im vorigen Abschnitt beschriebe- nen Anforderungen ausgelegt werden. Bragg-Zellen sind außerdem im Handel erhältlich und können zu Bragg-Zellen-Modulen für Laser-Doppler-Anemometer zusammengefaßt werden, um integrale optische Systeme zu erhalten. Ein sol- ches System ist zusammen mit der Laserlichtquelle, der Empfangsoptik und dem Photomultiplikator auf der obigen Dia-Vorlage dargestellt. Systeme die- ser Art sind inzwischen komplett käuflich zu erwerben.

Die Verwendung von Bragg-Zellen hat Auswirkungen auf die Signalverarbei- tung. Dies ist leicht bei der Benutzung von Laser-Doppler-Anemometern in hochturbulenten Strömungen zu verstehen. Hierbei sind Signalverarbeitungs- elektroniken mit hohen Anstiegsgeschwindigkeiten erforderlich, um große Ge- schwindigkeitsschwankungen auflösen zu können, auch wenn diese in kleinen Zeitintervallen auftreten. Für Frequenztracker nimmt die Anstiegsgeschwin- digkeit mit wachsender Mittenfrequenz des Tracking-Bereiches zu. Das Anhe- ben der Doppler-Frequenz durch die Frequenzverschiebung der beiden Licht- strahlen des Anemometers ermöglicht den optimalen Gebrauch von Frequenz-

trackern durch Auswahl des Tracking-Bereiches, der die notwendige Anstiegs-
geschwindigkeit liefert. Da die IF-Filterbandbreitenwerte mit steigender
Mittenfrequenz des Tracking-Bereiches zunehmen, wird weniger Signal-Rau-
schen bei höheren Frequenzbandbreiten herausgefiltert. Somit gibt es einen
optimalen Bereich für die Signalfrequenz und Rauschunterdrückung, die sich
für jede Strömungsbedingung ändert.

Um die Vorteile der Bragg-Zellen bezüglich des Signalverarbeitungssystemes
voll auszunützen, können zwei Zellen, von denen sich jeweils eine in jedem
der beiden Strahlen des Anemometers befindet, verwendet werden. Auf diese
Weise können die Bragg-Zellen bei hohen Frequenzen, d.h. bei etwa 40 MHz,
betrieben werden. Somit ist bei diesem Betriebszustand eine hohe Effizienz
erreichbar und es können kleine Signalfrequenzen detektiert werden, da diese von der Frequenzdifferenz der beiden Zellen abhängen. Der Betrieb mit
einer Zelle und mit nachfolgender elektronischer Frequenzreduzierung ist
ebenfalls möglich.

Optische Einheiten mit rotierenden Beugungsgittern können zur Frequenzverschiebung von Laserstrahlen in der LDA-Meßtechnik auch verwendet werden.
Diese teilen den einfallenden Strahl in zwei Teilstrahlen auf, um danach
durch Rotation des Beugungsgitters eine Frequenzverschiebung zu erreichen,
wie in Abschnitt 5.14 bereits diskutiert wurde.

12.18 MESSUNGEN IN HOCHTURBULENTEN STRÖMUNGEN, 5:
MESSFEHLER MIT SYSTEMEN OHNE FREQUENZVERSCHIEBUNG

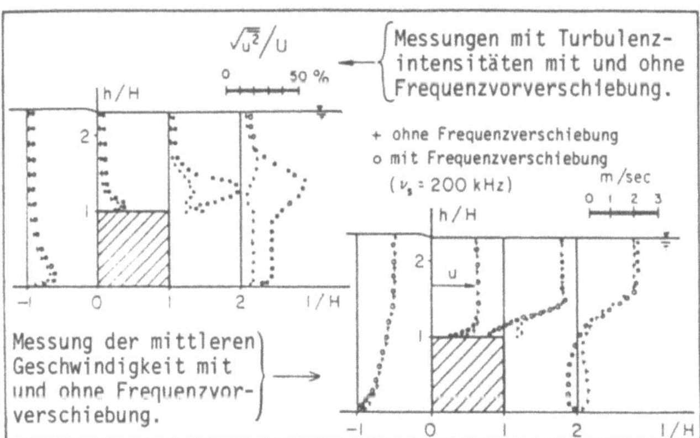

Es wurden von Durst, Wigley und Zaré (1974) Messungen stromauf und stromab
von einem 50 x 50 mm großen quadratischen Strömungshindernis durchgeführt,
um die mittleren Geschwindigkeiten und die Schwankungsgrößen der Strömung
in verschiedenen Bereichen zu erhalten, und um die Anwendbarkeit von Laser-
Doppler-Anemometern für genaue Messungen in komplexen Strömungsfeldern mit

hohen Turbulenzintensitäten zu demonstrieren. Das Anemometer war mit einem rotierenden Gitter zur Erzeugung der Frequenzverschiebung ausgerüstet (TDD-TNO-Modell mit ungefähr 100 Linien/mm). Die damit erzielbaren Ergebnisse wären ohne eine Frequenzverschiebung nicht möglich gewesen, und um dies zu zeigen, wurden Messungen mit und ohne Frequenzverschiebung durchgeführt. Verschiedene Probleme traten auf als das Anemometer auf diese Weise betrieben wurde:

a) Es gibt für das Signalverarbeitungssystem eine untere Grenze für die Frequenzerfassung. In Gebieten mit kleinen Geschwindigkeiten können keine Messungen durchgeführt werden, oder es werden fehlerhafte Frequenzwerte bestimmt, wie in der obigen Dia-Vorlage für die mittlere Geschwindigkeit zu sehen ist.

b) In Gebieten mit sehr hoher Turbulenzintensität wird der Frequenzmeßbereich eines jeglichen käuflich erworbenen Signalverarbeitungssystems überschritten, und es können nicht alle Geschwindigkeitskomponenten richtig erfaßt werden. Außerdem ergeben sich aus Vorzeichenwechseln in den Geschwindigkeitsschwankungen fehlerhafte Messungen, da diese nicht erfaßt werden können. Dies kann leicht den Ergebnissen entnommen werden, die in der obigen Dia-Vorlage dargestellt sind. In Gebieten mit kleiner Turbulenzintensität sind die Ergebnisse der beiden Messungen identisch. In Gebieten mit hoher Turbulenzintensität, z.B. in Rückströmgebieten, treten große Abweichungen zwischen den Messungen mit und ohne Frequenzverschiebung auf.

Viele Strömungsfelder, die für Ingenieure von Interesse sind, enthalten Gebiete mit hohen Turbulenzintensitäten. Messungen in solchen Strömungen und in unbekannten Strömungen sollten deshalb nur mit Laser-Doppler-Anemometern, die Frequenzverschiebungsmöglichkeiten besitzen, durchgeführt werden.

Der Gebrauch von Frequenzverschiebungsvorrichtungen ermöglicht die Anwendung von Laser-Doppler-Anemometern in hochturbulenten Strömungen, da sowohl das Vorzeichen als auch der Betrag der momentanen Geschwindigkeitskomponenten bestimmt werden können. Die Frequenzverschiebung ermöglicht außerdem eine Änderung der optischen Signalfrequenz und somit die Anpassung an das Signalverarbeitungssystem.

12.19 MESSUNGEN IN HOCHGESCHWINDIGKEITSSTRÖMUNGEN, 1: HERSTELLUNG VON KLEINEN TEILCHEN

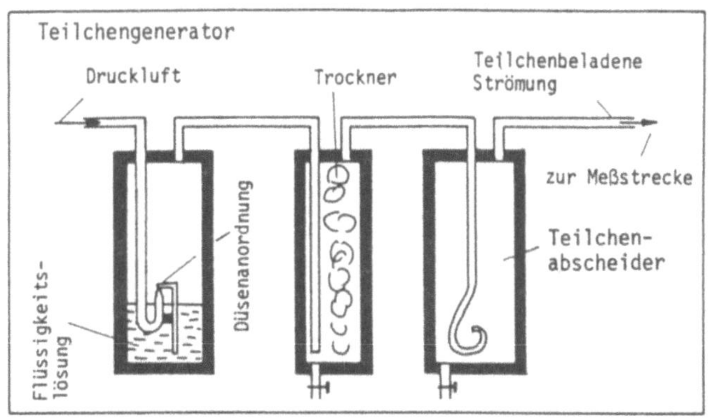

Laser-Doppler-Anemometer sind besonders in Hochgeschwindigkeitsströmungen und Strömungen mit großen Beschleunigungen leistungsfähig, wo konventionelle Meßtechniken mit Strömungsmeßsonden versagen. Wechselwirkungen zwischen der Sonde und der Strömung, Beschädigung des Geschwindigkeitssensors und/oder ein begrenztes, zeitliches Auflösungsvermögen sind die Hauptprobleme, die den Einsatz herkömmlicher Meßtechniken in Hochgeschwindigkeitsströmungen hemmen. Die Laser-Doppler-Anemometrie hat neue Möglichkeiten für die Erforschung von Hochgeschwindigkeitsproblemen eröffnet.

Die Anwendung dieser Meßtechnik erfordert, wie immer, eine sorgfältige Betrachtung der Teilchendynamik, um sicherzustellen, daß die Streuteilchen der Strömung mit ausreichender Genauigkeit folgen. Für turbulente Überschallströmungen können die entsprechenden Teilchengrößen unter Verwendung der Ergebnisse in Abschnitt 12.3 abgeschätzt werden. Teilchen mit einem Dichteverhältnis von 10^3 ermöglichen Stokes-Zahlen von ungefähr $2 \cdot 10^{-3}$ für eine 2%ige Verzögerung zwischen Teilchen- und Strömungsgeschwindigkeit. Unter der Annahme von $s = 10^{-3}$m als repräsentative Mikrostruktur der Turbulenz kann durch Berechnungen eine maximale Turbulenzfrequenz in der folgenden Größenordnung erwartet werden:

$$f_{turb} = \frac{U}{s} \approx 2.10^5 \text{ Hz} \text{ für } U \approx 200 \text{ m/s} .$$

Daraus ergibt sich der Durchmesser von Teilchen, die den schnellsten Geschwindigkeitsschwankungen folgen können.

$$d_p^2 = \frac{N_{vib}\nu}{2\pi f_{turb}} \approx 3.10^{-14} \text{ m}^2 \text{ oder } d_p \approx 0.2 \text{ } \mu\text{m} .$$

Ähnliche Werte wurden von Yanta (1973) ermittelt, siehe Abschnitt 10.13.

Die Herstellung von kleinen Streuteilchen, die für Messungen in Hochgeschwindigkeitsströmungen geeignet sind, ist schwierig, wenn eine große Menge von Teilchen erforderlich ist.

In der obigen Dia-Vorlage ist eine Möglichkeit zur Erzeugung kleiner Streuteilchen prinzipiell dargestellt. In einem Sprühgenerator wird eine wässri-
ge Lösung von Teilchen zerstäubt. Das Wasser wird danach in einem Trockner
zurückgehalten, so daß aus jedem Tröpfchen ein gelöstes Teilchen entsteht.
Große Teilchen werden in einem Abscheider zurückgehalten. Dieser ist dem
Trockner nachgeschaltet, so daß nur kleine Teilchen der Strömung zugeführt
werden.

12.20 MESSUNGEN IN HOCHGESCHWINDIGKEITSSTRÖMUNGEN, 2: ERFORDERLICHE LEISTUNG UND STREIFENANZAHL

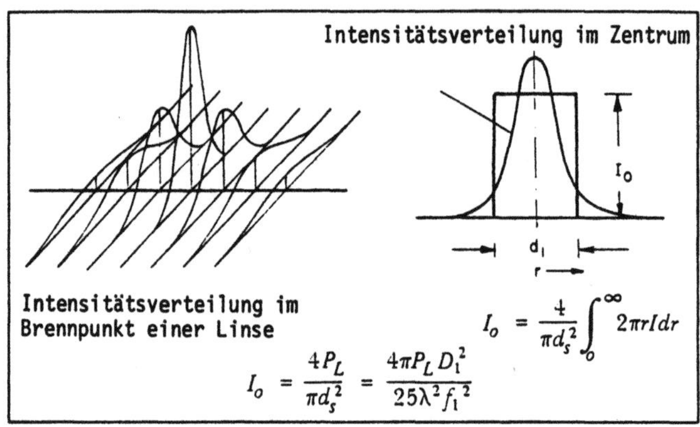

Die Auslegung von optischen Systemen für Messungen in Hochgeschwindigkeitsströmungen unterscheidet sich in vielen Beziehungen von Systemauslegungen
für Niedergeschwindigkeitsmessungen. Durch die Größenbegrenzung, die wegen
der Teilchendynamik erforderlich ist, wird die Modulationstiefe des Laser-
Doppler-Signals durch die Teilchengröße normalerweise nicht beeinflußt und
deshalb ist der Winkel zwischen den beiden Lichtstrahlen für optimale Signale unempfindlich gegenüber dem für Hochgeschwindigkeitsmessungen gewählten Teilchendurchmesser. Andere Kriterien für die Optimierung werden wichtig und sind nachfolgend kurz behandelt. Das Signal-Rausch-Verhältnis von
Laser-Doppler-Signalen wird infolge der Bandbreitenerweiterung der Elektronik mit zunehmender Doppler-Frequenz kleiner und deshalb sollte der Winkel
zwischen den beiden Strahlen so klein wie möglich gehalten werden. Da die
Anzahl der Streifen innerhalb des Meßkontrollvolumens mit kleiner werdendem
Strahlwinkel abnimmt, ist durch die geforderte Mindestanzahl von Streifen
eine untere Grenze gesetzt. Weiterhin verhindern Anforderungen an die

Lichtstärke und an die räumliche Auflösung eine beliebige Vergrößerung des Meßvolumens, welche stets durch die Verwendung von kleinen Strahlwinkeln gegeben ist. Dennoch ist es möglich, die geforderte Anzahl von Streifen zu erzeugen.

Die vorgeschlagene Vorgehensweise für die Optimierung basiert auf den Intensitätsanforderungen im Meßkontrollvolumen, die durch das kleinste, detektierbare Signal-Rausch-Verhältnis der Elektronik vorgegeben sind. Die mittlere Lichtintensität im Meßvolumen ist in der obigen Dia-Vorlage angegeben.

Die gesamte, gestreute Lichtleistung beträgt:

$$P_s = \pi r_p^2 \, Q_{scat} I_o = \pi r_p^2 \, Q_{scat} \left(\frac{4\pi P_L D_1^2}{25 \lambda^2 f_1^2} \right).$$

Die Anzahl der Photonen, die pro passierendem Teilchen den Photodetektor erreichen, können wie folgt berechnet werden, siehe Abschnitte 4.25 und 4.26.

$$N_{sc} = \eta_c \frac{P_s}{(h\nu)} = \frac{\eta_c}{(h\nu)} \left(\pi r_p^2 \, Q_{scat} \right) \left(\frac{4\pi P_L D_1^2}{25 \lambda^2 f_1^2} \right).$$

Die Anzahl der Streifen im Meßkontrollvolumen ist:

$$N_{fr} = \frac{d_{in}}{\cos\varphi \, \Delta x} = \frac{10}{\pi} \left(\frac{f_1}{D_1} \right) \tan\varphi.$$

Die erforderliche Anzahl der Streifen und der Photonen pro Teilchen sind durch das elektronische System und durch die Genauigkeitsanforderungen bei der Messung vorgegeben. Die Brennweite und die Laserleistung sind so abzustimmen, daß diese Anforderungen erfüllt werden.

12.21 MESSUNGEN IN HOCHGESCHWINDIGKEITSSTRÖMUNGEN, 3: MODULARE OPTISCHE SYSTEME UND ANORDNUNGEN ZUR SIGNALVERARBEITUNG

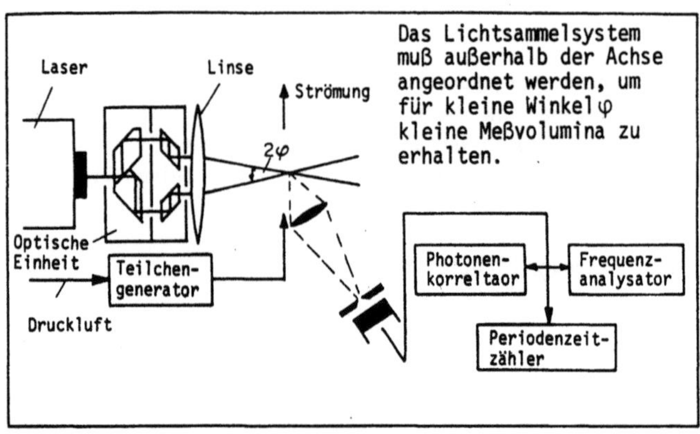

In dem vorausgegangenen Abschnitt wurden die optimalen Eigenschaften der
fokussierenden Sendelinse durch Betrachtung der Anforderungen angegeben,
die durch die geforderte Genauigkeit bei der Messung und durch die eingesetzte Elektronik vorgegeben sind. In einigen Fällen ist für Messungen eine
minimale Brennweite der Sendelinse durch die Abmessungen in der Meßstrecke
vorgegeben. Für alle Fälle sollte die Laserleistung entsprechend gewählt
werden, um die Genauigkeitsanforderungen zu erfüllen und der Winkel φ sollte so in die Auslegung eingehen, daß eine genügende Anzahl von Streifen im
Meßvolumen vorhanden ist. Der Winkel φ ist durch die bei hohen Geschwindigkeiten vorliegende Frequenzbegrenzung der Elektronik eingeschränkt. Die
meisten Hochgeschwindigkeitsmessungen werden mit kleinen Winkeln zwischen
den beiden einfallenden Strahlen durchgeführt, um übermäßige Doppler-Frequenzen zu vermeiden. Diese Anordnung ergibt ein großes Schnittvolumen der
einfallenden Strahlen, und um kleine Meßkontrollvolumen zu erhalten, sollte
die Empfangsoptik außerhalb der optischen Achse der Transmissionsoptik angebracht werden, wie auf der obigen Dia-Vorlage dargestellt ist. Die Abmessungen des Lichtkollektionssystems und die Größe der Blende am Photodetektor sollten entsprechend den Kriterien in den Abschnitten 12.5 und 12.6 gewählt werden. Bei einem vorgegebenen Winkel φ kann die Frequenzverschiebung
eingesetzt werden, um ein bewegtes Streifenmuster zu erhalten und um so die
Frequenz des Meßsignals zu reduzieren. Dies verringert auch die effektive
Anzahl der Streifen, die von einem Teilchen durchquert werden und somit ist
diese Methode nicht generell vorteilhaft. Die gleiche Reduzierung der Frequenz kann durch die Verkleinerung des Winkels φ erreicht werden.

Die Signalverarbeitung mit Periodenzeitmessung, Frequenzanalyse oder Photo-
nenkorrelation wird auf der obigen Dia-Vorlage vorgeschlagen. Die Bedingungen, unter welchen jedes dieser Verfahren einsetzbar ist, sind mit denen

vergleichbar, die in Abschnitt 12.8 diskutiert wurden. Die Verwendung von Frequenznachlaufdemodulatoren ist wegen der hohen Doppler-Frequenzen und den niederen Teilchenkonzentrationen, die in Hochgeschwindigkeitsströmungen oft vorzufinden sind, nicht möglich. Periodenzeitzähler sind bei Doppler-Signalen mit einem großen Signal-Rausch-Verhältnis nützlich, aber es sind hohe Zeitauflösungen der eingesetzten elektronischen Zeitgeber nötig, um die hohen Doppler-Frequenzen aufzulösen. Hohe Laserleistungen sind für die Erzeugung eines Mindestrauschverhältnisses zur Anwendung von Periodenzeit-zählern erforderlich. Ein Frequenzanalysator ist nur bei niederen Signal-Rausch-Verhältnissen vorteilhaft. Die Frequenz-Analyse wurde z.B. von Pfeifer und von Stein (1972a) in Überschallströmungen verwendet. Die Photo-nenkorrelation sollte eine nützliche Technik für Hochgeschwindigkeitsströ-mungen sein, da diese nur eine geringe Lichtintensität erfordert. Bei hohen Doppler-Frequenzen sind Systeme mit kurzer Korrelationszeit notwendig. Bis vor kurzem betrug die kürzeste, mögliche Korelationszeit 50 ns. Es sind neuerdings Instrumente mit 10 ns erhältlich, die eine Messung von Doppler-Frequenzen bis zu mindestens 20 MHz ermöglichen.

12.22 MESSUNGEN IN FLAMMEN, 1

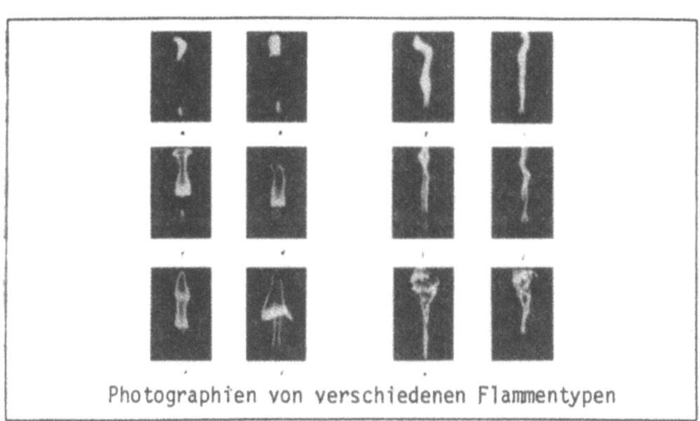

In der Vergangenheit wurden Anstrengungen für ein besseres Verständnis von Verbrennungsvorgängen durch das Fehlen von geeigneten Geschwindigkeitsmeß-methoden in hochturbulenten Strömungen mit chemischen Reaktionen erschwert. Konventionelle Strömungsmeßsonden beeinflussen oft entweder die ablaufenden chemischen Reaktionen oder den Strömungsvorgang selbst. Vormischflammen sind empfindlich gegenüber Meßsonden, die in die Flammenfront für Meßzwecke eingebracht werden.

Die Entwicklung von Laser-Doppler-Anemometern hat neue Möglichkeiten für lokale Geschwindigkeitsmessungen in Verbrennungssystemen eröffnet. Unglücklicherweise ist die Anwendung dieser Meßtechnik in Flammen nicht ohne Problematik. Diese wurde von Durst und Kleine (1973) und Asalor und Whitelaw (1975) behandelt, und es wird nachfolgend hierzu kurz Stellung genommen.

Die Probleme, die mit den Laser-Doppler-Anemometer-Messungen verbunden sind, können in drei Punkte eingeteilt werden: Einfluß von Brechungsindexgradienten, Teilchenverteilungen in Raum und Zeit und die Einflußmöglichkeit der Streuteilchen auf die Verbrennungsprozesse. Der erste Punkt wird auf dieser Seite, der zweite und dritte Punkt auf den zwei folgenden Seiten diskutiert.

Wenn ein parallel gerichteter Lichtstrahl durch ein Gebiet mit zeitlich und räumlich veränderlichem Brechungsindex geschickt wird, hat dies einen Verlust der Parallelität und eine "Bewegung des Strahles" zur Folge. Deshalb kann bei Anwendung der Laser-Doppler-Anemometrie in Strömungen mit Verbrennungen das Meßkontrollvolumen größer und die Lichtintensität geringer sein als bei bei einer entsprechenden Laser-Doppler-Anordnung in isothermen Strömungen. Außerdem bleibt das Schnittvolumen als Ergebnis der sich bewegenden Strahlen nicht, wie in isothermen Strömungen, fest am Meßort. Eine relative Bewegung beider Strahlen zueinander kann dazu führen, daß sich diese nicht zu jeder Zeit schneiden und deshalb eine verringerte Anzahl von Doppler-Signalen pro Zeiteinheit vorhanden ist. Die Größenordnung der dadurch erhaltenen Ausfallzeiten nimmt mit der Weglänge des Lichtstrahles durch das Strömungsfeld zu. In kleinen Flammen unter Laborbedingungen sind diese Ausfallzeiten vermutlich in allen Flammen für Messungen bedeutungslos. In einem Brennofen mit einem Durchmesser von 300 mm, kann aus der Bewegung des Strahles und aus dem Verlust der Justierung eine doppelte Meßzeit im Vergleich zu Messungen in isothermer Strömung resultieren. Die Anwendung der Laser-Doppler-Anemometrie in Strömungen mit Verbrennungen erfordert entsprechende Apparaturen für die Zugabe von Teilchen. Geeignete Teilchengeneratoren sind bereits käuflich zu erwerben.

12.23 MESSUNGEN IN FLAMMEN, 2: EINFLUSS DER TEILCHENVERTEILUNG

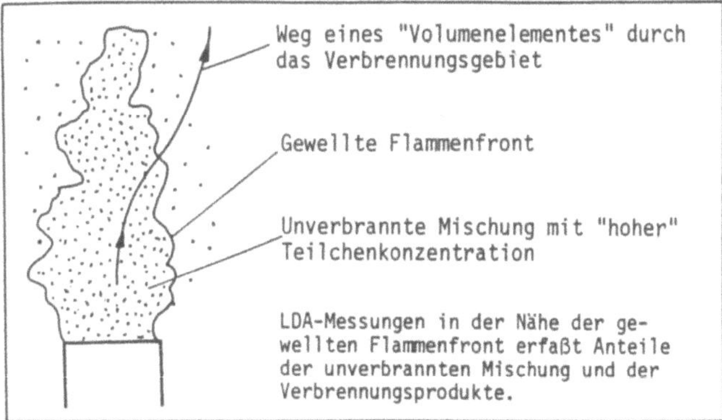

In Strömungen mit Verbrennung können prinzipiell zu den Gründen, die bereits in den Abschnitten 7.14 und 10.4 bis 10.23 diskutiert wurden, drei weitere Gründe für den Unterschied zwischen der erfaßten Teilchengeschwindigkeit und der Strömungsgeschwindigkeit auftreten. Dies sind:

i Temperaturgradienten verursachen Dichtegradienten, welche umgekehrt die räumliche Teilchenkonzentration ändern können, da sich aus einem Volumen mit kaltem Gas, das eine bestimmte Anzahl von Teilchen enthält, ein größeres Volumen mit heißem Gas bildet, das die gleiche Anzahl von Teilchen enthält.

ii Chemische Reaktionen können die räumliche Teilchenkonzentration ändern, da ein Volumen mit Reaktanden, das eine bestimmte Anzahl von Teilchen enthält, zu einem veränderten Volumen von Reaktionsprodukten mit der gleichen Anzahl von Teilchen führen kann.

iii Zeitliche Änderungen der Temperatur und der Geschwindigkeit, und damit der Teilchenkonzentration und der Geschwindigkeit, können in Wechselbeziehung stehen. Eine Korrelation Temperatur-Geschwindigkeit (Druck-Geschwindigkeit) kann die Teilchengeschwindigkeitsinformation zugunsten der Geschwindigkeiten bei niederen Temperaturen gewichten.

Die Untersuchungen von Asalor und Whitelaw (1975) zeigten, daß die Punkte i und ii bei einem Streuvolumen mit der Ausdehnung 1 mm × 0,1 mm mit Ausnahme der Reaktionszone vernachlässigbar sind. Sie zeigten weiterhin, daß Temperatur-, Geschwindigkeits- und Druckgeschwindigkeits-Korrelationen bei niederen Turbulenzintensitäten einen vernachlässigbaren Einfluß haben, aber die mittlere Geschwindigkeit bei höheren Turbulenzintensitäten beeinflussen können.

Wenn das Meßvolumen eines Anemometers in der turbulenten Flammenfront
liegt, dann setzt sich das Doppler-Signal aus Komponenten zusammen, die von
einzelnen Teilchen herrühren, die entweder im unverbrannten Gas oder in den
Verbrennungsprodukten mitschweben. Aufgrund der Expansion der Gasmischung
bei Durchquerung der gewellten Flammenfront entstehen unterschiedliche
Teilchenkonzentrationen in der Gasmischung und in den Verbrennungsprodukten. Bei der Erfassung der mittleren Geschwindigkeit und der Turbulenzintensität mit Hilfe eines Laser-Doppler-Anemometers tragen die zwei Strö-
mungsbereiche, wegen der unterschiedlichen Teilchenkonzentrationen in der
Gasmischung und in den Verbrennungsprodukten, proportional zu ihrer Zeitdauer im Meßvolumen und ihrer entsprechenden Teilchenkonzentration zum Signal bei. Dies muß bei der Auswertung der Geschwindigkeit berücksichtigt
werden, wie Durst und Kleine (1973) zeigten.

12.24 MESSUNGEN IN FLAMMEN, 3: EINFLUSS DER STREUTEILCHEN AUF DIE VERBRENNUNGSPROZESSE

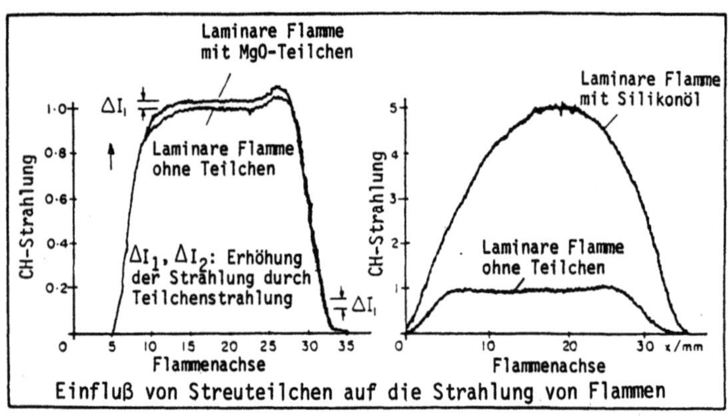

Da die Anwendbarkeit von Laser-Doppler-Anemometern von der Anwesenheit von
Streuteilchen abhängt, sollte der Einfluß der künstlichen Teilchenzugabe
auf die Verbrennungsprozesse vor den Messungen untersucht werden. In einem
Versuch, diesen Einfluß quantitativ zu bestimmen, haben Durst und Kleine
(1973) Messungen der laminaren Flammengeschwindigkeit einer stöchiometrisch
vorgemischten Stadtgasflamme durchgeführt, indem sie die Messung des
Schlierenkegelwinkels mit der Laser-Doppler-Geschwindigkeitsmessung kombinierten. Für diese Studien waren ein Schlierensystem und ein Laser-Doppler-
Anemometer senkrecht zueinander angebracht, so daß der Schlierenkegelwinkel
und die Geschwindigkeit einer laminaren Diffusionsflamme gleichzeitig gemessen werden konnten. Bei einer ungefähr 10fachen Änderung der Teilchenkonzentration war die laminare Flammengeschwindigkeit bei der Zugabe von
MgO (maximale Konzentration $2 \times 10^{10}\text{m}^{-3}$) nahezu konstant, variierte aber bis

zu 15% bei der Zugabe von Silikonöl (maximale Konzentration $8 \times 10^{10} m^{-3}$).
Zusätzlich wurden Strahlungsmessungen der CH-Komponenten in der Mischung
durchgeführt, welche Informationen über die Verbrennungsgeschwindigkeit
lieferten. Die Ergebnisse dieser Messungen sind in den obigen Diagrammen
für MgO- und Silikonölteilchen dargestellt. Diese Ergebnisse zeigen einen
starken Einfluß der Silikonölteilchen auf die in der Flamme ablaufenden
chemischen Prozesse, was sich in einem starken Anwachsen der CH-Strahlung
äußert. Bei der Zugabe von MgO-Teilchen andererseits wurde nur ein schwaches Anwachsen der CH-Strahlung, scheinbar als Schwarzkörperstrahlung registriert, die von der hohen Teilchentemperatur herrührt.

Pulverförmige Metalloxydteilchen zeigen bei Konzentrationen, wie sie in den
vorliegenden Messungen benötigt werden, keinen Einfluß auf die Verbren-
nungsvorgänge. Die Metalloxyde, z.B. TiO_2, welche als Aerosole produziert
werden, haben keinen meßbaren Einfluß auf den Verbrennungsprozeß, selbst
wenn für schnelle LDA-Messungen hohe Konzentrationen erforderlich sind.

Feste Teilchen sind in Systemen mit hohen Temperaturgradienten Kräften ausgesetzt, die einen Unterschied der Teilchenbewegung zu der Bewegung des
Fluids hervorrufen können (siehe Abschnitt 10.20). Umfassende Studien des
Einflusses von Temperaturgradienten auf wärme- und nichtwärmeleitende Teilchen wurden von Talbot et al. [1980] durchgeführt. Hierin wurde gezeigt,
daß mehr Parameter als bei Davies (1966) angegeben, (vergleiche Abschnitt
10.2) für die Wechselbeziehung zwischen den Teilchen und dem Temperaturfeld
erforderlich sind, um die temperaturgradienteninduzierte Teilchenbewegung
vorherzusagen. Es sind dort brauchbare Formeln angegeben, um die Abweichung
der Teilchengeschwindigkeit in Strömungsbereichen mit hohen Temperaturgradienten abzuschätzen.

12.25 SIMULTANE MESSUNG VON ZWEI GESCHWINDIGKEITS-KOMPONENTEN, 1: ZWEISTRAHL-ANEMOMETER

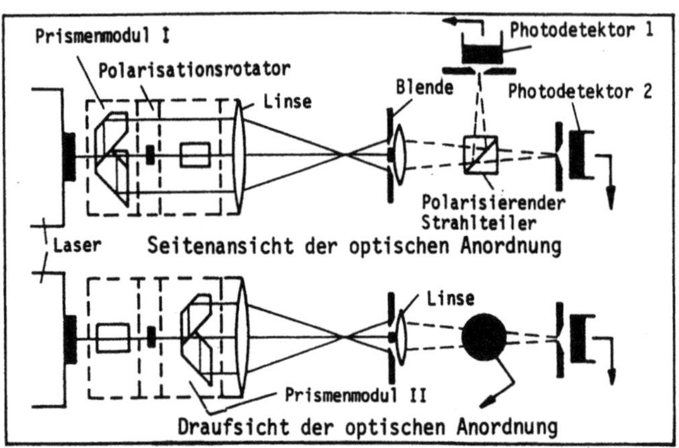

Obwohl die Korrelationen der Schwankungen der Geschwindigkeitskomponenten
an einem Punkt des Strömungsfeldes prinzipiell durch Laser-Doppler-Messungen mit einem einkanaligen, optischen System erhältlich sind, können Meßfehler eine genaue Bestimmung der Korrelationen höherer Ordnung der turbulenten Geschwindigkeitsschwankungen verhindern. Die Addition von Meßfehlern
kann durch die Verwendung einer zweikanaligen, optischen Anordnung, welche
die simultane Messung zweier Geschwindigkeitskomponenten ermöglicht, vermieden werden. Hierbei müssen zwei elektronische Empfangssysteme eingesetzt
werden, um die zwei Ausgangssignale zu erhalten, deren zeitliche bzw. räumliche Variationen für die Bestimmung der Korrelationen $\overline{u_i^n u_j^m}$ der lokalen
Geschwindigkeitsschwankungen weiterverarbeitet werden können.

Auf der obigen Tafel ist das von Durst und Zaré (1975) beschriebene zweika-
nalige, optische System als Prinzipskizze dargestellt. Dieses System besteht aus zwei sehr ähnlichen Strahlteilern, die zwei Paare paralleler
Lichtstrahlen mit wechselweise senkrechter Polarisationsrichtung erzeugen.
Auf diese Weise kann durch Fokussieren der zwei Lichtstrahlen ein Meßvolumen mit zwei parallelen Interferenzstreifensystemen entstehen. Die Streuteilchen, die das Meßgebiet passieren, durchkreuzen beide Streifenmuster
und liefern dadurch die Information über die zwei zu den Mustern senkrechten Geschwindigkeitskomponenten. Um beide Komponenten getrennt zu erfassen,
wird das durch die Blende von der Sammellinse hindurchgehende Streulicht
mit Hilfe eines Polarisationsstrahlteilers in zwei Komponenten aufgeteilt
und jeweils mit einem separaten Photodetektor erfaßt. Die Signale von den
beiden Detektoren werden mit zwei Signalverarbeitungssystemen weiterverarbeitet, um die erforderlichen Größen der beiden momentanen Geschwindigkeitskomponenten zu erhalten.

Wenn Messungen der Korrelationen von Geschwindigkeitsschwankungen an einem Punkt des Feldes in hochturbulenten Strömungen durchgeführt werden, sind Kenntnisse über die Größe und das Vorzeichen der momentanen Geschwindigkeitskomponenten erforderlich. Diese können durch Hinzufügen von Bragg-Zellen-Modulen an das oben gezeigte optische System verläßlich gemessen werden.

Messungen in zwei- und dreidimensionalen Strömungen können mit Hilfe von einkanaligen, optischen Systemen durch aufeinanderfolgende Messungen in verschiedenen Strömungsrichtungen, z.B. siehe Abschnitte 12.34 bis 12.38, durchgeführt werden. Diese Messungen sind zeitaufwendiger als Messungen mit mehrkanaligen, optischen Einheiten. Letztere sind jedoch entsprechend teurer in der Anschaffung und können oftmals nur selten bei Turbulenzmessungen Anwendung finden.

12.26 SIMULTANE MESSUNG VON ZWEI GESCHWINDIGKEITS-KOMPONENTEN, 2: ZWEISTREUSTRAHL-ANEMOMETER

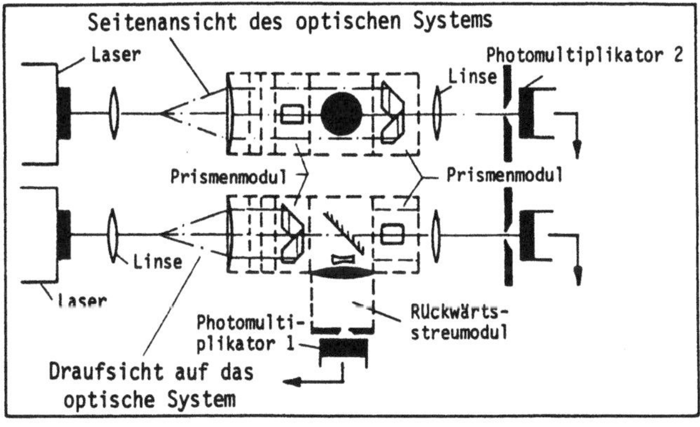

Verschiedene Autoren, z.B. Bond (1968) und Durst und Whitelaw (1971d) erkannten, daß die Intensität des vorwärts gestreuten Lichtes stark genug ist, um Zweistreustrahl-Anemometer ohne größere Schwierigkeiten für Mehrkomponentenmessungen zu verwenden. Diese Systeme sind besonders für die Messung von Korrelationen der lokalen Schwankungen der Geschwindigkeitskomponenten, d.h. $u_i^n u_j^m$ brauchbar. Bei solchen Messungen wird das Licht in vier, durch entsprechende Lochblenden vorgegebene Richtungen aufgefangen und Paare gestreuter Lichtstrahlen überlagert, um die Geschwindigkeitsinformationen in zwei zueinander rechtwinkeligen Richtungen zu erhalten. Zwei Photodetektoren müssen hierzu verwendet werden, um die Schwebesignale der beiden Lichtstrahlenpaare zu detektieren. Diese Signale müssen weiterverarbeitet werden, um vor der Bestimmung der Korrelation der Geschwindigkeits-

fluktuationen die gewünschte Doppler-Information zu erhalten. Frequenznachlaufdemodulationen und Periodenzeitsysteme sind hierfür geeignete elektronische Systeme.

Die obige Dia-Vorlage zeigt, daß Zweistreustrahl-Anemometer aus modularen,
optischen Systemen aufgebaut werden können. Der Laserstrahl wird, wie gezeigt, fokussiert und das gestreute Licht wird durch ein einzelnes Linsenelement gesammelt. Es passiert daraufhin eine Blende mit vier kleinen Öffnungen. Dieser Blende folgt ein Prismenmodul, in welchem zwei der Lichtstrahlen zusammengefaßt werden. Das daraus resultierende Signal wird vom
Photomultiplikator 1 detektiert. Hierzu wird ein Rückwärtsstreumodul verwendet, das den zusammengefaßten Strahl auf den Detektor lenkt. Die beiden
anderen Streustrahlen passieren das erste Prismenmodul und das Rückwärtsstreumodul. Sie werden im zweiten Prismenmodul zusammengefaßt und vom
Photomultiplikator 2 erfaßt.

Die Signale der beiden Photomultiplikatoren werden von zwei separaten Elek-
troniksystemen weiterverarbeitet und entsprechend den Abschnitten 12.36 und
12.37 ausgewertet. Es ist aus diesen Abschnitten zu entnehmen, daß zweidimensionale Messungen mit Zweistreustrahl-Anemometern am besten mit analogen elektronischen Signalprozessoren ausgeführt werden. Eine digitale Signalverarbeitung ist ebenfalls möglich. Diese erfordert aber höhere Signal-
Rausch-Verhältnisse, d.h. gewöhnlicherweise leistungsstarke Laser.

Ein Zweistreustrahl-Anemometer erfordert eine kleine Lochblende vor der
Lichtkollektionslinse, um eine räumliche Kohärenz des gestreuten Lichtes
sicherzustellen und damit eine ausreichende Modulation der überlagerten
Streulichtstrahlen zu liefern. Aus diesem Grunde kann ein Großteil des gestreuten Lichtes nicht ausgenützt werden. Diese Systeme sind somit nur bei
hohen Streulichtintensitäten einsetzbar.

12.27 MESSUNGEN DER RÄUMLICHEN KORRELATION VON GESCHWINDIGKEITSSCHWANKUNGEN

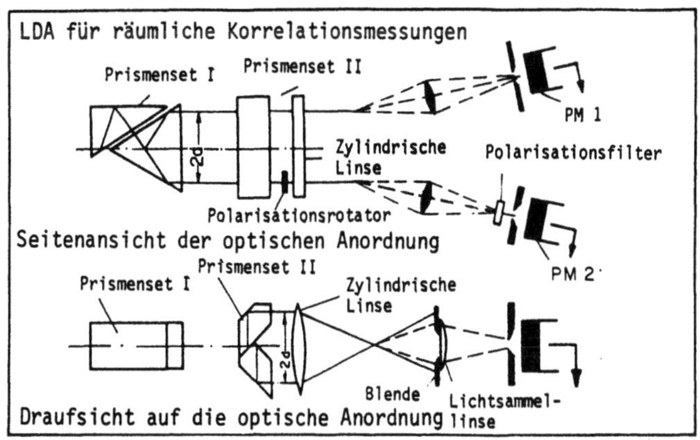

Messungen der räumlichen Korrelationen von Geschwindigkeitsschwankungen ermöglichen die Bewertung des Turbulenzlängenmaßes. Deshalb sind Messungen von räumlichen Korrelationen für die physikalischen Studien der turbulenten Bewegungen von großem Interesse. Solche Messungen konnten in früheren Zeiten nicht störungsfrei durchgeführt werden, da Strömungssonden eingesetzt wurden, die das Strömungsfeld nachteilig beeinflußten und sich zudem gegenseitig in der Durchführung der Messungen störten. Diese Störungen sind ausgeschlossen, wenn Laser-Doppler-Anemometer für die Messungen von räumlichen Korrelationen eingesetzt werden.

Die obige Dia-Vorlage zeigt das optische System eines Laser-Doppler-Anemometers, das für solche Messungen geeignet ist. Dieses System ist aus zwei Prismensystemen aufgebaut, die in den Kapiteln 4 und 5 bereits beschrieben wurden. Diese werden hier kombiniert, um die zwei erforderlichen Meßpunkte im Raum zu erhalten. Der Lichtstrahl der Laserlichtquelle wird zuerst vom Prismensystem I in zwei parallele Strahlen geteilt. Es ist eine kontinuierliche Variation des Strahlabstandes dieser beiden Strahlen möglich. Die beiden austretenden Strahlen werden im zweiten Prisma erneut geteilt, um vier parallele Laserstrahlen zu erhalten, die durch eine zylindrische Linse geschickt werden. Diese beiden Lichtstrahlenpaare ergeben je ein Meßvolumen im Raum, und es können unabhängig voneinander Geschwindigkeitsmessungen an diesen Punkten durchgeführt werden. Die Signale von den zwei Punkten werden von zwei separaten Lichtkollektionssystemen aufgefangen und von zwei Photodetektoren erfaßt und in elektrische Signale umgewandelt. Um eine Trennung der beiden Signale zu ermöglichen, auch noch wenn die Meßpunkte sehr nah nebeneinander liegen, werden Lichtstrahlenpaare mit unterschiedlichen Polarisationsrichtungen verwendet. Die Ausgangssignale der Photomultiplikatoren werden von zwei elektronischen Systemen, z.B. Frequenznachlaufdemodulatoren, weiterverarbeitet, um dann mit Hilfe eines Korrelators die Kreuzkorrelationen der demodulierten Doppler-Signale zu erhalten.

Es ist aus der obigen Dia-Vorlage und aus früheren Bemerkungen über modulare Systeme ersichtlich, daß optische Systeme für räumliche Korrelationsmessungen aus einzelnen Modulen aufgebaut werden können. Dies demonstriert die Flexibilität von modularaufgebauten optischen Systemen für Laser-Doppler-Anemometer.

Obwohl die Laser-Doppler-Anemometrie die berührungslose Messung von räumlichen Korrelationen ermöglicht und daher Informationen über Turbulenzmaßstäbe liefern kann, wurden umfangreiche Untersuchungen dieser Art bisher nicht durchgeführt. Dies läßt sich teilweise damit begründen, daß spezielle optische Komponenten für solche Messungen bisher noch nicht käuflich erwerbbar sind und zwei Signalverarbeitungseinheiten mit komplexer Signalerfassung notwendig sind.

12.28 <u>MESSUNGEN VON TEILCHENKONZENTRATIONEN UND TEILCHENGRÖSSEN</u>

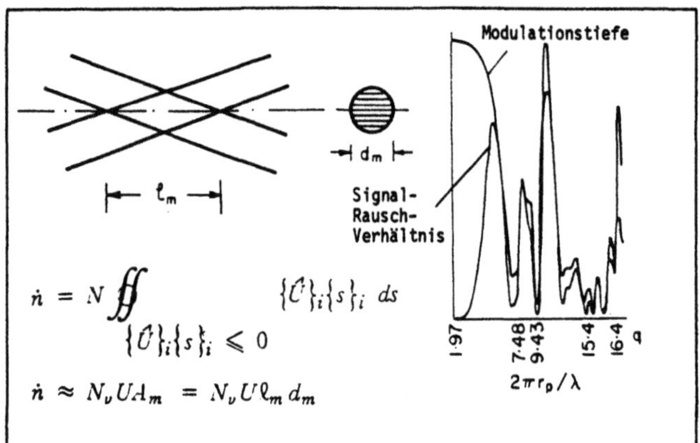

$$\dot{n} = N \iint \{C\}_i\{s\}_i \, ds$$
$$\{C\}_i\{s\}_i \leqslant 0$$
$$\dot{n} \approx N_\nu U A_m = N_\nu U \ell_m d_m$$

Die Ableitungen und Erklärungen in den vorherigen Kapiteln zeigten, daß das gestreute Licht von in der Strömung befindlichen Teilchen, nicht nur Informationen über die Strömungsgeschwindigkeit, sondern auch über ihre Größe, ihre Konzentration und andere Eigenschaften, welche die Charakteristik der gestreuten Lichtwellen beeinflussen, enthält. Weitgehend wurden Laser-Doppler-Anemometer nur zur Bestimmung der Strömungsgeschwindigkeit eingesetzt, obwohl Informationen über die Teilchengrößenverteilung und Teilchenkonzentration in vielen Bereichen von Interesse sind. Untersuchungen über die Möglichkeit der gleichzeitigen Messung der Teilchengröße, der Teilchenkonzentration und der Teilchengeschwindigkeit haben jedoch begonnen (Durst und Umhauer, 1975).

Es ist sicherlich leicht einzusehen, daß die Ankunftsrate der Teilchen im Meßvolumen in direkter Beziehung zur Teilchenkonzentration steht. Die exakte Beziehung zwischen der Ankunftsrate der Teilchen, der Strömungsgeschwindigkeit und der Teilchenkonzentration läßt sich durch Integration über die Oberfläche des Kontrollvolumens, wie folgt, beschreiben:

$$\dot{n} = N \oiint_{\{U\}_i\{s\}_i \leqslant 0} \{U\}_i\{s\}_i \, ds \ .$$

Diese Beziehung läßt sich nach Abschnitt 12.9 folgendermaßen vereinfachen:

$$\dot{n} \approx N_\nu U A_m = N_\nu U \ell_m d_m$$

Daraus kann die Teilchenkonzentration berechnet werden, wenn die Ankunftsrate und die Teilchengeschwindigkeit durch Messungen bestimmt wurden und die Größe und die Konturen des Meßvolumens bekannt sind.

Die Ableitungen in Kapitel 3 machen deutlich, wie stark die Laser-Doppler-Signale von der Größe der Streuteilchen abhängen können. Auf der obigen Dia-Vorlage sind die Änderung des Streifenmodulationsgrades und des Signal-Rausch-Verhältnisses als Funktion des Mieschen Streuparameters $2\pi r_p/\lambda$ aufgetragen. Theoretische Beziehungen dieser Art können für die Messung der Teilchengrößen verwendet werden.

Die auf obiger Dia-Vorlage dargestellte, komplizierte Abhängigkeit der Doppler-Signaleigenschaften von der Teilchengröße, d.h. die Abhängigkeit des Modulationsgrades von den Mieschen Parametern, hat bisher umfangreiche und genaue Messungen der Teilchengrößen verhindert.

12.29 MESSUNGEN VON TEILCHENKONZENTRATION, TEILCHENGRÖSSE UND TEILCHENGESCHWINDIGKEIT

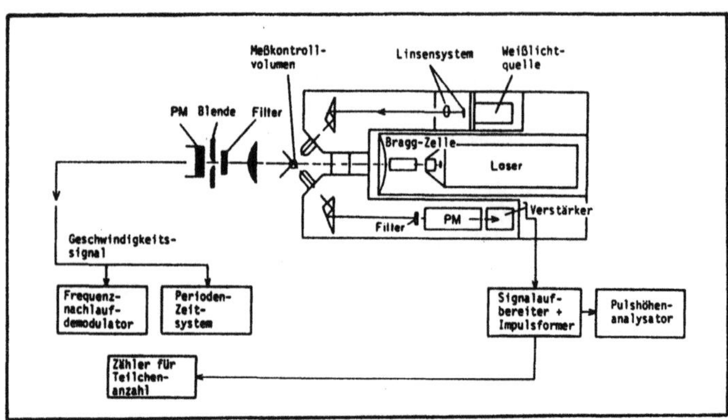

Die meisten Geräte für die Messung von Teilchengrößen und -konzentrationen erfordern die Entnahme der Teilchen aus der Strömung. Hierfür werden Kollektoren verwendet. Für viele Anwendungen ist der Gebrauch von solchen Sonden ungeeignet und unerwünscht. Die obige Tafel zeigt ein berührungslos messendes Gerät, das von Durst und Umhauer (1975) zur Messung von Teilchengrößen und Teilchenkonzentrationen sowie der Geschwindigkeit vorgeschlagen und benutzt wurde. Der Teil des Instrumentes zur Messung der Größe und der Konzentration ist eine Art optischer Teilchenzähler, während für die Geschwindigkeitsmessungen ein Laser-Doppler-Anemometer verwendet wird.

Größenmessungen von einzelnen Teilchen mit Instrumenten, die auf der Basis von Streulicht arbeiten, erfordern genaue Kenntnisse über die Antwortcharakteristiken des Gerätes. Für genaue Messungen der Teilchengrößen ist es besonders wichtig, daß die Antwortkurve monoton mit der Teilchengröße zunimmt. Diese Anforderung ist nicht ohne weiteres zu erfüllen, wie die komplexe räumliche Intensitätsverteilung zeigt, welche die Miesche Theorie für kugelige Teilchen vorhersagt, siehe Abschnitte 3.32 bis 3.35. Diese komplexen Intensitätsverteilungen des Streulichtes zeigen, daß für ein gegebenes optisches System und für eine polydisperse Größenverteilung gleiche Amplitudensignale für Teilchen unterschiedlicher Größe erhalten werden können und daß hieraus Probleme der Interpretation entstehen, siehe Durst und Eliasson (1975) und Durst und Umhauer (1975). Es wurde von Durst und Umhauer weiter gezeigt, daß eine saubere Ausführung des optischen Systems und die Verwendung von weißen Lichtquellen zu einer monoton ansteigenden Antwortkurve für einen weiten Teilchengrößenbereich führt.

In der optischen Anordnung sollte die Richtung, in der das Licht gesammelt wird, so gewählt werden, daß verschiedene Intensitätskeulen der Streustrahlung zusammengefaßt sind. Das weiße Licht wird dazu verwendet, um eine Integration über das Wellenlängenspektrum sicherzustellen. Wie von Brossmann 1966 theoretisch gezeigt und von Durst und Umhauer (1975) experimentell bestätigt wurde, ergibt sich hieraus eine meist gleichförmige Lichtintensitätsverteilung über dem Photodetektor und für einen weiten Größenbereich eine mit der Teilchengröße monoton anwachsende Signal-Antwort-Charakteristik.

In dem System, das auf der obigen Dia-Vorlage schematisch dargestellt ist, befindet sich das Laser-Doppler-Anemometer gemeinsam in einem Gehäuse mit den optischen Komponenten, die für die Teilchengrößenmessung erforderlich sind. Das Gesamtgerät enthält einen 5 mW-Helium-Neon-Laser, einen Strahlteiler mit Bragg-Zellen für jeden Strahl und eine fokussierende Linse. Das Lichtkollektionssystem und das Signalverarbeitungssystem sind den optischen und elektronischen Systemen ähnlich, die bereits für Laser-Doppler-Messungen beschrieben wurden. Die Optik zur Größenbestimmung ist um die Optik des Laser-Doppler-Anemometers aufgebaut, um ein kompaktes System zu erhalten. Alle Komponenten sind in einem Aluminiumgehäuse montiert und als Untereinheiten in Modulen zusammengefaßt, die einfach durch Öffnungen auf der Rückseite einschiebbar sind. Die Teilchenvolumenkonzentration kann unter Benutzung der oben gezeigten Einrichtung aus der momentanen Teilchengeschwindigkeit und aus der durch das Meßvolumen pro Zeiteinheit gelangenden Teilchenrate berechnet werden.

12.30 <u>TEILCHENGRÖSSENBESTIMMUNGEN AUS MODULATIONSGRAD-MESSUNGEN</u>

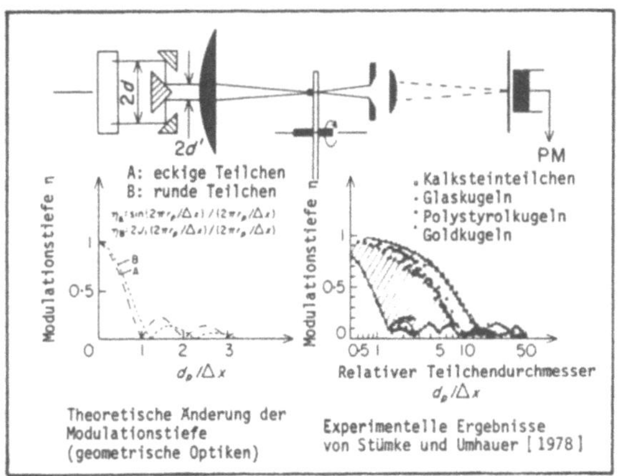

Der Vorschlag, daß die Teilchengröße aus dem Modulationsgrad des Doppler-Signals bestimmt werden kann, wurde von verschiedenen Autoren gemacht und wurde in den Abschnitten 11.21 bis 11.24 behandelt. Farmer (1974) z.B. behauptete, daß der Modulationsgrad zumindest für $r_p \approx \Delta x$ direkt mit der Teilchengröße in Beziehung steht. Hierin bedeutet Δx den Abstand der Streifen. Diese Behauptung wurde durch Argumente, die auf geometrischen optischen Eigenschaften basieren und durch einige experimentelle Befunde unterstützt.

In den Erörterungen von Durst (1974), die auf der Mieschen Streuung basieren, wird vorgeschlagen, daß Analysen, wie sie von Farmer angegeben wurden, nur zur heuristischen Erläuterung von Signaleigenschaften herangezogen werden sollten. Die nachfolgenden Berechnungen von Durst und Eliasson (1975), die in Abschnitt 4.18 aufgeführt wurden, unterstützen diese Ansicht. Rein geometrisch optische Eigenschaften beinhalten weiter, daß der Modulationsgrad vom Teilchenmaterial unabhängig ist. Die experimentellen Befunde von Stümke und Umhauer [1978], welche die oben gezeigte Anordnung zur Variation des Streifenabstandes bei gegebener Teilchengröße verwendeten, demonstrierten, daß dies nicht korrekt ist. Sie haben den Modulationsgrad als eine Funktion von $r_p/\Delta x$ gemessen und zeigten, daß das Ergebnis vom Teilchenmaterial und von der Oberflächenrauhigkeit abhängig ist.

Außer den Unzulänglichkeiten in den theoretischen Beziehungen zwischen Teilchendurchmesser und Modulationsgrad ist die Genauigkeit, mit welcher der Teilchendurchmesser bestimmt werden kann, durch praktische Schwierigkeiten bei der Messung des Modulationsgrades begrenzt (siehe Abschnitt 11.23). Der Modulationsgrad wird normalerweise aus der Darstellung des Doppler-Signals auf dem Oszilloskop erhalten und ist somit Ursache von Meßfehlern von einigen Prozenten beim Messen der Signal-Amplituden. Zusätzlich trägt die begrenzte Anzahl von Aufzeichnungen, die auf diese Weise verarbeitet werden können und eine mögliche Gewichtung (BIAS) in den Ergebnissen durch Rauschen und durch die Triggerspannungsfestlegungen des Oszilloskops zu einem hohen Maß an Unsicherheit in den Ergebnissen bei. Aus diesen Gründen sollte der Streifenmodulationsgrad zur Bestimmung der Teilchengröße mit großer Vorsicht verwendet werden.

12.31 MESSUNGEN IN ZWEIPHASENSTRÖMUNGEN MIT FESTSTOFFTEILCHEN, 1

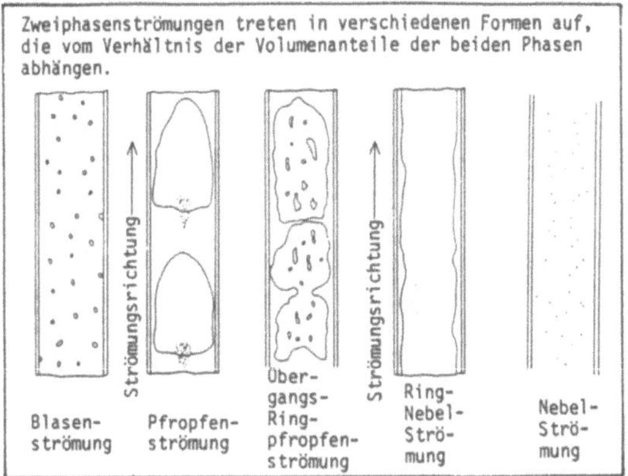

Zweiphasenströmungen können komplexe Strömungsfelder besitzen und Messungen der Strömungsfelder beider Phasen stellen Aufgaben, die nicht mit einem einzigen Instrument für sämtliche Zweiphasenströmungen gelöst werden können. Zweiphasenströmungen mit Feststoffteilchen können dagegen einfache Strömungsfelder besitzen, die die sorgfältige Anwendung optischer Meßtechniken rechtfertigen. Laser-Doppler-Meßtechniken, die befriedigend in Strömungen mit Kugelteilchen funktionieren, wurden von Durst und Zaré [1975] und Durst [1978] vorgestellt und zur Anwendung vorgeschlagen. In Systemen dieser Art können folgende lokale Informationen erhalten werden:

a) Momentane Geschwindigkeit des Strömungsmediums
b) Momentane Geschwindigkeit der suspendierten Teilchen
c) Größenverteilung der suspendierten Teilchen
d) Konzentration der suspendierten Teilchen.

Messungen in Gas-Feststoff-Zweiphasenströmungen wurden z.B. von Farmer [1974], Riethmüller [1973], Carlson und Peskin [1975], Popper et al. [1975], Kolansky et al. [1976], Stümke und Umhauer [1978] versucht. Über ähnliche Versuche in nebligen Strömungen mit großen Flüssigkeitsteilchen, z.B. in Naßdampf, wurde von Crane und Melling [1975] berichtet und diese bestätigten die Ergebnisse, die mit Feststoffteilchen erhalten wurden.

Die ersten Versuche, Laser-Doppler-Messungen in Blasenströmungen durchzuführen, wurden von Lading [1971] und Davies [1973] durchgeführt. Davies [1973] zeigte, daß Doppler-Signale mit hoher Qualität auch von solchen Teilchen erhalten werden können, deren Durchmesser größer als der Streifenabstand des Interferenzmusters im Meßvolumen ist. Dies wurde von Ohba et al. [1976, 1977] bestätigt, die Referenzstrahlmessungen mit Aufzeichnungen

der Lichtabschwächung kombinierten, um Informationen über die Geschwindigkeit und die Konzentration in turbulenten Blasenströmungen zu erhalten.

Die oberen Publikationen geben den momentanen Stand der Entwicklung von
Laser-Doppler-Anemometern für Zweiphasenströmungen wieder. Es sind bisher
keine umfangreichen Messungen von Geschwindigkeitsfeldern in Zweiphasenströmungen vorhanden und die Instrumente, um solche Messungen durchzuführen, sind noch in Entwicklung. Nützliche Richtlinien wurden von Durst und
Zaré [1975] zusammen mit den Erklärungen des Doppler-Signals, das in Zweiphasenströmungen mit Festkörperteilchen erhalten wird, in einer umfassenden
Arbeit angegeben. Diese Autoren berichten, daß die Doppler-Signale von großen Teilchen von Interferenzstreifensystemen herrühren, die im Raum durch
die beiden Strahlen eines Anemometers entstehen, nachdem diese von den
Teilchen reflektiert wurden. Das Interferenzmuster bewegt sich infolge der
Bewegung des reflektierenden Teilchens und liefert die Intensitätsänderungen, die vom Photomultiplikator detektiert werden, siehe Abschnitte 12.32
und 12.33.

12.32 MESSUNGEN IN ZWEIPHASENSTRÖMUNGEN MIT FESTSTOFFTEILCHEN, 2

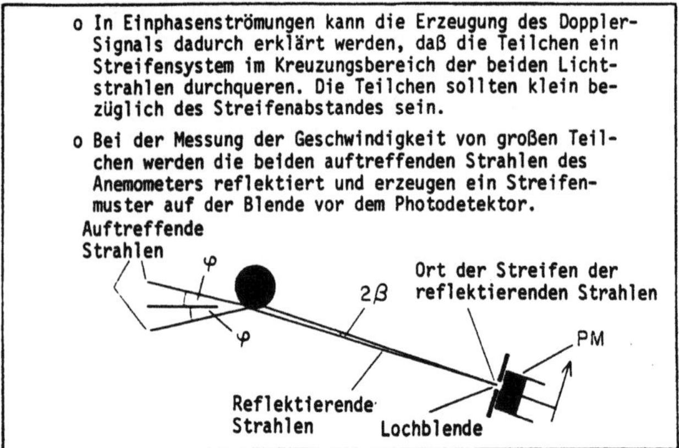

Durst und Zaré [1975] zeigten, daß die zwei von einem großen sphärischen
Teilchen reflektierten Laserstrahlen sich im Raum überlagern und ein nicht-
lineares Streifensystem erzeugen. Für einen gegebenen Standort des Teilchens existieren die Streifen nur in der Richtung, in welche die Strahlen
reflektiert und überlagert werden. Da das Teilchen sich bewegt, ändert das
Streifensystem seinen Standort. Aus diesem Grunde wird eine Blende vor dem
Photomultiplikator von den Streifen gekreuzt und es ergibt sich eine variierende Intensität über der Lochblende. Die Streifen ändern ihre Form bei
der Bewegung durch den Raum. Sie sind linear in der Rückwärtsrichtung und
stark nichtlinear in der Vorwärtsrichtung.

Durst und Zaré [1975] zeigten, daß die resultierende Frequenz, die bei der Kreuzung der Streifen am Photodetektor auftritt, durch eine Gleichung beschrieben werden kann, die unabhängig vom Standort des Multiplikators ist:

$$\nu_D = \frac{2}{\lambda} \left[U_\perp \cos \beta \pm U_\parallel \sin \beta \right] \sin \varphi .$$

Diese Gleichung zeigt, daß die Frequenz des resultierenden Signals auf die Geschwindigkeitskomponente anspricht, die senkrecht zur Achse der zwei auftreffenden Strahlen steht. In den meisten praktischen Fällen ist der Winkel β sehr klein und deshalb ist der Term $U_\parallel \cdot \sin \beta$ klein im Vergleich zu dem Term $U_\perp \cdot \cos \beta$, so daß obige Gleichung wie folgt für Auswertezwecke vereinfacht werden kann:

$$\nu_D \simeq \frac{2 U_\perp \sin \varphi}{\lambda} .$$

Der Winkel β ist eine Funktion des Winkels zwischen den beiden auftreffenden Strahlen und des Verhältnisses L/R, d.h. des Detektorabstandes L und des Teilchendurchmessers R. Für große Werte L/R strebt der Winkel β gegen den Wert 0. Der Winkel β nimmt zusätzlich mit fallendem Winkel φ ab.

Die gleichen Überlegungen gelten für Lichtstrahlen, die von transparenten Teilchen gebrochen werden. In diesem Fall ergeben sich lineare Interferenzstreifen in Vorwärtsrichtung und die Doppler-Frequenz hängt nicht von der Geschwindigkeitskomponente parallel zu den auftreffenden Lichtstrahlen ab. Die Gleichung für die Doppler-Frequenz läßt sich für diesen Fall wie folgt angeben:

$$\nu_D \simeq \frac{2 U_\perp (\sin \varphi - \sin \beta)}{\lambda} .$$

12.33 MESSUNGEN IN ZWEIPHASENSTRÖMUNGEN MIT FESTSTOFFTEILCHEN, 3

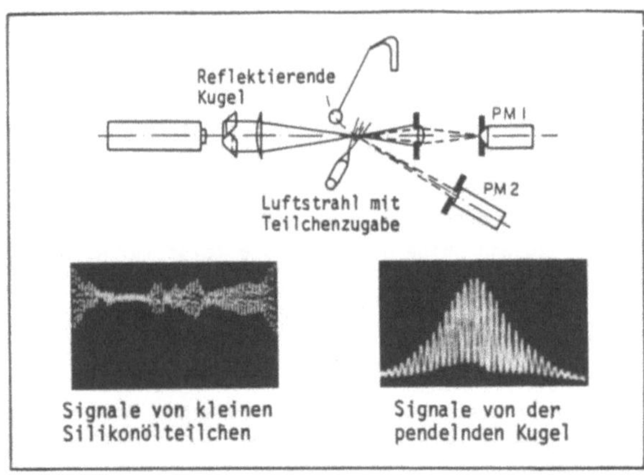

Um zu zeigen, daß Messungen in Zweiphasenströmungen möglich sind, können Versuche unter Verwendung der Überlegungen von Durst und Zaré [1975], durchgeführt werden. Die obige Tafel zeigt ein solches Experiment. Es besteht aus einer Luftströmung, die kleine Silikonöltröpfchen mitführt und einer reflektierenden Kugel, die ein großes Feststoffteilchen einer Zweiphasenströmung simuliert und durch das Meßkontrollvolumen pendelt. In dieser simulierten Zweiphasenströmung läßt sich die Strömungsgeschwindigkeit aus der Frequenz der Signale der Silikonöltröpfchen und die Teilchengeschwindigkeit aus der Frequenz der Signale der großen Kugel ermitteln. Die Signale der großen Kugel und der kleinen Teilchen werden von verschiedenen Photomultiplikatoren erfaßt und mit Hilfe eines Transientenrekorders aufgezeichnet und abgespeichert, um für fotografische Zwecke wieder auf ein Oszilloskop ausgegeben zu werden. Die zwei Bilder auf obiger Tafel zeigen, daß kein Signal von den kleinen Teilchen der Luftströmung vorhanden ist, wenn das Signal von der reflektierenden Kugel aufgezeichnet wird. Das gleiche gilt für den umgekehrten Fall. Dies zeigt, daß das elektronische System in der Lage ist, die Informationen von zwei Phasen zu trennen. In wirklichen Zweiphasenströmungen mit Feststoffteilchen kann ein Übersprechen der beiden Kanäle auftreten, wenn sich die großen Teilchen nicht zentral durch das Meßkontrollvolumen bewegen. Der kombinierte Gebrauch von automatischen Filterbänken und Photodioden-Schaltkreisen wurde von Durst [1978] vorgeschlagen, um dieses Übersprechen zu verhindern.

Durst und Zaré [1975] zeigten ebenfalls die Anwendbarkeit von Laser-Doppler-Systemen in Blasenströmungen. Abdelmessih et al. [1980a,b] verwendeten ein Vorwärtsstreusystem zur Messung der Blasengeschwindigkeit über einen großen Bereich von Blasendurchmessern. Sie führten außerdem eine Parameterstudie zur Optimierung von optischen Systemen bei Messungen in feststoffbeladenen Zweiphasenströmungen durch. Eine Grundausrüstung zur Durchführung umfangreicher Messungen, wie in Einphasenströmungen, ist bisher noch nicht erhältlich. Nichtsdestoweniger haben die Studien von feststoffbeladenen Zweiphasenströmungen, die z.B. von Durst [1978] durchgeführt wurden, Möglichkeiten der Laser-Doppler-Techniken für solche Anwendungsfälle gezeigt. Weitere Arbeiten können in Zukunft erwartet werden.

12.34 DIE AUSWERTUNG VON LASER-DOPPLER-MESSUNGEN, 1: EINDIMENSIONALE ANEMOMETER

Auswertungsgleichung $\hat{\nu}_D = \frac{1}{\lambda} \{\hat{U}\}_i \{n\}_i$.

Momentaner Geschwindigkeitsvektor:
$$\{\hat{U}\}_i = \{U_1, U_2, U_3\}$$
$$\hat{U}_i = U_i + u_i .$$

Empfindlichkeitsvektor des Anemometers:
$$\{n\}_i = 2\sin\varphi\{\cos a_1, \cos a_2, \cos a_3\} .$$

Momentane Signalfrequenz: $\hat{\nu}_D = \nu_D + \Delta\nu_D$.

Auswertungsgleichung:
$$(\nu_D + \Delta\nu_D) = \frac{2\sin\varphi}{\lambda} [U_1 \cos a_1 + U_2 \cos a_2 + U_3 \cos a_3 +$$
$$+ u_1 \cos a_1 + u_2 \cos a_2 + u_3 \cos a_3] .$$

In den vorherigen Abschnitten wurden die Geschwindigkeitsmessungen vorgestellt ohne auf die Auswertung der erhaltenen Daten einzugehen, um aus den gemessenen Doppler-Frequenzen die gewünschten Informationen über das Strömungsfeld zu erhalten. Die Auswertung von Laser-Doppler-Messungen wird in den folgenden Abschnitten für ein- und zweidimensionale Laser-Doppler-Systeme erklärt.

Es wurde aufgezeigt, daß Laser-Doppler-Anemometer lineare Geschwindigkeitsmeßwertaufnehmer mit einem Frequenzgang sind, der durch folgende Beziehung gegeben ist:

$$\hat{\nu}_D = \frac{1}{\lambda} \{\hat{U}\}_i \{n\}_i .$$

Hierin entspricht λ der Wellenlänge der vorliegenden Strahlung, $\{\hat{U}\}_i$ dem momentanen Geschwindigkeitsvektor und $\{n\}_i$ dem "Transformationsvektor" des Anemometers. Für ein festes Koordinatensystem x_i können die zwei Vektoren der obigen Gleichung in folgender Form ausgedrückt werden:

$$\{\hat{U}\}_i = \{U_1, U_2, U_3\} \quad \text{and} \quad \{n\}_i = 2\sin\varphi\{\cos a_1, \cos a_2, \cos a_3\} .$$

In dieser Gleichung bedeutet φ der halbe Winkel zwischen den Lichtstrahlen und a_1, a_2, a_3 die Winkel, die der Vektor $\{n\}_i$ mit den Koordinatenachsen bildet. Die momentanen Geschwindigkeitskomponenten und die momentane Signalfrequenz lassen sich wie folgt ausdrücken:

$$\hat{U}_i = U_i + u_i \quad , \qquad \hat{\nu}_D = \nu_D + \Delta\nu_D \ .$$

Durch Kombination der obigen Gleichungen ergibt sich folgende Beziehung:

$$(\nu_D + \Delta\nu_D) = \frac{2\sin\varphi}{\lambda} \ [U_1 \cos a_1 + U_2 \cos a_2 + U_3 \cos a_3 +$$
$$u_1 \cos a_1 + u_2 \cos a_2 + u_3 \cos a_3] \ .$$

Diese Gleichung stellt die Grundbeziehung für die Auswertung von strömungs-mechanischen Größen aus Frequenzmessungen von Laser-Doppler-Signalen dar. Dies wird im folgenden Abschnitt generell gezeigt.

12.35 DIE AUSWERTUNG VON LASER-DOPPLER-MESSUNGEN, 2: EINDIMENSIONALE ANEMOMETER

Messungen der mittleren Geschwindigkeitskomponenten:

$$[\nu_D]_A = \frac{2\sin\varphi}{\lambda} \ [U_1 \cos a_{1,A} + U_2 \cos a_{2,A} + U_3 \cos a_{3,A}] \ .$$

Drei Messungen (A = 1, 2, 3) führen zu drei Auswertegleichungen mit welchen U_1, U_2, U_3 bestimmt werden können. Auswertung der Turbulenzintensitäten und Schubspannungen:

$$\overline{\Delta\nu_D^2} = \frac{4\sin^2\varphi}{\lambda^2} \ [\overline{u_1^2} \cos^2 a_{1,A} + \overline{u_2^2} \cos^2 a_{2,A} + \overline{u_3^2} \cos^2 a_{3,A}$$
$$+ 2\overline{u_1 u_2} \cos a_{1,A} \cos a_{2,A} + 2\overline{u_1 u_3} \cos a_{1,A} \cos a_{3,A}$$
$$+ 2\overline{u_2 u_3} \cos a_{2,A} \cos a_{3,A}] \ .$$

Eine Zeitmittelung, die auf die Auswertungsgleichung der vorherigen Seite angewendet wird, liefert die folgende Beziehung zwischen der gemessenen, mittleren Signalfrequenz und der mittleren Geschwindigkeitskomponente.

$$\nu_D = \frac{2\sin\varphi}{\lambda} \ [U_1 \cos a_1 + U_2 \cos a_2 + U_3 \cos a_3] \ .$$

Drei Messungen mit unterschiedlichen "Transformationsvektoren" $\{n\}_i$ ermöglichen die Berechnung der mittleren Geschwindigkeitsvektoren U_1, U_2 und U_3.

Die Kombination der obigen Gleichung und der Auswertungsgleichung liefert die für die Auswertung der Schwankungsgrößen der Geschwindigkeit erforderliche Beziehung:

$$\overline{\Delta v_D^2} = \frac{4\sin^2\varphi}{\lambda^2} \left[\overline{u_1^2}\cos^2 a_1 + \overline{u_2^2}\cos^2 a_2 + \overline{u_3^2}\cos^2 a_3 + \right.$$

$$\left. + 2(\overline{u_1 u_2}\cos a_1 \cos a_2 + \overline{u_1 u_3}\cos a_1 \cos a_3 + \overline{u_2 u_3}\cos a_2 \cos a_3)\right] .$$

Die Messung der Standardabweichung der Signalfrequenz für sechs verschiedene Richtungen des Empfindlichkeitsvektors $\{n_j\}_i$, (j = 1, 2, ... 6) ermöglicht die Auswertung aller Korrelationen $\overline{u_i u_j}$ zweiter Ordnung.

Ähnliche Auswertungsgleichungen können für Korrelationen höherer Ordnung abgeleitet werden:

$$\overline{\Delta v_D^n} = (\frac{2\sin\varphi}{\lambda})^n \overline{[u_1\cos a_1 + u_2\cos a_2 + u_3\cos a_3]^n} .$$

Die Komplexität der Auswertungsgleichungen reduziert sich, wenn für die "Transformationsvektoren" $\{n\}_j$ Vorzugsrichtungen vorgegeben werden, z.B. parallel zur x_1-Achse: $\{n\}_i = \{1, 0, 0\}$:

$$U_1 = \frac{\lambda v_D}{2\sin\varphi} ; \quad \overline{u_1^2} = \frac{\overline{\Delta v_D^2}\lambda^2}{4\sin^2\varphi} ; \quad \overline{u_1^n} = \frac{\overline{\Delta v_D^n}\lambda^n}{2^n\sin^n\varphi} .$$

Somit ist die Auswertung der Messungen, die mit einer eindimensionalen Optik durchgeführt werden, ähnlich zu den Messungen mit einem Einzelhitzdraht. Jedoch sind Laser-Doppler-Anemometer durch ein genaues Cosinus-Gesetz-Antwortverhalten ausgezeichnet und daher sind die Auswertungsgleichungen einfacher.

12.36 DIE AUSWERTUNG VON LASER-DOPPLER-MESSUNGEN, 3:
ZWEIDIMENSIONALE (ZWEISTREUSTRAHL-) ANEMOMETER

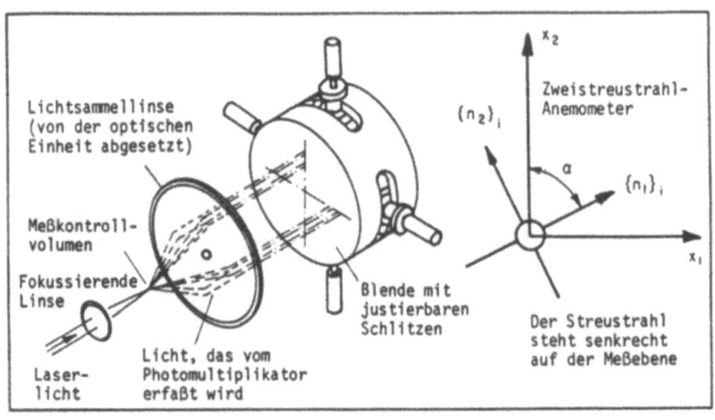

Die Verfügbarkeit von zweidimensionalen Anemometern ermöglicht die simultane Messung von zwei Signalfrequenzen, die lineare Funktionen von zwei momentanen Geschwindigkeitskomponenten sind. Die letzteren können aus der gemessenen Frequenzinformation gewonnen werden, wenn das Anemometer in einer Weise positioniert wird, daß die Frequenzen der beiden Signale nur Funktionen von zwei Geschwindigkeitskomponenten sind.

Bei Zweistreustrahl-Laser-Doppler-Anemometern stehen die zwei "Transformationsvektoren" $\{n_1\}_i$ und $\{n_2\}_i$ senkrecht zueinander und senkrecht zum Streustrahl. Wenn der letztere senkrecht zu der Ebene, z.B. x_1-, x_2-Ebene, steht, in welcher die simultanen Messungen von zwei Geschwindigkeitskomponenten durchgeführt werden, dann gelten folgende Gleichungen:

$$\{n_1\}_i = \frac{2\sin\varphi_1}{\lambda}\{\sin\alpha, \cos\alpha,\ 0\}$$

$$\{n_2\}_i = \frac{2\sin\varphi_2}{\lambda}\{-\cos\alpha, \sin\alpha,\ 0\}$$

$$\{U\}_i = \{U_1, U_2, 0\}\ .$$

Hierin ist α der Winkel zwischen dem Vektor $\{n_1\}_i$ und der x_2-Achse. Daraus folgt:

$$U_{D_1} = \frac{2\sin\varphi_1}{\lambda}\ (U_1\sin\alpha + U_2\cos\alpha)$$

und

$$U_{D_2} = \frac{2\sin\varphi_2}{\lambda}\ (-U_1\cos\alpha + U_2\sin\alpha)\ .$$

Durch Einführung von $\varphi_1 = \varphi_2 = \varphi$ ergeben sich die momentanen Geschwindigkeitsvektoren, wie folgt:

$$\hat{U}_1 = \frac{\lambda}{2\sin\varphi}\ (\hat{v}_{D_1}\sin a - \hat{v}_{D_2}\cos a)$$

$$\hat{U}_2 = \frac{\lambda}{2\sin\varphi}\ (\hat{v}_{D_1}\cos a + \hat{v}_{D_2}\sin a)\ .$$

Aus diesen Gleichungen können die mittleren Geschwindigkeitskomponenten und die Turbulenzgrößen berechnet werden.

12.37 DIE AUSWERTUNG VON LASER-DOPPLER-MESSUNGEN, 4 ZWEIDIMENSIONALE (ZWEISTREUSTRAHL-) ANEMOMETER

Zweiphasenstreustrahlanemometer: (Streustrahl steht senkrecht auf der Ebene, in welcher die Geschwindigkeitskomponenten gemessen werden)

$$\{n_1\}_i = \frac{2\sin\varphi_1}{\lambda}\ \{\sin a, \cos a, 0\}\quad \{\hat{U}\}_i = \{\hat{U}_1, \hat{U}_2, 0\}$$

$$\{n_2\}_i = \frac{2\sin\varphi_2}{\lambda}\ \{-\cos a, \sin a, 0\}$$

$$\hat{v}_{D_1} = \frac{2\sin\varphi_2}{\lambda}\ \{\hat{U}_1\sin a + \hat{U}_2\cos a\}$$

$$\hat{v}_{D_2} = \frac{2\sin\varphi_2}{\lambda}\ \{-\hat{U}_1\cos a + \hat{U}_2\sin a\}$$

$$\varphi_1 = \varphi_2 = \varphi:\ \hat{U}_1 = \frac{\lambda}{2\sin\varphi}\ (\hat{v}_{D_1}\sin a - \hat{v}_{D_2}\cos a)$$

$$\hat{U}_2 = \frac{\lambda}{2\sin\varphi}\ (\hat{v}_{D_1}\cos a + \hat{v}_{D_2}\sin a)$$

Die Gleichungen, die auf der vorherigen und dieser Seite abgeleitet wurden, sind oben aufgeführt und können nun weiterverarbeitet werden, um die mittleren Geschwindigkeitskomponenten und die Turbulenzgrößen zu erhalten. Eine zeitliche Mittelwertsbildung der beiden Gleichungen ergibt die mittleren Geschwindigkeitskomponenten:

$$U_1 = \frac{\lambda}{2\sin\varphi}\ (v_{D_1}\sin a - v_{D_2}\cos a);\qquad U_2 = \frac{\lambda}{2\sin\varphi}\ (v_{D_1}\cos a + v_{D_2}\sin a)\ .$$

Durch Einführung von $\hat{U}_i = U_i + u_i$ und $\hat{v}_{D_i} = v_{D_i} + \Delta v_{D_i}$ für $i = 1, 2$ in den Gleichungen der obigen Dia-Vorlage und durch Subtraktion der Ausdrücke für die mittleren Geschwindigkeitskomponenten ergeben sich folgende Ausdrücke:

$$u_1 = \frac{\lambda}{2\sin\varphi}\ [\Delta v_{D_1}\sin a - \Delta v_{D_2}\cos a]$$

$$u_2 = \frac{\lambda}{2\sin\varphi}\ [\Delta v_{D_1}\cos a + \Delta v_{D_2}\sin a]\ .$$

Für $\alpha = \pi/4$ vereinfachen sich die letztgenannten Gleichungen, wie folgt:

$$u_1 = \frac{\lambda}{(2)^{3/2}\sin\varphi}\left[\Delta\nu_{D_1} - \Delta\nu_{D_2}\right]$$

$$u_2 = \frac{\lambda}{(2)^{3/2}\sin\varphi}\left[\Delta\nu_{D_1} + \Delta\nu_{D_2}\right].$$

Die gleichzeitige Bestimmung der Summe und der Differenz der Frequenzschwankungen ermöglicht die Berechnung von $\overline{u_1^2}$, $\overline{u_2^2}$ und $\overline{u_1 u_2}$.

$$\overline{u_1^2} = \frac{\lambda^2}{8\sin^2\varphi}\overline{\left[\Delta\nu_{D_1} - \Delta\nu_{D_2}\right]^2}$$

$$\overline{u_2^2} = \frac{\lambda^2}{8\sin^2\varphi}\overline{\left[\Delta\nu_{D_1} + \Delta\nu_{D_2}\right]^2}$$

$$\overline{u_1 u_2} = \frac{\lambda^2}{8\sin^2\varphi}\overline{\left[\Delta\nu_{D_1} - \Delta\nu_{D_2}\right]\left[\Delta\nu_{D_1} + \Delta\nu_{D_2}\right]}.$$

Die gleichen Ableitungen ergeben sich auch für die anderen Geschwindigkeitskorrelationen, z.B. $\overline{u_3^2}$, $\overline{u_1 u_3}$ und $\overline{u_2 u_3}$.

12.38 DIE AUSWERTUNG VON LASER-DOPPLER-MESSUNGEN, 5: ZWEIDIMENSIONALE (REFERENZSTRAHL-) ANEMOMETER

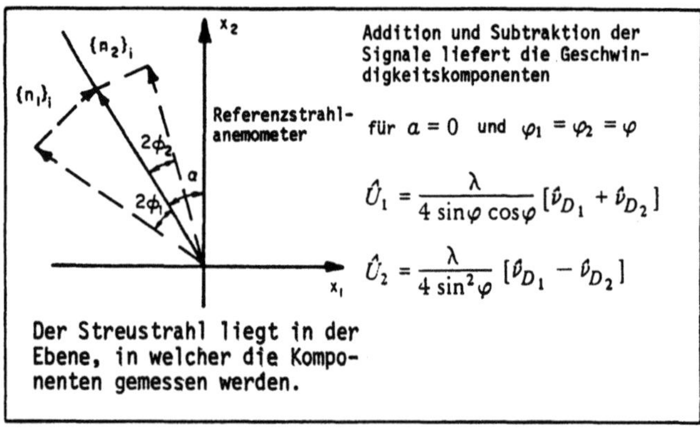

Bei zweidimensionalen Geschwindigkeitsmessungen mit Referenzstrahl-Anemometern müssen der Streustrahl und die zwei Referenzstrahlen in der Ebene liegen, in der die Geschwindigkeitskomponenten bestimmt werden, z.B. in der x_1,x_2-Ebene eines raumfesten Koordinatensystems. Aus den Darstellungen in der Dia-Vorlage können die folgenden Gleichungen abgeleitet werden:

$$\{n_1\}_i = \frac{2\sin\varphi_1}{\lambda}\left\{\cos(a+\varphi_1), \sin(a+\varphi_1), 0\right\}$$

$$\{n_2\}_i = \frac{2\sin\varphi_2}{\lambda}\{\cos(a-\varphi_2),\ \sin(a-\varphi_2),\ 0\}$$

$$\{U\}_i = \{U_1, U_2, U_3\} \qquad \vartheta_D = \frac{1}{\lambda}\{U\}_i\{n\}_i \quad .$$

Hierin ist α der Winkel zwischen dem Streustrahl und der x_2-Achse, und φ_1, φ_2 sind die halben Winkel zwischen dem Streustrahl und den beiden Referenzstrahlen. Die Kombination der oben angegebenen Gleichungen liefert die folgende Beziehung:

$$\vartheta_{D_1} = \frac{2\sin\varphi_1}{\lambda}[U_1\cos(a+\varphi_1) + U_2\sin(a+\varphi_1)]$$

$$\vartheta_{D_2} = \frac{2\sin\varphi_2}{\lambda}[U_1\cos(a-\varphi_2) + U_2\sin(a-\varphi_2)] \quad .$$

Für α = 0° und $\varphi_1 = \varphi_2 = \varphi$ ergeben sich die Beziehungen:

$$U_1 = \frac{\lambda}{4\sin\varphi\cos\varphi}[\vartheta_{D_1} + \vartheta_{D_2}]$$

und

$$U_2 = \frac{\lambda}{4\sin^2\varphi}[\vartheta_{D_1} - \vartheta_{D_2}] \quad .$$

Diese Gleichungen können entsprechend den Gleichungen in Abschnitt 12.31 verwendet werden, um die endgültigen Beziehungen für die mittleren Geschwindigkeitskomponenten und für die verschiedenen Turbulenzgrößen abzuleiten.

12.39 <u>ZUSAMMENFASSUNG UND ABSCHLIESSENDE BEMERKUNGEN</u>

o Zweistrahl- und Referenzstrahl-Anemometer sollten in Strömungen mit niedriger, bzw. hoher Teilchenkonzentration verwendet werden.

o Modulare optische Systeme sind vorteilhaft.

o Zeitliche und räumliche Korrelationsmessungen können mit Laser-Doppler-Anemometern durchgeführt werden.

o Messungen in hochturbulenten Strömungen erfordern Frequenzverschiebungseinrichtungen.

o Teilchen mit einem Durchmesser $\lesssim$ 0,2 µm werden für Hochgeschwindigkeitsströmungen benötigt.

o Laser-Doppler-Anemometer können in Zweiphasenströmungen mit festen Teilchen angewendet werden.

Zweistrahl-Anemometer, die aus optischen Komponenten aufgebaut sind, die aufeinander und auf die Strömung abgestimmt sind, sollten in Strömungen mit niederer Teilchenkonzentration verwendet werden. Referenzstrahl-Anemometer sind bei hohen Teilchenkonzentrationen vorteilhaft. Anemometer, die aus einzelnen optischen Modulen zusammengesetzt sind, sind für einen weiten Bereich von Strömungen anpaßbar, und verschiedene Module können kombiniert werden, um ein- und zweidimensionale Geschwindigkeitsmessungen an einem Punkt und auch räumliche Korrelationsmessungen zu gestatten. Vorjustierte optische Systeme basieren auf speziellen optischen Prismen. Diese liefern die erforderliche mechanische Stabilität und können mit verschiedenen Strahlteilerschichten ausgestattet sein, um zwei gleich starke Strahlen, einen Streu- und einen Referenzstrahl oder zwei Strahlen mit zueinander senkrechten Polarisationsrichtungen, die eine optische Gleichspannungsunterdrückung ermöglichen, zu erhalten.

Einfache Laser-Doppler-Anemometer ohne Frequenzverschiebung sind unempfindlich auf Geschwindigkeitsvektoren bei denen ein Teilchen nur wenige Streifen im Meßvolumen kreuzt. Diese Situation kommt besonders bei hochturbulenten Strömungen vor und es ist aus diesem Grunde notwendig, Frequenzverschiebungen der einfallenden Strahlen vorzunehmen, um eine ausreichende Anzahl von Doppler-Perioden, selbst von Teilchen, die sich näherungsweise parallel zu den Streifen bewegen, pro Doppler-Signal zu erhalten. Tracer-Teilchen mit genügend schnellen Reaktionen auf große Beschleunigungen, wie sie in Hochgeschwindigkeitsströmungen auftreten, sollten einen Durchmesser kleiner als 0,2 µm besitzen. Spezielle Teilchengeneratoren werden benötigt, um solche Teilchen zu erzeugen. Sorgfalt ist ebenfalls bei der Zugabe von Teilchen in Strömungen mit Verbrennungsvorgängen notwendig. Die Teilchen sollten den Verbrennungsprozeß nicht beeinflussen. Metall-Oxyd-Teilchen erscheinen hierbei besonders brauchbar zu sein.

Bei der Auswertung von Laser-Doppler-Messungen in Verbrennungssystemen sind die Unterschiede in der Teilchenkonzentration und in den Geschwindigkeiten zu berücksichtigen, die beim Überschreiten der Flammenfront auftreten. Diese Beachtung ist erforderlich, da die Strömungseigenschaften des unverbrannten Gases und der Verbrennungsprodukte letztlich zu den Messungen beitragen, entsprechend ihrer relativen Anwesenheitsdauer im Meßkontrollvolumen.

Die Laser-Doppler-Anemometrie kann für Messungen der Teilchengröße und -konzentration erweitert werden. Für große Teilchen werden die interferometrischen Eigenschaften der Lichtstrahlen , die von der Teilchenoberfläche reflektiert werden, für solche Messungen benutzt. Die Bewegung des resultierenden Interferenzmusters im Raum ermöglicht die Ableitung der Teilchengeschwindigkeit. Der im Raum durch Reflektion der Laserstrahlen des LDA-Systems sich einstellende Streifenabstand hängt von der optischen Geometrie und der Teilchengröße ab.

13. PRAKTISCHE ANWENDUNGEN VON LASER-DOPPLER-ANEMOMETERN

13.1 ZUSAMMENFASSUNG UND ZWECK

> In diesem Kapitel werden neuere Anwendungen der Laser-Doppler-Anemometrie beschrieben:
>
> - Grenzschichtströmungen (F. Durst)
> - Strömung mit Ablösung 1 (M. Founti und W. Schierholz)
> - Strömung mit Ablösung 2 (M. Founti)
> - Brechungsindexanpassung (B. Mohr)
> - Strömungen in Verbrennungsmotoren (S. Bopp und H. Krebs)
> - Messungen in Windkanälen (F. Ernst und J. Völklein)
> - Zweiphasenströmungen (T. Börner)

Das hier vorliegende Kapitel unterscheidet sich wesentlich von dem Kapitel 13 der englischen Fassung des Buches. Es werden Anwendungen der Laser-Doppler-Anemometrie für ausgewählte Strömungsprobleme zusammenfassend beschrieben, die größtenteils am Lehrstuhl für Strömungsmechanik der Universität Erlangen und am Mechanical Engineering Department des Imperial College in London durchgeführt wurden. Die englische Fassung umfaßt dagegen kurze Hinweise auf viele Einzelmessungen, die in der Literatur umfassend beschrieben sind. Es wird erhofft, daß die hier gewählten Darstellungen besser geeignet sind, dem Leser aufzuzeigen, wie Laser-Doppler-Messungen in verschiedenen Strömungen durchzuführen sind und welche Informationen erhalten werden können.

Die in dem vorliegenden Kapitel beschriebenen Strömungsuntersuchungen werden sehr gut durch die Veröffentlichungen ergänzt, die in diversen Konferenzberichten zusammengefaßt sind, so etwa in:

> Proceedings of 1st to 3rd International Symposium of Applications of Laser Anemometry to Fluid Mechanics LADOAN-Instituto Superior Tecnico, Lissabon, Portugal.

In diesen Proceedings werden neuere Anwendungen der Laser-Doppler-Anemometrie beschrieben, die in verschiedenen Laboratorien der Welt durchgeführt werden. Die dort gegebenen Beschreibungen ergänzen die Darstellungen in diesem Kapitel.

Die nachfolgenden Beschreibungen von Laser-Doppler-Messungen wurden in sieben Gruppen unterteilt, von denen sechs durch Mitarbeiter des Lehrstuhls zusammengestellt wurden, deren Namen in der obigen Dia-Vorlage aufgeführt sind. Eine der Gruppen von Strömungsmessungen wurde vom Autor der deutschen Ausgabe übernommen.

13.2 GRENZSCHICHTSTRÖMUNGEN, 1: BESTIMMUNG DES WANDABSTANDES

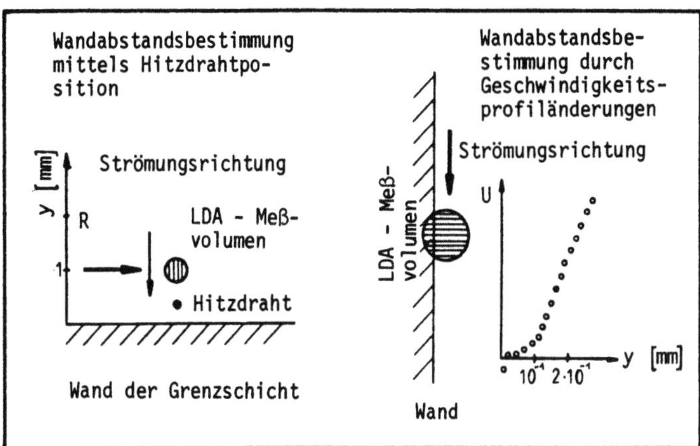

Führt man mit einem Laser-Doppler-Anemometer Geschwindigkeitsmessungen in einer Grenzschicht durch, so gilt es, das Meßkontrollvolumen zu dimensionieren, so daß die räumliche Auflösung ausreichend genaue Messungen innerhalb der viskosen Unterschicht zuläßt. Es gilt somit folgende Bedingungen einzuhalten:

$$d_m^+ = \frac{d_m \cdot u_\tau}{\nu} \approx 1 \quad \text{mit}$$

d_m = Meßkontrollvolumendurchmesser

u_τ = Schubspannungsgeschwindigkeit

ν = kin. Viskosität

Diese Beziehung läßt sich für eine Grenzschicht mit Dicke δ und Außenströmung U_∞, wie folgt umformen:

$$\frac{d_m}{\delta} \cdot \frac{\delta \cdot U_\infty}{\nu} = \frac{u_\tau}{u_\infty} = \frac{d_m}{\delta} \cdot Re \cdot \sqrt{\frac{c_f}{2}} \approx 1$$

Damit gilt für die Durchmesserwahl des Meßvolumens:

$$\frac{d_m}{\delta} \approx \frac{1}{Re \sqrt{\frac{c_f}{2}}}$$

Diese Meßkontrollvolumengröße muß durch Wahl der Fokussierungseigenschaften der Transmissionsoptik und durch die Lochblende vor dem Photomultiplier des eingesetzten LDA-Systems eingestellt werden. Neben der korrekten Wahl der Größe des Meßvolumens ist es für verläßliche Laser-Doppler-Messungen in Grenzschichtströmungen wichtig, den genauen Wandabstand des Meßkontrollvolumens zu kennen. Zu dieser Bestimmung wurden von Durst et al. /1986a/ zwei Methoden vorgeschlagen, die in der obigen Dia-Vorlage skizziert sind. Die erste Methode bedient sich eines feinen Hitzdrahtes, dessen Lage relativ zur Wand der Grenzschicht mit einer von Bhatia et al. /1982/ beschriebenen Methode bestimmt wird. Bewegt man nun das Meßkontrollvolumen eines Laser-Doppler-Anemometers über den Hitzdraht, so wird Streulicht eingefangen, dessen Intensität mit einem DC-gekoppelten Photomultiplier registriert werden kann. Die Streulichtintensität zeigt ein Maximum, wenn der dünne Hitzdraht die Lage der Mittelachse des Meßkontrollvolumens einnimmt. Da diese Lage durch die Hitzdrahtlage bekannt ist, lassen sich alle anderen Lagen durch die Skalenanzeigen der eingesetzten Traversiereinrichtung relativ zur Hitzdrahtlage bestimmen.

Durst et al. /1986a/ beschreiben in ihrer Arbeit eine zweite Methode zur Lagebestimmung des Meßkontrollvolumens eines Laser-Doppler-Anemometers, die obenstehend gleichfalls skizziert ist. Diese Methode basiert auf der Tatsache, daß das Eindringen des Meßkontrollvolumens in die Wand einer Grenzschicht durch eine deutlich beobachtbare Steigungsänderung des gemessenen Geschwindigkeitsprofils gekennzeichnet ist. Nach Auftreten der Steigungsänderung läßt sich die Lage der Wand durch Extrapolation auf U = 0 der Geschwindigkeitspunkte bestimmen, die vor Eindringen des Meßkontrollvolumens in die Wand gemessen werden.

13.3 <u>GRENZSCHICHTSTRÖMUNGEN, 2: MESSUNGEN IN EINER GASSTRÖMUNG</u>

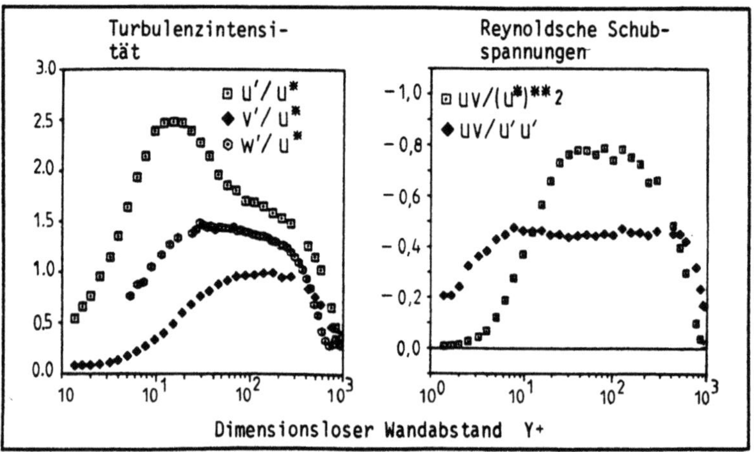

In einer vor kurzem publizierten Arbeit zeigten Karlsson & Johansson /1986/, daß mittels Laser-Doppler-Anemometrie verläßliche Messungen in turbulenten Gasgrenzschichtströmungen zu erhalten sind, insbesondere auch in unmittelbarer Wandnähe. Die zeitlich aufgelösten Geschwindigkeitsmessungen wurden dahingehend ausgewertet, daß Mittelwerte der lokalen Geschwindigkeiten erhalten wurden, sowie Momente der zweiten, dritten und vierten Ordnung der lokalen Geschwindigkeitsfluktuationen. Beispiele der erhaltenen Ergebnisse sind in der obigen Dia-Vorlage aufgezeigt, die den wohlbekannten Verlauf der mit Wandvariablen normierten Geschwindigkeitsverteilung über dem normierten Wandabstand zeigt. Gleichzeitig sind der Effektivwert der longitudinalen Geschwindigkeitsfluktuationen, sowie die Verteilungen der dritten und vierten Momente angegeben. Diese zeigen die von Durst & Jovanovic /1986/ vorhergesagte Übereinstimmung der Lagen der Punkte:

$$\frac{\overline{du^2}}{dy} = 0 \qquad \text{Maximum des Effektivwertes}$$

$$\overline{u^3} = 0 \qquad \text{Vorzeichenänderung der Schiefe der Verteilung der u-Fluktuationen}$$

$$\frac{\overline{du^4}}{dy} = 0 \qquad \text{Minimum der Breite der Verteilung der u-Fluktuationen}$$

Die aufgeführten Messungen haben gezeigt, daß für Grenzschichtmessungen angepaßte Laser-Doppler-Anemometer in der Lage sind, verläßliche Geschwindigkeitsinformationen in Grenzschichten zu liefern. So erhaltene Daten sollten weitere Auswertungen erhalten, um Momente höherer Ordnung der turbulenten Geschwindigkeitsfluktuationen zu erhalten.

13.4 GRENZSCHICHTSTRÖMUNGEN, 3: MESSUNGEN IN EINER FLÜSSIGKEITSSTRÖMUNG

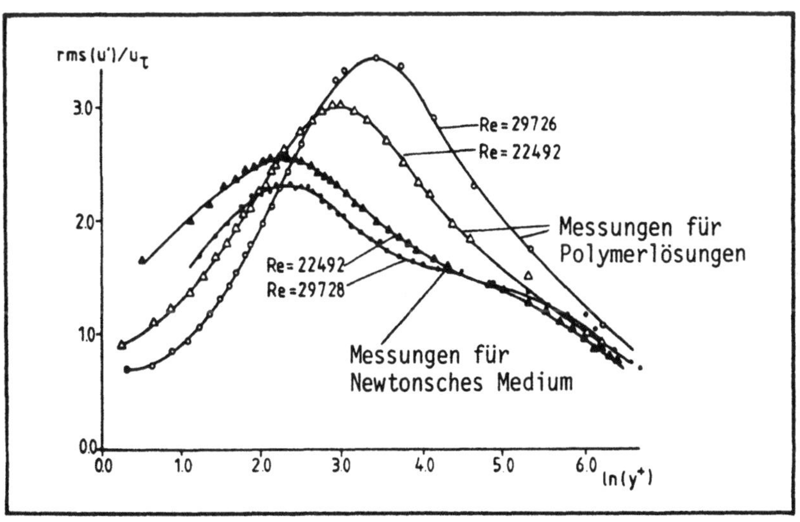

494

In einer experimentellen Studie turbulenter Flüssigkeits-Rohrströmungen mit und ohne Polymeradditiven, gelang es Durst et al. /1979/ eine spezielle Rohrströmungsmeßstrecke zu erstellen, die mit einer Dieselöl-Palatinol-Mischung betrieben wurde. Durch Mischung des Dieselöles mit Palatinol gelang es ein Strömungsfluid zu erhalten, das einen Brechungsindex besaß, der dem des Glases der eingesetzten Rohrmeßstrecke entsprach. Letztere war in einem mit dem selben Fluid gefüllten Sichtkasten untergebracht, so daß die Rohrwandung von den Strahlen des eingesetzten Laser-Doppler-Anemometers ohne Störungen passiert werden konnte. Dies erlaubte störungsfreie Messungen der wandnächsten Strömungsschichten und damit experimentelle Untersuchungen des Bereiches der Strömung, der von Polymeradditiven beeinflußt wird.

Durst et al. /1979/ gelang es, durch die oben beschriebene Brechungsindexanpassung des Strömungsfluids, und durch die Anpassung des Messvolumens an die zu lösende Meßaufgabe, wandnächste Messungen durchzuführen. Von diesen konnte die Wandschubspannung als Produkt der dynamischen Viskosität und des gemessenen Gradienten der mittleren Strömungsgeschwindigkeit berechnet werden:

$$\tau_\omega = -\mu \left(\frac{dU}{dy}\right)_\omega$$

Damit ließ sich das gemessene Geschwindigkeitsprofil mit den Wandvariablen normiert darstellen:

$$u^+ = \frac{U}{u_\tau} = f(y^+) = f\left(\frac{yU_\tau}{\nu}\right)$$

Beispiele von solchen Messungen sind in der obigen Dia-Vorlage für Strömungen mit und ohne Additive aufgezeigt. Diese zeigen deutlich den Einfluß der Polymeradditive auf die Strömung. Dieser Einfluß spiegelt sich auch in Messungen charakteristischer Momente der turbulenten Geschwindigkeitsfluktuationen wieder.

Durch die oben aufgeführte Arbeit wurde nachgewiesen, welche Möglichkeiten detaillierter Strömungsuntersuchungen die Laser-Doppler-Anemometrie eröffnet, wenn sie in Verbindung mit Meßstrecken angewandt wird, die für LDA-Messungen speziell errichtet wurden. Diese Möglichkeiten gilt es bei zukünftigen Untersuchungen zu nutzen, um so Strömungsuntersuchungen durchzuführen, die mit anderen experimentellen Methoden nur bedingt durchführbar sind. Die Laser-Doppler-Anemometrie kann somit die Basis für die Gewinnung neuer Erkenntnisse darstellen, auf denen weiterführende theoretische Überlegungen aufbauen können.

13.5 TURBULENTE UND LAMINARE ABGELÖSTE STRÖMUNGEN

> Dieser Abschnitt behandelt:
>
> o einfache, zweidimensionale Geometrien, die in Strömungen eingebracht zu Ablösegebieten führen;
> o laminare, interne Strömungen, die durch Querschnittsverengungen und -erweiterungen zu Ablösungen führen;
> o komplexe, turbulente Strömungen im Inneren von Kanälen und Rohren;
> o Vergleiche von Strömungsberechnungen und -messungen;
> o Vorschläge für weiterführende Untersuchungen.

Dieser und die nächsten vier Abschnitte beschäftigen sich mit LDA-Messungen in laminaren und turbulenten abgelösten Strömungen. Dabei ist es nicht das Ziel der Darstellungen, die Struktur und die charakteristischen Eigenschaften abgelöster Strömungen zu beschreiben, sondern vielmehr die Möglichkeiten der Laser-Doppler-Anemometrie aufzuzeigen, solche Strömungen zu untersuchen. Schwierigkeiten in der Anwendung der Meßtechnik werden gleichfalls erwähnt, um aufzuzeigen, wo Messungen möglich sind und wo die Laser-Doppler-Anemometrie besonderer Weiterentwicklungen bedarf, um weiterführende Messungen abgelöster Strömungen zu ermöglichen.

Das Ablösegebiet hinter einer Platte ist durch einen großen Druckverlust der Strömung, durch intensive Mischung und hohe Turbulenzproduktion ausgezeichnet. Die speziellen Eigenschaften von platteninduzierten abgelösten Strömungen können sehr verschieden sein, je nachdem, ob sich die Platte in der Nähe einer Oberfläche befindet oder ob sie frei, als Einzelelement, der Strömung ausgesetzt ist. Mit Hilfe der Laser-Doppler-Anemometrie ist es möglich, diese Unterschiede aufzuzeigen und quantitativ zu bestimmen. Hierin liegen teilweise die Interessen begründet, die zu detaillierten Untersuchungen abgelöster Strömungen Anlaß geben. Zusätzlich interessiert die turbulente Durchmischung, die Struktur der Turbulenz in abgelösten Strömungen und die für das Ablösegebiet sich einstellenden Ablöselängen. Informationen dieser Art entziehen sich heute noch eines genauen physikalischen Verständnisses. Es gilt, dieses Verständnis durch gezielte Messungen zu vertiefen und darauf aufbauend die Theorie abgelöster Strömungen weiterzuentwickeln.

In den folgenden acht Abschnitten werden abgelöste Strömungen um Hindernisse im Detail behandelt. Es wird aufgezeigt, welche Informationen bereits über diese Strömungen vorliegen und welche weiteren Informationen benötigt werden, um die komplexe Natur der Strömung zu verstehen. Gleichzeitig wird aufgezeigt, wie die mittels Laser-Doppler-Anemometrie erhaltenen Informationen für Berechnungen von Strömungen Anwendung finden können. Es gilt als gesichert, daß der kombinierte Einsatz experimenteller und numerischer Methoden die schnellsten Fortschritte bei der Untersuchung komplexer Strömungen liefern wird.

13.6 <u>LAMINARE EBENE STRÖMUNGEN, 1: PLÖTZLICHE ERWEITERUNGEN UND VERENGUNGEN</u>

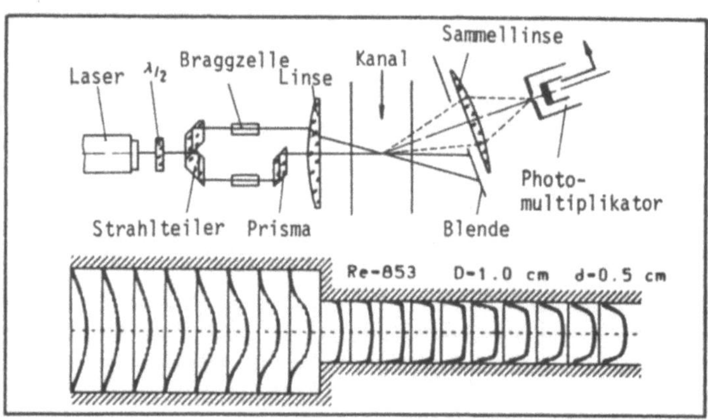

Die zweidimensionale Kanalströmung mit plötzlicher Erweiterung stellte eine der ersten Strömungen dar, die im Detail mit Hilfe der Laser-Doppler-Anemometrie untersucht wurde, siehe Durst et al. (1972c) & (1974), Chedron et al. [1978], und Restivo und Whitelaw [1978] & [1979]. Diese ersten Messungen verdeutlichten die ausgezeichneten Eigenschaften der Laser-Doppler-Anemometrie, um in abgelösten Strömungen Geschwindigkeitsfelder zu vermessen, bis zu Geschwindigkeitswerten, die nur wenige Millimeter pro Sekunde betragen. Aufgrund dieser Möglichkeiten wurden bei plötzlichen Erweiterungen, selbst für kleine Reynoldszahlen, Asymmetrien des mittleren Strömungsfeldes beobachtet und Chedron et al. [1978] konnten diese diskreten Wirbelbildungen zuordnen, die sich entlang der Scherschichten der beiden Ablösegebiete ausbilden. Die Störungsfreiheit der Laser-Doppler-Messungen stellte sicher, daß die beobachteten Asymmetrien nicht durch Störungen eingebrachter Meßfühler verursacht wurden.

In neuerer Zeit wurden umfassende Untersuchungen an Strömungskanälen mit plötzlichen Verengungen durchgeführt. Durst et al. /1985a/ berichteten über zweidimensionale Kanalströmungen mit plötzlichen Verengungen. Durst und Loy /1985/ beschrieben in ihrer Arbeit ähnliche Untersuchungen für axialsymmetrische Strömungskanäle. In beiden Fällen wurden Messungen und numerische Berechnungen der jeweils selben Strömungen durchgeführt. Auf diese Weise war es möglich, experimentelle und numerische Ergebnisse zu vergleichen und gleichzeitig ergänzend für die Gewinnung von Strömungserkenntnissen einzusetzen. Der von Durst et al. /1985a/ eingesetzte Strömungskanal bestand aus zwei flachen, eloxierten Aluminiumplatten, in denen an beiden Seiten Glasscheiben eingesetzt waren. Der gleichmäßige Abstand der Platten und damit die Kanalhöhe wurde durch Präzisionsabstandshalter (Fertigungstoleranz $\pm$ 0.01 mm) gewährleistet. Der Kanal hatte eine Höhe von 10 mm und eine Breite von 180 mm. Das Höhen-Breiten-Verhältnis von 1:18 stellte entlang der Kanalmitte eine zweidimensionale Strömung sicher. Die Einlauflänge war mit 600 mm so berechnet, daß bis zur Verengung laminare vollentwickelte Geschwindigkeitsprofile vorlagen. Die Verengung selbst wurde durch zwei Einlegeplatten gebildet. Die Traversierung war derart konzipiert, daß das LDA-System fest stand und der Flachkanal traversiert werden konnte.

Die Messungen wurden in Vorwärtsstreuung mit einem 15 mW Helium-Neon-Laser (Modell: NEC GCG 5600) vorgenommen. Die Sendelinse hatte einen Durchmesser von 245 mm. Es wurde eine modifizierte integrierte Optik der Firma OEI-Opto Elektronische Instrumente GmbH benutzt. Die Modifizierung bestand darin, daß ein Strahlteiler eingebaut wurde, der es einem der Strahlen erlaubte, durch das Zentrum der Sendeoptik zu gehen. Auf diese Weise war es möglich, wie in der obenstehenden Abbildung gezeigt, Messungen direkt an der Verengung durchzuführen. Der Durchmesser des Meßvolumens betrug bei dieser Anordnung ca. 180 μm, bei eine Länge von 6 mm. Da die Strömung in einem Bereich von größer $\pm$ 30 mm um die Kanalmitte als zweidimensional angesehen werden konnte, war diese relativ große Länge nicht von Bedeutung. Die Empfangsoptik bestand aus einer Sammellinse und einem Photomultikator (Modell EMI - 9558), der, bedingt durch den Strahlengang, zur optischen Achse versetzt angebracht wurde. Die aufgenommenen, mit einem Bandpaßfilter aufbereiteten Signale wurden mit einem Transientenrekorder (Datalab 1080) digitalisiert und an einen Computer (Hewlett-Packard A700) übermittelt. Im Computer erfolgte dann die "softwaremäßige" Auswertung der Signale.

Es wurden mit der beschriebenen Strömungsmeßstrecke verschiedene Reynoldszahlen und Verengungsverhältnisse untersucht. Die gemessenen und numerisch berechneten Profile der horizontalen Geschwindigkeitskomponente, für die mit der Höhe des Kanals vor der Verengung gebildeten Reynoldszahl 853, sind in der obenstehenden Abbildung dargestellt. Die Punkte stellen die Messungen und die durchgezogenen Linien die Berechnungen dar. Eine gute Übereinstimmung zwischen den Experimenten und den Berechnungen wurde über das gesamte Strömungsfeld erzielt. In obiger Dia-Vorlage ist die Unterscheidung zwischen numerischen und experimentellen Ergebnissen nicht mehr möglich. Laser-Doppler-Messungen und numerische Berechnungen von laminaren Strömungen in Rohren mit einer plötzlichen Querschnittsverengung wurden von Durst und Loy /1985/ vorgestellt. Es ergab sich eine gute Übereinstimmung der experimentell und numerisch erhaltenen Daten in solchen Gebieten, wo Experimente und Berechnungen mit ausreichender Verläßlichkeit Anwendung finden konnten. Durst und Loy /1985/ schlugen den komplementären Einsatz experimenteller und numerischer Untersuchungen von Strömungen vor.

13.7 <u>LAMINARE EBENE STRÖMUNGEN, 2: STUFENSTRÖMUNG</u>

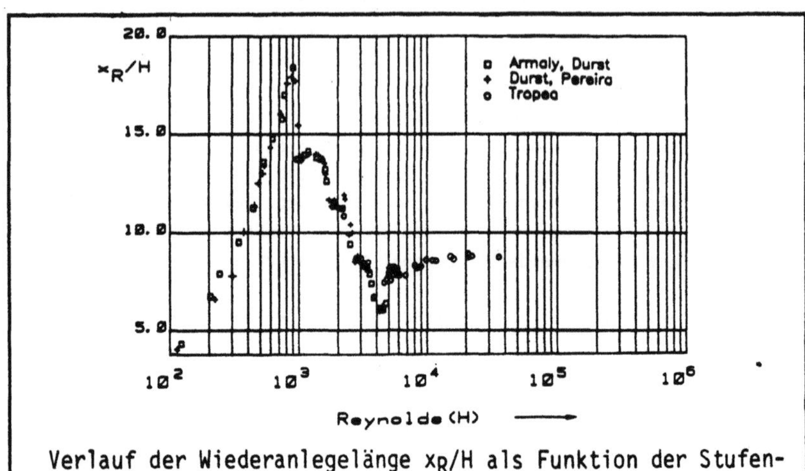

Verlauf der Wiederanlegelänge x_R/H als Funktion der Stufen-
reynoldszahl für eine 1:2 Erweiterung nach Schmitt /1986/

Die zurückspringende Stufenströmung bietet sich als eine Grundkonfiguration
für Untersuchungen abgelöster Strömungen an, da der Ablösepunkt an der
Kante der Stufe fixiert ist. Zudem weist die Strömung eine ausreichende
Komplexität auf; sie besitzt eine freie Scherschicht, ausgehend vom Ablösepunkt, und eine Wandgrenzschicht, die sich an das Ablösegebiet hinter der
Stufe anschließt. Detaillierte Strömungsuntersuchungen der Stufenströmung
wurden von Armaly et al. /1980/ & /1983/ für kleine Reynoldszahlen durchgeführt. Diese Arbeiten wurden durch Untersuchungen bei höheren Reynoldszahlen ergänzt, die von Durst und Tropea /1981/, Tropea /1982/, Driver und
Seegmiller /1982/, Pronchick und Kline /1984/, Adams und Johnston /1985/
und Schmitt /1986/ ergänzt wurden. Diese Arbeiten schlossen sich an vorausgegangene Untersuchungen zur Stufenströmung an, die in Obersichtsarbeiten
von Eaton und Johnson /1981/, Roshko /1976/, Simpson /1981/ und Westphal et
al. /1984/ zusammengestellt wurden. Erste Arbeiten über zurückspringende
Stufenströmungen bei niederen Reynoldszahlen berichteten nur über ein Ablösegebiet, das hinter der Stufe gelegen ist. Armaly et al. /1983/ wiesen
mit Hilfe detaillierter Laser-Doppler-Messungen nach, daß mehrfache, abgelöste Strömungsgebiete nach der Stufe vorliegen können. Diese werden durch
die starken positiven Druckgradienten verursacht, die sich nach der plötzlichen Erweiterung ausbilden und die Strömung an der Kanalseite gegenüber
der Stufe zur Ablösung zwingen können.

De Brederode und Bradshaw /1972/ berichteten über dreidimensionale Effekte
in abgelösten Strömungen, wenn das Verhältnis von Stufenhöhe zur Kanalbrei-
te kleiner als 10 ist. Armaly et al. /1983/ zeigten, daß selbst bei Stufen-
höhe-zu-Kanalbreite-Verhältnissen von 18 die Strömung dreidimensional wer-

den kann. In bestimmten Reynoldszahlbereichen erwies sich die Strömung jedoch als ausreichend zweidimensional, um Strömungsmessungen und numerische Strömungsberechnungen vergleichen zu können.

Die von Armaly et al. /1980/ & /1983/ durchgeführten Untersuchungen wurden in einem nach vorne offenen Luftkanal durchgeführt, der mit speziellen Schutzvorrichtungen versehen werden mußte, um Auswirkungen von Luftbewegungen im Labor auf die Strömung abzuhalten. Das Strömungsmedium war Luft, die mit 2 µm Silikonpartikeln von einem Zerstäuber versehen wurde. Diese erzeugten die für die Geschwindigkeitsmessungen verwendeten Doppler-Signale. Die Signalauswertung wurde mit Hilfe eines Transientenrekorders und Computers durchgeführt. Diese erlaubten die Überprüfungen der Signalqualität und ermöglichten es, daß nur solche Signale in die Auswertung aufgenommen wurden, die bestimmte Signaleigenschaften erfüllten. Die gesamten Messungen wurden aus Einzelpunktmessungen zusammengesetzt, wobei nur Doppler-Signale mit mehr als 20 Signalzyklen in die Auswertungen eingingen und 100 bis 500 LDA-Signale zu einem Meßwert beitrugen.

Um die Wiederanlegelänge als Funktion der Reynoldszahl zu erhalten, wurde der Meßpunkt des LDA-Systems in verschiedenen Höhen parallel zur Kanalwandung traversiert und der Punkt bestimmt, in dem die Geschwindigkeitskomponente in Hauptströmungsrichtung den Wert $U = 0$ annahm. Durch Extrapolation dieser Punkte wurde der Wiederanlegepunkt als der Schnittpunkt der $U = 0$ - Linie des Ablösegebietes mit der Wand bestimmt. Die so erhaltene Information ist in der oben angegebenen Abbildung aufgezeigt. Diese Methode der Bestimmung der Wiederanlegelänge wurde in nachfolgenden Arbeiten beibehalten.

Durst und Tropea /1981/ und Tropea /1982/ führten Strömungsuntersuchungen hinter einer zurückspringenden Stufe durch, die in einem Wasserkanal mit einer Breite von 600 mm angebracht war. Stufen mit Höhen von 20 mm und 40 mm fanden in den Untersuchungen Einsatz und Messungen konnten im Bereich des laminar-turbulenten Überganges und im vollturbulenten Bereich durchgeführt werden. Wiederanlegelänge und Geschwindigkeitsprofile wurden in einem Reynoldszahlbereich von 2×10^3 bis 2.5×10^4 erhalten. Durch eine Variation des Expansionsverhältnisses in einer Kanalströmung konnte nachgewiesen werden, daß das Expansionsverhältnis einen bedeutenden Einfluß auf die Wiederanlegelänge der Strömung nach der Stufe hat.

Die oben aufgeführten Arbeiten, zusammen mit der Arbeit von Schmitt /1986/ bestimmen den Verlauf der Ablöselänge mit der Reynoldszahl, wie er in dem obenstehenden Diagramm für ein Expansionsverhältnis von 1:2 dargestellt ist. Dieses zeigt den laminaren Geschwindigkeitsbereich auf, der für $Re < 900$ gefunden wurde. Es zeigt sich ein nichtlinearer Anstieg der Ablöselänge mit der Reynoldszahl. An den laminaren Bereich setzt sich ein Übergangsbereich an, der durch einen zunächst stark drastischen Abfall der Wiederanlegelänge gekennzeichnet ist, der in mehreren Teilstufen erfolgt.

Bei etwa 4.5×10^3 liegt ein Minimum der Ablöselänge in diesem Übergangsbereich vor. Im nachhinein wächst die Ablöselänge wieder an, um bei etwa 2×10^4 den erwarteten Reynoldszahl-unabhängigen Wert von etwa 8.3 anzunehmen. Schmitt /1986/ konnte zeigen, daß auch in der Turbulenz vollentwickelte Stufenströmungen Reynoldszahlen von größer als 7.5×10^4 erfordern.

13.8 <u>LAMINARE EBENE STRÖMUNGEN, 3: ZWEIDIMENSIONALE HINDERNISSE</u>

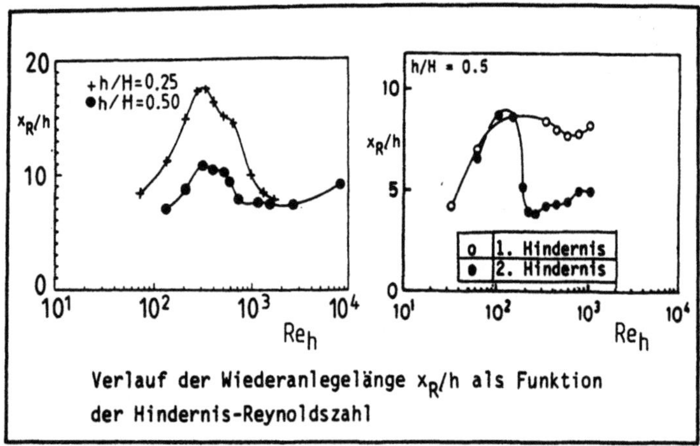

Verlauf der Wiederanlegelänge x_R/h als Funktion der Hindernis-Reynoldszahl

Die Strömung um zweidimensionale Hindernisse wurde von einer Reihe von Autoren im Detail untersucht, z.B. von Good und Joubert [1968] und Sakamoto et al. [1975]. Crabb et al. /1977/ und Durst und Rastogi [1979] verwendeten Laser-Doppler-Anemometer, um zusätzliche Informationen über das Ablösegebiet von turbulenten Strömungen in der Nähe von Hindernissen bereitzustellen. Diesen Untersuchungen folgten detaillierte Messungen, wie etwa die von Durst et al. /1984a/, Tropea und Gackstatter /1985/, Pereira /1986/ und Durst et al. /1986b/. All diese Autoren verwendeten Laser-Doppler-Anemometrie, um Messungen der mittleren Geschwindigkeiten und Effektivwerte auftretender Geschwindigkeitsfluktuationen zu erhalten. Besondere Bedeutung wurde bei diesen Messungen wiederum der Bestimmung der Lage von Ablösegebieten beigemessen. Informationen konnten im Reynoldszahlbereich $20 < \text{Re} < 4500$ und für Verbauungsgrade von 0.25, 0.5 und 0.75 erhalten werden.

Die Untersuchungen an einzelnen Hindernissen wurden durch Durst et al. /1986b/ auf Mehrfachhindernisse erweitert, um zu sehen, wie sich das Ablösegebiet nach dem zweiten Hindernis infolge des vor ihm liegenden Hindernisses ändert. Hierbei wurde der Abstand zwischen den Hindernissen mit etwa zehn Hindernishöhen festgelegt. Wiederum konnte der Kanalverbauungsgrad durch die Hindernisse und die Reynolszahl variiert werden.

Die oben erwähnten Messungen der Mitarbeiter des LSTM-Erlangen wurden in einem Strömungskanal ausgeführt, der etwa ähnlich dem war, der von Armaly et al. /1983/ für Messungen an der zurückspringenden Stufenströmung eingesetzt wurde. Die ankommende Strömung wurde wiederum so eingestellt, daß sie einer vollentwickelten, laminaren Kanalströmung entsprach. Messungen wurden in Vorwärtsstreuung mit einem LDA-System durchgeführt, das ortsfest angeordnet war. Um die Geschwindigkeitsprofile zu erhalten, wurde der Meßkanal traversiert. Die eingesetzte Laser-Doppler-Optik wurde mit einer Frequenzverschiebeeinheit versehen, die Frequenzdifferenzen zwischen den Laserstrahlen bis zu 2 MHz zuließ, um dadurch eine optimale Anpassung an zur Verfügung stehende Signalverarbeitungssysteme zu erhalten. Somit war es möglich, die in der Meßeinrichtung vorliegende Strömung nach Betrag und Richtung zu messen. Details dieser Messungen sind in Durst et al. /1986b/ beschrieben, wo gleichzeitig aufgezeigt ist, daß für die Signalverarbeitung ein Transientenrekorder eingesetzt wurde, wie er auch bei Armaly et al. /1983/ Anwendung fand.

Die für das doppelte Hindernis erhaltenen Strömungsinformationen zeigten hinsichtlich der Ablöselänge ein ähnliches Verhalten, wie die Strömung für die zurückspringende Stufe. Die Ablöselänge zeigte gleichfalls den im laminaren Bereich charakteristischen Anstieg mit der Reynoldszahl, nahm dann über einen kurzen Reynoldszahlbereich drastisch ab, um anschließend wieder anzuwachsen. Auch hier ließen sich anhand dieser charakteristischen Ablöselängen Angaben über den laminaren, transitionalen und turbulenten Bereich der Strömung machen, wie sie für die zurückspringende Stufe gegeben wurden.

Durst et al. /1986b/ führten zudem detaillierte Geschwindigkeitsmessungen durch, die mit Strömungsberechnungen verglichen wurden. Im laminaren Bereich konnten gute Übereinstimmungen zwischen Messungen und Berechnungen erzielt werden. Im transitionalen, d.h. im laminar-turbulenten Übergangsbereich waren die zur Verfügung stehenden Berechnungsverfahren nicht in der Lage, mit den Experimenten übereinstimmende Ergebnisse zu liefern.

Die Vergleiche zwischen numerischen und experimentellen Ergebnissen von Strömungsuntersuchungen zeigten, daß es heute möglich ist, numerische Berechnungsverfahren einzusetzen, um laminare, abgelöste, interne Strömungen zu untersuchen. Reynoldszahlen in Bereichen $0 < \mathrm{Re} < 200$ sind laminar und auch numerischen Berechnungen zugänglich, über die auch Detailinformationen bei auftretenden Wärme- und Massenübergängen von Wandungen erhalten werden können. Die Anwendung numerischer Verfahren auf Berechnungen abgelöster Strömungen wurde durch Vergleiche mit Laser-Doppler-Anemometern sichergestellt.

13.9 EBENE ABGELÖSTE STRÖMUNGEN: DAS TURBULENTE, ZWEIDIMENSIONALE HINDERNIS

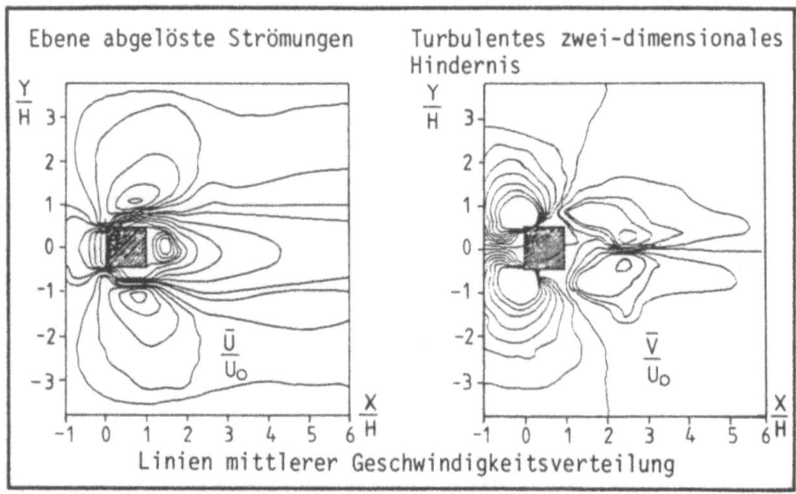

Die turbulente Umströmung eines Hindernisses an einer Wand wurde in einem Windkanal unter anderem von Crabb et al. /1977/ untersucht, während Durst und Rastogi /1979/ dasselbe in einem Wasserkanal untersuchten. Umfangreiche Messungen einer Strömung um einen zweidimensionalen Einbau, mittig zwischen Ober- und Unterseite in einem Wasserkanal angeordnet, wurden von Durao et al. /1986/ ermittelt und sind auf obenstehender Abbildung zu sehen.

Crabb et al. befestigten einen 23.5 x 23.5 mm Stab 450 mm unterhalb eines in einem 46 x 30 cm großen Windkanal. Die ungestörte Geschwindigkeit betrug 18 m/s, was einer mit der Hindernishöhe gebildeten Reynoldszahl von 2.7×10^4 entspricht. Zur Beschreibung des gesamten Strömungsverlaufes wurden Laser-Doppler-Messungen durchgeführt, die in Gebieten geringer Turbulenz durch Messungen mit Hitzdraht-Anemometern ergänzt wurden. Letztere dienten auch der Bestimmung des turbulenten Energiespektrums.

Durch die Durchführung der Messungen in einem Windkanal war es einfach, die Ergebnisse des Laser-Doppler-Anemometers durch Ergebnisse von Hitzdraht-Anemometer-Messungen zu ergänzen. Jedoch war die gleichmäßige Teilchenzugabe für die LDA-Messungen viel schwieriger als für Messungen einer Wasserströmung. Zur Erzeugung geeigneter Streuteilchen wurde die Windkanalströmung mit Rauch von einem Kerosin-Rauchgenerator beschickt. Die so in der Strömung erhaltenen Tröpfchendurchmesser waren dabei kleiner als 5 µm und waren in ausreichender Anzahl vorhanden, so daß die Bildung einer Geschwindigkeitswahrscheinlichkeitsdichte in weniger als zehn Minuten möglich war. Die erhaltene Qualität der verarbeiteten Signale entsprachen einem Signal-Rausch-Verhältnis von annähernd 20 db.

Aufgrund der Durchführung ihrer Messungen in einem Wasserkanal und der Anordnung eines in Vorwärtsrichtung arbeitenden LDA-Systems, war es für Durst und Rastogi /1979/ möglich, Doppler-Signale mit wesentlich besserer Qualität zu erhalten und diese darauf hin mit einem Frequenznachlaufdemodulator zu verarbeiten. Sie benutzten eine 15 mW He-Ne-Laser mit rotierendem Gitter zur Strahlteilung und Frequenzverschiebung. Durch die aufgeprägte Frequenzverschiebung wurde es möglich, verläßliche Messungen in Rückstreugebieten durchzuführen. Die Ausgangsspannung des Trackers (TSI) wurde auf einen Datenspeicher übertragen und von einem Computer weiterverarbeitet.

Die Messungen von Durao et al. /1986/ wurden gleichfalls in einem horizontalen 120 x 156 mm großen Wasserkanal mit Plexiglaswandungen mit einem 20 x 20 mm großen Hindernis durchgeführt, das mittig zwischen den schmalen Seiten angeordnet war. Zur Verarbeitung der resultierenden LDA-Signale wurde ein Frequenznachlaufdemodulator (Tracker) eingesetzt. Die Geschwindigkeitsmessungen wurden mit einem einkanaligen Laser-Doppler-Anemometer durchgeführt, wobei die Richtungsempfindlichkeit durch Frequenzverschiebung mit Bragg-Zellen erzielt wurde, die eine Frequenzverschiebung von 700 kHz erzeugten. Die Signale wurden durch zwei Frequenzzähler verarbeitet, welche am Imperial College entwickelt wurden und die auch benutzt wurden, um die Zeitdifferenz zwischen zwei aufeinanderfolgenden gültigen Bursts zu messen.

Die Anzahl der individuellen Geschwindigkeitsmessungen, die zum Ermitteln der Mittelwerte notwendig war, lag immer über 7000 und erreichte 60000 in den Randbereichen der Nachlaufströmung, wo die größten relativen Oszillationen der Strömung gefunden wurden. Zwischen den Dopplerfrequenzen und den Zeitintervallen von aufeinanderfolgenden Bursts wurden keine Zusammenhänge gefunden, die auf unwichtige "Geschwindigkeits-Bias" hindeuten.

Bimodale Geschwindigkeitsverteilungen wurden an den Orten gemessen, wo der Mittelwert der Geschwindigkeit nahezu Null war und dort, wo die größten Amplituden der Geschwindigkeitsschwankungen auftraten, die grundsätzlich nicht turbulent sind und bei der vertikalen Geschwindigkeitskomponente auftreten. Leistungsspektren der Signale wurden über eine Fast-Fourier-Transformation erhalten.

504

13.10 ABGELÖSTE TURBULENTE STRÖMUNGEN IN AXIALSYMMETRISCHEN GEOMETRIEN

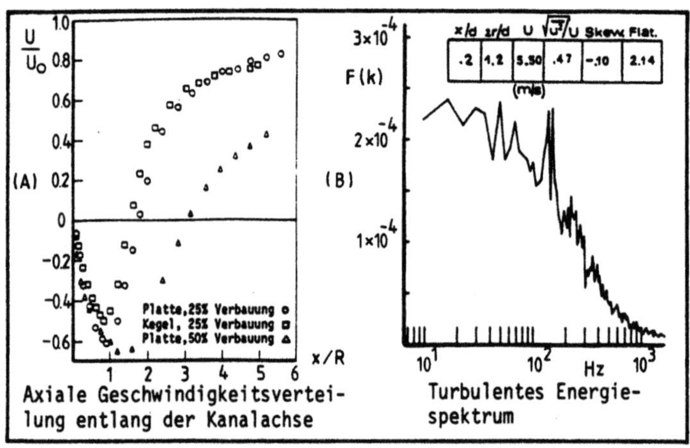

x/d	$2r/d$	U	$\sqrt{\overline{u^2}}/U$	Skew.	Flat.
.2	1.2	5.50	.47	-.10	2.14
		(m/s)			

Abbildung (A) zeigt Werte der Axialkomponente der Geschwindigkeit, die stromab von in der Rohrmitte angeordneten Scheiben und Kegeln entlang der Rohrachse gemessen wurden. Die Messungen stammen von Taylor und Whitelaw /1984/. Die für diese Messungen essentielle Frequenzverschiebung wurde durch ein radiales Beugungsgitter erzeugt; zur Signalgewinnung waren die im Wasser natürlich enthaltenen Partikeln ausreichend und die Signale wurden mit einem Frequenznachlaufdemodulator verarbeitet. Um die Ablenkung der Laserstrahlen durch Brechungseffekte gering zu halten, wurde die Meßstrecke in einen transparenten Sichtkasten mit geraden Wänden eingebaut, der mit Wasser gefüllt war. Für die Messungen der Axialkomponente der Geschwindigkeit, die in der Ebene der Rohrachse durchgeführt wurden, war keine Korrektur der Umrechnungskonstante (Dopplerfrequenz zu Geschwindigkeit) des Anemometers notwendig, die eventuell durch Brechungseffekte an der Rohr- oder Wannenwand bedingt gewesen wäre. Trotz des verwendeten Sichtkastens waren die Messungen der Radialkomponente in Wandnähe nur schwer durchführbar, weil die Brechung an der flüssig/festen Grenzfläche zum Rohrrand hin zunahm. Meßwerte konnten zuverlässig bis zu einem dimensionslosen Radius von 0.8 r/R mit einer Positionskorrektur der Daten erhalten werden.

Ähnliche Ergebnisse wurden von Durao und Whitelaw [1978] und Durao et al. /1984/ bei senkrechter Anströmung von Scheiben und Kegeln erhalten, die senkrecht auf der Symmetrieachse einer Rohraustrittsströmung angeordnet waren. Verschiedenen Abstände von der Austrittsebene wurden untersucht. Die Messungen wurden mit einem Laser-Doppler-Anemometer durchgeführt, das u.a. mit einem 100 mW Argon-Laser und zwei Bragg-Zellen ausgerüstet war, welche die Frequenzverschiebung der zwei einfallenden Strahlen besorgten. Das

Fluid wurde mit Tröpfchen aus Silikonöl versehen, die ein luftbetriebener Zerstäuber erzeugte, wie er in Abbildung 11.4 beschrieben wird.

Die LDA-Signale des Photomultipliers wurden von einer selbstgebauten Periodenzeitmeßeinheit verarbeitet, die an einen Microcomputer angeschlossen war. Aus den digitalen Ausgangssignalen der Elektronik wurden die Mittelwerte, die rms-Werte und die Wahrscheinlichtkeitsdichteverteilung der Geschwindigkeitsschwankungen von wenigstens 10.000 Signalen pro Meßpunkt berechnet, womit die statistischen Schwankungen der gemessenen Mittelwerte unter 1% lagen. Das analoge Ausgangssignal diente zur Ermittlung der Dichte des Energiespektrums. Abbildung (B) in der obigen Dia-Vorlage ist ein Auszug aus diesen Ergebnissen. Sie zeigt ein Maximum des Energiespektrums bei 150 Hz im Nachlauf der Scheibe, die bei einer Strouhal-Zahl von 0.18 erhalten wurden. Ebenfalls wurden bimodale Wahrscheinlichkeitsdichteverteilungen der Geschwindigkeit im Zentrum des Wirbels nach der Scheibe gefunden und beides legte das Vorhandensein vorherrschender (starker) Oszillationen nahe, die zusätzlich zu den turbulenten Schwankungen auftraten.

Zusammenfassend ist zu sagen, daß die beiden oben zitierten Arbeiten die Möglichkeiten beim Einsatz von LDA-Systemen in Flüssigkeiten zeigen und auch die Schwierigkeiten angeben, die sich bei Messungen in Flüssigkeitsströmungen in Rohren ergeben. Die gemessenen Wahrscheinlichkeitsdichteverteilungen zeigten, daß eine relativ große Frequenzverschiebung notwendig ist, um in der Nähe des Ablösegebietes genaue Meßwerte zu erhalten. Durao et al. [1978] zeigten auch den Einfluß der Teilchenbeladung im Bereich des Strahlrandes. Die Arbeit von Taylor /1984/ bestätigte die Schwierigkeiten, die mit der Wandkrümmung und der Brechung der Laserstrahlen im Fall der senkrechten Anströmung einer Scheibe im geschlossenen Rohr auftreten. Diese lassen sich durch Methoden der Brechungsanpassung beseitigen. Zusätzlich ergeben sich Schwierigkeiten bei der Zentrierung der Hindernisse und deren vibrationsfreien Befestigung.

Auch bei Untersuchungen axialsymmetrischer Strömungen mit plötzlichen Querschnittsänderungen konnten Vergleiche mit Berechnungen zeigen, daß wir heute über ausreichende Computergrößen verfügen, um verläßliche numerische Berechnungen abgelöster Strömungen durchzuführen. Wiederum waren es Vergleiche zwischen Laser-Doppler-Anemometer-Messungen und ersten numerischen Berechnungen, die den Nachweis erbrachten, daß ausreichend genaue Ergebnisse über abgelöste, axialsymmetrische Strömungen in einem Reynoldszahlbereich von $0 < Re < 800$ erhalten werden können. Bei größeren Reynoldszahlen machen sich Begrenzungen aufgrund der endlichen Größe und Geschwindigkeit bestehender elektronischer Rechenanlagen bemerkbar.

13.11 ABGELÖSTE TURBULENTE STRÖMUNGEN: VERSCHIEDENARTIGE PRALLFLÄCHENGEOMETRIEN

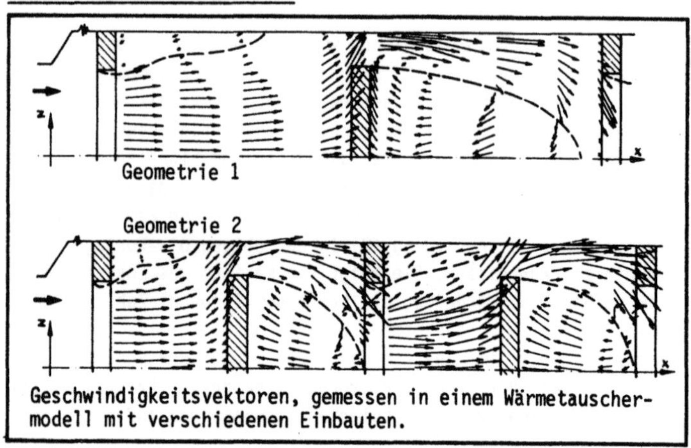

Geschwindigkeitsvektoren, gemessen in einem Wärmetauschermodell mit verschiedenen Einbauten.

Die Vorteile der Laser-Doppler-Anemometrie, insbesondere die Möglichkeit
des genauen berührungslosen Messens der Größe und Richtung in Rückströmgebieten, können erfolgreich bei Untersuchungen in komplexen Strömungsgeometrien angewandt werden. Unter Hinzunahme von brechungsindexangepaßten Meßstrecken ist weiterhin die Messung der Geschwindigkeitskomponenten und
ihrer Korrelationen in komplizierten Geometrien möglich, die bis heute nur
schwer zu erhalten waren. In drei kürzlich erschienenen Publikationen von
Berner et al. /1983/, Martin et al. /1982/ und Founti et al. /1985/ werden
Geschwindigkeitsmessungen in Modellen von Wärmeaustauschergeometrien vorgestellt. Founti et al. /1985/ untersuchten eine turbulente Wasserströmung in
einem Rohr, in das abwechselnd Lochscheiben mit gleichem Abstand und
scheibenförmige, axial angeordnete Prallplatten eingebaut waren. Berner et
al. /1983/ und Martin et al. /1982/ verwendeten ebene Platten, um die
segmentartigen Prallflächen in Wärmeaustauschern zu modellieren. Zusätzlich
benützten diese Autoren die Brechungsindexanpassung, um Rohrwandungseffekte
ausschließen zu können, und bauten später auch noch Rohrbündel in ihre
Versuchsaufbauten ein.

Founti et al. /1985/ führten ihre Messungen bei Re = 36.000 durch. Das Rohr
mit dem eingesetzten Wärmetauschermodell wurde von einem Glasgehäuse mit
planen Flächen (Sichtkasten) umgeben, das mit destilliertem Wasser gefüllt
war, um den Einfluß der verschiedenen Brechungsindizes zwischen Luft,
Perspex und Wasser zu minimieren. Der optische Aufbau des Anemometers um-
faßte einen 5 mW Helium-Neon-Laser, ein rotierendes Beugungsgitter zur
Strahlteilung und Aufprägung einer Frequenzdifferenz zwischen den Strahlen,
eine Sende- und Empfangslinse und einen Photomultiplier (EMI 9558B) mit
einer Lochblende von 0.3 mm Durchmesser. Zwei verschiedene Signalauswertun-
gen wurden vorgenommen. Für die Geometrie 1 der obigen Dia-Vorlage wurde

das Doppler-Signal durch einen Cambridge-Consultant Frequenznachlaufdemodulator hochpaßgefiltert und die Dopplerfrequenz bestimmt. Der analoge Ausgang des Trackers wurde mit einem Echtzeitintegrator und einem rms-Meter weiterverarbeitet. Der Bereich der Trackers und die begrenzte "Slew-Rate" der Elektronik führten dazu, daß die Meßgenauigkeit in Gebieten kleiner Geschwindigkeiten und hoher Turbulenzintensität eingeschränkt wurde. Aus diesem Grund wurde beim Vermessen der Geometrie 2 (siehe Abbildung) ein schneller, digitaler Frequenzzähler (Counter) eingesetzt, der, mit einem Micro-Prozessor verbunden, die Bestimmung der mittleren Geschwindigkeiten und der Effektivwerte der Geschwindigkeitsfluktuationen mit erhöhter Genauigkeit und in allen Strömungsgebieten ermöglichte. Die Signalvaludierungskriterien des Counters waren so eingestellt, daß nur solche Signale akzeptiert wurden, deren Abweichungen zwischen den ersten 8 und 16 Schwingungen jedes "Bursts" kleiner als 0.2% waren. Vorausgegangene Untersuchungen des "Biasing-"Problems in der gleichen Strömungsgeometrie (Durao et al. /1982/) haben den Einfluß des Setzens des Schwellwertes und der Signalaufnahmegeschwindigkeit quantitativ aufgezeigt. Der Schwellwert wurde konstant auf 15% der maximalen Spannung von Spitze zu Spitze der verstärkten "Bursts" gehalten, womit sichergestellt war, daß keine Signale mit solcher Amplitude abgeschnitten wurden, die noch ausreichende Signal-Rausch-Verhältnisse besaßen. Es wurde die graphische Darstellung der Variation der augenblicklichen Frequenz mit der Zeit benutzt, um die Eignung des Schwellwertes zu überprüfen. Die Signalaufnahme wurde mit konstanten Zeitintervallen von 94 ms zwischen den Ereignissen durchgeführt, wobei 5.000 Ereignisse für die Berechnung des Mittelwertes herangezogen wurden. Typische Ankunftszeiten der Partikeln lagen zwischen 5 ms in Gebieten einer positiven Geschwindigkeit und 70 ms in Rückströmgebieten mit entsprechenden turbulenten Zeitmaßstäben von 6 ms bzw. 80 ms.

Die Ergebnisse von Founti et al. /1985/ und Berner et al. /1983/ erbrachten zusätzliche Nachweise für charakteristische Merkmale der Strömung durch mehrere Prallflächen. Es wurde deutlich, daß sich das Strömungsbild von hintereinanderliegenden oder verschiedenartig geformten Prallflächen wesentlich von dem einer einzigen Prallfläche unterscheidet. Dennoch werden diese Merkmale durch die Berechnungsergebnisse wiedergegeben, die parallel zu den Messungen durchgeführt wurden. Vergleiche zwischen Meßergebnissen und numerischen Berechnungen ergaben eine gute Übereinstimmung.

13.12 <u>BRECHUNGSINDEXANPASSUNG, 1: MÖGLICHE ANWENDUNGEN</u>

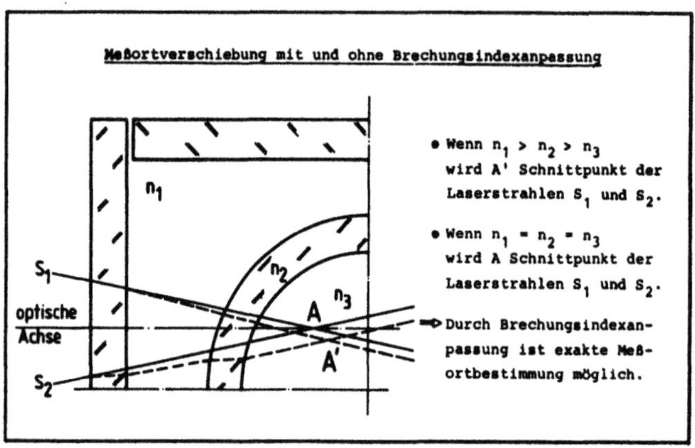

Die in den Abschnitten 2.4 bis 2.7 beschriebenen Strahlablenkungen, die beim Durchtritt von Lichtstrahlen durch eine oder durch mehrere Grenzflächen optisch unterschiedlicher Medien auftreten, lassen sich durch Brechungsindexanpassung auf den einfachsten Fall der Lichtbrechung an einer ebenen Oberfläche reduzieren. Dies läßt sich dadurch erreichen, daß die gesamte Meßstrecke aus einem transparenten Material erstellt wird, dessen Brechungsindex die Wahl des Strömungsmediums bestimmt. Letzteres wird so gewählt, daß eine Einbettung der gesamten Meßstrecke in einen mit Flüssigkeit gefüllten Sichtkasten sicherstellt, so daß keine Strahlablenkung an den Außenwandungen der Meßstrecke entsteht, d.h. der Brechungsindex der Meßstrecke und des umgebenden Fluids sind identisch. Wählt man nun auch noch für das strömende Medium ein brechungsindexangepaßtes Fluid, so lassen sich Strahlen ungestört an alle Punkte innerhalb der Meßstrecke bringen. Es treten nur an der Außenseite des Sichtkastens Strahlablenkungen auf.

Wie von Mohr und Ertel /1986/ beschrieben, kann die Methode der Brechungsindexanpassung bei Laser-Doppler-Messungen in solchen Strömungssystemen angewandt werden, die sonst nur bedingt optisch zugänglich sind. Diverse Autoren haben sich dieser Methode bedient. So führten Bentz & Evans /1975/ genaue Geschwindigkeitsprofilmessungen in einer Rohrströmung durch, die eine interne Querschnittsverengung aufwies. Zisselmar /1978/ konnte durch Anpassung des strömenden Fluids an das Teilchenmaterial einer Zweiphasenströmung Fluidgeschwindigkeitsfelder genau vermessen und damit den Einfluß von Teilchen auf das Strömungsfeld untersuchen. Durst et al. /1979/ untersuchten wandnahe Grenzschichtströmungen in einer horizontalen einphasigen

Rohrströmung. Durch genaue Auslegung der Optik und der Meßstrecke gelang es, weit bis in den viskosen Unterbereich der Grenzschichtströmung detaillierte Geschwindigkeits- und Turbulenzinformationen zu erhalten. Die Strömungsverhältnisse in komplexen Wärmetauschergeometrien wurden von Dybbs et al. /1982/ und Varty und Currie /1984/ im Detail vermessen. Bernard et al. /1981/ berichteten über erfolgreiche Geschwindigkeitsmessungen der fluiden Phase in Flüssigkeits-/Feststoff-Wirbelschichten, über die ein vertiefender Einblick in komplexe Zweiphasenströmungen erhalten werden konnte. Gleichzeitige Messungen von Fluid- und Partikelgeschwindigkeiten gelangen Nouri et al. /1986/ in einer zweiphasigen Rohrströmung. Detaillierte Untersuchungen elektrostatischer Aufladungen auf Teilchenbewegungen sind mit der Methode der Brechungsindexanpassung von Durst et al. /1987/ durchgeführt worden.

Eine Auswahl weiterer Anwendungsmöglichkeiten der Methode der Brechungsindexanpassung und ihrer Anwendung für die Durchführung von Laser-Doppler-Messungen liegen in einer Literaturstudie vor, die von Mohr und Ertel /1986/ angefertigt wurde. In dieser sind detaillierte Betrachtungen von Fluideigenschaften aufgeführt, die für die Auswahl geeigneter Flüssigkeiten herangezogen werden können. Tabellen geeigneter Flüssigkeiten sind mit angegeben.

13.13 <u>BRECHUNGSINDEXANPASSUNG, 2: AUSWAHLKRITERIEN FOR FLUID</u>

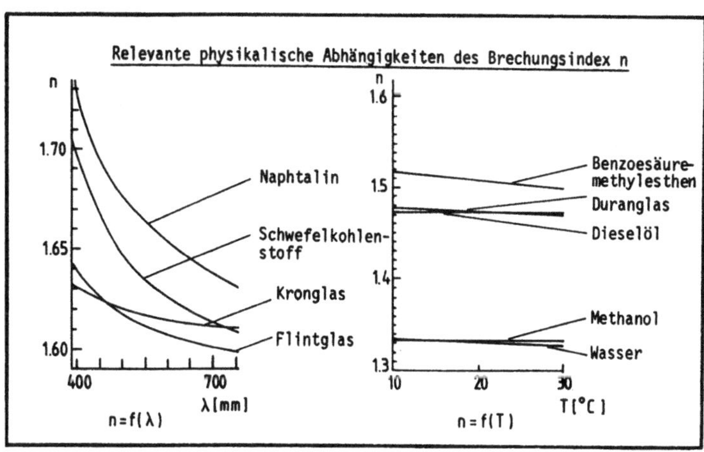

Zur Herstellung von für Laser-Doppler-Messungen geeigneten Meßstrecken bieten sich Glas und Plexiglas an. Ist es möglich, die Meßstrecke aus Glas zu fertigen, so ist diesem Material der Vorzug zu geben, da es im allgemeinen, verglichen mit Plexiglas, eine geringere Anzahl von Materialstörungen aufweist, die sich negativ auf die Strahlausbreitung im Wandmaterial von Teststrecken auswirken können. Es ist jedoch auch Plexiglas mit ausreichender optischer Qualität für die Herstellung von Meßstrecken erhältlich, das den Vorteil einer einfacheren mechanischen Bearbeitung bietet.

Wie Darstellungen in Landolt-Börnstein /1962/ zeigen, liegt der Temperaturgradient dn/dT für feste Stoffe, also auch für Glas und Plexiglas, bei Werten, die im Bereich von 1×10^{-5} bis 5×10^{-5} pro °C liegen. Er ist somit für die meisten LDA-Anwendungen so klein, daß die während Experimenten auftretenden Temperaturänderungen in den Wandungen von Meßstrecken vernachlässigbar sind. Für die bei Brechungsindexanpassungen verwendeten Flüssigkeiten ist dies allerdings nicht der Fall, da der Temperaturgradient dn/dT wesentlich größer ist und bei Werten um etwa 4×10^{-4} pro °C liegt. Ändert sich also die Temperatur in einer brechungsindexangepaßten Meßstrecke, so treten Brechungsindexänderungen auf und damit Beeinflußungen der Laserstrahlen. Um eine optimale Brechungsindexanpaßung gewährleisten zu können, ist somit wichtig, die Temperatur des strömenden Fluids durch Einbau von Wärmetauschern zu kontrollieren. Wie in Landolt-Börnstein /1962/ beschrieben, nimmt der Brechungsindex der meisten Flüssigkeiten im sichtbaren Bereich des Lichtes mit zunehmender Wellenlänge ab. Damit gilt es bei der Auswahl geeigneter Fluide eine Auswahl für die Wellenlänge zu treffen, die bei der Durchführung der Messungen mit einem Laser-Doppler-Anemometer verwendet wird. Die Dispersion, d.h. die Abhängigkeit des Brechungsindex eines Mediums von der Wellenlänge des einfallenden Lichtes, zwischen den für Laser-Doppler-Messungen verwendeten Laser-Lichtquellen, nämlich der He-Ne-(632,8 nm) und der blauen Ar-Linie (488,0 nm), liegt bei etwa $n = 6 \times 10^{-3}$.

Es ist im Regelfall nicht möglich, Flüssigkeiten zur Brechungsindexanpassung zu erhalten, die genau den Brechungsindizes der Meßstreckenmaterialien entsprechen. Die Übereinstimmung der Brechungsindizes des Wandmaterials und des Fluids läßt sich dadurch erreichen, daß Gemische aus Fluiden unterschiedlicher Brechungsindizes zur Anwendung kommen. Besitzt eine der verwendeten Fluidkomponenten einen höheren Brechungsindex als der Brechungsindex des Wandmaterials und die zweite Komponente einen niedrigeren, so kann durch eine geeignete Mischung der gewünschte Brechungsindex für die Anpassung eingestellt werden. Liegt dieser vor, so gilt es, ungleiche Verdunstungen zu vermeiden, um die Gemischzusammensetzung während der gesamten Messung als konstant zu gewährleisten.

In der Praxis hat es sich als vorteilhaft erwiesen, eine Endabstimmung des Brechungsindex mit dem erforderlichen Wandmaterial durch eine Kontrolle der Fluidtemperatur zu erreichen. Automatische Temperaturkontrollen können verwendet werden, um die einmal eingestellte Temperatur über lange Phasen des Experimentes konstant zu erhalten.

Je nach sich stellendem Meßproblem sind weitere Kriterien für die Auswahl von Fluiden zu beachten:

- vollständige Unsichtbarkeit der beiden Flüssigkeiten
- möglichst geringe Toxizität
- niedrige Brennbarkeit, hoher Entflammungspunkt
- niedriger Dampfdruck, da sonst gasdichte Anlage nötig
- kleine Geruchsintensität
- keine Aggressivität gegen Anlagenmaterialien
- möglichst geringe Färbung
- keine Trübung oder Ausflockung
- für Strömungsproblem geeignete Dichte und Viskosität
- Preis und Lieferzeiten günstig

13.14 WANDNAHE GESCHWINDIGKEITSMESSUNGEN

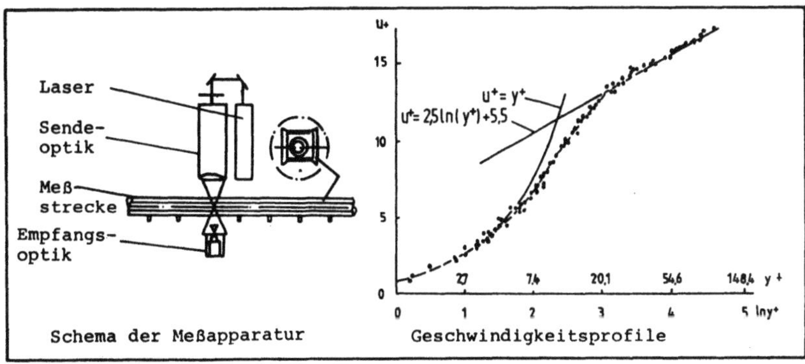

Durst et al. /1979/ beschreiben detaillierte Messungen in turbulenten Rohrströmungen mit und ohne Zugabe von Polymeradditiven. Ein Ziel der Untersuchungen war es, genaue Geschwindigkeiten in Wandnähe zu erhalten. Die Laser-Doppler-Anemometrie vermeidet die systematischen Fehler von Geschwindigkeitssensoren wie Hitzdrähten, ist aber für genaue Messungen auf die Anwendung der Brechungsindexanpassung angewiesen. Es wurde die oben schematisch gezeigte Apparatur und Meßanordnung verwendet. Als Anpassungsflüssigkeit wurde Dieselöl mit etwa 8% Palatinol C verwendet, das der bei Meßtemperatur mit n = 1,472 den Brechungsindex des eingesetzten Duranglases aufweist. Eine genaue Temperaturkontrolle war nötig, um die Abweichungen bei etwa $n = 5 \times 10^{-3}$ zu halten. Ein Zweikanal-LDA-System mit zwei identischen Trackern lieferte simultane Messungen von zwei aufeinander senkrecht stehenden Geschwindigkeitskomponenten. Es konnten Wandabstände bis zum halben Meßvolumen erreicht werden. Als Beispiel der Ergebnisse sind mittlere Ge-

512

schwindigkeitsprofile ohne Polymerzusatz bei Reynoldszahlen Re = 8290,
12060 und 15540 dargestellt. Die Ergebnisse verdeutlichen, daß die LDA-Meßtechnik, mit der Methode der Brechungsindexanpassung kombiniert, detaillierte Untersuchungen von Wandgrenzschichten ermöglicht. Eine Übereinstimmung der erhaltenen Ergebnisse mit theoretischen Berechnungen aus den allgemeinen Erhaltungssätzen wird in der Arbeit von Durst et al. /1979/ gezeigt.

13.15 INSTATIONÄRE STRÖMUNGEN

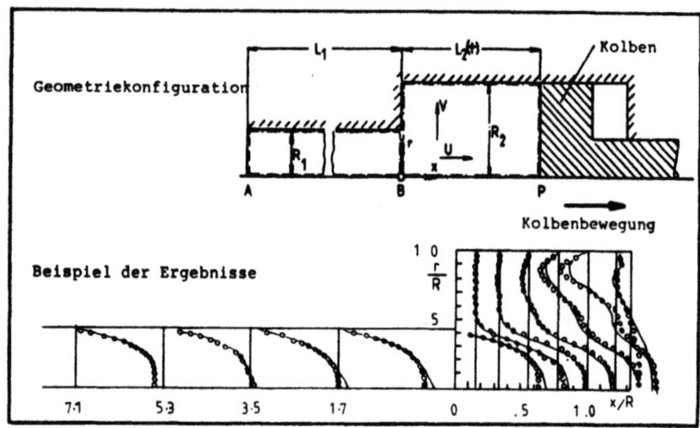

Als Beispiel einer instationären, abgelösten Strömung untersuchten Pereira
/1986/ und Durst et al. /1986c/ die von einer Kolbenbewegung periodisch an-
getriebene Strömung an einer Rohrerweiterung. Die zu untersuchende Konfiguration (siehe oben) war in einer Anlage installiert, die durch Brechungsindexanpassung Geschwindigkeitsmessungen mit einem LDA-System in Vorwärtsstreuung ermöglichte. Durch Variation des Kolbenvorschubs konnte der zeitliche Ablauf der Messung beeinflußt werden, z.B. konnte der Kolben aus dem
Stillstand einen Einlaß- oder Auslaßtakt fahren oder im kontinuierlichen
Betrieb Einlaß- und Auslaßtakt. Als Fluid wurde ein Gemisch aus Dibu-
tylphtalat und Dieselöl verwendet. Die Brechungsindizes dieser Flüssigkeit
und der aus Duranglas (n = 1,472) gefertigten Anlagenkomponenten wie Zylinder, Einlaufrohr und Vorratsbehälter konnten mit einer Genauigkeit von
$\pm\,5 \times 10^{-3}$ einander angeglichen werden.

Weiterhin sind in der obigen Abbildung als Beispiel für die Ergebnisse
axiale Strömungsprofile für das Totraum-zu-Durchmesser-Verhältnis C/D =
0,89 und eine Kolbengeschwindigkeit Up = 11,9 mm/s gezeigt. Die Symbole in
den Darstellungen geben Meßwerte, die Linien dazugehörige Berechnungen
wieder. Mit den durchgeführten experimentellen numerischen Untersuchungen
konnten die Kenntnisse über die Auswirkung von zylindrischen Kolbenbewegun-
gen auf die Strömung nach einer plötzlichen Rohrerweiterung wesentlich ver-
tieft werden.

13.16 <u>ZWEIPHASENSTRÖMUNGEN</u>

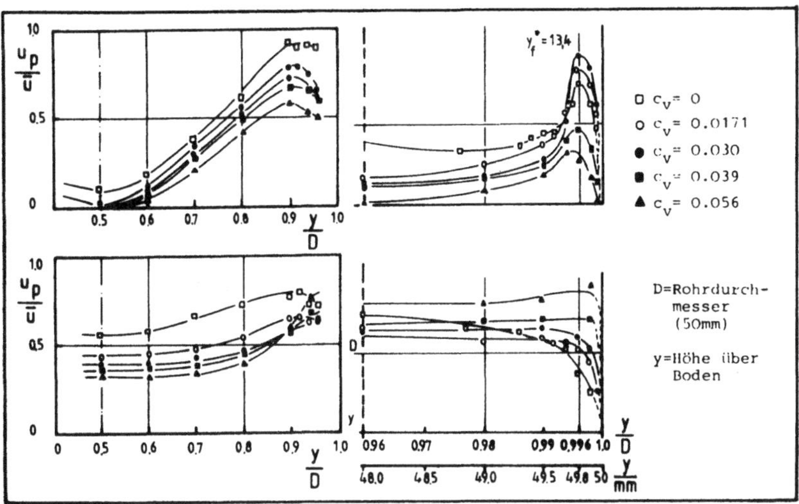

Zisselmar /1978/ konnte zeigen, daß zur Untersuchung von Phasenwechselwir-
kungen in einer zweiphasigen Rohrströmng die Laser-Doppler-Anemometrie mit
Brechungsindexanpassung anwendbar ist. Wand- und Partikelmaterial bestanden
für diese Untersuchungen aus Duranglas; als strömendes Medium wurde Benzoe-
säure-Methylester verwendet. Mittels eines konventionellen Laser-Doppler-
Anemometers in Vorwärtsstreuung wurden Verteilungen der mittleren lokalen
Fluidgeschwindigkeit, sowie die zugehörigen Schwankungsgeschwindigkeiten
bei Beladungen von maximal 5,6 Vol.% Feststoff ermittelt. Als Beispiel sind
obenstehend Profile der longitudinalen (V_z) und lateralen (v_r) Turbulenzintensität für verschiedene Feststoffkonzentrationen angegeben.

Simultane Partikel- und Fluidgeschwindigkeiten in einer turbulenten Zwei-
phasen-Rohrströmung und einer ähnlichen Strömung mit Hindernis werden von
Nouri et al. /1986/ erhalten. Der Konzentrationsbereich der dispersen
Phase, der ohne Brechungsindexanpassung bei etwa 0,2 % limitiert ist, konnte durch Anwendung der Brechungsindexanpassung bis auf 14% ausgeweitet werden. Die gleichzeitige Bestimmung der Geschwindigkeiten der beiden Phasen
wurde durch Amplitudendiskrimination möglich. Als Fluid wurde eine Tetra-
lin/Terpentin-Mischung benutzt, die Wände der Meßstrecke und die Teilchen
der dispersen Phase bestanden aus Plexiglas. Ein Laser-Doppler-Anemometer
in Vorwärtsstreuung wurde für die Messungen der Fluid- und Partikelphase
eingesetzt. Die Ergebnisse zeigen mittlere Geschwindigkeiten von Fluid und
Partikeln in axialer Richtung für verschieden Feststoffkonzentrationen c_v.

13.17 MESSUNGEN IN VERBRENNUNGSMOTOREN: ALLGEMEINE GESICHTSPUNKTE

o Das Strömungsfeld im Brennraum von Verbrennungsmotoren ist instationär, hochturbulent und dreidimensional und umfaßt Verbrennung und komplizierte Austauschprozesse.

o Für die Messungen in solchen Strömungsfeldern ist die Laser-Doppler-Anemometrie geeignet, durch:
- hohe zeitliche Auflösung mittels Frequenzzählern,
- hohe räumliche Auflösung mittels kleiner Abmessungen des Kontrollvolumens,
- Unempfindlichkeit gegenüber den Verbrennungsprozessen, da berührungslos gemessen wird.

Um die hochturbulenten, instationären und stark dreidimensionalen Strömungsvorgänge in Verbrennungsmotoren quantitativ erfassen zu können, bietet sich die Laser-Doppler-Anemometrie (LDA) an, die direkte Geschwindigkeitsmessungen gestattet, ohne die Strömung störend zu beeinflussen. Sie erfordert im Brennraum keine verschleißgefährdeten Meßaufnehmer und gestattet die Bestimmung der Strömungsgeschwindigkeit, auch beim Vorliegen von Verbrennung, sowie beim Auftreten hoher Strömungsdrücke und -temperaturen. Dies erklärt, daß die Laser-Doppler-Anemometrie in den letzten Jahren verstärkt Beachtung für Messungen in der Motorenentwicklung gefunden hat, nachdem schon vor Jahren deren Anwendbarkeit für Geschwindigkeitsmessungen im Motor nachgewiesen worden war, Trolinger et al. /1974/ und Melling und Whitelaw /1976/. Die Vielzahl der bis heute erschienenen Publikationen, die sich mit LDA-Messungen in Verbrennungsmotoren beschäftigen, siehe z.B. Vafidis /1985/, Bopp et al. /1986a/ und /1986b/, Arcoumanis und Whitelaw /1985/, Cole und Swords /1985/, Witze und Dyer /1984/, Witze et al. /1984/, Fansler /1985/, Wigley und Glanz /1984/ und Katoh et al. /1985/, stellen den erfolgreichen Einsatz dieser Meßtechnik unter Beweis.

Die Laser-Doppler-Anemometrie hat heute ihren Platz unter den modernen Meßtechniken für Untersuchungen in Verbrennungsmotoren eingenommen, siehe Dyer /1985/. Die mit ihr erhaltenen Ergebnisse werden nicht nur für die praktische Verbesserung von Motoren benötigt, sondern auch für den Test von Berechnungsmethoden für Brennraumströmungen, siehe Gosman /1985/.

Um die Anwendung der LDA-Meßtechnik in Motoren zu verdeutlichen, werden in den nachfolgenden vier Abschnitten ein konventionelles Meßsystem für Messungen in einem geschleppten Forschungsmotor vorgestellt und anschließend die Weiterentwicklungen glasfasergestützter Laser-Doppler-Anemometer beschrieben. Die für die Untersuchungen wichtige angepaßte Datenauswertung für LDA-Signale wird erläutert und an einem Meßbeispiel (gefeuerter Otto-Motor) aufgezeigt.

13.18 MESSUNGEN IN VERBRENNUNGSMOTOREN: KONVENTIONELLE LDA-OPTIKEN

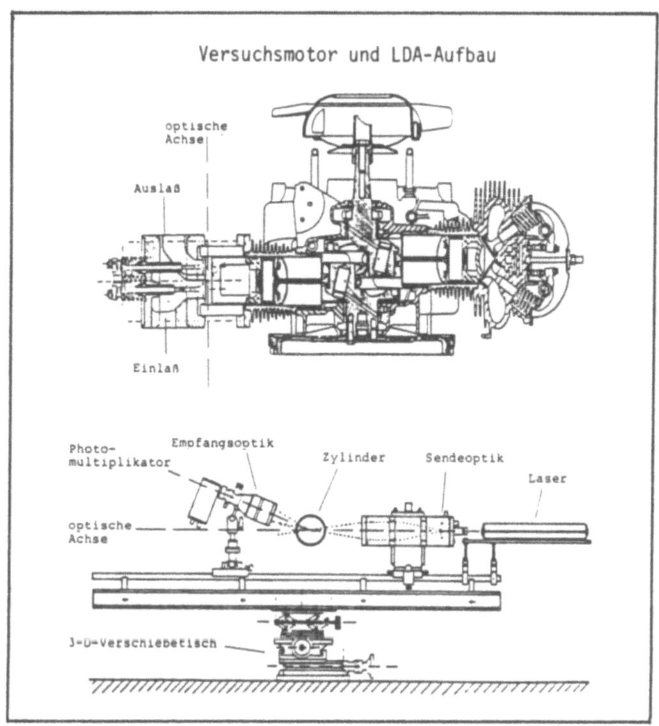

Die hier beschriebenen LDA-Messungen wurden im Zylinder eines speziell umgebauten Boxermotors (Typ 2CV M28) durchgeführt. Der Serienzylinderkopf wurde durch einen flachen Kopf ersetzt und der Zylinder mit einem Plexiglaszylinder verlängert; mit dem Einbau eines flachen Kolbens stand so ein scheibenförmiger Brennraum für diese Untersuchungen an dem geschleppten Motor zur Verfügung. Die Messungen wurden mit konventionellen LDA-Optiken in Vorwärtsstreuung durchgeführt. Laser, Sende- und Empfangsoptik befanden sich direkt am Motor auf einer Traversiervorrichtung, wie in der obigen Abbildung zu sehen ist.

Dieser Aufbau mit typischen Größenabmessungen von 200 x 30 x 50 cm war außerhalb des Motorengrundgehäuses vibrationsgedämpft angebracht. Bei dem

516

für die Messungen eingesetzten optischen Aufbau wurde der Laserstrahl (He-
Ne- oder Argon-Ionen-Laser) auf ein rotierendes Beugungsgitter fokusiert,
um den Strahl in zwei gleich starke Teilstrahlen aufzuteilen und die not-
wendige Frequenzdifferenz zwischen den beiden Strahlen des LDA-Systems zur
Rückströmungsbestimmung bereitzustellen. Die beiden das Gitter verlassenden
Teilstrahlen 1. Ordnung wurden mit der Sendelinse im Zylinder des Motors
zum Schnitt gebracht. Das Laserlicht, welches durch das Kontrollvolumen
passierende Öltröpfchen gestreut wurde, konnte durch die Empfangsoptik dem
Photomultiplier zugeführt werden. Die am Photomultiplierausgang anliegende
Signalfrequenz wurde nach Bandpaß-Filterung und Verstärkung mit einem
speziell für die Messungen erstellten LDA-Counter gemessen. Durch eine
kurbelwinkelgesteuerte Elektronik wurden nur Signale innerhalb eines vorbestimmten, 3.6° KW breiten Fensters zur Verarbeitung zugelassen. Die Frequenzwerte konnten vom Counter in den Speicher eines Microcomputers trans-
feriert werden. Nach einer vorbestimmten Anzahl von Meßwerten, die bei
einem Vertrauensbereich von 95 % für eine Genauigkeit von ca. 3% (Mittelwert) bzw. 5% (Schwankungswert) ausreichten, erfolgte die Berechnung der
kurbelwinkelaufgelösten, mittleren Strömungsgeschwindigkeit und der kurbelwinkelaufgelösten, turbulenten Fluktuationen (rms-Wert). Mit dem eingesetzten LDA-System waren Messungen bei Motordrehzahlen bis 3.500 U/min möglich.
Nähere Einzelheiten des verwendeten Meßaufbaus können der Arbeit von Bopp
et al. /1986b/ entnommen werden, detaillierte Ergebnisse sind auch in
Vafidis /1985/ und Bopp et al. /1986a/ beschrieben.

13.19 MESSUNGEN IN VERBRENNUNGSMOTOREN: OPTISCHER AUFBAU VON LDA-SONDEN-ANEMOMETERN

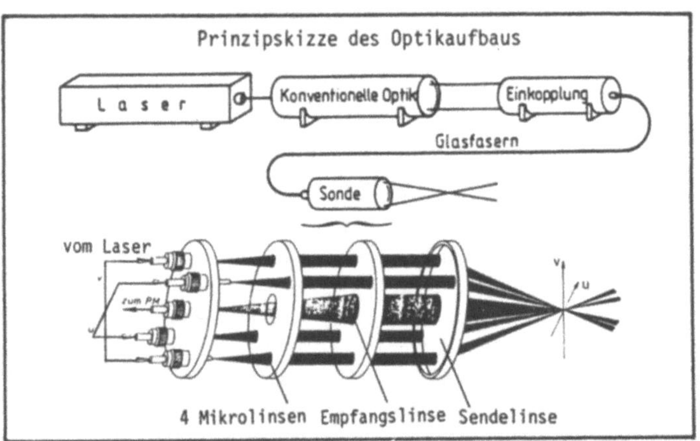

Da in der Praxis oft nur ein Sichtfenster in den Brennraum eines Motors toleriert wird, erfordern LDA-Geschwindigkeitsmessungen in Verbrennungsmotoren häufig leistungsstarke Laser-Doppler-Anemometer, die im Rückstreuverfahren arbeiten. Diese müssen so ausgelegt sein, daß sie in Laborströmungen, z.B. Freistrahlen, bestmögliche Signal-Rausch-Verhältnisse gewährleisten, da die Signalqualität in gefeuerten Motoren wesentlich unter der von Freistrahlversuchen liegt. Die Anwendung von Glasfasern erlaubt den Aufbau und Betrieb kleiner, stabiler Sondenköpfe, die räumlich getrennt vom Rest der empfindlichen Laser-Optik betrieben werden können.

Um die beiden negativen Eigenschaften der Baugröße und des Justageaufwandes konventioneller Laser-Doppler-Anemometer für praktische Messungen in Verbrennungsmotoren zu eliminieren, wurden am LSTM-Erlangen leistungsstarke LDA-Meßsonden in verschiedenen Baugrößen gebaut und eingesetzt, siehe Durst et al. /1985b/ und Durst und Krebs /1986/. Diese Meßköpfe kommunizieren über Glasfasern mit einer konventionellen Laser-Doppler-Optik, wobei gemäß obigem Schaubild die Einkopplung mit Glasfasern und der eigentliche Meßsondenkopf nur die Frontlinse eines konventionellen Rückstreusystems ersetzen. Von den drei zur Auswahl stehenden Fasertypen stellen Gradientenindexfasern mit 50 µm Kerndurchmesser, bei geeigneter Einkopplung, in Bezug auf Kohärenzerhaltung und Laserleistungsübertragung einen Kompromiß dar, da sie es erlauben, bei erträglichem Kohärenzverlust, hohe Laserleistungen zu übertragen. Sie haben sich zur Erstellung von LDA-Glasfasersonden bewährt, wenn hohe Laserleistungen übertragen werden müssen.

Die heute auch kommerziell zur Verfügung stehenden Meßköpfe besitzen einen robusten Aufbau bei vergleichsweise geringer Baugröße. Die robuste Konstruktion vermeidet nach einmaliger richtiger Justage und Fixierung der vorgenommenen Einstellung über lange Zeiten notwendige Nachkorrekturen, welche durch den Transport oder durch rauhe Umgebungsbedingungen vor Ort verursacht werden können. Die Justage der konventionellen Optik vereinfacht sich stark, da der Abgleich nicht mehr auf räumliche Koinzidenz und Sende und Empfangsstrahltaillen erfolgt, sondern nur noch nach Intensität und Strahlenbild. Nähere Einzelheiten der Einkopplung von Laserstrahlen in Gradientenfasern und der damit verbundenen Modenproblematik wurden von Krebs /1986/ beschrieben. Von ihm wurden darüber hinaus auch Details des optischen Gesamtaufbaus, sowie Auslegungsprinzipien und Aufbau der Laser-Doppler-Sonden besprochen. Sondenköpfe unterschiedlicher Baugröße, die sich im wesentlichen durch ihre Brennweite unterscheiden, wurden von Krebs /1986/ an verschiedenen Motoren eingesetzt und die durchgeführten Messungen sind in seiner Arbeit beispielhaft beschrieben.

13.20 <u>MESSUNGEN IN VERBRENNUNSMOTOREN: SIGNALVERARBEITUNG</u>

> Forderungen für Messungen in Verbrennungsmotoren:
>
> o hohe zeitliche Auflösung von $\leqslant 1°$ Kurbelwinkel,
> o hohe Datenraten im kHz-Bereich,
> o synchrone Erfassung aller interessierenden Größen (Ge-
>   schwindigkeitskomponenten als Funktion des Kurbelwin-
>   kels und Analoggrößen, wie Druck und Temperatur),
> o schnelle Abspeicherung großer Datenmengen (50.000 bis
>   500.000 Messungen pro Meßort),
>
> können nur mit einem Signalverarbeitungssystem vom Coun-
> ter-Typ in Verbindung mit einem leistungsfähigen Compu-
> tersystem bewältigt werden.

Die maximal mögliche Arbeits- und Übertragungsgeschwindigkeit einer LDA-Auswerteelektronik ist für Messungen in Motoren sehr wichtig, da sie die meßtechnisch erreichbare zeitliche Auflösung bestimmt, falls bei den Messungen genügend Teilchen in der Strömung anfallen und diese auch zu verwertbaren Signalen führen. So erfordert die Erfassung von Einzelzyklen bei einer gewünschten Auflösung von einem Grad Kurbelwinkel (1° KW) und einer Drehzahl von 1500 l/min eine Datenrate von mindestens 9 kHz im Mittel. Datenraten in dieser Größenordnung können, sofern sie meßtechnisch erreicht werden, im hochturbulenten Strömungsfall nur mit Counter-Elektroniken verarbeitet werden, wie sie speziell für LDA-Messungen entwickelt wurden. Solche Elektroniken werden heute kommerziell angeboten. Ihre Arbeitsweise wird an dieser Stelle nicht näher beschrieben, da diese in Kapitel 9 bereits ausführlich behandelt wurde.

Für simultane Messungen von zwei Geschwindigkeitskomponenten sind zwei LDA-Frequenzzähler zu verwenden, die innerhalb eines bestimmten Koinzidenzfensters jeweils ein Doppler-Signal erfaßt haben müssen, um zu einer validierten, für die weitere Verarbeitung verwendeten Messung zu gelangen.

Alle Größen, wie Geschwindigkeit, Kurbelwinkelstellung, Zylinderinnendruck und sonstige für Motorenmessungen wichtigen Größen, werden von geeigneten LDA-Elektroniken nahezu simultan erfaßt und im Rechner für eine spätere Auswertung abgespeichert. So werden in einem Verbrennungsmotor pro Meßort ungefähr 50.000 bis 500.000 Einzelwerte erfaßt und gespeichert. Schnelle Auswertealgorithmen dienen zur Aufbereitung der Daten, um die gewünschte Detailinformation aus den Messungen zu erhalten. Details sind hier von Bopp et al. /1986b/ und Krebs /1986/ angegeben.

13.21 <u>MESSUNGEN IN VERBRENNUNGSMOTOREN: GEFEUERTER OTTO-MOTOR</u>

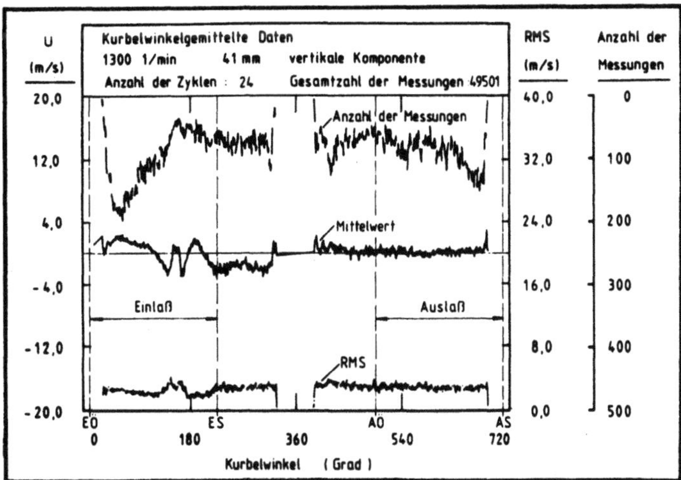

Die obige Dia-Vorlage zeigt das Beispiel einer kombinierten Darstellung verschiedener zeitabhängiger Größen an einem Raumpunkt, wie sie aus einer zeitaufgelösten, einkanaligen Geschwindigkeitsmessung in einem mit 1300 1/min laufenden, gefeuerten Otto-Motor erhalten werden können, siehe Durst et al. /1985c/. Datenraten im Bereich von 4 kHz bis 150 kHz gewährleisten eine ausreichende zeitliche Auflösung und ermöglichen somit eine Unterscheidung der Strömungsverhältnisse in einzelnen Motorzyklen. Diese hohen Datenraten lassen sich nur mit einer geeigneten Teilchenzugabe erreichen.

Die in obiger Dia-Vorlage mit "Einzelmessung" bezeichneten Meßpunkte entsprechen jeweils den lokalen Momentangeschwindigkeiten von Streuteilchen. Alle 2311 Meßwerte wurden innerhalb eines Viertakt-Zyklus von 0° KW bis 720° KW bei einer Motordrehzahl von 1300 1/min erhalten. Berücksichtigt man, daß in den Kurbelwinkelbereichen von etwa 690° KW bis 30° KW, sowie von etwa 330° KW bis 390° KW aufgrund der Glasfenstereinbausituation - infolge der Ausblendung des Meßvolumens durch den Kolben - keine Laser-Doppler-Signale empfangen werden konnten, so reduziert sich das erfaßbare Kurbelwinkelfenster von 720° KW auf etwa 600° KW. Somit konnte im Mittel bei diesem Zyklus etwa viermal pro Grad Kurbelwinkel gemessen werden. Die mittlere Datenrate gültiger Messungen betrug in diesem Meßpunkt etwa 30 kHz.

Mittelt man die Meßwerte kurbelwinkelzugeordnet über viele solcher Einzelzyklen, so führt dies zu einem zeitlichen und kurbelwinkelzugeordneten Geschwindigkeitsverlauf, der mit "Mittelwert" im obigen Diagramm angegeben ist.

Die Anzahl der gültigen Messungen betrug für die Mittelwertbildung im obigen Fall 49500, wofür 24 Viertaktzyklen, also 48 Motorumdrehungen notwendig waren. Der kurbelwinkelzugeordnete Geschwindigkeitsmittelwert, der über 24 Zyklen gemittelt ist, zeigt einen im Vergleich zum Einzelzyklus wesentlich geglätteten Verlauf. Der rms-Wert bleibt nahezu konstant über dem Kurbelwinkel. Die von der Oberkante des Diagramms nach unten aufgetragene Anzahl der Messungen pro Kurbelwinkelfenster von 1° KW zeigt ein über dem Einlaßtakt abklingendes Maximum, das vermutlich mit dem Meßort zusammenhängt, der unterhalb des Einlaßventils lag. Auch die gemeinsame Auftragung von Mittelwert und Einzelmessung vermittelt einen Eindruck von den Zyklus-an-Zyklus Schwankungen, deren Ursachen und Deutung auch heute noch eines der Hauptprobleme der ottomotorischen Untersuchungen darstellen.

Die erhaltenen Messungen demonstrieren, daß zeitaufgelöste und zeitgemittelte Geschwindigkeitsmessungen einzelner oder mehrerer Motorzyklen mit Gradientenfaser-Laser-Doppler-Anemometern im gefeuerten Ottomotorbetrieb im Rückstreuverfahren möglich sind. Ähnliche Messungen wurden auch in Dieselmotoren durchgeführt, die gleichfalls von Krebs /1986/ beschrieben sind.

13.22 <u>LASER-DOPPLER-ANEMOMETRIE OBER GROSSE DISTANZEN</u>

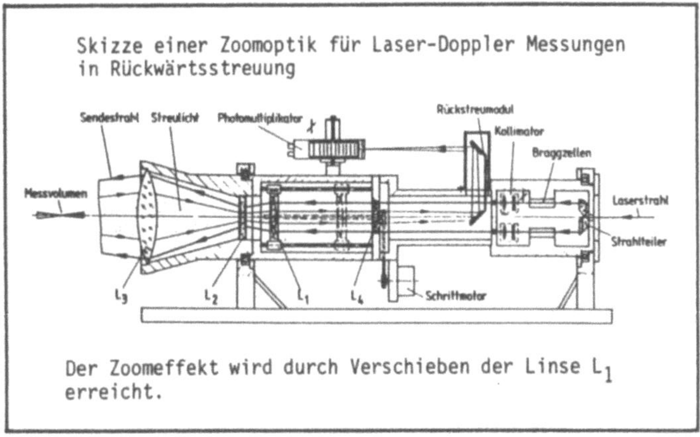

Nachdem die Laser-Doppler-Anemometrie in vielen Gebieten der Strömungsmechanik als Standardmeßtechnik etabliert ist, wird ihre Anwendung zunehmend auch in Meßproblemen erforderlich, deren Dimensionen den üblichen
Labormaßstab deutlich übersteigen. Solche "long-range"-Messungen liegen z.
B. bei den Untersuchungen des atmosphärischen Windfeldes und bei Strömungsuntersuchungen in großen Windkanälen vor. Im Gegensatz zu den meisten Anwendungen der Laser-Doppler-Anemometrie im Labor sind "long-range"-Unter-
suchungen durch folgende Randbedingungen gekennzeichnet:

- o Teilchen als Streupartikel können oder sollen nicht
  zugegeben werden.
- o Die Ausdehnung des Meßgebietes erlaubt keine mechanische Traversierung des Meßvolumens; Schwenkspiegel und
  Zoomoptiken müssen eingesetzt werden.
- o Vorwärtsstreuung ist bei der Signaldetektion prinzipiell nicht möglich.
- o Das schlechte Streuverhalten natürlicher Teilchen in
  Verbindung mit der Rückstreugeometrie der Optik und
  der großen Entfernung zwischen Meßvolumen und Detektor
  erfordern photonaufgelöste Signaldetektion mit Photon-
  korrelation als Auswertemethode.

Die obige Abbildung zeigt eine Rückstreuzoomoptik, welche für einen Brenn-
weitenbereich von 1.5 bis 4.5 m ausgelegt ist. Die Brennweite wird durch

522

schrittmotorgesteuerte Traversierung der Linse L_1 variiert, wobei der Schnittwinkel der Sendestrahlen erhalten bleibt. Das hier vorgestellte Prinzip einer Zoomoptik läßt sich unter Verwendung von Hohlspiegeln auch auf Brennweiten von Hunderten von Metern übertragen.

Bei der Auslegung von optischen Systemen, wie sie in der obigen Abbildung angedeutet sind, ist es wichtig, die Auslegung so vorzunehmen, daß interne Reflexionen unterdrückt werden. Bleibt diese Unterdrückung aus, so überdeckt das Hintergrundlicht das in Rückwärtsrichtung empfangene Streusignal aus dem Meßvolumen. Höchste Sorgfalt in der Auswahl der einzelnen Komponenten ist geboten und hohe Oberflächenvergütungen sind anzustreben. Abschirmungen von Strahleinkopplungen in die optischen Komponenten sind empfehlenswert.

13.23 <u>VERMESSUNG DES ATMOSPHÄRISCHEN WINDFELDES</u>

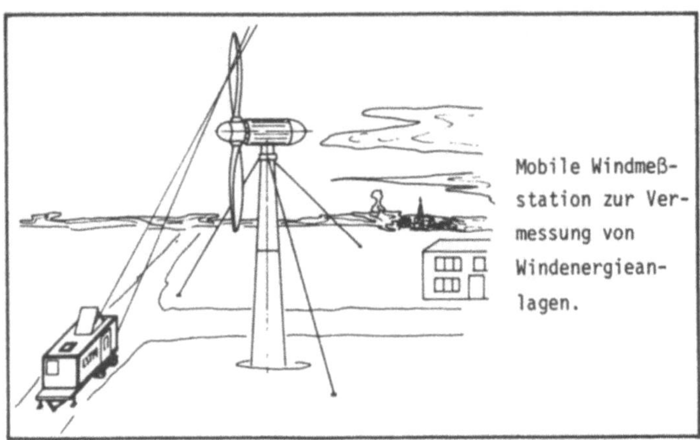

Seit Mitte der siebziger Jahre gibt es Bemühungen, die Vorteile der Laser-Doppler-Anemometrie, insbesondere die Berührungsfreiheit dieser Meßmethode, auch für Untersuchungen des atmosphärischen Windfeldes zu nutzen. Sondenmeßmethoden erlauben in der Atmosphäre nur Messungen in sehr begrenzten Höhen und erfordern den Aufbau von stabilen und damit aufwendigen Halterungen, die ihrerseits das Windfeld am Meßort stören können. Im Gegensatz dazu ist ein mobiles Windmeßsystem nach dem Laser-Doppler Prinzip, wie es in der obigen Skizze angedeutet ist, sehr flexibel einsetzbar. Es erlaubt bei Verwendung einer Optik mit variabler Brennweite die lokale Vermessung von Windfeldern und kann Strömungsgebiete mit einer Ausdehnung von mehreren hundert Metern abtasten. Verifikationsexperimente, welche die Funktionstüchtigkeit solcher Systeme nachweisen, sind von Durst et al. /1983a/ & /1983b/ beschrieben worden.

Der bereits oben angedeutete Bedarf von Meßdaten über das Windfeld besteht beispielsweise in der Meteorologie, wo in Ausbreitungsrechnungen für Schadstoffe Informationen über den Verlauf der atmosphärischen Grenzschicht benötigt werden. Bei der Klärung von Standortfragen für Emittenten von Schadstoffen spielen genaue Kenntnisse über die Windverhältnisse eine dominierende Rolle. Bei Windkraftanlagen hilft die genaue Kenntnis der Windverhältnisse in der Planungsphase bei der Festlegung von Standorten, während beim Betrieb der Anlagen die Information über die momentanen Windverhältnisse die Korrelation zwischen der Anströmgeschwindigkeit des Windes und den Leistungsdaten der Anlage erlaubt. Information über den Nachlauf von Windrädern wird benötigt, um bei der Planung von Windfarmen eine starke gegenseitige Beeinflussung der Einzelgeneratoren zu vermeiden. Hier können mit Hilfe des skizzierten Systems Untersuchungen an Großausführungen durchgeführt werden. Liegen solche Informationen vor, so können Windmeßdaten an Großausführungen von Windenergieanlagen mit entsprechenden Modellstudien im Labor verglichen werden.

Es kann heute davon ausgegangen werden, daß zukünftige Meßsysteme für detaillierte Untersuchungen von Windfeldern mit Laser-Doppler-Anemometern betrieben werden, wie sie von Durst et al. /1983a/ & /1983b/ beschrieben wurden. Geeignete optische Systeme für solche Messungen liegen vor und Signalverarbeitungssysteme auf der Basis von digitalen Photonkorrelatoren sind möglich und stehen heute zur Verfügung.

13.24 <u>LASER-DOPPLER MESSUNGEN IN GROSSWINDKANÄLEN: 1</u>

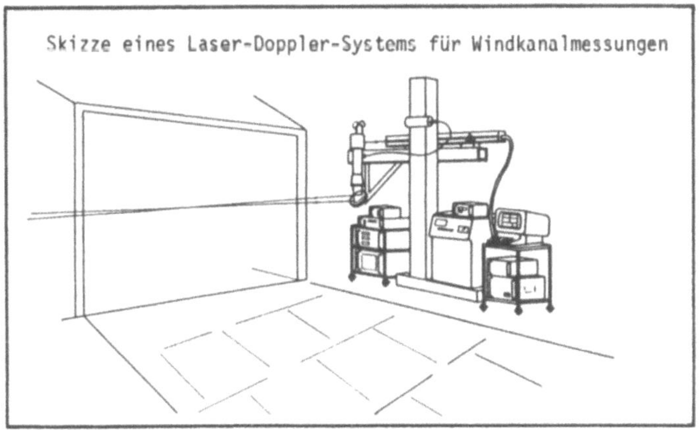

Mit der zunehmenden Bedeutung der aerodynamischen Optimierung von Kraftfahrzeugen werden Informationen über die Qualität der Windkanalgrundströmung und über die Umströmung von Modellen benötigt. Gleichzeitig liefern detaillierte Daten über das Geschwindigkeitsfeld um Automobilmodelle einen Vergleichsstandard für numerische Programme zur Berechnung von Geschwindigkeitsfeldern. Hier wird erhofft, einen Teil der Windkanaluntersuchungen durch Computersimulationen zu ersetzen.

Die obige Skizze stellt ein LDA-System dar, welches lokale Strömungsuntersuchungen in Automobilwindkanälen erlaubt. Die im Abschnitt 13.22 dargestellte Zoomoptik ist für solche Messungen mit vertikaler optischer Achse, zusammen mit einem Argon-Laser, auf einer Vertikaltraversierung in der obigen Abbildung montiert dargestellt. Die Sendestrahlen des LDA-Systems werden durch einen Kippspiegel in die Horizontale umgelenkt, so daß durch eine Translationsbewegung der Zoomlinse das Meßvolumen in horizontaler Richtung traversiert wird. Zusammen mit der Vertikaltraversierung können so Querebenen der Strömung vermessen werden. Die Photonkorrelation als Auswertemethode erlaubt auch bei Rückstreuung Geschwindigkeitsmessungen unter Verwendung natürlicher Staubteilchen als Streuzentren. Durch die Signaldetektion in Rückwärtsstreuung sind Messungen in Strömungsgebieten möglich, bei denen Vorwärtsstreumessungen durch eine Blockade der beiden Meßstrahlen durch das eingebrachte Strömungsmodell nicht möglich sind. Meßsysteme dieser Art werden sich in der aerodynamischen Meßtechnik im Automobilbereich und in der Aerodynamik zukünftig durchsetzen. Die Ergänzung solcher Optiken durch LDA-Glasfasersonden wird auch Traversierungen im Innern von Fahrzeugen und aerodynamischen Flugobjekten zulassen.

Laser-Doppler-Anemometer-Systeme für Großwindkanäle wurden am LSTM-Erlangen entwickelt und mit Erfolg für Windkanalströmungen eingesetzt, denen keine zusätzlichen Streuzentren zugegeben werden können. Dies ist oftmals bei Großwindkanälen der Fall, wie sie im Bereich der Aerodynamik in der Automobilbranche Anwendung finden. Hier werden oftmals Messungen bei hohen Geschwindigkeiten benötigt, so daß auch die Möglichkeit der lokalen Teilchenzugabe nur bedingt gegeben ist. Durch die Verwendung natürlicher Aerosole werden zudem die durch Teilchenzugabe zu erwartenden Kanalverschmutzungen unterbunden.

13.25 <u>LASER-DOPPLER MESSUNGEN IN GROSSWINDKANÄLEN: 2</u>

Das in Abschnitt 13.24 beschriebene Laser-Doppler-Anemometer für Windkanaluntersuchungen wurde von Ernst und Völklein eingesetzt, siehe Durst et. al
/1987e/, um in einem Automobilwindkanal die Umströmung von Automobilen zu
untersuchen. Die ankommende Strömung des Windkanals wurde im Detail vermessen und es lag somit die gesamte Geschwindigkeitsverteilung mit den erforderlichen Turbulenzgraden in der Anströmung fest. Das LDA-Meßsystem
wurde nachfolgend eingesetzt, um die gesamte Grenzschichtentwicklung an
verschiedenen Stellen des Längsmittelschnittes von drei verschiedenen Per-
sonenkraftwagen zu untersuchen, sowie die Durchströmung des Fahrzeuges im
Unterbodenbereich zu vermessen. Da das LDA-Meßsystem mit einer Einheit zur
Frequenzverschiebung der Laserstrahlen der Optik ausgerüstet war, waren
Messungen im Nachlauf der Automobile möglich, um so Detailinformationen
über die im Nachlauf sich einstellende Ablöseblase zu erhalten. Details
dieser Messungen sind von Buchheim et al. /1987/ und Durst et al. /1987/
beschrieben worden. Diesen Darstellungen ist zu entnehmen, daß mit der eingesetzten einkomponentigen Optik Geschwindigkeitsmessungen in Hauptströmungsrichtung und Messungen der Vertikalkomponente möglich waren. Ein Ausschnitt aus den Messungen ist in der oben angegebenen Abbildung aufgeführt,
die Geschwindigkeitsmessungen im Längsmittelschnitt eines Automobils zeigt.
Die Messungen zeigen deutlich die Stauwirkung des Modells auf die gleichmäßig ankommende Strömung.

Die oben angedeuteten Messungen zeigen, daß mittels Laser-Doppler-Anemometern detaillierte Meßergebnisse in großräumigen Strömungen ohne Zugabe
von künstlichen Streuteilchen erhalten werden können. Die Methode der

Signalauswertung mit Hilfe der Photonkorrelation ist eine nützliche Ergänzung zu den anderen Auswertemöglichkeiten der LDA-Meßtechnik. Sie sollte immer in solchen Strömungsuntersuchungen Anwendung finden, in welchen die Zugabe von zusätzlichen Streuteilchen nicht möglich ist und zudem Messungen in Rückwärtsstreuung durchgeführt werden müssen.

Bezüglich der Meßzeit, die bei der Anwendung der speziellen LDA-Systeme in Kauf genommen werden muß, läßt sich folgendes sagen:

o Im Bereich von Grenzschichtströmungen entsprechen die Gesamtmeßzeiten des beschriebenen LDA-Meßsystems denen anderer Meßverfahren. Gelingt es, die relative Luftfeuchtigkeit im Windkanal oberhalb von 55% zu halten, so ist die Meßzeit im wesentlichen durch die lokal vorliegenden Turbulenzverhältnisse bestimmt.

o Im Nachlaufgebiet von Kraftfahrzeugen ist es zu empfehlen, der LDA-Meßtechnik gegenüber anderen Meßverfahren den Vorzug zu geben, da sie in der Lage ist, die auftretenden hohen Turbulenzgrade ohne prinzipielle Fehler zu erfassen. Die Meßzeit in solchen Gebieten richtet sich nach dem integralen Zeitmaß, das hier vorliegt. Pro integralem Zeitmaß ist nur eine unabhängige Messung möglich. Zur Erreichung konstanter Mittelwerte müssen Mittelungen über mehrere integrale Zeitmaße erfolgen.

Zukünftige Messungen im aerodynamischen Bereich werden sich verstärkt der LDA-Meßtechnik bedienen.

13.26 MESSUNGEN IN ZWEIPHASENSTRÖMUNGEN, 1: ERWEITERUNGEN DER LDA-OPTIK, STREULICHTEIGENSCHAFTEN GROSSER TEILCHEN

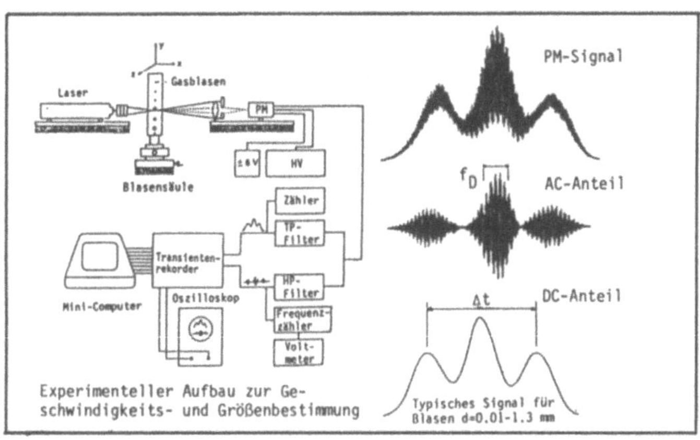

Die charakteristischen Lichtstreuungseigenschaften von transparenten, runden Teilchen z.B. Blasen, Flüssigkeitströpfchen oder Glaskugeln wurden in
Aufbauten, wie oben links abgebildet, untersucht. Wigley /1977/ zeigte
erstmals, daß bei geeigneter Festlegung des Öffnungswinkels für die Kollektion des in die Vorwärtsrichtung gestreuten Lichtes das Streulicht in typischer Weise drei Intensitätsmaxima während der Teilchenpassage durch das
Meßvolumen aufweist. Martin et al. /1981/ verwendeten empfindlichere Detektoren und konnten das typische Streulichtsignal, wie oben links dargestellt, systematisch untersuchen. Dabei zeigte sich, daß bei festgelegter
Empfangsoptik die Signalform und deren Modulation stark von der Teilchengröße und der Bahn abhängt, die das Teilchen durch das Meßvolumen zurück-
legt. Kalibrierungsversuche von Martin et al. /1982/ verifizierten die Erklärungen über den Ursprung der für transparente Teilchen typischen Signalform. Danach weisen die Seitenmaxima auf das Eintreten in das Meßvolumen
bzw. auf das Verlassen des Meßvolumens hin und beruhen weitgehend auf
Lichtreflexionen an der Teilchenoberfläche. Das mittlere Maximum ist auf
Licht zurückzuführen, das ganz durch das Teilchen hindurchgeht. Die Modula-
tionsfrequenz dieses Signalbereichs wurde als der wahren Teilchengeschwindigkeit proportional bestimmt und ausgewertet. Die Auswertung der Zeit
zwischen den Seitenpeaks Δt zusammen mit der Teilchengeschwindigkeit läßt
die Bestimmung der Teilchengröße zu.

Arbeiten, die auf dieser Technik aufbauen, wurden von Brankovic et al.
/1984a/ zur Bestimmung von Stoffübergangskoeffizienten von Kohlendioxid-
blasen in Wasser veröffentlicht. Hier wurden insbesondere hohe räumliche
und zeitliche Auflösung der Vorgänge erreicht. Typische Oberflächenoszilla-
tionen der entstehenden Blasen während ihres Aufstieges wurden von Brankovic et al. /1984b/ untersucht.

13.27 MESSUNGEN IN ZWEIPHASENSTRÖMUNGEN, 2: ERWEITERUNGEN DER LDA-OPTIK, BLOCKIERZEITMESSUNG

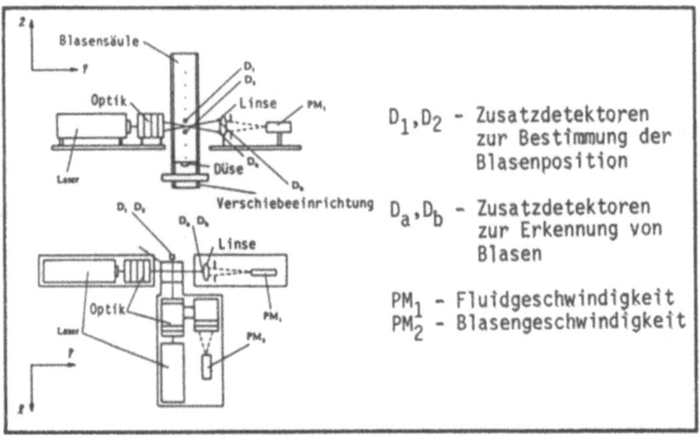

Als gebräuchliche LDA-Systemerweiterungen für Messungen von Zweiphasenströmungen konnten zusätzlich Empfangsoptiken in Rückwärtsstreurichtung oder angeordnet unter einem Raumwinkel von 90°, bezogen auf die Sendeoptik, eingesetzt werden. Anwendungen solcher Optiken wurden von Ohba /1976/, Wigley /1977/ und Davies /1973/ veröffentlicht. Die gute Lichtstreuung durch größere Teilchen wird zur selektiven Charakterisierung der Partikelphase herangezogen. Liegt ein großes Teilchen am Meßort vor, so wird die Signalauswertung an den Detektor in Vorwärtsrichtung zur Ermittlung von Fluidgeschwindigkeitsinformationen blockiert.

Durst und Zaré /1975/ und Durst et al. /1986/ verwendeten die Sendestrahlen in Verbindung mit Dioden als Lichtschranken, um so die Verweildauer der Blasen im Meßvolumen zu bestimmen. Bei dieser Anordnung werden die Diodeninformationen zur Selektierung der jeweiligen Phaseninformation herangezogen.

Lee et al. /1981/ verwendeten ein Referenzstrahl-LDA-System und konnten mit Hilfe eines einfachen optischen Aufbaus Teilchengeschwindigkeit und Teilchengröße bestimmen. Das Teilchen, das den Signalstrahl blockiert, sorgt auf dem Detektor für ein rauschfreies Eingangssignal für die Zeit, die das Teilchen im Meßvolumen verweilt. Runde Teilchen, die das Meßvolumen zentral durchlaufen, streuen am Ende der Blockierzeit das Licht des Streustrahles so, daß eine Doppler-Frequenz am Empfänger beobachtet wird, welche die Teilchengeschwindigkeit anzeigt.

13.28 MESSUNGEN IN ZWEIPHASENSTRÖMUNGEN, 3: ERWEITERUNGEN DER LDA-OPTIK, STREULICHTINTENSITÄT ZUR TEILCHENGRÖSSENBESTIMMUNG

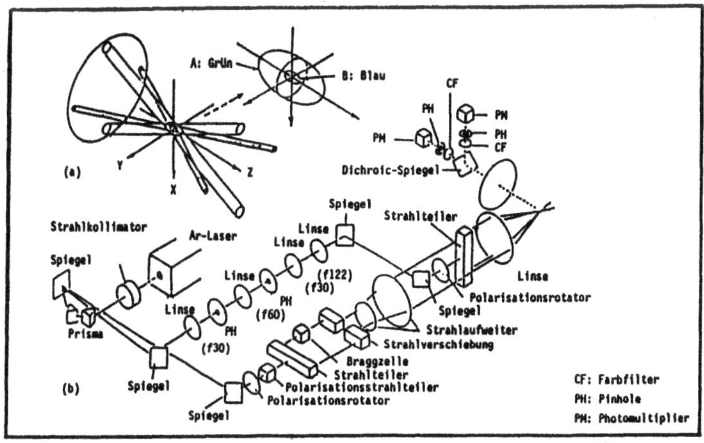

Die zur Teilchengrößenanalyse in verschiedenen erweiterten LDA-Systemen verwendete Abhängigkeit der Streulichtintensität von der Teilchengröße erlaubt die Erstellung von Meßsystemen zur simultanen Messung von Teilchengeschwindigkeit und Teilchengröße. Die die Teilchengrößen bestimmende Intensität des Signals hängt aber auch von der lokalen Lichtintensität im Meßvolumen ab. In der Literatur sind verschiedene Verfahren beschrieben, bei denen sichergestellt ist, daß alle Teilchen, die das Meßvolumen passieren, gleichförmige Lichtintensitäten passieren, siehe Durst und Umhauer (1975). Maeda et al. /1980/ und Maeda et al. /1986/ arbeiten mit einem Aufbau, wie er in obiger Schemazeichnung dargestellt ist. Dabei werden mit zwei orthogonal zueinander angeordneten Laserstrahlpaaren zwei Komponenten der Teilchengeschwindigkeit gemessen. Das Meßvolumen der grünen Strahlen und das kleinere Meßvolumen der blauen Strahlen sind konzentrisch so angeordnet, daß in der Auswertung durch eine Signalkoinzidenz beider Farben sichergestellt werden kann, das ein Teilchen zentral das größere Meßvolumen passiert hat, vgl. auch Modarres et al. /1983/. Durch Ausblenden des Strahlenrandbereiches verändern Maeda et al. /1980/ die typische Gauß-Intensitätsverteilung eines Laserstrahles derart, daß Teilchen während der Aufenthaltszeit im Meßvolumen mit einer nahezu konstanten Lichtintensität illuminiert werden.

Unter Verwendung von nichtlinearen Filtern egalisieren Kleine et al. /1982/ und Allano et al. /1984/ die Intensitätsverteilung über den Laserstrahldurchmesser, so daß Teilchengrößenmessungen möglich werden. Um die Anhängigkeit der Streulichtintensität der Teilchen vom Raumwinkel zu untersuchen, schlagen Durst und Umhauer (1975) und Ruck /1982/ eine Weißlichtquelle vor, um die Teilchengrößenbestimmung verläßlicher zu machen. Ohne

Veränderung an der Laserstrahlintensitätsverteilung ziehen Lee und Srinivasan /1978/ bei der Signalverarbeitung aus der Streifenanzahl in einem Doppler-Signal den Schluß auf eine Partikelbahn, die zentral durch das Meßvolumen geht und somit das Maximum der Signalamplitude nur durch das als bekannt vorausgesetzte Maximum der Laserstrahlamplitude hervorgerufen sein kann.

13.29 MESSUNGEN IN ZWEIPHASENSTRÖMUNGEN, 4: ERWEITERUNGEN DER LDA-OPTIK, PHASEN-DOPPLER-METHODEN

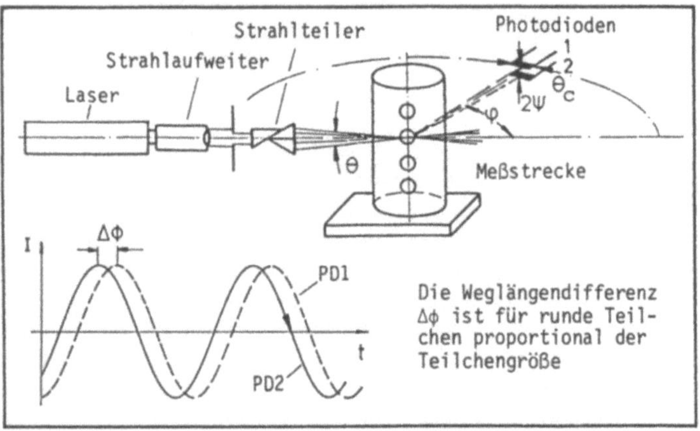

Um neben der Teilchengeschwindigkeit auch die Teilchengröße messen zu können, hat sich aufbauend auf den Arbeiten von Durst und Zaré /1975/ ein Verfahren durchgesetzt, das in obiger Darstellung vorgestellt wird (Saffman et al. /1984/, Bauckhage et al. /1984/ und Bachalo et al. /1984/). Hierbei sind zwei oder mehrere Photodetektoren so im Raum angebracht, daß Streulicht von einem runden Teilchen auf beide Empfänger fällt. Das empfangene Licht beider Detektoren ist entsprechend dem geometrischen Weglängenunterschied von der Teilchenoberfläche zum Empfänger phasenverschoben. Saffman et al. /1986/ leiten die an den Detektoren ermittelte Phasenverschiebung als Differenz zweier Phasenverschiebungen ab. Dabei wird die Weglängendifferenz für einen an der Teilchenoberfläche reflektierten Strahl und einen Strahl durch die Teilchenmitte gebildet:

$$\Phi_1 = \left(\sqrt{2\,\pi n_m \frac{D}{\lambda_0}}\right)\left\{\left(1 + \frac{\sin\Theta}{2\sin\Phi\sin\Psi} - \frac{\cos\Theta}{2\cos\Phi}\right)^{1/2} - \left(1 - \frac{\sin\Phi}{2\sin\Phi\sin\Psi} - \frac{\cos\Theta}{2\cos\Phi}\right)^{1/2}\right\}$$

D = Partikeldurchmesser
n_m = Brechungsindex des Teilchens
λ_0 = Laserwellenlänge

Θ = Kreuzungswinkel der Laserstrahlen

Ψ = Detektorraumwinkel senkrecht zur durch die Strahlen aufge-
spannten Ebene und senkrecht zur optischen Achse

Φ = Detektorraumwinkel senkrecht zur durch die Laserstrahlen auf-
gespannten Ebene und parallel zur optischen Achse.

Dies wird für beide einfallenden Strahlen durchgeführt, so daß sich leicht die obige Phasenverschiebung auf der Grundlage der Gesetzmäßigkeiten der geometrischen Optik bestimmen läßt.

Es ist wichtig, an dieser Stelle darauf hinzuweisen, daß das Verfahren bisher auf Anwendungen mit sphärische Teilchen beschränkt war. Ein überzeugender Vorteile dieser Technik ist, daß sie besonders unempfindlich bei trüben Strömungsmedien, bei Verschmutzung der Strömungsberandung und anderen Fehleinstellungen im Gegensatz zu Teilchengrößenbestimmungsmethoden ist, die auf Signalamplituden oder relativer Modulationsintensität basieren. Saffman et al. /1984/ schlagen zur Erweiterung des dynamischen Bereiches der Größenanalyse drei und vier Detektoren vor. Bachalo und Hauser /1985/ vereinfachen die Anwendung der Technik durch Integrierung von mehreren Detektoren in einer gemeinsamen Empfangsoptik.

13.30 MESSUNGEN IN ZWEIPHASENSTRÖMUNGEN, 5: SIGNALVERARBEITUNGSELEKTRONIK

Elektroniken verwenden:

o Zählverfahren mit vorgeschalteter Amplitudendiskriminierung;

o Analoges Prüfgerät auf Signalform, Signalamplitude, Koinzidenz, etc. selektiert bei der Signalauswertung mittels Zähl- oder Nachlaufdemolulationsverfahren;

o Mehrkanalige digitale Speicherung mit Transientenrekorder, Software-Analyse;

o Zählverfahren zur Bestimmung von Phasenverschiebungen von mehreren Detektoren;

o Interface-Einheiten zur Synchronisation von Counter und A/D-Wandler-Eingängen (Signalamplitude, etc.)

Für die Messungen in Zweiphasenströmungen werden in der Literatur verschiedene Methoden der Signalauswertung vorgeschlagen, abhängig davon, ob sogenannte Modellzweiphasenströmungen bekannter, oftmals enger Teilchengrößenverteilungen untersucht werden sollen, oder ob neben Fluid- bzw. Teilchengeschwindigkeiten auch reale, technische Teilchengrößenverteilungen zu ermitteln sind. Für den Fall, daß es in Zweiphasenströmungen nur zwischen

Signalen von kleinen Teilchen, welche die Fluidgeschwindigkeit bestimmen und größeren Teilchen, welche die Eigenschaften der dispersen Phasen dokumentieren sollen, unterschieden werden muß, werden Signalverarbeitungsverfahren vorgeschlagen, die auf einfachen Erweiterungen der herkömmlichen LDA-Elektroniken beruhen. Dabei werden Signalamplitude und/oder relative Signalmodulationstiefe zur phasenselektiven Geschwindigkeitsmessung herangezogen. Sind spezielle LDA-Signaleigenschaften für die Phasenidentifikation charakteristisch wie Form, relative Signalmodulationstiefe, Koinzidenz bei mehrkanaligen Messungen, so wird die Signalkonditionierung für diese Informationszuordnung zu den beiden Phasen von einigen Autoren noch weiter verfeinert. Nimmt man niedrige Datenraten in Kauf, so erlaubt eine schnelle Analog/ Digital-Wandlung mit mehrkanaligen Transientenrekordern eine Analyse der Signaleigenschaften durch ein Verarbeitungsprogramm. Signaleigenschaften wie Symmetrie, relative Modulationstiefe oder Phasenverschiebung zwischen zwei oder mehreren Eingangssignalen können hier zur Signalerkennung von kleinen und großen Teilchen herangezogen werden.

Schnelle Verarbeitungsverfahren zur Geschwindigkeits- und Teilchengrößenbestimmung erfordern spezielle LDA-Counter-Entwicklungen. Geräte, die Phasenverschiebungen neben der Frequenz durch Zählverfahren bestimmen, werden gegenwärtig entwickelt.

Der Aufbau von Interface-Einheiten, die eine synchronisierte Ein/Ausgabe von LDA-Zählern und Analog/Digital-Wandlern ermöglicht, öffnet weitere Anwendungen für Zweiphasenströmungen. Informationen über Signalamplitude, Blockierung der Laserstrahlen und Vergleich von Größen, die mit Strömungseigenschaften korrelieren, sind möglich.

13.31 MESSUNGEN IN ZWEIPHASENSTRÖMUNGEN, 6: GAS/FESTSTOFF-STRÖMUNGEN

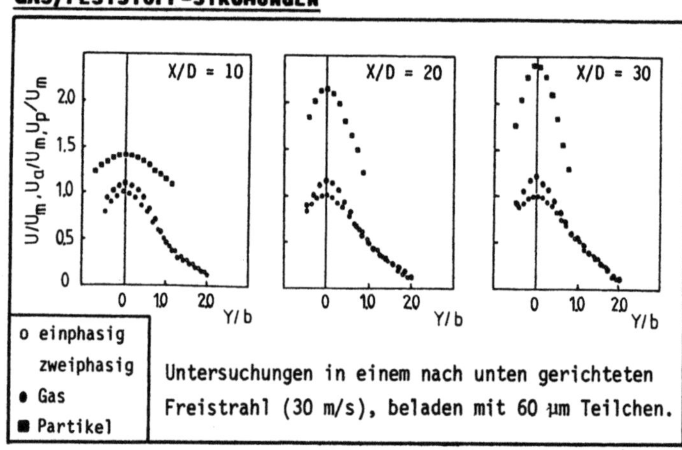

Untersuchungen in einem nach unten gerichteten Freistrahl (30 m/s), beladen mit 60 µm Teilchen.

Zahlreiche experimentelle Untersuchungen von dispersen Zweiphasenströmungen mittels Laser-Doppler-Anemometrie sind in der Literatur umfassend beschrieben, wohl deshalb, deshalb vor, weil die Reproduzierbarkeit von Versuchsbedingungen vergleichsweise einfach ist. Die runde Gestalt und die enge Größenverteilung von Teilchen (z.B. Glas), wie sie für Modelluntersuchungen von besonderem Interesse ist, sind in Gas/Feststoff-Strömungen leicht zu realisieren. Meßdaten, die das Verhalten von Feststoffteilchen in Luft durch detailliertes Vermessen von Strömungsfeldern beschreiben, wurden in verschiedenen Geometrien durchgeführt:

<u>Vertikale Rohr/Kanalströmung:</u> Lee und Durst /1982/, Tsuji et al. /1984/, Tridimas et al. /1984/

<u>Horizontale Kanalströmung:</u> Lourenco und Riethmüller /1982/, Tsuji und Morikawa /1982/.

<u>Stufenströmung:</u> Hishida et al. /1984/.

<u>Freistrahlströmungen:</u> Modarres et al. /1984/, Hishida et al. /1985/, Shuen et al. /1985/.

<u>Begrenzte Strahlströmungen:</u> Milojevic et al. /1986/, Arnason /1982/.

Bei allen oben aufgeführten Arbeiten wurden Messungen durchgeführt, durch welche die untersuchten Zweiphasenströmungen durch Bestimmung der Einzelphasengeschwindigkeit, der Phasenkonzentrationsverteilung im Strömungsfeld und in einigen Fällen der Teilchengrößenverteilung erfaßt werden.

Die in der obigen Abbildung dargestellten Ergebnisse von Freistrahlmessungen wurden von Hishida et al. /1985/ durchgeführt. Dabei kam das in Abschnitt 13.28 abgebildete Zweikanal-LDA-System zum Einsatz. Bei den Messungen wurde eine Teilchengrößenverteilung sehr nahe um 64 µm untersucht. Neben den mittleren Geschwindigkeiten wurden die Korrelation der Geschwindigkeitskomponenten und lokale Teilchenhäufigkeiten angegeben.

Einige der Ergebnisse in den genannten Veröffentlichungen sind zwischenzeitlich als Grundlage für Strömungsberechnungen herangezogen geworden. Gute Fortschritte konnten so bei der numerischen Behandlung von teilchenbeladenen Strömungen erhalten werden. Ziel weiterer Messungen sollte es sein, die wesentlichen Strömungsparameter genauer zu bestimmen, um sicherzustellen, daß die Daten für die Berechnungsverfahren verbessert weden, um so eine gute Grundlage für weitere Berechnungsverbesserungen zu bieten.

Viele der Daten sind durch Zulaufeffekte bestimmt, die sich in Zweiphasenströmungen recht lange auswirken können:

$$\tau = 4 P_p \cdot d_p^2 \; / \; (3\mu \cdot C_p \cdot R_p)$$

Bei der Auslegung jeder Zweiphasenversuchsanlage sollte berücksichtigt werden, daß die Relaxationszeit τ in einem vernünftigen Verhältnis zur Teilchenaufenthaltszeit im Meßbereich steht, um so durch Messungen mehr Informationen über die Teilchen-Fluid-Wechselwirkung zu erhalten.

13.32 MESSUNGEN IN ZWEIPHASENSTRÖMUNGEN, 7: FLÜSSIGKEIT/GAS (BLASEN)

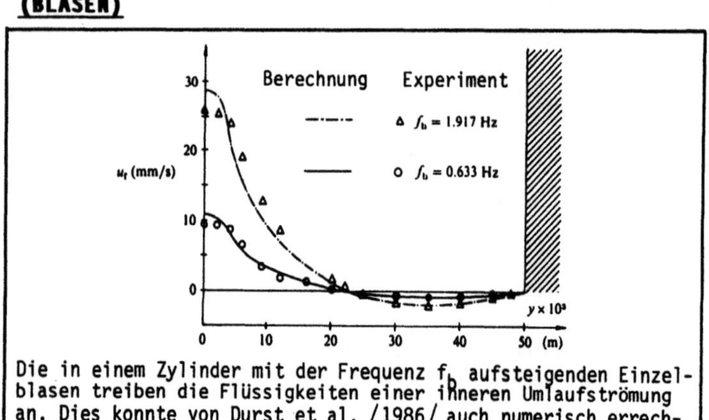

Die in einem Zylinder mit der Frequenz f_b aufsteigenden Einzelblasen treiben die Flüssigkeiten einer inneren Umlaufströmung an. Dies konnte von Durst et al. /1986/ auch numerisch errechnet werden.

Die Bestimmung von Blasengröße, -aufstiegsgeschwindigkeit und -konzentration ist in einer Reihe von verfahrenstechnischen Prozessen von wesentlicher Bedeutung. Die Arbeiten in der Literatur unterteilen das Problem in:

Untersuchungen an Einzelblasen: Durst et al. /1984/, Durst et al. /1986/, Brankovic et al. /1984a/

Untersuchungen in Blasendispersionen: Davies et al. /1973/, Ohba et al. /1977/, Börner et al. /1984/, Brankovic et al. /1984b/, Brankovic et al. /1986/, Matsui und Yanashita /1986/, Sun und Faeth /1986/.

Für laminar aufsteigende Einzelblasen ergeben sich für die LDA-Anwendung noch vergleichsweise wohldefiniert experimentelle Bedinungen (siehe Ergebnisse in obiger Abbildung). Für Messungen in turbulent strömenden Blasendispersionen sind die experimentellen Bedingungen weit schwieriger:

      o Deformation der Blasenoberfläche
      o Zeitlich unterschiedliche Widerstandseigenschaften
        durch Blasenoberflächenversteifung
      o Zerteilung von Blasen im Scherfeld der Strömung
      o Koaleszenz von Blasen bei Kontakt
      o Hoher Gasgehalt der Zweiphasenströmung.

Es wurden daher bislang nur Dispersionen mit sehr kleinem Gasvolumenanteil untersucht, um so eine hinreichende Transparenz der Gesamtströmung für LDA-Messungen sicherzustellen. Wie bereits dargestellt, lassen sich Blasengrößen zuverlässig bis zu einer Größe von ca. 1.2 mm exakt bestimmen. Viele der Autoren konzentrieren sich daher auf die Bestimmung von Strömungseigenschaften der Flüssigkeit, die sich durch die Anwesenheit der Blasen ändern. In einigen der obigen Untersuchungen werden lokal Blasen gezählt, um ein Maß für den lokalen Gasanteil in der Strömung zu erhalten. Dabei ist die oftmals getroffene Annahme von Blasen einheitlicher Größe durch die experimentellen Messungen nicht zu rechtfertigen.

13.33 MESSUNGEN IN ZWEIPHASENSTRÖMUNGEN, 8: FLÜSSIGKEITS-/ FESTSTOFF-STRÖMUNGEN

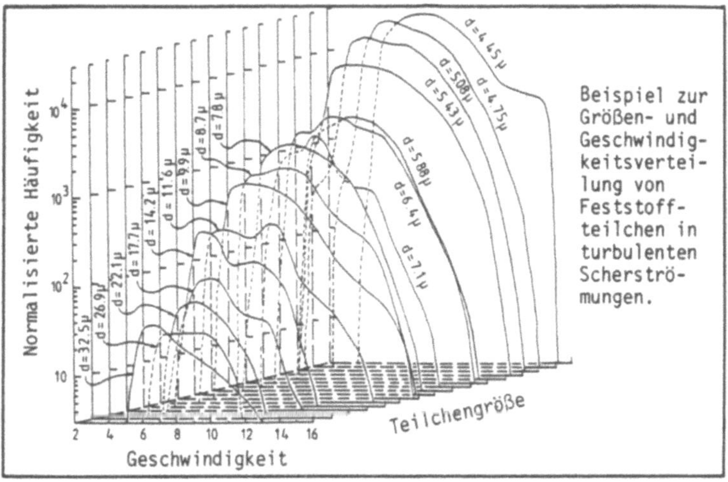

Teilchenbeladene Feststoff-Zweiphasenströmungen in einer Flüssigkeit treten beim hydraulischen Transport von festen Materialien, Sedimentation, etc. auf. Sie wurden für einige Strömungsgeometrien systematisch von Einav und Lee /1973/ untersucht. Dabei wurde eine Suspension mit noch hinreichender Transparenz und bekannter Teilchengrößenverteilung in einer turbulenten Scherströmung mittels eines Referenzstrahl-Anemometers und einer Signalverarbeitung, wie sie in Abschnitt 13.27 beschrieben ist, verwendet. Ein Beispiel aus den Ergebnissen ist oben dargestellt. Zisselmar und Molerus /1979/ untersuchten Flüssigkeits/Feststoff-Strömungen von brechungsindexangepaßten Glasteilchen in einem vertikalen Strömungsrohr. Ihre Ergebnisse zeigten, daß die Turbulenzintensität in der Flüssigkeit abhängig vom Wandabstand intensiviert oder gedämpft werden kann. . Die Effekte können sich je nach Feststoffbeladung (max. 35 Vol.%) auch umkehren.

Nouri et al. /1986/ untersuchten konzentrierte Flüssigkeits/Teilchen-Strömungen in vertikalen Rohren und in Rohren mit Einbauten, durch die die Strömung reparierte. Dabei wurden die Eigenschaften der Teilchenbewegung in der Flüssigkeit der reinen Fluidbewegung verglichen. Messungen waren, ähnlich wie bei Zisselmar et al. /1978/, durch Anpassung des Brechungsindexes der Flüssigkeit von den Teilchen bis zu 14 Vol.% möglich.

Müller /1984/ untersuchte gleichfalls unter brechungsindexangepaßten Bedingungen den Transport von sedimentiertem Feststoff durch eine turbulente Scherströmung. Die von ihm erhaltenen Ergebnisse bestätigten die von den oben genannten Autoren gefundenen Erkenntnisse.

13.34 MESSUNGEN IN ZWEIPHASENSTRÖMUNGEN, 9: GAS/FLÜSSIGKEIT (TROPFEN)

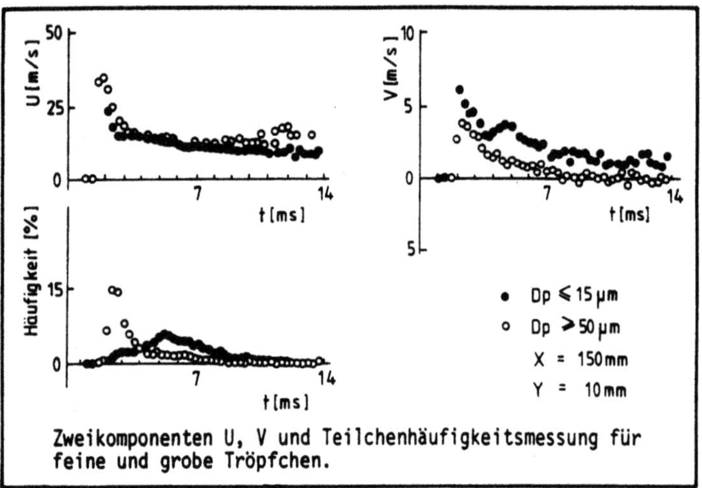

Zweikomponenten U, V und Teilchenhäufigkeitsmessung für feine und grobe Tröpfchen.

Die Untersuchung von Tröpfchen in Luftströmungen spielen bei industriellen Anwendungen, wie z.B. in Dieselmotoren, Ölfeuerungen, Wärmetauschern, Lackierungs-und anderen Zerstäubungsanlagen, eine wichtige Rolle.

Srinivasan und Lee /1978/ untersuchten grundlegend die turbulente Bewegung von Tröpfchen in einer Luftströmung in einem senkrechten, rechteckigen Kanal. Die Eigenschaften der Tröpfchenbewegung wurden mit Hilfe eines Referenzstrahl-Anemometers untersucht. Durch Größenbestimmungen gelang es, die Tröpfchen kleiner als 1 µm zur Charakterisierung der Gasphase zu verwenden. Dabei zeigte es sich, daß Tröpfchen kleiner als 50 µm in Wandnähe mittlere Bewegungen in Wandrichtung ausführten. Diese Arbeiten wurden von Lee und Mitarbeitern weitergeführt, um die Tröpfchenbewegung oberhalb eines Flüssigkeitsfilms an der Wand zu erfassen.

Hishida et al. /1980/ führten gezielt Untersuchungen zum Wärmeübergang an flachen Platten bei laminarer Überströmung mit einer Tröpfchenströmung durch. Die Untersuchungen bestätigten, daß die Erhöhung des Wärmeübergangs von der beheizten Wand auf die Verdampfung von Tröpfchen in der Grenzschicht zurückgeführt werden kann. Bei konstanter Reynolds-Zahl und nahezu gleichbleibender Tröpfchengrößenverteilung verändert sich der Wärmeübergangskoeffizient linear mit dem Flüssigkeitsmassendurchsatz der Strömung.

Jüngere Arbeiten von Maeda et al. /1986/ befaßten sich mit der Tröpfchenbewegung und der Tröpfchengrößenverteilung hinter einer Kraftstoffinjektionsdüse. Ein Ergebnisbeispiel ist in der obigen Abbildung dargestellt. Lightfoot und Negus /1986/ stellen Messungen vor, die aus Untersuchungen einer Ölfeuerungsanlage gewonnen wurden. Bauckhage und Floegel /1984/ beschreiben durch detaillierte Messungen die Eigenschaften von kommerziellen Sprühdüsen. Dabei liegen Ergebnisse zur induzierten Luftströmung, der Teilchenbewegung und deren Größenverteilung vor.

LITERATURVERZEICHNIS ZUM 13. KAPITEL

ADAMS, W.E., JOHNSTON, J.P., EATON, J.K. /1984/ Experiments on the structure of turbulent reattaching flow. Report MD-43, Thermoscience Div., Mech. Eng. Dept., Stanford University.

ADAMS, W.E., JOHNSTON, J.P. /1985/ Effects of the upstream boundary layer thickness and state on the structure of reattaching flows. Proc. 5th Symp. on Turbulent Shear Flows, Cornell University, N.Y.

ALLANO, D., GOUESBET, G., GREHAN, G., LISIECKI, D. /1984/ Droplet sizing using a "top-hat" laser beam technique. J. of Physics D: Applied Physics, Vol. 17, No. 1, pp.43-58.

ARCOUMANIS, C., WHITELAW, J.H. /1985/ Fluid mechanics of internal combustion engines: A review. Proc. Symp. on Flows in Reciprocating Engines, ASME Winter Meeting, Miami Beach, Florida.

ARMALY, B.F., DURST, F., SCHÖNUNG, B. /1980/ Measurements and predictions of flow downstream of a single backward-facing step. Bericht SFB 80/ET/172, Universität Karlsruhe.

ARMALY, B.F., DURST, F., PEREIRA, J.C.F., SCHÖNUNG, B. /1983/ Experimental and theoretical investigations of backward-facing step flow. J. Fluid Mech., 127, p. 473.

ARNASON, G. /1982/ Measurement of particle dispersion in turbulent pipe flow. Ph.D.-Thesis, Washington State University, Pullman.

BACHALO, W.D., HAUSER, M.J. /1984/ Phase-Doppler spray analyser for simultaneous measurements of drop size and velocity distributions. Optical Engineering, 23, pp. 583-590.

BHATIA, J., DURST, F., JOVANOVIC, J. /1982/ Corrections of hot-wire anemometer measurements near walls. J. Fluid Mech., 122, p. 411.

BAUCKHAGE, K., FLOEGEL, H.H. /1984/ Simultaneous measurement of droplet size and velocity in nozzel sprays. Proc. 2nd Int. Symp. on Applications of Laser Anemometry to Fluid Mechanics, Lisbon, Portugal.

BENTZ, J.C., EVANS, N.A. /1975/ Hemodynamic flow in the region of a simulated stenosis. The American Society of Mechanical Engineers, 75-WA/Bio-10.

BERNARD, J.M., WANG, C.P., LEE, R.H. /1981/ Measurement of fluid velocities in the interior of a transparent fluidized bed with a laser-Doppler velocimeter. AIChE Symposium Ser., No. 205, 77, p. 37, New York.

BERNER, C., DURST, F., MC ELIGOT, D.M. /1983/ Flow around baffles. ASME Annual Meeting, Boston, Paper No. 83-WA/HT-9.

BÖRNER, TH., MARTIN, W.W., LEUTHEUSSER, H.J. /1984/ Comparative measurements in bubbly two-phase flow using laser-Doppler and hot-film velocimetry. Chem. Eng. Commun., Vol. 28, pp. 29-43.

BÖRNER, TH., DURST, F., MANERO E. /1986/ Particle dispersion in a confined jet flow. LSTM-Report 150/E/86, Lehrstuhl für Strömungsmechanik, Universität Erlangen-Nürnberg.

BÖRNER, TH., DURST, F., MILOJEVIC, D. /1986/ LDA-measurements of dispersed gas-particle flows in a plane, two-dimensional confined jet. To be published in the International Journal of Multiphase Flow.

BOPP, S., VAFIDIS, C, WHITELAW, J.H. /1986a/ The effect of engine speed on the TDC flowfield in a motored reciprocating engine. SAE Paper 860023.

BOPP, S., VAFIDIS, C., WHITELAW, J.H. /1986b/ An experimental system for LDA measurements in a high spped motored reciprocating engine. Proc. 3rd Int. Symp. on Appl. of Laser Anemometry to Fluid Mechanics, Lisbon, Portugal.

BRANKOVIC, A., CURRIE, I.G., MARTIN, W.W. /1984b/ Laser-Doppler measurements of bubble dynamics. Physics of Fluids, 32, p. 245.

BRANKOVIC, A., BÖRNER, T., MARTIN, W.W. /1984a/ The measurement of mass transfer coefficients of bubbles rising in liquids using laser-Doppler anemometry. Laser Anemometry in Fluid Mechanics (ed. D.F.G. Durao), Lisbon: Ladoan.

BRANKOVIC, A., METTRICK, C.J., CURRIE, I.G. /1986/ Two-colour LDA measurement of turbulent two-phase flow. Proc. 3rd Int. Symp. on Applications of Laser Anemometry to Fluid Mechanics, Lisbon, Portugal.

BUCHHAVE, P., KNUTHSEN, J. /1982/ Fiber-optic laser Doppler anemometer measurements. Proc. 1st Int. Symp. on Appl. of Laser Anemometry to Fluid Mechanics, Lisbon, Portugal.

BUCHHEIM, R., BEECK, M.A., HENTSCHEL, W., SCHWABE, D., DURST, F., PIATEK, R. /1987/ Advanced experimental technique and its application to automobile aerodynamics. SAE Paper 870244.

COLE, J.B., SWORDS, M.D. /1985/ Optical studies of turbulence in an internal combustion engine. Seventeenth Symp. (Int.) on Combustion, The Combustion Institute, p. 1295.

CRABB, D., DURAO, D.F.G., WHITELAW, J.H. /1977/ Velocity characteristics in the vicinity of a two-dimensional rib. Proc. 4th Brazilian Cong. of Mech., Eng., Paper B-3.

DAVIS, W.E.R., UNGER, J.I. /1973/ Velocity measurements in bubbly two-phase flows using laser Doppler anemometry. Parts I + II, University of Toronto, Institute for Aerospace Studies, Technical Note No. 184, 185.

DE BREDERODE, V., BRADSHAW, P. /1972/ Three-dimensional flow in nominally two-dimensional separation bubbles: flow behind a rearward facing step. AERO-Dep. 72-19, Dept. of Aeronautical Eng., Imperial College, London.

DRIVER, D.M., SEEGMILLER, H.L. /1982/ Features of a reattaching turbulent shear layer subject to an adverse pressure gradient. AIAA/ASME 3rd Joint Thermophys., Fluids, Plasma and Heat Transfer Conference, St. Louis, Missouri.

DURAO, D.F.G., FOUNTI, M., LAKER, J., PITA, G., VELHO, A., WHITELAW, J.H. /1982/ Some consequences of bias effects in laser-Doppler velocimetry. Proc. of Int. Symp. on Appl. of Laser Anemometry to Fluid Mechanics, Lisbon, Portugal.

DURAO, D.F.G., DURST, F., FIRMINO, F. /1984/ Velocity characteristics of the flow around cones. Proc. 2nd Int. Symp. on Appl. of Laser Anemometry to Fluid Mechanics, Lisbon, Portugal.

DURAO, D.F.G., HEITOR, M., PEREIRA, J.C.F. /1986/ A laser anemometry study of separated flow around a squared obstacle. Proc. 3rd Int. Symp. on Appl. of Laser Anemometry to Fluid Mechanics, Lisbon, Portugal.

DURST, F., ZARE, M. /1975/ Laser-Doppler measurements in two-phase flows. Proc. LDA-Symposium, Copenhagen, p. 403.

DURST, F., TROPEA, C. /1977/ Processing of laser Doppler signals by means of a transient recorder and a digital computer. SFB 80/E/118, Sonderforschungsbereich 80, Universität Karlsruhe.

DURST, F., KECK, T., KLEINE R. /1979/ Turbulence quantities and Reynolds stress in pipe flow of polymer solutions. Proc. of 6th Symp. on Turbulence in Liquids, Dept. of Chem. Eng., University of Missouri-Rolla.

DURST, F., TROPEA, C. /1981/ Turbulent, backward facing step flows in two-dimensional ducts and channels. Proc. 3rd Symp. on Turbulent Shear Flows, Davis, Ca.

DURST, F., RICHTER, G. /1983a/ Neuere Entwicklungen auf dem Gebiet der Laser-Doppler-Windgeschwindigkeitsmessungen, Teil I: Theorie und Verifikationsexperimente. Z. Flugwiss. Weltraumforsch. 7, Heft 3.

DURST, F., RICHTER, G. /1983b/ Neuere Entwicklungen auf dem Gebiet der Laser-Doppler-Windgeschwindigkeitsmessungen, Teil II: Meßsystem für Freilandmessungen und sein Einsatz. Z. Flugwiss. Weltraumforsch. 7, Heft 4.

DURST, F., FOUNTI, M., GACKSTATTER, R., PEREIRA, J.C.F., TROPEA, C. /1984a/ The wall-reattaching flow over two-dimensional obstacles. Proc. 2nd Intern. Symp. on Appl. of Laser Anemometry to Fluid Mech., Lisbon, Portugal.

DURST, F., TAYLOR, A.M.K.P., WHITELAW, J.H. /1984b/ Experimental and numerical investigation of confined, laminar, bubble-driven liquid flow. Int. J. Multiphase Flow, 10, p. 557.

DURST, F., SCHIERHOLZ, W.F., WUNDERLICH, A.M. /1985a/ Experimental and numerical investigations of plane duct flows with sudden contraction. LSTM-Bericht Nr. 93/EN/85, Lehrstuhl für Strömungsmechanik, Universität Erlangen-Nürnberg.

DURST, F., KREBS, H., WEBER, H. /1985b/ Entwicklung von miniaturisierten Laser-Doppler-Optiken für Messungen in Motoren. Automobilindustrie, Vol. 3, pp. 327-334.

DURST, F., JUNGBLUTH, G., KREBS, H., TROPEA, C.D., KRAUSE, G., RIMMELSPACHER, B., OBERLÄNDER, V. /1985c/ Anwendung der Laser-Doppler-Anemometrie zur Ermittlung der Einlaßturbulenz sowie deren Einfluß auf den Verbrennungsablauf und andere motorische Kenngrößen. Abschlußbericht, FVV-Vorhaben 288 "Einlaßturbulenz".

DURST, F., SCHMITT, F. /1985/ Experimental studies of high Reynolds number backward facing step flow. Proc. Turbulent Shear Flows 5, Cornell University, N.Y.

DURST, F., LOY, T. /1985/ Investigations of laminar flow in a pipe with sudden contraction of cross sectional area. Computer & Fluids, 13, 1, p. 15.

DURST, F., LOY, T. /1985/ Investigations of laminar flow in a pipe with sudden contraction of cross sectional area. Computer & Fluids, 13, 1, p. 15.

DURST, F., MOLLER, R., JOVANOVIC, J. /1986a/ Determination of the measuring position in laser-Doppler anemometry. Submitted for publication in Experiments in Fluids.

DURST, F., FOUNTI, M., OBI, S. /1986b/ Experimental and computational investigation of the two-dimensional channel flow over two fences in tandem. Proc. 3rd Int. Symp. on Appl. of Laser Anemometry to Fluid Mech., Lisbon, Portugal.

DURST, F., PEREIRA, J.C.F., SCHEUERER, G. /1986c/ Calculations and experimental investigations of the laminar unsteady flow in a pipe expansion. Notes on Numerical Fluid Mechanics, Vol. 14, Finite Approximations in Fluid Mechanics. Verlag Vieweg, Braunschweig.

DURST, F., KREBS, H. /1986/ Adaptive optics for IC-engine measurements. Experiments in Fluids, Vol. 4, pp. 232-240.

DURST, F., SCHÖNUNG, B., SELANGER, K., WINTER, M. /1986/ Bubble driven liquid flows. J. Fluid Mech., Vol. 170, pp. 53-82.

DURST, F., JOVANOVIC, J. /1986/ Higher order moments of velocity fluctuations in turbulent wall boundary layer flows. Report in Preparation.

DURST, F., MOHR, B., RASZILLIER, H. /1987a/ Motion of conducting spherical particles in a dielectric fluid. LSTM-Report 153/T/87, Universität Erlangen-Nürnberg.

DURST, F., ERNST, F., VÖLKLEIN, J., BUCHHEIM, R. /1986b/ Laser-Doppler-Anemometer-System für lokale Geschwindigkeitsmessungen in Windkanälen: Strömungsuntersuchungen an Automobilen. In Vorbereitung.

DYBBS, A., EDWARDS, R.V. /1984/ An index matched flow system for measurements of flow in complex geometries. Proceedings of the 2nd Int. Symp. on Appl. of Laser Anemometry to Fluid Mechanics, Lisbon, Portugal.

DYER, T.M. /1985/ New experimental techniques for in-cylinder engine studies. SAE Paper 850396.

EATON, J.K., JOHNSTON, J.P. /1981/ A review on subsonic turbulent flow reattachment, AIAA Journal, 19, 1093.

EINAV, S., LEE, S.L. /1973/ Particles migration in laminar boundary layer flow. Int. J. of Multiphase Flow, No. 1, pp. 73-88.

FANSLER, T.D. /1985/ Time-multiplexed photon-correlation velocimetry for unsteady flow: method and application to a reciprocating engine. Proc. of the 6th Int. Conference on Photon Correlation and Other Techniques in Fluid Mechanics, Cambridge, pp. 19-26.

FOUNTI, M., VAFIDIS, C., WHITELAW, J.H. /1985/ Shellside distribution and the influence of inlet conditions in a model of a disc-and-doughnut heat exchanger. Exp. in Fluids, 3, 293.

GOSMAN, A.D. /1985/ Multidimensional modelling of cold flows and turbulence in reciprocating engines. SAE Paper 850344.

HISHIDA, K., MAEDA, M., IKAI, S. /1980/ Heat Transfer from a flat plate in two-component mist flow. J. of Heat Transfer, Vol. 102, No. 3.

HISHIDA, K., TAJIMA, K., MAEDA, M., KANO, H. /1984/ Measurements of two-phase turbulent flow by LDA with particle size discrimination. Proc. 2nd Int. Symp. on Applications of Laser Anemometry to Fluid Mechanics, Lisbon, Portugal.

HISHIDA, K., KANEKA, K., MAEDA, M. /1985/ Turbulence structure of gas-solid two-phase circular jet. Trans. Jap. Soc. Mech. Eng., Part B, Vol. 51, No. 467, pp. 2330.

KARLSSON, R.I., JOHANSSON, T.G. /1986/ LDV measurements of higher order moments of velocity fluctuations in a turbulent boundary layer. Proc. 3rd Int. Symp. on Appl. of Laser Anemometry to Fluid Mech., Lisbon, Portugal.

KATOH, J., OHKUBO, Y., OHTSUKA, J., SUGIYAMA, K. /1985/ LDV measurements of swirl flow in internal combustion engines. Diagnostics and modelling of combustion in reciprocating engines Symposium, Tokyo, Sept. 4.-6., pp. 193-202.

KLEINE, R., GOUESBET, G., RUCK, B. /1982/ Sensor 82, Transducer technology and temperature measurement. SENSOR 82, Vol. 3, pp.15-41.

KREBS, H. /1986/ Glasfaser-Laser-Doppler-Anemometer für Messungen in Verbrennungsmotoren. Dissertation, Universität Erlangen-Nürnberg.

LANDOLT-BÖRNSTEIN /1962/ Zahlenwerte und Funktionen aus Physik, Chemie, Astronomie, Geophysik und Technik. Optische Konstanten, II. Band, 8. Teil, Springer Verlag.

LEE, S.L., SRINIVASAN, J. /1978/ An experimental investigation of dilute two-phase dispersed flow using LDA technique. Proc. Heat Transfer Fluid Mech. Inst., pp. 88-102.

LEE, S.L., SRINIVASAN, J. /1978/ Measurement of local size and velocity probability density distributions in two-phase suspension flows by laser-Doppler technique. Int. J. of Multiphase Flow, 4, pp. 141-155.

LEE, S.L., DURST, F. /1982/ On the motion of particles in turbulent duct flows. Int. J. of Multiphase Flow, 8, No. 2, pp. 125-146.

LEE, S.L., SRINIVASAN, J. /1982/ An LDA technique for in situ simultaneous velocity and size measurement of large spherical particles in a two-phase suspension flow. Int. J. of Multiphase Flow, Vol. 8, No. 1, pp. 47-57.

LIGHTFOOT, N.S., NEGUS, C.R. /1986/ Comparison of the visibility and phase particle sizing techniques and their application to fuel sprays. Prov. 3rd Int. Symp. of Appl. of Laser Anemometry to Fluid Mechanics, Lisbon, Portugal.

LOURENCO, L., RIETHMÜLLER, M.L. /1982/ Optical measurements applied to particulate two-phase flows. Proc. 1st Int. Symp. on Application of Laser Anemometry to Fluid Mechanics, Lisbon, Portugal.

MAEDA, M., HISHIDA, K., FURUTANI, T. /1980/ Polyphase flow and transport technology. ASME, BK # H00158, pp. 211-216.

MAEDA, M., HISHIDA, K., SEKINE, M., WATANABE, N. /1986/ Measurements on Spray Jet Using LDV-system with particle size discrimination. Proc. 3rd Int. Symp. on Appl. of Laser Anemometry to Fluid Mech., paper 20.3, Lisbon, Portugal.

MARTIN, W.W., ABDELMESSIH, A.H., LISKA, J.J., DURST, F. /1981/ Characteristics of laser-Doppler signals from bubbles. International Journal of Multiphase Flow, 7, pp. 439-460.

MARTIN, W.W., ELPHICK, I.G., GOLLISH, S. /1982/ Flow distribution measurement in a model of a heat-exchanger. Engineering Applications of Laser Velocimetry, ASME Winter Annual Meeting, Phoenix, AZ, 23-31.

MARTIN, W.W., CHANDLER, G.M. /1982/ The local measurement of the size and velocity of bubbles rising in liquids. Mechanics and Physics of Bubbles in Liquids, L. Van Wijngaarden, ed.: Applied Scientific Research, 38, p. 239.

MATSUI, G., YANASHITA, Y. /1986/ Effect of bubble size on internal structure of a bubbly-liquid flow in vertical square channel. Proc. 3rd Int. Symp. on Appl. of Laser Anemometry to Fluid Mech., Lisbon, Portugal.

MILOJEVIC, D., BÖRNER, TH., DURST, F. /1986/ Prediction of turbulent gas-particle flow measured in a plane confined jet. First World Congress Particle Technology, PARTEC-86, Proc. Part IV, pp. 485-505, Nürnberg.

MODARRES, D., TAN, H. /1983/ LDA-signal discrimination in two-phase flows. Experiments in Fluids, Vol. 1, pp.1-6.

MODARRES, D., TAN, H., ELGOBASHI, S. /1984/ Two-component LDA-measurement in a two-phase turbulent jet. AIAA Journal, Vol. 22, No. 5, p. 624

MOHR, B., ERTEL, H. /1986/ Brechungsindexanpassung für Geschwindigkeitsmessungen mittels Laser-Doppler-Anemometrie. Lehrstuhl für Strömungsmechanik, Universität Erlangen-Nürnberg, LSTM-Bericht 149/E/86.

MOLLER, A. /1984/ Velocity and shear stress measurements at a wall of moving sand grains. Proc. 2nd Int. Symp. on Appl. of Laser Anemometry of Fluid Mechanics, Lisbon, Portugal.

NOURI, J.M., WHITELAW, J.H., YIANNESKIS, M. /1986/ Particle motion and turbulence in dense two-phase flows. Report, No. FS/86/24, Imperial College of Science and Technology, Mech. Eng. Dept., London.

OHBA, K., KISHIMOTO, I., OGASAWARA, M. /1976/ Simultaneous measurements of local liquid velocity and void fraction in bubbly flows using a gas laser - I. Principles and measuring procedure. Technology Rep., Osaka University, 1328, pp. 547-556.

OHBA, K., KISHIMOTO, I., OGASAWARA, M. /1977/ Simultaneous measurement of local liquid velocity and void fraction in bubbly flows using a gas laser. Technology Rep., Osaka University, Vol. 27, 1358.

PEREIRA, J.C.F. /1986/ Experimentelle und numerische Untersuchungen stationärer und instationärer laminarer Strömungen mit Ablösung. Dissertation, Lehrstuhl für Strömungsmechanik, Universität Erlangen-Nürnberg.

544

PRONCHICK, S.W., KLINE, S.J. /1984/ An experimental investigation of the structure of a turbulent reattaching flow behind a backward-facing step. Report MD-42, Thermoscience Division, Mech. Eng. Dept., Stanford University.

ROSHKO, A. /1976/ Structure of turbulent shear flows: A new look. AIAA Journal, 14, No. 10, 1349.

RUCK, B. /1982/ Untersuchungen zur optischen Messung von Teilchengröße und Teilchengeschwindigkeit mit Streulichtmethoden. Dissertation, Institut für Hydromechanik, Universität Karlsruhe.

SAFFMAN, M., BUCHAVE, P., TANGER, H. /1984/ Simultaneous measurement of size, concentration and velocity of spherical particles by a laser Doppler method. Proc. 2nd Int. Symp. on Applications of Laser Anemometry to Fluid Mechanics, Lisbon.

SCHMITT, F. /1986/ Untersuchung der turbulenten Stufenströmung bei hohen Reynoldszahlen. Dissertation, Universität Karlsruhe.

SHUEN, J.-S., SOLOMAN, A.S.P., ZHANG, Q.-F., FAETH, G.M. /1985/ Structure of particle-loaden jets: measurements and predictions. AIAA-Journal, Vol. 23, No. 3, pp. 396.

SIMPSON, R.L. /1981/ Review - A review of some phenomena in turbulent flow separation. Trans. of ASME, J. of Fluids Eng., 103, 520.

SRINIVASAN, J., LEE, S.L. /1979/ Measurement of turbulent dilute two-phase dispersed flow in a vertical rectangular channel by laser-Doppler anemometry. In Measurements in Polyphase Flows (ed.: D.E. Stock), Am. Soc. Mech. Eng., New York, pp. 91-98.

SUN, T.Y., FAETH, G.M. /1986/ Structure of turbulent bubble jets - 1. Methods and centerline properties. Int. J. of Multiphase Flow, 12, p. 99.

TAYLOR, A.M.K.P., WHITELAW, J.H. /1984/ Velocity characteristics in the turbulent near wakes of confined axisymmetric bluff bodies. J. Fluid Mech., 139, 391.

TRIDIMAS, Y.D., HOBSON, C.A., WOOLLEY, N.H., LALOR, M.J. /1984/ Dynamic discrimination of the two phases of gas-solid suspension flow measured using LDA. Laser Anemometry in Fluid Mechanics, publisehd by Ladoan, Instituto Superior Tecnico, Lisbon, Portugal.

TROLINGER, J.D., BENTLEY, H.T., LENNERT, A.E., SOWLS, R.E. /1974/ Application of electro-optical techniques in Diesel engine research. SAE Trans., Paper 740125.

TROPEA, C., /1982/ Die turbulente Stufenströmung in Flachkanälen und offenen Gerinnen. Dissertation, Universität Karlsruhe.

TROPEA, C., GACKSTATTER, R. /1985/ The flow over two-dimensional surface-mounted obstacles at low Reynolds numbers. J. of Fluid Eng., Trans. of ASME, 107, 489.

TSUJI, Y., MORIKAWA, Y. /1982/ LDV-measurements of air-solid two-phase flow in a horizontal pipe. J. Fluid Mech., 120, p. 385.

TSUJI, Y., MORIKAWA, Y., SHIOMI, H. /1984/ LDA-measurements of an air-solid two-phase flow in a verticl pipe. J. Fluid Mech., Vol. 139, pp. 417-434.

VAFIDIS, C. /1985/ Aerodynamics of reciprocating engines. Ph.D.-Thesis, University of London.

VARTY, R.L., CURRIE, I.G. /1984/ Index-matched laser-anemometer measurements of cross-flow in tube bundles. Proceedings of the 2nd Int. Symp. on Appl. of Laser Anemometry to Fluid Mech., Lisbon, Portugal.

WESTPHAL, R.V., JOHNSTON, J.P., EATON, J.K. /1984/ Experimental study of flow reattachment in a single-sided sudden expansion. Report MD-41, Thermoscience Division, Mech. Eng. Dept., Stanford University.

WIGLEY, G. /1977/ The sizing of large drops by laser anemometry. AERE-R8771.

WIGLEY, G. /1978/ The sizing of large particles by laser anemometry. J. Physics E.-Scient. Instr. 11, pp. 639-642.

WIGLEY, G., GLANZ, R. /1984/ A laser anemometer system for engine flow studies. Proc. 2nd Int. Symp. on Appl. of Laser Anemometry to Fluid Mech., Lisbon, Portugal.

WITZE, P.O., DYER, T.M. /1984/ Laser measurement techniques applied to turbulent combustion in piston engines. ASME 105th Winter Annual Meeting, New Orleans, L.A., AMD, Vol. 66, pp. 141-158.

WITZE, P.O., MARTIN, J.K., BORGNAKKE, C. /1984/ Conditionally-sampled velocity and turbulence measurements in a spark ignition engine. Comb. Sci. Tech., Vol. 36, pp. 301-317.

ZISSELMAR, R. /1978/ Experimentelle Untersuchungen zum Turbulenzverhalten der Suspensions-Rohrströmung. Dissertation, Universität Erlangen-Nürnberg.

ZISSELMAR, R., MOLERUS, O. /1978/ Investigation of solid-liquid pipe flow with regard to turbulence modification. Int. Symp. on Momentum, Heat and Mass Transfer in Two-Phase Energy and Chemical Systems, Dubrovnik.

ZISSELMAR, R., MOLERUS, O. /1979/ Experimentelle Untersuchungen zum Turbulenzverhalten der Suspensionsströmung in horizontalen Rohrleitungen. Chem.-Ing.-Techn., 51, Nr. 1, S. 50.

LITERATURHINWEISE ZUR ERSTEN AUFLAGE

ABBISS, J.B. & BRADBURY, L.J.S. 1975 Measurements in an axi-symmetric jet. *Proc. of LDA-75 Symposium*, Technical University of Denmark.

ABBISS, J.B., CHUBB, T.W. & PIKE, E.R. 1974 Laser Doppler anemometry. *Optics and Laser Technology* 6, 249.

ADLER, R. 1967 Interaction between light and sound. *IEEE Spectrum* 4(5), 42.

ADRIAN, R.J. 1972 Statistics of laser Doppler velocimeter signals: frequency measurement. *J. Phys. E: Sci. Instrum.* 5, 91.

ADRIAN, R.J. & GOLDSTEIN, R.J. 1971 Analysis of a laser-Doppler anemometer. *J. Phys. E: Sci. Instrum.* 4, 505.

AL-TAWEEL, A.M. & CARLEY, J.F. 1971 Dynamics of single spheres in pulsated, flowing liquids. *Chem. Eng. Prog. Symposium Series* 116, 114 and 124.

AL-TAWEEL, A.M. 1973 Limits of applicability of tracer particles for measuring fluid turbulence. Internal Report, Institüt für Mechanische Verfahrenstechnik, Universität Karlsruhe.

ANDERSON, R.E., EDLUND, C.E. & VANZANT, B.W. 1971 Measurement of particle velocity at a shock front in water with a laser-Doppler meter. *J. Appl. Phys.* 42, 2741.

ANDREWS, D.G. & SEIFERT, H.S. 1972 Investigation of particle-size distribution from the optical response of a laser-Doppler velocimeter. Stanford University, Project Squid Report SU-1-PU.

ANGUS, J.C. 1972 Comments on wave broadening. *Proc. of 1st Int. Workshop on Laser Velocimetry*, Purdue University, 165.

ASALOR, J.O. 1972 Investigation of combustion instability in confined flames. M.Sc. Thesis, University of London.

ASALOR, J.O. 1973 An examination of spectrum analysis for the processing of laser anemometer signals. Imperial College, Mech. Eng. Dept. Report HTS/73/46.

ASALOR, J.O. & WHITELAW, J.H. 1975 The influence of combustion induced particle concentration variations on laser-Doppler anemometry. *Proc. of LDA-75 Symposium*, Technical University of Denmark.

ASALOR, J.O. & WHITELAW, J.H. 1976 The design and performance of a cross-flow particle generator for use in laser-Doppler anemometry. *DISA Inf.* 19, 5.

ASHER, J.A. 1972 Laser Doppler velocimeter system development and testing. General Electric Company, Report No. 72CRD 295.

AVIDOR, J.M. 1974 Novel instantaneous laser Doppler velocimeter. *Appl. Optics* 13, 280.

BAKER, R.J. 1973 A filter bank signal processor for laser anemometry. AERE R7652.

BAKER, R.J. 1974a The application of a filter bank to measurements of turbulence in fully developed jet flow. AERE R7648. See also *Proc. of 2nd Int. Workshop on Laser Velocimetry*, Purdue University, 1, 355.

BAKER, R.J. 1974b The influence of particle seeding on laser anemometry measurements. AERE M-2644.

BAKER, R.J., BOURKE, P.J. & WHITELAW, J.H. 1973a Measurements of instantaneous velocity in laminar and turbulent diffusion flames using an optical anemometer. *J. Inst. Fuel* 46, 338.

BAKER, R.J., BOURKE, P.J. & WHITELAW, J.H. 1973b The application of laser anemometry to the measurement of flow properties in industrial burner flames. *Proc. 14th Combustion Symposium*, 699

BAKER, R.J., HUTCHINSON, P., KHALIL, E.E. & WHITELAW, J.H. 1974 Measurements of three velocity components and their correlations in a model furnace with and without combustion. *Proc. 15th Combustion Symposium*, 553. See also AERE R7776 and, for more detailed information, Imperial College, Mech. Eng. Dept. Report HTS/74/29.

BAKER, R.J., HUTCHINSON, P. & WHITELAW, J.H. 1973 Detailed measurements of flow in the recirculation region of an industrial burner by laser anemometry. *Proc. of the European Combustion Symposium*, 583, Academic Press, London.

BAKER, R.J., HUTCHINSON, P. & WHITELAW, J.H. 1974a Preliminary measurements of instantaneous velocity in a two-meter square furnace using a laser anemometer. *Trans. ASME, J. Heat Transfer* 96, 410.

BAKER, R.J., HUTCHINSON, P. & WHITELAW, J.H. 1974b Velocity measurements in the recirculation region of an industrial burner flame by laser anemometry with light frequency shifting. *Comb. & Flame* 23, 57.

BARNETT, D.O. & BENTLEY, H.T. 1974 Statistical bias of individual realization laser velocimeter. *Proc. of 2nd Int. Workshop on Laser Velocimetry*, Purdue University, 1, 428.

BASSET, A.B. 1888 *Treatise on Hydrodynamics*, Vol II. Deighton, Bell and Co., London.

BECKER, H.A. 1961 Concentration fluctuations in ducted jet mixing. Sc.D. Thesis, Massachusetts Institute of Technology.

BECKER, H.A., HOTTEL, H.C. & WILLIAMS, G.C. 1967 On the light scatter technique for the study of turbulence and mixing. *J. Fluid Mech.* 30, 259.

BEDI, P.S. 1971 A simplified optical arrangement for the laser Doppler velocimeter. *J. Phys. E: Sci. Instrum.* 4, 27.

BENDAT, J.S. & PIERSOL, A.G. 1971 *Random Data: Analysis and Measurement Procedures.* Wiley-Interscience, New York.

BERGMANN, L. & SCHAEFER, C. 1962 *Lehrbuch der Experimentalphysik, Band III; Optik.* Gruyter and Co., Berlin.

BERMAN, N.S. 1972 Fluid particle considerations in the laser Doppler velocimeter. Arizona State University, Tempe, Report ERC-R-73017.

BERMAN, N.S. 1973 Particle fluid interaction corrections for flow measurements with a laser Doppler flow meter. NASA CR 124254.

BERMAN, N.S. & DUNNING, J.W. 1973 Pipe flow measurements of turbulence and ambiguity using laser Doppler velocimetry. *J. Fluid Mech.* 61, 289.

BIRCH, A.D., BROWN, D.R., THOMAS, J.R. & PIKE, E.R. 1973 The application of photon correlation spectroscopy to the measurement of turbulent flows. *J. Phys. D: Appl. Phys.* 6, 71.

BIRCH, A.D., BROWN, D.R. & THOMAS, J.R. 1975 Photon correlation spectroscopy and its application to the measurement of turbulence parameters in fluid flows. *J. Phys. D: Appl. Phys.* 8, 438.

BLAKE, K.A. & JESPERSON, K.I. 1972 The NEL laser velocimeter. NEL Rept. No.510.

BLOOM, A.L. 1966 Gas lasers. *Proc. IEEE* 54, 1262.

BLUMER, H. 1926 Die Zerstreuung des Lichtes an Kleinen Kugeln. *Zeitschrift für Physik* 38, 920.

BOND, R.L. 1967 Measurements of the intensity of turbulence. Thesis, Graduate Institute of Technology, University of Arkansas.

BOND, R.L. 1968 Contributions of system parameters in the Doppler method of fluid velocity measurement. Ph.D. Thesis, University of Arkansas.

BORN, G.V.R., VLACHOS, N. & WHITELAW, J.H. 1975 Measurements of blood velocity and their implications for non-Newtonian viscosity laws. Imperial College, Mech. Eng. Dept. Report.

BORN, M. & WOLF, E. 1970 *Principles of Optics.* Pergamon Press, Oxford.

BOSSEL, H.H., HILLER, W.J. & MEIER, G.E.A. 1972a Noise-cancelling signal difference method for optical velocity measurements. *J. Phys. E: Sci. Instrum.* 9, 893.

BOSSEL, H.H., HILLER, W.J. & MEIER, G.E.A. 1972b Self-aligning comparison beam methods for one-, two-, and three-dimensional optical velocity measurements. *J. Phys. E: Sci. Instrum.* 9, 897.

BOURKE, P.J., BROWN, C.G. & DRAIN, L.E. 1971 Measurements of Reynolds shear stress in water by laser anemometry. *DISA Inf.* 12, 21.

BOURKE, P.J., DRAIN, L.E, & MOSS, B.C. 1971 Measurements of spatial and temporal correlations of turbulence in water by laser anemometry. *DISA Inf.* 12, 17.

BOURQUIN, K.R. & SHIGEMOTO, F.H. 1968 Investigation of air-flow velocity by laser back-scatter. NASA TN D-4453.

BOUTIER, A. & LEFEVRE, J. 1975 Some applications of laser anemometry in wind tunnels. *Proc. of LDA-75 Symposium*, Technical University of Denmark.

BRAYTON, D.B. & GOETHERT, W.H. 1971 A new dual-scatter laser Doppler shift velocity measuring technique. *ISA Trans.* 10, 40.

BRAYTON, D.B., KALB, H.T. & CROSSWY, F.L. 1973 Two-component, dual-scatter laser-Doppler velocimeter with frequency burst signal readout. *Appl. Optics* 12, 1145.

BROMWICH, T.J. 1919 Electromagnetic waves. *Phil. Mag.* 38, 143.

BRUNDRETT, E. & BAINES, W.D. 1964 The production and diffusion of vorticity in duct flows. *J. Fluid Mech.* 19, 375.

BURSON, J.H., KENG, E.Y.H. & ORR, C. 1967 Particle dynamics in centrifugal fields. *Powder Technol.* 1, 305.

CASSON, N. 1959 *Rheology of Disperse Suspensions*. Pergamon Press, Oxford.

CAULFIELD, J. & LU, S. 1970 *The Application of Holography*. Wiley, New York.

CHAMPAGNE, F.H. & WYGNANSKI, I.J. 1971 An experimental investigation of co-axial turbulent jets. *Int. J. Heat Mass Transfer* 14, 1445.

CHAO, B.T. 1964 Turbulent transport behaviour of small particles in dilute suspension. *Österreichisches Ingenieur - Archiv.* 18, 7.

CHU, W.P. & MAULDIN, L.E. 1973 Bragg diffraction of light by two ultrasonic waves in water. *Appl. Physics Letters* 22, 557.

CLARK, W.E. & WHITBY, K.T. 1967 Concentration and size distribution measurements of atmospheric aerosols and a test of the theory of self-preserving size distributions. *J. Atmos. Sci.* 24, 677.

COLIER, R., BURGHART, C. & LIN, L. 1971 *Optical Holography*. Academic Press, New York.

COMTE-BELLOT, G. 1965 Écoulement turbulent entre deux parois parallèles. Publ. Sci. et Tech. du Ministère de l'Air, No. 419.

CRANE, R.I. & MELLING, A. 1975 Velocity measurements in wet steam flows by laser anemometry and pitot tube. *Trans ASME, J. Fluids Eng.* 97, 113.

CRANE, R.I. & MOORE, M.J. 1972 Interpretation of pitot pressure in compressible two-phase flow. *J. Mech. Eng. Sci.* 14, 128.

CROSSWY, F.L., HORNKOHL, J.O. & LENNERT, A.E. 1972 Signal characteristics and signal-conditioning electronics for a vector velocity laser anemometer. *Proc. of 1st Int. Workshop on Laser Velocimetry*, Purdue University, 396.

DALZELL, W.H., WILLIAMS, G.C. & HOTTEL, H.C. 1970 A light scattering method for soot concentration measurements. *Comb. & Flame* 14, 161.

DÄNDLIKER, R. & ITEN, P.D. 1974 Direction-sensitive laser-Doppler velocimeter with polarized light. *Appl. Optics* 13, 286.

DAVIES, C.N. 1966 *Aerosol Science*. Academic Press, London.

DAVIS, M.R. 1971 Measurement in a subsonic jet using a quantitative Schlieren technique. *J. Fluid Mech.* 46, 631.

DEBYE, P. 1909 Der Lichtdruck auf Kugeln von beliebigem Material. *Ann. der Physik.* Folge 4, Band 30, 57.

DEBYE, P. & SEARS, F.W. 1932 On the scattering of light by supersonic waves. *Proc. Nat. Acad. Sci.* 18, 409.

DEIGHTON, M.O. & SAYLE, E.A. 1971 An electronic tracker for the continuous measurement of Doppler frequency from a laser anemometer. *DISA Inf.* 12, 5.

DENISON, E.B., STEVENSON, W.H. & FOX, R.W. 1971 Pulsating laminar flow measurements with a directionally sensitive laser velocimeter. *A.I.Ch.E.J.* 17, 781.

DICKSON, L.D. 1970 Characteristics of a propagating Gaussian beam. *Appl. Optics* 9, 1854.

DOBBINS, R.A. & JIZMAGIAN, G.S. 1966 Optical scattering cross sections for polydispersions of dielectric spheres. *J. Opt. Soc. Am.* 56, 1345.

DRAIN, L.E. 1969 Scheme for sign determination in laser-Doppler velocity or displacement measurements. Material Physics Division, AERE, Harwell Report.

DRAIN, L.E. 1972 Coherent and non-coherent methods in Doppler optical beat velocity measurement. *J. Phys. D: Appl. Phys.* 5, 481.

DRAIN, L.E. & MOSS, B.C. 1972 The frequency shifting of laser light by electro-optic techniques. *Opto-electronics* 4, 429.

DUNNING, J.W. & BERMAN, N.S. 1971 Turbulence measurements using the laser-Doppler velocimeter. *Proc. 2nd Biennial Symposium on Turbulence in Liquids*, Rolla, 175.

DURÃO, D.F.G. 1976 The application of laser anemometry to free jets and flames with and without recirculation. Ph.D. Thesis, University of London.

DURÃO, D.F.G., DURST, F. & WHITELAW, J.H. 1973 Optical measurements in a pulsating flame. *Trans. ASME, J. Heat Transfer* 95, 277.

DURÃO, D.F.G., MELLING, A., POPE, S.B. & WHITELAW, J.H. 1973 Laser anemometry measurements in the vicinity of a gutter stabilized flame. Imperial College, Mech. Eng. Dept. Report EHT/TN/A/41.

DURÃO, D.F.G. & WHITELAW, J.H. 1973 Some performance characteristics of the Cambridge Consultants frequency-tracking demodulator. Report to Survey and General Instrument Co.

DURÃO, D.F.G. & WHITELAW, J.H. 1974a Some performance characteristics of a prototype DISA frequency-tracking demodulator. Imperial College, Mech. Eng. Dept. Report HTS/74/11.

DURÃO, D.F.G. & WHITELAW, J.H. 1974b Performance characteristics of two frequency-tracking demodulators and a counting system. Imperial College, Mech. Eng. Dept. Report HTS/74/12. See also *Proc. of 2nd Int. Workshop on Laser Velocimetry*, Purdue University, 1, 170.

DURÃO, D.F.G. & WHITELAW, J.H. 1974c Measurements in the region of recirculation behind a disc. Imperial College, Mech. Eng. Dept. Report HTS/74/15. See also *Proc. of 2nd Int. Workshop on Laser Velocimetry*, Purdue University, 2, 413.

DURÃO, D.F.G. & WHITELAW, J.H. 1974d Instantaneous velocity and temperature measurements in oscillating diffusion flames. *Proc. Roy. Soc.* A338, 479.

DURÃO, D.F.G. & WHITELAW, J.H. 1975a The performance of acousto-optic cells for laser-Doppler anemometry. *J. Phys. E: Sci. Instrum.* 8, 776.

DURÃO, D.F.G. & WHITELAW, J.H. 1975b The influence of sampling procedure on the velocity bias in turbulent flows. *Proc. of LDA-75 Symposium*, Technical University of Denmark.

DURRANI, T.S. & GREATED, C. 1974 Statistical analysis of velocity measuring systems employing the photon correlation technique. *Trans. IEEE* AES-10, 17.

DURST, F. 1972 Development and application of optical anemometers. Ph.D. Thesis, University of London.

DURST, F. 1973 Scattering phenomena and their application in optical anemometry. *ZAMP* 24, 619.

DURST, F. 1980 The growth of metal whiskers for particle sizing by electron microscope. University of Karlsruhe, Sonderforschungsbereich 80, Report SFB 80/EM/15.

DURST, F. & ELIASSON, B. 1975 Properties of laser-Doppler signals and their exploitation for particle size measurements. *Proc. of LDA-75 Symposium*, Technical University of Denmark.

DURST, F. & HEIBER, K.F. 1974 Selection of photodetectors for laser-Doppler anemometer measurements. University of Karlsruhe, Sonderforschungsbereich 80, Report SFB 80/ET/55.

DURST, F. & KLEINE, R. 1973 Velocity measurements in turbulent premixed flames by means of laser Doppler anemometers. University of Karlsruhe, Sonderforschungsbereich 80, Report SFB 80/EM/10.

DURST, F., MELLING, A. & WHITELAW, J.H. 1972a Laser anemometry: a report on Euromech 36. *J. Fluid Mech.* 56, 143.

DURST, F., MELLING, A. & WHITELAW, J.H. 1972b The application of optical anemometry to measurements in combustion systems. *Comb. & Flame* 18, 197.

DURST, F., MELLING, A. & WHITELAW, J.H. 1972c Optical anemometer measurements in recirculating flows and flames. *DISA Conf. on Fluid Dyn. Measurements in Indust. & Medical Environments*, paper II.2-2.

DURST, F., MELLING, A. & WHITELAW, J.H. 1972d Laser anemometry measurements in a square duct with and without combustion oscillations. Imperial College, Mech. Eng. Dept. Report EHT/TN/A/40.

DURST, F., MELLING, A. & WHITELAW, J.H. 1974 Low Reynolds number flow over a plane symmetrical sudden expansion. *J. Fluid Mech.* 64, 111.

DURST, F. & VENKATESH, P. 1980 Electronic processing of laser Doppler signals. University of Karlsruhe, Sonderforschungsbereich 80, Report SFB 80/ET/54.

DURST, F. & RODI, W. 1972 Evaluation of hot-wire signals in highly turbulent flows. *DISA Conf. on Fluid Dyn. Measurements in Indust. & Medical Environments*, paper II.4-5.

DURST, F. & STEVENSON, W.H. 1974 Visual modelling of laser-Doppler anemometer signals by means of Moiré fringes. University of Karlsruhe, Sonderforschungsbereich 80, Report SFB 80/TM/42.

DURST, F. & UMHAUER, H. 1975 Local measurements of particle velocities, size distribution and concentration with a combined laser-Doppler particle sizing system. *Proc. of LDA-75 Symposium*, Technical University of Denmark.

DURST, F. & WHITELAW, J.H. 1971a Integrated optical units for laser anemometry. *J. Phys. E: Sci. Instrum.* 4, 804.

DURST, F. & WHITELAW, J.H. 1971b Measurements of mean velocity, fluctuating velocity and shear stress using a single channel anemometer. *DISA Inf.* 12, 11.

DURST, F. & WHITELAW, J.H. 1971c Aerodynamic properties of separated gas flows; existing measurement techniques and a new optical geometry for the laser Doppler anemometer. *Progress Heat and Mass Transfer* 4, 311.

DURST, F. & WHITELAW, J.H. 1971d Optimization of optical anemometers. *Proc. Roy. Soc.* A324, 157.

DURST, F. & WHITELAW, J.H. 1971e Local velocity measurements in atomized sprays. Jahrbuch der DGLR, 188.

DURST, F. & WHITELAW, J.H. 1972 Theoretical considerations of significance to the design of optical anemometers. ASME Paper 72-HT-7.

DURST, F. & WHITELAW, J.H. 1973 Light source and geometrical requirements for the optimisation of optical anemometry signals. *Opto-electronics* 5, 137.

DURST, F., WIGLEY, G. & ZARÉ, M. 1974 Laser-Doppler anemometry and its application to flow investigations in the environment of vegetation. University of Karlsruhe, Sonderforschungsbereich 80, Report SFB 80/EM/41.

DURST, F. & ZARÉ, M. 1973 Report to Survey and General Instrument Co.

DURST, F. & ZARÉ, M. 1974 Removal of pedestals and directional ambiguity of optical anemometer signals. *Appl. Optics* 13, 2562.

EDWARDS, R.V., ANGUS, J.C. & DUNNING, J.W. 1973 Spectral analysis of the signal from the laser-Doppler velocimeter: turbulent flows. *J. Appl. Phys.* 44, 1694.

EDWARDS, R.V., ANGUS, J.C., FRENCH, M.J. & DUNNING, J.W. 1971 Spectral analysis of the signal from the laser-Doppler flowmeter: time-independent systems. *J. Appl. Phys.* 42, 837.

EGGINS, P.L., JACKSON, D.A. & PAUL, D.M. 1973 Measurement of mean velocity and turbulence in supersonic boundary layers, shock waves, and free jets by laser anemometry. *Opto-electronics* 5, 91.

EGGINS, P.L. & JACKSON, D.A. 1974 Laser-Doppler velocity measurements in an under-expanded free jet. *J. Phys. D: Appl. Phys.* 7, 1894.

ELIASSON, B. & DÄNDLIKER, R. 1974 A theoretical analysis of laser-Doppler flow meters. *Optica Acta* 21, 119.

FARMER, W.M. 1972 Measurement of particle size, number density, and velocity using a laser interferometer. *Appl. Optics* 11, 2603.

FARMER, W.M. 1973 The interferometric observation of dynamic particle size, velocity and number density. Ph.D. Thesis, University of Tennessee.

FARMER, W.M. & HORNKOHL, J.O. 1973 Two component self-aligning laser vector velocimeter. *Appl. Optics* 12, 2636.

FINGERSON, L. 1973 Design considerations for a laser-Doppler anemometer. *Proc. 3rd Biennial Symposium on Turbulence in Liquids*, Rolla, 220.

FISHER, M.J. & KRAUSE, F.R. 1967 The crossed-beam correlation technique. *J. Fluid Mech.* 28, 705.

FLYNN, J.T. & MACK, M.E. 1971 Fluid flow diagnosis with laser Doppler velocimeters. United Aircraft Research Laboratories, Report UAR-J214.

FOORD, R., HARVEY, A.F., JONES, R., PIKE, E.R. & VAUGHAN, J.M. 1974 A solid state electro-optic phase modulator for laser Doppler anemometry. Report of Physics Group, Royal Radar Establishment, U.K.

FOORD, R., JAKEMAN, E., OLIVER, C.J., PIKE, E.R. *et al.* 1970 Determination of diffusion coefficients of haemocyanin at low concentration by intensity fluctuation spectroscopy of scattered laser light. *Nature* 227, 242.

FOREMAN, J.W. 1967 Optical path length difference effects in photo mixing with multimode gas laser radiation. *Appl. Optics* 6, 821.

FOREMAN, J.W., GEORGE, E.W. & LEWIS, R.D. 1965 Measurement of localized flow velocities in gases with a laser-Doppler flow meter. *Appl. Phys. Letters* 7, 77.

FRANCON, M. 1966 *Optical Interferometry*. Academic Press, New York.

FRASER, D.A.S. 1958 *Statistics: an Introduction.* Wiley, New York.

FRASER, R.P., EISENKLAM, P. & DOMBROWSKI, N. 1957 Liquid atomisation in chemical engineering. *British Chem. Eng.* 2, 414, 496, 536 and 610.

FRIDMAN, J.D., HUFFAKER, R.M. & KINNARD, R.F. 1968 Laser-Doppler system measures three-dimensional velocity vector and turbulence. *Laser Focus* 4, 34.

GANS, R. 1912 Über die Form ultramikroskopischer Goldteilchen. *Ann. der Physik* Folge 4, Band 37, 881.

GASTER, M. 1964 A new technique for the measurement of low fluid velocities. *J. Fluid Mech.* 20, 183.

GEORGE, W.K. 1974 The measurement of turbulence intensities using real time laser Doppler velocimetry. *Proc. of 2nd Int. Workshop on Laser Velocimetry*, Purdue University, 1, 511.

GEORGE, W.K. & BERMAN, N.S. 1973 Doppler ambiguity in laser Doppler velocimeters. *Appl. Phys. Letters* 23, 222.

GEORGE, W.K. & LUMLEY, J.L. 1971 The measurement of turbulence using a laser-Doppler velocimeter. *I.S.A. Symp. on Flow* Paper No. 5-2-58 (Pittsburgh).

GEORGE, W.K. & LUMLEY, J.L. 1973 The laser-Doppler velocimeter and its application to the measurement of turbulence. *J. Fluid Mech.* 60, 321.

GOETHERT, W.H. 1971 Balanced detection for the dual scatter laser Doppler velocimeter. Arnold Engineering Development Center, AEDC-TR-71-70.

GOLDSTEIN, R.J. & ADRIAN, R.J. 1971 Measurement of fluid velocity gradients using laser-Doppler techniques. *Rev. Sci. Instrum.* 42, 1317.

GOLDSTEIN, R.J. & HAGEN, W.F. 1967 Turbulent flow measurements utilizing the Doppler shift of scattered laser radiation. *Phys. Fluids* 10, 1349.

GOLDSTEIN, R.J. & KREID, D.K. 1967 Measurement of laminar flow development in a square duct using a laser-Doppler flowmeter. *Trans. ASME, J. Appl. Mech,* 34, 813.

GOLDSTEIN, R.J. & KREID, D.K. 1971 Measurement of velocity profiles in simulated blood by the laser-Doppler technique. *I.S.A. Symp. on Flow* Paper No. 4-2-95 (Pittsburgh).

GOSMAN, A.D., PUN, W.M., RUNCHAL, A.K., SPALDING, D.B. & WOLFSHTEIN, M. 1969 *Heat and Mass Transfer in Recirculating Flows.* Academic Press, London.

GREATED, C. 1971 Resolution and back-scattering optical geometry of laser-Doppler systems. *J. Phys. E: Sci. Instrum.* 4, 585.

GREATED, C. & DURRANI, T.S. 1971 Signal analysis for laser velocimeter measurements. *J. Phys. E: Sci. Instrum.* 4, 24.

GREEN, H.L. & LANE, W.R. 1964 *Particulate Clouds: Dusts, Smokes, and Mists.* E. & F.N. Spon, London (2nd edition).

HANJALIC, K. & LAUNDER, B.E. 1972 A Reynolds stress model of turbulence and its application to asymmetric shear flows. *J. Fluid Mech.* 52, 609.

HANSON, S. 1974 Coherent detection in laser Doppler velocimeters. *Opto-electronics* 6, 263.

HARLOW, F.H. & AMSDEN, A.A. 1971 Fluid dynamics. Los Alamos Scientific Laboratory Report LA-4700.

HETSRONI, G. & SOKOLOV, M. 1970 Distribution of mass, velocity, and intensity of turbulence in a two-phase turbulent jet. *Trans. ASME, J. Appl. Mech.* Paper No. 70-WA/APM-45.

HILLER, W.J. & MEIER, G.E.A. 1972 Zur Vorzeichenbestimmung der Geschwindigkeitskomponenten beim Laser-Doppler Anemometer. Max-Planck Institut für Strömungsforschung Report.

HINZE, J.O. 1959 *Turbulence: An Introduction to its Mechanism and Theory.* McGraw-Hill, New York.

HJELMFELT, A.T. & MOCKROS, L.F. 1966 Motion of discrete particles in a turbulent fluid. *Appl. Sci. Res.* 16, 149.

HUFFAKER, R.M. 1970 Laser-Doppler detection systems for gas velocity measurement. *Appl. Optics* 9, 1026.

HUFFAKER, R.M., FULLER, C.E. & LAWRENCE, T.R. 1969 Application of laser-Doppler velocity instrumentation to the measurement of jet turbulence. *S.A.E. Conference*, Detroit.

HUFFAKER, R.M., JELALIAN, A.V. & THOMSON, J.A.L. 1970 Laser Doppler system for detection of aircraft trailing vortices. *Proc. IEEE* 58, 322.

HUGHES, A.J., JONES, R., PIKE, E.R. & O'SHAUGHNESSY, J. 1972 CO_2 laser anemometry in the atmosphere. *RRE Newsletter and Res. Rev.* 11, Paper 16.

van de HULST, H.C. 1957 *Light Scattering by Small Particles.* Wiley, New York.

HUMPHREY, J.A.C., MELLING, A. & WHITELAW, J.H. 1975 Laser-Doppler anemometry for the verification of turbulence models. *Proc. of Conf. on Engineering Uses of Coherent Optics*, Strathclyde University, Cambridge University Press.

HUTCHINSON, P., KHALIL, E.E., WHITELAW, J.H. & WIGLEY, G. 1975a The calculation of furnace-flow properties and their experimental verification. ASME Paper 75-HT-8, see also *J. Heat Transfer* 98, 276.

HUTCHINSON, P., KHALIL, E.E., WHITELAW, J.H. & WIGLEY, G. 1975b Influence of burner geometry on the performance of small furnaces. *Proc. of 2nd European Combustion Symposium*, 659.

ITEN, P.D., ELIASSON, B. & DÄNDLIKER, R. 1971 Investigations and improvement of spectral and spatial resolution of a laser-Doppler flowmeter. *IEEE Trans.* QE-7, 45.

ITEN, P.D. & MASTNER, J. 1971 A laser-Doppler velocimeter offering high spatial and temporal resolution. Brown Boveri Res. Report KLR-71-07.

JACKSON, D.A. & PAUL, D.M. 1971 Measurement of supersonic velocity and turbulence by laser anemometry. *J. Phys. E: Sci. Instrum.* 4, 173.

JACKSON, D.A. & PAUL, D.M. 1972 Measurement of supersonic velocity and turbulence by laser anemometry. *Proc. of 1st Int. Workshop on Laser Velocimetry*, Purdue University, 487.

JAKEMAN, E. 1970 Theory of optical spectroscopy by digital autocorrelation of photon-counting fluctuations. *J. Phys. A: Gen. Phys.* 3, 201.

JAKEMAN, E., PIKE, E.R. & SWAIN, S. 1971 Statistical accuracy in the digital autocorrelation of photon counting fluctuations. *J. Phys. A: Gen. Phys.* 4, 517.

JAMES, R.N., BABCOCK, W.R. & SEIFERT, H.S. 1968 A laser-Doppler technique for the measurement of particle velocity. *AIAA J.* 6, 160.

JERNQVIST, L.F. & JOHANSSON, T.G. 1974 A laser Doppler anemometer for the measurement of an arbitrary velocity component in highly turbulent fluid flows. *J. Phys. E: Sci. Instrum.* 7, 246.

JONES, W.B. 1971 Laser fluid velocity sensor. *I.S.A. Symposium on Flow* Paper No. 2-8-82 (Pittsburgh).

KEITH, C.H. & DERRICK, J.C. 1960 Measurement of the particle size distribution and concentration of cigarette smoke by the 'conifuge'. *J. Colloid Sci.* 15, 340.

KERKER, M. 1969 *The Scattering of Light and Other Electromagnetic Radiation.* Academic Press, New York.

KHALIL, E.E. & WHITELAW, J.H. 1974 The calculation of local flow properties in two-dimensional furnaces. Imperial College, Mech. Eng. Dept. Report HTS/74/38. (See also Khalil, E.E., Spalding, D.B. & Whitelaw, J.H. 1975 *Int. J. Heat Mass Transfer* 18, 775.)

KIM, H.T., KLINE, S.J. & REYNOLDS, W.C. 1971 The production of turbulence near a smooth wall in a turbulent boundary layer. *J. Fluid Mech.* 50, 133.

KLEINHANS, W. & FRIED, D.L. 1965 Efficient diffraction of light from acoustic waves in water. *Appl. Physics Letters* 7, 19.

KOGELNIK, H. 1965 Imaging of optical modes - resonators with internal lenses. *Bell System Tech. J.* 44, 455.

KOGELNIK, H. & LI, T. 1966 Laser beams and resonators. *Appl. Optics* 5, 1550.

KRAUS, F.J. 1973 Der Einfluss der Vorwartsstreuung auf Transmissionsgradmessungen an Aerosolen. *Staub-Reinhalt Luft* 33, 348.

KREID, D.K. 1974 Laser-Doppler velocimeter measurements in nonuniform flow: error estimates. *Appl. Optics* 13, 1872.

KRUMHOLZ, D.B. & MURPHY, R.J. 1974 Design considerations for a counter based LDV. *Proc. of 2nd Int. Workshop on Laser Velocimetry*, Purdue University, 1, 224.

KUNII, D. & LEVENSPIEL, O. 1969 *Fluidization Engineering.* Wiley, New York.

LADING, L. 1971 Differential Doppler heterodyning technique. *Appl. Optics* 10, 1943.

LADING, L. 1972 A Fourier optical model for the laser Doppler velocimeter. *Opto-electronics* 4, 385.

LAPP, M., PENNEY, C.M. & ASHER, J.A. 1973 Application of light scattering techniques for measurement of density, temperature and velocity in gas dynamics. ARL Report 73-0045.

LAUFER, J. 1951 Investigation of turbulent flow in a two-dimensional channel. NACA TR-1053.

LAUFER, J. 1954 The structure of turbulence in fully developed pipe flow. NACA TR-1174.

LAUNDER, B.E., MORSE, A., RODI, W. & SPALDING, D.B. 1972 The prediction of free shear flows - a comparison of six turbulence models. *NASA Free Shear-Flows Conference*, Langley.

LAUNDER, B.E. & SPALDING, D.B. 1972 *Mathematical Models of Turbulence.* Academic Press, London.

LENNERT, A.E., HORNKOHL, J.O. & KALB, H.T. 1972 Applications of laser velocimeters for flow measurements. *Proc. of the Airbreathing Propulsion Conference*, Monterey.

LENNERT, A.E., TROLINGER, J.D. & SMITH, F.H. 1972 Application of electro-optic techniques for jet and wake flow-field investigations. AEDC Report (Arnold Engineering Development Center, Tenn.).

LEWIS, R.D., FOREMAN, J.W., WATSON, H.J. & THORNTON, J.R. 1968 Laser-Doppler velocimeter for measuring flow-velocity fluctuations. *Phys. Fluids* 11, 433.

LUMLEY, J.L. 1970 *Stochastic Tools in Turbulence.* Academic Press, New York.

LUMLEY, J.L., GEORGE, W.K. & KOBASHI, Y. 1969 The influence of ambiguity and noise on the measurement of turbulent spectra by Doppler scattering. *Proc. of 1st Biennial Symposium on Turbulence in Liquids*, Rolla, 3.

McLAUGHLIN, D.K. & TIEDERMAN, W.G. 1973 Biasing correction for individual realization of laser anemometer measurements in turbulent flows. *Phys. Fluids* 16, 2082.

MAYO, W.T. 1969 Laser Doppler flowmeters - a spectral analysis. Ph.D. Thesis, School of Engineering, Georgia Institute of Technology.

MAYO, W.T. 1970 Simplified laser-Doppler velocimeter optics. *J. Phys. E: Sci. Instrum.* 3, 235.

MAYO, W.T. 1974 A discussion of limitations and extensions of power spectrum estimation with burst-counter LDV systems. *Proc. of 2nd Int. Workshop on Laser Velocimetry*, Purdue University, 1, 90.

MAYO, W.T., SHAY, M.T. & RITER, S. 1974 Digital estimation of turbulence power spectra from burst counter LDV data. *Proc. of 2nd Int. Workshop on Laser Velocimetry*, Purdue University, 1, 16.

MAZUMDER, M.K. 1970 Laser-Doppler velocity measurement without directional ambiguity by using frequency-shifted incident beams. *Appl. Phys. Letters* 11, 462.

MAZUMDER, M.K. 1972 A symmetrical laser-Doppler velocity meter and its application to turbulence characterization. NASA CR 2031.

MAZUMDER, M.K. & KIRSCH, K.J. 1975 Flow tracing fidelity of scattering aerosol in laser Doppler velocimetry. *Appl. Optics* 14, 894.

MAZUMDER, M.K. & WANKUM, D.L. 1970 SNR and spectral broadening in turbulence structure measurement using a CW laser. *Appl. Optics* 9, 633.

MELLING, A. 1971 Scattering particles for laser anemometry in air: selection criteria and their realization. Imperial College, Mech. Eng. Dept. Report ET/TN/B/7.

MELLING, A. 1973 The influence of velocity gradient broadening on mean and rms velocities measured by laser anemometry. Imperial College, Mech. Eng. Dept. Report HTS/73/33.

MELLING, A. 1975 Investigation of flow in non-circular ducts and other configurations by laser Doppler anemometry. Ph.D. Thesis, University of London.

MELLING, A. & WHITELAW, J.H. 1973a Measurements in turbulent water flows by laser anemometry. *Proc. of 3rd Biennial Symposium on Turbulence in Liquids*, Rolla, 115. See also Imperial College, Mech. Eng. Dept. Report HTS/73/44.

MELLING, A. & WHITELAW, J.H. 1973b Seeding of gas flows for laser anemometry. *DISA Inf.* 15, 5.

MERRILL, E.W., GILLILAND, E.R., COKELET, G., SHIN, H., BRITTEN, A. & WELLS, R.E. 1963 Rheology of human blood near and at zero flow: effects of temperature and haematocrit level. *Biophysical Journal* 3, 199.

MEYERS, J.F. 1971 Investigation of basic parameters for the application of a laser Doppler velocimeter. *AIAA* Paper No. 71-288.

MEYERS, J.F. & FELLER, W.V. 1972 Wind tunnel measurements, LDV characteristics. *Proc. of 1st Int. Workshop on Laser Velocimetry*, Purdue University, 445.

MIE, G. 1908 Beiträge zur Optik treiber Medien, speziell kollodialer Metallösungen. *Ann. der Physik*, Folge 4, Band 37, 881.

MISHINA, H., ASAKURA, T. & NAGAI, S. 1974 A laser Doppler microscope. *Optics Commun.* 11, 99.

MORSE, H.L., TULLIS, B.J., BABCOCK, W.R. & SEIFERT, H.S. 1968 Development, application, and design specifications of a laser-Doppler particle sensor for the measurement of particle velocities in two-phase rocket exhausts. Stanford University, Department of Aeronautics and Astronautics, Report SUDAAR No. 356 (AFRPL-TR-68-153).

MORTON, J.B. 1973 Experimental measurement of ambiguity noise in a laser anemometer. *J. Phys. E: Sci. Instrum.* 6, 346.

MORTON, J.B. & CLARK, W.H. 1971 Measurement of two point velocity correlations in pipe flow using laser anemometers. *J. Phys. E: Sci. Instrum.* 4, 809.

MUGELE, R.A. & EVANS, H.D. 1951 Droplet size distribution in sprays. *Ind. Eng. Chem.* 43, 1317.

MÜLLER, A. 1970 Neue Elemente in der Technik der Laser Doppler Velocimeter. *Appl. Optics* 9, 2393.

NEILSON, J.H. & GILCHRIST, A. 1969 An analytical and experimental investigation of the trajectories of particles entrained by the gas flow in nozzles. *J. Fluid Mech.* 35, 549.

OLDENGARM, J. 1973 Instruction manual rotating grating system type PS1. *Technisch Physische Dienst*, Delft.

OLDENGARM, J., van KRIEKEN, A.H. & RATERINK, H. 1973 Laser-Doppler velocimeter with optical frequency shifting. *Optics and Laser Technology* 5, 249.

ORLOFF, K.L., CORSIGLIA, V.R., BIGGERS, J.C. & EKSTEDT, T.W. 1975 The application of laser velocimeter signal processing electronics to complex aerodynamic flows. *Proc. of LDA-75 Symposium*, Technical University of Denmark.

PAPOULIS, A. 1965 *Probability, Random Variables and Stochastic Processes.* McGraw-Hill, New York.

PATANKAR, S.V. & SPALDING, D.B. 1969 *Heat and Mass Transfer in Boundary Layers.* Intertext, London.

PATANKAR, S.V. & SPALDING, D.B. 1972 A calculation procedure for heat, mass and momentum transfer in three-dimensional parabolic flows. *Int. J. Heat Mass Transfer* 15, 1787,

PAUL, D.M. & JACKSON, D.A. 1971 Rapid velocity sensor using a static confocal Fabry-Perot and a single frequency argon laser. *J. Phys. E: Sci. Instrum.* 4, 170.

PFEIFER, H.J. & vom STEIN, H.D. 1971 Ein Verfahren zur Bestimmung des Vorzeichens der Geschwindigkeit bei der Doppler-Differenz Methode. French-German Institute Report N17171.

PFEIFER, H.J. & vom STEIN, H.D. 1972a Application of laser velocimeter in super-sonic wind tunnel. *Proc. of Conference on Electro-optic Systems in Flow Measurement.* University of Southampton.

PFEIFER, H.J. & vom STEIN, H.D. 1972b An automatic data processing system for laser anemometers. *IEEE Trans.* AES8, 345.

PIKE, E.R. 1969 Photon statistics. *Proc. Florence Inaugural Conf. European Phys. Soc.,* Rivista del Nuovo Cimento, 1 (Numero speciale), 277.

PIKE, E.R. 1970 Optical spectroscopy in the frequency range $1 \cdot 10^8$ Hz. *Int. Quantum Electronics Conference,* Kyoto.

PIKE, E.R. 1972a The application of photon-correlation spectroscopy to laser Doppler measurements. *J. Phys. D: Appl. Phys.* 5, L23.

PIKE, E.R. 1972b The application of photon-correlation spectroscopy to laser Doppler velocimetry. *Proc. of 1st Int. Workshop on Laser Velocimetry,* Purdue University, 133.

PIKE, E.R. 1974 Photon correlation methods. *Proc. of 2nd Int. Workshop on Laser Velocimetry,* Purdue University, 1, 271.

PIKE, E.R., JACKSON, D.A., BOURKE, P.J. & PAGE, D.I. 1968 Measurement of tur-bulent velocities from the Doppler shift in scattered laser light. *J. Phys. E: Sci. Instrum.* 1, 111.

RAMAN, C.V. & NATH, N.S.N. 1935 The diffraction of light by high frequency sound waves. *Proc. Indian Academy of Sciences,* A2, 406.

RIBEIRO, M.M. & WHITELAW, J.H. 1973 Verification of turbulence models with hot-wire anemometry. Imperial College, Mech. Eng. Dept. Report HTS/73/20.

RIBEIRO, M.M. & WHITELAW, J.H. 1975 Statistical characteristics of a turbulent jet. *J. Fluid Mech.* 70, 1.

RIZZO, J.E. 1975 A laser-Doppler interferometer. *J. Phys. E: Sci. Instrum.* 8, 47.

RUDD, M.J. 1968 A laser Doppler velocimeter employing the laser as a mixer oscillator *J. Phys. E: Sci. Instrum.* 1, 723.

RUDD, M.J. 1969 A new theoretical model for the laser Dopplermeter. *J. Phys. E: Sci. Instrum.* 2, 55.

RUDD, M.J. 1972 Velocity measurements made with a laser Doppler meter on the tur-bulent pipe flow of a dilute polymer solution. *J. Fluid Mech.* 51, 673.

RUNSTADLER, P.W. & DOLAN, F.X. 1975 Design, development and test of a laser velocimeter for high speed turbomachinery. *Proc. of LDA-75 Symposium,* Technical University of Denmark.

SCHWAR, M.J.R., THONG, K.C. & WEINBERG, F.J. 1970 Measuring the mobility of charged aerosols by Schlieren interferometry of Doppler-shifted light. *J. Phys. D: Appl. Phys.* 3, 1962.

SCOTT, P., MOSSEY, P. & KNOTT, P. 1974 In-jet noise source location studies. 1.0 Laser velocimeter developments. Supersonic jet exhaust noise investigation. Section IV of Technical Report AFRPL-TR-74-25, 189.

SELF, S.A. 1974 Laser-Doppler anemometer for boundary layer measurements in high velocity, high temperature MHD flows. *Proc. of 2nd Int. Workshop on Laser Vel-ocimetry,* Purdue University, 2, 44.

SELF, S.A. & WHITELAW, J.H. 1976 Laser anemometry for combustion research. *Comb. Sci. & Tech.* 13, 171.

SHE, C.Y. 1973 Laser cross-beam intensity correlation spectrum for a turbulent flow. *Appl. Optics* 12, 2415.

SIMPSON, R.L. & BARR, P.W. 1975 Laser Doppler velocimeter signal processing using sampling spectrum analysis. *Rev. Sci. Instrum.* 46, 835.

SLÁDKOVÁ, J. 1968 *Interference of Light.* Iliffe Books Ltd., London.

SMART, A.E. 1974 *Seminar on Aero Engine Applications of Laser Anemometry.* Rolls-Royce (1971) Ltd., Derby Engine Division.

SMITH-SAVILLE, R.J. 1972 Signal processor for use with laser-Doppler anemometer. Report from Cambridge Consultants Ltd.

vom STEIN, H.D. & PFEIFER, H.J. 1972a Investigation of the velocity relaxation of micron sized particles in shock waves using laser radiation. *Appl. Optics* 11, 305.

vom STEIN, H.D. & PFEIFER, H.J. 1972b An automatic data processing system for laser anemometers. *Proc. of 1st Int. Workshop on Laser Velocimetry*, Purdue University, 123. (See also Pfeifer & vom Stein, 1972b.)

STEVENSON, W.H. 1970 Optical frequency shifting by means of a rotating diffraction grating. *Appl. Optics* 9, 649.

STEVENSON, W.H. 1973 Private communication.

SUZUKI, T. & HIOKI, R. 1967 Translation of light frequency by a moving grating. *J. Opt. Soc. Am.* 57, 1551.

TREACY, E.B. 1971 An analysis of some factors affecting the accuracy of laser Doppler velocimetry. *ISA Conference on Instrumentation of the Aerospace Industry* 17, 165.

TROLINGER, J.D. 1974 Laser instrumentation for flow diagnostics. AGARDograph No. 186.

VLACHOS, N. & WHITELAW, J.H. 1974 Measurement of blood velocity with laser anemometry. *Proc. of 2nd Int. Workshop on Laser Velocimetry*, Purdue University, 1, 521. See also Imperial College, Mech. Eng. Dept. Report HTS/74/13.

WANG, C.P. 1973 Effect of Doppler ambiguity on the measurement of turbulence spectra by laser Doppler velocimeter. *Appl. Phys. Letters* 22, 154.

WANG, C.P. & SNYDER, D. 1974 Laser Doppler velocimetry: experimental study. *Appl. Optics* 13, 280.

WEINBERG, F.J. 1963 *Optics of Flames.* Butterworth, London.

WELCH, N.E. & TOMME, W.J. 1967 Analysis of turbulence from data obtained with a laser velocimeter. *AIAA* Paper No. 67-179.

WESTON, M., LALOR, M.J. & CLEAVER, J.W. 1972 Unsteady flow measurement in hydraulic systems using a laser velocimeter. *Proc. of Conference on Electro-optic Systems in Flow Measurements.* University of Southampton.

WIENER, C. 1907 Die Helligkeit des klaren Himmel und die Beleuchtung durch Sonne, Himmel und Rückstrahlung. *Abhandlungen der Kaiser-Leopold-Carol. Akademie der Naturforschung* 1, 73.

WIGLEY, G. 1974 The application of radial diffraction gratings to laser anemometry. AERE-R 7886.

WILLARD, G.W. 1949 Criteria for normal and abnormal ultrasonic light diffraction effects. *J. Acoust. Soc. Am.* 21, 101.

WILMSHURST, T.H. 1971 Resolution of the laser fluid-flow velocimeter. *J. Phys. E: Sci. Instrum.* 4, 77.

WILMSHURST, T.H. & RIZZO, J.E. 1974 An autodyne frequency tracker for laser-Doppler anemometry. *J. Phys. E: Sci. Instrum.* 7, 924.

WISLER, D.C. & MOSSEY, P.W. 1973 Gas velocity measurements within a compressor rotor passage using a laser Doppler velocimeter. *Trans. ASME, J. Eng. Power* 95, 91.

YANTA, W.J. 1973 Turbulence measurements with a laser velocimeter. Naval Ordnance Laboratory, Maryland, Report NOL TR 73-94.

YANTA, W.J., GATES, D.F. & BROWN, F.W. 1971 The use of a laser-Doppler velocimeter in supersonic flow. *AIAA* Paper 71-287.

YANTA, W.J. & SMITH, R.A. 1973 Measurements on turbulence-transport properties with a laser-Doppler anemometer. *AIAA* Paper 73-169.

YEH, Y. & CUMMINS, H.Z. 1964 Localized flow measurements with an He-Ne laser spectrometer. *Appl. Phys. Letters* 4, 176.

ZAMMIT, R.E., PEDIGO, M.K., STEVENSON, W.H. & OWEN, A.K. 1974 LDV processor for high velocity flows. *Proc. of 2nd Int. Workshop on Laser Velocimetry*, Purdue University, 1, 204.

ZARÉ, M. 1972 Investigation of combustion instabilities in open flames. M.Sc. Thesis, University of London.

LITERATURHINWEISE ZUR ZWEITEN AUFLAGE

ABBISS, J.B. [1976] Development of photon correlation anemometry for application to supersonic flows. AGARD-CP-193, Paper 11.

ABBISS, J.B. [1977] Photon correlation velocimetry in aerodynamics. In *Photon Correlation Spectroscopy and Velocimetry* (Eds. E.R. Pike & H.Z. Cummins), p. 386. Plenum Publishing Corporation, New York.

ABDELMESSIH, A.H., MARTIN, W.W., LISKA, J.J. & DURST, F. [1980a] Two-phase velocity and bubble size measurements using laser-Doppler anemometry. University of Karlsruhe, Sonderforschungsbereich 80, SFB80/E/175.

ABDELMESSIH, A.H., MARTIN, W.W., LISKA, J.J. & DURST, F. [1980b] Laser-Doppler signal characteristics in particulate two-phase flows. University of Karlsruhe, Sonderforschungsbereich 80 report. (See also *Int. J. Multiphase Flows.*)

ADLER, D. & LEVY, Y. [1979] Laser-Doppler flow investigation inside a backswept closed centrifugal compressor impeller. *J. Mech. Eng. Sci.* 21, 1.

ADRAIN, R.S., ELDER, R.L., KLEWE, R.C., RICHARDS, P.H., SMITH, G.D. & WRIGHT, D.G. [1979] Preliminary studies using photon correlation velocimetry in turbomachinery and combustion systems. *Physica Scripta* (Sweden) 19, 441.

ADRIAN, R.J. & ORLOFF, K.L. [1977] Laser anemometer signals: visibility characteristics and application to particle sizing. *Appl. Optics* 16, 677.

AGARWAL, Y., TALBOT, L. & GONG, K. [1978] Laser anemometer study of flow development in curved circular pipes. *J. Fluid Mech.* 85, 497.

ANGLESIO, P., COGHE, A. & GHEZZI, U. [1979] Visibility for particle sizing: a theoretical analysis of feasibility. International Flame Research Foundation, document no. F25/ha/7.

AVIDOR, S.M. [1975] Laser velocimeter measurements of turbulence in high subsonic jet. *AIAA J.* 13, 713.

AZZOPARDI, B.J. [1979] Measurement of drop sizes. *Int. J. Heat Mass Transfer* 22, 1245.

BACHALO, W.D. & JOHNSON, D.A. [1979] An investigation of transonic turbulent boundary layer separation generated on an axisymmetric flow model. AIAA Paper 79−1479.

BORN, G.V.R., MELLING, A. & WHITELAW, J.H. [1978] Laser-Doppler microscope for blood velocity measurements. *Biorheology* 15, 163.

BRIOSCHI, C., COGHE, A. & GHEZZI, U. [1980] Particle sizing by Mie scattering. Electro-Optics Conference, Brighton, U.K.

BROSSMANN, R. [1966] Die Lichtstreuung an kleinen Teilchen als Grundlage einer Teilchengrössenbestimmung. Dissertation, University of Karlsruhe.

CARLSON, C.R. & PESKIN, R.L. [1975] One-dimensional particle velocity probability densities measured in turbulent gas-particle duct flow. *Int. J. Multiphase Flow*, 2, 67.

CATALANO, G.D., MORTON, T.B. & HUMPHRIS, R.R. [1977] An experimental investigation of a three-dimensional wall jet. *AIAAJ.* 15, 1146.

CHERDRON, W., DURST, F. & WHITELAW, J.H. [1978] Asymmetric flows and instabilities in symmetric ducts with sudden expansions. *J. Fluid Mech.* 84, 13.

CHU, W.P. & ROBINSON, D.M. [1977] Scattering from a moving spherical particle by two crossed coherent plane waves. *Appl. Optics* 16, 619.

CLARE, H., DURÃO, D.F.G., MELLING, A. & WHITELAW, J.H. [1976] Investigation of a V-gutter stabilized flame by laser anemometry and Schlieren photography. AGARD-CP-193, Paper 26.

COLE, J.B. & SWORDS, M.D. [1979] Laser-Doppler anemometry measurements in an engine. *Appl. Optics* 18, 1539.

COOKE, D.D. & KERKER, M. [1975] Response calculations for light-scattering aerosol particle counters. *Appl. Optics* 14, 734.

CRABB, D., DURÃO, D.F.G. & WHITELAW, J.H. [1979] A jet normal to a cross flow. Imperial College, Mech. Eng. Dept., Report FS/78/35. (See also *Trans. ASME, J. Fluids Eng.* 1981).

CRANE, R.I. & WINOTO, S.H. [1979] Longitudinal vortices in a concave surface boundary layer. *AGARD Symposium on Turbulent Boundary Layers-Experiments, Theory and Modelling, The Hague*, Paper 9.

DAUTREBANDE, I., BECKMANN, H. & WALKENHORST, W. [1958] New studies on aerosols. III Production of solid, small-sized, aerosols. *Arch. Int. Pharmacodyn.* 66, 170.

DAVIES, W.E.R. [1973] Velocity measurements in bubbly two-phase flows using laser-Doppler anemometry. Institute for Aerospace Studies, University of Toronto, Parts I and II, UTIAS-Technical Notes No. 184 and 185.

DENTON, M.B. & SWARTZ, D.B. [1974] An improved ultrasonic nebulizer system for the generation of high density aerosol dispersions. *Rev. Sci. Instrum.* 45, 81.

DIMOTAKIS, P.E. [1976] Single scattering particle laser Doppler measurements of turbulence. AGARD-CP-193, paper 10.

DOPHEIDE, D. & DURST, F. [1980] High frequency laser Doppler measurements using multiaxial mode laser beams. University of Karlsruhe, Sonderforschungsbereich 80, SFB80/TM/155. (See also *Appl. Optics* 1981).

DUNKER, R.J., STRINNING, P.E. & WEYER, H.B. [1978] Experimental study of the flow field within a transonic axial compressor rotor by laser velocimetry and comparison with through-flow calculations. *Trans. ASME, J. Eng. Power* 100, 279.

DURÃO, D.F.G., FOUNTI, M. & WHITELAW, J.H. [1979] Velocity characteristics of three-dimensional disc-stabilised diffusion flames. *Lett. Heat Mass Transfer* 6, 1.

DURÃO, D.F.G., GOULAS, A. & WHITELAW, J.H. [1979] Measured velocity characteristics of the flow in the impeller of a centrifugal compressor. ASME Paper 79-HT-32.

DURÃO, D.F.G., LAKER, J. & WHITELAW, J.H. [1975] Digital processing of frequency analyser signals. *Proc. of LDA-75 Symposium*, Technical University of Denmark, 364.

DURÃO, D.F.G., LAKER, J. & WHITELAW, J.H. [1978] A microprocessor-controlled frequency analyser for laser-Doppler anemometry. Imperial College, Mech. Eng. Dept., Report FS/78/21.

DURÃO, D.F.G., LAKER, J. & WHITELAW, J.H. [1980] Bias effects in laser-Doppler anemometry. *J. Phys. E: Sci. Instrum.* 13, 442.

DURÃO, D.F.G., MELLING, A., BAYLISS, R.K. & SAYCE, I.G. [1977] Measurements of particle and gas velocities in a DC arc heater using laser Doppler anemometry. *3rd Int. Symp. on Plasma Chemistry*, IUPAC, Limoges.

DURÃO, D.F.G. & WHITELAW, J.H. [1977] Critical review of laser anemometry measurements in combusting flow. *Prog. Astronaut. Aeronaut.* 53, 357.

DURÃO, D.F.G. & WHITELAW, J.H. [1978] Velocity characteristics of the flow in the near wake of a disk. *J. Fluid Mech.* 85, 369.

DURÃO, D.F.G. & WHITELAW, J.H. [1979] Relationship between velocity and signal quality in laser-Doppler anemometry. *J. Phys. E: Sci. Instrum.* 12, 47.

DURRANI, T.S. & GREATED, C.A. [1975] Spectral analysis and cross-correlation techniques for photon counting measurements on fluid flows. *Appl. Optics.* 14, 778.

DURST, F. [1974] Informal presentation. *2nd Int. Workshop on Laser Velocimetry*, Purdue University.

DURST, F. [1978] Studies of particle motion by Laser -Doppler-techniques. *Proc. Dynamic Flow Conference*, Marseille & Baltimore, 345.

DURST, F., GERBER, R. & KLEINE, R. [1980] Development of optical systems for laser-Doppler measurements. University of Karlsruhe, Sonderforschungsbereich 80, SFB 80/E/65.

DURST, F. & HEIBER, K.F. [1977] Signal-Rausch-Verhältnisse von Laser-Doppler-Signalen. *Optica Acta* 24, 43.

DURST, F. & HEIDBREDER, J. [1979] Eine automatische Filterbank für LDA-Signale. University of Karlsruhe, Sonderforschungsbereich 80, SFB 80/M/140.

DURST, F. & RASTOGI, A.K. [1979] Theoretical and experimental investigations of turbulent flows with separation. In *Turbulent Shear Flows I*, p. 208, Springer-Verlag, Berlin.

DURST, F. & STEVENSON, W.H. [1979] Influence of Gaussian beam properties on laser Doppler signals. *Appl. Optics*, 18, 516.

DURST, F. & TROPEA, C. [1977] Processing of laser-Doppler signals by means of a transient recorder and a digital computer. University of Karlsruhe, Sonderforschungsbereich 80, SFB 80/E/118.

DURST, F. & TROPEA, C. [1980] Digital processing of LDA-signals by means of a transient recorder and a computer. Proc. of Symposium on Long Range and Short Range Optical Velocity Measurements, Institut Saint Louis, France, paper 48.

DURST, F., TROPEA, C. & VENKATESH, P. [1980] Measurements of time average flow properties with laser-Doppler anemometers. University of Karlsruhe, Sonderforschungsbereich 80, SFB 80/E/54.

DURST, F. & ZARÉ, M. [1975] Laser-Doppler measurements in two-phase flows. *Proc. of LDA-75 Symposium.* Technical University of Denmark, 403.

EAST, L.F. [1976] The application of a laser anemometer to the investigation of shock-wave boundary-layer interactions. AGARD-CP-193, Paper 5.

ECHOLS, W.H. & YOUNG, J.A. [1963] Studies of portable air-operated aerosol generators. U.S. Naval Research Laboratory, NRL report 5929.

ECKARDT, D. [1976] Detailed flow investigation within a high speed centrifugal compressor impeller. *Trans. ASME, J. Fluid Eng.* 98, 390.

EICKHOFF, H. & SCHODL, R. [1980] Velocity and turbulence measurements in turbulent flames using the L2F technique. AGARD-CP-281, Paper 11.

EKCHIAN, A. & HOULT, D.P. [1979] Flow visualisation study of the intake process of an internal combustion engine. SAE Paper 790095.

EL BANHAWY, Y. [1979] Open and confined spray flames. Ph.D. Thesis, University of London.

EL BANHAWY, Y., MELLING, A. & WHITELAW, J.H. [1978] Combustion-driven oscillations in a small tube. *Comb. & Flame* 33, 281.

EL BANHAWY, Y. & WHITELAW, J.H. [1979] Assessment of an approach to the calculation of flow properties of spray flames. AGARD-CP-275, Paper 12.

FARMER, W.M. [1974] Observation of large particles with a laser-interferometer. *Appl. Optics*, 13, 610.

FARMER, W.M. [1978] Measurement of particle size and concentrations using LDV techniques. *Proc. of Dynamic Flow Conference*, Marseille & Baltimore, 373.

FEDDERS, B.S. & KÖNEKE, A. [1979] An LDA system yielding long-term averages and velocity distribution. *J. Phys. E: Sci. Instrum.* 12, 766.

FLACK, R.D. & THOMPSON, M.D. [1977] Some laser velocimeter measurements in turbulent wake of a supersonic jet. *AIAAJ.* 15, 1507.

FLÜCKIGER, G. & MELLING, A. [1980] Flow instability at the inlet of a centrifugal compressor. *Symposium on Measurement Methods in Rotating Components of Turbomachinery, ASME Gas Turbine Conference*, New Orleans, 187 (See also Trans. ASME, J. Eng. Power).

FOUNTI, M., HUTCHINSON, P. & WHITELAW, J.H. [1979] Measurements of the kerosene-fuelled flow in a model furnace. Imperial College, Mech. Eng. Dept. Report FS/79/19. (See also *J. Energy*, 1981).

GEORGE, W.K. [1975] Limitations to measuring accuracy inherent in the laser-Doppler signal. *Proc. of LDA-75 Symposium*, Technical University of Denmark, 20.

GEORGE, W.K. [1978] Processing of random signals. *Proc. of Dynamic Flow Conference*, Marseille & Baltimore, 757.

GHEZZI, U., COGHE, A. & MIOT, F. [1979] Droplet size measurements by laser interferometry. *Fourth International Symposium on Air Breathing Engines*, Florida.

GLASS, M. & BILGER, R.W. [1978] Turbulent jet diffusion flame in a co-flowing stream—some velocity measurements. *Comb. Sci. Tech.* 18, 165.

GLASS, M. & KENNEDY, I.M. [1977] An improved seeding method for high temperature laser Doppler velocimetry. *Comb. Flame* 29, 333.

GOOD, M.C. & JOUBERT, P.N. [1968] The form drag of two-dimensional bluff plates immersed in turbulent boundary layers. *J. Fluid Mech.* 31, 547.

GOSMAN, A.D., JOHNS, R.J.R. & WATKINS, A.P. [1978] Assessment of a prediction method for in-cylinder processes in reciprocating engine. *Proc. General Motors Symposium*.

GOSMAN, A.D., MELLING, A., WATKINS, P. & WHITELAW, J.H. [1978] Axisymmetric flow in a motored reciprocating engine. *Proc. I. Mech. E.* 192, 213.

GOUESBET, G. & GRÉHAN, G. [1979] Laser Doppler systems for plasma diagnostics: a review and prospective paper. *Proc. of 4th International Symposium on Plasma Chemistry*, Zurich.

GUICHARD, J.C. [1976] Aerosol generation using fluidized beds. In *Fine Particles* (Ed. B.Y.H. Liu). p. 173. Academic Press, New York & London.

HABIB, M. & WHITELAW, J.H. [1979] Velocity characteristics of a confined coaxial jet. *Trans. ASME, J. Fluids Eng.* 101, 521.

HABIB, M. & WHITELAW, J.H. [1980] Velocity characteristics of a confined coaxial jet with and without swirl. *Trans. ASME, J. Fluids Eng.* 102, 47.

HIETT, G.F. & POWELL, G.E. [1962] Three-dimensional probe for investigation of flow patterns. *The Engineer* 213, 165.

HÖSEL, W. [1978] Drallstrahlenuntersuchungen mit einem weiterentwickelten Laser-Doppler-Messverfahren. University of Karlsruhe, Dr. Ing. Thesis.

HÖSEL, W. & RODI, W. [1977] New biasing elimination method for laser-Doppler velocimeter counter processing. *Rev. Sci. Instrum.* 48, 910.

HUMPHREY, J.A.C., TAYLOR, A.M.K. & WHITELAW, J.H. [1977] Laminar flow in a square duct of strong curvature. *J. Fluid Mech.* 83, 509.

HUMPHREY, J.A.C. & WHITELAW, J.H. [1977] Measurements in curved flows. *Turbulence in Internal Flows* (Ed. S.N.B. Murthy), p. 407. Hemisphere Publishing Co., Washington.

HUMPHREY, J.A.C., WHITELAW, J.H. & YEE, C. [1979] Turbulent flow in a square duct with strong curvature. Lawrence Berkeley Laboratory preprint LBL-9650. (See also *J. Fluid Mech.* 1981).

HUTCHINSON, P., KHALIL, E.E. & WHITELAW, J.H. [1977] The measurement and calculation of furnace-flow properties. *J. Energy* 1, 212.

HUTCHINSON, P., MORSE, A. & WHITELAW, J.H. [1978] Velocity measurements in motored engines: experience and prognosis. SAE Paper 780061.

ITEN, P.D. & DÄNDLIKER, R. [1972] A sampling FM wide-band demodulator useful for laser Doppler velocimeters. *Proc. IEEE* 60, 1470.

KHALIL, E.E. & WHITELAW, J.H. [1977] Aerodynamic and thermodynamic characteristics of kerosene spray flames. *Proc. of 16th Combustion Symposium,* 569.

KNOTT, P. & MOSSEY, P. [1976] Parametric laser velocimeter studies of high velocity, high temperature jets. AFRPL-TR-76-68, Volume II, Chapter III.

KOLANSKY, M.S., WEINBAUM, S. & PFEFFER, R. [1976] Drag reduction in dilute gas solid suspension flow: gas and particle velocity profiles. *3rd Int. Conference on Pneumatic Transport of Solids in Pipes,* Paper C1.

KÖNIG, M. [1977] LDA-Datenerfassungsgerät zur Bewertung und schnellen Aufbereitung von LDA-Signalen für einen Minicomputer. Institut Saint Louis, France, report RT509/77.

LADING, L. [1971] Two-phase measurements utilizing laser anemometer. Danish Atomic Energy Commission, Research Establishment Riso, Report M-1368.

LAU, J.C., MORRIS, P.J. & FISHER, M.J. [1979] Measurements in subsonic and supersonic free jets using a laser velocimeter. *J. Fluid Mech.* 93, 1.

van MAANEN, H.R.E., van der MOLEN, K. & BLOM, J. [1975] Reduction of ambiguity noise in laser-Doppler velocimetry by a cross-correlation technique. *Proc. of LDA-75 · Symposium,* Technical University of Denmark, 81.

MELLING, A. [1977] Axisymmetric turbulent flow in a motored reciprocating engine. Imperial College, Mech. Eng. Dept., Report CHT/77/4.

MELLING, A. & WHITELAW, J.H. [1976a] Turbulent flow in a rectangular duct. *J. Fluid Mech.* 78, 289.

MELLING, A. & WHITELAW, J.H. [1976b] Design of laser-Doppler anemometers for reciprocating engines. Imperial College, Mech. Eng. Dept., Report CHT/76/6.

MISHINA, H., VLACHOS, N.S. & WHITELAW, J.H. [1979] Effect of wall scattering on SNR in laser-Doppler anemometry. *Appl. Optics* 18, 2480.

MODARRESS, D. & JOHNSON, D.A. [1979] Investigation of turbulent boundary layer separation using laser velocimetry. *AIAAJ* 17, 747.

MOORE, C.J. & SMART, A.E. [1976] Retrieval of flow statistics derived from laser anemometry by photon correlation. *J. Phys. E: Sci. Instrum.* 9, 997.

MORSE, A. & WHITELAW, J.H. [1981] Measurements of in-cylinder flow in a motored 4-stroke reciprocating engine *Proc. Roy Soc.*

MORSE, A., WHITELAW, J.H. & YIANNESKIS, M. [1979] Turbulent flow measurements by laser-Doppler anemometry in a motored piston-cylinder assembly. *Trans. ASME, J. Fluids Eng.* 101, 208.

MORSE, A., WHITELAW, J.H. & YIANNESKIS, M. [1980a] The influence of swirl on the flow characteristics of a reciprocating piston-cylinder assembly. *Trans. ASME, J. Fluids Eng.* 102, 478.

MORSE, A., WHITELAW, J.H. & YIANNESKIS, M. [1980b] The flow characteristics of a piston-cylinder assembly with an off-centre, open port. *Proc. I. Mech. E.* 194, 291.

OHBA, K., KISHIMOTO, I. & OGASAWARA, M. [1976, 1977] Simultaneous measurements of local liquid velocity and void fraction in bubbly flows using a gas laser: Part I [1976] Principles and measuring procedure, Technology Reports of Osaka University, 26, 547; Part II [1977] Local properties of turbulent bubbly flow, Technology Reports of Osaka University, 27, 229.

PFEIFER, H. [1978] Advances in digital data processing of laser Doppler signals. In *Laser Velocimetry and Particle Sizing* (Eds. H.D. Thompson & W.H. Stevenson), p. 67. Hemisphere Publishing Corp., Washington.

PFEIFER, H. & vom STEIN, H.D. [1972] Die Doppelcountermethode zur Datenerfassung und -verarbeitung beim Dopplerdifferenzverfahren. Institut Saint Louis, France, report N.24/72.

PIKE, E.R. [1977] Photon correlation velocimetry. *Photon Correlation Spectroscopy and Velocimetry* (Eds. E.R. Pike and H.Z. Cummins), p. 246 Plenum Publishing Corporation, New York.

POPPER, J., ABUAF, N. & HETSRONI, G. [1975] Velocity measurements in a two-phase turbulent jet. *Int. J. Multiphase Flow*, 1, 715.

RAABE, O.G. [1976] The generation of aerosols of fine particles. *Fine Particles* (Ed. B.Y.H. Liu) p. 57. Academic Press, New York.

RANKIN, R.R., SELF, S.A. & EUSTIS, R.H. [1977] A study of the MHD insulating wall boundary layer. *Addendum to Proc. of 16th Symposium on Engineering Aspects of MHD*, Pittsburgh.

RESTIVO, A. & WHITELAW, J.H. [1978] Turbulence characteristics of the flow downstream of a symmetric plane sudden expansion. *Trans. ASME, J. Fluids Eng.* 100, 308.

RESTIVO, A. & WHITELAW, J.H. [1979] Instabilities in sudden-expansion flows of relevance to room ventilation. *Proc. 2nd Symposium on Turbulent Shear Flows*, Imperial College, 16.24.

RIETHMULLER, M.L. [1973] Optical measurements of velocity in particulate flows. von Karman Institute for Fluid Dynamics, Internal Report.

ROBERDS, D.W. [1977] Particle sizing using laser interferometry. *Appl. Optics* 16, 1861.

ROBINSON, D.M. & CHU, W.P. [1975] Diffraction analysis of Doppler signal characteristics for a cross-beam laser Doppler velocimeter. *Appl. Optics* 14, 2177.

SAKAMOTO, H., MORITA, M. & ARIE, M. [1975] A study of the flow around bluff bodies immersed in turbulent boundary layer. *Bull. JSME* 18, 1126.

SCHODL, R. [1974] A laser dual beam method for flow measurement in turbomachines. ASME Paper 74-GT-157.

SCHODL, R. [1977] Laser-two-focus velocimetry (L2F) for use in aero engines. AGARD-LS-90, paper 4.

SCHODL, R. [1980] A laser-two-focus (L2F) velocimeter for automatic flow vector measurements in the rotating components of turbomachines. *Symposium on Measurement Methods in Rotating Components of Turbomachniery, ASME Gas Turbine Conference*, New Orleans, 139.

SELF, S.A. & KRUGER, C.H. [1977] Diagnostic methods in combustion MHD flows. *J. Energy* 1, 25.

SMART, A. [1977] Special problems of laser anemometry in difficult applications. AGARD-LS-90, paper 6.

SMART, A., WISLER, D.C. & MAYO, W.T. [1980] Optical advances in laser transit anemometry. *Symposium on Measurement Methods in Rotating Components of Turbomachinery, ASME Gas Turbine Conference*, New Orleans, 149.

STRAZISAR, A.J. & POWELL, J.A. [1980] Laser anemometer measurements in a transonic axial flow compressor rotor. *Symposium on Measurement Methods in Rotating Components of Turbomachinery, ASME Gas Turbine Conference*, New Orleans, 165.

STÜMKE, A. & UMHAUER, H. [1978] Local particle velocity distribution in two-phase flows measured by laser-Doppler velocimetry. *Proc. of Dynamic Flow Conference*, Marseille & Baltimore, 417.

TALBOT, L., CHEN, R.K., SCHEFFLER, R.W. & WILLIS, D.R. [1980] Thermophoresis of particles in heated boundary layers. *J. Fluid Mech.* 101, 737.

TANNER, L.H. [1973] A particle timing laser velocity meter. Optics and Laser Technology 5, 108.

TAYLOR, A.M.K.P. [1981] Confined isothermal and combusting fluids behind axisymmetric baffles. Ph.D. Thesis, University of London.

TAYLOR, A.M.K.P. & WHITELAW, J.H. [1980] Velocity and temperature measurements in the premixed flame within an axisymmetric combustor. AGARD-CP-281, Paper 14.

THOMPSON, D.H. [1968] A tracer particle fluid velocity meter incorporating a laser. *J. Phys. E: Sci. Instrum.* 1, 929.

UNGUT, A., YULE, A.J., TAYLOR, D.S. & CHIGIER, N.A. [1978] Simultaneous velocity and particle size measurements in two phase flows by laser anemometry. AIAA paper 78–74.

WALKER, D.A., WILLIAMS, M.C. & HOUSE, R.D. [1975] Intrablade velocity measurements in a transonic fan utilizing a laser Doppler velocimeter. *Proceedings of Minnesota Symposium on Laser Anemometry,* University of Minnesota.

WHIFFEN, M.C. & MEADOWS, D.M. [1974] Two axis, single particle laser-velocimeter system for turbulence spectral analysis. *Proc. of 2nd International Workshop on Laser Velocimetry,* Purdue University, 1, 1.

WIGLEY, G. [1978] The sizing of large droplets by laser anemometry. *J. Phys. E: Sci. Instrum.* 11, 639.

WILLEKE, K. & LIU, B.Y.H. [1976] Single particle counter: principle and application. *Fine Particles* (Ed. B.Y.H. Liu), p. 698. Academic Press, New York & London.

WINOTO, S.H., DURÃO, D.F.G. & CRANE, R.I. [1979] Measurements within Görtler vortices. *Trans. ASME, J. Fluids Eng.* 101, 517.

WISLER, D.C. [1977] Shock wave and flow velocity measurements in a high speed fan rotor using the laser velocimeter. *Trans. ASME, J. Eng. Power* 99, 181.

WITTMER, V. & GÜNTHER, R. [1980] Correlation measurement of velocity and temperature fluctuations in a free jet diffusion flame. AGARD-CP-281, Paper 10.

WITZE, P.O. [1976] Hot-wire measurements of the turbulence structure in a motored spark ignition engine. AIAA Paper 76-37.

NOMENKLATUR

Notiz: Die untenstehende Nomenklatur enthält nur die wichtigsten Zeichen und deren Bedeutung, die im Text verwendet werden. Bestimmte Zeichen, deren Bedeutung klar aus dem Text im Buch hervorgeht, sind untenstehend nicht mit aufgeführt.

A	Photodetektorfläche
A	komplexe Amplitude einer Welle
$A^2(v)$	Leistungsspektrum
A_{ZF}	Ampltitude des Zwischenfrequenzsignals
$(A)_k$	Ampltitude des k-ten Signals
A_m	Projezierte Fläche des Streuvolumens
A_n, a_n	Koeffizienten in Miescher Streutheorie
A_r	Komplexe Amplitude der Referenzwelle
A_s	Komplexe Amplitude der Streuwelle
a_k	Amplitude des k-ten Signals
a_i	Amplitude der i-ten Welle
$a_{p,w}$	Amplitude der Streuwelle des Teilchens P_p von der Welle W_w
C	Kapazität
C_b, C_{ub}	Partikelkonzentration in verbranntem/unverbranntem Gasgemisch
C_{scat}	Streuquerschnitt
C_v	Volumen der Teilchen pro Volumeneinheit des Gases
c	Lichtgeschwindigkeit
D	Strahldurchmesser
D	Diffusionskoeffizient
D_a	Durchmesser der Apertur
D_c	Durchmesser der kohärenten Fläche der Kollektionsapparatur
D_I	Durchmesser des fokussierten Strahles, in 4.25 definiert
D_L	Laserstrahldurchmesser
D_1	Durchmesser des unfokussierten Strahls am e^{-1} Intensitätspunkt
D_2	Durchmesser des unfokussierten Strahls am e^{-2} Intensitätspunkt
d_m'	Durchmesser des Meßvolumens
d_p	Teilchendurchmesser
d_{ph}	Durchmesser der Photomultiplierapertur
d_{32}	Mittlerer Durchmesser nach Sauter

E	Spannung
$E(\omega), E(U_i)$	Turbulentes Energiespektrum
$E_i(k_i)$	Turbulentes Energiespektrum
$\{E\}_i$	Elektrischer Feldvektor
$E_{p,w}$	Streuvektor vom Teilchen P_p und Welle W_w
	$E_{p,w} = \Re(\mathcal{E}_{p,w})$
$\mathcal{E}$	Komplexer elektrischer Feldvektor
e	Fluktuierender Spannungswert
e	Elementarladung
$F(\omega)$	Fourier-Transform des Doppler-Signals
f	Brennweite
f_{LO}	Frequenz des Lokaloszillators
f_o	Zwischenfrequenz (I.F. oder Z.F.)
f_{opt}	Optimale Frequenz eines Frequenzdemulators
f_{os}	Oszillatorfrequenz
f_{sp}	Räumlich auflösbare Turbulenzfrequenz
f_t	Einstellfrequenz des Spektrumanalysators
f_{turb}	Maximale Turbulenzfrequenz
G	Verstärkung der Dinodenkette
$G(\tau)$	Autokorrelationsfunktion
$G(\omega)$	Gefiltertes Signalspektrum
$\{H\}_i$	Magnetischer Feldvektor
$H(\omega)$	Funktion eines Filtersystems
h	Plancksche Konstante
$I(\Theta,\Phi)$	Lokale Lichtintensitätsverteilung
I^+	Normierte Lichtintensitätsverteilung im Brennpunkt
I_{cent}	Lichtintensität im Zentrum des Brennpunktes
I_o	Intensität des einfallenden Strahles
I_o	Dunkelstrom des Photomultiplikators
I_{pc}	Photonenstrom
I_s	Streulichtintensität
$\Im$	Imaginärteil
i	$\sqrt{-1}$
i_a	Anodenstrom
i_n	Rauschstrom
i_p	Strom des Schrotrauschens

$i_\perp$	Lichtintensitätskomponenten senkrecht zu $\{E\}_i$ und $\{K\}_i$
$i_\parallel$	Lichtintensitätskomponente parallel zu $\{E\}_i$ und $\{K\}_i$
K	Wellenzahl, $K \equiv 2\pi/\lambda$
$\{K\}_i$	Ausbreitungsvektor der Welle
Kn	Knudsen-Zahl
k	Ordnung der gebeugten Strahlen
k	Kinetische Energie der Turbulenz
k	Wellenzahl der turbulenten Fluktuationen
$\{k\}_i$	Einheitsvektor in Richtung einer Lichtwelle
L	Länge der Laserröhre
ℓ	Turbulentes Längenmaß
ℓ_m	Turbulente Mischungsweglänge
ℓ_m	Länge des Meßvolumens
$\{\ell\}_i$	Einheitsvektor in Richtung eines einfallenden Laserstrahls
M	Optische Vergrößerung, wie in Diavorlage 3.29 definiert
M	Verstärkung eines Photomultipliers
m	Brechungsindex
$\{m\}_i$	Einheitsvektor in Richtung einer Lichtwelle
N	Teilchenanzahldichte (Konzentration der Teilchen)
N	Anzahl der Linien in einem Beugungsgitter
$N(\omega)$	Spektrumsbreiterung infolge endlicher Zeitdauer der Signale
N_{cr}	Anzahl der Interferenzstreifen, die von einem Teilchen überquert werden
N_{fr}	Anzahl der Interferenzstreifen im Meßvolumen
N_{ph}	Anzahl der Interferenzstreifen, die vom Photodetektor detektiert werden
N_{sc}	Anzahl der Photonen, die aufgefangen und detektiert werden
N_σ	Anzahl der Interferenzstreifen in σ_1 des Strahles
n	Anzahl der Teilchen im Streuvolumen
$\dot{n}$	Teilchenankunftsrate
$\{n\}_i$	Empfindlichkeitsvektor des Anemometers, $\{n\}_i \equiv \{k\}_i - \{m\}_i$
n_s	Anzahl der Photonen, die pro Zeiteinheit gestreut werden
P	Druck
P_L	Laserleistung
P_s	Gesamtlaserleistung, die vom Teilchen gestreut werden

p	Turbulente Druckfluktuationen
p, p_D	Wahrscheinlichkeitsdichtefunktion der Doppler-Frequenz
p_b	Wahrscheinlichkeitsdichtefunktion für nichtturbulente spektrale Breiterung
p_v	Wahrscheinlichkeitsdichtefunktion der Geschwindigkeit
Q_{abs}	Koeffizient der Absorptionseffizienz
Q_{bks}	Koeffizient der Streueffizienz für Rückstreuung
Q_{ext}	Koeffizient für Extinktionseffizienz
Q_{scat}	Koeffizient für Streueffizienz
q	Lichtstreuparameter, $q \equiv \pi d_p / \lambda$, in Mietheorie
R	Rohrradius
R	Radius der Integrationsfläche
R	Distanz zwischen Teilchen
R	elektrischer Lastwiderstand
R_p	Distanz von Teilchen zum Zentrum der Detektionsebene
$\mathcal{R}$	Realteil
Re	Reynoldszahl
r_c	Koordinate der Lage des Zentrums eines Teilchens
r_p	Teilchenradius
$S(\Theta)$	Komplexe Amplitude der Streuwelle
$S(\omega)$	Leistungsspektrum der gestreuten Strahlung
$S_p(\omega)$	Leistungsspektrum des Photonstromes
s	Signalstärke
s	Folgevermögen
s	Dichteverhältnis
s	Distanz der Linien auf einem Beugungsgitter
s	Turbulentes Mikromaß
$s_k(t)$	Signal vom k-ten Teilchen
T	Zeitkonstante der Integration am Photodetektor
T_b, T_{ub}	Temperatur des verbrannten/unverbrannten Gasgemisches
t	Zeit
t_k	Ankunftszeit des k-ten Partikels
t_r	Ansprechzeit der Frequenznachlaufschleife
$\{\hat{U}\}_i$	Momentaner Geschwindigkeitsvektor
U_1, U_2, U_3	Geschwindigkeitskomponenten (Momentanwert oder Mittelwert)
$\hat{U}_f$	Momentane Strömungsgeschwindigkeit

$\hat{U}_p$	Momentane Partikelgeschwindigkeit
U_s	Geschwindigkeit der Interferenzstreifen
U_o	Geschwindigkeit im Zentrum des Streuvolumens
u_1, u_2, u_3	Komponenten der turbulenten Geschwindigkeitsfluktuationen
u	Turbulente Geschwindigkeitsfluktuation
$\bar{u}_f$	Effektivwert der Geschwindigkeitsfluktuationen
$\bar{u}_p$	Effektivwert der Teilchengeschwindigkeitsfluktuationen
V_a	Geschwindigkeit einer akustischen Welle
V_s	Volumen der Streuteilchen
V_{tr}	Schwellenwert der Spannung
v	Fluktuierende Geschwindigkeitskomponente
w	Fluktuierende Geschwindigkeitskomponente
x_1, x_2, x_3	Orthogonale Koordinaten eines kartesischen Koordinatensystems
x_g	Linienabstand eines Beugungsgitters
α	Winkel zwischen Geschwindigkeitsvektor und Senkrechten zum Interferenmuster
α	Beugungswinkel des frequenzverschobenen Lichtes
β	Phasenwinkel
Γ	Streufunktion
γ	Strahlstörung
Δf	Elektronische Bandbreite
Δf_o	Filterbandbreite
ΔI	Modulationsterm der Intensität
Δx	Interferenzstreifenabstand
$\Delta \lambda$	Spektrale Breiterung der Lichtwellenlänge
$\Delta \nu$	Frequenzverschiebung
$\Delta \nu$	Spektrale Bandbreite
$\Delta \tau$	Zeitdauer eines Doppler-Signals
$\Delta \psi$	Phasenwinkel der gestreuten Lichtwelle
δ	Optische Wegdifferenz
$\delta \nu_D$	Spektrale Breiterung der Doppler-Frequenz
ε	Energiedissipationsrate der Turbulenz
ε	Elektrizitätskonstante
ε_o	Elektrische Feldkonstante, $\varepsilon_o = 10^{-9}/(36\pi)$ F/m
η, η_o	Modulationsgrad des Signals, Signalqualität

η	Ansprechfaktor für Amplitude eines Signals
η_c	Effizienz des Lichtkollektionssystems
η_k	Modulationsgrad des k-ten Signals
η_q	Quantenausbeute
θ	Koordinate in einen sphärischen Koordinatensystem
λ	Wellenlänge des Lichtes
λ_o	Wellenlänge der Lichtquelle
λ_a	Wellenlänge einer akustischen Welle (Ultraschallwelle)
μ	Magnetische Permeabilität
μ	Dynamische Viskosität
ν	Kinematische Viskosität
ν_a	Frequenz einer akustischen Welle (Ultraschallwelle)
ν_b	Frequenz der durch eine Braggzelle aufgebrachten Frequenzverschiebung
ν_D	Doppler-Frequenz
ν_k	Doppler-Frequenz des k-ten Teilchens
ν_k	Frequenz des Beugungsstrahls k-ter Ordnung
ν_p	Frequenz des Lichtes, das von Teilchen empfangen wird
ν_r	Frequenz des Referenzstrahles
ν_s	Frequenzverschiebung
ν_o	Frequenz einer Lichtwelle
ξ_1, ξ_2, ξ_3	Kartesische Koordinaten
ρ	Dichte
ρ_b, ρ_{ub}	Dichte des verbrannten/unverbrannten Gasgemisches
ρ_{32}	Teilchengrößenparameter, $\rho_{32} = (m - 1)\pi d_{32}/\lambda$
σ	Standardabweichung der Strahltaille
$\sigma_1, \sigma_2, \sigma_3$	Dimensionen des Streuvolumens
σ_b	Effektivwert nichtturbulenter spektraler Breiterung
σ_D	Effektivwert der Breiterung des gemessenen Doppler-Spektrums
σ_F	Effektivwert der Breiterung infolge endlicher Transitzeit
σ_p	Effektivwert instrumentaler spektraler Breiterung
σ_T	Effektivwert der Breiterung infolge kleiner Geschwindigkeitsfluktuationen
σ_t	Transitzeit eines Teilchens
σ_v	Effektivwert der Fluktuationen in volumengemittelter Geschwindigkeit

X	Rotationswinkel einer linear polarisierten Welle
τ	Verzögerungszeit
τ	Meßzeit eines Counters
τ	RC-Zeitkonstante der Integration
τ_k	Transitzeit des k-ten Teilchens
ϕ	Koordinate im sphärischen Koordinatensystem
Φ, Φ_k	Phase einer Lichtwelle
ϕ	Halber Öffnungswinkel des Lichtkollektionskegels
ϕ_b	Braggscher Winkel
ϕ_k	Beugungswinkel des Strahles k-ter Ordnung
φ	Halber Winkel zwischen einfallenden Strahlen eines LDA-Systems
ψ	Distanz des Brennpunktes von Linsenebene
$\psi(\nu_D)$	Amplitude des Spektrumanalysatorausgangssignals
Ω	Raumwinkel
ω	Kreisfrequenz des Turbulenzspektrums
ω_D	Kreisfrequenz des Doppler-Signals
ω_r	Rotationsgeschwindigkeit
ω_s	Kreisfrequenz der Lichtquelle
ω_o	Kreisfrequenz des Zwischenfrequenzspektrums

VERZEICHNIS DER UNTERKAPITEL

574

If you have any concerns about our products,
you can contact us on
ProductSafety@springernature.com

In case Publisher is established outside the EU,
the EU authorized representative is:
Springer Nature Customer Service Center GmbH
Europaplatz 3, 69115 Heidelberg, Germany

Printed by Libri Plureos GmbH
in Hamburg, Germany